微课版

高等学校理工科化学化工类规划教材

有机化学

（第五版）

U0245148

陈宏博　李令东 / 主　编

李　颖　李红霞　杨英杰　宋　婷　殷伦祥　姜文凤 / 参　编

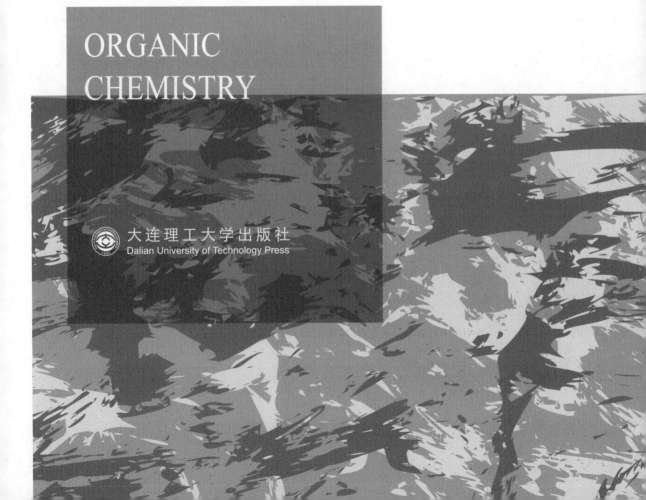

ORGANIC
CHEMISTRY

大连理工大学出版社
Dalian University of Technology Press

图书在版编目(CIP)数据

有机化学 / 陈宏博，李令东主编. -- 5 版.
大连 ：大连理工大学出版社，2024. 8. -- ISBN 978-7
-5685-5098-7

Ⅰ. O62

中国国家版本馆 CIP 数据核字第 2024KV9769 号

有机化学
YOUJI HUAXUE

大连理工大学出版社出版
地址：大连市软件园路 80 号　邮政编码：116023
发行：0411-84708842　邮购：0411-84708943　传真：0411-84701466
E-mail：dutp@dutp.cn　　　URL：https://www.dutp.cn
大连永盛印业有限公司印刷　　　　　　大连理工大学出版社发行

幅面尺寸：185mm×260mm　　　印张：21.75　　　字数：529 千字
2003 年 8 月第 1 版　　　　　　　　　　　　2024 年 8 月第 5 版
2024 年 8 月第 1 次印刷

责任编辑：王晓历　　　　　　　　　　　　　责任校对：孙兴乐
　　　　　　　　封面设计：张　莹

ISBN 978-7-5685-5098-7　　　　　　　　　　定　价：59.80 元

前　言

　　有机化学课程是高等学校化学化工类相关专业重要的基础课程。有机化学内容繁多，基础知识系统性较强，学科交叉和覆盖面很广，已渗透到诸多学科领域的相关专业中。有机化学是跨越宏观和微观尺度，从分子水平上解释自然现象和变化不可或缺的平台工具。诸如在材料、化工、轻工、农业、环境工程、生物工程、生命、医药和安全工程等领域的专业人才培养方案中，都设置了相应学时的有机化学课程来支撑培养方案体系。

　　目前，少学时的有机化学课程依然承载着体系庞大且量大面广的有机化学教学任务，承担着培养学生有机化学学科思维和技能的任务。既要考虑学科内容的科学性和系统性，也要考虑少学时对于读者的可读性和实用性，更要兼顾新知识体量爆炸式增长和教学学时不断压缩所带来的日益突出的需求。因此，一本简明精要、内容充实，能够适应少学时特点的有机化学课程教材就显得尤为重要。

　　本次修订延续了第四版教材的简明风格，基本内容和体系架构保持不变。考虑到课程体系和教学内容对应的完整性，仍保留了一部分较高要求内容，用不同字体标出；仍然依据键价理论阐述官能团结构和化学性质对应关系为主线贯穿全篇主体内容，力求内容的系统性和知识框架条理性。在饱和烃章节阐述有机化合物基本命名规则，将命名内容贯穿到各个章节，这样既可以温故知新，又可以节省篇幅和学时；将立体化学内容分解在不同章节阐述，饱和烷烃讲解构象异构，环烷烃和烯烃介绍顺反异构，对映异构则在第3章单独列出，这样可避免内容集中、过于抽象，又可使相应章节内容与立体化学概念更好契合，教与学循序渐进。本教材可供化工、轻工、生物工程、医药工程、环境工程、食品工程和安全工程等专业少学时有机化学课程选用，也可作为化学、应用化学类学生的教学参考书。

　　本次修订的主要内容有：

　　1.鉴于数据信息化普及的现状，本次修订对每章节化合物的理化性质的简介有所简化，命名举例亦有所删减。

　　2.有机化学是一门实践性极强的基础学科，教与学均须将理论与实际结合起来，具备一定的感性知识储备。为此，本次教材修订特将大连理工大学前辈们录制的重要的有机化合物性质和重要的有机反应的课堂教学视频作为微课内容展示在教材中，这些珍贵的视频材料使教材内容多元化、立体化，以帮助学生深刻掌握有机化学的基础理论知识。

　　3.从科学精神和绿色化学角度在合适章节融入"思政"元素，引导学生学习时深刻领悟经典知识点的由来和书本内外、课堂内外有机化学内容的独特魅力。

　　4.考虑到生物化学逐渐成为化工和其他相关专业的一门必修基础课程，本次修订将第四版第15章蛋白质及核酸删去，蛋白质基本概念挪至第10章取代羧酸相应章节。

5.重新整合各章的习题内容,并新增部分习题,方便检验学生学习效果。

参与本教材第一版至第四版编写及修订工作的有:陈宏博、姜文凤、蒋景阳、李红霞、李颖、杨英杰、殷伦祥。第一版至第四版由陈宏博统编及校订。

本教材第五版由大连理工大学陈宏博、李令东任主编,沈阳建筑大学李颖、辽宁科技大学李红霞、吉林化工学院杨英杰、大连理工大学宋婷、殷伦祥、姜文凤参与了修订工作。陈宏博负责总体修订筹划,李令东完成了主要的修订工作。各章节修订分工如下:第1~3、6章(陈宏博和李颖),第4、5、7章(宋婷和李令东),第8、9章(姜文凤和殷伦祥),第10、11章(杨英杰和殷伦祥),第12~14章(李令东和李红霞)。各章节习题修订由李令东统一完成。

大连理工大学蒋景阳教授和王艳华教授对本教材修订提出了宝贵的意见,大连理工大学教务处给予了出版基金资助。在此一并表示感谢。

在编写本教材的过程中,编者参考、引用和改编了国内外出版物中的相关资料及网络资源,在此表示深深的谢意!相关著作权人看到本教材后,请与出版社联系,出版社将按照相关法律的规定支付稿酬。

限于水平,书中仍有疏漏和不妥之处,敬请各位专家和读者批评指正,以使教材日臻完善。

编　者

2024 年 8 月

所有意见和建议请发往:dutpbk@163.com

欢迎访问高教数字化服务平台:https://www.dutp.cn/hep/

联系电话:0411-84708445　84708462

目 录

第1章

绪　论

1.1　有机化合物和有机化学

1.1.1　有机化合物

由碳和氢两种元素组成的各类化合物统称为碳氢化合物（Hydrocarbon），亦称为烃。烃的衍生物是指分子组成中除了含碳和氢元素之外，还含有其他元素的化合物，如含 O、N、S、P、F、Cl、Br、I、Si、B 等非金属元素或含 Li、Mg、Al、Zn、Fe、Sn、Cu、Cd、Pb、Hg 等金属元素。有机化合物（Organic Compounds）一般是指烃及其衍生物。

自然界中有机化合物种类繁多，数目庞大，储量丰富，可从动、植物中获取，还可从石油、煤、天然气中获得，通过人工合成方法在实验室和工厂中则可获得更多种类的有机化合物。有机化合物与人类生存及社会发展密不可分，人们日常生活中的衣、食、住、行、用等都离不开有机化合物，农业、化工、国防、能源、材料、交通、信息、医药、农药、染料、颜料和涂料以及日用化学品等行业都与有机息息相关。

有机化合物在组成、结构、性质及应用上与无机化合物区别明显，其一般特点如下：

（1）有机化合物分子中，原子之间以共价键相结合，有机盐类化合物中存在离子键。

（2）有机化合物中心碳原子通常是四价的，碳原子与碳原子之间以及碳原子与其他非金属原子之间可以形成类型各异的稳定共价键；两个碳原子之间可以单键相连，还可以通过双键或叁键相连；各碳原子之间既可连接成链状也可连接成环状分子骨架，而且分子骨架中还可以掺杂其他杂原子（如 N、O、S、P 等）；分子中原子之间成键次序不同，成键方式不同，以及空间关系原子之间不同等因素，使有机化合物同分异构现象非常普遍，这也是造成有机化合物结构复杂和数量庞大的主要原因。

（3）大多数有机化合物易燃，但水溶性不好；液体有机化合物挥发性较大，固体有机化合物熔点较低（通常小于 400 ℃）。

（4）有机化合物化学反应速率一般较小，而且反应物转化率和产物选择性很少能达到 100%；有机反应常伴有副反应（如平行反应或连串反应），这就使有机化合物的制备合成常需催化剂存在，反应产物也一般需要进行分离、提纯等操作。

但也有某些例外情况：一些常见有机物如甲醛、乙醇、醋酸、葡萄糖等水溶性很好，苯酚或苯胺与溴水反应十分迅速,有机阻燃剂不容易燃烧,苯甲醛与托伦试剂的银镜反应专一性很强,这些都是有机化合物结构特征所决定的。

1.1.2 有机化学

有机化学(Organic Chemistry)是研究有机化合物来源、组成、结构、性质、合成以及应用的科学。

作为一门科学,有机化学始于19世纪,但有机化合物却自人类社会有史以来一路相伴。近两个世纪以来,有机化学对社会进步和其他学科发展做出了巨大的贡献。有机化学的价键理论、构象理论和反应机理已经成为现代生物化学和化学生物学的理论基础,有机化学在研究蛋白质和核酸的组成与结构、建立测序方法、创建合成方法学等方面的重要成就为分子生物学的建立和发展奠定了基础。化学家通过揭示有机分子中原子间键合本质来研究有机分子变化规律,以特有的分子设计、合成方法、分离技术和结构测定,合成了众多功能有机分子,为相关学科(如生命科学、材料科学、环境科学、信息科学等)的发展提供了理论依据、材料支持和技术保障。有机化学已成为认识自然、改造自然、推动科学发展、促进社会进步、改善人类生存环境、提高人类生活质量、不可替代的极具创新性学科。

有机化学的产生至今已有250多年历史。最初是从分离提纯天然有机物开始,从1769年到1820年,先后得到了酒石酸、柠檬酸、乳酸、尿酸、吗啡、奎宁等。由于这些物质都是从有生命的生物体内获得的,法国化学家拉瓦锡(Lavoisier A L,1743～1794)首先把这类物质称为"有机化合物"。1806年,瑞典化学家柏则里乌斯(Berzelius J J,1779～1848)首先使用了"有机化学"一词。1828年德国 Hinsberg 大学医学院学生维勒(Wöhler F,1800～1882)在实验室蒸发氰酸铵溶液制得了原来认为只能在动物体内才能产生的尿素,这是具有划时代意义的科学事件。

思政材料1

$$NH_4OCN \xrightarrow{\triangle} NH_2CONH_2$$

其后,德国化学家柯尔柏(Kolbe A W H,1818～1884)于1845年合成了醋酸,法国化学家柏赛洛(Berthelot M,1827～1907)于1854年合成了油脂。随着更多有机化合物被人工合成出来,科学界逐渐否定了有机化合物的"生命力"学说。19世纪初期,定量测定有机化合物组成的方法建立之后,实验发现大多数有机化合物都含有碳和氢。因此,有机化学被看作研究含碳化合物的化学,后来修正为研究碳氢化合物及其衍生物的化学。从19世纪中叶开始,随着对有机分子结构研究的不断深入,有机化学由实验性学科逐渐转变为实验与理论并重的学科;在这个过程中,值得提及的是:

1852年,英国化学家富兰克兰德(Frankland E,1825～1899)首次提出了"价"的概念。他认为金属与其他元素结合时,存在着一种特殊引力,称为化合价。

1856年,德国化学家凯库勒(Kekülé F A,1829～1896)首先提出碳是四价的,而且碳和碳可相互结合成键;同年,英国有机化学家库帕(Couper A S,1831～1892)也提出了同样的观点,并且建议使用价键表示分子结构。1865年,凯库勒又提出了苯的凯库勒式,并指出碳原子之间可以由单键相连,还可以双键或叁键相连。

1861 年,俄国化学家布特列洛夫(Butlerov A M,1828～1886)提出了化学结构概念和理论。他认为,有机分子中各个原子以一定顺序相互连接;物质性质由分子组成和结构决定,而化合物结构可从其性质推导出来;分子中原子或原子团可相互影响,直接相连的原子间相互影响最强,不直接相连的原子间相互影响较弱。

1874 年,荷兰化学家范特霍夫(Van't Hoff J H,1852～1911)和法国化学工程师勒贝尔(Le Bel J A,1847～1930)分别提出了饱和碳原子为正四面体的学说,建立了分子的立体概念,开创了有机化合物立体化学研究先河。

1885 年,德国化学家拜尔(Von Baeyer A,1835～1917)首次提出了有机物构型为四面体、键角为 109°28′,还提出了环状化合物的张力学说;其后拜尔确定了环己烷完全等同于六氢化苯,并且由环己醇合成了苯环。至此,经典的有机结构理论框架基本建立起来了。拜尔对有机合成化学作出了突出的贡献,他于 1865～1882 年研究出了七条不同的合成天然染料靛蓝的方法,其间还发现了酚酞,合成出一系列三苯甲烷类染料;他还发现了苯酚与甲醛缩聚产物,为酚醛树脂合成打下了基础,由此导致了高分子塑料时代的来临。

19 世纪末 20 世纪初,杰出的德国化学家费歇尔(Fischer E,1852～1919)在糖类化合物结构确定、蛋白质水解产物氨基酸分离、由尿酸合成嘌呤以及确定尿酸、黄嘌呤、茶碱、咖啡碱等生物碱结构等方面出色的工作开创了生命化学的基础研究。

1917 年,英国化学家路易斯(Lewis G N,1875～1946)提出了共价键的电子对理论,用电子配对说明化学键形成和共价键饱和性。美国化学家鲍林(Pauling L,1901～1994)随后提出了杂化轨道和共振论概念,阐明了共价键方向性,对有机化合物立体异构现象本质也进行了阐述,这对丰富发展价键理论做出了突出贡献。

1932 年,德国物理化学家休克尔(Hückel E,1896～1980)用量子化学方法研究芳香化合物结构;1933 年,英国化学家英戈尔德(Ingold C K,1893～1970)用化学动力学方法研究饱和碳原子上取代反应机理。这对有机分子结构和反应机理的研究起到了重要作用。

1965 年,著名有机合成大师伍德瓦尔德(Woodward R B,1917～1979)及其学生、量子化学家霍夫曼(Hoffmann R H,1937～)提出了有机化学反应中"分子轨道对称性守恒原理",这是理论有机化学和量子化学重大成就之一。日本化学家福井谦一(1918～1998)借助量子化学方法研究了大量 Diels-Alder 反应之后,于 1951 年提出了"前线轨道理论",指出该反应本质是由双烯体分子最高占有轨道(HOMO)中电子流向亲双烯体分子最低空轨道(LUMO)。HOMO 和 LUMO 是反应中前线轨道,二者对称性对反应起了决定作用。前线轨道理论和分子轨道对称性守恒理论对化学反应过程中立体化学现象作了明确阐述,解释了价键理论无法解答的立体化学问题,这对有机化学理论发展起到了重要推动作用。

有机化学研究内容非常广泛,所涉及学科主要体现在 4 个方面。一是对天然有机物研究:从天然产物中分离、提取有机化合物,然后鉴定结构,研究其结构与性质之间关系并开发其应用途径,如屠呦呦团队发现的抗疟药物青蒿素的提取及应用(2015 年获诺贝尔奖)。二是有机化合物合成:天然有机化合物合成和新化合物合成以及相关合成方法和技术是有机合成研究的主要内

思政材料2

容。美国有机化学家梅里菲尔德(Merrifield R B,1921～2006)于 1965 年研制成功了世界上第一台多肽自动化合成仪,并在 1969 年首次人工合成了含 124 个氨基酸残基的核糖核酸酶

A。梅里菲尔德发明的"固相化学合成法"为多肽和蛋白质的合成研究作出了巨大贡献,极大促进了其他合成领域的研究和发展,对基因学、药物学、糖化学和分子生物学等发展起了重大推进作用。三是有机化学反应机理研究:通过对有机化学反应机理的研究,不但可以正确认识、理解有机化学反应,了解有机化合物的结构与反应性能之间的关系,还能合理改变实验条件以有效地控制有机反应的发生与进行,提高有机反应的转化率和选择性,即提高合成效率。四是有机化合物结构测定:对有机合成产物结构进行表征,以判定所得合成产物是否正确;测定天然有机物结构比较费时费力,一般要通过分离、纯化、剖析(化学分析、仪器分析)三个过程。现今利用近代物理方法,如红外光谱、核磁共振谱、质谱、色谱及色质谱联用,再结合元素分析,可使测定结构所需样品和测试时间大幅度缩减。通过计算化学进行分子结构设计,同时利用现代合成方法和技术(如组合化学、固相合成、不对称合成、生物酶催化)合成结构各异的新化合物、生物大分子及其模拟物,这对有机结构理论的研究、有机合成化学的发展,以及化学生物学和生命科学的发展等都具有重要意义。

近代有机化学发展十分迅猛,可谓日新月异。1901～2023 年,在已获诺贝尔化学奖的193 位化学家中,有机化学家就占据了 56 位;有机化学内容之丰富、研究对象之广泛、创新性成就之多,由此可见一斑。当今备受有机化学工作者关注的研究领域之一是绿色有机化学。绿色有机化学强调有机化学反应的原子经济性,更加注重有机化学反应(反应物、试剂、溶剂、催化剂、产物)的无害性,主张从源头解决有机化学反应对环境产生的污染,这些都直接关系到人类社会可持续发展。发展绿色有机化学是有机化学工作者和有机化学品生产企业要承担的艰巨光荣使命。

1.2 有机化合物结构特征

1.2.1 分子构造和构造式

有机分子中各原子之间相互连接的方式和顺序为分子的构造,表示分子构造的化学式称为构造式。构造式有路易斯式、短线式、缩简式和键线式四种(表 1-1)。

表 1-1　　　　　　　　　有机化合物构造式的表示方法

化合物	路易斯式	短线式	缩简式	键线式
1-丁烯	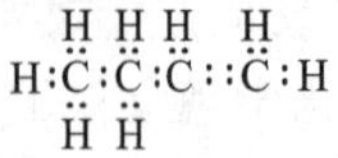 H:C:C:C::C:H	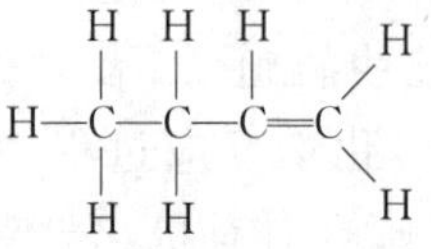 H—C—C—C=C	$CH_3CH_2CH=CH_2$	
正丁醇	 H:C:C:C:C:O:H	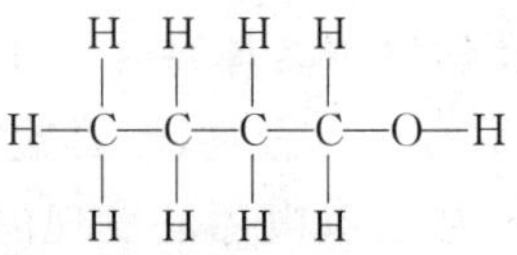 H—C—C—C—C—O—H	$CH_3CH_2CH_2CH_2OH$	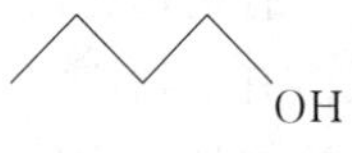
乙醚	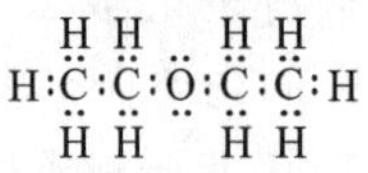 H:C:C:O:C:C:H	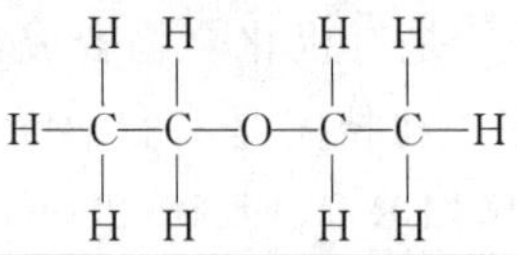 H—C—C—O—C—C—H	$CH_3CH_2OCH_2CH_3$	

（续表）

化合物	路易斯式	短线式	缩简式	键线式
正丁醛	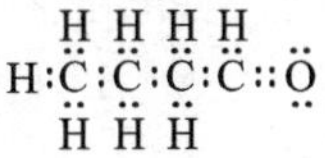	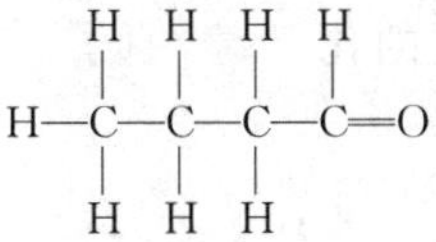	$CH_3CH_2CH_2CHO$ ($CH_3CH_2CH_2CH \!=\! O$)	
苯	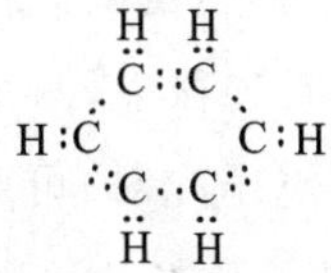	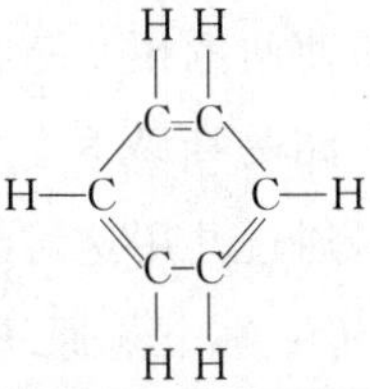	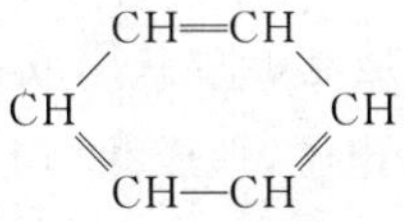	

路易斯式又称电子对构造式,可清楚地表示出原子之间通过共用电子对相互结合的状况;若以短线代替对电子,则成为短线式(原子未共用价电子对可不写出);省去分子中所有单键,按分子中多价原子相互连接次序写出的化学式为缩简式;键线式则省去了构成烃或烃基中碳和氢,用折线表示碳链或碳环分子骨架,折点或端点表示碳原子,其他原子或官能团仍在相应位置写出。缩简式是常用构造式,但在表达复杂分子构造时,键线式更为便捷。

1.2.2　分子结构和结构式

分子结构是指分子中各原子相互连接的次序、成键状态及彼此间空间关系。分子结构包括分子构造、构型和构象。表示分子结构的化学式称结构式,它与构造式之间区别是后者可以描绘出分子立体结构形态。例如,1,2-二甲基环丙烷的构造式只有一种,而其结构式有两种,一是两个甲基所处空间相对位置在环丙烷平面同侧,另一个是异侧的异构体。即:

构造式:

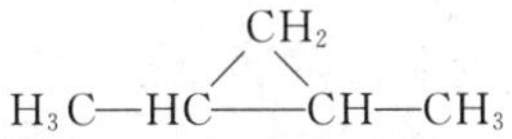

$$H_3C—HC \overset{CH_2}{\diagup \diagdown} CH—CH_3$$

结构式:

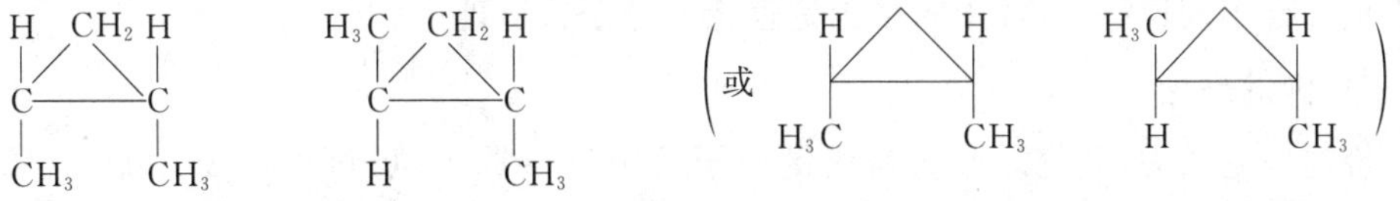

又如,2-丁烯构造式为 $CH_3CH \!=\! CHCH_3$,而其结构式则有两个,分别表示顺式和反式2-丁烯:

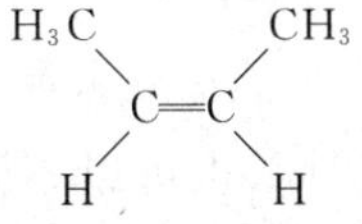

顺-2-丁烯 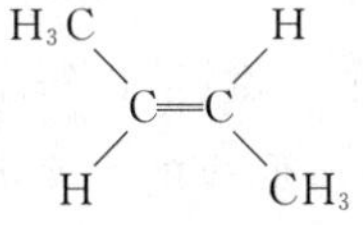　　　　　　　反-2-丁烯

1.2.3 共价键

共价键是有机分子中最主要且最典型的化学键,原子之间以共价键相结合是有机化合物最基本的结构特征。

1.共价键的形成

共价键是成键两个原子通过共用电子对使两者相互结合的力。共价键概念由路易斯于1916年提出,共价就是电子对共用或共享。路易斯认为氢分子形成过程中,两个氢原子各提供一个自旋反平行电子,形成共享电子对,通过共用这对电子(即电子配对)可对两个氢核形成引力,共价键因而产生并形成氢分子,其中每个氢原子核外电子数都达到氦的稳定结构。有机分子中碳原子外层有4个价电子,可通过与其他原子(C、H、O、N、S、P、F、Cl、Br、I、Si、B 等)共用电子对,形成4个共价键,使碳原子达成稳定的外层八电子结构;碳原子和另一碳原子共用一对电子形成单键,共用两对电子形成双键,共用三对电子形成叁键;碳原子与氮原子之间也可形成单键、双键、叁键,碳原子与氧原子可以形成单键和双键,而碳原子与氢原子或卤素原子之间只能形成单键。在乙烷、乙烯、乙炔分子中分别存在碳碳单键、双键、叁键,并都有碳氢单键,分子中每个碳原子外层电子数都是8个。

$$
\begin{array}{ccc}
\overset{\displaystyle H\ H}{\underset{\displaystyle H\ H}{H:C:C:H}} &
\overset{\displaystyle H}{\underset{\displaystyle H}{H:C::C:H}} &
H:C:::C:H
\end{array}
$$

$$
\begin{array}{ccc}
\underset{\displaystyle \overset{|}{H}\ \overset{|}{H}}{\overset{\displaystyle \overset{|}{H}\ \overset{|}{H}}{H-C-C-H}} &
\underset{\displaystyle H}{\overset{\displaystyle H}{}}C=C\underset{\displaystyle H}{\overset{\displaystyle H}{}} &
H-C\equiv C-H
\end{array}
$$

由共用电子形成来描写分子原子之间成键情况比较直观,一直被采用至今。然而,这种描述对共价键形成本质没能进一步说明。随着量子化学的建立和不断发展,人们对共价键的形成在理论上有了进一步的认识。根据量子力学对 Schrödinger 方程近似处理,对共价键形成也进行了理论解释,常用的是价键理论和分子轨道理论。

(1)价键理论

价键理论认为,共价键形成是成键原子价电子层原子轨道(电子云)相互交盖的结果。在轨道交盖区域内,自旋反平行的两个电子配对为两个成键原子共有,形成共价键,并由此使两原子核之间排斥力最大限度减小,从而降低了体系内能。

碳原子核外电子分布为 $1s^2 2s^2 2p^2$,其中 2s 层和 2p($2p_x$,$2p_y$,$2p_z$)层能级不同,碳原子核外 4 个价电子在形成 4 个共价键时,每个电子所处的原子轨道可能相同。也可能不相同,即在有机化合物中,碳原子所形成的 4 个共价键可以相同,也可以不同的,这取决于成键碳原子的原子轨道杂化状态。

已知甲烷中 4 个碳氢共价键是等性的,这就要求碳原子所提供的 4 个价电子应分别处于相同能级的 4 个等价原子轨道中。原子轨道杂化理论的假定是:碳原子 4 个原子轨道在杂化之前,一个 2s 轨道中电子跃迁到 $2p_z$ 轨道,形成 4 个各占有一个电子且自旋方向相同原子轨道;甲烷中碳原子 4 个等价原子轨道是由 2s 和 $2p_x$、$2p_y$、$2p_z$ 4 个原子轨道经"杂化"后"重新组合"成的 4 个等价原子轨道,称为 sp^3 杂化轨道,每个 sp^3 杂化轨道原来 2s 和 2p 轨道成分所占份额相同,sp^3 杂化轨道的能级高于 2s 而低于 2p。除 sp^3 杂化之外,碳原子轨道还有 sp^2 和 sp 杂化方式,分别形成 3 个 sp^2 杂化轨道和 2 个 sp 杂化轨道,相应地在 sp^2 杂化碳原子中保留了一个 $2p_y$ 轨道,而在 sp 杂化碳原子中,保留了 $2p_y$ 和 $2p_z$ 轨道。在碳原子 sp^3、sp^2、sp 杂化轨道中,s 轨道成分依次增加,杂化轨道形成共价键能力依次增强,而轨道能级依次下降(图 1-1)。

图 1-1　碳原子的基态及不同杂化态的价电子分布与能级图示

碳原子不同杂化轨道所构成的几何形状不同,杂化轨道轴之间角度也不同。sp^3 杂化为四面体型,碳原子位于其中心,sp^3 轨道轴夹角是 $109.5°$;sp^2 杂化为平面三角形,碳原子位于中心,sp^2 轨道轴夹角是 $120°$,未参与杂化的 $2p_y$ 轨道与 sp^2 轨道轴所在平面垂直;sp 杂化为直线型,两个 sp 轨道轴夹角是 $180°$,没杂化的 p($2p_y$,$2p_z$)轨道相互垂直(图 1-2 和图 1-3)。

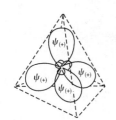

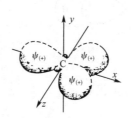

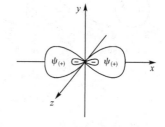

(a)1 个 s 轨道与 3 个 p 轨道形成的 4 个 sp^3 杂化轨道　(b)1 个 s 轨道与 2 个 p 轨道杂化形成的 3 个 sp^2 杂化轨道　(c)1 个 s 轨道和 1 个 p 轨道杂化形成的 2 个 sp 杂化轨道

图 1-2　碳原子不同杂化轨道构型

两个碳原子杂化轨道沿轴对称方向以"头对头"方式相互重叠,在重叠区域内共用自旋反平行一对电子,形成碳碳 σ 键;没有参与杂化 p 轨道之间以轴向平行"肩并肩"方式相互重叠,并在重叠区域内共用自旋反平行的一对 p 电子,形成碳碳 π 键。如图 1-4、图 1-5 所示。

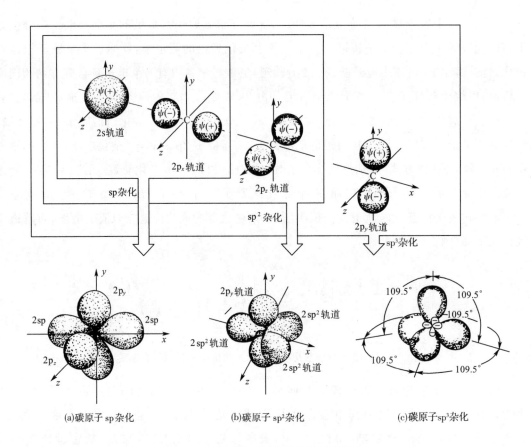

(a)碳原子sp杂化　　　　　(b)碳原子sp²杂化　　　　　(c)碳原子sp³杂化

图 1-3　碳原子不同杂化态的示意图

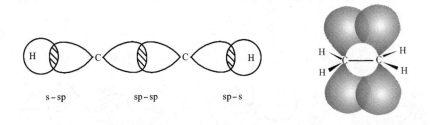

图 1-4　乙炔分子中σ键　　　　　　图 1-5　乙烯分子中π键

sp³ 杂化碳原子其 4 个 sp³ 轨道用于形成 4 个 σ 键，sp² 杂化碳原子 3 个 sp² 轨道和未杂化 2p$_y$ 轨道分别用于形成 3 个 σ 键和 1 个 π 键，sp 杂化碳原子其 2 个 sp 轨道和 2 个未杂化 2p 轨道（2p$_y$，2p$_z$）分别用于形成 2 个 σ 键和 2 个 π 键。例如：

H_3C—CH_3　　有 1 个 C_{sp^3}—C_{sp^3} σ 键和 6 个 C_{sp^3}—H_{1s} σ 键

H_2C=CH_2　　有 1 个 C_{sp^2}—C_{sp^2} σ 键，1 个 C_{2p}—C_{2p} π 键，4 个 C_{sp^2}—H_{1s} σ 键

HC≡CH　　　有 1 个 C_{sp}—C_{sp} σ 键，2 个 C_{2p}—C_{2p} π 键，2 个 C_{sp}—H_{1s} σ 键

在有机化合物中，不但存在 C—C，C—H σ 键，还可存在 C—O、C—N、C—X、C—S、C—Si、C—B 等 σ 键。sp² 杂化碳原子可与 C、O、N、S 等原子形成一个 σ 键和一个 π 键而构

成双键,sp 杂化碳原子还可与 N 原子形成一个 σ 键和两个 π 键而构成叁键。例如:

$$H_3C-\underset{\underset{CH_3}{|}}{\overset{\overset{CH_3}{|}}{Si}}-CH_3 \qquad CH_3CH_2-\ddot{\overset{..}{O}}H \qquad CH_3CH_2-\ddot{\overset{..}{B}}r: \qquad CH_3-\ddot{\overset{..}{S}}-CH_3$$

$$CH_3CH_2-\ddot{N}H_2 \qquad CH_3CH=\ddot{N}H \qquad CH_3CH=\ddot{\overset{..}{O}}: \qquad CH_3C\equiv N:$$

根据价键理论,成键电子对定域处于成键原子之间。价键理论主要内容是:

(a)如果两个原子各有一个未成对电子且自旋反平行,则电子可配对形成一个共价单键如果两个原子各有两个或三个未成对电子,两两配对后就可以形成双键或叁键。

(b)原子未成对电子一经配对,就不能再与其他未成对电子配对,此为共价键的饱和性。

(c)两个原子相互成键轨道交盖越多,或电子云重叠越多,形成的共价键越强,成键后体系稳定性越好。因此,轨道交盖应尽可能地在电子云密度最大的区域发生,此为共价键方向性,如图 1-6 所示。

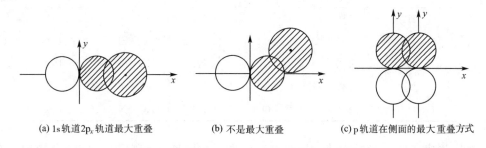

(a) 1s 轨道 2p$_x$ 轨道最大重叠 　　(b) 不是最大重叠 　　(c) p 轨道在侧面的最大重叠方式

图 1-6　2p 轨道与 1s 轨道及 2p 轨道之间的重叠

(2)分子轨道理论

分子轨道理论认为,原子轨道中可成键单电子进入分子轨道中配对形成化学键,成键电子不再定域于两个成键原子之间,而是离域在整个分子内。分子轨道是成键电子在整个分子中运动的状态函数,用 ψ 表示。分子轨道有一定能级,分子中价电子根据能量最低原理、Pauli 原理和 Hund 规则逐级排布在不同分子轨道中。

分子轨道(ψ)可以通过原子轨道波函数(φ)线性组合近似导出,可分为成键轨道和反键轨道。基态时,两个自旋反平行价电子优先占据成键轨道,反键轨道没有电子。如图 1-7 所示为氢分子基态时分子轨道电子排布。

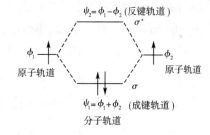

图 1-7　氢分子基态时分子轨道的电子排布

原子轨道组成分子轨道应满足一定条件:

(a)能级相近原子轨道才能有效地组合成分子轨道;

(b)原子轨道对称性相同(即位相相同)时,才能组合成有效的分子轨道,此为轨道的对称性匹配;

(c)原子轨道相互交盖程度越大,形成的成键分子轨道越稳定。

"形成共价键的电子分布在整个分子之中",这是分子轨道理论观点。由分子轨道理论来描述离域体系(如苯和共轭二烯等)有不可替代的优势,但由价键理论的定域观点描述分子成键模式比较直观形象,易于理解,故价键理论至今仍适用于常见有机分子结构。

2.共价键的属性

有机化合物中,共价键属性是指键长、键能、键角和键的极性(偶极矩)等,这些物理量可用于说明共价键的性质。

(1)键长

分子中两个相互成键原子核间的距离称为键长。理论上可用量子力学方法近似计算出键长,实际上可通过 X-射线衍射实验方法来测定。常见共价键键长列于表 1-2 中。

表 1-2   常见共价键键长

共价键	键长/nm	共价键	键长/nm	共价键	键长/nm
C—H	0.110	C—C	0.154	C—F	0.141
O—H	0.097	C=C	0.134	C—Cl	0.177
N—H	0.103	C≡C	0.120	C—Br	0.191
C—N	0.147	C=N	0.128	C—I	0.212
C—O	0.143	C=O	0.121	C≡N	0.116

键长与成键原子半径大小、成键方式有关。相同原子间单键、双键、叁键键长依次减小,同类型共价键中,键长越短,键的强度越大。不同化合物中,同类型共价键键长略有不同。

(2)键能

两个成键原子在形成共价键过程中释放出的能量或共价键断裂形成两个原子过程中所吸收的能量称为键能(单位:$kJ \cdot mol^{-1}$)。气态双原子分子键能与键的解离能相同,在多原子分子中,两者不一致。例如,甲烷中各 C—H 键解离能依次为

$$CH_4 \longrightarrow \cdot CH_3 + H\cdot \qquad E_d = 423 \ kJ \cdot mol^{-1}$$

$$\cdot CH_3 \longrightarrow \dot{C}H_2 + H\cdot \qquad E_d = 439 \ kJ \cdot mol^{-1}$$

$$\dot{C}H_2 \longrightarrow \dot{C}H + H\cdot \qquad E_d = 448 \ kJ \cdot mol^{-1}$$

$$\dot{C}H \longrightarrow \dot{C} + H\cdot \qquad E_d = 347 \ kJ \cdot mol^{-1}$$

甲烷 C—H 键键能是以上 4 个解离能的平均值:

$$(423 + 439 + 448 + 347)kJ \cdot mol^{-1}/4 = 414 \ kJ \cdot mol^{-1}$$

键能大小可反映出成键两原子形成共价键的强度,键能越大则键越牢固。在不同化合物中,同类型共价键解离能和键能也不同。表 1-3 列出了一些常见共价键平均键能。

表 1-3　　　　　　　　　常见共价键平均键能　　　　　　(kJ·mol⁻¹,25 ℃,气相)

H	C	N	O	F	S	Cl	Br	I	
436.0	414.2	389.1	464.4	568.2	347.3	431.8	366.1	298.2	H
	347.3①	305.4②	359.8③	472④	272.0	350④	293④	239④	C
		163.2⑤	221.8	272.0	192.5	192.5			N
			196.6	188.3	497.9	217.6	200.8	234.3	O
				154.8					F
					251.0	255.2	217.6		S
						242.7			Cl
							192.5		Br
								150.6	I

① $C=C$　610.9, $C\equiv C$　836.8
② $C=N$　615.0, $C\equiv N$　891.2
③ $C=O$　736.4(醛),748.9(酮),803.3(二氧化碳)
④ 在 CH_3X 中
⑤ $N=N$　418.4, $N\equiv N$　944.7

利用平均键能或解离能可以估算有机反应焓变,由此可判断反应热效应。一般来说,产物分子中键能总和与反应物分子中键能总和差值可近似视为反应热,在化学反应中,当新键生成所放出能量大于旧键断裂所吸收能量时,为放热反应,$\Delta H^{\ominus}$ 为负值;反之,为吸热反应,$\Delta H^{\ominus}$ 为正值。

(3)键角

在多原子分子中,两价或两价以上的原子与其他原子成键后,键轴之间夹角称为键角。键角可反映出分子空间结构,键角大小与成键原子尤其是中心原子直接相关,也与和成键原子相连原子或基团有关。即便是同类共价键,分子中各原子或基团相互影响,常使得键角也有所不同。例如:

在表示分子立体结构(分子中原子或基团在空间的取向、分布)时,常使用立体透视式,其中实线"—"表示所连原子或基团在纸面中,楔型实线"——"和楔型虚线"⸺"分别表示离开纸面指向读者或背向读者,中心原子在纸面中。

(4)键的极性

在双原子分子中,相同原子形成共价键时,电子云对称地分布在两原子之间,共价键没有极性,为非极性共价键。不同两原子形成的共价键,由于成键原子电负性不同,电负性较大的原子具有较高电子云密度,因此带有部分负电荷(以 δ^- 表示);而电负性较小的原子则带有部分正电荷(以 δ^+ 表示),这种共价键为极性共价键。

共价键极性大小由偶极矩度量,偶极矩(μ)是正、负电荷中心之间的距离(d)与正或负电荷量(q)乘积:$\mu = q \cdot d$,单位为 $C \cdot m$。偶极矩是矢量,一般用" ⟶ "表示极性共价键的偶极方向,箭头指向带有部分负电荷的成键原子或基团。

$$H-H \qquad Cl-Cl \qquad \overset{\delta^+ \quad \delta^-}{\underset{\longrightarrow}{H-----Cl}}$$
$$\mu=0 \qquad \mu=0 \qquad\qquad\qquad \mu=3.57\times10^{-30}\ C\cdot m$$

一般形成共价键两原子电负性差别越大,键的极性越强。有机分子中常见元素电负性值(Pauling 值)列于表 1-4 中。

表 1-4 　　　　　常见元素电负性值

H						
2.1						
Li	Be	B	C	N	O	F
1.0	1.5	2.0	2.5	3.0	3.5	4.0
Na	Mg	Al	Si	P	S	Cl
0.9	1.2	1.5	1.8	2.1	2.5	3.0
K	Ca					Br
0.6	1.0					2.8
						I
						2.5

同种原子不同杂化态,其电负性不同。例如:

	C_{sp^3}	C_{sp^2}	C_{sp}	N_{sp^3}	N_{sp^2}	N_{sp}
电负性	2.48	2.75	3.29	3.08	3.94	4.67

分子中所有化学键偶极矩(即键矩)的矢量和等于分子偶极矩。偶极矩为零的分子是非极性分子,反之为极性分子。分子偶极矩越大,极性就越强。

常见共价键的偶极矩见表 1-5。

表 1-5 　　　　　常见共价键偶极矩(键矩)

共价键	$\mu/(10^{-30}\ C\cdot m)$	共价键	$\mu/(10^{-30}\ C\cdot m)$	共价键	$\mu/(10^{-30}\ C\cdot m)$
H—C	1.33	C—F	4.70	C—N	0.73
H—N	4.37	C—Cl	4.78	C—O	2.47
H—O	5.04	C—Br	4.60	C—S	3.00
H—S	2.27	C—I	3.97	C=O	7.67

键的极性决定了分子极性,影响着分子的物理化学性质(沸点、熔点、溶解度等)。

在外电场作用下,共价键极性发生改变称为键的极化。成键原子体积越大,电负性越小,对成键电子对约束力就越小,则键的可极化性(即键的极化度)就越大,在外电场作用下就越容易发生键的极化。在有机分子中 π 键比 σ 键易极化。由于卤素电负性大小次序为 F

>Cl>Br>I，原子体积大小次序为 F<Cl<Br<I，不同碳卤键极化度大小次序为 C—F<C—Cl<C—Br<C—I。分子中共价键无论是否有极性，都有不同程度极化度。键的极化度越大，说明化学键在极性条件下越易于极化，就越容易发生变形并因此具有较高的化学反应活性。

3. 共价键极性在链上传递——诱导效应

由于分子中成键原子电负性不同，导致成键电子发生偏移，产生极性共价键。这种极性共价键通过静电诱导作用，使相邻化学键发生不同程度极化的作用称为诱导效应（Inductive effect，I 效应）。诱导效应是分子中固有的电子效应，是分子中原子相互影响的结果。在有机化合物中，诱导效应在碳链上传递在超过 3 个共价键时便很快减弱。例如，正氯丁烷中氯电负性较大，使 $C_1^{\delta^+}$—Cl^{δ^-} 键有极性，氯强吸引电子作用可通过 C_1 影响到 C_2 和 C_3 并使 C_1—C_2 和 C_2—C_3 共价键也发生极化，但极化程度依次减弱。C_1、C_2 和 C_3 因缺少电子（Cl 吸引电子结果）而带有的部分正电荷也依次减少：

$$CH_3 \xrightarrow{\delta\delta\delta^+} CH_2 \xrightarrow{\delta\delta^+} CH_2 \xrightarrow{\delta^+} CH_2 \xrightarrow{\delta^-} Cl$$

部分电荷 $+0.002$ $+0.028$ $+0.681$ -0.713

分子中诱导效应是由极性键诱导作用产生、沿化学键传递的电子偏移现象，属于静态诱导效应；在一定环境中由外电场（如带电试剂、极性溶剂）影响而产生键的极化及其所表现出的诱导效应称为动态诱导效应。

相互连接两原子或基团中具有较大电负性的原子或基团属于吸电子基，具有负诱导效应（−I）。反之，则为供电子基团，具有正诱导效应（+I）。常见原子或基团吸电子−I 效应强弱次序为：

$$-NR_3^+ > -NO_2 > -CN > -COOH > -COOR > \text{C}=\text{O} > -F > -Cl > -Br > -I > -OCH_3 >$$
$$-OH > -C_6H_5 > -CH=CH_2 > H > -CH_3 > -C_2H_5 > -CH(CH_3)_2 > -C(CH_3)_3 > -COO^- > -O^-$$

此次序以乙酸中甲基上氢为相对比较标准，将上述各基团或原子分别取代乙酸中 CH_3 上氢原子，如果取代乙酸酸性大于乙酸，则该取代基有吸电子诱导效应。

一般排在 H 前的为吸电子基，有−I 效应，排在 H 后则为供电子基，有+I 效应。然而，不同化合物中相同基团的诱导效应性能可以不同，如在甲基苯中甲基有+I 效应，苯环有−I 效应，但硝基苯中硝基有−I 效应，而苯环有+I 效应。

$$\langle \text{苯环} \rangle \longleftarrow CH_3 \qquad \langle \text{苯环} \rangle \longrightarrow NO_2$$
$$-I \qquad +I \qquad\qquad +I \qquad -I$$

1.3 有机反应中共价键断裂

1.3.1 共价键断裂方式和有机反应类型

在有机反应中，通常根据共价键断裂方式把有机反应分为三大类。一类是共价键平均断裂（homolysis）生成自由基，由此导致的反应称为均裂反应或自由基型反应：

$$A\cdot\ \vdots\ \cdot B \longrightarrow A\cdot\ +\ \cdot B$$

促使均裂反应发生的条件是光照、辐射、加热或使用自由基引发剂(一般为过氧化物)。另一类是共价键异裂(heterolysis),可生成正、负离子,由此可导致极性条件下发生(常需使用催化剂)的异裂反应或离子型反应:

$$:A^- + B^+ \longleftarrow A:B \longrightarrow A^+ + :B^-$$

第三类反应是在反应过程中不生成自由基或者正、负离子的协同反应,反应中共价键断裂和生成通过环状过渡态协同进行,协同反应又称周环反应。

自由基型反应可分为取代反应、加成反应和消除反应,离子型反应也有取代、加成和消除反应。依据试剂性质,又有亲电取代、亲核取代及亲电加成、亲核加成等反应类型之别。

1.3.2　有机反应中活泼中间体

当有机反应经历几步才完成时,反应过程中会生成相应活泼中间体(Intermediate),如碳自由基、碳正离子、碳负离子,这些化学反应过程中生成的具有高反应活性的中间物种,其存在时间极短,一般不能游离存在。

1. 碳自由基

在自由基型反应中,共价键平均断裂生成自由基(Free radical):

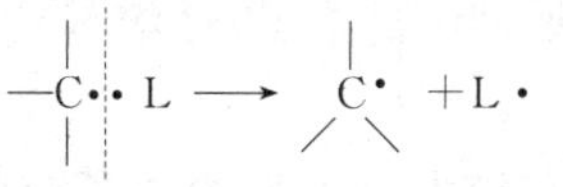

$$-\overset{|}{\underset{|}{C}}\cdot L \longrightarrow \overset{|}{C}\cdot\ + L\cdot$$

多数烷基自由基是平面或近似平面构型,带有单电子碳原子是 sp^2 杂化态,未成对单电子处于未参与 sp^2 杂化的 $2p$ 轨道中,该轨道与 sp^2 杂化平面垂直。但是,随着与 sp^2 杂化碳原子相连接原子或基团的不同,碳自由基构型可不同程度地偏离平面三角形。

2. 碳正离子、碳负离子

在离子型反应中,共价键异裂可生成碳正离子(Carbocation)和碳负离子(Carbanion)。

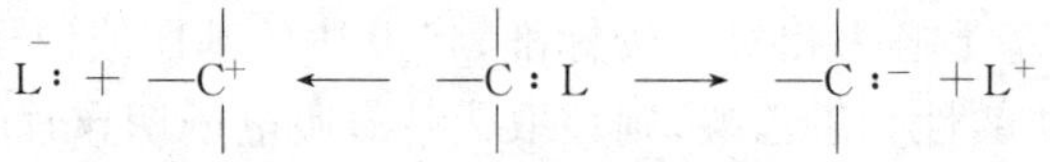

$$L: + -\overset{|}{\underset{|}{C}}{}^+ \longleftarrow -\overset{|}{\underset{|}{C}}:L \longrightarrow -\overset{|}{\underset{|}{C}}:^- + L^+$$

碳正离子一般是平面三角形,带正电荷的碳原子是 sp^2 杂化,未杂化 $2p$ 空轨道垂直于杂化轨道所居平面。碳正离子是缺电子体,易与给电子试剂(又称亲核试剂)作用形成化学键。

烷基碳负离子一般是四面体构型,带负电荷碳原子是 sp^3 杂化态。碳负离子是富电子体,易与缺电子试剂(又称亲电试剂)作用形成化学键。

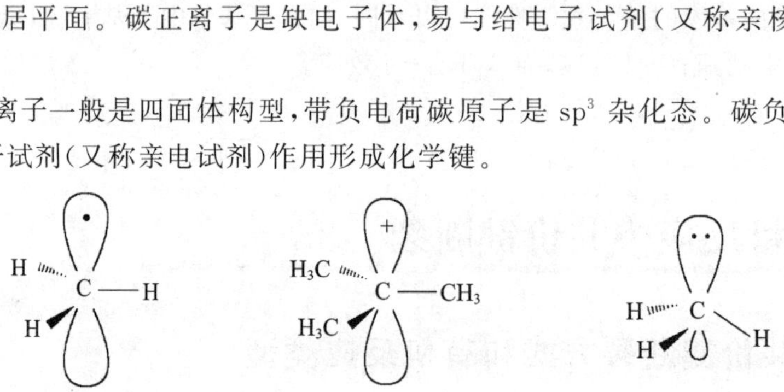

碳自由基、碳正离子及碳负离子都是内能很高的活泼中间体,当给电子性质(+I 效应)基团与碳自由基或碳正离子相连时,或吸电子性质(-I 效应)基团与碳负离子相连时,将使

活性中间体内能下降,稳定性增加。一个带电体系稳定性与其所带电荷分散程度有关,电荷越分散(电荷密度越小)体系就越稳定。烷基(如甲基—CH_3)是供电子基团(有$+I$效应),当烷基与 sp^2 杂化缺电子碳相连时,有向带正电荷碳提供电子的作用,可以一定程度分散 sp^2 碳上正电荷,使碳正离子因正电荷密度下降而稳定。带正电荷碳上连接烷基越多,该碳正离子稳定性越好。

可以把碳正离子看作是从相应碳自由基失去一个电子后生成的产物,由实验可以测得相应自由基电离势为

$$\dot{C}H_3 \longrightarrow \overset{+}{C}H_3 + e^- \qquad\qquad 958kJ \cdot mol^{-1}$$

$$\dot{C}H_2CH_3 \longrightarrow \overset{+}{C}H_2CH_3 + e^- \qquad\qquad 845kJ \cdot mol^{-1}$$

$$CH_3\dot{C}HCH_3 \longrightarrow CH_3\overset{+}{C}HCH_3 + e^- \qquad\qquad 761kJ \cdot mol^{-1}$$

$$(CH_3)_3C \cdot \longrightarrow (CH_3)_3\overset{+}{C} + e^- \qquad\qquad 715kJ \cdot mol^{-1}$$

而生成相应自由基所需解离能为:

$$H_3C—H \qquad CH_3CH_2—H \qquad (CH_3)_2CH—H \qquad (CH_3)_3C—H$$

$E_d /(kJ \cdot mol^{-1})$　423　　　　410　　　　　　397　　　　　　　380

可见烷烃分子按下式生成碳自由基以及碳正离子时,

$$R—H \xrightarrow{-\dot{H}} R \cdot \xrightarrow{-e^-} R^+$$

有内能大小次序:

$$\dot{C}H_3 > CH_3\dot{C}H_2 > (CH_3)_2\dot{C}H > (CH_3)_3\dot{C}$$

$$\overset{+}{C}H_3 > CH_3\overset{+}{C}H_2 > (CH_3)_2\overset{+}{C}H > (CH_3)_3\overset{+}{C}$$

即烷基碳自由基以及碳正离子相对稳定性为

$$(CH_3)_3\dot{C} > (CH_3)_2\dot{C}H > CH_3\dot{C}H_2 > \dot{C}H_3$$

$$(CH_3)_3\overset{+}{C} > (CH_3)_2\overset{+}{C}H > CH_3\overset{+}{C}H_2 > \overset{+}{C}H_3$$

1.4　有机反应酸碱概念

很多有机反应都可以归类于酸碱反应,下述反应物即属于质子酸碱概念范畴:

$$CH_3COOH + \overset{..}{N}H_2CH_2CH_3 \longrightarrow CH_3CO\overset{-}{O}\overset{+}{N}H_3CH_2CH_3$$

给出质子物种(CH_3COOH)称为酸,接受质子的物种($\overset{..}{N}H_2CH_2CH_3$)称为碱。从共轭酸碱角度看,酸在反应中给出质子后生成共轭碱,而碱在接受质子后生成共轭酸:

$$CH_3COOH \Longrightarrow CH_3COO^- + H^+$$
$$\text{酸} \qquad\qquad \text{共轭碱} \qquad \text{质子}$$

$$:NH_2CH_2CH_3 + H^+ \Longrightarrow \overset{+}{H}NH_2CH_2CH_3$$
$$\text{碱} \qquad\qquad \text{质子} \qquad \text{共轭酸}$$

两个共轭酸碱对同时存在于反应平衡体系。物种酸性越强其共轭碱碱性就越弱,反之亦然。

酸碱反应遵从强酸置换弱酸,强碱置换弱碱规律。例如:

$$CH_3\overset{-}{C}OONa + HCl \longrightarrow CH_3COOH + NaCl$$

$$CH_3CH_2\overset{+}{N}H_3\overset{-}{Cl}+NaOH \longrightarrow CH_3CH_2NH_2+NaCl+H_2O$$

在一些有机反应中,不体现质子得失,而呈现电子转移,此为路易斯(Lewis)酸碱概念的反应。例如:

$$(C_2H_5)_2\overset{..}{\underset{..}{O}}:+BF_3 \Longleftarrow (C_2H_5)_2\overset{..}{\underset{..}{O}} \longrightarrow BF_3$$

提供电子者$[(C_2H_5)_2\overset{..}{\underset{..}{O}}:]$为碱,而容纳电子者$(BF_3)$为酸。在乙酸和乙醇生成乙酸乙酯和水的反应中,乙酸失去羟基(—OH),而不是质子(H^+),乙醇失去质子(H^+),而不是羟基(—OH)。反应结果是乙醇氧原子提供电子对与乙酸中双键碳(缺电子中心)原子形成共价键,置换出羟基,生成酯和水。

$$CH_3-\overset{\overset{O}{\|}}{C}-\overset{18}{OH}+H-\overset{..}{\underset{..}{O}}C_2H_5 \Longleftrightarrow CH_3-\overset{\overset{O}{\|}}{C}-OC_2H_5+H_2\overset{18}{O}$$

这也是一个酸碱反应,乙醇是 Lewis 碱,乙酸是 Lewis 酸。在有机反应中,往往会出现质子酸碱和路易斯酸碱两种反应形式。如异丁烯与溴化氢加成反应分两步完成的:

(1)
$$\underset{H_3C}{\overset{H_3C}{>}}C=CH_2 +H\overset{+}{}\overset{-}{Br} \longrightarrow \underset{H_3C}{\overset{H_3C}{>}}\overset{+}{C}-CH_2\overset{H}{|} + Br^-$$

(2)
$$\underset{H_3C}{\overset{H_3C}{>}}\overset{+}{C}-CH_2\overset{H}{|} + Br^- \longrightarrow \underset{H_3C}{\overset{H_3C}{>}}\overset{\overset{Br}{|}}{C}-CH_2\overset{H}{|}$$

第(1)步是 HBr 提供质子,异丁烯接受质子生成碳正离子,属质子酸碱反应,HBr 是酸,烯烃官能团是碱。第(2)步是碳正离子接受 Br^- 提供的一对电子生成产物 2-甲基-2-溴丙烷,碳正离子是 Lewis 酸,Br^- 是 Lewis 碱,属 Lewis 酸碱反应。广义而言,凡是共价键发生异裂的反应都可看作酸碱反应。例如:

$$(CH_3)_2CH\overset{-}{O}\overset{+}{Na} + \overset{\delta-}{Br}-\overset{\delta+}{CH_2}CH_3 \longrightarrow CH_3CH_2-OCH(CH_3)_2+NaBr$$

这个反应是 $(CH_3)_2CHO^-$(Lewis 碱)取代了 $BrCH_2CH_3$ 中的 Br^-,$(CH_3)_2CHO^-$ 中的氧提供一对电子,与 $\overset{\delta-}{Br}CH_2\,CH_3$ 中缺电子 $\overset{\delta+}{C}H_2$(Lewis 酸)形成共价键(O—C 键),可归属于 Lewis 酸碱反应。

1.5 有机化合物分类

有机化合物的数量庞大,分类方法多种多样。由于有机化合物的结构(或构造)特点与其性质有密切关系,故一般按有机化合物分子结构(或构造)采取两种分类方法:一种按分子碳骨架分类,另一种则是按分子中所含官能团分类。

1.5.1 按碳架分类

按构成分子碳骨架不同,可将有机化合物分为以下 4 种类型。

1. 开链化合物

分子中碳原子相互连接成链状,称为开链化合物,又称脂肪族化合物。例如:

$CH_3(CH_2)_4CH_3$	$CH_3(CH_2)_{10}CH_2OH$	$CH_3(CH_2)_{15}CH_2CO_2H$	$(C_2H_5)_2O$
正己烷	正十二碳醇(月桂醇)	十八碳酸(硬脂酸)	乙醚

2. 脂环(族)化合物

分子中碳原子相互连接形成环状结构。例如:

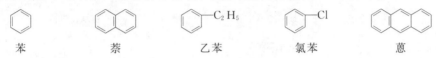

| 环己烷 | 环己基甲酸 | 环己烯 | 环己醇 | 环己酮 |

3. 芳香族化合物

分子中含有苯环结构的化合物,其性质与脂环族化合物明显不同。例如:

| 苯 | 萘 | 乙苯 | 氯苯 | 蒽 |

4. 杂环化合物

成环原子含杂原子(N、O、S 等)芳香族的化合物。例如:

| 吡咯 | 吡啶 | 喹啉 | 噻吩 | 呋喃 | 糠醛 |

1.5.2 按官能团分类

官能团是指分子中具有较高化学活性,容易发生反应的原子或基团。官能团代表着化合物主要结构特征,决定着化合物主要性质。含有相同官能团的化合物具有相同或相近的理化性质。常见官能团及其类别见表1-6。

表 1-6   一些常见官能团及化合物类别

化合物类别	化合物实例	官能团	官能团名称
羧酸	CH_3COOH	$-\overset{\overset{O}{\parallel}}{C}-OH$	羧基
磺酸	$C_6H_5SO_3H$	$-SO_3H$	磺基
酯	$CH_3CO_2C_2H_5$	$-\overset{\overset{O}{\parallel}}{C}-OR$	烷氧甲酰基
酰卤	CH_3COCl	$-\overset{\overset{O}{\parallel}}{C}-X$	卤代甲酰基

(续表)

化合物类别	化合物实例	官能团	官能团名称
酰胺	CH_3CONH_2	$\overset{O}{\underset{\|}{-C-NH_2}}$	氨基甲酰基
腈	CH_3CN	$-CN$	氰基
醛	CH_3CHO	$-CHO$	醛基
酮	CH_3COCH_3	$(C)-\overset{O}{\underset{\|}{C}}-(C)$	酮基
醇(酚)	C_2H_5OH （PhOH）	$-OH$	羟基
硫醇(硫酚)	C_2H_5SH （PhSH）	$-SH$	巯基
炔烃	$CH_3C\equiv CH$	$-C\equiv C-$	炔基(三键)
烯烃	$CH_3CH=CH_2$	$C=C$	烯基(双键)
胺	$C_2H_5NH_2$	$-NH_2$	氨基
醚	$(CH_3CH_2)_2O$	$(C)-O-(C)$	烃氧基(醚键)
芳烃	$C_6H_5CH_3$	$-C_6H_5$	苯基
卤代烃	CH_3CH_2Cl	$(C-X)$	卤基(卤原子)
硝基化合物	CH_3NO_2 （$PhNO_2$）	$-NO_2$	硝基
重氮化合物	$H_5C_6N_2^+Cl^-$	$(C)-N_2^+Cl^-$	重氮官能
偶氮化合物	$H_5C_6-N=N-C_6H_5$	$(C)-N=N-(C)$	偶氮官能

有机分子中分别含有表 1-6 所述官能团时,构成不同类别的有机化合物,有相应类别名称。如果含有多个不同官能团,化合物类别的母体名称一般取决于排序在前的官能团。

习　题

1-1 简述下列基本概念:

键能　键的极性　构造和结构　亲电试剂与亲核试剂　诱导效应　反应中间体

1-2 根据键能数据,判断乙烷分子(CH_3CH_3)在受热裂解时,哪种共价键易发生平均断裂?

1-3 根据电负性数据,以 δ^+ 和 δ^- 标注下列极性共价键的原子上所带的部分正电荷或部分负电荷。

$O-H, N-H, H_3C-Br, O=C=O, C-O, H_2C=O$

1-4 判断下列化合物中心碳(或硫)原子杂化状态。

(1) $HC\equiv CH$　　$HC\equiv N$　　$^-C\equiv N$　　$HC\equiv C^-$

(2) $H_2C=CH_2$　　$H_2C=O$　　CH_3OH　　$H_2C=C=CH_2$

(3) CH_2O　　CO　　SO_3　　SO_2

(4) $CH_3CH_2^+$　　$(CH_3)_3C\cdot$　　$H_2C=CH^+$

1-5 区别下列物种是亲核试剂还是亲电试剂。

$BF_3,\ :NH_3, (C_2H_5)_2\overset{\cdot\cdot}{O}, \overset{+}{N}O_2, CH_3\overset{+}{C}H_2, AlCl_3, H_2\overset{\cdot\cdot}{O}, CH_3CH_2\overset{\cdot\cdot}{O}H, H_3O^+, \overset{+}{N}H_4$

$NC^-,\ HC\equiv C^-,\ Br\overset{+}{H}_2, Br^-, HO^-, SO_3, CH_3\overset{\cdot\cdot}{S}CH_3, C_6H_5\overset{\cdot\cdot}{N}H_2, (C_6H_5)_3P:I^-$

1-6 判断如下反应中哪个自由基更容易生成,说明原因。

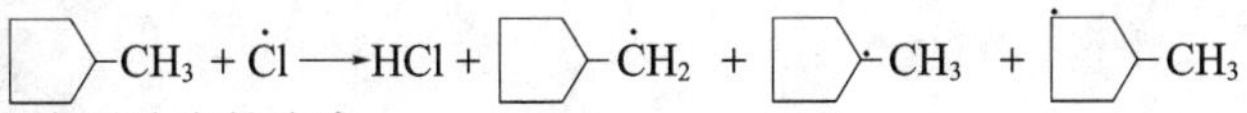

$$\boxed{}\!>\!-CH_3 + \dot{C}l \longrightarrow HCl + \boxed{}\!>\!-\dot{C}H_2 + \boxed{}\!-\dot{C}H_3 + \boxed{}\!-\dot{C}H_3$$

1-7 解释如下碳正离子稳定性次序:

$$(CH_3)_3C^+ > H_3C^+ > (CF_3)_3C^+$$

1-8 排序下列各组化合物酸性强弱:

(1)A. $HC\equiv CH$ B. CH_3CH_3 C. $CH_2\!=\!CH_2$ D. H_2O

(2)A. CH_3CH_2COOH B. $CH_3CHClCOOH$

     C. CH_2ClCH_2COOH D. $CH_3CH(NO_2)COOH$

(3)A. $CH_3CH_2NH_3^+$ B. $CF_3CH_2NH_3^+$

1-9 排序下列化合物指定化学键键长。

(1)乙烷 乙烯 乙炔 苯(C—H 及 C—C 键)

(2)C_2H_5F C_2H_5Cl C_2H_5Br C_2H_5I(碳—卤键)

1-10 下列物质是否有共轭酸和共轭碱?如有,请分别写出。

(1)CH_3NH_2 (2)$C_2H_5O^-$ (3)C_2H_5OH (4)$CH_2\!=\!CH_2$ (5)$CH_3CH_2^+$ (6)$CH\equiv CH$

(7)H_2O (8)CH_3CO_2H (9)$(C_2H_5)_2O$

第2章

饱和烃

只含有碳和氢两种元素的有机化合物简称为烃。在烃类化合物里，碳原子以 4 个共价键分别与 4 个其他原子（C、H）以单键相连构成饱和烃（Saturated hydrocarbons）又称烷烃（Alkanes），有链烷烃和环烷烃之分。

在沼气和天然气中含有小分子饱和烃，当今饱和烃主要来源是石油。石油中各种饱和烃经过炼制，可得到低碳气（炼厂气）、液化气、汽油、煤油、柴油、润滑油、石蜡及沥青等石油初加工产品。

I 链烷烃

链烷烃是指在分子中碳原子之间以单键相互连接形成链状骨架的饱和烃，其通式为 C_nH_{2n+2}（n 为正整数）。两个烷烃分子式在组成上相差一个或数个（CH_2），而在构造和性质上它们又相似或相同，这样的一系列化合物称为同系列，其中每个化合物彼此互为同系物，CH_2 为同系列系差。

2.1 烷烃结构

2.1.1 sp³ 杂化碳原子和碳碳 σ 键

甲烷分子是四面体构型，其中碳原子是 sp^3 杂化，4 个 sp^3 杂化轨道与 4 个氢原子 1s 轨道成键（C_{sp^3}—H_{1s}σ 键）形成了甲烷分子。在甲烷中，∠HCH＝109.5°。

在其他烷烃分子中，碳原子也是 sp^3 杂化，每两个碳原子之间都是由 sp^3 杂化轨道以"头碰头"方式交盖而形成 C_{sp^3}—C_{sp^3} σ 键，每个碳原子都是一个"四面体"中心。在一般烷烃分子中，C—H 键长和 C—C 键长分别约为 0.11 nm 和 0.154 nm，∠CCC 约为 112°；在直链高级烷烃中，依次排列碳原子成锯齿或波浪状：

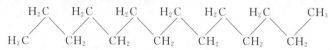

烷烃中 C—C σ 键有饱和性和方向性。形成 C—C σ 键一对电子在两个成键碳原子之间运动轨迹——电子云是沿键轴对称分布的。两个碳原子绕 σ 键轴作相对旋转时不影响 σ 键电子云分布，即不影响形成 C_{sp^3}—C_{sp^3} σ 键 sp^3 杂化轨道之间交盖程度。所以，σ 键两端的碳原子可以绕 σ 键轴"自由"旋转，此为 σ 键特点之一。

2.1.2　烷烃构造异构

分子中原子之间相互连接的方式和顺序称为分子的构造（Constitution）。严格地讲，有机化合物分子结构（Structure）包含构造、构型（Configuration）和构象（Conformation）三方面。

由分子中原子连接方式和顺序不同导致的同分异构现象称为构造异构。由于中心碳是四价，在烷烃中每个碳原子可与其他碳原子或氢原子成键，随着烷烃中碳原子数目的增加，构造异构体的数目将不断增多。如碳数分别为 6、7、8、9、10、15、20 的烷烃，其相应的构造异构体数目分别为：5、9、18、35、75、4347、366319。戊烷有 3 个构造异构体，即：

$$H_3C—CH_2—CH_2—CH_2—CH_3 \qquad (H_3C)_2CH—CH_2—CH_3 \qquad (CH_3)_4C$$

$$\text{正戊烷} \qquad\qquad\qquad\qquad \text{异戊烷} \qquad\qquad \text{新戊烷}$$

在烷烃分子中，把连有三个氢原子、两个氢原子、一个氢原子及不连有氢原子的碳原子分别叫作伯碳、仲碳、叔碳和季碳，分别记为 $1°C$、$2°C$、$3°C$ 和 $4°C$，而伯（$1°$）、仲（$2°$）、叔（$3°$）碳上连接的氢原子又分别叫作伯氢（$1°H$）、仲氢（$2°H$）、叔氢（$3°H$）。例如

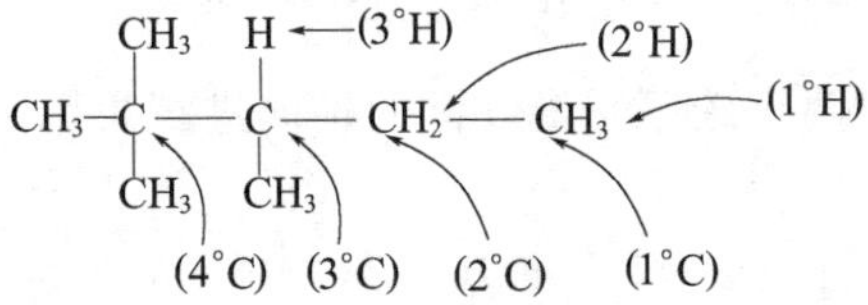

2.1.3　烷烃的构象

通过 σ 键"单键旋转"形成的分子中原子之间不同的空间取向称为构象，由此而产生的立体异构体称为构象异构体。

前面提到，烷烃碳单键中两个碳原子可以绕 σ 键"自由"旋转。此处"自由"是指两个碳原子绕 σ 键轴相对旋转时对该 σ 键成键本质并无影响。然而，旋转中两个碳原子所连其他原子或基团在空间上会产生不同的排列（取向）方式，结果产生了分子的不同构象。由于"自由"旋转可连续进行，因此可产生无数构象异构体。不过，这种"自由"旋转常需要克服一定能量，下面以乙烷和丁烷构象为例说明之。

1.乙烷构象

在乙烷分子中，碳原子绕 σ 键轴相对旋转时，两个甲基上氢原子相对空间位置不断变化，可产生许多不同的空间排列方式，即不同的构象。当两个碳原子上氢原子彼此相距最近时形成的构象称为重叠式（顺叠式）构象；当两个碳上氢原子彼此相距最远时，形成交叉式（反叠式）构象。重叠式构象或交叉式构象是乙烷的两个典型构象，构象的表示通常有立体透视式、锯架式和纽曼（Newman）投影式三种方式。

（1）立体透视式

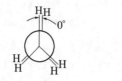

重叠式构象　　　　　　　　交叉式构象

实线键表示在纸平面中,虚线键表示在纸面背后(远离读者),实锲形键表示在纸面之上(指向读者)。

（2）锯架式

重叠式(顺叠式)构象　　　交叉式(反叠式)构象

（3）纽曼投影式

重叠式(顺叠式)构象　　　交叉式(反叠式)构象

乙烷的纽曼投影式是把两个碳原子沿 σ 键的轴向进行投影,前面的碳和氢以 表

示,碳氢键指向读者;后面的碳和氢以 表示,碳氢键背向读者。当旋转角(两面

角)为 0°、120°、240°、360°时,形成重叠式构象,旋转角为 60°、180°、300°时,形成交叉式构象。

在重叠式构象中,两个碳上 C—H 键重叠相对,则 C—H σ 键电子因相距最近而相互排斥,产生的扭转张力也最大;该构象内能较大,并不稳定,可自动转变为交叉式构象。交叉式构象中,扭转张力最小,内能最低,稳定性最好。两种构象能量差约为 12.6 kJ·mol⁻¹,此为能垒。乙烷分子在室温下因热运动而产生的能量就足以克服此能垒,故乙烷通常是各种构象不断变化的动态平衡体。一般情况下,乙烷构象是指其交叉式和重叠式这两种典型构象。如图 2-1 所示为乙烷不同构象时的能量曲线。

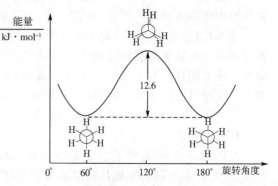

图 2-1　乙烷不同构象的能量曲线图

2. 丁烷的构象

丁烷含有 4 个碳原子,构象比乙烷复杂,绕丁烷中 $C_2 \sim C_3$ σ 键键轴旋转不同角度所形成的典型构象有 4 种:

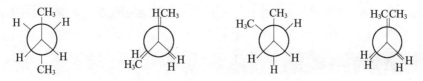

对位交叉式(反叠式) 部分重叠式(反错式) 邻位交叉式(顺错式) 全重叠式(顺叠式)

$\varphi = 0°$ $\varphi = 60°$ $\varphi = 120°$ $\varphi = 180°$

C_2 和 C_3 绕 C_2—C_3 σ 键轴相对旋转一周,产生各种构象的能量变化如图 2-2 所示。

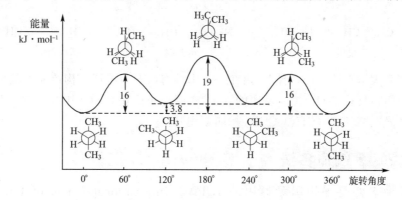

图 2-2 正丁烷不同构象的能量曲线图

能量最低的构象体是对位交叉式(反叠式),其扭转张力和非键张力最小,最为稳定,是优势构象;四种构象体能量由低到高依次为:对位交叉式、邻位交叉式、部分重叠式、全重叠式。全重叠式(顺叠式)构象内能最高,是最不稳定构象,因为该构象中扭转张力(电子对互斥)最大,而且两个重叠位置甲基之间非键张力(范德华力)也最大,四种典型构象体之间能量差别在图 2-2 中已标明。丁烷所有构象体的平衡混合物中,上述全重叠式构象体含量很少,绝大多数以对位交叉构象(优势构象)存在。

丁烷分子沿 C_1—C_2 之间或 C_3—C_4 之间 σ 键轴旋转时,也会产生一系列的不同构象。其他链烷烃,通常是以最稳定的交叉式构象存在为主。

构象及构象变化对有机化合物的理化性质有重要的影响,有时甚至对反应性能起着决定性的作用;尤其是在蛋白质性质及酶生物活性等方面,特定构象具有重要意义。

2.2 烷烃的命名

烷烃(R—H)分子在形式上去掉一个氢原子后余下的部分称为烷基(Alkyl group),以R— 表示。在一个多碳烷烃分子中,可以形成不同烷基。常见烷基有:

$$H_3C- \qquad CH_3CH_2- \qquad CH_3CH_2CH_2- \qquad (CH_3)_2CH-$$

甲基(Me-) 　　乙基(Et-) 　　　正丙基(n-Pr-) 　　　异丙基(i-Pr-)

$$CH_3CH_2CH_2CH_2- \qquad CH_3CHCH_2CH_3 \qquad (CH_3)_3C- \qquad (CH_3)_2CHCH_2-$$

正丁基(n-Bu-) 　　　　仲丁基(s-Bu-) 　　叔丁基(t-Bu-) 　　异丁基(i-Bu-)

2.2.1 普通命名法

普通命名也称习惯命名,适用于简单烷烃。把碳原子数在 10 以内的烷烃,分别用甲、乙、丙、丁、戊、己、庚、辛、壬、癸表示碳原子的数目,多于 10 个碳原子的,则用十一、十二、十三等数目表示,称为某烷。如:

$$CH_3-CH_2-CH_2-CH_2-CH_3 \qquad CH_3-\overset{\overset{\displaystyle CH_3}{|}}{CH}-CH_2-CH_3 \qquad (CH_3)_4C \qquad CH_3(CH_2)_{10}CH_3$$

正戊烷 　　　　　　　　　异戊烷 　　　　　　新戊烷 　　　正十二烷

"正"字表示直链烷烃,"异"字指在一个末端有 $(CH_3)_2CH-$ 构造而无其他支链的烷烃,"新"字专门指具有 $(CH_3)_3C-$ 基团的五、六个碳原子的烷烃。可用"n-"、"iso"、"neo"分别代表"正"、"异"、"新",如 $(CH_3)_3CCH_2-$ 叫新戊基。

2.2.2 系统命名法

系统命名法是采用国际通用的 IUPAC(International Union of Pure and Applied Chemistry:国际纯粹与应用化学联合会)命名原则,结合我国文字特点制订的。根据系统命名法,直链烷烃的命名与普通命名法基本相同;对带有支链的烷烃,常看作直链烷烃的烷基衍生物,命名的基本原则是:

(1)选择最长的碳链为主链,根据主链所含碳原子数目称为某烷;把支链作为取代基,若有相同碳数的最长碳链可选择时,一般应选取含有较多支链的最长碳链作为主链。如下面两个烷烃的主链选择以标注序号的为正确。

$$\overset{1}{CH_3}-\overset{2}{CH}-\overset{3}{CH}-\overset{4}{CH}-CH_2-CH_2-CH_3$$

(2)从靠近支链一端开始对主链上的碳原子编号,当主链编号可有不同顺序时,应选定支链具有"最低系列"的编号,即:在编定位号的主链中,最先遇到的支链所在碳原子位次应最小;依次逐个比较各种编号系列的不同位次,最先遇到的取代基,位次最小,为最低系列。具有相同编号位次时,较小的烷基优先编号。

$$\overset{1}{CH_3}-\overset{2}{CH}-\overset{3}{CH_2}-\overset{4}{CH}-\overset{5}{CH}-\overset{6}{CH_2}-\overset{7}{CH_2}-\overset{8}{CH}-\overset{9}{CH_3}$$

（3）写名称时，取代基名称写在主体名之前，在取代基之前用阿拉伯数字标注取代基在主链上的位号，位号和取代基名称之间用半字线相连。当有多个支链（取代基）时，它们在名称中的列出次序按"次序规则"的规定（见 3.2.3 节），"较优"基团后列出。如：

$$CH_3CH_2CH_2CH_2 \overset{|}{C}HCH_2 \overset{|}{C}HCH_2CH_2CH_3$$
$$\quad\quad\quad\quad\quad C_2H_5\quad CH_2CH_2CH_3$$

6-乙基-4-丙基癸烷

$$CH_3CH_2CH_2 \overset{|}{C} \overset{|}{C}HCH_2CH_3$$
$$\quad\quad\quad\quad C_2H_5\quad CH_3$$

4-甲基-5-乙基辛烷

当含有相同的取代基时，将它们合并，用二、三、四…表示其数目，并标明其所在碳的位次，位次号之间用逗号分开。如

$$\overset{9}{CH_3}-\overset{8}{CH_2}-\overset{7}{\underset{|}{C}H}-\overset{6}{CH_2}-\overset{5}{CH_2}-\overset{4}{\underset{|}{C}H}-CH_2-CH_3$$
$$\quad\quad\quad\quad CH_3\quad\quad\quad CH_3-CH-CH_3$$
$$\quad\quad\quad\quad\quad\quad\quad\quad\quad\quad\quad\quad 3\quad 2\quad 1$$

3,7-二甲基-4-乙基壬烷

$$(CH_3)_2\overset{}{\underset{|}{C}}H-CH_2-\overset{4}{\underset{|}{C}}H-\overset{3}{CH_2}-\overset{2}{C}H(CH_3)_2$$
$$\quad CH_3-CH-\overset{}{\underset{|}{C}}HCH_3$$
$$\quad\quad 7\quad 6\quad\quad 5$$

2,5-二甲基-4-异丁基庚烷

2.3　烷烃物理性质

有机化合物的物理性质通常是指其一般状态、熔点、沸点、折射率、溶解度、相对密度及波谱特征。纯物质的物理性质在一定条件下是固定的，称为物理常数。可通过测定物理常数来鉴定有机化合物及判断其是否为纯物质。有机化合物中构造相近的同系列化合物，其物理常数随相对分子质量的变化而呈现有规律的变化。

1. 沸点(b. p.)

对直链烷烃来说，分子中碳原子数增多，则色散力增大，故分子间作用力（范德华力）增大，所以沸点将随之升高。

在烷烃的同系列中，相对分子质量相差比较大的直链烷烃，沸点差别较大（表 2-1、图 2-3）。

在相同碳原子数目烷烃异构体中，含有较多支链的烷烃沸点较低。例如：

$CH_3(CH_2)_4CH_3$	$CH_3CH_2\underset{CH_3}{\overset{|}{C}}HCH_2CH_3$	$CH_3\underset{CH_3}{\overset{|}{C}}HCH_2CH_2CH_3$	$CH_3\underset{H_3C}{\overset{|}{C}}H\underset{CH_3}{\overset{|}{C}}HCH_3$	$(CH_3)_2\underset{CH_3}{\overset{|}{C}}CH_2CH_3$

沸点　68.9 ℃　　　63.3 ℃　　　　60.3 ℃　　　58.0 ℃　　　49.7 ℃

表 2-1　　　　　　　部分正构烷烃物理常数

名称	分子式	熔点/℃	沸点/℃	相对密度(d_4^{20})	折射率(n_D^{20})
甲烷	CH_4	−182.6	−161.6	0.424[a]	—
乙烷	C_2H_6	−182.0	−88.6	0.546[a]	—
丙烷	C_3H_8	−187.1	−42.2	0.582[a]	1.229 7(沸点)
丁烷	C_4H_{10}	−138.0	−0.5	0.579[b]	1.356 2(−15 ℃)
戊烷	C_5H_{12}	−129.7	36.1	0.626 3	1.357 7
己烷	C_6H_{14}	−95.3	68.9	0.659 4	1.375 0
庚烷	C_7H_{16}	−90.5	98.4	0.683 7	1.387 7
辛烷	C_8H_{18}	−56.8	125.6	0.702 8	1.397 6
壬烷	C_9H_{20}	−53.7	150.7	0.717 9	1.405 6
癸烷	$C_{10}H_{22}$	−29.7	174.0	0.729 8	1.410 2
十一烷	$C_{11}H_{24}$	−25.6	195.9	0.740 2	1.417 2

（续表）

名称	分子式	熔点/℃	沸点/℃	相对密度(d_4^{20})	折射率(n_D^{20})
十二烷	$C_{12}H_{26}$	−9.7	216.3	0.748 7	1.421 6
十三烷	$C_{13}H_{28}$	−6.0	235.5	0.756 4	1.425 6
十四烷	$C_{14}H_{30}$	5.5	253.6	0.762 8	1.429 0
十五烷	$C_{15}H_{32}$	10.0	270.7	0.768 5	1.431 5
十六烷	$C_{16}H_{34}$	18.1	287.1	0.773 3	1.434 5
十七烷	$C_{17}H_{36}$	22.0	302.6	0.778 0	1.436 9
十八烷	$C_{18}H_{38}$	28.0	317.4	0.776 0	1.439 0
十九烷	$C_{19}H_{40}$	32.0	330.0	0.785 5	1.452 9
二十烷	$C_{20}H_{42}$	36.4	324.7	0.779 70[c]	1.430 7(50 ℃)

注 a：在沸点时；b：液体在压力下；c：在熔点时。

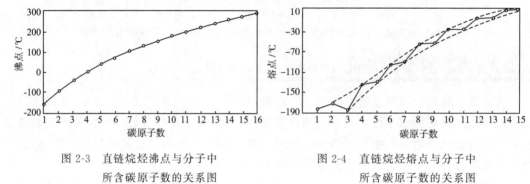

图 2-3　直链烷烃沸点与分子中　　　图 2-4　直链烷烃熔点与分子中
　　　　所含碳原子数的关系图　　　　　　　　所含碳原子数的关系图

2. 熔点(m.p.)

在常温常压下，多于 17 个碳原子的直链烷烃是固体。直链烷烃熔点的变化与相对分子质量变化成正比。具有偶数碳原子直链烷烃对称性较好，烷烃固体中有较高晶格能，熔点升高比相邻含奇数碳原子烷烃熔点较高(图 2-4)。

支链烷烃相对分子质量相同时，对称性好的熔点较高，甚至还可高于直链烷烃的熔点。如：

$$(CH_3)_4C \qquad CH_3CH_2CH_2CH_2CH_3 \qquad (CH_3)_2CHCH_2CH_3$$

熔点　　　　−20 ℃　　　　　−138 ℃　　　　　−160 ℃

3. 相对密度(d_4^{20})

链烷烃的相对密度都小于 1，随着相对分子质量增加，d_4^{20} 值将随之增大，但一般不超过 0.8。相对密度的大小与分子间范德华力有关，分子间力增大，相对密度将增大。相同碳数的烷烃，支链越多，其相对密度越小。如：

$$CH_3CH_2CH_2CH_2CH_3 \qquad (CH_3)_2CHCH_2CH_3 \qquad (CH_3)_4C$$

d_4^{20}　　　0.626 3　　　　　　0.620 1　　　　　　0.613 5

4. 溶解度

烷烃为非极性分子，不溶于水，但在非极性有机溶剂中溶解良好，此为"相似相溶"。

5. 折射率(n_D^{20})

折射率也称折光指数，是有机物固有的物理常数，常随烃碳链增长而增大。一定波长的光在一定温度下透过纯物质时所测得的折射率不变。

2.4　烷烃化学性质

烷烃中 C—C 键或 C—H 键非常稳定,无极性或极性很小,不易与极性或离子型试剂相互作用。因此,烷烃在一般情况下不与强酸、强碱、强氧化剂、强还原剂等发生化学反应,表现出明显的化学惰性。但在非极性反应条件下(如加热或光照),烷烃可与卤素发生自由基型取代反应,在无氧强热条件下烷烃可发生自身裂解变化,在有氧完全燃烧反应中烷烃可转变成 CO_2 和 H_2O,同时放出大量燃烧热。这三类烷烃化学变化在卤代烷的制备、石油加工、能源利用等方面尤为重要。

2.4.1　烷烃燃烧

烷烃用于燃料时按下式完全燃烧,生成 CO_2 和 H_2O,同时放出大量热。

$$C_nH_{2n+2} + \left(\frac{3n+1}{2}\right)O_2 \Longrightarrow nCO_2 + (n+1)H_2O + \Delta H_c^{\ominus}$$

直链烷烃每增加一个 CH_2,燃烧热平均增加约 $659\ kJ \cdot mol^{-1}$。在同碳数烷烃异构体中,直链烷烃燃烧热最大,支链越多,燃烧热越小。例如:

$$CH_3(CH_2)_6CH_3 \quad (CH_3)_2CH(CH_2)_4CH_3 \quad (CH_3)_3C(CH_2)_3CH_3 \quad (CH_3)_3CC(CH_3)_3$$

$-\Delta H_c^{\ominus}/(kJ \cdot mol^{-1})$　5 474　　　　　5 469　　　　　　5 462　　　　　　5 455

由于同分异构体完全燃烧时生成相同产物,消耗氧量也相同,而 $-\Delta H_c^{\ominus}$ 却不同,$-\Delta H_c^{\ominus}$ 大小可反映出烷烃内能大小。一般而言,支链烷烃燃烧热最小,内能最少,最为稳定。部分烷烃燃烧热见表 2-2。

表 2-2　　　　　　　部分烷烃燃烧热

名称	$-\Delta H_c^{\ominus}/(kJ \cdot mol^{-1})$	名称	$-\Delta H_c^{\ominus}/(kJ \cdot mol^{-1})$
甲烷	891	己烷	4 166
乙烷	1 561	庚烷	4 820
丙烷	2 221	辛烷	5 474
丁烷	2 878	壬烷	6 129
戊烷	3 539	癸烷	6 783

2.4.2　烷烃热裂解

烷烃在无氧环境下受强热时,发生碳—碳键、碳—氢键断裂,烷烃裂解成若干个小分子,生成物是低级烷烃、烯烃及氢气等,此为烷烃热裂解反应,例如:

$$
CH_3CH_2CH_2CH_3 \xrightarrow{\geqslant 800\ ℃}
\begin{cases}
\underset{\fbox{$H\quad H$}}{H_2C-CH-CH_2CH_3} \xrightarrow{\text{脱氢}} \underset{\text{1-丁烯}}{H_2C=CHCH_2CH_3} + H_2 \\[4pt]
\underset{\fbox{$H\quad H$}}{H_3C-CH-CHCH_3} \xrightarrow{\text{脱氢}} \underset{\text{2-丁烯}}{H_3CHC=CHCH_3} + H_2 \\[4pt]
\underset{\fbox{$H_3C\quad H$}}{H_2C-CH-CH_3} \xrightarrow{\text{裂解}} \underset{\text{丙烯}}{H_2C=CHCH_3} + \underset{\text{甲烷}}{CH_4} \\[4pt]
\underset{\fbox{$C_2H_5\quad H$}}{CH_2-CH_2} \xrightarrow{\text{裂解}} \underset{\text{乙烯}}{H_2C=CH_2} + \underset{\text{乙烷}}{CH_3CH_3}
\end{cases}
$$

烷烃高温下热解裂反应中,分子发生 C—C 键或 C—H 键的平均断裂,生成了高活性中间体碳自由基或氢原子:

$$
CH_3CH_2CH_2CH_3 \xrightarrow{\triangle} \dot{C}H_3 + \dot{C}H_2CH_2CH_3 + \dot{C}H_2CH_3 + H\cdot + CH_3CH_2CH_2\dot{C}H_2 + CH_3CH_2\dot{C}HCH_3
$$

这些碳自由基进一步变化(结合一个氢原子或再裂解出一个氢原子)便生成烷烃或烯烃,而氢原子与碳自由基反应还可生成烯烃、氢气。如:

$$
\dot{C}H_3 + \dot{C}H_2CH_3 \longrightarrow CH_4 + CH_2=CH_2 + CH_3CH_2CH_3
$$

$$
\dot{C}H_2CH_3 + \dot{C}H_2CH_3 \longrightarrow CH_3CH_3 + CH_2=CH_2
$$

$$
\dot{C}H_3 + \dot{C}H_2CH_2CH_3 \longrightarrow CH_4 + CH_2=CHCH_3
$$

$$
CH_3CH_2CH_2\dot{C}H_2 + \dot{H} \longrightarrow CH_3CH_2CH=CH_2 + H_2
$$

在石油加工企业中,被称为"龙头"的生产过程就是烷烃热裂化,用以生产乙烯、丙烯、丁二烯等重要化工原料。通过热裂化还可将重油热解为汽油。在催化剂存在下烷烃热裂解又称为催化裂化,用于石油加工。

在热裂解反应中,解离能较小共价键较易断裂。C—C 键较 C—H 键易断裂,不同 C—H 键,断裂生成相应碳自由基所需能量不同。可根据键的解离能和烷烃生成热计算出烷基自由基生成热,从下面所列各自由基生成热($\Delta H_f^\ominus$)大小可见,叔碳自由基最易生成。不同类型(1°、2°、3°)烷基自由基的稳定性次序为:叔(3°)＞仲(2°)＞伯(1°)。

自由基	$CH_3CH_2CH_2\dot{C}H_2$	$CH_3CH_2\dot{C}HCH_3$	$(CH_3)_3\dot{C}$
$\Delta H_f^\ominus /(kJ\cdot mol^{-1})$	67.0	54.4	37.7

2.4.3 烷烃卤代反应

甲烷很稳定(燃烧热为 891 kJ·mol^{-1})。在 1 000 ℃时,甲烷方能发生热裂解,但在光照或加热到 250 ℃以上时,即可与氯气顺利发生反应,生成氯代甲烷和氯化氢。

$$CH_4 + Cl_2 \xrightarrow[\text{或}\triangle]{h\nu} CH_3Cl + HCl$$

在甲烷与氯气的反应中,还会生成相当量的 CH_2Cl_2、$CHCl_3$ 和 CCl_4。如果反应体系中 CH_4 与 Cl_2 的摩尔比达到 10：1 或 1：4,可得主产物 CH_3Cl 或 CCl_4。然而,令人困惑的是,该反应体系发现有少量副产物氯代乙烷生成。为解释这些事实,必须要深入解读甲烷氯代的反应历程。

1. 甲烷卤代反应机理

反应机理(Reaction mechanism)是指某一特定化学反应所经历的途径或过程,也叫反应历程。反应机理是化学工作者根据实验事实作出的化学反应进行方式的理论假说。一个反应机理所描述的反应发生方式和途径与反应真实情况越接近,则该机理预测反应条件(温度、试剂、浓度、溶剂、催化剂等)对反应性能(活性、选择性)和反应结果的影响,以及反应物和试剂变化对反应速率和反应途径的影响等就越符合实际,指导意义越大。迄今为止,有机化学反应中,基本上研究清楚的反应机理为数不多。目前公认的甲烷氯代反应机理为:

(1) $Cl—Cl \xrightarrow[\text{或加热}]{\text{光照}} 2\,Cl\cdot$　　自由基引发阶段

(2) $Cl\cdot + H\!\frown\!CH_3 \longrightarrow HCl + \cdot CH_3$　　链增长阶段

(3) $Cl\!\frown\!Cl + \cdot CH_3 \longrightarrow Cl\cdot + Cl—CH_3$

(2)和(3)往复发生。

(4) $Cl\cdot + Cl\cdot \longrightarrow Cl—Cl$

(5) $Cl\cdot + \cdot CH_3 \longrightarrow Cl—CH_3$　　⎫ 链终止阶段

(6) $\cdot CH_3 + \cdot H_3C \longrightarrow CH_3—CH_3$　　⎭

甲烷氯代反应历经上述(1)、(2)、(3)步反应完成。首先是反应(1)发生,即在光照或加热条件下,氯分子离解成氯原子,接着在(2)式中,氯原子夺得甲烷中氢原子生成氯化氢和甲基自由基,后者在(3)式中与氯分子中氯结合生成了一氯甲烷和另一个氯原子;(2)式和(3)式循环,发生类似链传递式反应,结果生成大量的 CH_3Cl。(1)式为自由基引发(也称链引发)反应;(2)式和(3)式为生成 CH_3Cl 链式反应增长阶段;(4)式、(5)式和(6)式中两个原子或自由基相互偶合生成分子,当这种反应占主导地位时,链式传递反应将逐渐停止,此为链终止阶段。

上述反应中,化学键均裂生成了活泼中间体碳自由基,故该反应是自由基型取代反应。

按照上述反应机理,生成的 H_3CCl 在反应体系中作为反应物,也可进行下述自由基反应,生成 CH_2Cl_2,后者进一步反应可得到 $HCCl_3$ 以及 CCl_4:

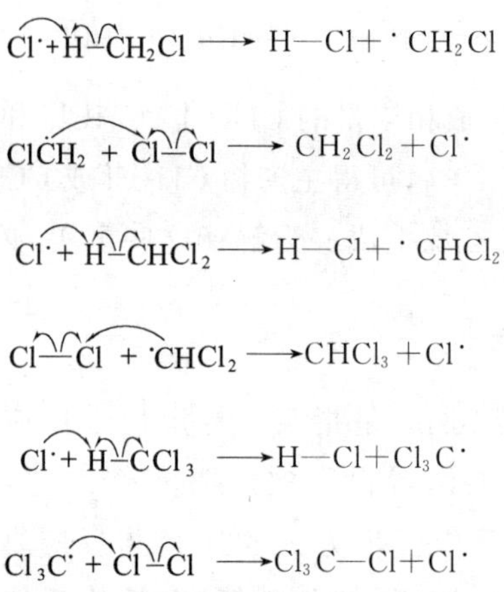

$$Cl\cdot + H\!-\!CH_2Cl \longrightarrow H\!-\!Cl + \cdot CH_2Cl$$

$$ClCH_2 + Cl\!-\!Cl \longrightarrow CH_2Cl_2 + Cl\cdot$$

$$Cl\cdot + H\!-\!CHCl_2 \longrightarrow H\!-\!Cl + \cdot CHCl_2$$

$$Cl\!-\!Cl + \cdot CHCl_2 \longrightarrow CHCl_3 + Cl\cdot$$

$$Cl\cdot + H\!-\!CCl_3 \longrightarrow H\!-\!Cl + Cl_3C\cdot$$

$$Cl_3C\cdot + Cl\!-\!Cl \longrightarrow Cl_3C\!-\!Cl + Cl\cdot$$

甲烷与其他卤素反应以及其他烷烃卤代反应,也是按自由基取代反应机理进行的。当甲烷氯代反应中生成少量的 CH_3CH_3 再与 Cl_2 反应时,自然会得到氯代乙烷。

综上自由基型氯代反应特点是:

(1)反应是需有光照或加热条件,当有自由基引发剂存在时,也能发生此类反应,反应中可生成活泼中间体碳自由基。

(2)自由基型反应既可在气相中也可在液相中(在非极性溶剂中)进行。

(3)自由基型反应一经引发,反应速率会迅速增大;当有自由基终止剂加入时,则使反应减缓直至停止。

2. 甲烷氯代反应的过渡态和活泼中间体

在甲烷氯代反应的自由基链传递阶段中,氯原子与甲烷发生活化碰撞,生成了活泼中间体甲基自由基,此中间体进一步与 Cl_2 反应生成产物 CH_3Cl。在一个含有多步反应的过程中,中间产物是前后两个反应的连接物种,若这个物种不是分子形态,且因反应活性极高而不能被游离,常称为活性中间体(如 $\cdot CH_3$)。活性中间体反应活性高,内能也高,寿命极短。根据实验测定和键的解离能大小可知:对烷烃来说,C—H 键均裂生成自由基这一步骤是整个反应的控制步骤;若自由基活性中间体越稳定,则相应过渡态能量就越低,控制步骤的反应活化能就越小,反应就较容易进行。

过渡态是指基元反应中由反应物变为产物能量最高的中间形态。在过渡态中,旧键断裂与新键生成处于一体,又都未完成,是反应过程中内能最高的状态。反应物与过渡态之间的内能差称为反应活化能(E_a)。一般来说,过渡态能量高低与活化能大小成正比,也通常决定了反应活性的大小。

从甲烷氯化进程与能量变化曲线图(图2-5)中可看到,这是一个强放热反应。

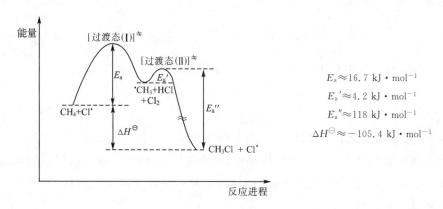

图 2-5　甲烷氯化反应能量变化曲线图

$E_a \approx 16.7 \ \mathrm{kJ \cdot mol^{-1}}$

$E_a' \approx 4.2 \ \mathrm{kJ \cdot mol^{-1}}$

$E_a'' \approx 118 \ \mathrm{kJ \cdot mol^{-1}}$

$\Delta H^{\ominus} \approx -105.4 \ \mathrm{kJ \cdot mol^{-1}}$

3. 烷烃卤代反应规律

（1）伯、仲、叔氢反应活性

对于同一烷烃中不同类型的氢原子，在相同条件下发生氯代反应，生成一氯代产物组成不同。例如

$$(CH_3)_2CHCH_2CH_3 \xrightarrow[h\nu]{Cl_2} \underset{33.5\%}{CH_3CHCH_2CH_3\ (CH_2Cl)} + \underset{22\%}{(CH_3)_2CCH_2CH_3\ (Cl)} +$$

$$\underset{28\%}{(CH_3)_2CHCHCH_3\ (Cl)} + \underset{16.5\%}{(CH_3)_2CHCH_2CH_2\ (Cl)}$$

已知不同 C—H 键解离能有如下大小次序：

$1°$ C—H（$\sim 410 \ \mathrm{kJ \cdot mol^{-1}}$）$>2°$ C—H（$\sim 395 \ \mathrm{kJ \cdot mol^{-1}}$）$>3°$ C—H（$\sim 380 \ \mathrm{kJ \cdot mol^{-1}}$）

在异戊烷中有三类 C—H 键（三个—CH_3 上 9 个 C—H 键属同一类：$1°$ C—H）。不同类 C—H 数目往往决定了在反应中被取代的几率，进而决定了相应产物所占比例，把不同类氢取代几率与反应产物比例进行比较，可看到叔氢反应活性最大，伯氢反应活性最小，仲氢反应活性居中，不同类氢原子反应活性比为：

$$叔氢：仲氢：伯氢 = \frac{22}{1} : \frac{28}{2} : \frac{33.5+16.5}{6+3} \approx 4.0 : 2.5 : 1.0$$

伯、仲、叔氢反应活性次序与伯、仲、叔 C—H 的解离能大小次序恰好相反,较低解离能 C—H 键容易发生键的平均断裂,生成稳定性较好(内能较低)自由基,而后得到相应卤代烷,在烷烃的氯代反应中,能生成较稳定碳自由基的 C—H 键反应活性较高。

已知自由基稳定性次序为 $(CH_3)_3\dot{C} > (CH_3)_2\dot{C}H > CH_3\dot{C}H > \dot{C}H_3$,故同一烷烃中,氢原子反应活性是 $3°H > 2°H > 1°H$。

(2)卤素反应活性和烷烃卤代反应选择性

不同卤素进行烷烃卤代反应时,其反应活性不同。这一点表现为在自由基的链传递反应过程中反应热明显不同。例如乙烷卤代反应:

	X=F	Cl	Br	I
$X\cdot + H-CH_2CH_3 \longrightarrow HX + CH_3\dot{C}H_2$ $\Delta H/(kJ\cdot mol^{-1})$	-159	-21	$+42$	$+113$
$CH_3\dot{C}H_2 + X-X \longrightarrow XCH_2CH_3 + X\cdot$ $\Delta H/(kJ\cdot mol^{-1})$	-285	-100	-96	-75
反应热 $\Delta H^{\ominus}/(kJ\cdot mol^{-1})$	-444	-121	-54	$+38$

由此可见,卤素相对反应活性为 $F_2 > Cl_2 > Br_2 > I_2$。

氟与烷烃反应放热量大,反应剧烈,极易爆炸,产物复杂,所以一般不易将烷烃直接氟化制备氟代烷烃。烷烃碘代反应可逆,生成的 HI 可使碘代烷还原成原来的烷烃,故碘代烷也不易由直接碘代反应制取。

$$R-H + I_2 \rightleftharpoons R-I + HI$$

在卤代反应中,烷烃中不同类型氢原子反应活性不同,不同卤素反应活性也不同,这两点综合表现为卤代反应的选择性不同。例如:

$$CH_3CH_2CH_3 + X_2 \xrightarrow{h\nu} CH_3CH_2CH_2X + \overset{\overset{\displaystyle X}{\displaystyle |}}{CH_3CHCH_3}$$

$$25\ ℃:X=Cl \quad 45\% \qquad\qquad 55\%$$
$$127\ ℃:X=Br \quad 3\% \qquad\qquad 97\%$$

$$(CH_3)_3CH + X_2 \xrightarrow{h\nu} (CH_3)_3CX + (CH_3)_2CHCH_2X$$

$$25\ ℃:X=Cl \quad 63\% \qquad\qquad 37\%$$
$$127\ ℃:X=Br \quad >99\% \qquad\qquad <1\%$$

由此可见,卤素反应活性较高时,烷烃卤代反应选择性较小;卤素反应活性较低时,对较活泼叔氢选择性最好。在 300K 下,叔、仲、伯氢被溴代反应活性依次为:

$$R_3C-H > R_2CH-H > RCH_2-H$$

相对反应速率   1 600   80   1

碘反应活性最小,但对氢选择性最好。伯、仲、叔碳上氢碘代相对速率比为 $1:1\,850:2.1\times10^5$。溴的四氯化碳溶液在光照或加热条件下与饱和烃可较顺利溴代,选择性也不错,而且可通过溴素颜色褪去鉴定反应发生。

正庚烷溴代

Ⅱ　环烷烃

2.5　环烷烃分类和命名

由饱和碳原子相互连接形成的碳环化合物称为环烷烃(Cycloalkane)。

环烷烃根据分子中含碳环数目环烷烃可分为单环烷烃、双环烷烃及多环烷烃,其命名也有较大区别。

一般将单环烷烃按环大小分为小环烷烃、正常环烷烃、中等环烷烃、大环烷烃。小环烷烃指环丙烷和环丁烷。正常环烷烃指成环碳数目为 5、6、7 的环戊烷、环己烷和环庚烷。中等环烷烃指成环碳数目为 8、9、10、11 的环烷烃。

大环烷烃:指成环碳数目多于 11 个的环烷烃。

2.5.1　单环烷烃

单环烷烃分子中只含有一个饱和碳环。其命名是按成环碳原子数目称为"环某烷"。如环上有取代基,则在母体名称"环某烷"之前加上取代基名称并标明其位号。环上碳原子编号应使取代基位号尽可能小。当有不同取代烷基时,较小的基团优先编号。例如:

环丙烷　　　甲基环丁烷　　　1,1-二甲基环戊烷　　　1-甲基-4-异丙基环己烷

单环烷烃的通式为 $C_nH_{2n}(n\geqslant3)$,环丙烷是最小的单环烷烃。随着碳原子数目增多,单环烷烃构造异构现象会变得很复杂。如 $n=5$ 时,会有如下的同分异构体出现:

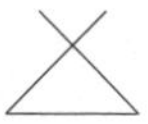

1,1-二甲基环丙烷　乙基环丙烷　顺-1,2-二甲基环丙烷　反-1,2-二甲基环丙烷　甲基环丁烷　环戊烷
(1)　　　　　　　(2)　　　　　　(3)　　　　　　　　(4)　　　　　　　　(5)　　　　(6)

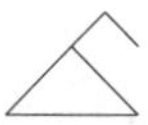

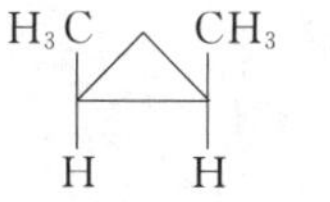

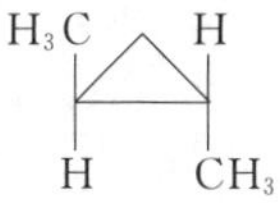

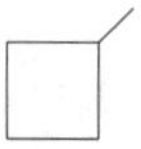

其中,(3)和(4)构造相同,只是两个甲基空间排列不同,分别位于环平面同侧或反侧,表现出在几何上为顺式和反式异构关系,故(3)和(4)称为顺、反异构体,属于立体异构体。而(3)(4)分别与(1)、(2)、(5)、(6)是构造异构关系。

虽然四元或多于四元环烷烃与成环碳原子不共平面,但当环上有两个取代基时,也可以把环看成"平面",即环上两个取代基也有顺、反之分。如:

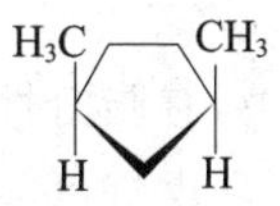

顺-1,3-二甲基环戊烷 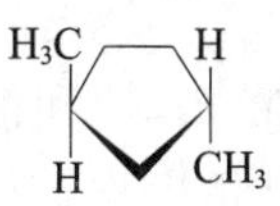　反-1,3-二甲基环戊烷 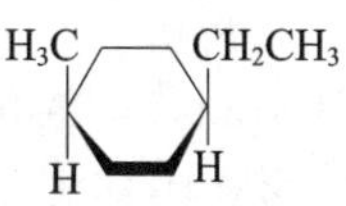　顺-1-甲基-4-乙基环己烷 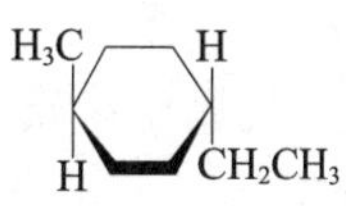　反-1-甲基-4-乙基环己烷

2.5.2　双环烷烃

双环烷烃指分子中含有两个饱和碳环的环烷烃,通式为 C_nH_{2n-2}。根据两碳环之间位置关系不同又分为隔离型双环烷烃、联环烷烃、桥环烷烃、螺环烷烃。如:

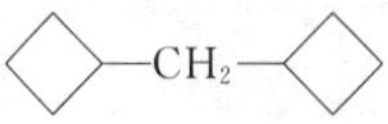

隔离双环烷烃 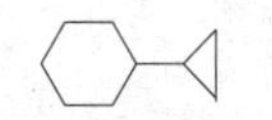　　　联环烷烃 　　　螺环烷烃 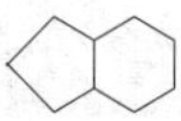　　　桥环烷烃

上述四个化合物互为同分异构体(属构造异构)。

两个环之间以单键相连,为联二环烷烃。若两个环是相同的,称联二环某烷;若两个环不同,则较大环为母体,较小环为取代基。如:

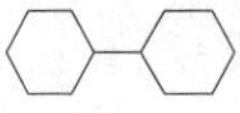

联二环己烷　　　1-甲基-4-环丙基环己烷　　　(环丙基甲基环己烷)

两个环共用一个碳原子时为螺环烷烃。其命名方法是:把两个碳环共用的碳原子叫螺原子,按成环碳原子总数称为"螺[$x.y$]某烷"。方括号中两个数字 x 和 y 依次分别表示形成小环和大环上碳原子数目(不包括螺原子);编号从小环上与螺原子相邻的碳原子开始,取代基写在螺字前面。如:

4-甲基螺[2.4]庚烷　　　2,7-二甲基螺[4.4]壬烷　　　1,5-二甲基螺[3.4]辛烷

两个碳环共用两个碳原子时为桥环烷烃,也称作稠环烷烃,命名方法是按构成桥环碳原子总数称为"双环[$x.y.z$]某烷"。两个环共用的碳原子称作桥头碳原子,编号从桥头碳开始,沿最长成环链依次编号,x,y,z 三个数字依次分别表示最长、较长、最短成环碳链上碳原子数目,但不包括桥头碳原子;若有取代基,则写在前面。如:

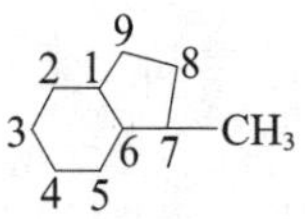

7-甲基双环[4.3.0]壬烷 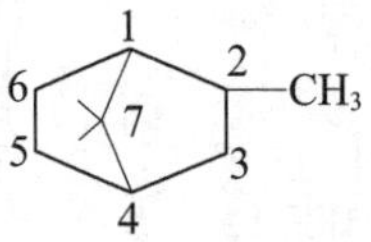　　2,7,7-三甲基双环[2.2.1]庚烷 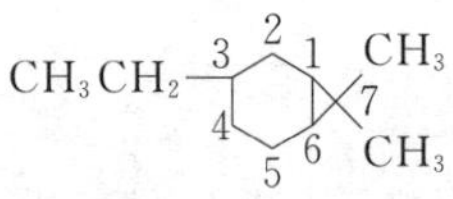　　7,7-二甲基-3-乙基双环[4.1.0]庚烷

分子中含有三个或多于三个碳环的烷烃一般称为多环烷烃,其类型和名称是多样的。如:

立方烷　　　棱烷　　　金刚烷　　　甾烷

甾烷属于甾族化合物(Steroid),甾族化合物存在于动物和植物组织中,有脂溶性。从分子构造上看,甾族化合物属于多环脂环族化合物及其衍生物,大多数具有环戊烷(D 环)并全氢化菲(A、B、C 环)结构,通常连有三个支链,其中 R[1] 和 R[2] 常为甲基(又称为角甲基),R[3]

可以是不同的基团。甾环上编号是固定的:

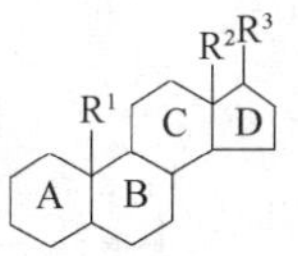

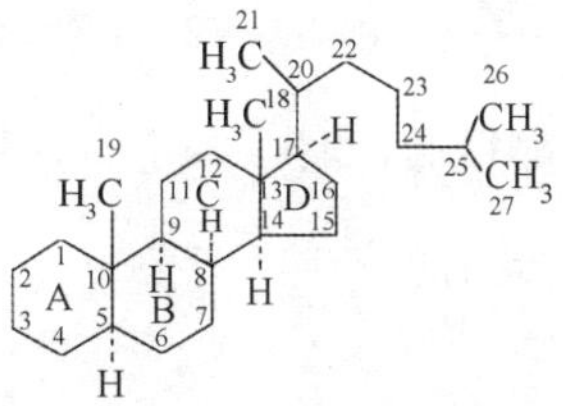

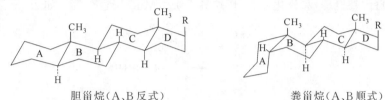

甾族化合物中 A、B 和 C 三个稠合的六元环以及环上取代基,在不同化合物中有特殊构象和构型。例如,在胆甾烷和粪甾烷中,两个角甲基在整个环同侧(顺式),A,B 和 C 三个环都是椅式构象。

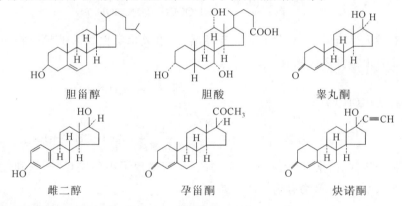

胆甾烷(A、B 反式)　　　　　　　粪甾烷(A、B 顺式)

甾字中"巛"表示三个支链,"田"表示四个环;甾环上不同基团构成了具有不同生理活性的甾族化合物,如胆甾醇、胆酸、睾丸酮、雌二醇、孕甾酮、炔诺酮等。

胆甾醇　　　　　　胆酸　　　　　　睾丸酮

雌二醇　　　　　　孕甾酮　　　　　　炔诺酮

2.6　单环烷烃性质

2.6.1　物理性质

环烷烃一般物理性质如沸点、熔点、相对密度等比同碳数正构烷烃要高。表 2-3 列出了常见环烷烃的物理常数。

表 2-3　　　　　　　　　　　部分环烷烃物理常数

化合物	沸点/℃	熔点/℃	相对密度(d_4^{20})	化合物	沸点/℃	熔点/℃	相对密度(d_4^{20})
环丙烷	−33.0	−127.6	0.720(−79 ℃)	环己烷	81.0	6.5	0.779
环丁烷	12.5	−80.0	0.730(0 ℃)	环庚烷	118.5	8.0	0.810
环戊烷	49.3	−93.0	0.746	环辛烷	148.0	11.5	0.835

1,4-二甲基环己烷的顺反两个异构体,其熔点和沸点有差别:

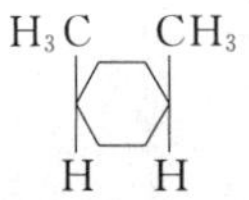

熔点 −87.4 ℃　沸点 124.3 ℃　　熔点 −37.1 ℃　沸点 119.4 ℃

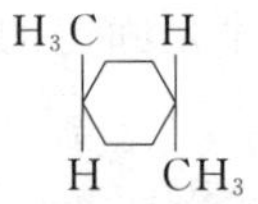

单取代环烷烃的熔点都很低,如:

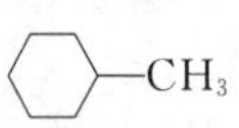

熔点 −126.5 ℃　沸点 101 ℃　　熔点 −142.5 ℃　沸点 72 ℃

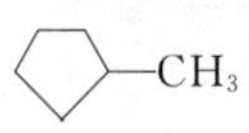

2.6.2 化学性质

除了三元环和四元环这两个小环烷烃以外,其他单环烷烃化学性质与链烷烃相似,可发生卤代反应(自由基机理)和氧化反应(环烷烃不被 $KMnO_4$ 氧化)等。如

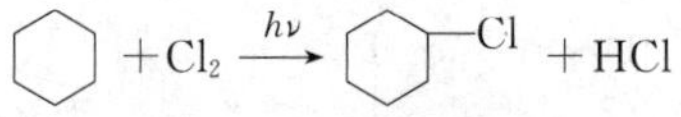

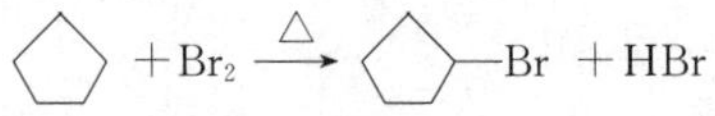

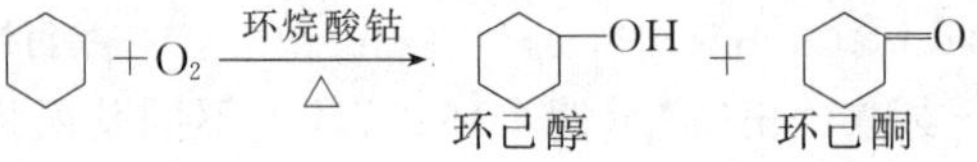

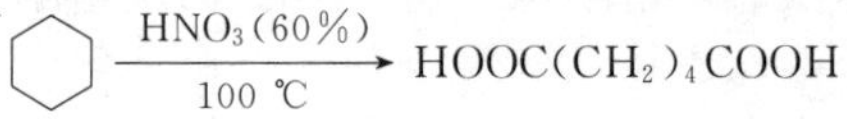

$$\text{环己醇} \qquad \text{环己酮}$$

环丙烷有较大反应活性,易发生加成开环反应,生成稳定性较大链状产物;在适当条件下也可以发生自由基型卤代反应。如:

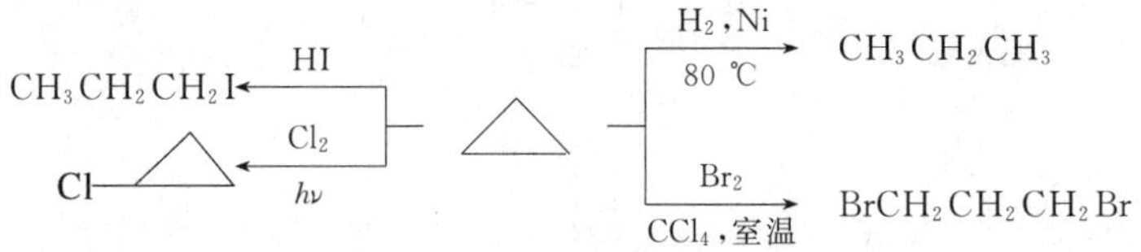

环丙烷易与氢气、卤素、卤化氢等发生加成反应,体现了小环烷烃"不饱和性"。取代环丙烷与 HX 加成反应,其产物有选择性。如:

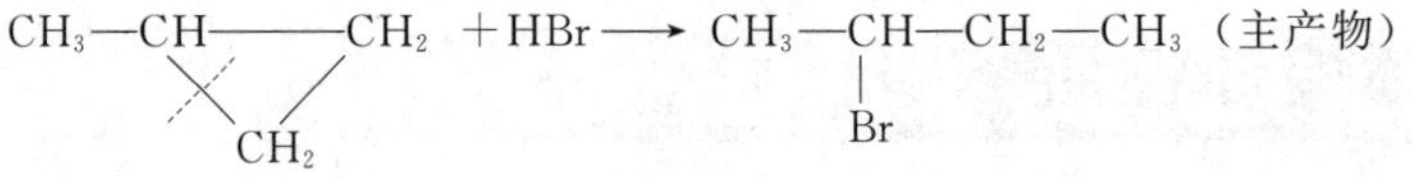

从产物结构看,HX 中 X^- 加成到三元环中级别较高的碳原子上,H^+ 加到级别较低的碳原子上,是主要反应产物。在桥环化合物中,若存在三元环,当与 Br_2 作用时,三元环优先加成而开环。如:

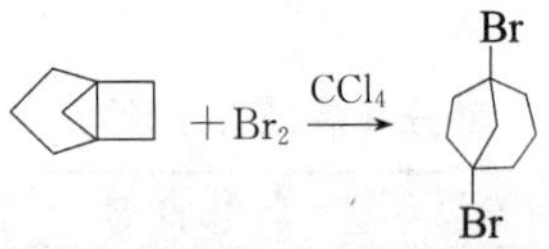

环戊烷及其他单环烷烃很难发生加成开环反应,即便是催化加氢也要在很高的温度下才能反应。如:

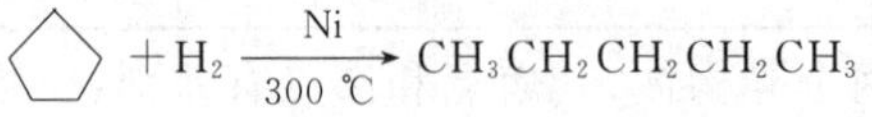

2.7　单环烷烃结构

环烷烃中碳都是饱和的,环上碳原子都以单键与其他四个原子相连,但成环碳原子数目不同时,环烷内能大小不同,即稳定性也各不相同。三元环或四元环烃容易发生开环加成,其化学活性与其他环烷烃有很大差别,这也说明环丙烷或环丁烷内能较大,稳定性较小,易于通过加成反应转变成较稳定的开链化合物。

2.7.1　单环烷烃稳定性

1. 环烷烃燃烧热

通过燃烧热测定可以推知化合物所含内能相对大小,故对比环烷烃中每个 CH_2 平均燃烧热值可以推知各环烷烃相对热力学稳定性大小。从表 2-4 中数据可以看出,环丙烷和环丁烷内能很大,很不稳定,而环己烷、环十四烷稳定性与开链烷烃相当。

以开链烷烃中 CH_2 平均燃烧热值($658.6\ kJ\cdot mol^{-1}$)为相对标准,可算出各环烷烃亚甲基平均燃烧热与这个标准值之差值,此差值可看作环烷烃中每个 CH_2 张力能;由 n 个 CH_2 构成环烷烃,其分子张力(即与开链烷烃相比不稳定性能量差)是 CH_2 张力能的 n 倍。

表 2-4　　　　　部分单环烷烃 $(CH_2)_n$ 燃烧热　　　　$(kJ\cdot mol^{-1})$

n	$-\Delta H_c^{\ominus}/n$	$(-\Delta H_c^{\ominus}/n)$ -658.6	$n[(-\Delta H_c^{\ominus}/n)$ $-658.6]$	n	$-\Delta H_c^{\ominus}/n$	$(-\Delta H_c^{\ominus}/n)$ -658.6	$n[(-\Delta H_c^{\ominus}/n)$ $-658.6]$
3	697.1	38.5	115.5	10	663.6	5.0	50.0
4	686.2	27.4	109.6	11	664.5	5.0	64.0
5	664.0	5.4	27.0	12	659.9	1.3	15.6
6	658.6	0	0	13	660.2	1.7	22.1
7	662.4	3.8	26.6	14	658.6	0	0
8	663.6	5.0	40	15	659.0	0.4	6.0
9	664.1	5.5	49.5	16	658.7	0.1	1.6

*2. 环烷烃张力

与正构链烷烃相比,环烷烃分子中由于几何原因发生键角、键长偏离正常值,以及非直接键接的原子之间相互作用和 σ 键电子间排斥作用等,都会引起体系能量升高而产生张力。环烷烃张力越大,其—CH_2—燃烧热数值越大。

在环烷烃中,能够导致张力形成的因素有非键作用以及键长、键角和扭转角变化等,由此产生的张力能分别记为 E_{nb}、E_l、E_θ、E_φ,张力是这四者之和。分子中两个非键合原子或基团,当它们之间距离小于两者范德华半径之和时,这两个原子或基团会有互相排斥,即产生非键作用(Non-bonding interaction)张力,由此引起体系能量升高为 E_{nb}(如丁烷全重叠构象)。分子中由于几何因素键长或键角偏离原有平衡键长或平衡键角值时,便产生拉伸(或压缩)张力和角张力,体系因此而产生的内能升高为 E_l 和 E_θ。分子中由于扭转角发生改变而产生的张力能,记为 E_φ,几种张力能的大小次序为:$E_{nb} > E_l > E_\theta > E_\varphi$。一般由扭转角变化导致的扭转张力能最小,即便是扭转角变化较大,E_φ 也很小。由于几何因素导致两个非键合的原子或基团相距很近时,相互排斥产生 E_{nb},与此同时扭转角发生变化,以减小非键作用。

小环烷烃张力的产生主要是键角变化所致,即 E_θ 很大,当然也存在 E_l 和 E_{nb}。在正常环中由 E_θ 和 E_φ 引起环张力很小,键长改变极其微小($E_l \approx 0$);在中等环中,由于环特定结构,可以产生一定 E_{nb},如环癸烷中处于"环内部"氢原子之间存在着非键作用力。在大环分子中,张力作用很微小。值得注意的是,环己烷分子中共价键属性与开链烷烃相同,从 CH_2 燃烧热看,不存在张力作用,分子热力学稳定性相当好。

2.7.2 环烷烃结构

1. 环丙烷的结构

物理方法测得,环丙烷分子中三个碳原子共价键属性相同:键角 $\angle CCC$ 为 105.5°,键角 $\angle HCH$ 为 114°,C—C 键长为 0.151 nm,C—H 键长为 0.108 nm,环丙烷三个碳原子位于正三角形三个顶点上。环丙烷这种特定平面形碳环骨架,使得相临 sp^3 杂化碳原子成键时,只能以"弯曲"方式进行 sp^3 轨道交盖,形成一个"弯曲 σ 键",即两个碳原子 sp^3 杂化轨道相互重叠区域不是在两碳原子连线之间,而是轨道轴夹角约为 139.5°(正常 σ 键是轴对称的)。在环丙烷中,由于键角 $\angle CCC$ 为 105.5°,小于正常值 109.5°,产生角张力($E_\theta \neq 0$),且弯曲 σ 键中轨道交盖程度小,键长也发生了变化($E_l \neq 0$),且弯曲 σ C—C 键键能较小,容易断裂。如果在环丙烷任意两个碳上作 Newman 投影,会发现所连其他原子均处于重叠式构象;所以环丙烷 $E_\varphi \neq 0$,$E_{nb} \neq 0$;多种张力因素导致环丙烷内能升高而稳定性最小(图 2-6)。

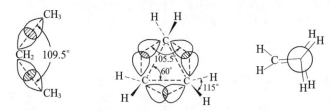

图 2-6 丙烷和环丙烷中碳碳键原子轨道交盖比较及环丙烷的 Newman 投影

环丁烷结构是蝶型,通常 4 个碳原子不在同一平面上,环丁烷中也存在较大的张力,但比环丙烷稳定。环戊烷有信封式和扭曲式两种典型构型,环戊烷中张力则很小。

蝶型环丁烷   信封型环戊烷   扭曲型环戊烷

2. 环己烷构象

在环己烷中,$\angle CCC$ 为 109.5°,分子内无角张力,一般情况下环己烷碳架是一种椅式结构形态,不存在其他张力因素。环己烷 6 个碳原子不共平面,是有正常键角和键长的无张力环。环己烷有两种不同的典型构象,一个是椅式构象,另一个是船式构象。通过 C—C σ 键旋转和键角($\angle CCC$)的扭动,椅式构象和船式构象可以相互转变(图 2-7、图 2-8)。

如图 2-9 所示,在环己烷椅式和船式构象中,椅式构象是无张力构象,从 Newman 投影式

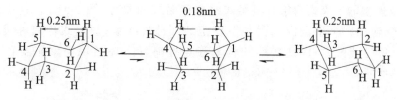

图 2-7　环己烷椅式构象和船式构象及其相互转变

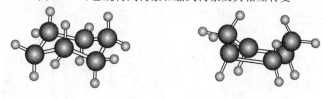

图 2-8　环己烷椅式和船式构象的球棒模型

中可见,椅式构象属于交叉式构象;而船式构象属于重叠式构象(C_2、C_3、C_5、C_6 共平面),存在扭转张力($E_\varphi \neq 0$)。此外,在船式构象中,C_1 和 C_4 上相对两个 C—H 键(又称旗杆键)上氢原子之间距离约 0.18 nm,此距离小于这两个氢原子范德华半径之和 0.24 nm,因此这两个氢相互排斥产生非键张力($E_{nb} \neq 0$)。所以,船式构象比椅式构象能量要高。在常温下,处于相互转变的构象动态平衡体系中,环己烷主要是以稳定椅式构象体存在的(占 99.9% 以上)。

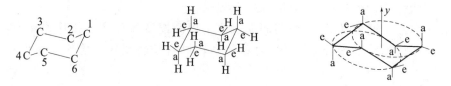

图 2-9　环己烷椅式和船式构象 Newman 投影式

　　进一步观察环己烷椅式构象(图 2-10)可见,椅式构象存在两种平面关系。一种是:C_2、C_3、C_5、C_6 四个碳原子在同一平面上,而 C_1 和 C_4 分别在这个平面上方和下方;另一种是:C_1、C_3、C_5 在一个平面上,C_2、C_4、C_6 在另一个平面上,这两个平面相互平行,两平面间距为 0.050 nm。椅式构象中 C—H 键取向也有一定规律,每个碳原子上都有一个竖直方向 C—H σ 键,也称为 a 键(axial bonds),这六个 a 键相间同向;每个碳原子上又都有一个"平伏" C—H σ 键,又称为 e 键(equatorial bonds),它们是斜向上或斜向下的,也是"相间同向"。如果一个 CH_2 上两个 C—H 键一个是向上的 a 键和一个斜向下的 e 键,则与之相邻 CH_2 上两个 C—H 键,一定是一个向下的 a 键和一个斜向上的 e 键。

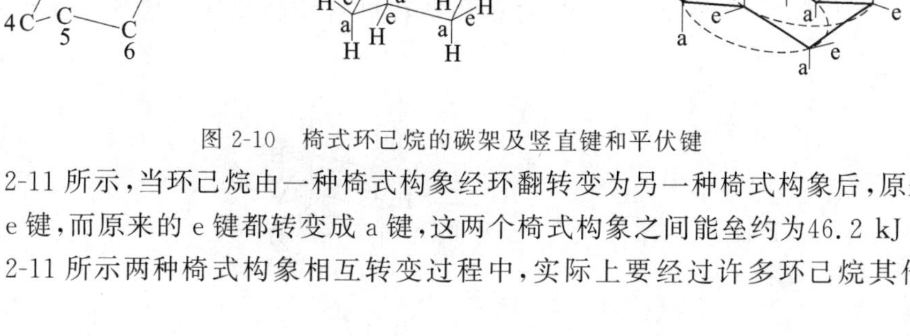

图 2-10　椅式环己烷的碳架及竖直键和平伏键

　　如图 2-11 所示,当环己烷由一种椅式构象经环翻转变为另一种椅式构象后,原来的 a 键都转变成 e 键,而原来的 e 键都转变成 a 键,这两个椅式构象之间能垒约为 46.2 kJ · mol^{-1}。

　　在图 2-11 所示两种椅式构象相互转变过程中,实际上要经过许多环己烷其他不同构象,如比较典型的半椅式构象有扭船式构象和船式构象等(图 2-12)。其中半椅式内能最高(有五个碳在一个平面内),是最不稳定的环己烷构象;扭船式构象可缓解船式构象中非键张力和扭转张力,因此较船式构象稳定性略好。环己烷构象相互转变的能量变化如图 2-13 所示。

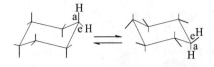

图 2-11 两种椅式构象相互转变
后的 a 键和 e 键转变

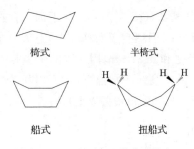

椅式 　　半椅式

船式 　　扭船式

图 2-12 环己烷四种典型构象

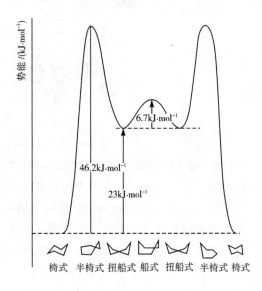

图 2-13 环己烷构象变化能量曲线

3. 取代环己烷构象

环己烷稳定构象是椅式构象。当环上有一个取代基存在时,由于椅式构象中有 a 键和 e 键之分,取代基在 a 键上和在 e 键上的椅式构象是不同的构象异构体。这两种构象异构体在构象平衡中占有不同的比例,其中 e 键上连有取代基的椅式构象是较稳定构象,亦称优势构象,在构象平衡体系中,优势构象常占绝大多数。如:

R=—CH$_3$	95%	5%
R=—CH(CH$_3$)$_2$	97%	3%
R=—C(CH$_3$)$_3$	>99.9%	—

取代基处于 a 键位置时,和相间同向氢原子因距离变短而产生排斥作用,即存在非键张力,故其内能增大,稳定性下降,通过环翻转可自动转变成更稳定的 e 键位置椅式构象。

取代基—CH_3 在 e 键位置上时,与相距最近氢原子之间不存在非键张力,或非键张力极小,因此为稳定优势构象。从单取代环己烷 Newman 投影式看,取代基在 e 键或 a 键上时的 Newman 投影式分别是对位交叉式或邻位交叉式,显然前者稳定性更胜一筹。

从单取代环己烷 e 键和 a 键构象平衡的自由能变化 $\Delta G_{ae}^{\ominus}$ 的大小也可看出,体积较大的多原子基团在 e 键的构象较为稳定。

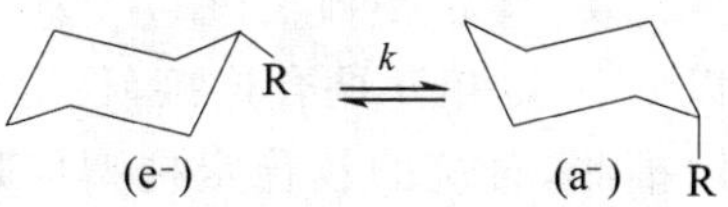

$$\Delta G_{ae}^{\ominus} = -RT\ln K$$
$$\Delta G_{ae}^{\ominus} = \Delta G_a^{\ominus} - \Delta G_e^{\ominus}$$

R	CH_3—	C_2H_5—	$(CH_3)_2CH$—	$(CH_3)_3C$—	F—	Cl—	Br—	I—
$\Delta G_{ae}^{\ominus}/(kJ \cdot mol^{-1})$	7.1	7.5	8.8	>18.4	0.8	1.7	1.6	1.7

R	—OH	—OCH_3	—OC_2H_5	—C_6H_5	—COOH	—NH_2	—$\overset{+}{N}H_3$
$\Delta G_{ae}^{\ominus}/(kJ \cdot mol^{-1})$	2.2	2.5	2.9	12.5	5.6	5.0	7.9

如果环己烷环上有两个或多个取代基,一般是取代基较多连在 e 键上的椅式构象为优势构象;而且尽可能是较大体积取代基在 e 键上。当然,这与环上取代基之间顺反关系有关。例如,顺式 1-甲基-4-叔丁基环己烷优势构象为:—$C(CH_3)_3$ 在 e 键上,—CH_3 在 a 键上;而顺式 1-甲基-3-氯环己烷优势构象则是两个取代基都在 e 键上。

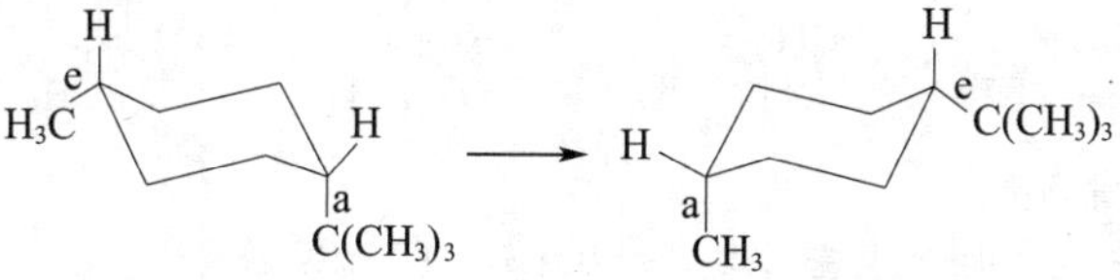

e-CH_3,a-$C(CH_3)_3$ → （优势构象）a-CH_3,e-$C(CH_3)_3$

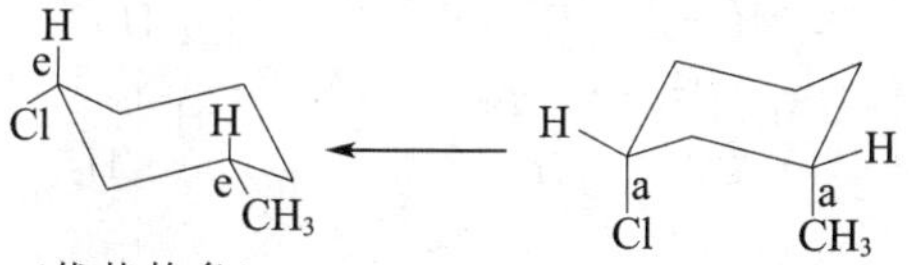

（优势构象）e-CH_3,e-Cl ← a-CH_3,a-Cl

当环上既有烷基又有卤原子且两者中必须有一个在 a 键上时,一般是卤原子在 a 键上的椅式构象更为稳定。如顺式 1-乙基-2-溴环己烷优势构象为:a-Br,e-C_2H_5。

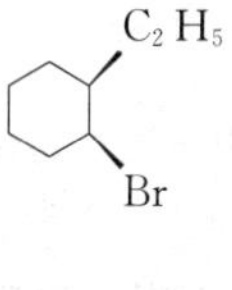

顺-1-乙基-2-溴环己烷 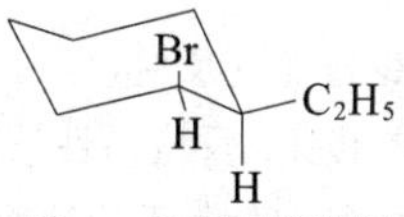　　　　a-Br,e-C_2H_5 较稳定 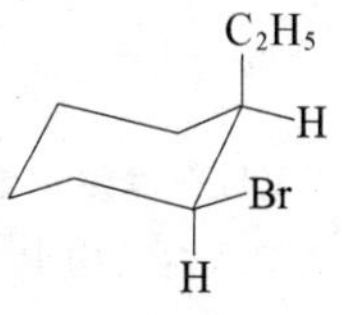　　　　e-Br,a-C_2H_5 较不稳定

十氢化萘有顺反两种构象异构体:

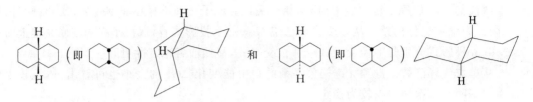

顺十氢化萘(沸点 187.3 ℃)　(e-a-稠合)　　　　反十氢化萘(沸点 195.7 ℃)　　　(e-e-稠合)

　　反式异构体是两个环己烷的椅式构象以 e-、e-键相互稠合连接,稳定性较好;而顺式异构体是 e-、a-键稠合连接,稳定性较差。可以推测,蒽烷的较稳定构型应是三个环己烷 e-、e-键稠合的方式。

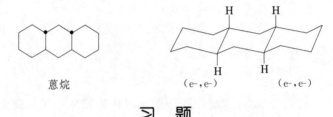

蒽烷　　　　　　　　(e-,e-)　　　(e-,e-)

习　题

2-1　命名下列各化合物并画出(3)优势构象。

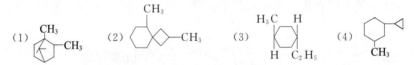

(1)　　　　　(2)　　　　　(3)　　　　　(4)

2-2　排序下列各化合物沸点。

正庚烷,正己烷,正辛烷,2-甲基戊烷,2,2-二甲基丁烷,正癸烷

2-3　用纽曼式表示下列各化合物优势构象。

(1) 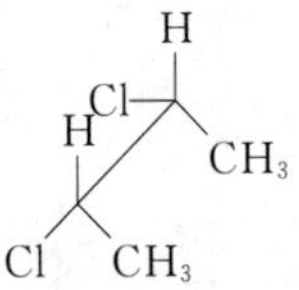　　　　(2) 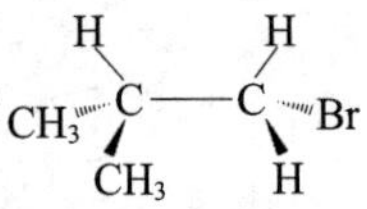　　　　(3) 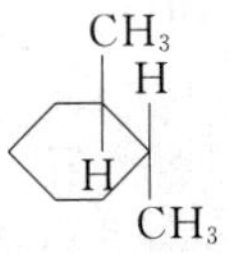　　　　(4)XCH_2CH_2OH
　　　　　　　　　　　　　　　　　　　　　X =—OH 或 —Cl

2-4　排序下列自由基稳定性,简要说明原因。

(1)A. $CH_3CHCH_2\overset{\cdot}{C}H_2$　　　B. $CH_3CH\overset{\cdot}{C}HCH_3$　　　C. $CH_3\overset{\cdot}{C}CH_2CH_3$
　　　　　|　　　　　　　　　　　　　|　　　　　　　　　　　　|
　　　　　CH_3　　　　　　　　　　CH_3　　　　　　　　　CH_3

2-5　预测下列反应一溴代反应中主导产物,简要说明原因。

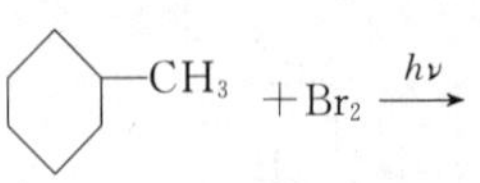

$$\text{（）—CH}_3 + Br_2 \xrightarrow{h\nu}$$

2-6　乙烷和新戊烷等摩尔量混合后与少量氯气反应,得到一氯代产物中氯乙烷与新戊基氯摩尔比为 1:2.3。请问乙烷和新戊烷结构中,哪一个分子伯氢反应活性较高?

2-7　写出下列反应的一溴代产物。若伯氢和仲氢反应速率比为 1:82,试估算各产物相对含量。

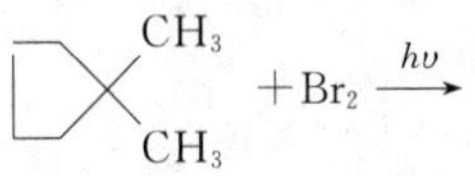

$$\text{（）}\overset{CH_3}{\underset{CH_3}{<}} + Br_2 \xrightarrow{h\nu}$$

2-8 比较下列各组环烃稳定性,并排序各组烃完全燃烧时释放的热量。

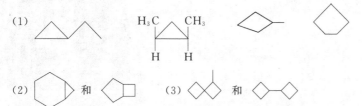

(2)  *与* ◇▢   (3) ◇<图> *与* ◇-◇

2-9 用简捷化学方法区别 1,2－二甲基环丙烷和环戊烷。

2-10 完成下列反应:

$$(1) \begin{cases} \xrightarrow{\text{H}_2\text{SO}_4} (\quad) \\ \xrightarrow{\text{Br}_2/\text{CCl}_4} (\quad) \\ \xrightarrow{\text{HBr}} (\quad) \end{cases}$$

$$(2) \quad \bigcirc + \text{O}_2 \xrightarrow[70\ ℃]{\text{HNO}_3} (\quad)$$

$$(3) \quad \bigcirc\!\triangleright + \text{H}_2 \xrightarrow[\text{Ni}/\triangle]{\text{H}_2} (\quad)$$

$$(4) \quad \bigcirc\!\!\underset{\text{H}_3\text{C}\ \ \text{CH}_3}{\triangle} \xrightarrow{\text{HBr}} (\quad)$$

2-11 已知次氯酸叔丁酯在加热时分解成氯自由基和叔丁氧自由基,请写出下列自由基取代反应的机理。

$$\bigcirc\!\!-\text{CH}_3 \xrightarrow[\triangle]{t\text{-BuOCl}} \bigcirc\!\!\overset{\text{Cl}}{\underset{}{\vphantom{|}}} + t\text{-BuOH}$$

2-12 依据甲烷自由基取代机理,解释如下现象:

(1)光照氯气后立即与甲烷在黑暗中混合,可获得氯代产物;反之先光照甲烷再与氯气混合则得不到氯代产品。

(2)无论甲烷如何过量,总能检测到少量氯气残留,也能检测到少量副产品乙烷和氯乙烷。

2-13 某烷烃相对分子质量是 72,根据氯代产物不同,推测烷烃构造。

(1)一氯代产物只能有一种;   (2)一氯代产物可以有三种;

(3)一氯代产物可以有四种;   (4)二氯代产物可能有两种。

2-14 请解释:

(1)1,2-二甲基环己烷和 1,4-二甲基环己烷顺式异构体和反式异构体哪个比较稳定?

(2)1-甲基-3－异丙基环己烷顺式异构体和反式异构体哪个比较稳定?

2-15 下列哪些化合物可用烷烃卤代反应制备?请说明理由。

(1) <图> CH₃ ... Cl   (2) <图> Cl   (3) <图> Br CH₃

(4) (CH₃)₃C—Br   (5) (CH₃)₃CH₂Cl   (6) (CH₃)₃C—C(CH₃)₂ CH₂Cl

第3章

对映异构

分子结构包括分子构造、构型和构象。分子构造是指分子中各原子的连接顺序和成键方式(如单键、双键、叁键);分子构型是指具有一定构造的分子中,原子或基团在空间上排列取向所构成的立体结构;分子构象是指一定构造或构型的分子中,原子之间相对的空间位置关系。

构造和构型的改变需要化学键的断裂和生成,构象改变则不需要。凡构造相同,构型不同的分子,称为构型异构体;构型相同,但构象不同的分子称为构象异构体。构型异构(Configurational isomerism)和构象异构都属于立体异构(Stereo isomerism);构型异构又分为对映异构和非对映异构。

3.1 对映异构概述

3.1.1 对映异构现象

1848年,巴斯德(Pasteur L,1822~1895)在研究酒石酸钠铵晶体时发现两种不对称晶体形状(图3-1),且二者互为实物与镜像关系,如同左手和右手,构造相同但不能完全重合(图3-2)。把这两种晶形酒石酸钠铵分别溶于水,测定其旋光度,发现一个是左旋的,一个是右旋的,但两者比旋光度绝对值相等。巴斯德把能使平面偏振光发生右旋或左旋的酒石酸钠铵晶体分别叫作右旋晶体或左旋晶体;这两种晶体互为对映异构晶体。巴斯德还进一步推论:构成这两种晶体的分子一定是不对称的,并且明确提出在左旋晶体和右旋晶体分子中,原子在空间排列方式是不对称的,两种分子的构型不同,不能重合,彼此互为镜像。

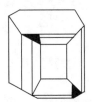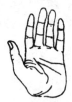

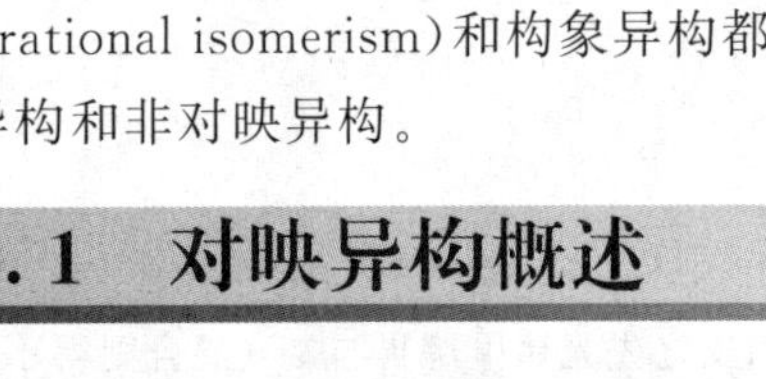

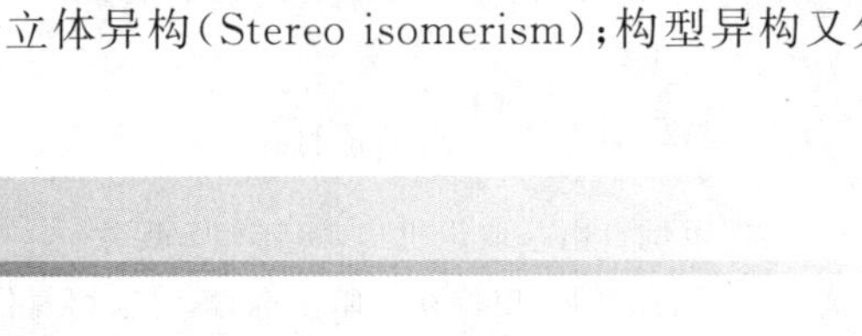

(a)左右手互为镜像　　　(b)左右手不能同向完全重合

图 3-1　左旋和右旋酒石酸钠铵晶体　　　　　　图 3-2

直到1874年,随着碳原子四面体学说的出现,范特霍夫指出,如果碳原子上连有四个不同基团,则它们在碳原子周围可以有两种不同的排列形式,并因此而形成两种不同的四面体空间构型,两者互为镜像,与左、右手之间关系一样,构造相同且外形相似,但不能完全重合。至此,将两种分子结构彼此是实物与镜像或左手与右手的对映关系,叫作对映异构(Enanti-omerism),这种异构体称为对映异构体(Enantiomer),简称对映体。

如图 3-3 所示,乳酸分子中 α-碳原子上连有四个不同基团,它们在空间上有两种不同排布,形成两种不同空间构型的乳酸结构,两种结构互为对映异构体,都具有旋光活性,旋光能力相同,但旋光方向相反。例如,从肌肉中得到的乳酸可使平面偏振光向右旋转,$[\alpha]_D^{15} = +3.82°$(水),称为右旋乳酸,记为(＋)-乳酸;而葡萄糖在特种细菌作用下经发酵产生的乳酸可使平面偏振光向左旋转,$[\alpha]_D^{15} = -3.82°$(水),称为左旋乳酸,记为(－)-乳酸。把右旋乳酸和左旋乳酸等量地混合在一起,则右旋光和左旋光作用相互抵消,不产生旋光现象(此混合体无旋光活性),此为外消旋乳酸,记为(±)-乳酸。由酸牛奶经乳酸菌发酵得到的乳酸是外消旋乳酸。对映异构体有旋光活性,故对映异构体也叫旋光异构体(Optical isomer)。

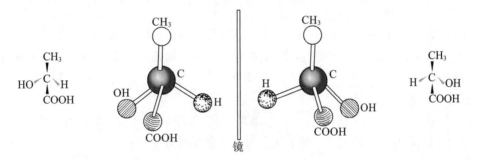

图 3-3　乳酸的对映异构体

3.1.2　手性和对称因素

1. 手性分子

上述乳酸的两种互为镜像、不能重叠的构型呈对映异构关系,是对映异构体;其实质是这两种不同构型的乳酸分子都具有不对称性,亦称手性(Chirality)。凡是不能与其镜像重叠的分子均为手性分子(Chiral molecule);具有手性的分子有不对称性,存在对映异构体,有旋光活性。凡是可以与其镜像重叠的分子,叫作非手性分子,即分子有对称性,此种分子无对映异构体,也无旋光活性。

造成分子具有手性或不对称性的原因是分子中存在着不对称因素,即存在不对称中心。例如,与四个不同原子或原子团相连接的手性碳原子即是一个不对称中心,一般以星号"＊"标记。下面三个分子中有"＊"标记的均是手性碳原子:

$$
\begin{array}{ccc}
\overset{\displaystyle H}{\underset{\displaystyle OH}{CH_3\!-\!\overset{|}{\underset{|}{C^*}}\!-\!COOH}}
&
\overset{\displaystyle H}{\underset{\displaystyle Cl}{CH_3CH_2\!-\!\overset{|}{\underset{|}{C^*}}\!-\!CH_3}}
&
\overset{\displaystyle H}{\underset{\displaystyle CH_3}{CH_3CH_2\!-\!\overset{|}{\underset{|}{C^*}}\!-\!CH_2OH}}
\end{array}
$$

这三个手性化合物都有对映异构体存在,都具有旋光活性。可以说,手性是物质或分子具有旋光性和对映异构现象的必要条件。可以从判断分子是否有对称性来判断一个分子是否具有手性;分子有对称性则无手性,分子无对称性则有手性。分子是否有对称性取决于分子是否有对称因素。

2. 对称因素

(1)对称面

假如有一个平面可以把分子分割成互为镜像的两部分,该平面就是分子对称面(可用 σ 表示)。如图 3-4 所示的分子中都存在对称面:

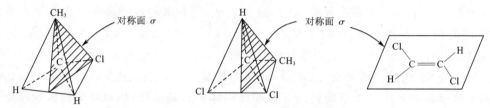

图 3-4　分子对称面示意图

在氯乙烷中,对称面 σ 过 CH_3、C、Cl 三质点,并平分∠HCH;在 1,1-二氯乙烷中,对称面 σ 过 H、C、CH_3 三质点,并平分∠ClCCl;在(E)-1,2-二氯乙烯中对称面 σ 过所有原子(平分 π 键正负位相)。

(2)对称中心

若分子中有一点 i,过 i 点作任一直线,如果在离 i 等距离的两端有相同的原子存在,则该点 i 为分子的对称中心。如图 3-5 所示化合物中都存在对称中心:

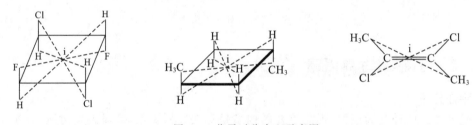

图 3-5　分子对称中心示意图

分子中存在对称面或对称中心,则该分子有对称性,它与其镜像能重合,因此不具备手性,是非手性分子。要判断一个分子是否有手性,一般情况下看它是否有对称面或对称中心即可。手性碳原子上所连四个原子或基团各不相同,既无对称面,也无对称中心,故含一个手性碳原子(即一个手性中心)的化合物具有手性,存在对映异构体,有旋光活性。

3.1.3　物质旋光性

旋光异构现象是一种光学异构现象,表现为具有旋光活性的物质对偏振光振动方向有改变作用。

光是一种电磁波,其振动方向垂直于光波前进方向,普通光可在空间各个不同平面上振动,如图 3-6 所示。普通光通过尼可尔(Nicol)棱镜后,只有与棱镜的晶轴平行振动的光波才能,透过的光只在一个平面上振动叫作平面偏振光(Plane-polarized light),简称偏振光,如

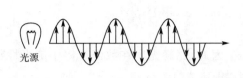 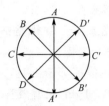

(a)光前进方向与振动方向垂直　　　　(b)普通光线的振动平面

图 3-6　光的传播

图 3-7 所示。偏振光前进的方向与其振动方向所构成的平面叫作偏振面。

　　若把两个棱镜按晶轴平行放置,则通过第一个棱镜后的偏振光能完全通过第二个棱镜;若在两个平行透镜之间放一个测量管,在管内装入乙醇、水或丙酮等液体,则偏振光能完全通过第二个棱镜;若在管内装入乳酸或葡萄糖水溶液,则通过第一个棱镜后的偏振光不能完全通过第二个棱镜,必须将第二个棱镜向左或向右转一定角度后,偏振光才能完全通过。

　　物质能使偏振光的偏振面旋转的性质叫作旋光性(Optical activity),具有旋光性的物质称为旋光性物质。旋光性物质能使偏振光的偏振面向右旋转的叫右旋体,能使偏振光的偏振面向左旋转的叫左旋体。右旋和左旋可分别用 d(dextro-rotatory)和 l(levo-rotatory),或用"+"和"−"表示。偏振光振动平面旋转的角度称为旋光度,用 α 表示。旋光度可用旋光仪测出,旋光仪主要组成部分是两个尼可尔棱镜和一个盛液管,如图 3-8 所示。

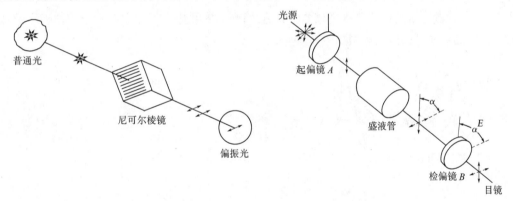

图 3-7　普通光与偏振光　　　　　　图 3-8　旋光仪原理示意图

　　第一个棱镜(起偏镜 A)是一个固定的尼可尔棱镜,其作用是将普通光变为偏振光。用来装被测物质溶液的盛液管,放在两个棱镜之间。第二个棱镜(检偏镜 B)是一个可以转动尼可尔棱镜,它连着刻度盘,用来测定使偏振光旋转的方向和角度,从刻度盘上可读出其左旋或右旋角度。

　　旋光度(α)除与物质分子结构有关外,还与盛液管长度、溶液浓度、光波长、测定时温度及所用溶剂有关。在一定条件下,旋光性物质旋光度是一个特定物理常数,用比旋光度 $[\alpha]$ 来表示。旋光度和比旋光度(specific rotation)关系为:

$$[\alpha]_{\lambda}^{t} = \frac{\alpha}{\rho_B l}$$

式中　α——旋光度;

　　　　ρ_B——溶液质量浓度,$g \cdot mL^{-1}$;纯液体 ρ_B 为 ρ(试样相对密度),$g \cdot cm^{-3}$;

l ——盛液管长度,dm;

λ ——光源波长(一般是钠光,波长 589 nm,用 D 表示);

t ——测定时温度。

当 ρ 和 l 数值都等于 1 时,$[\alpha]=\alpha$。因此,比旋光度在数值上等于旋光性物质浓度为 1 g·mL^{-1},放在 1 dm 长盛液管中所测得的旋光度。例如,在 20 ℃时 50 g·L^{-1}果糖溶液,用钠光作光源,放在 1 dm 长盛液管中,测得旋光度为 $-4.64°$。则比旋光度为:

$$[\alpha]_D^{20}=\frac{\alpha}{\rho l}=\frac{-4.64°}{1\times 50/1\,000}=-92.8°$$

在已知比旋光度时,可通过测定旋光性物质的比旋光度来计算其纯度和含量。

溶剂性质亦能影响旋光度数据,故不用水作溶剂时,应注明溶剂名称。例如,右旋酒石酸乙醇溶液测得的比旋光度为 $[\alpha]_D^{20}=+3.79°(50\ g·L^{-1}乙醇)$

3.2 含有一个手性碳原子的对映异构

手性碳原子是常见手性中心,可导致分子的不对称性,产生对映异构。除此外,手性中心还有手性氮原子、手性磷原子等,这将在相关课程中学习。

3.2.1 对映异构体性质

含有手性碳原子的对映异构现象非常普遍。例如,2-甲基-1-丁醇中有一个手性碳原子,分子有手性,其对映异构体的构型如图 3-9 所示。

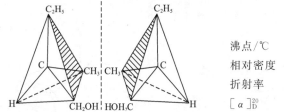

	(＋)-2-甲基-1-丁醇	(－)-2-甲基-1-丁醇
沸点/℃	128	128
相对密度	0.819 3	0.819 3
折射率	1.410 2	1.410 2
$[\alpha]_D^{20}$	＋5.756	－5.756

图 3-9 2-甲基-1-丁醇的对映异构体

在对映体之间,相应的手性碳原子上 4 个原子或基团之间距离相同,其几何尺寸和外形相同,各原子或基团特性也相同,所以对映异构体之间一般物理性质、化学性质无二。不过,对映体之间对偏振光表现出的旋光性能不一样,旋转角度大小相等,但旋转角方向恰好相反。更为重要的是,在不对称环境或条件下,如在手性试剂、手性溶液、手性催化剂存在下,对映异构体之间会表现出明显差异的化学反应性能,有的反应活性很高,有的反应活性很低,而且立体化学结果也会不同。

等量的左旋体和右旋体混合物是外消旋体;外消旋体不但没有旋光性,且其物理性质也与左旋体或右旋体不同。如左旋或右旋乳酸熔点为 53 ℃,而外消旋乳酸熔点为18 ℃。

3.2.2 构型表示方法

在平面中表示对映异构体的不同构型,一般有两种方法。一种是采用立体透视式,另一种是采用 Fischer 投影式。Fischer 投影式规定是：把手性碳原子置于纸面，以横竖两条直线的垂足表示手性，横向线表示手性碳上所连基团指向纸面上方（指向读者），竖向线表示手性碳上所连基团指向纸面下方（背向读者）；画 Fischer 投影式时，一般把碳链放在竖直线方向，并把编号最小的碳原子写在上端，如图 3-10 所示。

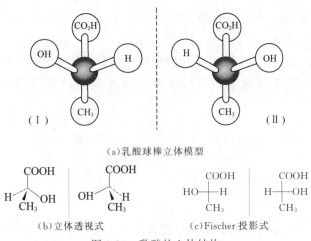

图 3-10　乳酸的立体结构

用 Fischer 投影式表示对映异构体，方便之处是将分子三维立体模型转化为二维平面图形；但使用 Fischer 投影式时应遵守有关规定：一是 Fischer 投影式只能在纸平面内旋转 180°，构型不变；但不能旋转 90°或 270°，因为这样将违背"横朝前、竖朝后"的规定。

二是 Fischer 投影式不能离开纸面旋转 180°，否则将得到原有构型对映体的投影式。如：

三是在 Fischer 投影式中，手性碳原子上任意两个基团不能随意调换；调换一次原构型转变成其对映体，而调换两次则原构型保持不变。

3.2.3 构型和旋光方向标记

一对对映异构体构型不同,旋光方向不同。迄今为止,还没有确定对映异构体中构型和旋光方向之间的内在联系。对映异构体对平面偏振光的旋转方向是实测得出的,以前用 d 和 l 分别表示右旋和左旋,现在用"+""－"分别表示右旋和左旋,故外消旋体用"dl"或"±"来标记。构型标记有 D/L 和 R/S 两种方法。

1. D/L 标记法

D/L 构型标记法是以甘油醛为标准来确定对映体相对构型的;具体方法是按 Fischer 投影式书写原则,把手性碳上羟基写在右边的规定为 D 型,羟基写在左边则规定为 L 型。

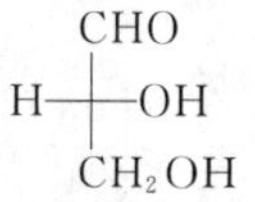

D-甘油醛 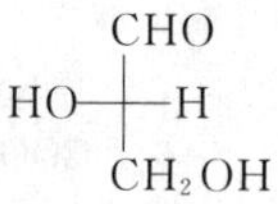   L-甘油醛

D 是希腊文 Dextro 字首,意为"右",L 是希腊文 Leavo 字首,意为"左"。对于可由 D-甘油醛通过化学反应制备的化合物或可以转变成 D-甘油醛的化合物,被认为是与 D-甘油醛有相同构型,即 D 型;反之则为 L 型。这里所说化学反应,一般不涉及手性碳原子(即不是改变手性碳构型的反应)。D-甘油醛经测定是右旋的,所以右旋甘油醛记为 D-(＋)-甘油醛,而左旋甘油醛记为 L-(－)-甘油醛。

2. R/S 标记法

R 是拉丁文 Rectus 的字首,意为"右",S 是拉丁文 Sinister 字首,意为"左"。用 R/S 标记构型的具体方法是:先把手性碳上连接的 4 个原子或基团按次序规则排列,然后把排列次序最小的放在距观察者最远的位置或放在朝向纸面下方的位置,再由大到小轮数其他三个基团(较优基团编号较大),是顺时针方向轮数结果则手性碳记为 R 型,逆时针方向轮数的则记为 S 型。如 A、B、E、F 四个原子按次序规则排序为 A>B>E>F,则下面两个构型,一个为 R 型,另一个为 S 型,两者是对映异构体:

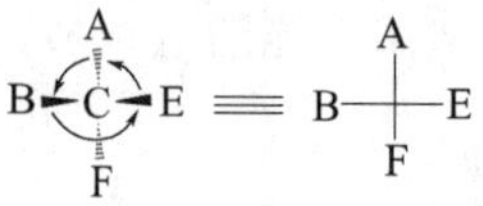

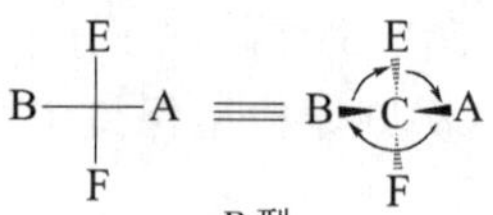

次序规则的要点:

(1)将与手性碳相连的 4 个原子按原子序数大小排列,原子序数较大者为"较优"基团,若有同位素,则质量较大的"较优";未共用电子对视为最小。一些原子的优先次序为:

$$I>Br>Cl>S>F>O>N>C>D>H:$$

（2）如果直接相连原子的序数相同，则应逐级、依次比较与该原子相连的下级原子的原子序数，如果还是相同，应再次外推，直到比较出较优的基团序列为止。例如：

$$-CH_2Cl > -CH_2OH > -CH_2NH_2 > -CH_2CH_3$$

$$-C(CH_3)_3 > -CH(CH_3)_2 > -CH_2CH_2CH_3 > -CH_2CH_3 > -CH_3$$

（3）当基团含有双键或叁键时，可以将其分解为相当于连有两个或三个相同原子的基团。如：

$$-CH=\!\!=CH_2 \text{ 与 } -\underset{(C)}{C}H-\underset{(C)}{C}H_2 \text{ 相当}, \quad -C\!\equiv\!CH \text{ 与 } -\overset{(C)(C)}{\underset{(C)(C)}{C}}\!-\!CH \text{ 相当}$$

$$-\overset{O}{\underset{H}{C}} \text{ 与 } -CH\overset{O-(C)}{\underset{(O)}{}} \text{ 相当}, \quad -C\!\equiv\!N \text{ 与 } -\overset{(N)(N)}{\underset{(N)(C)}{C}}\!-\!N \text{ 相当}$$

因此，有如下基团优先次序：

$$-C\!\equiv\!N > -C_6H_5 > -C\!\equiv\!CH > -CH=\!\!=CH_2$$

按次序规则有机化合物中常见各种基团的优先次序为：

$$-I, -Br, -Cl, -SO_3R, -SO_3H, -SO_2CH_3, -S\overset{O}{\!R}, -SR, -SH, -F, -O\overset{O}{\!CR}, -OPh, -OR,$$

$$-OH, -NO_2, -NR_2, -NH\overset{O}{\!CR}, -NHR, -NH_2, -CCl_3, -COCl, -CO_2R, -CO_2H, -CONH_2,$$

$$-COR, -CHO, -CR_2OH, -CHROH, -CH_2OH, -CN, -C\!\equiv\!CR, -C_6H_5, -C\!\equiv\!CH, -C(CH_3)_3,$$

$$-CH=\!\!=CHCH_3, -C_6H_{11}, -CH=\!\!=CH_2, -CH(CH_3)_2, -CH_2C_6H_5, -CH_2C\!\equiv\!CH,$$

$$-CH_2CH=\!\!=CH_2, -CH_2CH_2CH_3, -CH_2CH_3, -CH_3, D, H$$

例如，2-丁醇分子中与手性碳原子相连的 4 个基团优先顺序为 $-OH > -CH_2CH_3 > -CH_3 > -H$，所以其对映异构体的 R/S 构型应标记为：

顺时针轮数	R 型	S 型	逆时针轮数
(R)-2-丁醇			(S)-2-丁醇

R/S 标记甘油醛和乳酸的旋光性经测定为：

(R)-(＋)甘油醛	(S)-(－)甘油醛	(R)-(－)乳酸	(S)-(＋)乳酸

3.3 含两个手性碳原子的对映异构

3.3.1 含两个构造不同手性碳原子的对映异构

含有两个构造不同手性碳的分子,因每个手性碳有两种构型(R 和 S),应有 4 个旋光异构体存在。例如,氯代苹果酸(2-羟基-3-氯丁二酸):

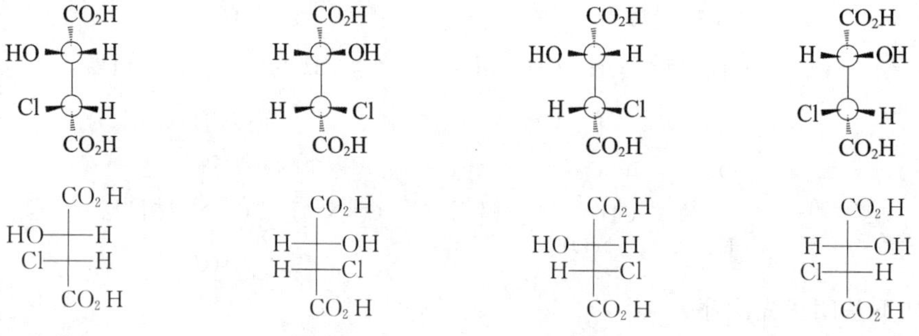

（Ⅰ）　　　　　　　（Ⅱ）　　　　　　（Ⅲ）　　　　　　（Ⅳ）

(2R,3R)　　　　　(2S,3S)　　　　　(2R,3S)　　　　　(2S,3R)

（Ⅰ）和（Ⅱ）及（Ⅲ）和（Ⅳ）是对映体,（Ⅰ）与（Ⅲ）、（Ⅳ）以及（Ⅱ）与（Ⅲ）、（Ⅳ）不是对映体关系,它们互为非对映异构体,简称非对映体,等量（Ⅰ）和（Ⅱ）及等量（Ⅲ）和（Ⅳ）组成两种外消旋体。非对映异构体之间物理性质不同,（Ⅰ）和（Ⅱ）熔点都是 173 ℃,其外消旋体熔点为 146 ℃,（Ⅲ）和（Ⅳ）熔点都是 167 ℃,其外消旋体熔点为 153 ℃。

含有两个手性碳原子构型表达式除了 Fischer 式和透视式之外,还有锯架式和 Newman式,它们之间可转换。

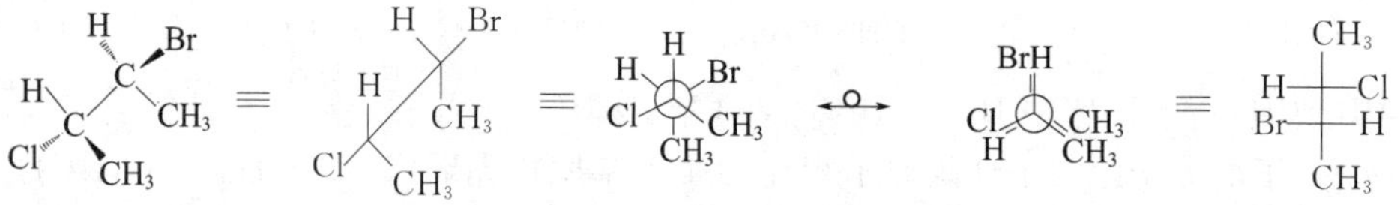

立体透视式　　　　锯架式　　　　Newman 式(a)　　　　Newman 式(b)　　　Fischer 式

Fischer 投影式可直接转为重叠构象 Newman 式(b),由 Newman 式(b)转为 Newman式(a)然后再转为锯架式,虽然构象发生了变化,但构型不变。

可以预测,当链状分子中含有 n 个不相同手性碳原子时,其对映异构体总数可为 2^n 个,可有 2^{n-1} 对对映体,可组成 2^{n-1} 种外消旋体。

3.3.2 含两个构造相同手性碳原子的对映异构

含两个构造相同手性碳原子的分子,其对映异构现象与上述情况有所不同。例如,2,3-二羟基丁二酸(俗称酒石酸)中两个手性碳原子构造相同,手性碳上连接四个基团分别是—OH,—CO_2H,—$CH(OH)CO_2H$ 和—H;其对映异构体的 Fischer 投影式为

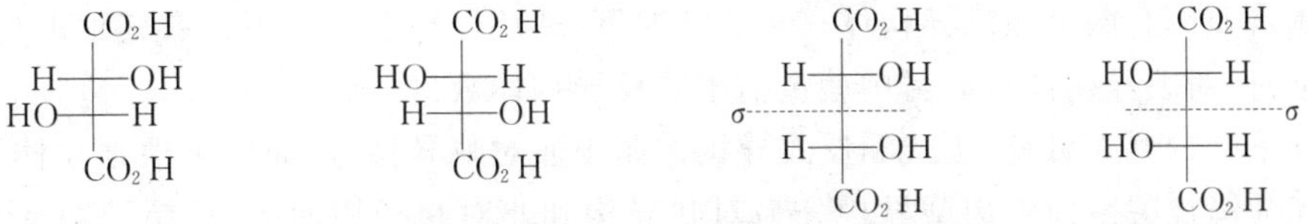

(2R,3R)-2,3-二羟基丁二酸（Ⅰ）　(2S,3S)-2,3-二羟基丁二酸（Ⅱ）　(2R,3S)-2,3-二羟基丁二酸（Ⅲ）　(2S,3R)-2,3-二羟基丁二酸（Ⅳ）

（Ⅰ）与（Ⅱ）是一对对映体；而（Ⅲ）和（Ⅳ）是相同构型的同一个分子，其分子中存在一个对称面 σ，可将分子分成互为镜像的两部分，一部分为 R 构型，另一部分为 S 构型，这两部分旋光能力相同，但旋光方向相反，对偏光旋光作用在分子内部相互抵消，所以分子表现出无旋光性。因此，把（Ⅲ）或（Ⅳ）称为内消旋体（meso），内消旋体（Ⅲ）与（Ⅳ）是同一物质，它与（Ⅰ）或（Ⅱ）是非对映体关系。内消旋体与外消旋体不同，前者是纯物质，后者是等量混合物。内消旋体虽然无旋光性，但也把它称为旋光异构体，对映体、内消旋体及外消旋体物理性质不同（表 3-1）。

表 3-1　酒石酸各异构体的物性常数

酒石酸	熔点/℃	d_4^{20}	溶解度/[g·(100g 水)$^{-1}$]	$[\alpha]_D^{25}$	pK_{a_1}	pK_{a_2}
右旋体	170	1.760	139.0	+12°	2.93	4.23
左旋体	170	1.760	139.0	−12°	2.93	4.23
内消旋体	140	1.666	125.0	0°	3.11	4.80
外消旋体	204	1.687	20.6	0°	2.96	4.16

3.4 脂环化合物对映异构

在脂环族化合物中若存在手性碳原子，也有对映异构体。如果构成脂环碳架中有两个手性碳原子，则立体异构现象就比较复杂，既有顺反异构，又有对映异构。例如，构造式相同化合物(a)有一对对映异构体，但无顺反异构；(b)只有顺反异构，无对映异构；(c)则有两对对映异构体，而且(c)中有顺反异构。

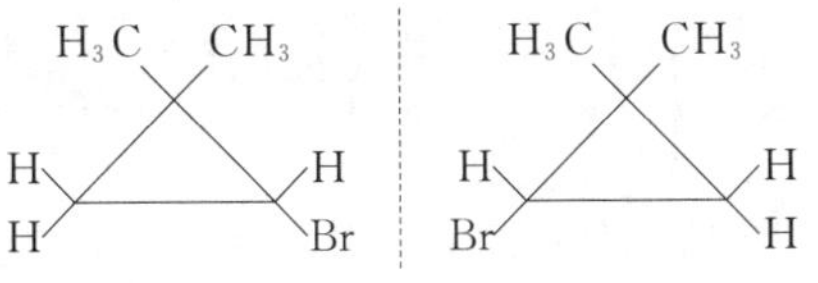

(a)

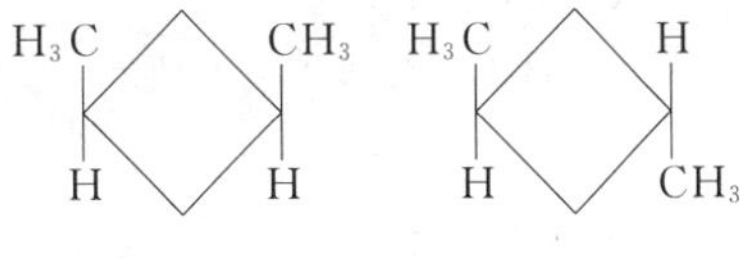

(b)

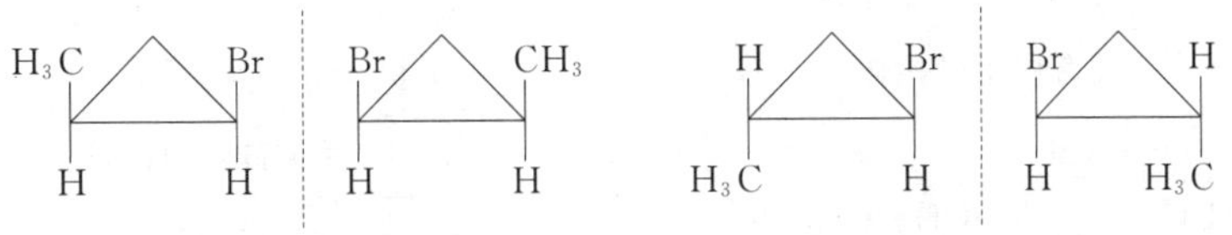

顺-1-甲基-2-溴环丙烷　　反-1-甲基-2-溴环丙烷

(c)

化合物(a)只有一个手性碳，故有一对对映体，化合物(b)中没有手性碳，分子中存在对称面（过两个—CH_3 和两个 3°碳的平面），所以(b)无对映异构，只有顺式和反式两个非对映异构体（属几何异构）；化合物(c)中存在两个构造不同的手性碳，故有两对对映体（共 4 个旋光异构体),但只有两个顺反异构体。一般情况下,环烷烃环上碳原子连有其他取代基,并构成手性碳时,对映异构体总数目中就包括了顺反异构体数目。

由分子的构型式可见,顺式和反式异构体属于非对映异构体;通常可根据立体异构体之间是否互为镜像关系而将构型异构分为对映异构和非对映异构两类,环烷烃顺反异构属于非对映异构中的一个类型(烯烃存在顺反异构)。

如果在脂环化合物环上两个手性碳原子构造相同,则对映异构体总数将减少。例如,1,2-环丙二甲酸中,顺反异构体有两个,而且反式异构体中又存在对映异构,但顺式异构体中,因存在对称面,使其成为内消旋体,所以该化合物只有 3 个立体异构体。

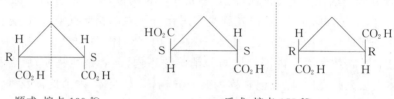

顺式,熔点 139 ℃   反式,熔点 175 ℃

在二取代环己烷衍生物中,要判断其是否有对映异构体,一般可将六元碳环看成是平面六边形,顺反异构较容易观察,而对映异构体是否存在,应看两个相同取代基位置关系。

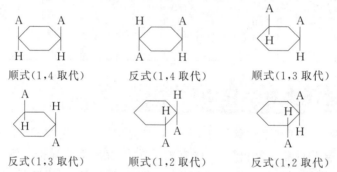

顺式(1,4 取代)   反式(1,4 取代)   顺式(1,3 取代)

反式(1,3 取代)   顺式(1,2 取代)   反式(1,2 取代)

如上所列,只有反式 1,3-二取代和反式 1,2-二取代有对映异构,其他不存在对映异构现象。如果是多个不同手性碳存在于环分子中,其立体异构体总数最多为 2^n 个。

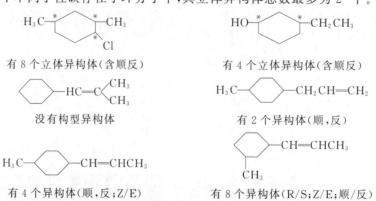

有 8 个立体异构体(含顺反)   有 4 个立体异构体(含顺反)

没有构型异构体   有 2 个异构体(顺,反)

有 4 个异构体(顺,反;Z/E)   有 8 个异构体(R/S;Z/E;顺/反)

*3.5 不含手性中心化合物的对映异构

部分化合物结构中不存在手性中心,也没有对称面或对称中心,但当结构中存在手性轴或手性面时,这种分子也有不对称性,存在对映异构体。最典型的是丙二烯型和联苯型衍生物。

当丙二烯两端碳原子上两个基团不相同(a≠b)时,分子中存在一个手性轴(属不对称因素),则有对映异构体;若两个基团相同时,分子中因存在对称面而无对映异构。

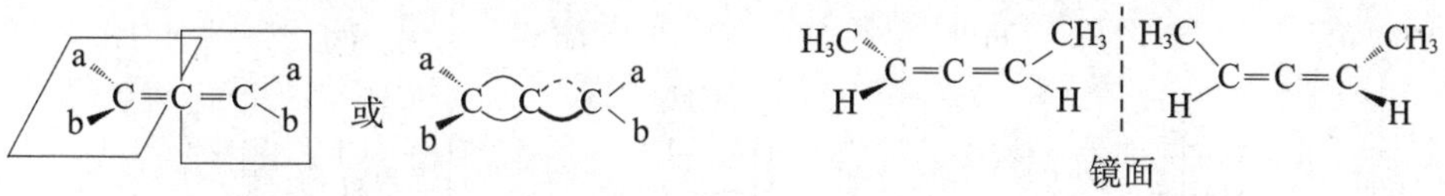

下面 3 个化合物没有旋光性:

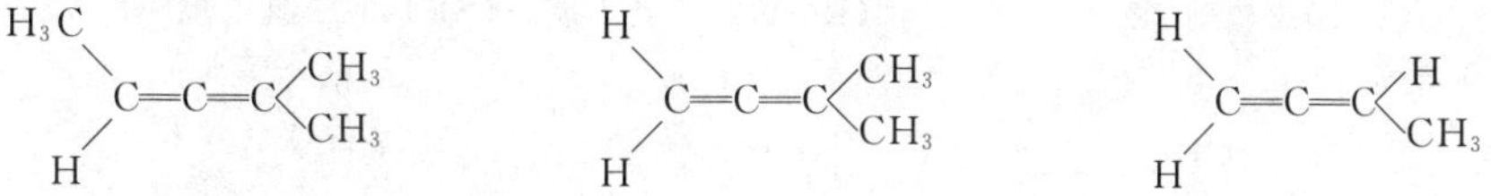

螺环烃及脂环烯也有类似情形。例如:

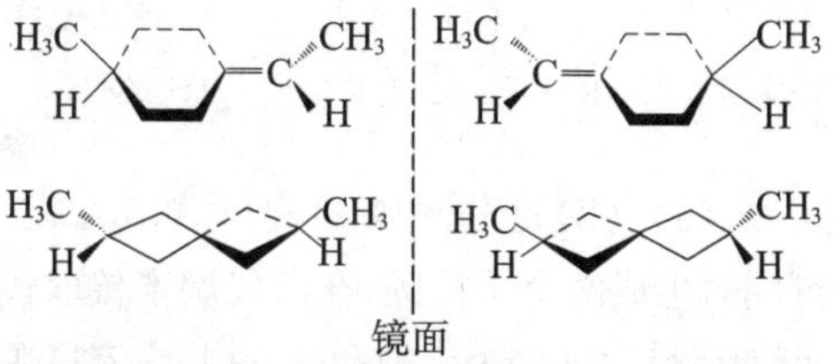

联苯型分子中 2,2′,6,6′四个位置上连有大体积不同基团时,由于空间上互相排斥和阻碍,导致两个苯环不共平面,因此使分子有不对称性,存在对映异构体。例如:

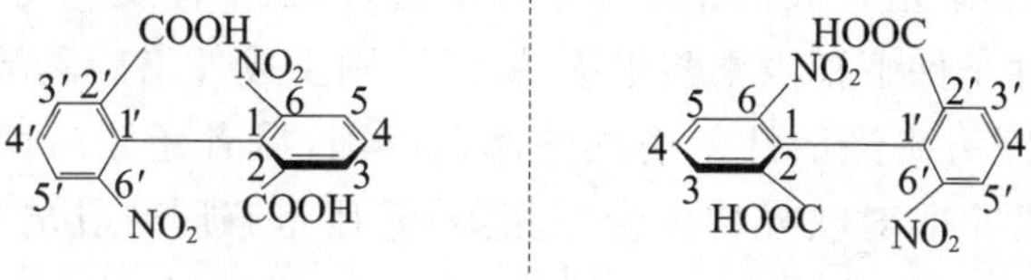

如果在 2 位和 6 位或 2′位和 6′位上连接相同官能团,则因存在对称性而使分子丧失旋光性。

3.6 有机反应中对映异构现象

在有机化学反应中,无手性碳原子在发生化学变化后,可以变为手性碳原子。例如:

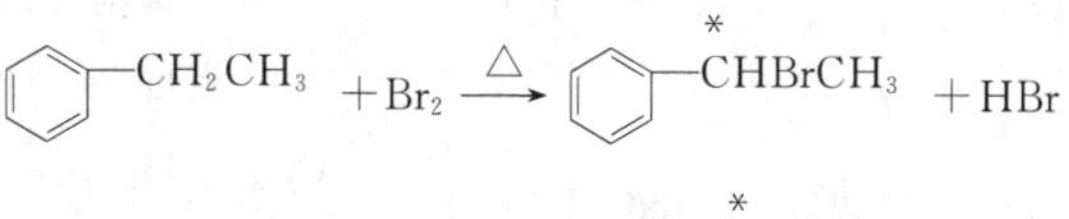

$$CH_3CH = CHCH_3 + HBr \longrightarrow CH_3 \overset{*}{C}HBrCH_2CH_3$$

在非手性环境条件下(反应物、试剂、溶剂、催化剂等都无手性),生成产物中又只有一个手性中心,则该产物往往是外消旋体。例如,烷烃自由基型卤代反应生成了平面构型活泼中间体——碳自由基,当它与卤素作用时,卤原子可从该平面上、下两个方向等几率与碳自由基成键导致产物有两种互为镜像关系的构型,形成外消旋体:

如果反应物中已有一个手性碳原子存在,则进一步发生化学反应生成产物的立体化学结果比较复杂,如(S)-2-氯丁烷的氯代反应:

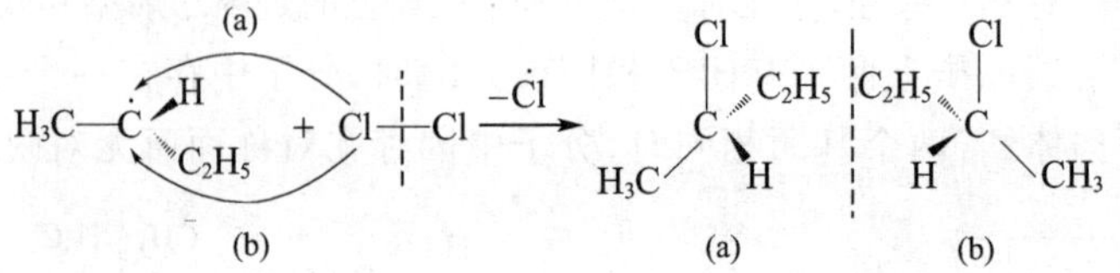

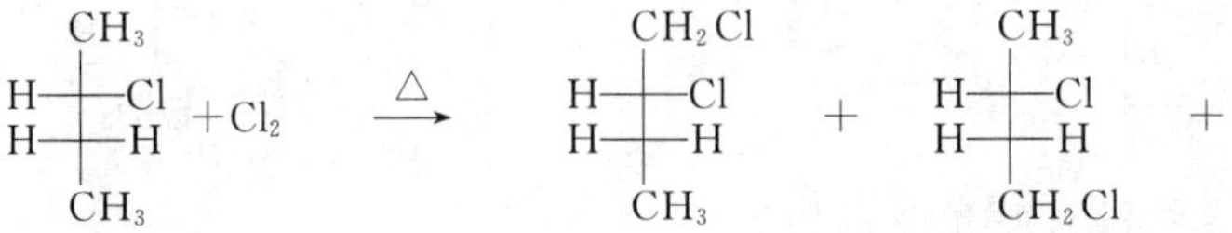

（S）-2-氯丁烷　　　（R）-1,2-二氯丁烷　（S）-1,3-二氯丁烷
　　　　　　　　　　　　　（a）　　　　　　　（b）

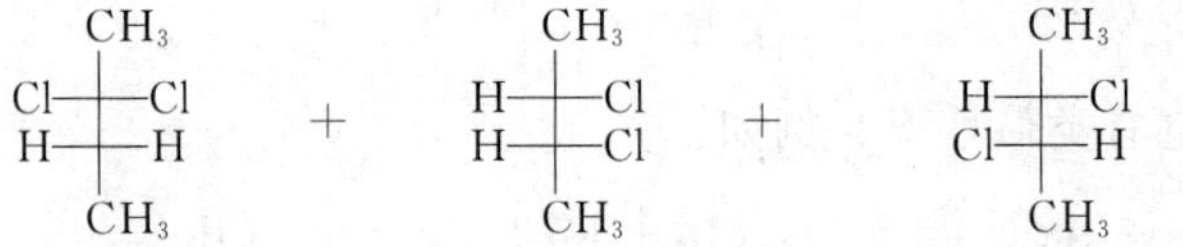

2,2-二氯丁烷　　　（S,R）-2,3-二氯丁烷　　（S,S）-2,3-二氯丁烷
　　（c）　　　　　　　　（d）　　　　　　　　（e）

（d）是内消旋体，（d）与（e）、（a）、（b）是非对映异构体，（c）无旋光活性。

在不饱和烃成成反应中可同时生成两个手性碳；在卤代烷亲核取代反应中，还可使手性碳原子构型发生变化；在消除反应中可使手性碳转变为不饱和碳，这些内容将在后续学习中逐步介绍。

如果通过有机合成直接得到具有旋光活性产物（即得到不等量对映体产物），此为手性合成，又称不对称合成。手性合成常在手性条件下进行，如手性反应物、手性试剂、手性催化剂使用。如果在非手性条件下把丙酮酸中羰基还原，则生成外消旋乳酸；但将丙酮酸先与天然（－）-薄荷醇酯化生成有旋光活性的丙酮酸薄荷醇酯，后者还原后使酮羰基变成醇羟基，此时产物中新生成的两个非对映异构体量不相等，最后水解所得乳酸中有一个对映异构体是过量的。即：

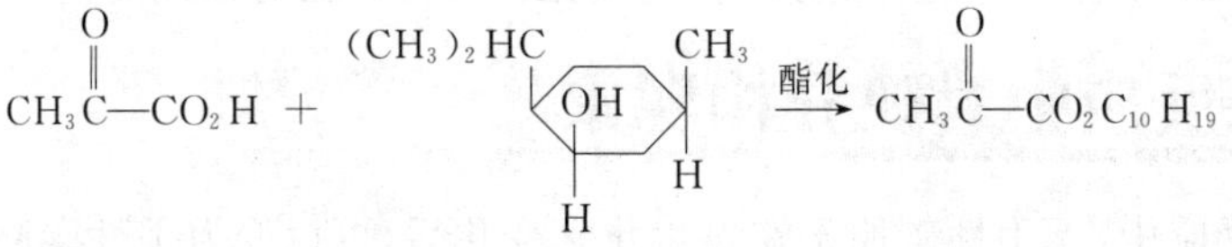

丙酮酸　　　　　　（－）-薄荷醇　　　（－）-薄荷醇丙酮酸酯

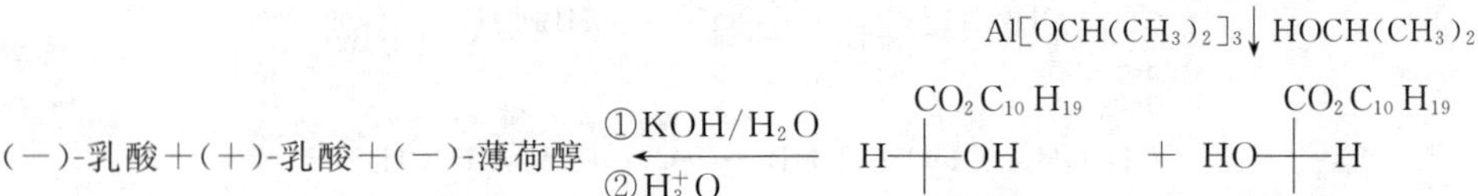

$Al[OCH(CH_3)_2]_3 \downarrow HOCH(CH_3)_2$

（－）-乳酸＋（＋）-乳酸＋（－）-薄荷醇

（过量）　　　　　　　　　　　　　　（－）-薄荷醇-　　　（－）-薄荷醇-
　　　　　　　　　　　　　　　　　　（－）-乳酸酯　　　（＋）-乳酸酯

在最终反应产物中，（－）-乳酸的量大于（＋）-乳酸的量；一个对映体超过另一个对映体量的百分数称为对映体过量百分数，用 $e.e$ （Enantiomeric excess）表示，$e.e$ 值的大小可说明不对称合成反应的效率高低。也可用产物的光学纯度 $o.p$ 表示不对称合成效率的高低。

$$e.e = \frac{m_1 - m_2}{m_1 + m_2} \times 100\%$$

$$o.p = \frac{[\alpha]_{实测值}}{[\alpha]_{纯品值}} \times 100\%$$

m_1、m_2 分别为对映异构体的量,m_1 的量多于 m_2;$[\alpha]_{实测值}$ 为合成所得产物的比旋光度;$[\alpha]_{纯品值}$ 为用于对照的纯旋光物质的比旋光度。

在生物体内发生酶催化反应,其立体专一性往往非常强。例如,在人体内的富马酸(反丁烯二酸)在富马酸酶的作用下,加成一分子水生成 S 构型苹果酸 S:

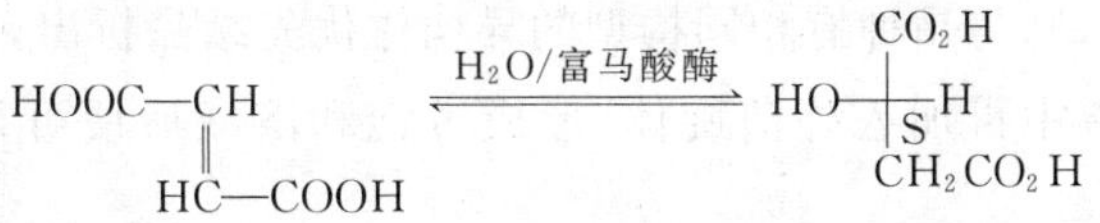

HOOC—CH
‖
HC—COOH

富马酸

$\xrightarrow{H_2O/富马酸酶}$

CO₂H
HO——S——H
CH₂CO₂H

L-苹果酸(S)

*3.7　外消旋体拆分

把外消旋体两个对映异构体拆开,得到旋光活性产物,用一般分馏或重结晶等物理方法是不行的。最早是用机械法分离对映异构的结晶体,现在已有多种方法用于不同类型外消旋体拆分,如化学方法、生化方法、色谱层析法、诱导结晶析出法。用化学方法把对映体转变成非对映体,然后用通常物理方法把非对映体分离开,再恢复成原来的右旋体和左旋体,这个拆分过程需要手性试剂(即拆分剂)参与。例如,外消旋有机酸可以用有旋光活性的有机碱来拆分,先生成非对映体混合物(盐),将其分离纯化后,再用无机酸使旋光活性有机酸游离出来:

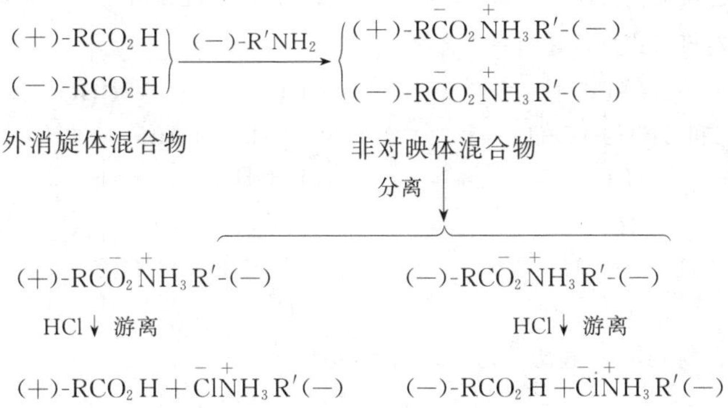

(+)-RCO₂H
(−)-RCO₂H
}
$\xrightarrow{(−)-R'NH_2}$
{
(+)-RCO₂⁻N⁺H₃R'-(−)
(−)-RCO₂⁻N⁺H₃R'-(−)

外消旋体混合物　　　　　　　　非对映体混合物
分离

(+)-RCO₂⁻N⁺H₃R'-(−)　　　　　　(−)-RCO₂⁻N⁺H₃R'-(−)

HCl↓游离　　　　　　　　　　　HCl↓游离

(+)-RCO₂H + Cl⁻N⁺H₃R'-(−)　　　(−)-RCO₂H + Cl⁻N⁺H₃R'-(−)

一般来说,拆分剂与外消旋体反应后生成的非对映体之间在物理性质上应有明显差别,以利于进一步分离;而且,形成的非对映体也应较容易被还原回对映体,以便达到较高的拆分效率。可用于拆分外消旋酸生物碱种类较多,如(−)-辛可宁、(−)-奎宁、(−)-马钱子碱、(−)-吗啡碱、(−)-番木鳖碱等。如果要拆分外消旋碱,拆分剂可用(+)-或(−)-酒石酸、(+)-苹果酸和(+)-奎尼酸等。

利用生物化学方法,如使用酶催化对外消旋体进行选择性拆分,是近年来迅速发展起来的拆分方法。例如,外消旋酒石酸铵在酵母或青霉素存在下进行发酵,则右旋酒石酸铵逐渐被消耗,而左旋体被保留下来,可从发酵液中分离出(−)-酒石酸铵。天然有旋光活性的酶可用于氨基酸外消旋体拆分;例如,乙酰水解酶可使(+)-N-乙酰基苯丙氨酸水解生成(+)-

苯丙氨酸,由此与(一)-N-乙酰基苯丙氨酸分离:

$$C_6H_5CH_2\underset{\underset{NHCOCH_3}{|}}{C}HCO_2H \xrightarrow[\text{H}_2\text{O}]{\text{乙酰水解酶}} C_6H_5CH_2\underset{\underset{NH_2}{|}}{C}HCO_2H + C_6H_5CH_2\underset{\underset{NHCOCH_3}{|}}{C}HCO_2H$$

(±)-N-乙酰基苯丙氨酸　　　　　　　　(+)-苯丙氨酸　　　(一)-N-乙酰基苯丙氨酸

诱导结晶析出法又称播种结晶析出法,在外消旋体的过饱和溶液中加入少量同样的左旋体或右旋体为晶种,则与晶种有相同构型的异构体优先结晶析出,经过滤分离得到对映异构体之一;向过滤母液中再加入外消旋体,形成过饱和溶液后便可得到另一个对映体的结晶。例如

(±)-氯霉素+D-氯霉素 $\xrightarrow[80\ ℃]{100\ mL\ H_2O}$ $\xrightarrow[20\ ℃]{冷却}$ D-氯霉素↓ $\xrightarrow{过滤}$ 分离出 1.9g D-氯霉素

(100 g)　　(1 g)　　　　　　　　　　(1.9 g)

过滤母液 $\xrightarrow[加热至80\ ℃]{加入2\ g(±)-氯霉素}$ $\xrightarrow[20\ ℃]{冷却}$ L-氯霉素↓ $\xrightarrow{过滤}$ 分离出 2.1g L-氯霉素

(2.1g)

这种拆分方法只需加入少量一种旋光异构体就可以进行,并且可以连续化进行拆分操作,操作条件简便,成本低,效果较好。

习　题

3-1　写出甲基环己烷氯代反应中一氯代产物构造式,并指出有旋光活性的异构体。

3-2　指出下列各对投影式是否是同一化合物。

(1) $H_3C-\overset{CO_2H}{\underset{C_6H_5}{|}}-OH$ 和 $HO-\overset{CO_2H}{\underset{H_3C}{|}}-C_6H_5$

(2) $H-\overset{CHO}{\underset{CH_2OH}{|}}-OH$ 和 $HO-\overset{CHO}{\underset{H}{|}}-CH_2OH$

(3) $H-\overset{CH_3}{\underset{C_2H_5}{|}}-Br$ 和 $C_2H_5-\overset{H}{\underset{Br}{|}}-CH_3$

(4) $H_2N-\overset{CH_3}{\underset{H}{|}}-C_6H_5$ 和 $H_3C-\overset{C_6H_5}{\underset{NH_2}{|}}-H$

3-3　写出下列化合物 Fischer 投影式,并标注 R/S 构型。

(1) 　(2) 　(3) 　(4)

3-4　下列各对化合物属于非对映异构体、对映异构体、顺反异构体、构造异构体还是同一化合物或不同化合物?

(1) $H-\overset{CH_3}{|}-Br$ $H-|-Cl$ $\underset{CH_3}{|}$ 和 $H-\overset{CH_3}{|}-Cl$ $H-|-Br$ $\underset{CH_3}{|}$

(2) 和

(3) 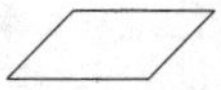 和 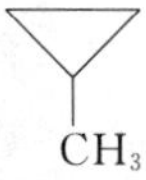　　(4) 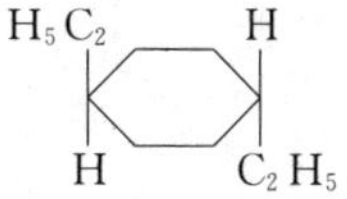 和 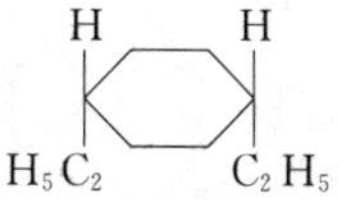

(5) 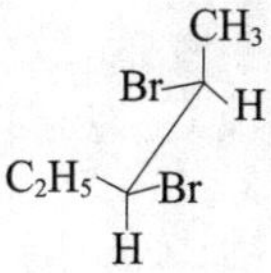 和 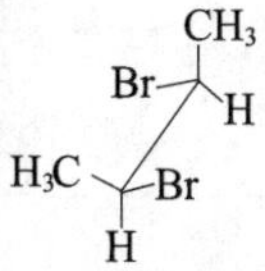　　(6) 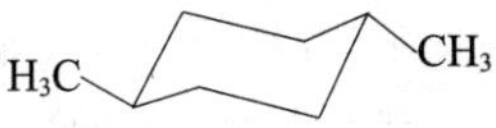 和 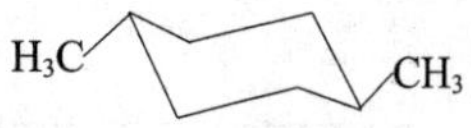

3-5　麻黄素构造式如图所示，请写出（R，R）构型的透视式、Fischer 式和 Newman 投影式。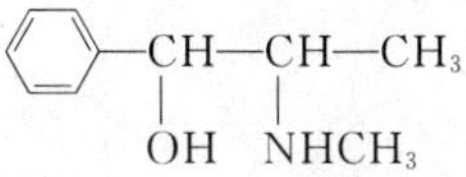

3-6　化合物 A($C_6H_{12}O$)没有旋光活性，但结构中含有环丙基，试写出 A 可能的结构式。

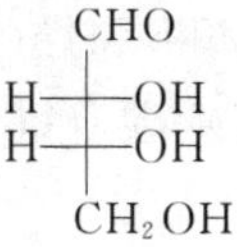
(A)

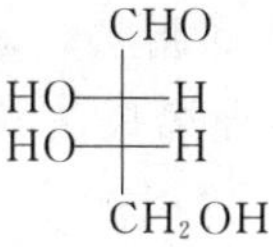
(B)

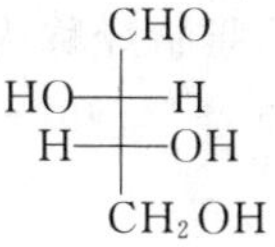
(C)

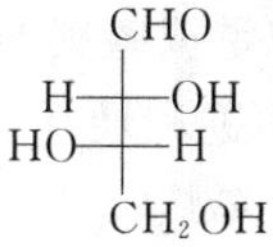
(D)

3-7　考查下面 4 个 Fisher 投影式，回答问题。

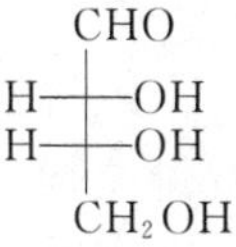
(A)

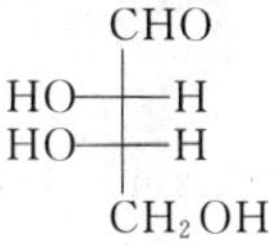
(B)

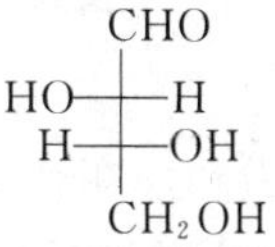
(C)

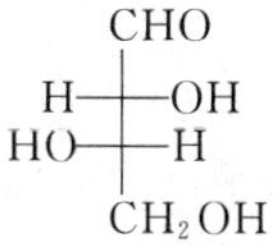
(D)

(1)找出两对对映体；(2)是否有内消旋体存在？(3)四者等摩尔比混合后可有旋光活性？

3-8　写出下列化合物立体结构式：

(1)(R)-2-溴丁烷　(2)(S)-3-氯-1-戊烯　(3)(R)-2-甲基环己酮　(4)(2R,3S)-2,3-二羟基丁二酸

3-9　写出二溴丁烷($C_4H_8Br_2$)的所有异构体，并指出哪些是构造异构体？哪些是构型异构体？哪些是对映体？哪些是非对映体？哪些是内消旋体？

3-10　(S)-2-甲基-1-氯丁烷在光照下进行氯代反应，生成 2-甲基-1,2-二氯丁烷和 2-甲基-1,4-二氯丁烷。试写出相应结构式，并指出它们有无光学活性。

3-11　判别下列化合物是否有旋光活性。

(1) 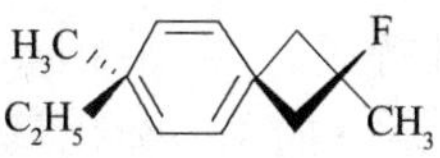　(2) 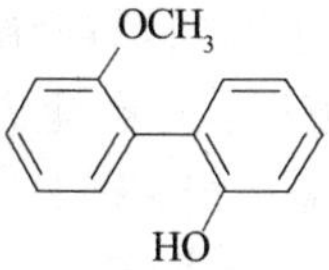　(3) 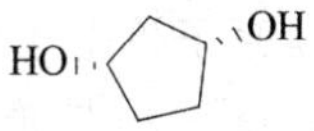

(4) 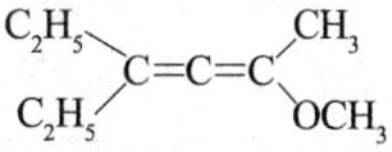　(5) 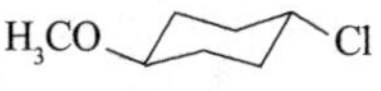　(6) 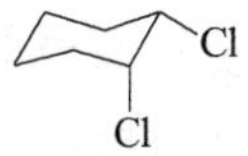

(7) 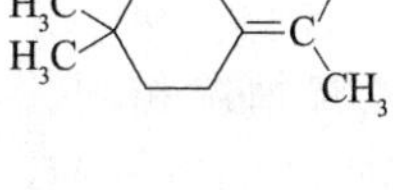　(8) 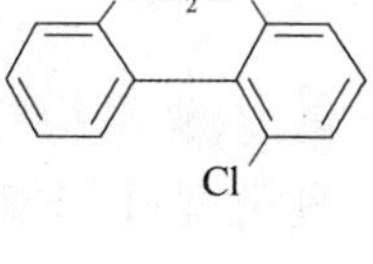　(9) 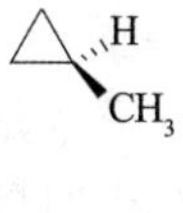

第4章

不饱和烃

含有碳碳双键或碳碳叁键的脂肪烃称为不饱和脂肪烃,简称不饱和烃(Unsaturated hydrocarbons)。不饱和烃一般包括烯烃、炔烃和共轭烯烃。既含有碳碳双键又含有碳碳叁键的不饱和烃称为烯炔。

I 烯 烃

含有碳碳双键(C=C)的不饱和烃叫作烯烃(Alkenes);碳碳双键是烯烃的官能团,它决定了烯烃的基本骨架结构和基本化学性质。

4.1 烯烃结构

烯烃结构特征是碳碳双键。碳碳双键是指两个碳原子之间以两对共用电子对形成的两个共价键,在书写上一般以 C=C 表示。实验事实表明,烯烃中碳碳双键与烷烃中碳碳单键的键长、键能以及键角等共价键属性上不同(见 1.2.3 节)。由此推测,烯烃中形成碳碳双键的碳原子并不是 sp^3 杂化。

4.1.1 sp^2 杂化碳原子和碳碳双键

实验证实,乙烯分子中 6 个原子处于同一平面内,每个碳原子与两个氢原子及另一个碳原子相连。乙烯分子中碳原子价电子原子轨道以 sp^2 杂化方式进行成键,即 3 个 sp^2 杂化轨道中的两个 sp^2 分别与氢原子 1s 轨道分别交盖形成 C—H σ 键,余下的 sp^2 杂化轨道与 sp^2 杂化碳的 sp^2 杂化轨道以头对头方式相互交盖,形成(C_{sp^2}—C_{sp^2})σ 键;而两个碳原子上各自未参与 sp^2 杂化的 2p 轨道以肩并肩方式从侧面相互平行交盖,形成了另一种垂直于 sp^2 杂化碳原子所在平面的碳碳共价键——π 键。两个碳共用两对成键电子形成碳碳双键,一个是 σ 键,一个是 π 键。(图4-1~图 4-3)

其他烯烃碳碳双键中碳原子也是 sp^2 杂化,双键结构特征与乙烯情况相同。乙烯中 4 个氢原子依次被烷基取代后形成的烯烃有 5 种类型;即 RCH=CH_2、R_2C=CH_2、RCH=CHR、R_2C=CHR、R_2C=CR_2。对 C=C 而言,所连 R 是给电子基团,具有 +I 效应。

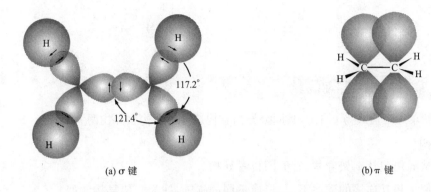

(a) σ 键 　　　　　　　　　　　(b) π 键

图 4-1　乙烯分子中的 σ 键和 π 键电子云分布示意图

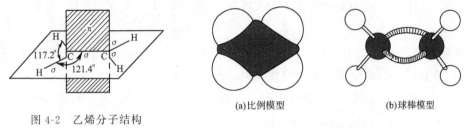

图 4-2　乙烯分子结构
键长:C═C　0.134 nm
　　　C—H　0.108 nm

(a)比例模型　　(b)球棒模型

图 4-3　乙烯结构模型图

4.1.2　π 键特性

π 键由两个碳原子各自 p 轨道从侧面"肩并肩"平行交盖形成;这种轨道交盖程度比 σ 键要小,而且 π 键电子对不定域在两个碳原子核连线之间,键能比 σ 键要低,故 π 键易断裂较不稳定,是较弱的共价键。

形成 π 键两个 p 轨道只有以其对称轴相互平行的取向才尽可能更大程度侧面交盖,故构成双键两个碳原子不能绕 σ 键轴作相对旋转,否则 π 键将被削弱以至破坏,这一点与碳碳 σ 键不同。一句话,形成双键的两个碳原子之间不能自由旋转(图 4-4)。

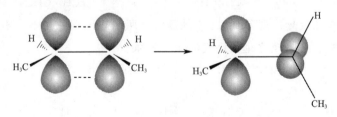

图 4-4　双键旋转示意图

π 键电子运动区域有别于 σ 键电子那样在两个成键原子之间,π 键电子受碳原子核约束力较小,有较大的运动区域和流动性,还易受外界电场影响发生极化,故 π 键比 σ 键有较高的化学活泼性。

双键碳原子不能自由旋转,故双键碳原子上连有不相同基团时,取代基不同的空间排列取向可使烯烃在构型上产生异构现象,此为几何异构(属于构型异构)。例如:

$$\underset{b}{\overset{a}{c}} = \underset{b}{\overset{a}{c}} \quad 与 \quad \underset{b}{\overset{a}{c}} = \underset{a}{\overset{b}{c}}, \qquad \underset{b}{\overset{a}{c}} = \underset{e}{\overset{b}{c}} \quad 与 \quad \underset{b}{\overset{a}{c}} = \underset{d}{\overset{e}{c}}$$

4.1.3 烯烃同分异构现象

脂肪族链状单烯烃通式为 C_nH_{2n}，其同分异构有构造异构和构型异构两大类。

1. 构造异构

烯烃的构造异构包括碳架异构、官能团位置异构。

分子中碳原子相互连接的顺序不同，形成不同的碳链，即为碳架异构。如

$$\underset{CH_3}{CH_2 \!=\! CCH_2CH_2CH_3}, \quad \underset{CH_3}{CH_2 \!=\! CHCHCH_2CH_3}, \quad \underset{H_3C}{CH_2 \!=\! C \!-\! \underset{CH_3}{CHCH_3}}, \quad (CH_3)_3CCH\!=\!CH_2$$

官能团碳碳双键在碳链上位置不同时，便形成官能团位置异构，在相同的碳架中，碳原子不同连接（成键）方式，也形成官能团位置异构。如：

$$\underset{CH_3}{CH_2 \!=\! CCH_2CH_2CH_3}, \quad CH_3\underset{CH_3}{CHCH} \!=\! CHCH_3, \quad CH_3\underset{CH_3}{C} \!=\! CHCH_2CH_3, \quad CH_3\underset{CH_3}{CHCH_2CH} \!=\! CH_2$$

通常把双键在一端的烯烃叫作端烯烃，也称为 α-烯烃；而把与双键碳相邻的饱和碳原子叫作 α-碳原子，其上氢原子称为 α-氢原子。双键在碳链内部的，称为内烯烃，没有支链的 α-烯烃又叫正构烯烃。

2. 构型异构

烯烃构型异构包括顺反异构和对映异构，属于立体异构。

若烯烃中存在不对称因素，则会产生对映异构现象。如下列烯烃均有对映异构体存在：

$$CH_2\!=\!CH\!-\!\overset{*}{C}\!-\!C_2H_5, \quad CH_2\!=\!\overset{*}{C}\!-\!C_2H_5, \quad CH_2\!=\!CH\!-\!\overset{*}{C}\!-\!\overset{*}{C}\!-\!C_2H_5, \quad \overset{*}{\bigcirc}\!-\!CH_3$$

端烯烃不存在顺反异构现象。对于内烯烃，当两个双键碳原子上连有相同基团处于双键同一侧，记为顺式（cis），反之记为反式（trans）。如：

$$\underset{H}{\overset{CH_3CH_2}{C}}\!=\!\underset{H}{\overset{CH_3}{C}} \qquad \underset{C_2H_5}{\overset{H}{C}}\!=\!\underset{H}{\overset{CH_3}{C}} \qquad \underset{H}{\overset{CH_3}{C}}\!=\!\underset{H}{\overset{CH_3}{C}} \qquad \underset{H}{\overset{CH_3}{C}}\!=\!\underset{CH_3}{\overset{H}{C}}$$

$$\qquad\quad 顺式 \qquad\qquad\qquad 反式 \qquad\qquad\qquad 顺式 \qquad\qquad\qquad 反式$$

如果内烯烃双键两个碳连接 4 个不同基团，也会出现不同的几何异构，常以 Z/E 法标记其构型。采用 Z/E 标记法来区别烯烃构型时，要根据次序规则比较出双键碳原子上原子或基团优先次序。若两个双键碳"较优"原子或基团处于双键同侧，则记为 Z 式（德文 Zusammen 字首，意"共同"）；如果相反，则记为 E 式（德文 Entgegen 字首，意"相反"）。如：

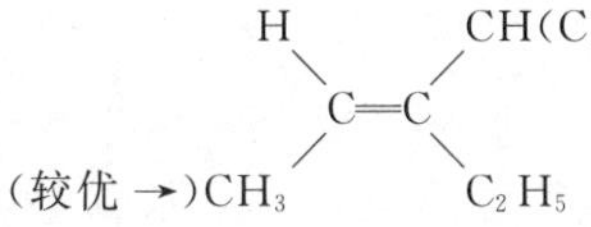

E 式

Z 式

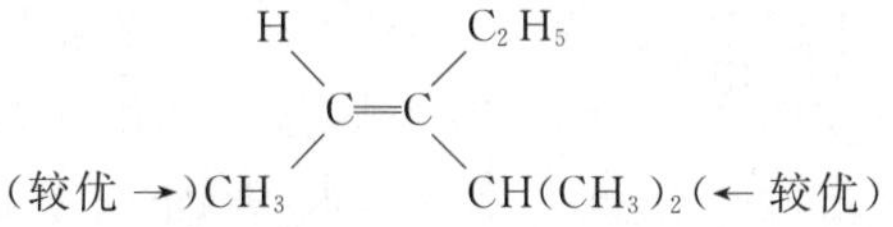

在烯烃顺/反和 Z/E 构型标记中，顺与 Z，反与 E 不存在必然对应关系。如：

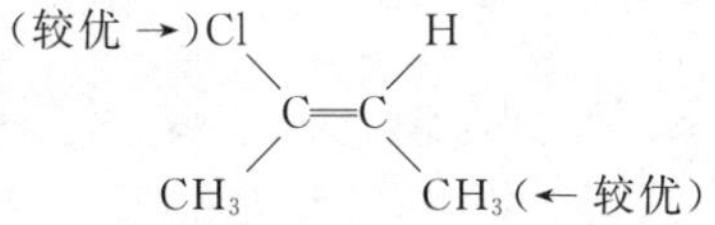

E 式(顺式)

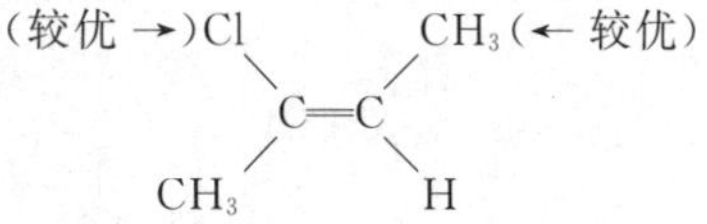

Z 式(反式)

思政材料3

然而，烯烃顺反异构体理化性质往往差距颇大。

4.2　烯烃分类和命名

4.2.1　烯烃分类

按构成烯烃碳架的不同可以分为链烯烃和环烯烃两大类。链烯烃如：

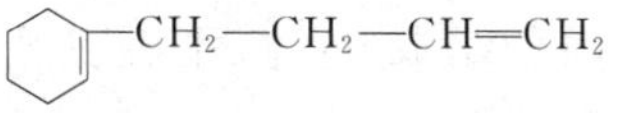

$CH_2═CHCH_2CH_2CH_2CH_3$ ，$CH_3CH═CHCH_2CH_2CH_3$ ，$CH_3CH═CHCH(CH_3)_2$

环烯烃如：

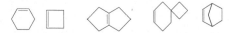

若按烯烃中碳碳双键数目，又可分为单烯烃、二烯烃及多烯烃。如：

1,4-环己二烯

$CH_2═CHCH═CH_2$

1,3-丁二烯

环戊二烯

异戊二烯

环辛四烯

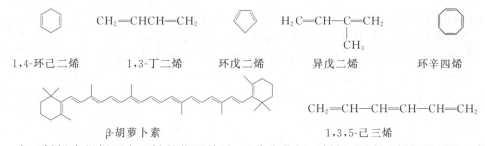

β-胡萝卜素

$CH_2═CH—CH═CH—CH═CH_2$

1,3,5-己三烯

在二烯烃中根据两个双键的位置关系，又分为共轭二烯烃、隔离二烯烃及累积二烯烃。

共轭二烯烃中，两个双键被一个单键隔开，如 1,3-丁二烯，异戊二烯，环戊二烯等。

隔离二烯烃中两个双键之间至少存在一个饱和碳原子。如：

，$CH_2═CH—CH_2—CH═CH_2$

累积二烯烃则是两个双键共用一个碳原子。如 $CH_2═C═CH_2$ (丙二烯)，中间的碳原子是 sp 杂化，两个双键共用一个 sp 杂化碳原子，两个 π 键相互垂直，π 互斥作用使分子内能增加。

萜烯是萜(Terpene)类化合物中的一类，在香精油和松节油中含量较高；萜类化合物在分子构成上是异戊二烯单元的整倍数。根据分子中所含首尾相连接异戊二烯单元数目和连接方式，可把萜类化合物分为开链萜、单环萜和双环萜等。将含 C_{10}、C_{15}、C_{20}、C_{25}、C_{30}、C_{40} 等的萜分别叫作单萜(简称萜)、倍半萜、二萜、二倍半萜、三萜、四萜等。萜类化合物既可以是饱和或不饱和脂环，又可以在萜骨架上连有其他基因。如：

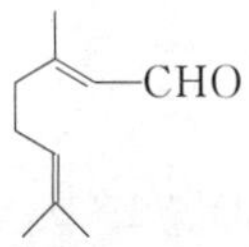

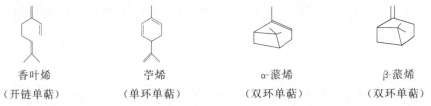

柠檬醛 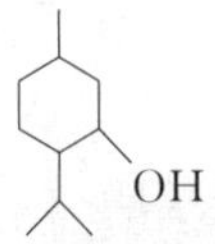　　　　　　薄荷醇 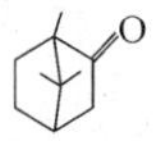　　　　　　　樟脑 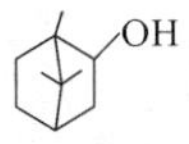　　　　　　　冰片

维生素 A($C_{20}H_{29}OH$)是单环双萜类物质,又称为视黄醇;β-胡萝卜素($C_{40}H_{56}$)是双环四萜化合物。

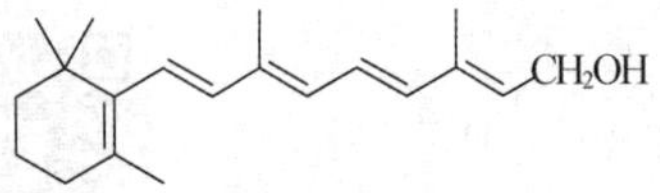

维生素A 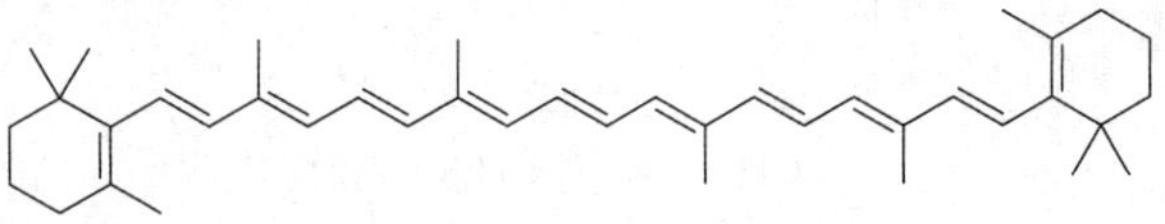　　　　　　　　　　　　　β-胡萝卜素

4.2.2　烯烃命名

烯烃的命名主要是系统命名法,此外还有普通命名法(习惯命名法)、衍生命名法以及俗名。后几种命名法多有局限性,一般只适用于简单的或特殊的烯烃。如 $CH_2\!=\!CHCH_2CH_3$ 的习惯名称是正丁烯,衍生名称是乙基乙烯。

在萜烯类化合物中,仍然使用俗名。如:

香叶烯　　　　　　芋烯　　　　　　　α-蒎烯　　　　　　β-蒎烯
(开链单萜)　　　(单环单萜)　　　(双环单萜)　　　(双环单萜)

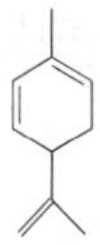

烯烃系统命名法要点如下:

(1)选择含双键在内最长碳链为主链(母体),支链作为取代基。

(2)以双键碳原子编号最小为原则对主链编号,取代基编号尽可能小。

(3)写名称:根据主链所含的碳原子数,称为"某烯",并在其前标注双键所在位置;取代基的位次、数目、名称等依次写在母体名称某烯之前,书写规则和列出次序与烷烃的命名法相同。例如:

$$\underset{6}{CH_3}\underset{5}{CH_2}\underset{4}{CH}\underset{3}{CH_2}\underset{2}{CH}\!=\!\underset{1}{CH_2}$$

4-甲基-2-乙基-1-己烯

$$\underset{8}{(CH_3)_3C}\underset{76}{CH_2}\underset{5}{CH_2}\underset{4}{CH_2}\underset{3}{CH}\!=\!\underset{21}{C(CH_3)_2}$$

2,7,7-三甲基-2-辛烯

多烯烃的主链的选取应包含最多双键在内的最长碳链,不在其内的双键可以作烯基;编号时应以最先遇到的双键碳位次最小,母体名称应体现出主链上双键的数目和位次。例如:

$$\underset{6}{CH_2}\!=\!\underset{5}{CH}\!-\!\underset{4}{CH}\!-\!\underset{3}{C}\!-\!\underset{2}{CH}\!=\!\underset{1}{CH_2}$$

3-甲基-1,3,5-己三烯

$$\underset{7}{CH_3}\!-\!\underset{6}{CH}\!=\!\underset{5}{C}\!-\!\underset{4}{CH}\!-\!\underset{3}{CH}\!=\!\underset{2}{CH}\!-\!\underset{1}{CH_2}$$

5-甲基-1,3,5-庚三烯

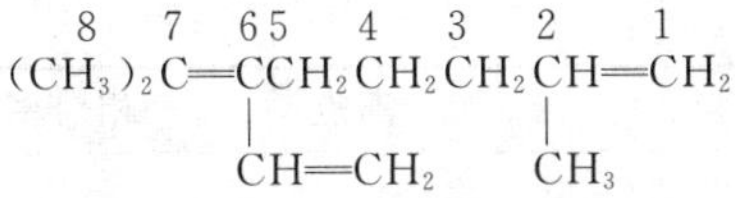

2,7-二甲基-6-乙烯基-1,6-辛二烯 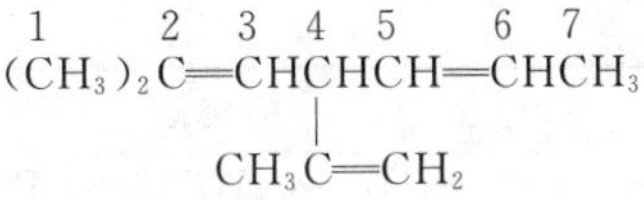   2-甲基-4-异丙烯基-2,5-庚二烯

如果是环烯烃,一般以不饱和碳环为母体,支链为取代基,环上双键碳原子的编号应最小且连续。例如:

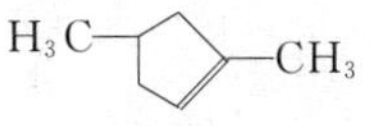

1,4-二甲基-1-环戊烯 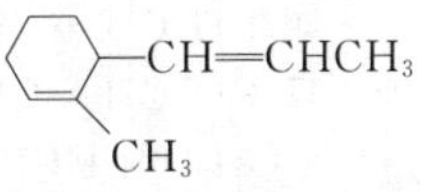   1-甲基-6-丙烯基-1-环己烯

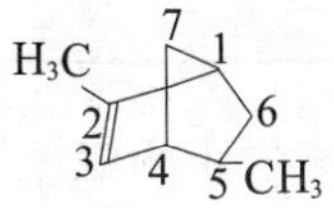

2,5-二甲基双环[2,2,1]-2-庚烯 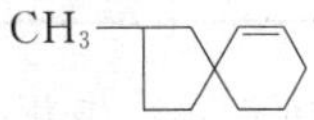   2-甲基螺[4,5]-6-癸烯

如果烯烃的双键有一定的构型,则应用 Z/E 对双键构型进行标记;如果分子中手性碳构型确定,应以 R/S 进行标注;若是环烯烃,可用顺/反标记环上取代基取向。例如:

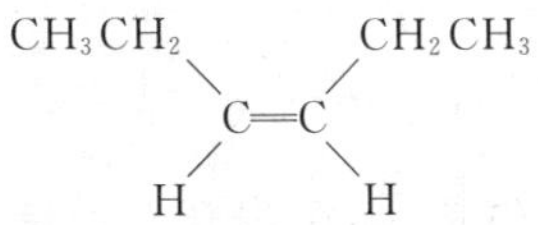

顺-3-己烯 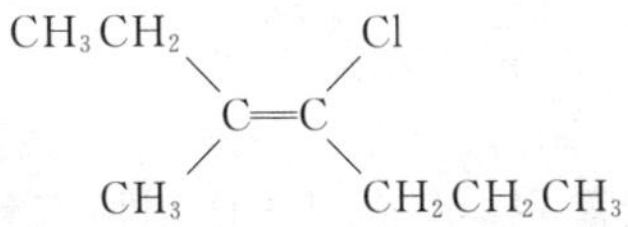   (Z)-3-甲基-4-氯-3-庚烯 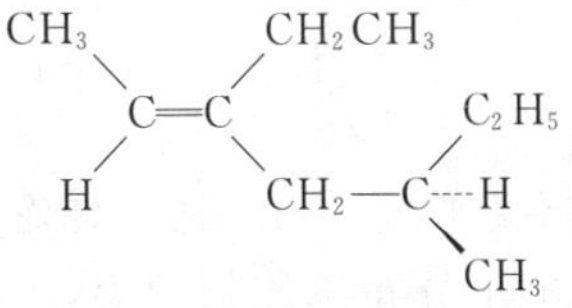   (2E,5R)-5-甲基-3-乙基-2-庚烯

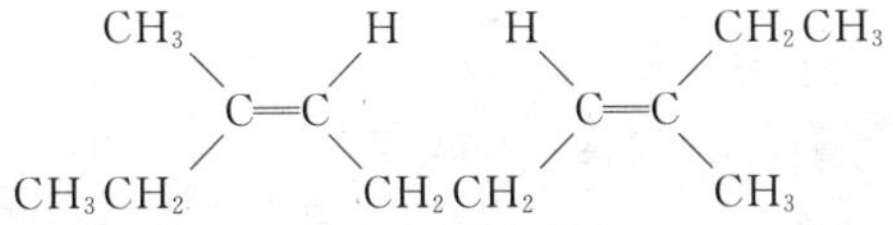

(3Z,7E)-3,8-二甲基-3,7-癸二烯 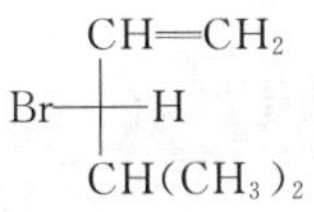   (S)-4-甲基-3-溴-1-戊烯 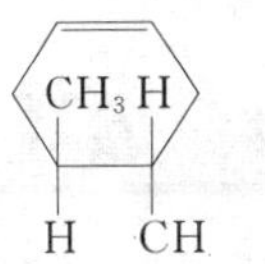   反-4,5-二甲基环己烯

4.3 烯烃物理性质

烯烃物理性质和烷烃基本相似。例如,烯烃相对密度小于1,不溶于水,易溶于苯、乙醚、氯仿或石油醚等有机溶剂。烯烃同系列中,烯烃沸点随相对分子质量增加而增高;当相对分子质量相同时,正构烯烃沸点高于带有支链烯烃;当碳架相同时,端烯烃沸点及熔点均低于内烯烃。于烯烃顺反异构体而言,一般顺式沸点高于反式,顺式熔点低于反式(表4-1)。

表 4-1　　　　　　　　　　　部分烯烃一般物理性质

名称	结构式	熔点/℃	沸点/℃	相对密度 d_4^{20}
乙烯	$CH_2{=}CH_2$	−169	−102	
丙烯	$CH_2{=}CHCH_3$	−185	−48	
1-丁烯	$CH_2{=}CHCH_2CH_3$		−6.5	
1-戊烯	$CH_2{=}CH(CH_2)_2CH_3$		30	0.643
1-己烯	$CH_2{=}CH(CH_3)_3CH_3$	−138	63.5	0.675
1-庚烯	$CH_2{=}CH(CH_2)_4CH_3$	−119	93	0.698
1-辛烯	$CH_2{=}CH(CH_2)_5CH_3$	−104	122.5	0.716
1-壬烯	$CH_2{=}CH(CH_2)_6CH_3$		146	0.731

（续表）

名称	结构式	熔点/℃	沸点/℃	相对密度 d_4^{20}
1-癸烯	CH_2＝$CH(CH_2)_7CH_3$	－87	171	0.743
顺-2-丁烯	顺-CH_3CH＝$CHCH_3$	－139	4	
反-2-丁烯	反-CH_3CH＝$CHCH_3$	－106	1	
异丁烯	CH_2＝$C(CH_3)_2$	－141	－7	
顺-2-戊烯	顺-CH_3CH＝$CHCH_2CH_3$	－151	37	0.655
反-2-戊烯	反-CH_3CH＝$CHCH_2CH_3$		36	0.647
3-甲基-1-丁烯	CH_2＝$CHCH(CH_3)_2$	－135	25	0.648
2-甲基-2-丁烯	CH_3CH＝$C(CH_3)_2$	－123	39	0.660
2,3-二甲基-2-丁烯	$(CH_3)_2C$＝$C(CH_3)_2$	－74	73	0.705

烯烃中碳碳双键 π 电子易被极化，故烯烃折射率大于相应烷烃。此外，烯烃中不饱和碳原子（sp^2 杂化）电负性大于相连饱和碳原子（sp^3 杂化）电负性，所以不对称取代烯烃分子有极性，而且顺式烯烃极性大于反式烯烃极性。例如：

CH_3CH＝CH_2 C_2H_5CH＝CH_2 CH_3CH＝$CHCH_3$

$\mu=1.17\times10^{-30}$ C·m $\mu=1.23\times10^{-30}$ C·m   E 式：$\mu=0$

                                                    Z 式：$\mu=1.1\times10^{-30}$ C·m

不对称烯烃中，烷基对烯烃双键 C＝C 的 ＋I 作用使双键发生极化，结果在双键碳上出现 π 电子分布不均匀现象：

$R\xrightarrow{}\overset{\delta^+}{CH}$＝$\overset{\delta^-}{CH_2}$，$\delta^-$ 表示 π 电子密度相对较高，δ^+ 表示 π 电子密度相对较低。

4.4 烯烃化学性质

烯烃中碳碳双键的不饱和性，决定了它可以与试剂发生加成反应，产物中原来不饱和的碳原子（sp^2）转变成饱和碳原子（sp^3），这也是烯烃最重要的化学性质。

$$C＝C \;+W—Z \longrightarrow \overset{W\quad Z}{C—C}$$

此外，烯烃的氧化反应及 α-H 取代反应也能体现出烯烃的结构特点。

4.4.1 催化加氢

在金属催化剂（如 Raney Ni）作用下，烯烃双键碳与氢发生加成反应，生成烷烃。

$$C＝C \;+H—H \xrightarrow{Ni} \overset{H\quad H}{C—C}$$

用于催化加氢的金属催化剂还可以是 Pt 或 Pd，其催化活性是 Pt＞Pd＞Ni；烯烃催化加氢反应是定量的，通过测定消耗氢气量，可以推知烯烃中双键的数目。

烯烃加氢是放热反应，1 mol 单烯烃加成 1 mol H_2 时所放出的热量叫作氢化热；单烯烃的氢化热一般为 115～125 kJ·mol^{-1}，乙烯氢化热较高，约为 135 kJ·mol^{-1}。

烯烃异构体之间氢化热有所不同,这反映出各异构体所含内能不同。氢化热较小的烯烃所含内能较少,则其热力学稳定性相对较高。如:

$$CH_3CH_2CH{=}CH_2 + H_2 \xrightarrow{\text{Cat.}} CH_3CH_2CH_2CH_3 \qquad \Delta H = -127 \text{ kJ} \cdot \text{mol}^{-1}$$

$$+ H_2 \xrightarrow{\text{Cat.}} CH_3CH_2CH_2CH_3 \qquad \Delta H = -120 \text{ kJ} \cdot \text{mol}^{-1}$$

$$+ H_2 \xrightarrow{\text{Cat.}} CH_3CH_2CH_2CH_3 \qquad \Delta H = -116 \text{ kJ} \cdot \text{mol}^{-1}$$

由此可见,端烯烃热力学稳定性最差;顺式 2-丁烯稳定性小于反式 2-丁烯,这是因为两个甲基在双键同侧,相互排斥导致内能升高。在下面实例中可以清楚看到,连接在双键碳上烷基数目越多,烯烃氢化热越小,稳定性越大:

$$H_3C-\underset{CH_3}{CH}-CH{=}CH_2 \qquad\qquad CH_3CH_2-\underset{CH_3}{C}{=}CH_2 \qquad\qquad H_3C-\underset{CH_3}{C}{=}CH-CH_3$$

$$\Delta H \quad -126.8 \text{ kJ} \cdot \text{mol}^{-1} \qquad\qquad -119.2 \text{ kJ} \cdot \text{mol}^{-1} \qquad\qquad -112.5 \text{ kJ} \cdot \text{mol}^{-1}$$

烯烃热力学稳定性一般有如下次序:

$$R_2C{=}CR_2 > R_2C{=}CHR > R_2C{=}CH_2, \quad RCH{=}CHR > RCH{=}CH_2 > CH_2{=}CH_2$$

烯烃催化加氢在催化剂活性中心上通过吸附、加成、脱附等过程完成;由于双键碳原子在同一平面内,故 π 键电子在催化剂表面上主要是同向吸附,两个氢原子在同一方向加成到双键碳上,此为顺式加成;对于环烯烃加氢产物,则有一定立体选择性。如:

顺式产物(内消旋体)

双键碳上连接烷基增多,空间位阻将增大,不利于双键在催化剂表面上吸附,则催化加氢反应速率将下降。一般情况下,烯烃催化加氢活性为:

$$CH_2{=}CH_2 > RCH{=}CH_2 > R_2C{=}CH_2, \quad RCH{=}CHR > R_2C{=}CHR > R_2C{=}CR_2$$

例如:

4.4.2　亲电加成

烯烃碳碳双键可以与多种亲电试剂发生离子型加成反应,称作烯烃亲电加成。反应中烯烃双键中 π 电子对表现出 Lewis 碱性质,与缺电子的亲电试剂作用时,π 键发生异裂,生成 σ 键(sp^2 杂化碳变为 sp^3 杂化碳)。

1. 与卤化氢加成

烯烃与 HI、HBr、HCl 等加成生成相应的卤代烷。实验发现,HX 酸性越强,加成反应越易进行,HX 反应活泼性次序为 HI>HBr>HCl。烯烃与卤化氢加成是制备卤代烷的重要方法。例如：

$$CH_3CH=CHCH_3 + HCl \longrightarrow CH_3CH_2\overset{\displaystyle Cl}{\underset{\displaystyle |}{C}}HCH_3$$

不对称开链烯烃与 HX 加成，可以得到两种产物，如：

$$C_2H_5-CH=CH_2 + HBr \xrightarrow{AcOH} C_2H_5-\underset{\underset{\displaystyle H}{|}}{C}H-\underset{\underset{\displaystyle Br}{|}}{C}H_2 + C_2H_5-\underset{\underset{\displaystyle Br}{|}}{C}H-\underset{\underset{\displaystyle H}{|}}{C}H_2$$

$$\qquad\qquad\qquad\qquad\qquad\qquad\qquad\quad (20\%) \qquad\qquad (80\%)$$

对比两种产物含量发现，2-溴丁烷是主要产物。这说明 HX 与不对称烯烃加成反应时，有位置选择性。俄国化学家马尔科夫尼科夫(Vladimer Markovnikov)在考查了众多此类反应之后，总结出一个经验规则，即在酸和烯烃的碳碳双键发生离子型加成反应中，酸中氢原子主要是加到含氢较多双键碳原子上，而酸中负离子则加到含氢较少的双键碳原子上，此为 Markovnikov 规则，简称马氏规则。应用这个规则可以正确地预测烯烃发生此类反应的主要产物，例如：

$$(CH_3)_2C=CHCH_3 + HI \longrightarrow (CH_3)_2\overset{\displaystyle I}{\underset{\displaystyle |}{C}}-CH_2CH_3$$

2. 烯烃与卤化氢加成反应机理——亲电加成反应机理

烯烃与 HX 加成是两步历程：

首先，HX 解离的 H^+ 作为亲电试剂与烯烃双键中 π 电子作用，(π 键异裂)形成一个新 C—H σ 键，失去 π 电子的碳变成碳正离子，新形成 C—H σ 键的碳原子由原来 sp^2 杂化转变为 sp^3 杂化，而带正电荷的碳仍是 sp^2 杂化。

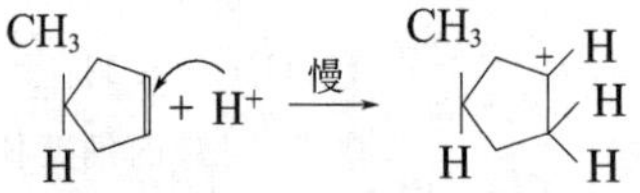

（第一步）

然后，X^- 与生成的碳正离子结合形成新 C—X σ 键而完成反应。

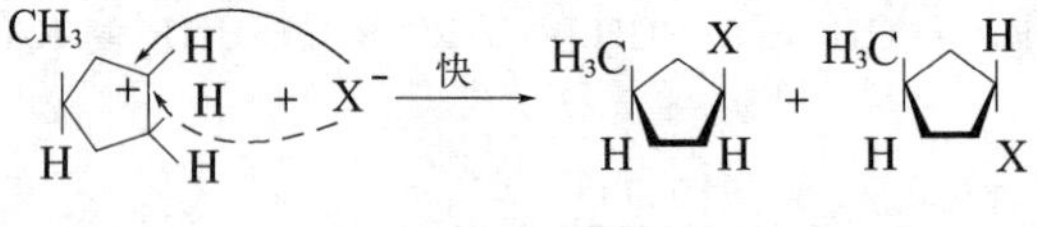

（第二步）

在这两步反应中，第一步 π 键打开生成碳正离子中间体的反应速率较慢，是整个反应的反应速率控制步骤。本反应源自亲电试剂(H^+)进攻双键 π 电子，故亦称亲电加成反应。

从酸碱概念来看，在烯烃与 HX 的亲电加成第一步反应中，前者属于碱(π 电子给予体)，后者属于酸(是 π 电子接受体)。因而，HX 酸性越强，烯烃中双键 π 电子密度越大，亲电加成反应速率就越快。有亲电加成反应活性：

$$(CH_3)_2C=C(CH_3)_2 > (CH_3)_2C=CHCH_3 > (CH_3)_2C=CH_2 > CH_3CH=CHCH_3 >$$

$$CH_3CH=CH_2 > CH_2=CH_2 > CH_2=CHCl$$

甲基对双键碳有 +I 效应诱导作用，属于供电基；双键碳上连接甲基(或烷基)越多，双键上电子云密度就越大,越有利于 H^+ 与 π 电子作用,烯烃反应活性也就越高。在 $CH_2=CHCl$ 中,由于 Cl 电负性大于 sp^2 杂化碳原子,Cl 对双键有 $-I$ 诱导作用,$-I$ 结果使双键上电子云密度下降,不利于 H^+ 对 π 电子进攻,故氯乙烯亲电加成反应活性小于乙烯。

烯烃与 HX 亲电加成反应先是生成了活泼中间体——碳正离子,因此在最终加成产物中,导致了加成方向的位置选择性及立体化学特性。例如:

$$CH_3CH_2CH=CH_2+HCl \longrightarrow CH_3CH_2\overset{\underset{\mid}{Cl}}{C}H-\overset{\underset{\mid}{H}}{C}H_2 + CH_3CH_2\overset{\underset{\mid}{H}}{C}H-CH_2-Cl$$

$$\qquad\qquad\qquad\qquad\qquad\quad (主产物)\qquad\qquad\quad (次产物)$$

在上述反应中,第一步生成的碳正离子有两种(即 H^+ 对双键加成有位置选择性):

$$CH_3CH_2CH=CH_2+H^+ \longrightarrow CH_3CH_2\overset{+}{C}H-CH_3 + CH_3CH_2CH_2-\overset{+}{C}H_2$$

$$\qquad\qquad\qquad\qquad\qquad\qquad\quad (2°)\qquad\qquad\qquad\qquad (1°)$$

由 1.3.2 内容已知,碳正离子的稳定性次序为 $3°>2°>1°>\overset{+}{C}H_3$。一般情况下,碳正离子越稳定,就越是容易生成,所以由生成更稳定碳正离子所导致的实际加成产物具有更强竞争力,从而体现出 H^+ 对 $C=C$ 加成反应一定的位置选择性(区域选择性)。

至此,我们可以较深入理解 Markovnikov 规则:在 H^+ 对碳碳双键亲电加成反应中,主要生成较为稳定的活泼中间体碳正离子。

1-丁烯与 H^+ 加成生成碳正离子的反应进程和势能变化如图 4-5 所示。

$$H_5C_2-CH=CH_2+H^+ \longrightarrow \left[\begin{matrix}H_5C_2-\overset{\delta^+}{HC}\cdots CH_2\\ \underset{\delta^+}{H}\end{matrix}\right]^+ \longrightarrow H_5C_2-\overset{+}{CH}-CH_3$$

$$(反应物)\qquad\qquad\qquad (过渡态)\qquad\qquad\qquad (亲电加成中间体)$$

$$\longrightarrow \left[\begin{matrix}H_5C_2-CH\cdots\overset{\delta^+}{CH_2}\\ \underset{\delta^+}{H}\end{matrix}\right]^+ \longrightarrow H_5C_2-CH_2-\overset{+}{CH_2}$$

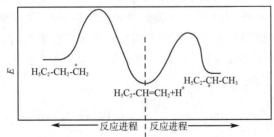

图 4-5 丁烯与 H^+ 加成生成碳正离子的能量曲线

由于碳正离子是平面三角形结构,当 X^- 与之成键时,X^- 会从平面两侧攻击 C^+,如果没有明显空间障碍,则两侧几率相当,加成产物中会出现特定的立体化学结果。这一点也为证明亲电加成反应分步进行且生成活性中间体碳正离子提供了证据。如:

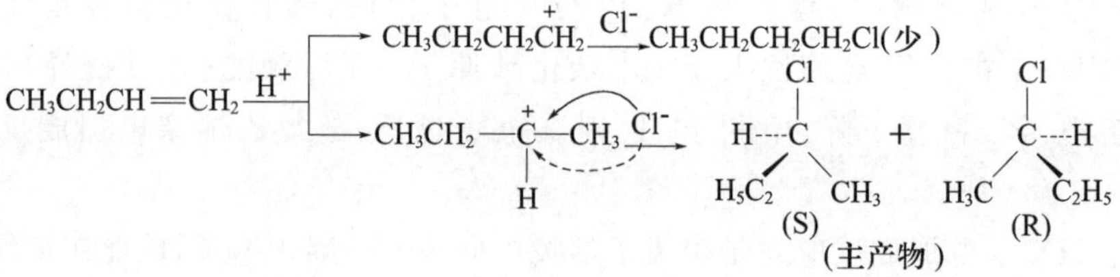

正是由于烯烃亲电加成反应中生成了碳正离子中间体,当反应体系中存在其他负离子或 Lewis 碱时,第二步反应会出现竞争性产物。例如:

水和醇中氧原子有亲核性,与碳正离子结合形成锌离子,离去 H^+ 后则生成醇或醚。

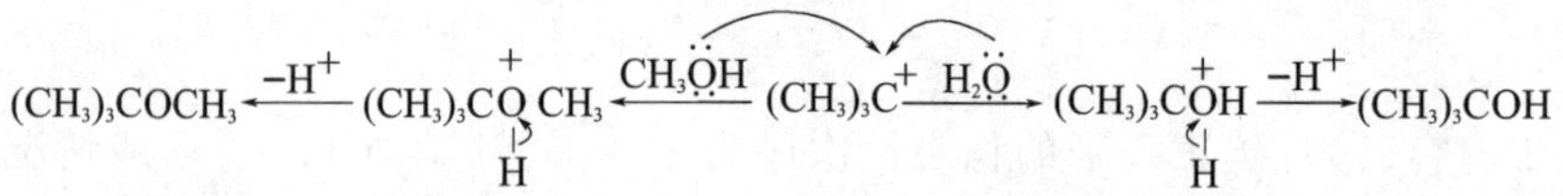

某些不对称烯烃在亲电加成反应后,会发现加成产物的碳架发生了改变,这是由于反应中间体碳正离子发生重排所致。例如,3,3-二甲基-1-丁烯与 HCl 加成,不仅得到 3,3-二甲基-2-氯丁烷,还得到 80％以上重排产物 2,3-二甲基-2-氯丁烷:

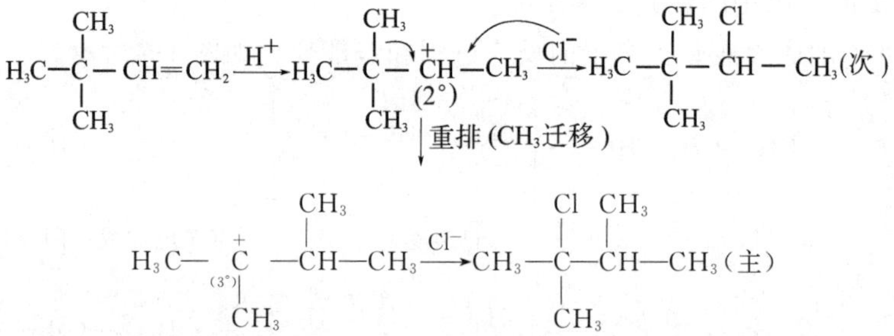

质子和烯烃首先加成,生成 2°碳正离子,其邻位季碳原子上的甲基带着一对电子与 2°碳正离子结合,生成了一个新 3°碳正离子;由于重排后的 3°碳正离子稳定性大于原来 2°碳正离子,这个过程可以"自发"进行;当 Cl^- 与 3°碳正离子结合后,便产生了重排产物。

在下面反应中,先生成的碳正离子发生了四元环开环邻位重排,得到了稳定性更好的五元环 3°C^+,进而得到相应产物;若邻位—CH_3 重排则生成环张力较大、稳定性较差的四元环 C^+,此种重排产物是次要的。

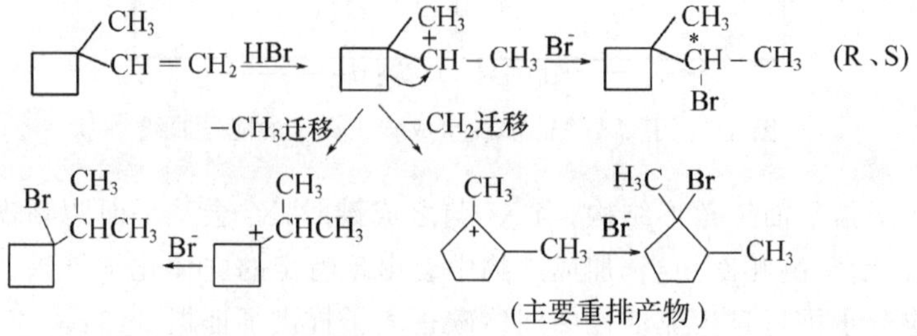

(主要重排产物)

3. 与卤素加成

烯烃与卤素加成生成邻二卤代烷,这是制备邻二卤代烷常用方法。例如:

$$CH_2{=}CH_2+Cl_2 \xrightarrow[\text{1,2-二氯乙烷}]{FeCl_3} ClCH_2CH_2Cl$$

$$CH_3CH{=}CH_2+Br_2 \xrightarrow{CCl_4} CH_3CHBrCH_2Br$$

烯烃与 Br_2/CCl_4 作用生成邻二溴代烷烃,同时溴的四氯化碳溶液迅速褪去颜色,这一现象可用于鉴定碳碳双键的存在。

卤素与碳碳双键的加成也属于亲电加成,实验结果表明卤素反应活性次序为:

$$F_2>Cl_2>Br_2\gg I_2$$

氟与烯烃加成反应放热剧烈,不易控制,一般要以惰性气体或溶剂来稀释反应物;碘与烯烃加成是可逆平衡反应,且往往是邻二碘代烷脱碘的反应是主要的,故不常用。

实验表明,烯烃与卤素(Br_2、Cl_2)加成反应分两步进行,以加溴为例说明其反应机理:

第一步,当烯烃的双键与溴接近时,双键中 π 电子与溴分子相互极化作用使溴分子中 σ 键发生极化,溴分子中两个溴原子因此分别带有部分正、负电荷;带有 δ^+ 电荷的溴原子以亲电试剂的作用与双键 π 电子络合成键,生成了一个三元环状溴鎓离子:

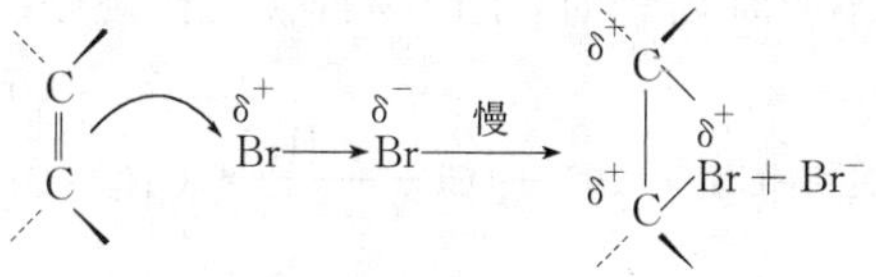

这一步是烯烃加 Br_2 反应的速率控制步骤。可以认为溴鎓离子生成是缺电子溴与一对 π 电子成键同时又以一对电子与失去 π 电子的另一个双键碳成键结果:

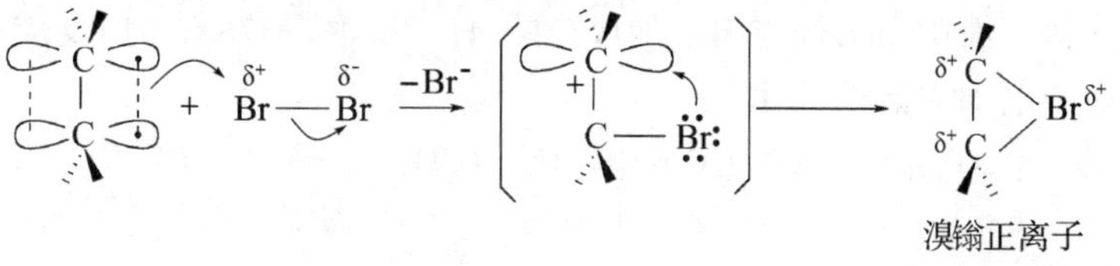

溴鎓正离子

第二步,溴负离子(Br^-)从背后(鎓离子中 Br—C 键反方向)攻击缺电子碳,与此同时,鎓离子三元环开环,生成邻二溴加成产物。

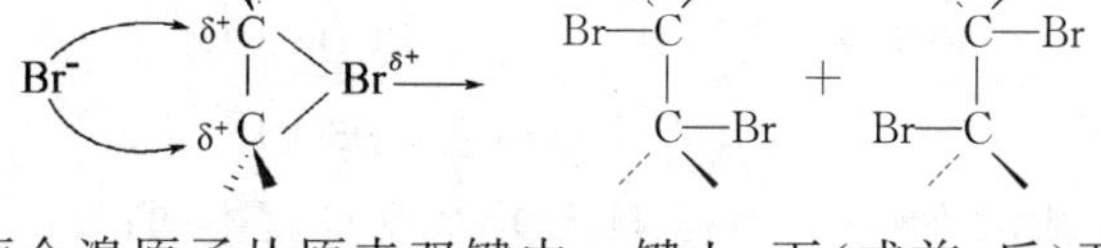

从加成产物看,两个溴原子从原来双键中 π 键上、下(或前、后)两个相反方向加成到双键两个碳原子上,所以称为反式加成。

烯烃与 Br_2 加成机理可简要记为:$Br^{\delta+}$ 对 C=C 亲电加成、Br^- 对溴鎓离子反式加成开环。因此,有一定构型烯烃与 Br_2 加成时,产物将产生一定立体化学结果。例如:

（上方为烯烃与 Br_2 加成的立体化学反应式）

(Z-)（经 Br_2，$(-Br^-)$）→ Br^+ 中间体 → Br^- → (R,R) + (S,S)

（外消旋体）

(E-)（经 Br_2，$(-Br^-)$）→ Br^+ 中间体 → Br^- → (R,S)

（内消旋体）

烯烃与卤素作用，当有大量的水存在时，主产物是 β-卤代醇。例如，将乙烯及氯气共同通入水中，可制备 2-氯乙醇（β-氯乙醇）。

$$CH_2=CH_2 + Cl_2 + H_2O \left[\xrightarrow{-Cl^-} \quad \underset{Cl}{\overset{CH_2-CH_2}{\triangle}} \xrightarrow[-H^+]{H_2O} \right] \longrightarrow Cl-CH_2-CH_2-OH$$

由于 Cl_2 在水中有如下转化：$H_2O + Cl_2 \rightleftharpoons HCl + HOCl$，β-氯代醇生成相当于烯烃与次氯酸 HOCl 加成，当使用不对称烯烃时，主产物符合马氏规则。如：

$$CH_3 \overset{\delta^+}{\rightarrow} CH \overset{\delta^-}{=\!=} CH_2 + \overset{\delta^-}{HO} \overset{\delta^+}{-} Cl \xrightarrow{Cl_2,H_2O} CH_3-\underset{OH}{CH}-\underset{Cl}{CH_2}$$

1-氯-2-丙醇

在上述反应中，不可避免地生成少量 1,2-二氯丙烷，这显然是 Cl^- 与水竞争的结果。

与烯烃加 HX 一样，不饱和碳上的烷基增多（供电子基增多），烯烃与 X_2 加成反应相对反应速率加快。从下面所列烯烃与 Br_2 加成（在 CH_2Cl_2 中，$-78\ ℃$ 时）反应相对反应速率，可再次印证烯烃亲电加成活性规律。

	$(CH_3)_2C=C(CH_3)_2$	$(CH_3)_2C=CHCH_3$	$(CH_3)_2C=CH_2$	$CH_3CH=CH_2$	$CH_2=CH_2$
相对反应速率	14.0	10.4	5.5	2.0	1.0

4. 与硫酸加成

烯烃在较低温度下可与浓硫酸顺利地加成生成硫酸氢酯。与烯烃加 HX 反应相似，符合 Markovnikov 规则。即：

$$RCH=CH_2 + H_2SO_4 \longrightarrow RCH-CH_3$$
$$\qquad\qquad\qquad\qquad\qquad\quad |$$
$$\qquad\qquad\qquad\qquad\quad OSO_3H$$

不同结构烯烃反应活泼性不同，所需 H_2SO_4 浓度也就不同；反应活性高者所需 H_2SO_4 浓度低。例如：

$$CH_2=CH_2 \xrightarrow{98\% H_2SO_4} CH_3CH_2OSO_3H \xrightarrow[\triangle]{H_2O} CH_3CH_2OH + H_2SO_4$$

$$CH_3CH=CH_2 \xrightarrow{80\% H_2SO_4} CH_3\underset{CH_3}{CHOSO_3H} \xrightarrow[\triangle]{H_2O} CH_3\underset{OH}{CHCH_3} + H_2SO_4$$

$$(CH_3)_2C=CH_2 \xrightarrow{63\% H_2SO_4} (CH_3)_2\underset{\underset{CH_3}{|}}{C}-OSO_3H \xrightarrow[\triangle]{H_2O} (CH_3)_3C-OH+H_2SO_4$$

烯烃与 H_2SO_4 加成,生成的硫酸氢酯在水中受热,可水解生成醇。此为通过烯烃制备醇类物质的间接水合法,但若用此法由烯烃生产醇,将有大量稀硫酸产生。

硫酸氢酯可溶解于硫酸中,故可用这个反应将烷烃中少许烯烃除去。

为了避免或减少间接水合法制备醇副产物大量废硫酸对环境的影响及生产设备的不利影响,可采用直接水合法制备醇,即在酸催化下烯烃与水直接加成,此为烯烃水合反应。如:

$$CH_2=CH_2+H_2O \xrightarrow[300\ ℃,8\ MPa]{H_3PO_4} CH_3CH_2OH$$

$$CH_3CH=CH_2+H_2O \xrightarrow[200\ ℃,2\ MPa]{H_3PO_4} CH_3\underset{\underset{OH}{|}}{CH}CH_3$$

酸催化烯烃直接水合制备醇,是醇重要的合成方法。这种方法往往得到的是仲醇或叔醇,还常会得到重排产物醇,这给产品的分离纯化带来了不利。烯烃直接水合反应也是亲电加成反应,则必然生成碳正离子,且 C^+ 重排往往不可避免。例如:

$$H_3C-\underset{\underset{H}{|}}{C}-CH=CH_2+H^+ \longrightarrow H_3C-\underset{\underset{H}{|}}{\overset{\overset{CH_3}{|}}{C}}-\overset{+}{C}H-CH_3 \xrightarrow[迁移]{1,2-H} H_3C-\overset{+}{\underset{\underset{\downarrow H_2O/-H^+}{}}{C}}\overset{\overset{CH_3}{|}}{-}CH_2-CH_3$$

$$\downarrow H_2O$$

$$H_3C-\underset{\underset{OH}{|}}{CH}-\overset{\overset{CH_3}{|}}{CH}-CH_3 \xleftarrow{-H^+} H_3C-\underset{\underset{H\ \ +OH_2}{|\ \ \ |}}{\overset{\overset{CH_3}{|}}{C}}-CH_3 \quad H_3C-\underset{\underset{OH}{|}}{\overset{\overset{CH_3}{|}}{C}}-CH_2-CH_3$$

酸催化条件下烯烃与醇加成,则生成醚产物。例如:

$$(CH_3)_2C=CH_2+HOCH_3 \xrightarrow{H^+} (CH_3)_3C-OCH_3$$

工业上采用磺酸型阳离子交换树脂为催化剂,使甲醇与异丁烯加成生产甲基叔丁基醚,这一醚产品曾替代四乙基铅用于油品抗爆剂。

5. 硼氢化反应

烯烃与硼氢化物加成生成烷基硼,此为烯烃硼氢化反应,最简单且常用的是乙硼烷 B_2H_6。在乙硼烷中,硼是缺电子中心,在反应中乙硼烷以 BH_3 为计量式参与反应。由于 $H-B$ 键解离性不好,故与烯烃双键作用时,$\overset{\delta-}{H}-\overset{\delta+}{B}$ 键与双键 π 键在同侧顺式加成,且 BH_3 可以与三分子烯烃反应,例如:

$$3CH_3CH_2CH_2CH_2\cdot\overset{\delta+}{CH}\overset{\delta-}{=}CH_2 \longrightarrow (CH_3CH_2CH_2CH_2CH-CH_2)_3B$$

该反应一步完成,没有中间体生成,这与烯烃加卤素不同。Br_2 与烯烃反式加成,而 H-B 对烯烃则是顺式加成。一般认为,这种顺式加成历经一个四元环状过渡态。

乙硼烷很活泼,于空气中可自燃。一般使用四氢呋喃(或乙醚和二甘醇二甲醚等溶剂)络合物作为硼氢化试剂。在硼氢化反应进行中,硼烷络合物可自行解离。

$$B_2H_6 + 2 \bigcirc\!\!\!\!{}_O \longrightarrow 2H_3B \leftarrow \bigcirc\!\!\!\!{}_O$$

硼氢化产物(三烷基硼)在碱性条件下用 H_2O_2 氧化,可以生成三烷基硼酸酯,水解后得到醇。即:

$$(CH_3CH_2CH_2CH_2CH_2CH_2)_3B \xrightarrow[NaOH]{H_2O_2} [CH_3(CH_2)_5O]_3B \xrightarrow[NaOH]{H_2O} CH_3CH_2CH_2CH_2CH_2CH_2OH + B(OH)_3$$

烯烃经硼氢化、氧化、水解等变化,最终得到醇类化合物,属于烯烃间接水合制醇,但可从 α-烯烃由此制得高收率高选择性的伯醇。例如:

$$3 \bigcirc\!\!\!\!=CH_2 + \frac{1}{2}(BH_3)_2 \longrightarrow (\bigcirc\!\!\!\!-CH_2\!\!-)_3B \xrightarrow{H_2O_2} \xrightarrow[NaOH]{H_2O} 3 \bigcirc\!\!\!\!-CH_2OH$$

由于烯烃硼氢化反应是一步顺式加成,烯烃的结构往往决定了产物醇的构型。例如:

在产物(A)和(B)中,C—B 键生成的方向即是产物醇 C—O 键方向。

4.4.3　烯烃自由基型反应

在自由基反应条件下,烯烃可与 HBr 发生自由基型加成反应,还可以与 Cl_2 发生 α-H 的自由基型卤代反应。

1. 烯烃与 HBr 的自由基型加成

在过氧化物存在下(如过氧化苯甲酰等),烯烃与 HBr 加成生成了在构造上是反马氏规则的主产物。例如:

$$CH_3CH_2CH = CH_2 + HBr \xrightarrow[\triangle]{ROOR} CH_3CH_2CH_2 - CH_2Br$$

过氧化物的存在引起了 HBr 与不对称烯烃加成主产物选择性的改变,此为 HBr 过氧化物效应,反应机理如下:

链引发:

$$R - O - O - R \xrightarrow[(\text{或} h\nu)]{\triangle} 2RO\cdot$$

链传递：

$$RO \cdot + H{-}Br \longrightarrow RO{-}H + \cdot Br$$

$$CH_3CH_2CH{=}CH_2 + \cdot Br \longrightarrow CH_3CH_2\overset{\cdot}{C}H{-}CH_2Br$$

$$CH_3CH_2CHCH_2Br + H{-}Br \longrightarrow CH_3CH_2CHCH_2Br + Br \cdot$$
$$\qquad\qquad\qquad\qquad\qquad\qquad\qquad\quad |$$
$$\qquad\qquad\qquad\qquad\qquad\qquad\qquad\quad H$$

链终止：

$$Br \cdot + Br \cdot \longrightarrow Br{-}Br$$

$$CH_3CH_2\overset{\cdot}{C}HCH_2Br + CH_3CH_2\overset{\cdot}{C}HCH_2Br \longrightarrow CH_3CH_2CH{-\!\!\!-}CHCH_2CH_3$$
$$\qquad\qquad\qquad\qquad\qquad\qquad\qquad\qquad\qquad\qquad\quad |\qquad\quad |$$
$$\qquad\qquad\qquad\qquad\qquad\qquad\qquad\qquad\qquad\quad CH_2Br\ CH_2Br$$

$$CH_3CH_2\overset{\cdot}{C}HCH_2Br + \cdot Br \longrightarrow CH_3CH_2CHBrCH_2Br$$

　　由于中间体碳自由基的稳定性顺序是 $3°>2°>1°>\overset{\cdot}{C}H_3$，按生成较稳定碳自由基的方向进行反应，必然得到反马氏规则的产物。与烯烃加 HBr 相比，是 Br·（不是 H^+）先加到双键碳上，作为中间体而生成的是较稳定的碳自由基 $CH_3CH_2\overset{\cdot}{C}HCH_2Br$。

2. 烯烃 α-H 卤代

　　饱和烷烃可与卤素在加热或光照条件下发生自由基型取代反应(2.4.3)。烯烃中双键碳相邻 α-碳上氢受到双键 π 电子的影响，反应活性较高，较容易发生自由基型卤代反应。例如，丙烯与低浓度卤素在气相中反应主要生成 α-H 被卤代的 3-氯丙烯，这也是工业生产 3-氯丙烯的方法。

$$CH_3{-}CH{=}CH_2 + Cl_2 \xrightarrow{500\sim600\ ℃} Cl{-}CH_2{-}CH{=}CH_2 + HCl$$

3-氯丙烯是制备烯丙醇、环氧氯丙烷和甘油的重要原料。

　　在高温下，卤素(Cl_2 或 Br_2)发生共价键的均裂，生成卤原子与烯烃 α-H 作用生成了烯丙基碳自由基，而后发生链传递反应，得到 α-卤代丙烯：

$$Cl{-}Cl \xrightarrow{\triangle} 2Cl \cdot$$

$$Cl + H{-}CH_2{-}CH{=}CH_2 \longrightarrow \overset{\cdot}{C}H_2{-}CH{=}CH_2 + HCl$$

$$\overset{\cdot}{C}H_2{-}CH{=}CH_2 + Cl{-}Cl \longrightarrow Cl{-}CH_2{-}CH{=}CH_2 + Cl \cdot$$

　　烯丙基自由基中单电子所在碳原子是 sp^2 杂化，这个碳与双键碳共平面的；形成 π 键 p 轨道与自由基碳上 p 轨道相互平行的结构，即形成了一个三中心、三个 p 电子的大 π 键体系 (π_3^3) 极大程度降低了 α-C 自由基内能。烯丙基自由基之所以有较好的热力学稳定性，得益于 π_3^3 体系的形成。从 C—H 键能大小来看，烯丙位 C—H 键能较小($368\ kJ \cdot mol^{-1}$)，易优先断裂生成烯丙基自由基。

　　不同碳氢键均裂生成自由基的容易程度为：

$$烯丙型\ C{-}H > 3°C{-}H > 2°C{-}H > 1°C{-}H > CH_4，CH_2{=}CH_2$$

自由基的稳定性次序为：

$$烯丙基自由基 > 3°C \cdot > 2°C \cdot > 1°C \cdot > \overset{\cdot}{C}H_3，H_2C{=}\overset{\cdot}{C}H$$

　　在烯烃高温氯代反应中，如果 Cl· 对双键发生加成，则生成的自由基稳定性小于烯丙基自由基的稳定性，所以后者优先生成，由此得到 α-C 上卤代主产物，而加成产物很少。

　　光照或有过氧化物存在，也可引发烯烃进行 α-H 自由基取代反应。当用 NBS(N-溴代

丁二酰亚胺)为溴化剂时,烯烃 α-溴代反应可在室温下进行。例如:

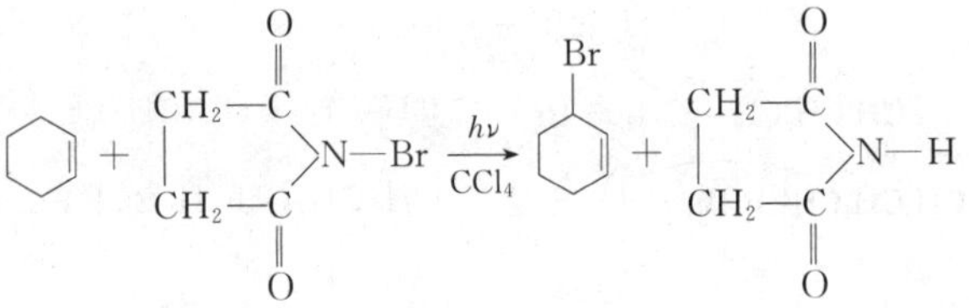

1-丁烯、2-丁烯以及多于 4 个碳、且含有 α-H 的烯烃与 NBS 作用后,会得到重排产物,如:

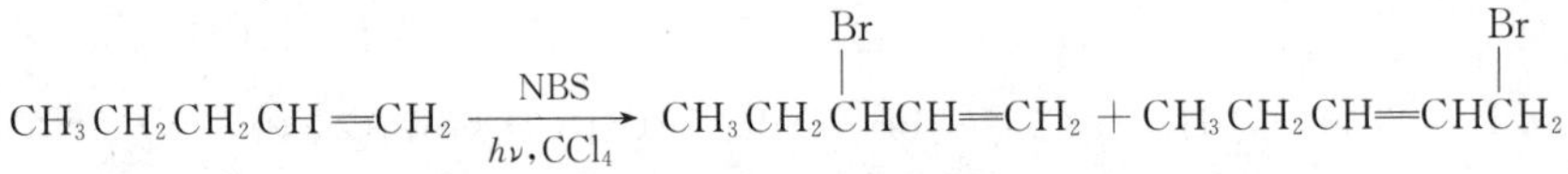

3-溴-1-戊烯　　1-溴-2-戊烯

这是烯丙位自由基重排的结果:

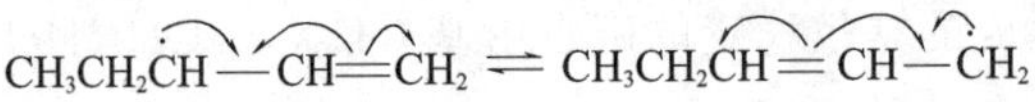

(Ⅰ)　　(Ⅱ)

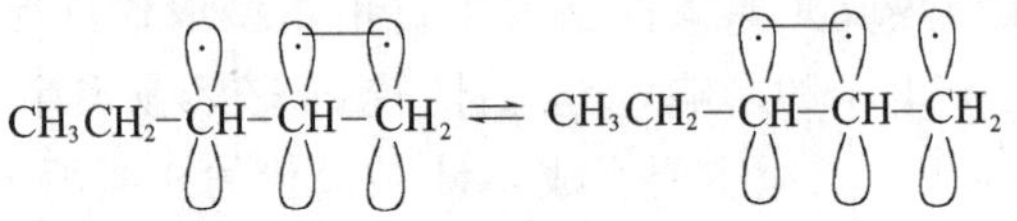

(Ⅰ)　　(Ⅱ)

从烯丙位自由基 π_3^3 离域体系看,1 位和 3 位都体现单电子自由基结构,由(Ⅰ)转变为(Ⅱ),或由(Ⅱ)转变为(Ⅰ)则是必然的。正是由于这种离域体系使烯丙位自由基缺电子属性不明显了,获得了“额外的”稳定化能。这种烯丙位重排现象在化学反应中普遍存在。

4.4.4 烯烃氧化

烯烃与氧化剂作用,发生碳碳双键氧化反应。氧化剂不同,反应条件不同,烯烃被氧化所生成的产物不同。

1. $KMnO_4$ 氧化

$KMnO_4$ 对烯烃双键有很强的氧化作用。在酸性条件下,浓 $KMnO_4$ 可将碳碳双键氧化断裂,生成与烯烃结构对应的酮或醛,醛在反应体系中进一步被氧化成羧酸。

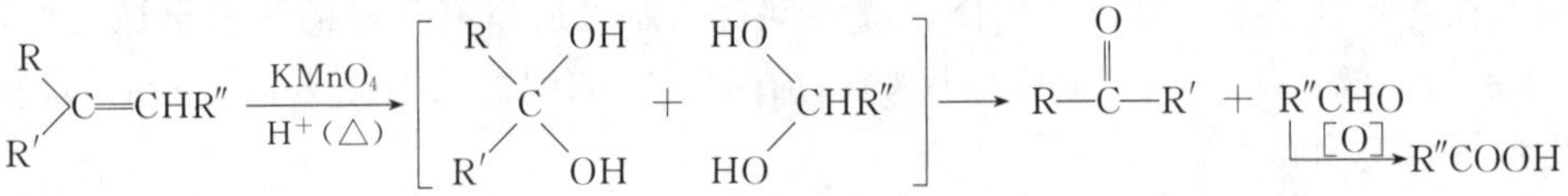

反应完成后,$KMnO_4$ 被还原成 MnO_2,原来 $KMnO_4$ 酸性水溶液的紫色迅速褪去。可由此现象来鉴别烯烃存在。

$KMnO_4$ 对环丙烷不发生氧化反应。如:

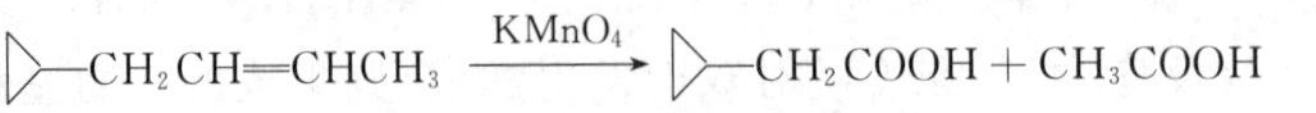

在较低温度和碱性条件下,稀 $KMnO_4$ 氧化烯烃双键可生成邻位二醇,但收率较低。反应中 MnO_4^- 从 π 键一侧与双键发生加成式氧化,此为顺式氧化,所得邻位二醇的立体化学结果为

顺式邻二醇。如：

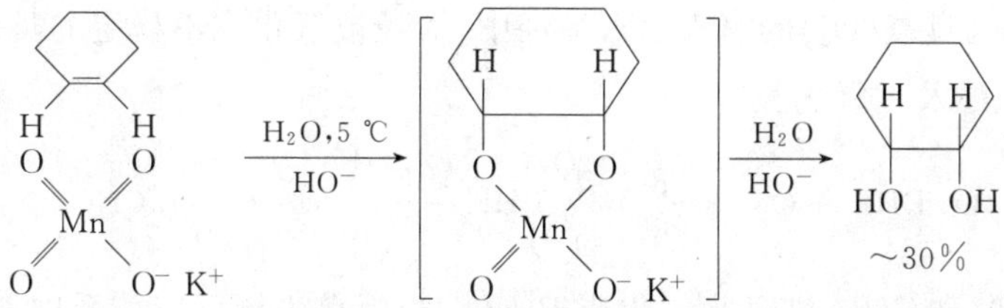

如果用 OsO_4 氧化环己烯，在温和条件下可得到较高收率的顺式邻位二醇。例如：

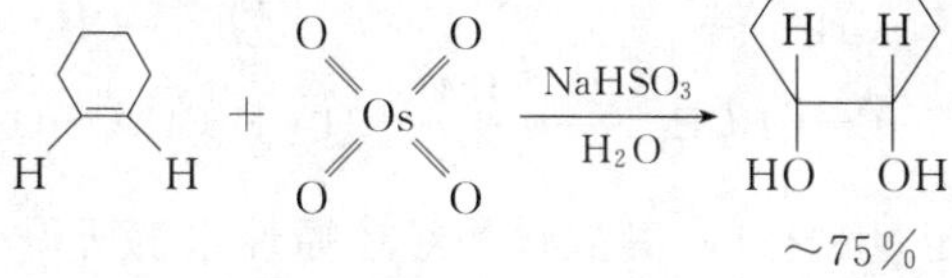

2. 催化氧化和环氧化反应

在特定催化剂存在下，烯烃可被 O_2 氧化成环氧化合物或羰基化合物。如以活性银为催化剂（附载于 $CaO \cdot BaO \cdot CsO$ 上），在较高温度下可将乙烯氧化成环氧乙烷：

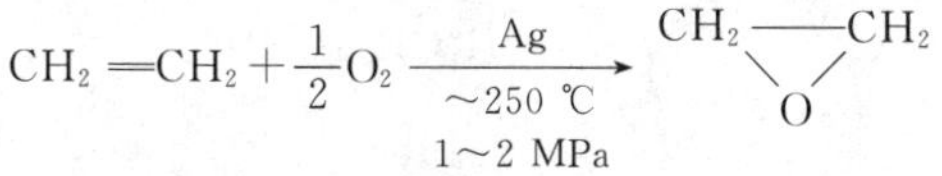

$$CH_2{=}CH_2 + \frac{1}{2}O_2 \xrightarrow[1{\sim}2\ \text{MPa}]{\substack{Ag \\ {\sim}250\ ℃}} \underset{\quad O}{CH_2{-}CH_2}$$

在 $PdCl_2$-$CuCl_2$ 水溶液中，乙烯或丙烯可被 O_2 氧化成乙醛或丙酮。

$$CH_2{=}CH_2 + \frac{1}{2}O_2 \xrightarrow[H_2O,\ {\sim}120\ ℃]{PdCl_2\text{-}CuCl_2} CH_3\overset{O}{\overset{\|}{C}}H$$

$$CH_3CH{=}CH_2 + \frac{1}{2}O_2 \xrightarrow[H_2O,\ {\sim}120\ ℃]{PdCl_2\text{-}CuCl_2} CH_3\overset{O}{\overset{\|}{C}}CH_3$$

环氧乙烷、乙醛、丙酮都是应用极广的重要化工原料。乙烯、丙烯外的一般烯烃氧化成取代环氧乙烷则应使用 H_2O_2 或 CH_3CO_3H 等过氧化物，此为烯烃环氧化反应：

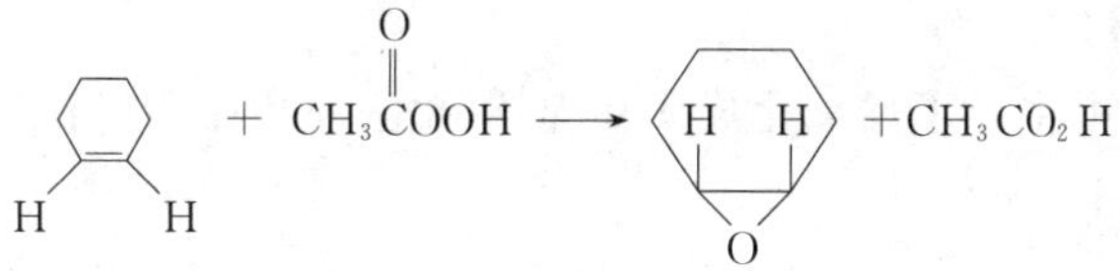

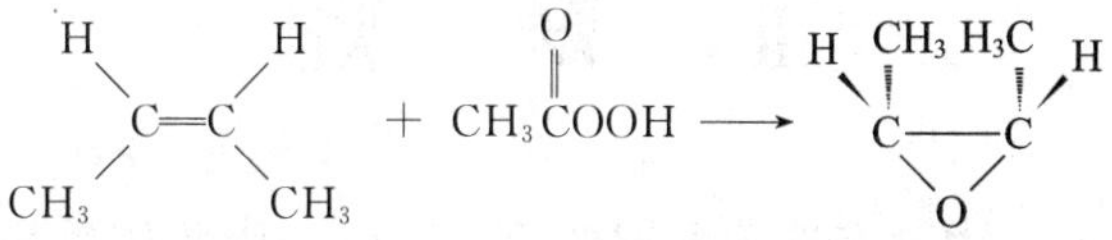

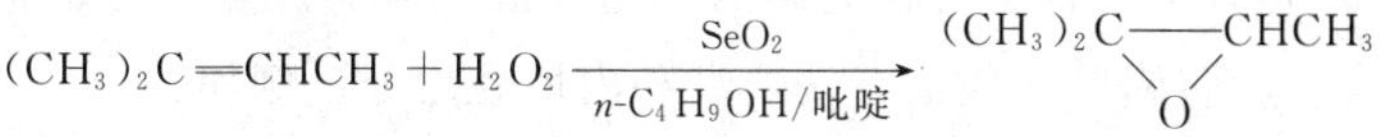

$$(CH_3)_2C{=}CHCH_3 + H_2O_2 \xrightarrow[n\text{-}C_4H_9OH/吡啶]{SeO_2} (CH_3)_2C{-}CHCH_3 \ (\text{环氧})$$

用 CF_3CO_3H 为氧化剂时，效果会更好；以 H_2O_2 为氧化剂时，加入 SeO_2 可提高反应物的转化率和产物选择性。生成的环氧化合物经水解，可得到反式邻二醇：

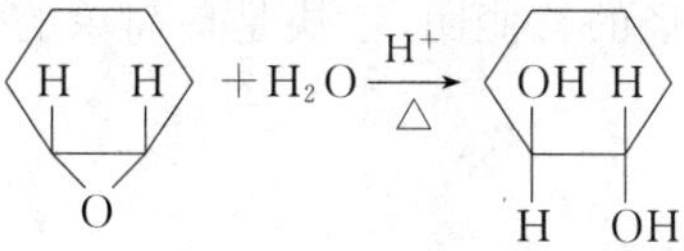

3. 臭氧氧化反应

把含 $6\%\sim8\%$ 臭氧(O_3)的氧气通入烯烃中,烯烃被氧化成不稳定的臭氧化物。后者直接水解可生成醛、酮及过氧化氢:

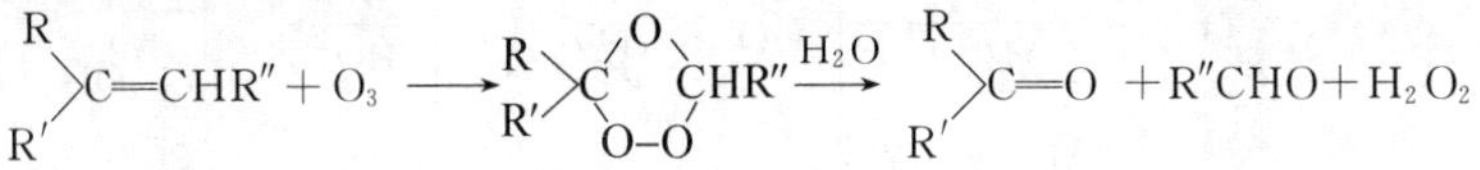

$$R' \underset{R'}{\overset{R}{>}}C{=}CHR'' + O_3 \longrightarrow R' \underset{R'}{\overset{R}{>}}C\underset{O-O}{\overset{O\quad O}{<}}CHR'' \xrightarrow{H_2O} R' \underset{R'}{\overset{R}{>}}C{=}O + R''CHO + H_2O_2$$

生成的 H_2O_2 可将 $R''CHO$ 进一步氧化成 $R''CO_2H$;当在水解反应体系中加入锌粉时,可防止 $R''CHO$ 被氧化:

$$CH_3CH_2CH_2{-}\underset{\overset{|}{CH_3}}{C}{=}CHCH_3 \xrightarrow[Zn]{O_3\quad H_2O} CH_3CH_2CH_2{-}\underset{\overset{|}{CH_3}}{C}{=}O + CH_3CHO$$

烯烃与 O_3 的反应是定量进行的,臭氧化物经还原性水解所得产物(羰基化合物)与原来烯烃在结构上有对应性。因此,烯烃臭氧化水解反应可用于烯烃结构判定;也可用于醛、酮制备。例如,某烯烃与足够 O_3 作用后,在锌粉存在下水解得到了等摩尔甲醛、环己酮和丙二醛,则该烯烃结构式应为:

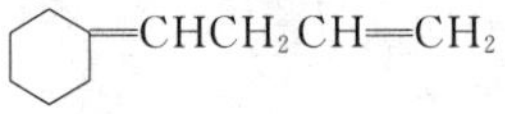

$$\bigcirc{=}CHCH_2CH{=}CH_2$$

4. α-碳原子的氧化

丙烯在相关催化剂存在下可被 O_2 氧化为丙烯醛,在 NH_3 气氛中可被氧化成丙烯腈,二者都是重要的有机合成中间体:

$$CH_3CH{=}CH_2 + O_2 \begin{cases} \xrightarrow[350\ ℃,0.25\ MPa]{钼酸铋} CH_2{=}CH{-}CHO + H_2O \\[2ex] \xrightarrow[440\ ℃,63\sim74\ kPa]{NH_3,磷钼酸铋} CH_2{=}CH{-}CN + H_2O \end{cases}$$

丙烯在 NH_3 存在下氧化制得丙烯腈,称为氨氧化。丙烯腈大量用于丁腈橡胶、聚丙烯腈、丙烯酸、树脂 ABS 的生产。

通过类似方法还可将异丁烯氧化成 α-甲基丙烯醛、α-甲基丙烯酸、α-甲基丙烯腈等。

Ⅱ　炔　烃

炔烃(Alkynes)是分子中含有碳碳叁键的不饱和烃。脂肪族单炔烃的通式为 C_nH_{2n-2},比烯烃不饱和度大。脂肪族单炔烃也有端炔烃和内炔烃之分。例如:

$$CH_3CH_2{-}C{\equiv}CH \qquad\qquad CH_3{-}C{\equiv}C{-}CH_3$$

　　　　1-丁炔(端炔)　　　　　　2-丁炔(内炔)

碳碳叁键(—C≡C—)是炔烃的官能团,乙炔是最简单的炔烃。

4.5 炔烃结构和命名

4.5.1 sp 杂化碳原子和碳碳叁键

乙炔是直线型分子,两个碳原子均是 sp 杂化,sp 杂化碳原子各以一个 sp 杂化轨道相互以"头对头"方式交盖形成 C_{sp}—C_{sp} σ 键,而另外一个 sp 轨道与 H 原子 1s 轨道交盖形成 C_{sp}—H_{1s} σ 键,即乙炔中有三个 σ 键: $H \overset{\sigma}{-} \underset{sp}{C} \overset{\sigma}{-} \underset{sp}{C} \overset{\sigma}{-} H$。

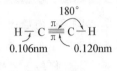

sp 杂化碳原子上两个没有杂化 2p 轨道相互垂直,它们与另一 sp 杂化碳原子两个 2p 轨道两两轴向平行以"肩并肩"方式交盖,形成了两个相互垂直的 π 键,并把 C_{sp}—C_{sp} σ 键电子"包围"于其中,即在乙炔分子两个碳之间有三对成键电子:一对 σ 键电子和两对 π 键电子;两个碳原子都满足了价电子层八隅体结构,如图 4-6 所示。

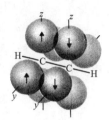

图 4-6

由于 sp 杂化碳原子成键能力大,乙炔中碳碳叁键键能高达 837 kJ·mol⁻¹,C—H σ 键键能为 506 kJ·mol⁻¹;两个碳之间 π 电子被束缚得较牢固,不易极化变形,故炔烃亲电加成反应活性一般表现的不如烯烃。与乙烷、乙烯相比,乙炔中的 C—H(碳 sp 杂化)键有较大极性,炔氢有较明显的酸性。

$$H_3C{-}CH_2{-}H \qquad H_2C{=}CH{-}H \qquad HC{\equiv}C{-}H$$

碳的杂化态:	sp^3	sp^2	sp
碳的电负性:	2.48	2.75	3.29
氢的酸性(pK_a):	50	44.5	25

其他链状炔烃的结构特点也是由—C≡C—决定的。

4.5.2 炔烃命名

炔烃系统命名与烯烃相似,将母体名称"烯"改为"炔"即可。例如:

$$H_5C_2{-}C{\equiv}CH \qquad (CH_3)_2CH{-}C{\equiv}C{-}CH_3 \qquad CH_3(CH_2)_4C{\equiv}C{-}CH_3$$

   1-丁炔   4-甲基-2-戊炔   2-辛炔

炔烃也有衍生物命名法。如:

$$CH_3C{\equiv}CCH_3 \qquad (CH_3)_2CHC{\equiv}CCH(CH_3)_2 \qquad C_2H_5C{\equiv}CCH_3$$

   二甲基乙炔   二异丙基乙炔   甲基乙基乙炔

如果分子中既含有 C≡C 又含有 C=C,则化合物命名为某烯炔;写名称时,烯在前,炔在后。编号仍遵从官能团位次最低原则,主链选取应包含尽可能多的不饱和键在内。当双键和叁键的编号有选择时,双键位次应最小;若有取代基时,则应考虑取代基位次应较小。例如:

$$CH_2{=}CHCH_2C{\equiv}CH \qquad \underset{}{CH_2}{=}\overset{CH_3}{\underset{|}{C}}{-}CH_2CH_2C{\equiv}CH \qquad \overset{CH_3}{\underset{|}{CH}}{=}CHCH_2CH{=}CHCH_3$$

   1-戊烯-4-炔   2-甲基-1-己烯-5-炔   3-甲基-5-庚烯-1-炔

$$CH \equiv CCH_2\overset{\displaystyle CH_3}{\underset{\displaystyle |}{CH}}CHCH = CH_2 \qquad CH \equiv CCH_2\overset{\displaystyle CH_3}{\underset{\displaystyle |}{CH}}CH_2CH = CH_2 \qquad HC \equiv CC\overset{\displaystyle CH_2CH_3}{\underset{\displaystyle |}{H}}CH = CHCH = CH_2$$

3-甲基-1-己烯-5-炔　　　　　　　4-甲基-1-庚烯-6-炔　　　　　　　5-乙基-1,3-庚二烯-6-炔

4.6　炔烃物理性质

炔烃有与烯烃近似的物理性质:如不溶于水而溶于有机溶剂(石油醚、苯、四氯化碳等),相对密度小于1,熔、沸点随碳数目增加而增高(表4-2)。

端炔烃较低极性较低,但比烯烃略高。如:

$$CH_3CH_2C \equiv CH \qquad\qquad CH_3CH_2CH = CH_2 \qquad\qquad CH_3C \equiv CCH_3$$
$$\mu = 2.67 \times 10^{-30} C \cdot m \qquad \mu = 1.23 \times 10^{-30} C \cdot m \qquad \mu = 0$$

烷基对叁键碳有供电子诱导作用,这就使不对称炔(端炔)烃具有一定偶极矩。烷基供电子作用($+I$效应)也使叁键上电子云密度增加,这一点与烯烃相同。

表 4-2　　　　　　　　　部分炔烃的一般物理性质

名称	结构式	熔点/℃	沸点/℃	相对密度 d_4^{20}
乙炔	$HC \equiv CH$	-82	-75	
丙炔	$HC \equiv CCH_3$	-101.5	-23	
1-丁炔	$HC \equiv CCH_2CH_3$	-122	9	
1-戊炔	$HC \equiv C(CH_2)_2CH_3$	-98	40	0.695
1-己炔	$HC \equiv C(CH_2)_3CH_3$	-124	72	0.719
1-庚炔	$HC \equiv C(CH_2)_4CH_3$	-80	100	0.733
1-辛炔	$HC \equiv C(CH_2)_5CH_3$	-70	126	0.747
1-壬炔	$HC \equiv C(CH_2)_6CH_3$	-65	151	0.763
1-癸炔	$HC \equiv C(CH_2)_7CH_3$	-36	182	0.770

4.7　炔烃化学性质

炔烃与烯烃相似,可以发生亲电加成、氧化、加氢等反应;也有不同于烯烃的特性,如炔烃可进行亲核加成以及端炔烃有一定“酸性”。

4.7.1　炔烃加氢和氧化

1. 炔烃加氢

与烯烃相似,炔烃可进行催化加氢。由于炔烃中碳碳叁键在催化剂表面吸附作用比烯烃碳碳双键容易发生,炔烃比烯烃更易于进行催化加氢。

$$CH_3C \equiv CCH_3 \xrightarrow[C_2H_5OH]{H_2/Ni} CH_3CH_2CH_2CH_3$$

从乙烯和乙炔加一分子氢的氢化热大小亦可见,炔烃比烯烃容易加氢:

$$CH \equiv CH + H_2 \longrightarrow CH_2 = CH_2 \qquad \Delta H = -175 \text{ kJ} \cdot \text{mol}^{-1}$$

$$CH_2 = CH_2 + H_2 \longrightarrow CH_3 - CH_3 \qquad \Delta H = -135 \text{ kJ} \cdot \text{mol}^{-1}$$

选用适当催化剂,可使炔烃加氢停留在生成烯烃阶段,并得到主产物顺式烯烃。如:

$$CH_3CH_2CH_2C\!\equiv\!CCH_2CH_2CH_3 + H_2 \xrightarrow{\text{P-2 催化剂}} \underset{H}{\overset{H_5C_2}{}}C\!=\!C\underset{H}{\overset{C_2H_5}{}}$$

$$HC\!\equiv\!C\!-\!\underset{CH_3}{\overset{|}{C}}\!=\!CHCH_2CH_2OH + H_2 \xrightarrow[\text{喹啉}]{\text{Pd-BaSO}_4} CH_2\!=\!CH\!-\!\underset{CH_3}{\overset{|}{C}}\!=\!CHCH_2CH_2OH$$

P-2 催化剂（Ni_2B）由硼氢化钠（$NaBH_4$）与醋酸镍（$CH_3COO)_2Ni$ 在乙醇中作用而得；将 Pd-$BaSO_4$ 或 Pd-$CaCO_3$ 用喹啉或醋酸铅部分毒化后，可降低钯催化剂催化活性，使炔烃加氢生成烯烃的选择性高达 98％，这类控制加氢催化剂又称为 Lindlar 催化剂。

内炔烃在液氨中用金属钠或锂作用，则主要被部分还原成反式烯烃。例如：

$$CH_3CH_2CH_2C\!\equiv\!CCH_2CH_2CH_3 \xrightarrow[NH_3(\text{液}),-33\ ℃]{Na} \underset{H}{\overset{CH_3CH_2CH_2}{}}C\!=\!C\underset{CH_2CH_2CH_3}{\overset{H}{}}$$

2. 炔烃氧化

炔烃也能被 $KMnO_4$ 氧化，条件不同，产物不同；炔烃与 O_3 作用后再水解，产物是羧酸。

$$CH_3(CH_2)_7C\!\equiv\!C(CH_2)_7CO_2H \begin{array}{c}\xrightarrow[\text{常温}]{KMnO_4,H_2O} CH_3(CH_2)_7\overset{O}{\overset{\|}{C}}\overset{O}{\overset{\|}{C}}(CH_2)_7CO_2H \\[10pt] \xrightarrow[②H^+,H_2O]{①KMnO_4,HO^-,\triangle} CH_3(CH_2)_7CO_2H + HO_2C(CH_2)_7CO_2H\end{array}$$

4.7.2　加成反应

1. 亲电加成

（1）与 HX、X_2 加成

炔烃中 sp 杂化碳原子电负性大，使得三键中 π 键电子被约束得牢固，不易极化，与亲电试剂加成较烯烃颇难。炔烃与 HX 加成一般是在催化剂催化下才能顺利进行，生成卤代烯烃。如：

$$HC\!\equiv\!CH + HCl \xrightarrow[150\sim160\ ℃]{HgCl_2} H_2C\!=\!CHCl \xrightarrow[HgCl_2]{HCl} CH_3CHCl_2$$

$$CH_3CH_2C\!\equiv\!CCH_2CH_3 + HCl \xrightarrow[CH_3CO_2H,25\ ℃]{HgCl_2} \underset{H}{\overset{CH_3CH_2}{}}C\!=\!C\underset{CH_2CH_3}{\overset{Cl}{}}\quad(>95\%)$$

不对称炔烃与 HX 加成也遵循马氏规则，生成的卤代烯可再加成一分子 HX，生成的同碳二卤代烷为主产物。

$$CH_3CH_2CH_2C\!\equiv\!CH + HBr \longrightarrow CH_3CH_2CH_2\underset{}{\overset{Br}{\overset{|}{C}}}\!=\!CH_2 \xrightarrow{HBr} CH_3CH_2CH_2CBr_2CH_3$$

炔烃与卤素加成反应可较顺利进行，也是分步进行且反式加成，但反应活性明显小于烯烃。如果分子中同时含有双键和叁键（二者不共轭），在与限量 Br_2 作用时，双键优先加成。

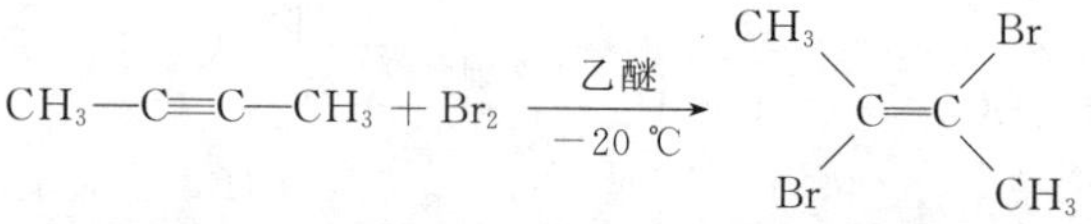

$$CH_3-C\equiv C-CH_3 + Br_2 \xrightarrow[-20\ ℃]{乙醚}$$ (生成顺反烯烃结构：CH_3、Br与C=C、Br、CH_3)

$$CH\equiv C-CH_2-CH=CH_2 + Br_2 \xrightarrow[-20\ ℃]{CCl_4} CH\equiv CCH_2CHBrCH_2Br$$

炔烃与一分子卤素加成生成二卤代烯烃后,由于卤原子$-I$效应使双键π电子密度下降,不利于进一步亲电加成反应进行。因此,炔烃亲电加成可以控制在生成卤代烯烃阶段。如果卤素过量,亦可使加成反应进一步发生。例如:

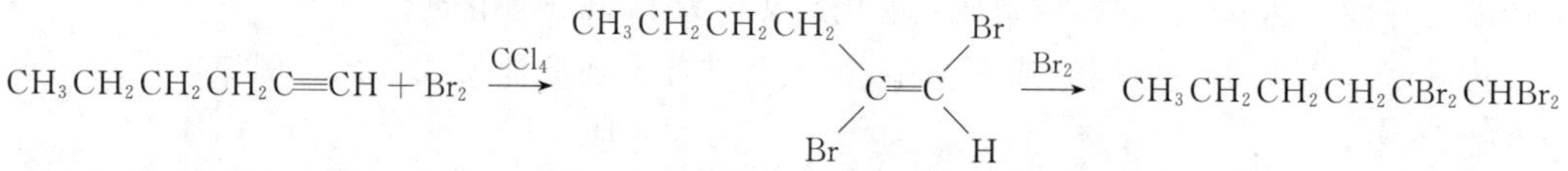

$$CH_3CH_2CH_2CH_2C\equiv CH + Br_2 \xrightarrow{CCl_4}$$ (生成CH_3CH_2CH_2CH_2、Br与C=C、Br、H的烯烃) $$\xrightarrow{Br_2} CH_3CH_2CH_2CH_2CBr_2CHBr_2$$

$$HC\equiv CH + Cl_2 \xrightarrow{FeCl_3} ClCH=CHCl \xrightarrow[FeCl_3]{Cl_2} Cl_2CHCHCl_2$$

(反式为主)

炔烃与 HX 或 X_2 加成反应活性明显小于烯烃,还可以从反应中间体稳定性来考虑。碳碳三键与 H^+ 加成生成的碳正离子中,正电荷在 sp 杂化碳上,这不利于正电荷分散,故其内能很大,稳定性不好,即反应控制步骤的活化能较高,反应速率较慢,表现为反应活性较小。同理,炔烃三键与 Br_2 加成生成的中间体环烯溴鎓离子内能很大而稳定性较低,再加上鎓离子中卤原子 p 电子对与 π 键电子有相互排斥作用,也使其稳定性下降,因而导致其难于生成(图 4-7,图 4-8)。

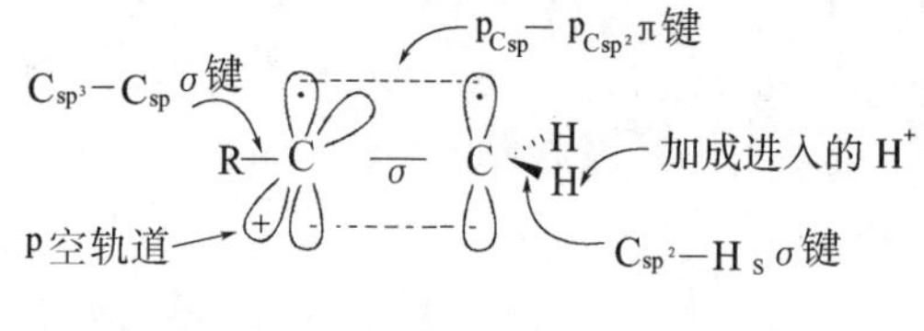

图 4-7 烯基碳正离子图示

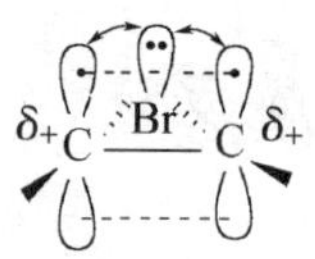

图 4-8 烯基溴鎓离子图示

稳定性:

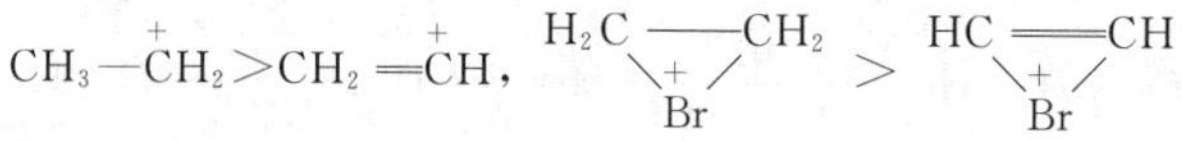

$$CH_3-\overset{+}{C}H_2 > CH_2=\overset{+}{C}H,\quad H_2C\underset{Br}{\overset{+}{\diagdown}}CH_2 > HC\underset{Br}{\overset{+}{\diagdown}}CH$$

(2)与 H_2O 加成

炔烃与 H_2O 在 $HgSO_4$-H_2SO_4 催化下发生加成反应(遵循马氏规则),生成烯醇(-OH 与双键碳相连),烯醇随即发生分子内重排,转变成稳定产物酮或醛。若是乙炔加水,则生成乙醛,进一步氧化可得乙酸,此为工业上生产乙醛、乙酸的重要方法。

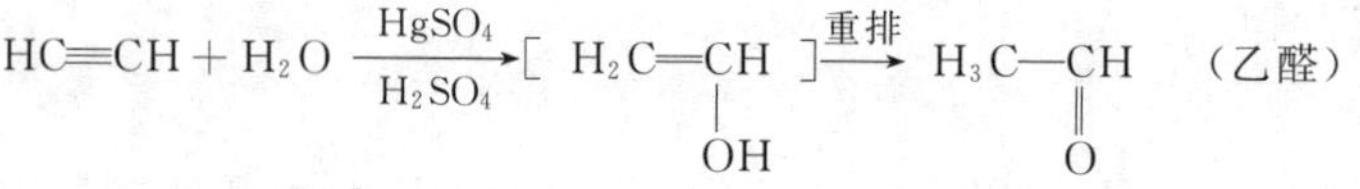

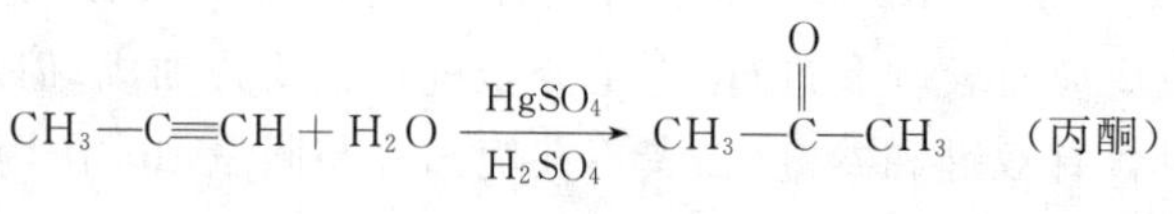

$$HC\equiv CH + H_2O \xrightarrow[H_2SO_4]{HgSO_4} \left[H_2C=\underset{OH}{\overset{|}{C}}H \right] \xrightarrow{重排} H_3C-\underset{O}{\overset{||}{C}}H \quad (乙醛)$$

$$CH_3-C\equiv CH + H_2O \xrightarrow[H_2SO_4]{HgSO_4} CH_3-\overset{O}{\overset{||}{C}}-CH_3 \quad (丙酮)$$

$$CH_3(CH_2)_5C\equiv CH + H_2O \xrightarrow[H_2SO_4]{HgSO_4} CH_3(CH_2)_5-\overset{\overset{\displaystyle O}{\|}}{C}-CH_3 \text{（甲基酮）}$$

$$CH_3CH_2C\equiv CCH_2CH_3 + H_2O \xrightarrow[H_2SO_4]{HgSO_4} C_2H_5-CH_2-\overset{\overset{\displaystyle O}{\|}}{C}-C_2H_5$$

从键能分析可知,烯醇式化合物内能较高,羰基化合物内能较低,由烯醇转变成酮或醛分子内能下降,反应有利。烯醇式与酮式是互变异构体,属构造异构,两者可相互转变,是一个动态平衡体系,一般情况下烯醇占有量极少,几乎都是羰基化合物。烯醇重排成酮的过程可看作是由较强酸转变为较弱酸的过程。

酮式-烯醇式互变异构的动态平衡可描述为:

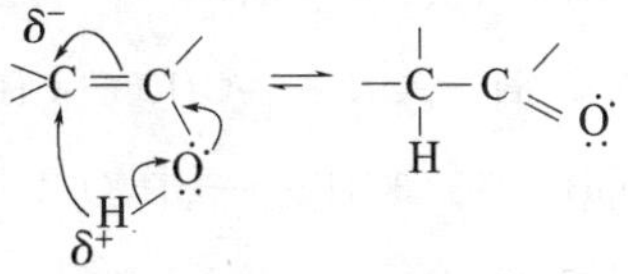

烯醇式结构　　　酮式结构

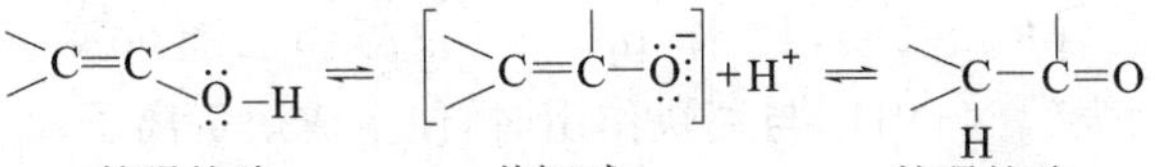

较强的酸　　　共轭碱　　　较弱的酸

共轭体系与共轭效应(4-10)对这一互变异构有更深刻的解读,这将在后续内容中进一步学习。

(3)硼氢化反应

炔烃也可发生硼氢化反应,生成烯基硼。硼烷与炔烃加成方向受电子效应控制和空间效应影响。加成产物烯基硼再经 H_2O_2/HO^- 处理,生成烯醇。后者重排,转变成羰基化合物。如果将烯基硼用醋酸处理,则生成顺式的烯烃。例如:

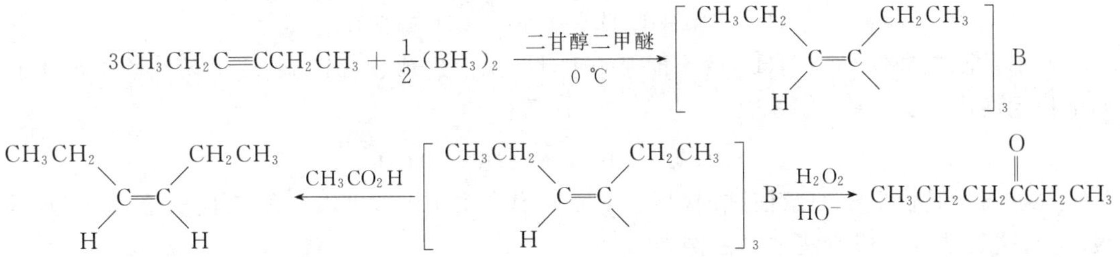

由烯基硼制得酮和顺式烯烃,以及由 α-炔烃制得醛,是实验室中合成这些化合物的重要方法。为了提高反应选择性,避免在三键碳上加成上两个硼,以二烷基硼氢化物 R_2BH 代替 $(BH_3)_2$,效果更好。

2.其他加成

炔烃较烯烃难于进行亲电加成,但一定条件下却可以与 CH_3OH、CH_3CO_2H、HCN 等试剂在一定条件下发生如下加成反应。例如:

$$HC\equiv CH + HOCH_3 \xrightarrow[\substack{160\sim165\ ℃ \\ 2.0\sim2.5\ MPa}]{20\%KOH\text{ 溶液}} CH_2\!=\!CH-O-CH_3$$

$$HC\!\equiv\!CH + CH_3COOH \xrightarrow[\substack{150\sim180\ ℃ \\ 0.1\sim0.5\ MPa}]{(CH_3CO_2)_2Zn/C} CH_3\!-\!\overset{\overset{\displaystyle O}{\|}}{C}\!-\!O\!-\!CH\!=\!CH_2$$

$$HC\!\equiv\!CH + HCN \xrightarrow[NH_4Cl]{CuCl} CH_2\!=\!CH\!-\!CN$$

在这类加成反应产物中,分子中引入一个乙烯基,故称为乙烯基化反应,由此可把乙炔看作乙烯基化试剂。上述反应中制得的甲基乙烯基醚是制备黏合剂、涂料、清漆及增塑剂等化工产品的原料之一;醋酸乙烯酯是生产聚乙烯醇单体,也用于生产乳胶黏合剂。

炔烃与醇在碱催化下的加成是亲核加成反应,亲核试剂负离子 CH_3O^- 与炔三键加成生成中间体碳负离子。反应机理为:

$$CH_3OH + KOH \Longrightarrow CH_3O^-K^+ + H_2O$$

$$CH_3O^- + HC\!\equiv\!CH \longrightarrow CH_3O\!-\!CH\!=\!\overset{-}{C}H$$

$$CH_3O\!-\!CH\!=\!\overset{-}{C}H + H\!-\!OCH_3 \longrightarrow CH_3OCH\!=\!CH_2 + \overset{-}{O}CH_3$$

4.7.3 炔氢酸性

炔氢有一定弱酸性($pK_a=25$),比水($pK_a=15.7$)和乙醇($pK_a=16$)酸性小,但比氨($pK_a=38$)酸性强。当强碱 $NaNH_2$ 与端炔作用时,便生成炔负离子和 NH_3。

$$HC\!\equiv\!CH + NaNH_2 \longrightarrow HC\!\equiv\!\overset{-}{C}\overset{+}{Na} + NH_3$$

$$R\!-\!C\!\equiv\!CH + NaNH_2 \longrightarrow RC\!\equiv\!\overset{-}{C}\overset{+}{Na} + NH_3$$

一般把乙炔通入 $NaNH_2$ 乙醚溶液中,便可得到乙炔钠。将乙炔通入 $NaNH_2$ 氨溶液中,则可生成乙炔双钠盐:

$$HC\!\equiv\!CH \xrightarrow[NH_3(l),\,-33\ ℃]{NaNH_2} NaC\!\equiv\!CNa$$

乙炔钠是强碱,遇水或醇立即分解。例如:

$$HC\!\equiv\!CNa + H_2O \longrightarrow HC\!\equiv\!CH + NaOH$$

乙烯及乙烷酸性小于 NH_3,故不能与 $NaNH_2$ 反应生成相应钠盐,这也说明碳负离子有如下稳定性次序:

$$HC\!\equiv\!C^- > H_2C\!=\!\overset{-}{C}H > CH_3\!-\!\overset{-}{C}H_2$$

炔负离子是供电子的亲核试剂,当它与伯卤代烷作用时,可以发生取代反应,生成较高级炔烃,这是炔烃合成方法之一。例如:

$$HC\!\equiv\!\overset{+}{C}Na + \overset{\delta}{Br}\!-\!\overset{\delta^+}{CH_2CH_3} \longrightarrow HC\!\equiv\!C\!-\!CH_2CH_3 + NaBr$$

$$C_2H_5C\!\equiv\!CH + NaNH_2 \xrightarrow{-NH_3} C_2H_5C\!\equiv\!CNa \xrightarrow[-NaBr]{BrC_2H_5} C_2H_5C\!\equiv\!CC_2H_5$$

乙炔及端炔烃中炔氢还可以被 Ag^+、Cu^+ 取代,分别生成炔银和炔亚铜,反应迅速、现象明显,可用来鉴别端炔烃存在。把乙炔通入到硝酸银氨溶液或氯化亚铜氨溶液中,立即生成乙炔银或乙炔亚铜沉淀,端炔也有此反应。

$$HC\equiv CH + 2Ag(NH_3)_2NO_3 \xrightarrow[H_2O]{HO^-} \underset{(白色)}{AgC\equiv CAg\downarrow} + 2NH_4NO_3 + 2NH_3$$

$$HC\equiv CH + 2Cu(NH_3)_2Cl \xrightarrow[H_2O]{HO^-} \underset{(棕红色)}{CuC\equiv CCu\downarrow} + 2NH_4Cl + 2NH_3$$

$$C_2H_5C\equiv CH + Ag(NH_3)_2NO_3 \xrightarrow[H_2O]{HO^-} C_2H_5C\equiv CAg\downarrow$$

炔亚铜或炔银可在稀盐酸或稀硝酸中分解,也可利用这一性质,分离、精制端炔烃:

$$CH_3CH_2CH_2C\equiv CAg + HNO_3 \longrightarrow CH_3CH_2CH_2C\equiv CH + AgNO_3$$

炔银及炔亚铜在干燥状态下受到撞击或受热,极易发生爆炸。实验中剩余的炔金属化合物应及时用酸处理。

Ⅲ　共轭二烯烃

4.8　共轭二烯烃结构

按价键理论观点,共轭二烯烃(Conjugated dienes)是指两个碳碳双键间只有一个C_{sp^2}—C_{sp^2}单键的二烯烃。1,3-丁二烯是最简单的共轭二烯烃,其中 4 个碳原子都处于同一平面内(即所有 σ 键共平面);在 1,3-丁二烯中每个 π 键 π 电子已不再定域于两个 sp^2 杂化碳原子所限定 π键区域,而是可以在 4 个 sp^2 杂化碳原子相互平行 p 轨道上运动,即形成了一个 π_4^4 离域体系(图 4-9)。这样,不只是在 C_1—C_2、C_3—C_4 之间,而在 C_2—C_3 之间也会有 p 轨道部分交盖,从而导致在 1,3-丁二烯中出现键长趋于平均化现象。

$$CH_2\!=\!\!=\!CH\!-\!\!-\!CH\!=\!\!=\!CH_2 \qquad CH_2\!=\!\!=\!CH_2 \qquad CH_3\!-\!\!-\!CH_3$$

| 键长/nm | 0.137 | 0.147 | 0.137 | 0.134 | 0.154 |

共轭二烯烃这种特殊结构,使其具有较好的热力学稳定性。例如,共轭二烯烃完全氢化热小于相应单烯烃氢化热两倍,也小于隔离二烯烃完全氢化热。这说明共轭二烯烃的内能较小,热力学稳定性较隔离二烯烃好。

$$CH_3CH_2CH\!=\!\!=\!CH_2 \qquad\qquad CH_2\!=\!\!=\!CH\!-\!CH\!=\!\!=\!CH_2$$

| 氢化热/kJ·mol^{-1} | −126.8 | −238.9 |

$$CH_2\!=\!\!=\!CH\!-\!CH_2\!-\!CH\!=\!\!=\!CH_2 \qquad CH_2\!=\!\!=\!CH\!-\!CH\!=\!\!=\!CH\!-\!CH_3$$

| 氢化热/kJ·mol^{-1} | −254 | −226 |

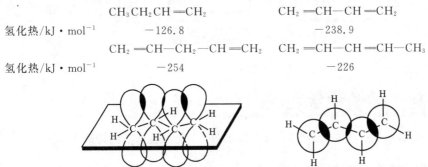

图 4-9　1,3-丁二烯中 p 轨道交盖和大 π 键俯视示意图

共轭二烯烃中 π 电子运动区域大,在外电场影响下易发生较大程度极化,且在碳链上交替出现部分正、负电荷;如果共轭二烯烃分子不对称,也将出现此情况(静态电子效应):

$$CH_2 = \overset{\delta^+}{CH} - \overset{\delta^-}{CH} = \overset{\delta^+}{CH_2} \quad H^+$$

$$H_3C \rightarrow \overset{\delta^+}{CH} - \overset{\delta^-}{CH} - \overset{\delta^+}{CH} = \overset{\delta^-}{CH_2}$$

共轭二烯折射率明显高于隔离二烯。如:1,4-戊二烯 $n_D^{20}=1.388\ 8$ 而1,3-戊二烯 $n_D^{20}=1.428\ 4$。

在紫外光谱中,共轭二烯烃 λ_{max} 值明显大于单烯烃及隔离二烯 λ_{max} 值。

分子轨道理论观点描述,1,3-丁二烯中大 π 键形成如下:1,3-丁二烯 4 个 p 轨道线性组合成 4 个 π 键分子轨道:ψ_1、ψ_2、ψ_3 及 ψ_4,其能级顺序为:$\psi_1<\psi_2<\psi_3<\psi_4$(图 4-10)。$\psi_1$ 和 ψ_2 为成键 π 分子轨道 ψ_3 和 ψ_4 为反键 π 分子轨道。基态时,ψ_1 和 ψ_2 中各有一对电子,在 ψ_3 和 ψ_4 是空轨道,没有填充电子。将 ψ_2 叫作能量最高占有轨道,记为 HOMO(Highest occupied molecular orbital);将 ψ_3 叫作能量最低空轨道,记为 LUMO(Lowest unoccupied molecular orbital)。在 ψ_2、ψ_3 及 ψ_4 中,分别存在 1 个、2 个和 3 个节点,ψ_2 的节点位于 C_2-C_3 之间,由此可推测 ψ_1 与 ψ_2 相叠加使得1,3-丁二烯中 C_2-C_3 之间 π 电子云密度较小,C_2-C_3 键长比 C_1-C_2 和 C_3-C_4 键长要长。

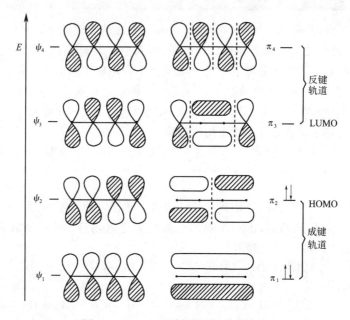

图 4-10　1,3-丁二烯分子轨道示意图

4.9　共轭二烯烃化学性质

共轭二烯烃具备单烯烃基本化学性质,又表现出两个双键相互影响的特殊化学性质。

4.9.1　1,4-加成反应

1,3-丁二烯烃与一分子亲电试剂加成时,反应活性较高,比单烯烃容易反应。加成产物可有两种:一种是 1,2-加成产物,另一种是 1,4-加成产物(也称共轭加成产物)。这两种产物的多少取决于反应条件(反应温度、溶剂性质等)。例如:

$$CH_2{=}CH{-}CH{=}CH_2 + Br_2 \xrightarrow[\text{正己烷}]{-15\ ℃} \underset{(62\%)}{BrCH_2{-}CHBr{-}CH{=}CH_2} + \underset{(38\%)}{BrCH_2{-}CH{=}CH{-}CH_2Br}$$

$$CH_2{=}CH{-}CH{=}CH_2 + Br_2 \xrightarrow[\text{氯仿}]{-15\ ℃} \underset{(37\%)}{BrCH_2{-}CHBr{-}CH{=}CH_2} + \underset{(63\%)}{BrCH_2{-}CH{=}CH{-}CH_2Br}$$

$$CH_2{=}CH{-}CH{=}CH_2 + HBr \xrightarrow{-80\ ℃} \underset{(80\%)}{H_3C{-}CHBr{-}CH{=}CH_2} + \underset{(20\%)}{CH_3{-}CH{=}CH{-}CH_2Br}$$

$$CH_2{=}CH{-}CH{=}CH_2 + HBr \xrightarrow{40\ ℃} \underset{(20\%)}{H_3C{-}CHBr{-}CH{=}CH_2} + \underset{(80\%)}{CH_3{-}CH{=}CH{-}CH_2Br}$$

1,2- 加成产物　　　1,4- 加成产物

亲电试剂加成在 1,2-位上称 1,2-加成；亲电试剂加成到 1,4-位上称 1,4-加成，也称共轭加成。由上述所列反应可见：极性溶剂以及较高反应温度，有利于 1,4-加成产物的生成。

1,4-加成是共轭二烯烃的特有性质，反应机理仍然是亲电加成：

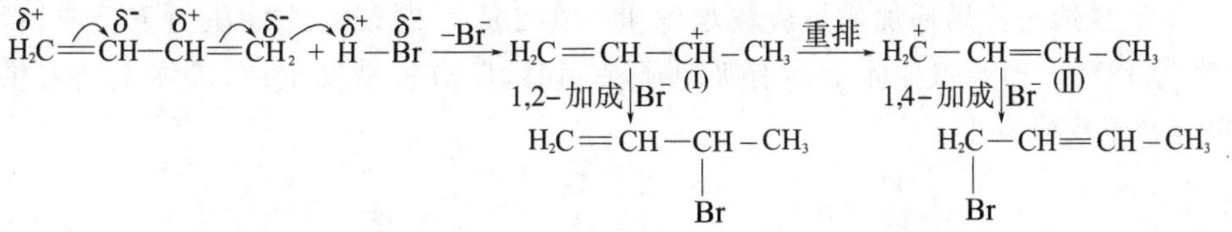

当 H^+ 与 1,3-丁二烯端碳上 π 电子对结合形成 C—H σ 键时，便产生了一个烯丙基碳正离子(Ⅰ)；在(Ⅰ)中，正电荷所在 p 空轨道与双键 π 键“肩并肩”交盖，使得正电荷通过 π 电子离域而分散；当相邻 π 键电子全都分布在 C_2—C_3 时，则在另一端形成碳正离子(Ⅱ)，此变化为碳正离子烯丙位重排。(Ⅰ)与 Br^- 作用得 1,2-加成产物，(Ⅱ)与 Br^- 作用得 1,4-加成产物。1,2-加成和1,4-加成产物究竟谁占主导决定于反应体系中哪种碳正离子中间体更易生成。(Ⅰ)属于仲碳烯丙位正离子，(Ⅱ)属于伯碳烯丙位正离子，(Ⅰ)的稳定性好于(Ⅱ)。因为稳定碳正离子较易生成，(Ⅰ)在较低反应温度下容易生成，而(Ⅱ)生成要在较高反应温度下才有利。在极性溶剂条件下，1,3-丁二烯易极化，X_2 易解离，极化 1,3-丁二烯与 Br^+ 反应后，Br^- 与(Ⅱ′)反应(1,4-加成)，生成热力学稳定性更好的 1,4-加成产物。

(Ⅱ′)　　　(Ⅰ′)

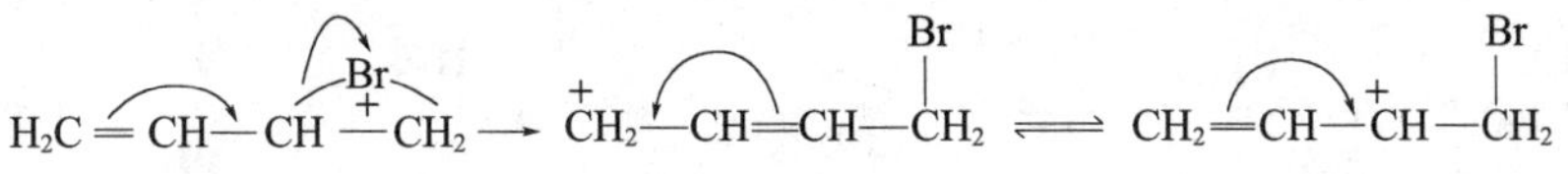

可以把(Ⅰ)与(Ⅱ)及(Ⅰ′)与(Ⅱ′)看成是共存的活泼中间体平衡体系，(Ⅱ)和(Ⅱ′)的形成是热力学控制的物种；从产物看，1,4-加成得内烯烃，热力学稳定性较好，属热力学控制产物；而 1,2-加成得端烯，其活泼中间体的稳定性较好，属动力学控制产物。HBr 与1,3-丁二烯在 −80 ℃时反应与 40 ℃时反应，产物组成恰好相反。

共轭二烯烃 1,2-亲电加成主产物也遵循马氏规则。例如：

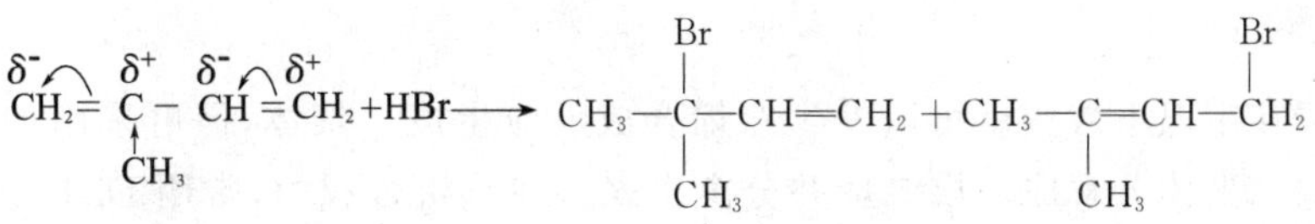

(1,2-加成)　　　(1,4-加成)

4.9.2 双烯合成

共轭二烯烃与碳碳双键、叁键等烯、炔化合物及其衍生物可按 1,4-加成形式发生环化反应,生成环己烯或环己二烯类化合物,此为双烯合成反应,又称为 Diels-Alder 反应,这是共轭二烯烃特征反应。

思政材料4

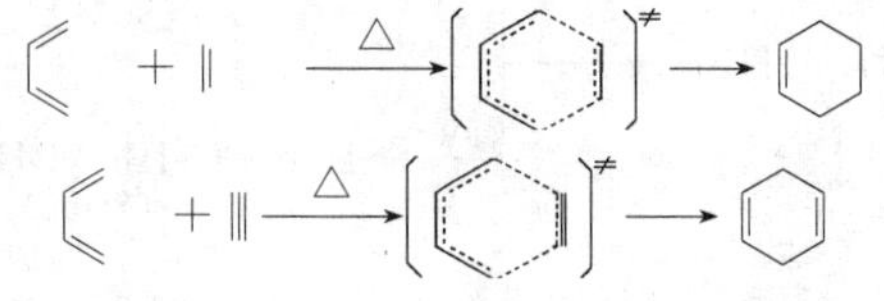

在这类反应中,共轭二烯烃称为双烯体,单烯或单炔称为亲双烯体。两个反应物在反应中相互作用,经过一个环状过渡态形成产物,反应一步协同完成,没有中间体生成,原有 π 键的断裂和新 π 键及两个新 σ 键的生成同时进行。由于产物为环状结构,又称为环加成反应。

1,3-丁二烯与乙烯环加成反应较难发生。在 200 ℃时,20 MPa 压力下反应,得到环己烯收率为 18%。当亲双烯体上连有吸电子基团时,反应较易发生;双烯体上连有供电子基团时,也有利于反应发生。

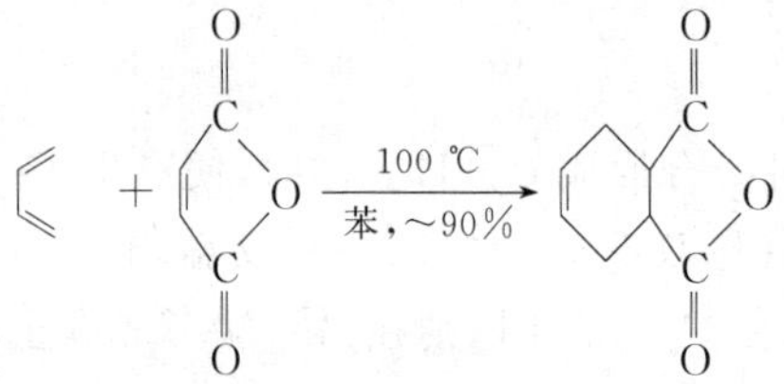

顺-Δ^4-四氢化邻苯二甲酸酐
(4-环己烯-1,2-二甲酸酐)

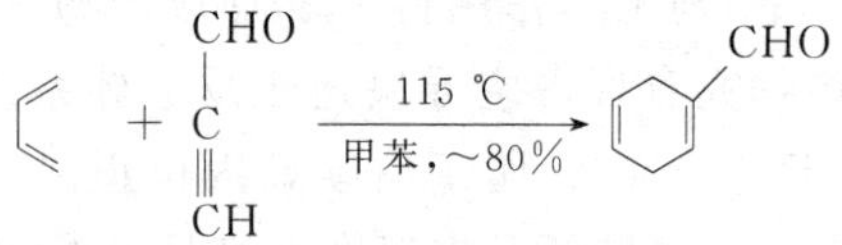

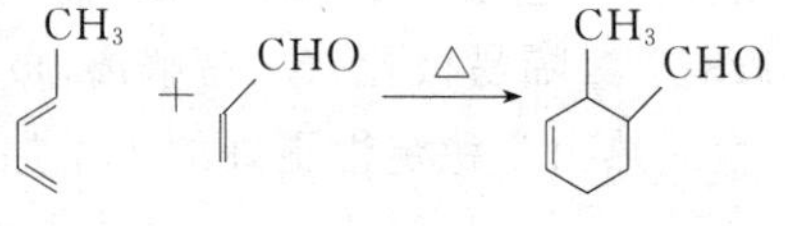

（～99%）

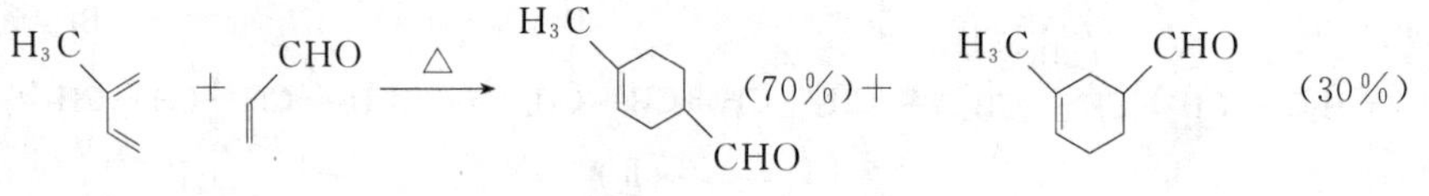

(70%)+ (30%)

如果亲双烯体有确定构型,则产物也有立体选择性;环戊二烯也有此反应性能,如:

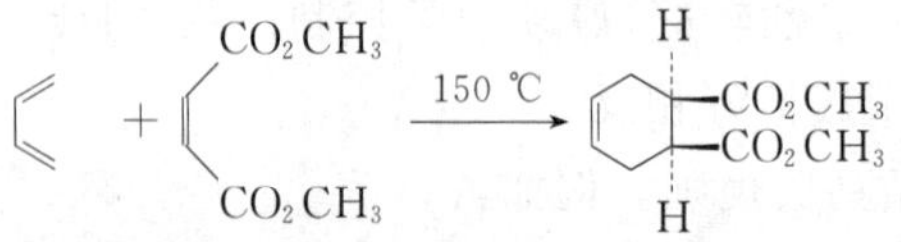

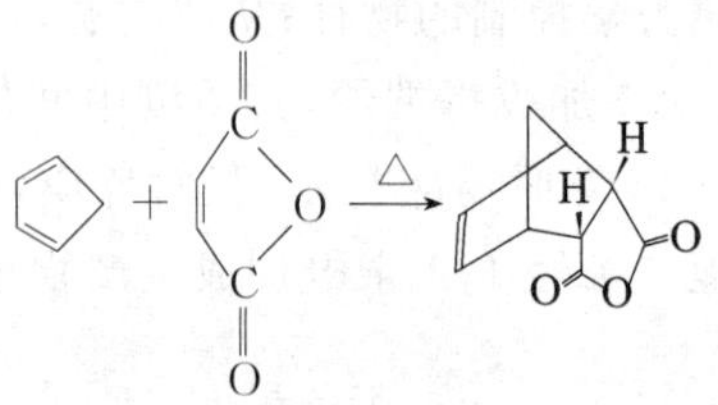

环戊二烯在室温下放置就可以发生双烯合成反应生成二聚体,但可采用加热蒸馏方法可将环戊二烯二聚体分解成环戊二烯并分离出来。在有机合成中,常用 Diels-Alder 反应来合成含六元环的桥环化合物以及环己烯类化合物。

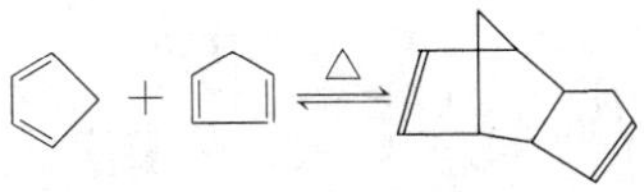

*4.9.3　电环化反应

1,3-丁二烯在加热或光照条件下,可发生分子内成环反应生成环丁烯。反应按协同机理进行,两端碳原子之间形成 σ 键,在 C_2-C_3 之间生成了 π 键;整个过程经过一个环状过渡态一步完成。此类可逆反应称作电环化反应,反应过渡态中参与反应的电子形成一个环状离域形态。

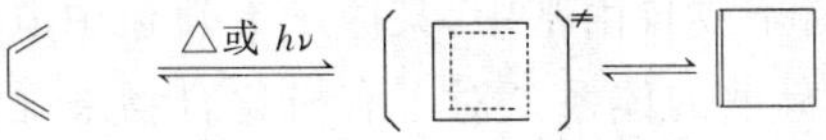

与 Diels-Alder 反应相似,电环化反应不但可逆,而且有高度立体专一性。例如,在不同条件下($\triangle$ 或 $h\nu$),一定构型共轭二烯只生成特定构型的环丁烯:

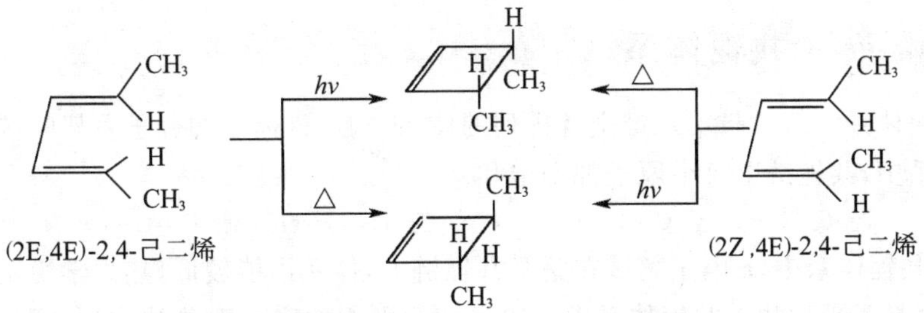

(2E,4E)-2,4-己二烯在光照条件下以及(2Z,4E)-2,4-己二烯在加热条件下都生成顺式3,4-二甲基环丁烯;反应过程可理解为过渡态时两个 π 键均裂后,σ 键发生旋转后在 C_2 和 C_5 之间形成了新的关环 σ 键,同时在 C_3-C_4 之间形成了新 π 键。但是在过渡态时 C_2-C_3 σ 键及 C_4-C_5 σ 键旋转方式不同,(2E,4E)-2,4-己二烯是对旋,(2Z,4E)-2,4-己二烯是顺旋。同样,当生成反式 3,4-二甲基环丁烯时,(2E,4E)-2,4-己二烯加热时顺旋,而(2Z,4E)-2,4-己二烯光照时是对旋。

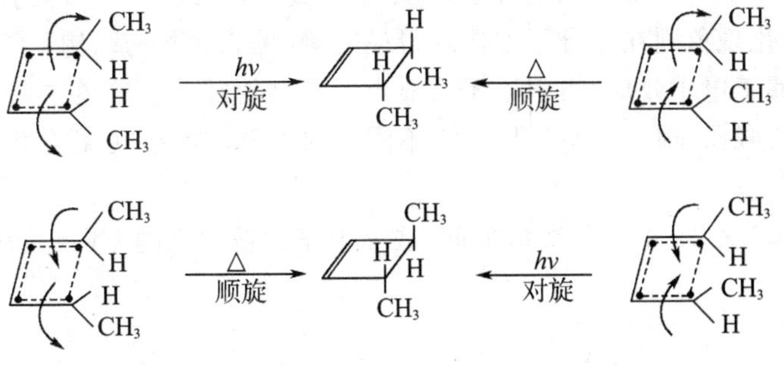

共轭二烯电环化反应规律可简记为:加热顺旋允许,光照对旋允许。逆向开环反应规律亦然。对于开链共轭三烯也可以发生电环化反应,但反应规律恰好相反,加热对旋允许,光照顺旋允许。例如:

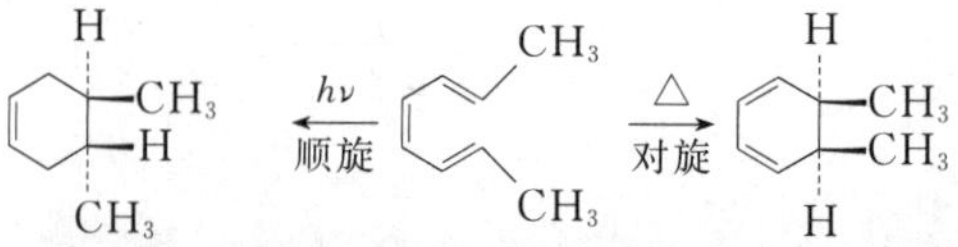

电环化反应和环加成反应共同点是均属于协同反应,在反应中形成过渡态。协同两个字强调了在环状过渡态形成前后,化学键断裂与形成同步发生。

由分子轨道对称守恒原理可以进一步解读这类反应机制。

4.10 共轭体系和共轭效应

共轭体系是指在分子、离子或自由基中,某原子 p 轨道中电子(单电子或电子对)或电荷可向邻接原子 p 轨道离域或分散的体系。对于有机化合物来说,共轭体系多指可以形成大 π 键体系的分子、离子或自由基,一般是由三个或多于三个具有相互平行 p 轨道的原子直接相连所形成的体系。

4.10.1 π-π 共轭体系

π-π 共轭体系一般是指单双键交替排列的体系,构成该体系的分子骨架叫作共轭链。在 π-π 共轭体系中,共轭链上每个原子都不饱和。

$$C=C-C=C \qquad C=C-C\equiv C \qquad C=C-C=O \qquad C=C-C\equiv N$$

在 π-π 共轭体系中,π 电子离域在整个共轭链上,体系内能较低,热力学稳定性较非共轭体系好,键长趋于平均化。共轭体系中 π 电子相互影响的客观现象被称为共轭效应(Conjugative effect,简记 C 效应)。

π-π 共轭体系结构特征是共轭链上所有的不饱和原子共处于同一平面;形成 π 电子离域通道的 p 轨道相互平行,才能使相邻各 p 轨道之间发生最大限度侧面交盖,构成含有偶数原子的大 π 键共轭体系。

π-π 共轭体系热力学稳定性较好,可从其氢化热较小的实验事实得以验证;π 电子云容易极化,可从共轭二烯烃易发生亲电加成以及共轭二烯烃比隔离二烯烃有较高的折射率得到印证;键长平均化现象则在苯分子中体现得最完美(见 5.2 苯的结构)。

共轭效应也属于电子效应,由 p 电子或 π 电子在共轭链上 p 轨道中离域而引起,它不因共轭链增大而有所减弱,这一点与诱导效应不同。共轭效应可在共轭链上产生部分正、负电荷交替排布现象。

在 π-π 共轭体系中,π 电子的离域方向(或 π 电子云被极化的方向)通常是用弯箭头来示意的。例如

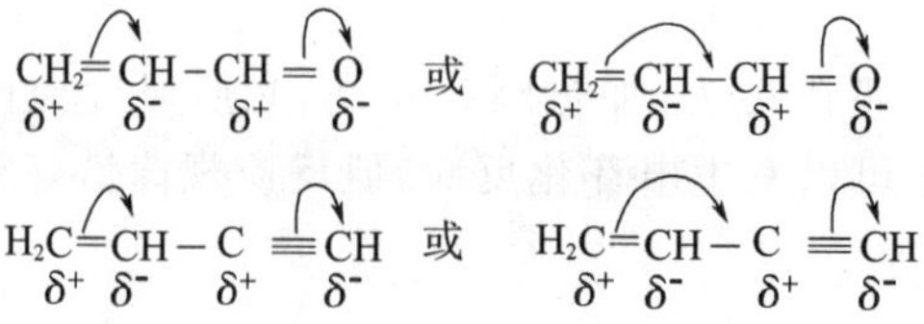

共轭链原子上依次标注 δ^- 和 δ^+ 表示在该原子上 π 电子密度与相邻原子上 π 电子密度

相比是相对增加和相对降低。

在 π-π 共轭体系中,共轭链上电负性较大的原子或基团起到吸引 π 电子作用,称为吸电子共轭效应,记为 −C;而电负性较小的原子或基团起到供给 π 电子作用,称为给电子共轭效应,记为 +C。

4.10.2　p-π 共轭体系

p-π 共轭体系的共轭链上一般含有奇数个原子,即双键碳(或其他类型双键及叁键)与一个含有 p 轨道原子相连接。例如:

（烯丙位自由基）　　　　（烯丙位碳正离子）　　　　（烯丙位碳负离子）

在 p-π 共轭体系中,与 π 键共轭(离域)p 轨道中可以是单 p 电子(如烯丙位自由基),没有 p 电子(如:烯丙位碳正离子),一对 p 电子(如烯丙位碳负离子、氯乙烯)。在烯丙位碳自由基或烯丙位碳正离子中,p 轨道中缺电子属性由相邻双键 π 电子供电离域(+C)来补偿,即通过 p-π 共轭作用使烯丙位正电荷分散到双键碳上,形成一离域碳正离子,因此稳定性增加;烯丙位自由基也是由于本身 p-π 共轭作用使其内能下降,稳定性增加。

在 1,3-丁二烯与 HX 亲电加成反应中,最初生成的碳正离子以及经过烯丙位重排转变成的另一烯丙位碳正离子,都是 p-π 共轭体系,有较好的稳定性。

$$CH_2 {=\!=} CH \overset{\frown}{\longrightarrow} \overset{+}{C}H \longrightarrow CH_3 \Longleftrightarrow \overset{+}{C}H_2 \overset{\frown}{\longrightarrow} CH {=\!=} CH \longrightarrow CH_3$$
$$(I) \qquad\qquad (II)$$

此处 C$=$C 对 C$^+$ 是 +C 效应(给电子共轭作用),而 C$^+$ 对 C$=$C 是 −C 效应(吸电子共轭作用)。烯丙位碳正离子重排是很容易发生的碳正离子异构化现象。根据实验结果,给出下列碳正离子的稳定性次序:

$$(CH_3)_3 \overset{+}{C} > CH_2 {=\!=} CH \overset{+}{C}HCH_3 > CH_2 {=\!=} CH \overset{+}{C}H_2 > CH_3 \overset{+}{C}HCH_3 > CH_3 CH_2 \overset{+}{C}H_2 > \overset{+}{C}H_3$$

可以把(I)和(II)描述为正电荷分散在 1-位和 3-位两个碳上,具有三中心两 π 电子的离域体系(III),1,2-加成及 1,4-加成由此进一步与 X$^-$ 作用而完成:

$$\left[CH_2 {=\!=} CH \longrightarrow \overset{+}{C}H \longrightarrow CH_3 \Longleftrightarrow \overset{+}{C}H_2 \longrightarrow CH {=\!=} CH \longrightarrow CH_3 \right] \equiv \left[\overset{\delta+}{C}H_2 {=\!=} CH \overset{\delta+}{\longrightarrow} CH \longrightarrow CH_3 \right]$$

$$（I） \qquad\qquad （II） \qquad\qquad\qquad （III）$$

已知自由基稳定性大小次序为

$$>\!C {=\!=} C \overset{\cdot}{C} \longrightarrow > 3° > 2° > 1° > \overset{\cdot}{C}H_3 、CH_2 {=\!=} \overset{\cdot}{C}H$$

在乙烯基自由基中,自由基单电子所在 p 轨道与 π 键 p 轨道相互垂直,不存在 p-π 共轭作用,所以此自由基稳定性不好。烯丙位自由基因存在 p-π 共轭作用而稳定,较易生成,故丙烯与氯在高温下的反应以取代为主。

烯丙位碳负离子中，p 轨道中一对电子通过相邻 π 键 p 轨道离域分散了负电荷，稳定性也较好。环戊二烯中—CH_2—上氢原子有一定弱酸性，其 pK_a 为 16 左右，比端炔烃酸性还强，其原因就是环戊二烯解离出氢质子后，生成的碳负离子存在 p 轨道与两个 π 键 p-π 共轭作用而形成了环状闭合 p-π 体系。

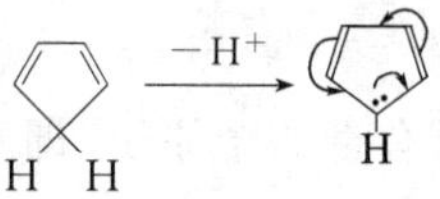

共轭效应对有机反应活性影响明显，特别是对反应中间体稳定性的影响，可决定反应进行的主要方向。例如，在氯乙烯分子中，Cl 的 －I 效应使烯烃双键中的电子密度下降，故其亲电加成活性较乙烯要难。然而，反应进行中，氯乙烯加成生成的中间体碳正离子有 p-p 共轭作用，稳定性较好，使得反离子与氯原子共同结合到了一个碳原子上。如：

$$CH_2{=}CH-\ddot{\underset{\cdot\cdot}{Cl}}: + HI \longrightarrow CH_3-\underset{}{\overset{\overset{\displaystyle I}{|}}{C}}H-Cl$$

上述反应中间体为 p^+-$p^{\cdot\cdot}$ 共轭体，这类似于 p-π 共轭体系：氯原子一对 p 电子可离域到碳正离子 p 空轨道中，使碳正离子正电荷得以分散到氯原子上；换言之，此处氯原子对带正电荷的碳有供电子作用。

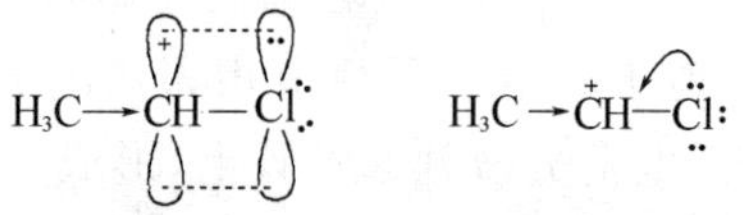

4.10.3 超共轭体系

超共轭体系是指 C—H σ 键参与电子离域的体系。有 σ-π 超共轭和 σ-p 超共轭之分。

σ－π 体系　　σ－p 体系　　σ－p 体系

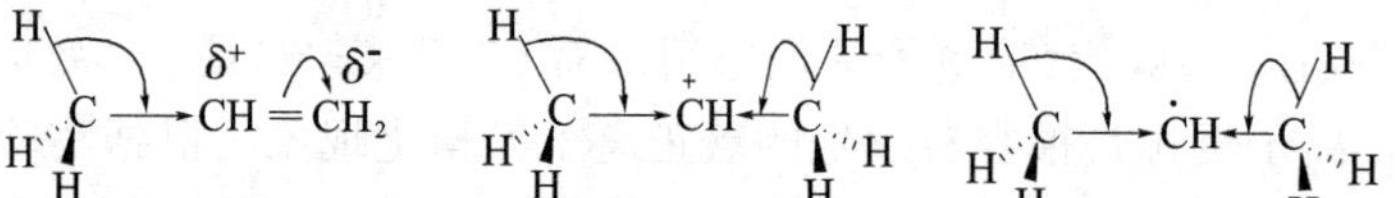

丙烯中 C—H σ 键与 π 键不平行，但可以共平面。由于 σ 键饱和性和方向性，α C—H σ 键电子只能有较弱的向 π 键方向离域的可能，从空间上使双键电子密度略有增加，这个结果与—CH_3 对 C═C＋I 效应一致，使丙烯稳定性高于乙烯，而且 σ-π 超共轭作用结果也使 π 电子云极化。烯烃中 α C－H σ 键越多，σ-π 超共轭作用几率和程度就越大，则双键因电子云密度增加而热力学稳定性增强，亲电加成反应活性较高。

一个 C—H σ 键参与超共轭　　两个 C—Hσ 键参与超共轭　　三个 C—Hσ 键参与超共轭

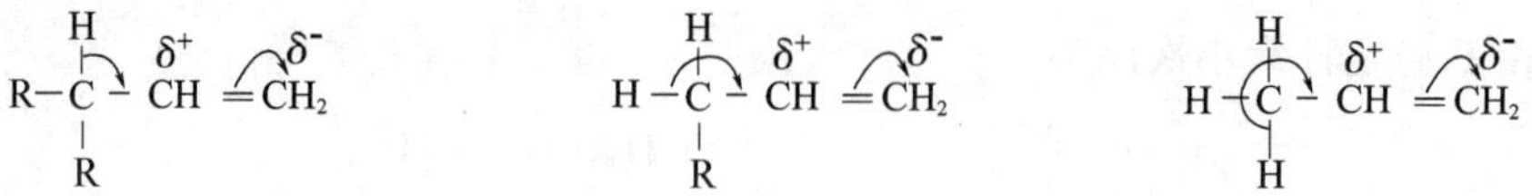

烷基碳正离子或烷基自由基中轨道也可与相邻 C—H σ 键发生类似的 σ-p 超共轭

作用。

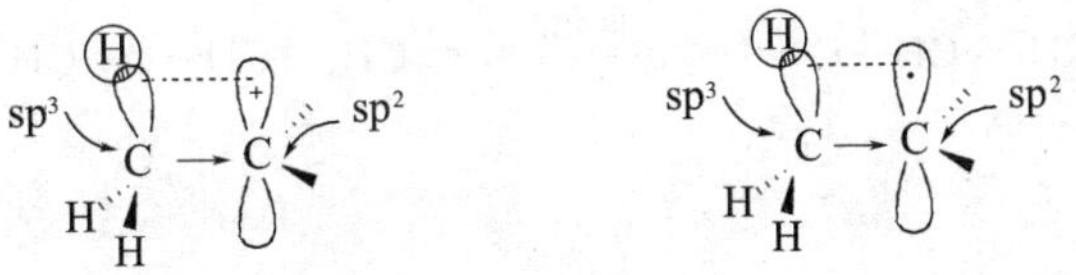

虽然 C—H σ 键电子向 p· 或 p$^+$ 轨道给电子共轭作用(离域)很弱,但对碳自由基或碳正离子也能起到一定的稳定化作用;相邻 C—H σ 键越多,这种给电子超共轭作用程度就越大,碳正离子或碳自由基稳定性越好。这与烷基对碳正离子和碳自由基＋I 作用的效果一致。因此,有碳正离子和碳自由基稳定性次序:

$$(CH_3)_3 \overset{+}{C} > (CH_3)_2 \overset{+}{C}H > CH_3 \overset{+}{C}H_2 > \overset{+}{C}H_3$$

$$(CH_3)_3 \overset{\cdot}{C} > (CH_3)_2 \overset{\cdot}{C}H > CH_3 \overset{\cdot}{C}H_2 > \overset{\cdot}{C}H_3$$

超共轭效应并非是完全在 p 轨道中发生的电子离域,其作用和影响远不及 π-π 或 p-π 共轭效应。

4.11　不饱和烃聚合

在一定条件下不饱和烃分子之间相互加成生成大分子化合物的反应,称为聚合反应。

在高温高压并自由基引发剂存在下,乙烯可以聚合生成高压聚乙烯,其相对分子质量可达到几十万。

$$nCH_2{=}CH_2 \xrightarrow[>100\ ℃,>100\ MPa]{自由基引发剂} {+}CH_2{-}CH_2{+}_n$$

在 Ziegler-Natta 催化剂作用下,乙烯、丙烯等可以发生离子型聚合反应,生成低压聚乙烯、聚丙烯;还可以进行共聚合反应生成乙烯和丙烯共聚物。

$$nCH_2{=}CH_2 \xrightarrow{TiCl_4/C_2H_5AlCl_2} H{+}CH_2{-}CH_2{+}_{n-1}CH{=}CH_2$$

$$nCH_3CH{=}CH_2 \xrightarrow{TiCl_4{-}Al(C_2H_5)_3} H{+}CH{-}CH_2{+}_{n-1}CH{=}CHCH_3$$
　　　　　　　　　　　　　　　　　　　　　　　$\overset{|}{CH_3}$

$$nCH_2{=}CH_2 + nCH_2{=}CHCH_3 \xrightarrow{TiCl_4/C_2H_5AlCl_2} {+}CH_2CH_2CH_2{-}CH{+}_n \quad (乙丙橡胶)$$
　　　　　　　　　　　　　　　　　　　　　　　　　　　　$\overset{|}{CH_3}$

共轭二烯烃高聚物常为合成橡胶,工业用途极广,例如:

合成天然橡胶

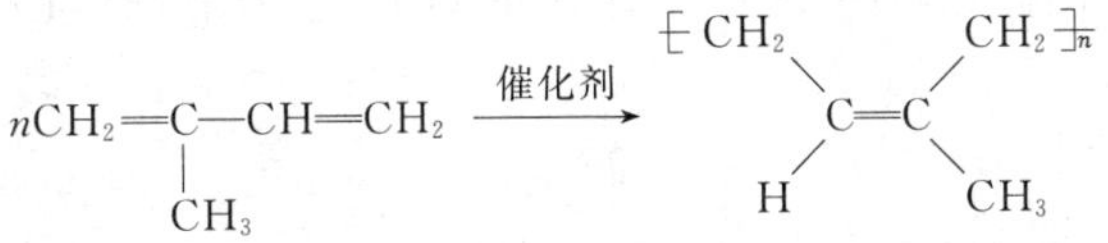

顺丁橡胶

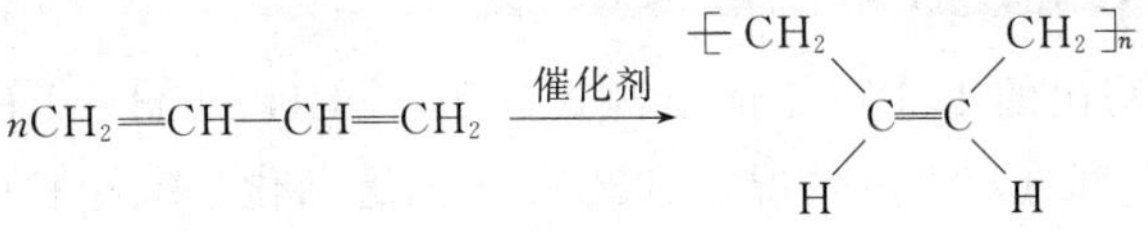

氯丁橡胶

$$nCH_2 \!=\! CH\!-\!C\!=\!CH_2 \xrightarrow{\text{催化剂}} \left[\, CH_2\!-\!CH\!=\!C\!-\!CH_2 \,\right]_n$$
$$\hspace{3.5cm} | \hspace{5.5cm} |$$
$$\hspace{3.5cm} Cl \hspace{5.5cm} Cl$$

丁苯橡胶

$$nCH_2\!=\!CH\!-\!CH\!=\!CH_2 + m\,CH_2\!=\!CH \xrightarrow{\text{催化剂}} \left[\, CH_2\!-\!CH\!=\!CH\!-\!CH_2 \,\right]_p \left[\, CH_2\!-\!CH \,\right]_q$$

ABS 树脂

$$nCH_2\!=\!CH\!-\!CH\!=\!CH_2 + m\,CH_2\!=\!CH + w\,CH_2\!=\!CH \xrightarrow{\text{催化剂}}$$

$$\left[\, CH_2\!-\!CH\!=\!CH\!-\!CH_2 \,\right]_n \left[\, CH_2\!-\!CH \,\right]_n \left[\, CH_2\!-\!CH \,\right]_n$$

在 Ziegler-Natta 催化剂作用下,乙炔可聚合生成聚乙炔。聚乙炔是大分子共轭体系,具有良好导电性,是极具应用前景的高熔点结晶性高聚物半导体材料。

$$nHC\!\equiv\!CH \xrightarrow{\text{催化剂}} \left[\, HC\!=\!CH \,\right]_n \;(\text{聚乙炔})$$

聚乙炔有顺、反之分:

顺聚乙炔　　　　　　　　　　　反聚乙炔

在 Cu_2Cl_2-NH_4Cl 催化下,乙炔可二聚、三聚。例如:

$$HC\!\equiv\!CH + HC\!\equiv\!CH \xrightarrow{Cu_2Cl_2/NH_4Cl} CH_2\!=\!CH\!-\!C\!\equiv\!CH$$

$$CH_2\!=\!CH\!-\!C\!\equiv\!CH + HC\!\equiv\!CH \xrightarrow{Cu_2Cl_2/NH_4Cl} CH_2\!=\!CH\!-\!C\!\equiv\!C\!-\!CH\!=\!CH_2$$

乙烯基乙炔与 HCl 加成生成 2-氯-1,3-丁二烯,是合成氯丁橡胶的单体。乙炔在催化剂作用下可合成环辛四烯以及苯环,这在研究芳香族化合物的结构中曾起到重要作用。

异丁烯在酸催化下可发生二聚:

$$2(CH_3)_2C\!=\!CH_2 \xrightarrow{H^+} (CH_3)_3C\!-\!CH_2\!-\!C\!=\!CH_2 + (CH_3)_3C\!-\!CH\!=\!C\!-\!CH_3$$
$$\hspace{6.5cm} | \hspace{4.5cm} |$$
$$\hspace{6.5cm} CH_3 \hspace{4.3cm} CH_3$$
$$\hspace{6.2cm} （主） \hspace{4.3cm} （次）$$

4.12　共振论简介

按经典价键理论写出的 1,3-丁二烯结构式($CH_2\!=\!CH\!-\!CH\!=\!CH_2$),其实不能充分反映出 C_2—C_3 之间具有部分双键的情况。1933 年美国著名化学家鲍林(Pauling L)在经典价键理论基础上提出了共振论学说,以经典结构式为基础提出了共振杂化体概念,用来描述、解释共轭体系中电子离域、电荷分布、体系能量、键长变化以及反应特性等事实和现象,取得了较满意效果,这是对共价键理论的一个发展。

共振论的基本出发点是:当一个共轭体系(分子、离子、自由基)不能用一个经典结构式恰当表示时,可以用若干个"可能的"经典结构式的"融合"来描述,"可能的"经典结构(式)称为极限结构(式)。"融合"并非简单的混合或加合,可理解为"叠加"或"共振";各极限结构(即各经典结构)的融合(即共振)构成共振杂化体。只有共振杂化体才能较全面地反映共轭体系真实结构,任何一个极限结构都不能完全代表共轭体系真正结构。例如,1,3-丁二烯是下面所列各个极限结构的共振杂化体:

$$CH_2=CH-CH=CH_2 \longleftrightarrow CH_2=CH-\overset{+}{C}H-\overset{-}{C}H_2 \longleftrightarrow \overset{+}{C}H_2-CH=CH-\overset{-}{C}H_2 \longleftrightarrow$$

$$CH_2=CH-\overset{-}{C}H-\overset{+}{C}H_2 \longleftrightarrow \overset{-}{C}H_2-CH=CH-\overset{+}{C}H_2 \longleftrightarrow \overset{-}{C}H_2-CH=CH-CH_2 \longleftrightarrow$$

$$\overset{+}{C}H_2-\overset{-}{C}H-CH=CH_2 \longleftrightarrow \overset{-}{C}H_2-CH=CH-CH_2 \longleftrightarrow \cdots\cdots$$

每一个极限结构表示一种电子离域的情况,能够写出的合理极限结构越多,说明共轭体系中电子离域程度越大,体系越稳定。共振杂化体能量比任何一个极限结构的能量都低,能量最低的极限结构与共振杂化体(真实结构)能量之差为共振能。共振能是共振杂化体的稳定化能量,与离域能或共轭能同值。

各极限结构之间以共振符号"$\longleftrightarrow$"相关联,以区别于"$\rightleftharpoons$"。到目前为止,还没有解决由一个结构式来表达共振杂化体结构的问题,还不能确切描述共振杂化体真实结构形态,这也是共振论不完善处之一。

书写共振极限结构式时应遵循如下规则:

(1)极限结构式应符合价键结构理论和 Lewis 结构原则。如碳原子不得多于 4 价,第 2 周期原子价电子数不能超过 8 个。例如:

$$H_3C-\overset{+}{N}\overset{\overset{\cdot\cdot}{O}:^-}{\underset{\underset{\cdot\cdot}{O}:}{\Big\|}} \longleftrightarrow H_3C-\overset{+}{N}\overset{\overset{\cdot\cdot}{O}:}{\underset{\underset{\cdot\cdot}{O}:^-}{\Big\|}} \overset{\times}{\longleftrightarrow} H_3C-N\overset{\overset{\cdot\cdot}{O}:}{\underset{\underset{\cdot\cdot}{O}}{\Big\|}} \qquad H_3C-C\overset{\overset{\cdot\cdot}{O}:}{\underset{\underset{\cdot\cdot}{O}:^-}{\Big\|}} \longleftrightarrow H_3C-C\overset{\overset{\cdot\cdot}{O}:^-}{\underset{\underset{\cdot\cdot}{O}}{\Big\|}} \overset{\times}{\longleftrightarrow} H_3C-\overset{-}{C}\overset{\overset{\cdot\cdot}{O}}{\underset{\underset{\cdot\cdot}{O}}{\Big\|}}$$

(2)分子、离子、自由基各共振极限结构式中,原子的连接次序不能变,原子核的相对距离可以有较小变化;各极限结构之间的不同只是 π 电子或 p 电子存在位置不同。例如:

$$H_3C-CH=CH-\overset{\cdot\cdot}{\underset{\cdot\cdot}{O}}-H \longleftrightarrow H_3C-\overset{-}{C}H-CH=\overset{+}{\underset{\cdot\cdot}{O}}-H$$

$$（\text{I}） \qquad\qquad\qquad （\text{II}）$$

$$\updownarrow \qquad\qquad\qquad\qquad \times$$

$$H_3C-\overset{-}{C}H-CH-\overset{+}{\underset{\cdot\cdot}{O}}-H \overset{\times}{\longleftrightarrow} H_3C-\overset{\overset{\textstyle H}{|}}{CH}-CH=\overset{\cdot\cdot}{\underset{\cdot\cdot}{O}}$$

$$（\text{IV}） \qquad\qquad\qquad\qquad （\text{III}）$$

(Ⅰ)、(Ⅱ)、(Ⅳ)之间为极限结构共振关系,而(Ⅱ)与(Ⅲ),(Ⅲ)与(Ⅳ)不是极限结构之间共振。（Ⅰ）与（Ⅲ）是互变异构，是不同化合物之间动态互变平衡：

$$H_3C-CH=CH-\ddot{\underset{\cdot\cdot}{O}}-H \rightleftharpoons H_3C-CH_2-CH=\ddot{\underset{\cdot\cdot}{O}}$$
$$\overset{\mid}{H}$$

（烯醇）　　　　　　　　（醛）

（3）共振杂化体中，各共振极限结构式所具有的成对以及未成对电子数必须相同。例如：

$$H_3C-CH=CH_2 \longleftrightarrow H_3C-\overset{+}{C}H-\overset{-}{C}H_2 \longleftrightarrow H_3C-\overset{-}{C}H-\overset{+}{C}H_2 \overset{\times}{\longleftrightarrow} H_3C-\overset{\cdot}{C}H-\overset{\cdot}{C}H_2$$
$$CH_2=CH-\overset{\cdot}{C}H_2 \longleftrightarrow \overset{\cdot}{C}H_2-CH=CH_2 \overset{\times}{\longleftrightarrow} \overset{\cdot}{C}H_2-CH-\overset{\cdot}{C}H_2$$

各共振极限结构对共振杂化体的贡献不同，稳定性好共振极限结构对共振杂化体的贡献比较大。影响共振极限结构稳定性的因素如下：

（1）没有电荷分离，共价键数目多者，稳定性好。

$$CH_2=CH-CH=CH_2 \longleftrightarrow \overset{-}{C}H_2-\overset{+}{C}H-HC=CH \longleftrightarrow \overset{-}{C}H_2-CH=CH-\overset{+}{C}H_2$$
（稳定）　　　　　　　　　（不稳定）　　　　　　　　（不稳定）

$$H_3C-C\overset{\ddot{O}:}{\Vert}-\ddot{\underset{\cdot\cdot}{O}}-H \longleftrightarrow H_3C-C\overset{\ddot{O}^-}{\Vert}-\overset{+}{\underset{\cdot\cdot}{O}}-H \longleftrightarrow H_3C-\overset{+}{C}\overset{\ddot{O}^-}{\cdots}-\ddot{\underset{\cdot\cdot}{O}}-H \longleftrightarrow H_3C-\overset{-}{C}\overset{\overset{+}{\ddot{O}}}{\cdots}-\ddot{\underset{\cdot\cdot}{O}}-H$$
（稳定）　　　　　（不稳定）　　　　　（很不稳定）　　　　　（最不稳定）

（2）等价极限结构稳定性相同。

$$CH_2=CH-\overset{+}{C}H_2 \longleftrightarrow \overset{+}{C}H_2-CH=CH_2$$
（A）　　　　　　　　　（B）

$$CH_3-CH=CH-\overset{+}{C}H_2 \longleftrightarrow CH_3-\overset{+}{C}H-CH=CH_2$$
（E）　　　　　　　　　（F）

（A）与（B）稳定性相同，对共振杂化体贡献相同；（E）与（F）稳定性不同，贡献也不同。

（3）满足八隅体的极限结构比较稳定。

$$CH_3-\overset{+}{C}H-\ddot{\underset{\cdot\cdot}{C}l}: \longleftrightarrow CH_3-CH=\overset{+}{\underset{\cdot\cdot}{C}l}:$$

（较不稳定）　　　　　　　（较稳定）

$$C_2H_5-\overset{+}{\ddot{\underset{\cdot\cdot}{O}}}-CH-CH_3 \longleftrightarrow C_2H_5-\overset{+}{\ddot{\underset{\cdot\cdot}{O}}}=CH-CH_3$$

（较不稳定）　　　　　　　（较稳定）

（4）负电荷在电负性较大原子上的极限结构较稳定，反之亦然。

$$CH_2=CH-\overset{\ddot{\underset{\cdot\cdot}{O}}}{C}\longleftrightarrow CH_2=CH-\overset{+}{C}-\overset{-}{\ddot{\underset{\cdot\cdot}{O}}}: \longleftrightarrow H_2C=CH-\overset{-}{\ddot{C}}-\overset{+}{\ddot{O}}:$$
$$\overset{\mid}{H}\overset{\mid}{H}\overset{\mid}{H}$$
（稳定）　　　　　　　（较不稳定）　　　　　　（很不稳定）

$$CH_3-\overset{:\overset{-}{\ddot{O}}:}{C}=CH_2 \longleftrightarrow CH_3-\overset{:O:}{C}-\overset{-}{\ddot{C}}H_2 \longleftrightarrow CH_3-\overset{\overset{+}{\ddot{O}}:}{C}-\overset{-}{\ddot{\underset{\cdot\cdot}{C}}}H_2 \longleftrightarrow CH_3-\overset{:\overset{-}{\ddot{O}}:}{C}-\overset{+}{C}H_2$$
（较稳定）　　　　　　（较不稳定）　　　　　（很不稳定）　　　　　（最不稳定）

　　稳定性最好的极限结构最接近共振杂化体真实结构,也最大程度地反映着共振杂化体所表示分子(离子、自由基)的物理化学特性,常见 1,3-丁二烯结构式以及苯的结构式就是稳定性最好的极限结构。

　　苯共振杂化体可描写如下,其中(Ⅰ)和(Ⅱ)是最稳定的共振极限结构。

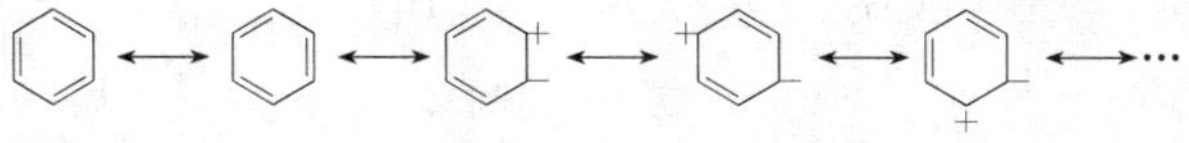

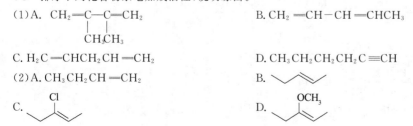

习　题

4-1 命名下列化合物:

(1) 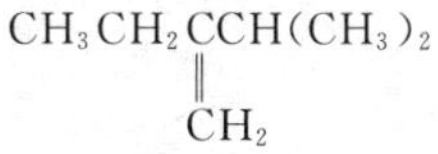 $CH_3CH_2CCH(CH_3)_2$
　　　　$\overset{\displaystyle \|}{CH_2}$

(2) $(CH_3)_2CHC{\equiv}CCH(CH_3)_2$

(3)

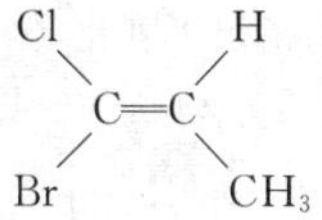

(4)

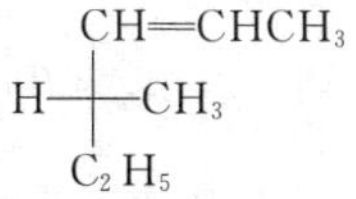

(5)

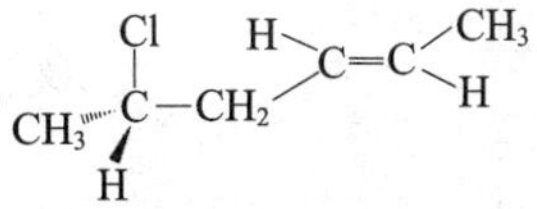

(6)

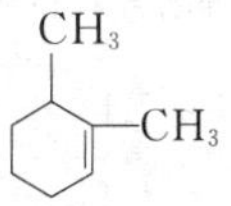

(7)

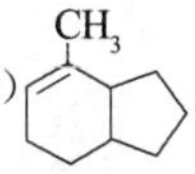

(8)

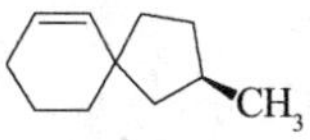

(9)

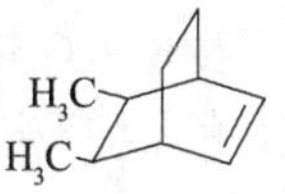

4-2 排序下列碳正离子稳定性,说明缘由。

(1) A. $CH_2{=}CHCH_2CH_2\overset{+}{C}H_2$

C. $CH_2{=}CH\overset{+}{C}HCH_2CH_3$

B. $CH_2{=}CHCH_2\overset{+}{C}HCH_3$

D. $CH_2{=}\overset{+}{C}CH_2CH_2CH_3$

(2) A. $CH_3CH_2\overset{+}{C}HCH_3$

C. $CH_3CH_2\overset{+}{C}HCCl_3$

B. $CH_3CCl_2\overset{+}{C}HCHCl_3$

D. $CH_3\overset{+}{C}(CH_3)_2$

(3) A. $CH_3CH_2\overset{+}{C}H_2$

C. $CH_3CHCl\overset{+}{C}H_2$

B. $CH_3O\overset{+}{C}H_2$

D. $CH_2ClCH_2\overset{+}{C}H_2$

(4) A.

B.

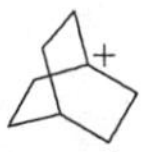

C.

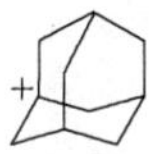

D. $(CH_3)_3\overset{+}{C}$

4-3 排序下列化合物亲电加成活性,说明缘由。

(1) A. $CH_2{=}\underset{\displaystyle CH_3}{\overset{\displaystyle |}{C}}{-}\underset{\displaystyle CH_3}{\overset{\displaystyle |}{C}}{=}CH_2$

C. $H_2C{=}CHCH_2CH{=}CH_2$

B. $CH_2{=}CH{-}CH{=}CHCH_3$

D. $CH_3CH_2CH_2CH_2C{\equiv}CH$

(2) A. $CH_3CH_2CH{=}CH_2$

B.

C.

D.

4-4 比较化合物氢化热大小。

(1) $CH_2=CH-CH_2-CH=CH_2$ （2）$CH_2=CH-CH=CH-CH_3$

(3) $CH_3CH=CHCH_2CH_3$ （4）$CH_2=CHCH_2CH_2CH_3$

4-5 排序下列化合物发生 D－A 反应的活性。

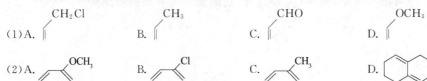

4-6 用简捷化学方法区别下列各化合物。

(1) ⬠ （2）$(CH_3)_2CHCH=CH_2$ （3）1-戊炔 （4）$CH_3HC=CH-CH=CH_2$

4-7 分别指出下列化合物中的共轭作用。

(1) ⬡—NH—C(=O)—CH₃ （2）⬡—CH₃ （3）⬡—Cl （4）⬡—NO₂

＊4-8 写出下列化合物的共振极限式结构。

(1) ⬡—CH=CH₂ （2）环己酮O⁻ （3）O⁻—CH=CH—CH₃ （4）CH=CH—CH₂⁺

4-9 查阅相关资料，比较顺-2-丁烯和反-2-丁烯的沸点、熔点、偶极矩及氢化热大小，并写出顺-2-丁烯在低温碱性条件下与 $KMnO_4$ 反应的产物结构。

4-10 写出 1 苯基-1-丙烯参与反应的主导产物结构。

$$( ) \xleftarrow[H_2SO_4]{H_2O}$$
$$( ) \xleftarrow[H_2O_2/OH^-]{B_2H_6}$$
$$( ) \xleftarrow[]{Br_2/H_2O}$$
⬡—CH=CH—CH₃
$$\xrightarrow{HBr} ( )$$
$$\xrightarrow[ROOR]{HBr} ( )$$
$$\xrightarrow[CH_3OH]{HBr} ( )$$

4-11 写出下列反应主导产物结构。

(1) ⬡—C≡C—CH₃ ＋H_2O $\xrightarrow[HgSO_4]{H_2SO_4}$ ( )

(2) ⬠ ＋HC≡CH $\xrightarrow{\triangle}$ ( ) $\xrightarrow[H_3O^+]{KMnO_4}$ ( )

(3) ( ) $\xleftarrow[H_2O_2/OH^-]{B_2H_6}$ 优势构象 ⬡—CH₃ $\xrightarrow[H_2O_2 Zn]{O_3}$ ( )

(4) ( ) $\xleftarrow[CCl_4]{Br_2}$ ＝＝—C≡C—CH₃ $\xrightarrow[LindlAR]{H_2}$ ( )

(5) ( ) $\xleftarrow[H_2O]{Br_2}$ 优势构象 ⬡—CH₃ $\xrightarrow{RCO_3H}$ ( ) $\xrightarrow{H_3O^+}$ ( ) 优势构象

(6) ⬡—C≡C—CH₃ ＋B_2H_6 $\xrightarrow[OH^-]{H_2O_2}$ ( )

(7) ⬡—CH₃ $\xrightarrow[OH^-]{KMnO_4}$ ( )优势构象

(8) $CH_3C≡CH$ $\xrightarrow{NaNH_2}$ $\xrightarrow{C_2H_5Br}$ ( ) $\xrightarrow{Na-NH_3(l)}$ ( )

(9) C_2H_5CH ＝CH_2 $\xrightarrow[\triangle]{NBS}$ (　　) ＋ (　　)

(10) ＋ $\xrightarrow{\triangle}$ (　　)

(11) $(CH_3)_3C$ ＝CH_2 $\xrightarrow{ICl}$ (　　)

(12) CF_3CH ＝$CHCH_3$ $\xrightarrow{HCl}$ (　　)

(13) (　　)　$\xrightarrow{Br_2}$ $\xrightarrow[OH^-]{KMnO_4}$ (　　)
Fisher投影式　　　　　　　　　　　　　Fisher投影式

(14) $\xrightarrow{ICl}$ (　　)

4-12 按要求合成。

(1) 由乙炔出发制备下列化合物,其余无机试剂任选。

A. $CH_3CH_2CH_2CH_2OH$

B.

C.

D.

(2) 由丙烯及不超过三个碳的有机物为原料制备,其余无机试剂任选。

A.

B. $ClCH_2CHBrCH_2Br$

C.

D.

4-13 结构推导。

(1) 化合物 $A(C_7H_{14})$ 经 $KMnO_4/H^+$ 氧化或 O_3 氧化随后用 Zn 还原后都生成 B 和 C,写出 A 的构造式。

(2) 化合物 $A(C_6H_{10})$ 能加成两分子溴,但不与氯化亚铜氨溶液反应;在 $HgSO_4-H_2SO_4$ 存在下加一分子水可生成 4-甲基-2-戊酮和 2-甲基-3-戊酮,请写出 A 的构造式。

(3) 某化合物 $A(C_6H_8)$ 可加 2 mol H_2 得 C_6H_{12},A 可使溴褪色,但不能与顺丁烯二酸酐发生双烯合成反应。当用 2 mol O_3 与 A 作用后,再用锌粉还原水解得到 2 mol 化合物 $B(C_3H_4O_2)$。试写出化合物 A、B 构造式。

(4) 分子式为 C_7H_{10} 的某开链烃 A,可发生下列反应:A 经催化加氢可生成 3-乙基戊烷;A 与 $AgNO_3/NH_3$ 溶液反应可产生白色沉淀;A 在 $Pd/BaSO_4$ 作用下吸收 1 mol H_2 生成化合物 B;B 可以与顺丁烯二酸酐反应生成化合物 C。试推测 A、B 和 C 构造。

(5) 某化合物 A 分子式为 C_5H_8,在液 NH_3 中与 $NaNH_2$ 作用后,再与 1-溴丙烷作用,生成化合物 $B(C_8H_{14})$;用 $KMnO_4$ 氧化 B 得到分子式为 $C_4H_8O_2$ 的两种不同酸 C 和 D。A 与 $HgSO_4-H_2SO_4$ 作用可得到酮 $E(C_5H_{10}O)$。试写出 A～E 构造式,并用反应式表示上述转变。

(6) 旋光性化合物 $A(C_8H_{12})$ 经 Pt 催化氢化得无旋光活性 $B(C_8H_{18})$,A 用 Lindlar 催化剂氢化得旋光性 $C(C_8H_{14})$。A 和 Na 在液氮中反应得无旋光活性 $D(C_8H_{14})$,试推测 A～D 结构式。

4-14 写出下列反应机理。

(1) $CH_3CH = CH_2 + Cl_2 \xrightarrow{500\ ℃} ClCH_2CH = CH_2$

(2) $(CH_3)_2CHCH = CH_2 + HBr \longrightarrow (CH_3)_2CCH_2CH_3 + (CH_3)_2CH - CH - CH_3$
    $\qquad\qquad\qquad\qquad\qquad\qquad\qquad\quad |\qquad\qquad\qquad\qquad\qquad |$
    $\qquad\qquad\qquad\qquad\qquad\qquad\qquad\quad Br\qquad\qquad\qquad\qquad\quad Br$

(3) 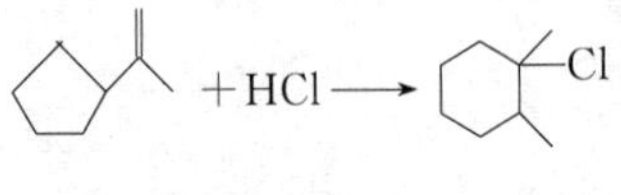 $+ HCl \longrightarrow$

(4) 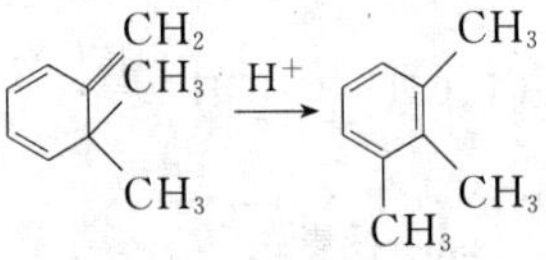 $\xrightarrow{H^+}$

(5) 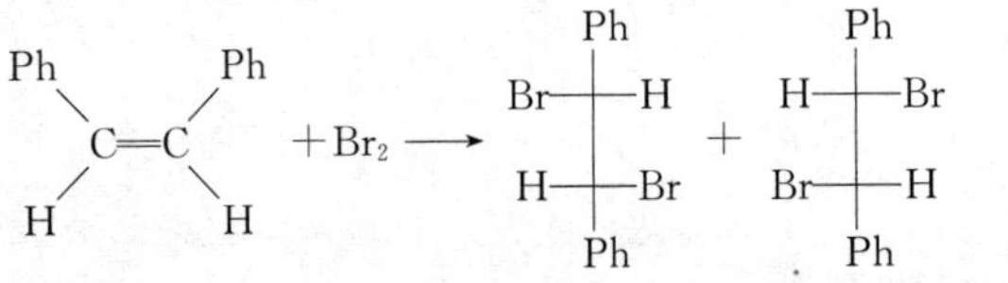 $+ Br_2 \longrightarrow$ $+$

(6) 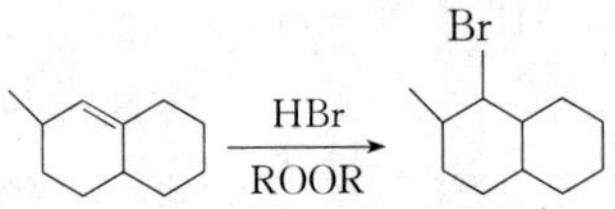 $\xrightarrow[ROOR]{HBr}$

第5章

芳 烃

芳烃是芳香族碳氢化合物的简称,又叫芳香烃。通常所说的芳烃,是指分子中含有苯环的碳氢化合物。一般情况下,把苯及其衍生物称为芳香族化合物(Aromatic compounds)。

5.1 芳烃分类和命名

5.1.1 芳烃分类

芳烃从结构特征上可分为两大类:分子中有苯环结构的含苯芳烃和分子中不含苯环的非苯芳烃。如无特别说明,一般所指芳烃均为含苯芳烃,常见有单环芳烃、多环芳烃和稠合芳烃。

单环芳烃是分子中只含有一个苯环的芳烃。例如:

苯 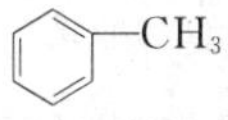　　　甲苯 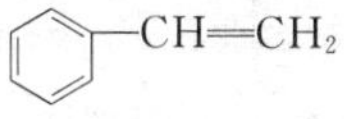　　　　苯乙烯 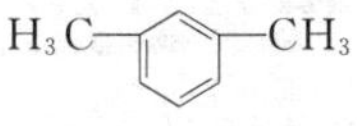　　　　间二甲苯 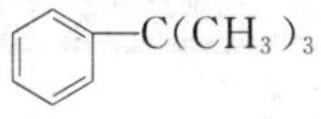　　　　叔丁苯

多环芳烃是分子中含有两个或多于两个独立苯环的芳烃。例如:

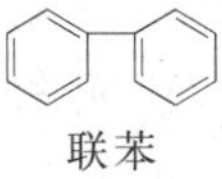

联苯 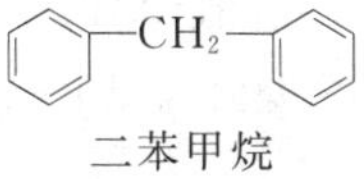　　　二苯甲烷 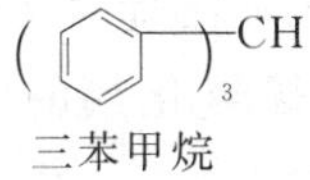　　　三苯甲烷 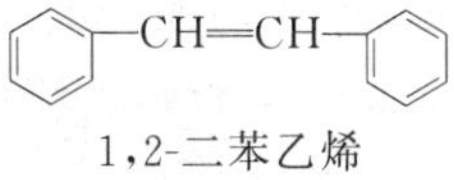　　　　1,2-二苯乙烯

由两个或多个苯环彼此通过共用两个相邻碳原子构成的芳烃为稠环芳烃。例如:

萘　　　β-甲基萘　　　蒽　　　菲

5.1.2 芳烃命名

含苯环芳烃的构造异构现象主要是由苯环上取代基种类、数目及其相对位置、取代基本身异构所引起的。单环芳烃命名时以苯环为母体,烷基为取代基,称为某烷基苯,基字通常可省略。若苯环上有多个取代烷基时,烷基位次应标明。例如:

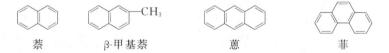

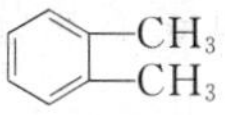

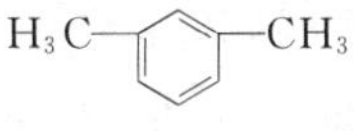

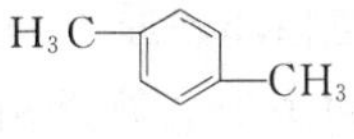

1,2-二甲基苯　　　　1,3-二甲基苯　　　　1,4-二甲基苯
（邻二甲苯）　　　　（间二甲苯）　　　　（对二甲苯）

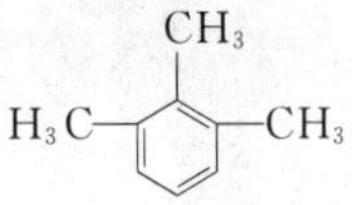

1,2,3-三甲苯　　　　1,2,4-三甲苯　　　　1,3,5-三甲苯
（连三甲苯）　　　　（偏三甲苯）　　　　（均三甲苯）

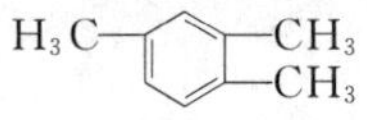

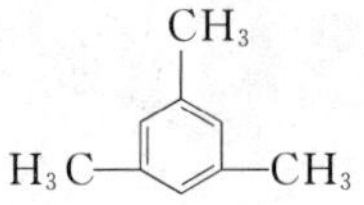

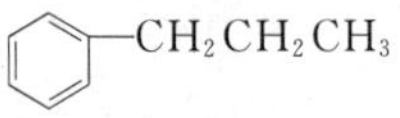

丙（基）苯 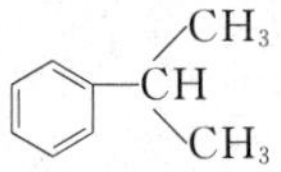　　　　　异丙（基）苯 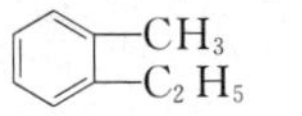　　　　1-甲基-2-乙基苯

当苯环上连接烃基较复杂时，或不止一个苯环连在烃链上时，命名时可以把苯环作为取代基。例如：

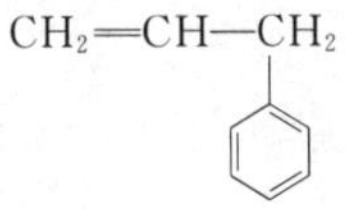

3-苯基丙烯（烯丙基苯） 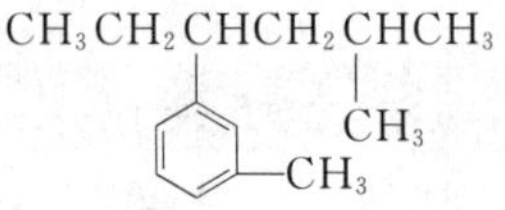　　　　　2-甲基-4-间甲苯基己烷

5.2　苯的结构和芳香性

苯（Benzene）是最简单芳烃，分子式为 C_6H_6，不饱和度为 4，但与烯烃和炔烃相比，不易发生加成和氧化反应，较易发生取代反应。苯在一定条件下可以加成 3 分子氢生成环己烷，其氢化热约为 208.5 kJ·mol^{-1}，这比环己烯氢化热的三倍值（119.5×3＝358.5 kJ·mol^{-1}）少 150 kJ·mol^{-1}，比 1,3-环己二烯氢化热的两倍还少23.3 kJ·mol^{-1}，说明苯分子非常稳定。

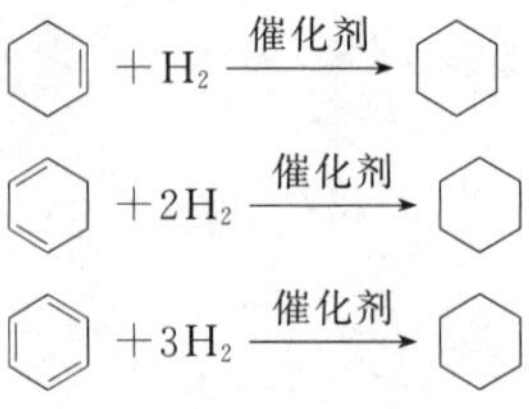

$$+H_2 \xrightarrow{催化剂} \quad \Delta H = -119.5 \text{ kJ·mol}^{-1}$$

$$+2H_2 \xrightarrow{催化剂} \quad \Delta H = -231.8 \text{ kJ·mol}^{-1}$$

$$+3H_2 \xrightarrow{催化剂} \quad \Delta H = -208.5 \text{ kJ·mol}^{-1}$$

近代物理方法研究表明：苯分子中所有原子都共平面，其中 6 个碳原子构成一个正六边形，碳碳键长是 0.140 nm；每个碳原子与一个氢原子结合，碳氢键长是 0.110 nm；苯分子中所有的 σ 键角都是 120°，每个 sp^2 杂化碳原子以一个 sp^2 轨道与 H 形成 C—H σ 键，以另两个 sp^2 轨道与相邻碳原子 sp^2 轨道分别形成 C_{sp^2}—C_{sp^2} σ 键，由此构成了苯分子的平面骨架环。每个碳原子上 p 轨道相互平行侧面交盖，形成了一个大 π_6^6 键（闭合 π-π 共轭体系）。对

于苯环上每两个碳原子之间而言,都可认为存在一对 π 电子;每个碳原子都达到了八隅体结构。但采用经典的结构式书写时存在局限性,形式上有单、双键之别,如下面(Ⅰ)和(Ⅱ)式。

|（Ⅰ）|（Ⅱ）|（Ⅲ）|

按 π-π 共轭体系离域观点,(Ⅲ)式是(Ⅰ)式或(Ⅱ)式 π 电子完全离域的表达式;按共振论的观点,(Ⅲ)式可看作是(Ⅰ)式和(Ⅱ)式共振叠加的结果。(Ⅰ)或(Ⅱ)两种表达式是基于德国化学家凯库勒(Kekülé)于 1856 年提出,并沿用至今的经典价键结构式。(Ⅲ)式能更好地反映苯环中成键情况,并且可较完美地说明邻二取代苯只有一种的结构特征。苯分子中存在这种闭合 π-π 共轭体系,使苯分子具有相当好的热力学稳定性(离域能 150 kJ·mol^{-1})及不易氧化和不易加成的化学特征。这种分子特性也被称为芳香性。

分子轨道理论描述苯环中 π 键形成则是:苯环的 6 个碳原子 6 个 p 轨道经线性组合后形成 6 个 π 分子轨道,记为 ψ_1、ψ_2、ψ_3、ψ_4、ψ_5、ψ_6;它们都有一个共同对称面——碳原子所在平面。各 π 分子轨道能量大小为:

$$\psi_1 < \psi_2 = \psi_3 < \psi_4 = \psi_5 < \psi_6$$

基态苯分子 6 个 p 电子两两成对分别填充在 ψ_1、ψ_2 和 ψ_3 成键轨道中,ψ_4、ψ_5 和 ψ_6 是空的反键轨道。ψ_2 和 ψ_3 是能量相同的简并轨道,属于 HOMO;ψ_4 和 ψ_5 是能量相同的简并轨道,属于 LUMO。填充 π 电子的 ψ_1、ψ_2 和 ψ_3 相互叠合、均匀对称地分布在苯环平面上下两部分。(图 5-1、图 5-2)

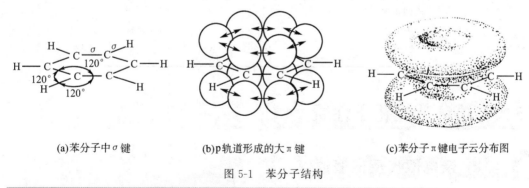

(a)苯分子中 σ 键　　　　(b)p 轨道形成的大 π 键　　　　(c)苯分子 π 键电子云分布图

图 5-1　苯分子结构

5.3　单环芳烃物理性质

苯及其同系物一般是液体,相对密度小于 1,不溶于水,溶于有机溶剂。如环丁砜、N,N-二甲基甲酰胺、N-甲基吡咯烷-2-酮等溶剂对芳烃有高选择性溶解作用,可用来萃取芳烃。

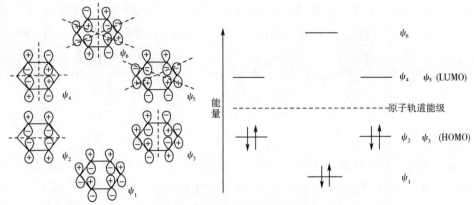

图 5-2　苯 π 分子轨道和能级图

在苯二取代苯异构体中,对位异构体对称性最好,熔点较高;邻位异构体往往较高沸点较高。由于苯环具有闭合 π-π 共轭体系及较高 π 电子云密度,故芳烃折光率较烯烃、炔烃都大。常见单环芳烃物理常数见表 5-1。

表 5-1　　　　　常见单环芳烃的物理常数

名称	熔点/℃	沸点/℃	相对密度 d_4^{20}	折光率 n_D^{20}
苯	5.5	80.1	0.878 7	1.501 1
甲苯	−95	110.6	0.866 9	1.496 1
乙苯	−95	136.1	0.867 0	1.495 9
丙苯	−99	159.3	0.862 0	1.492 0
异丙苯	−96	152.4	0.861 8	1.491 5
邻二甲苯	−25	144	0.880 2	1.505 5
间二甲苯	−48	139	0.864 2	1.497 2
对二甲苯	13	138	0.861 1	1.495 8
连三甲苯	−25.5	176.1	0.894 0	
偏三甲苯	−44	169.2	0.876 0	
均三甲苯	−45	164.6	0.865 2	1.499 4
均四甲苯 (1,2,4,5-四甲基苯)	79	197	0.887 5	1.511 6
苯乙烯	−31	145	0.906 0	
苯乙炔	−45	142	0.903 0	

5.4　单环芳烃化学性质

5.4.1　亲电取代反应概述

苯环虽为高度不饱和结构,却不容易发生氧化、还原和加成等反应;而在一定条件下易发生环上氢原子被取代的反应。由于苯环碳原子所在平面上下两侧集中分布着 π 电子(与烯烃中双键相似),有利于亲电试剂与苯环 π 电子作用,发生亲电的离子型反应。常见可与苯发生反应的亲电试剂(E^+)有硝基正离子,磺酰基正离子,顽疾碳正离子,酰基碳正离子和卤正离子(Br_2 或 Cl_2)等。

通过实验研究,对苯与亲电试剂 E^+ 发生亲电取代反应已有明确认识:反应分步进行,反应机理一般如下所示：

第(1)步，E^+ 与苯环 π 电子相互作用，经由 π-络合物及过渡态(Ⅰ)生成一个碳正离子中间体，称为 σ-络合物；此处 E^+ 加成到苯环"双键"的碳上生成了 C_{sp^3}-E σ 键，苯环原有的稳定体系被破坏，是内能升高的变化。所以，此步反应速率很慢，是整个反应的速率控制步骤。

反应物　亲电试剂　π-络合物　　　过渡态(Ⅰ)　　　σ-络合物(中间体)

第(2)步，σ-络合物离去 H^+ 恢复苯环稳定结构，是内能下降的快速反应步骤。结果是 E^+ 取代了 H^+。

σ-络合物(中间体)　过渡态(Ⅱ)　　产物　被取代的质子

在反应过程中，若过渡态(Ⅰ)内能大于(Ⅱ)时，σ-络合物一经形成便可迅速脱 H^+ 生成取代苯产物；如果过渡态(Ⅰ)和(Ⅱ)能量相当，则反应可逆；如果过渡态(Ⅰ)内能小于(Ⅱ)，则反应逆向进行(图 5-3)。

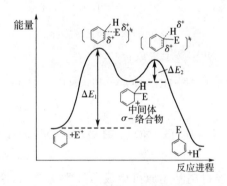

图 5-3　苯亲电取代反应的能量变化

σ-络合物是内能较高的活性中间体，它之所以能够形成，得益于它处于一个 p-π 共轭体系，正电荷分散使其有相对稳定性。从共振论角度来看，可认为 σ-络合物是下面 3 个碳正离子极限结构的共振杂化体：

σ-络合物

$$\underset{\overset{+}{\underset{H}{E}}}{\bigcirc} \longrightarrow \bigcirc\!\!-E + H^+$$

取代苯

根据苯亲电取代反应机理,可以预测 E^+ 越是缺电子,芳烃环上 π 电子密度越高,对反应越有利,即反应活性高,反应速率快。亲电取代是芳烃最重要的化学性质,除此外在特定条件下芳烃还可进行氧化、加成等反应。

5.4.2 亲电取代反应类型

1. 硝化反应

苯与硝酸反应生成硝基苯,此为硝化反应,但反应速率较慢,副反应产物较多。以混酸(浓硝酸与浓硫酸 3∶1 体积比混合)与苯作用时,硝化反应迅速,产物收率较高。例如:

$$\bigcirc + HO\!-\!NO_2 \xrightarrow[50\sim60\ ℃]{\text{浓}\ H_2SO_4} \bigcirc\!\!-NO_2 + H_2O$$

生成硝基苯在较高的反应温度下与混酸作用,可进一步在环上进行硝化反应;产物以间二硝基苯为主。例如:

$$O_2N\!\!-\!\!\bigcirc + HO\!-\!NO_2 \xrightarrow[100\sim110\ ℃]{\text{浓}\ H_2SO_4} O_2N\!\!-\!\!\bigcirc\!\!-NO_2 + O_2N\!\!-\!\!\bigcirc\!\!-NO_2 + \bigcirc\!\!\overset{NO_2}{\underset{NO_2}{}}$$

$$(93\%) \qquad\qquad (1\%) \qquad\qquad (6\%)$$

甲苯与混酸作用,硝化反应比苯更容易进行,产物以邻位和对位硝基甲苯为主:

$$H_3C\!\!-\!\!\bigcirc + HONO_2 \xrightarrow[25\sim30\ ℃]{\text{浓}\ H_2SO_4} H_3C\!\!-\!\!\bigcirc\!\!-NO_2 + \underset{O_2N}{H_3C\!\!-\!\!\bigcirc} + H_3C\!\!-\!\!\bigcirc\!\!-NO_2$$

$$(34\%\sim39\%) \qquad (63\%\sim59\%) \qquad (3\%\sim4\%)$$

混酸试剂中,亲电试剂 $^+NO_2$ 易于生成:

$$HOSO_2O\!-\!H + HO\!-\!NO_2 \rightleftharpoons HOSO_3^- + \underset{\overset{|}{H}}{HO\!\!-\overset{+}{N}O_2}$$

$$H\!\!-\!\!\overset{+}{\underset{\overset{|}{H}}{O}}\!\!-\!NO_2 \rightleftharpoons H_2O + {}^+NO_2 \quad (H_2O + H_2SO_4 \rightleftharpoons H_3^+O + HSO_4^-)$$

硝化反应不可逆,产物经过硝基还原可生成芳胺类化合物,这是芳胺的主要制备方法。多硝基化合物一般都不稳定,均三硝基苯和 2,4,6-三硝基甲苯都是烈性炸药。

2. 磺化反应

苯与浓硫酸或发烟硫酸作用生成苯磺酸的反应称为磺化反应。苯磺酸可在较高温度下进一步磺化,主要生成间苯二磺酸。例如:

$$\bigcirc \xrightarrow[\text{或}20\%H_2SO_4\cdot SO_3,45\ ℃]{\text{浓}\ H_2SO_4,60\ ℃} \bigcirc\!\!-SO_3H \xrightarrow[90\ ℃]{66\%\ H_2SO_4\cdot SO_3} HO_3S\!\!-\!\!\bigcirc\!\!-SO_3H$$

甲苯在浓硫酸中温热,可顺利地生成甲基苯磺酸,但反应温度对产物异构体分布有明显影响:

磺化反应温度	邻甲基苯磺酸	间甲基苯磺酸	对甲基苯磺酸
0 ℃	43%	4%	53%
100 ℃	13%	8%	79%

由此可见,无论温度高低,间位磺化产物最少;邻位磺化产物少于对位磺化产物,在较低温度下,邻位和对位磺化产物的量相差不大,而较高温度下却相差很大。这是因为磺化反应可逆,较大体积的磺酸基—SO₃H 在—CH₃ 邻位时,空间上拥挤,相互排斥。这使得反应在较高温度下达到平衡时,—SO₃H 趋于进入到没有空间阻碍,热力学稳定性更好的对位,进而生成了对位磺化主产物。

在浓硫酸中可产生亲电试剂 SO₃ 和 HO₃S⁺:

$$HOSO_2—O—H + H—OSO_3H \rightleftharpoons HOSO_2—\overset{+}{\underset{H}{O}}—H + HSO_4^-$$

$$HOSO_2—\overset{+}{\underset{H}{O}}—H \rightleftharpoons HOSO_2^+ + H_2O \rightleftharpoons SO_3 + H_3\overset{+}{O}$$

SO₃ 对苯环磺化历程可描述如下:

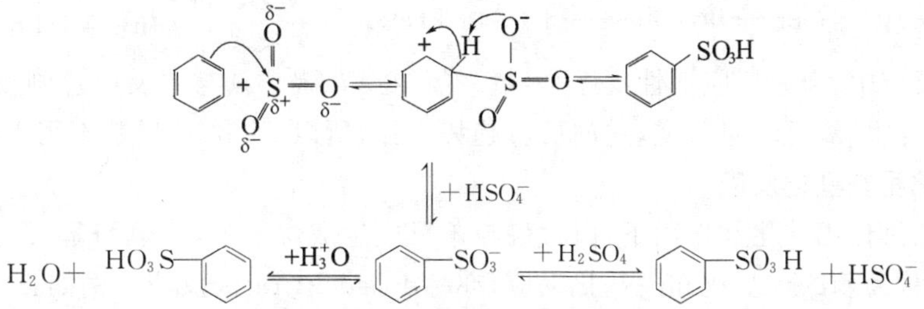

苯磺酸是强酸,溶于硫酸中,也溶于水;磺化反应使中性的芳烃转变为有机强酸,可用于酸催化剂及阴离子表面活性剂的制备。

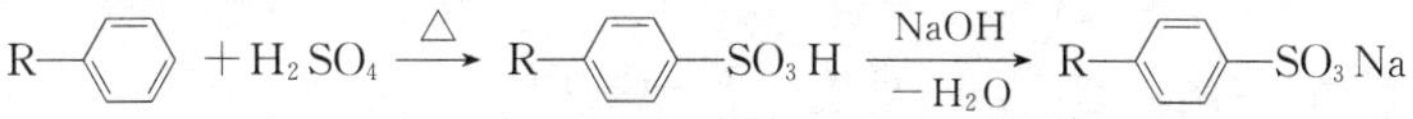

十二烷基苯　　　　　十二烷基苯磺酸　　　　　十二烷基苯磺酸钠

氯磺酸与苯反应,亦可顺利制得苯磺酸,再与过量氯磺酸作用则得到苯磺酰氯,此为氯磺化反应。

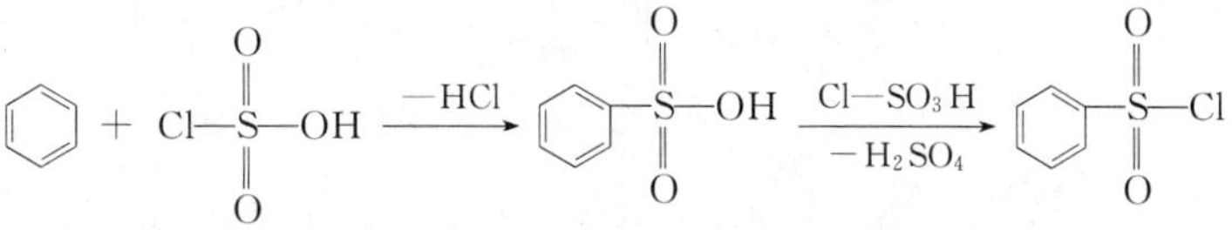

苯磺酰氯可用来制备苯磺酰胺、苯磺酸酯,在染料、农药、医药等方面有广泛的应用。

由于磺化反应可逆,苯磺酸在稀 H₂SO₄ 中加热,可使磺酸基水解下来,此为脱磺基反应。

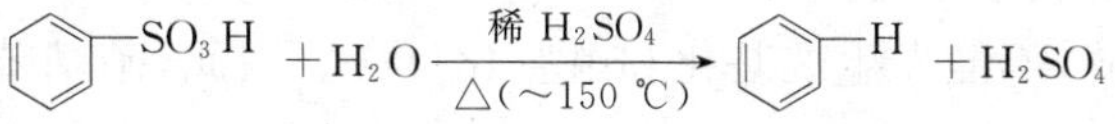

3. 卤化反应

在 FeX_3 催化剂作用下,卤素与苯反应生成卤代苯,称为卤化反应。

$$\text{苯} + Br_2 \xrightarrow{FeBr_3} \text{苯}-Br + HBr$$

一卤代苯可继续发生卤化反应,但反应活性不如苯;产物以邻位和对位二卤代苯为主。

$$\text{苯} \xrightarrow{Cl_2}{FeCl_3} \text{苯}-Cl \xrightarrow{Cl_2}{FeCl_3} \underset{(39\%)}{\text{邻}} + \underset{(6\%)}{\text{间}} + \underset{(55\%)}{\text{对}}$$

甲苯的卤化也生成三个产物,邻位和对位卤代产物为主,但反应活性比苯高。例如:

$$H_3C-\text{苯} + Br_2 \xrightarrow{FeCl_3}{CH_3CO_2H} \underset{(\sim 66\%)}{H_3C-\text{苯}-Br} + \underset{(\sim 33\%)}{\text{邻}} + \underset{(\sim 1\%)}{H_3C-\text{苯}-Br}$$

没有 FeX_3 存在时,苯不与 X_2(Cl_2、Br_2、I_2)发生卤化反应。FeX_3 的作用是使 X—X 发生极化,形成亲电中心,然后再与苯环反应。

$$Br-Br + FeBr_3 \rightarrow Br\overset{\delta^+}{\longrightarrow}\overset{\delta^-}{Br}FeBr_3$$

$$\text{苯} + \overset{\delta^+}{Br}\overset{\delta^-}{\longrightarrow}BrFeBr_3 \longrightarrow \overset{+}{\text{苯}}\overset{H}{Br} + FeBr_4^- \longrightarrow \text{苯}-Br + HBr + FeBr_3$$

在卤化反应中,卤素反应活性次序是:氟>氯>溴>碘。氟与苯反应急剧放热应不易控制;碘与苯反应很慢,且反应可逆,逆向反应趋势很强,所以 F_2 和 I_2 通常不用于卤化反应。

4. 烷基化和酰基化反应

在无水三氯化铝催化剂作用下,卤代烷与苯反应生成烷基苯,酰氯与苯反应生成酰基苯(芳酮),分别称为苯的烷基化和酰基化反应,亦称 Friedel-Crafts 反应。例如:

$$\text{苯} + CH_3CH_2Br \xrightarrow{AlCl_3}{85\ ℃} \text{苯}-CH_2CH_3 + HBr$$

$$\text{苯} + CH_3-\overset{O}{\overset{\|}{C}}-Cl \xrightarrow{AlCl_3}{80\ ℃} \text{苯}-\overset{O}{\overset{\|}{C}}-CH_3 + HCl$$

思政材料5

$FeCl_3$、$ZnCl_2$、BF_3 等也可用于此类反应催化剂,但效果不如 $AlCl_3$;烷基化试剂还可用烯烃或醇替代卤代烷,此时催化剂可用 HF 或 BF_3;酸酐、羧酸也可用于酰基化试剂。

$$\text{苯} + \text{环己烯} \xrightarrow{HF}{0\ ℃} \text{环己基苯} \xleftarrow{BF_3}{60\ ℃} \text{环己醇}-OH + \text{苯}$$

$$\text{苯} + \underset{CH_2-C}{\overset{CH_2-C}{\underset{\|}{\overset{\|}{O}}}} O \xrightarrow{AlCl_3} \xrightarrow{H_3^+O} \text{苯}-\overset{O}{\overset{\|}{C}}-CH_2CH_2-CO_2H$$

如果苯环上连有强吸电子基团时(如—NO_2、—CN、—CX_3 和 $\overset{+}{N}$(CH_3)$_3$ 等),苯环上电子云密度较大程度下降,不能发生烷基化和酰基化反应。因此,硝基苯可用于此类反应的溶剂。当环上连有—$\ddot{N}H_2$、—$\ddot{N}HR$、—$\ddot{N}R_2$ 时,因氮上电子对可与 $AlCl_3$ 作用,所以芳胺类化合物也不易发生烷基化和酰基化反应。

应当注意,在烷基化反应中试剂 RX 与 AlX₃ 作用先生成了碳正离子,此碳正离子可发生重排反应。故烷基化产物中的烷基链不一定保持原有构造。例如:

$$CH_3CH_2CH_2CH_2Cl + AlCl_3 \longrightarrow CH_3CH_2CH_2\overset{+}{C}H_2 + [AlCl_4]^-$$

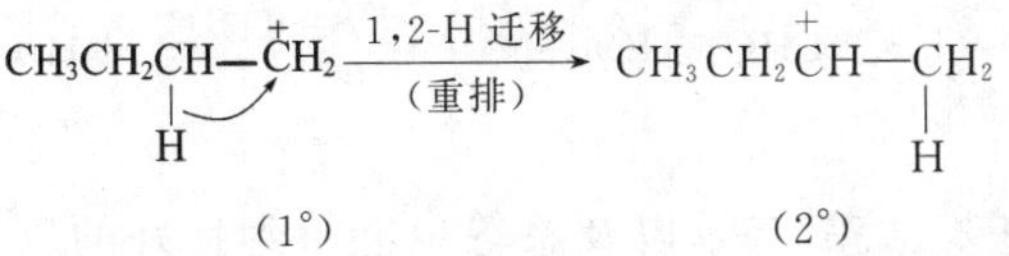

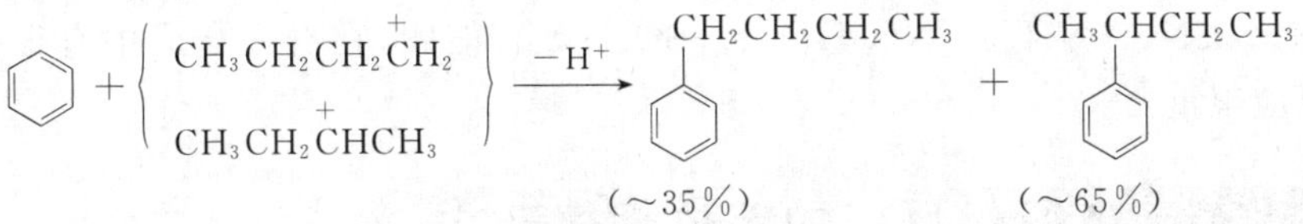

$$CH_3CH_2\overset{+}{C}H \overset{\frown}{-} CH_2 \xrightarrow[\text{(重排)}]{1,2\text{-H 迁移}} CH_3CH_2\overset{+}{C}H - CH_2$$
$$\qquad\qquad | \qquad\qquad\qquad\qquad\qquad\qquad\qquad |$$
$$\qquad\qquad H \qquad\qquad\qquad\qquad\qquad\qquad\qquad H$$
$$\qquad\qquad (1°) \qquad\qquad\qquad\qquad\qquad\qquad (2°)$$

思政材料6

若要得到正构烷基苯,可由酰基化反应生成芳酮,然后再将羰基还原成亚甲基。

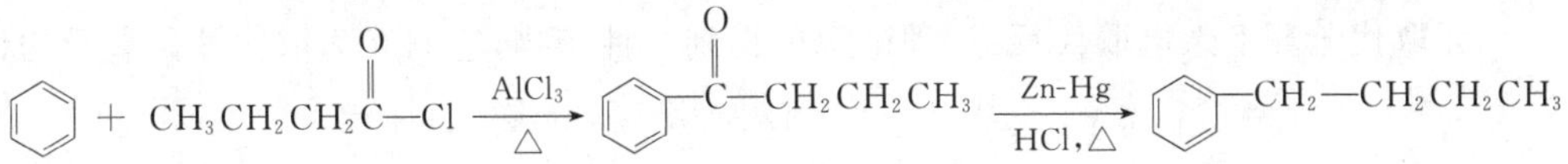

(酰基碳正离子不发生重排:R—C(=O)—Cl + AlCl₃ ⟶ R—C⁺(=O) AlCl₄⁻)

酰基化反应是制备芳酮的重要方法。但产物可与 AlCl₃ 络合,所以耗用 AlCl₃ 量比烷基化反应多。由于芳酮中羰基对苯环有 −I 和 −C 作用,环上电子密度的下降使其不易再度酰基化,故酰基化反应可控制在生成一酰基化物;但在较强的条件下也可发生同环二酰基化反应,例如 2-乙基蒽醌的合成:

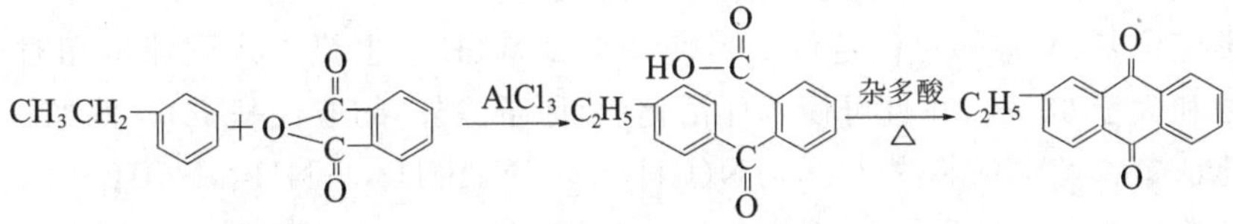

与酰基化反应不同,烷基化产物中,烷基对苯环有给电子作用(+C、+I),使苯环易进一步发生烷基化反应,带得到多烷基化产物:

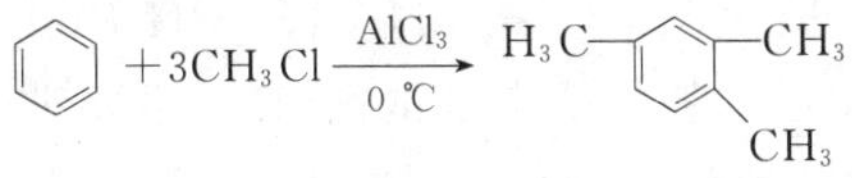

酰基化反应不可逆,但烷基化反应可逆,所以烷基化反应产物在 Lewis 酸作用下会发生歧化反应。例如:

$$2H_3C—\underset{}{\bigcirc} \xrightarrow{AlCl_3} H_3C—\underset{}{\bigcirc}—CH_3\,(o\text{-},m\text{-},p\text{-}) + \underset{}{\bigcirc}$$

反应得到苯和多烷基化苯,这其中二甲苯有邻间对之区分,不易分离。此外,当烷基化反应在热力学控制条件下达到平衡时,可得到稳定性最好的多烷基苯。例如:

思政材料7

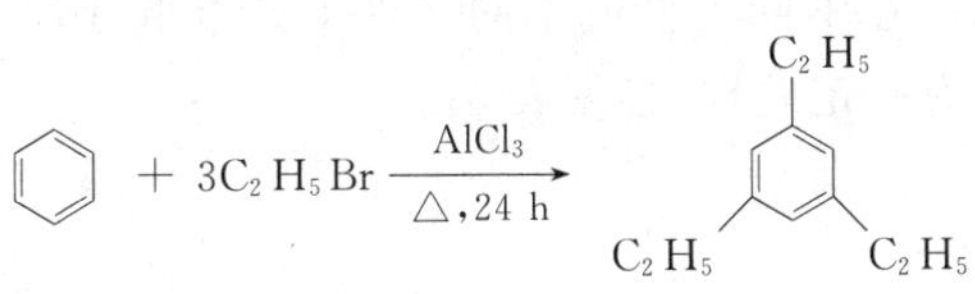

5. 氯甲基化反应

在无水氯化锌存在下,芳烃与甲醛及 HCl 作用,可在芳环上引入—CH_2Cl 基,称为氯甲基化反应。如:

$$\bigcirc + HCHO + HCl \xrightarrow[70\,℃]{ZnCl_2} \bigcirc-CH_2Cl + H_2O$$

(氯苄)

氯甲基化反应对烷基苯、烷氧基苯以及萘等也能得到良好的反应结果。由于产物中氯可被置换为—OH、—CN、—NH_2、—$N(CH_3)_2$、—SO_3H 等官能团,在有机合成中有很多应用,故氯甲基化反应很重要。

5.4.3 取代苯亲电取代反应的定位规律

1. 两类定位基

一元取代苯环上亲电取代反应,理论上可得到 3 种产物,它们互为取代基位置异构体:

$$Z-\bigcirc + E^+ \xrightarrow{-H^+} Z-\bigcirc_E + Z-\bigcirc-E + Z-\bigcirc-E$$

邻位取代   间位取代   对位取代

理论上,一元取代苯环上 5 个氢原子被取代几率是:邻位取代占 40%,间位取代占 40%,对位取代占 20%。但实际上取代基 Z 不同时,各异构体在产物组成中所占比例不同,即 Z 决定着基 E 的位置选择性。另外,不同 Z 使苯环上发生亲电取代反应的活性也不同,即 Z 又影响着取代苯亲电取代反应的活性。在大量实验研究基础上,总结出了定位规律,把一元 Z 取代苯按照对进入基 E 的定位效果分为两大类。

第一类定位基(又称邻对位定位基):使亲电试剂(E^+)主要进入到邻位和对位(邻对位取代产物之和大于 60%),并且可使苯环活化(卤原子除外)的取代基(Z)。例如:

强活化的第一类定位基:—O^-,—$N(CH_3)_2$,—$NHCH_3$,—NH_2,—OH

中等活化的第一类定位基:—OCH_3,—$NHCOCH_3$,—$OCOCH_3$

较弱活化的第一类定位基:—CH_3,—CH_2CH_3,—C_6H_5

较弱钝化的第一类定位基:—F,—Cl,—Br,—I,—CH_2Cl

第二类定位基(又称间位定位基):使亲电试剂(E^+)主要进入到间位(间位取代产物大于 40%),并且可使苯环钝化的取代基(Z)。例如:

强钝化的第二类定位基:—$\overset{+}{N}(CH_3)_3$,—NO_2,—CF_3

中等钝化的第二类定位基:—CN,—SO_3H,—CHO,—$COCH_3$,—CO_2H,—CCl_3

较弱钝化的第二类定位基:—$\overset{O}{\overset{\|}{C}}OCH_3$,—$\overset{O}{\overset{\|}{C}}$—$NHCH_3$,—$\overset{+}{N}H_3$

需要明确,即使是同一类定位基,不同基团其定位能力、对苯环上亲电取代反应活化或钝化作用的程度也可能相去甚远。在不同类型或不同条件下亲电取代反应中,原在基团的定位能力及对反应速率影响也会有一定差别,参见表 5-2。

表 5-2　　　部分一取代苯硝化反应的产物组成

取代基	相对反应速率（以苯为基准）	硝化反应产物/%		
		邻位	间位	对位
—H	1			
—OH	很快	～55	—	～45
—OCH$_3$	快（～2×10^5）	74	11	15
—NHCOCH$_3$	快	19	2	79
—CH$_3$	24.5	58	4	38
—C(CH$_3$)$_3$	15.5	15.8	11.5	72.7
—CH$_2$Cl	7.1×10^{-1}	32	15.5	52.5
—F	1.5×10^{-2}	12		88
—Cl	3.3×10^{-2}	30		69
—Br	3.0×10^{-2}	36	1	63
—I	1.8×10^{-1}	38	2	60
—N$^+$(CH$_3$)$_3$	1.2×10^{-8}	—	～100	—
—NO$_2$	6×10^{-8}	6	93	1
—CF$_3$	很慢	—	～100	—
—CN	慢	17	81	2
—SO$_3$H	慢	21	72	7
—CO$_2$H	慢	19	80	1
—CO$_2$C$_2$H$_5$	较慢（3.7×10^{-3}）	28	68	4

2. 定位规律理论解释

(1) 苯环活化与钝化

一取代苯在环上发生亲电取代反应时，反应活泼性或反应速率取决于环上 π 电子密度大小和过渡态内能大小（或活化能大小）。通常由中间体 σ-络合物稳定性大小来推测过渡态内能大小。环上 π 电子密度越大，亲电取代反应活性就越大；中间体碳正离子（σ-络合物）稳定性越好，过渡态内能相对较低，亲电取代反应速率就较快。

在第一类定位基中，除烷基之外，取代基直接与苯环相连接的原子上都有孤对电子；这些原子（$\ddot{\mathrm{Z}}$）电负性一般较 sp^2 杂化碳大，对苯环有 －I 效应。但是同时孤对电子与苯环上 π 电子之间存在着 p-π 共轭作用，对苯环而言，$-\ddot{\mathrm{Z}}$ 有 ＋C 效应。

Z－I 效应使环上　　　Zp-π＋C 效应使环上　　　—CH$_3$＋I 和＋C 超共轭作用
电子云密度下降　　　π 电子云密度增加　　　使环上电子云密度增加

除卤原子以外，取代基 $-\ddot{\mathrm{Z}}$ 的 ＋C 作用强于其 －I 作用，结果是苯环上总体 π 电子云密度比苯要高，最终活化了苯环。对于卤代苯，卤原子 －I 作用强于 ＋C 作用，使苯环上电子密度下降，所以 $-\ddot{\mathrm{X}}$: 对苯环有钝化作用。对于烷基苯，由于烷基（含 α-H）对苯环 ＋I 与 ＋C（超共轭）作用都使环上电子云密度增加，故烷基也活化苯环。一般有如下亲电取代反应活性次序：

对于第二类定位基,与苯环直接相连基团都有较强的吸电子作用(−C或−I),使环上 π 电子云密度下降,−C 或 −I 效应越强,环上电子云密度越低,亲电取代反应活性越小,即取代基钝化作用越强。常见钝化强度次序:

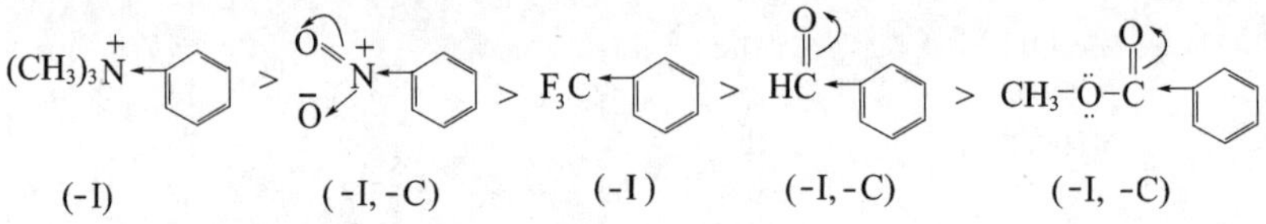

$$(-I) \qquad (-I, -C) \qquad (-I) \qquad (-I, -C) \qquad (-I, -C)$$

当取代苯反应活性低于卤代苯时,不易发生烷基化反应;当取代基为—NH_2,—NHR,—NR_2 时,也不易发生环上烷基化反应(但可发生 N 上烷基化反应)。

(2)苯环上亲电取代的位置

一取代苯亲电取代时亲电试剂(E^+)进入的位置选择性,主要决定于反应底物环上电子云分布情况(静态电子效应)和中间体稳定性大小(动态电子效应)。其他如反应温度、溶剂性质、催化剂种类,及取代基(Z)和进入基(E)体积大小(空间因素)等因素对位置选择性也有不同程度的影响。

第一类定位基通过 Cp-π 共轭作用,使其邻、对位有较高 π 电子密度,故有利于 E^+ 在邻、对位发生亲电攻击,得到邻、对位亲电取代产物。烷基苯中的烷基对苯环有 +I 和 +C 超共轭作用,使苯环在其邻、对位电子密度较高,也有利于亲电取代。

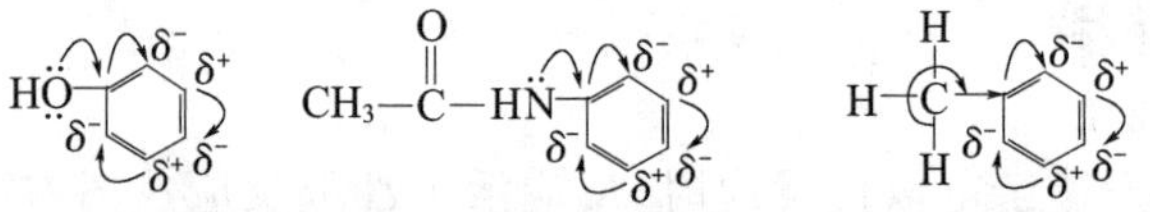

亲电取代中间体通过 p-π 共轭体系中 π 电子离域,可使正电荷尽可能被分散,因此 σ-络合物较稳定,即表明反应的选择性为动态电子效应结果。例如:

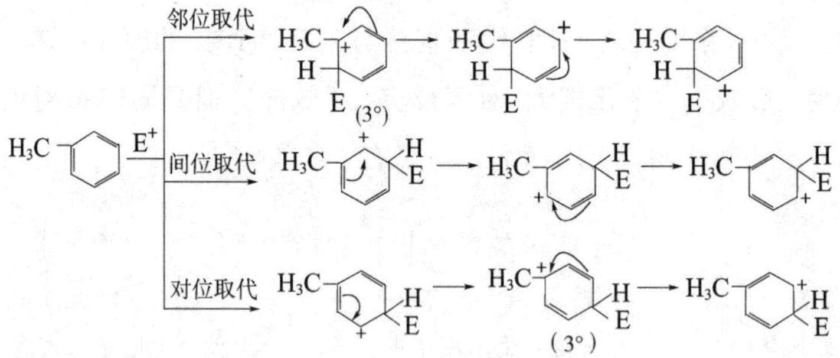

由此可见,当 E^+ 攻击甲苯的邻、对位时,可生成稳定性最好 3° 碳正离子(σ-络合物),有利于反应进行。在苯酚、氯苯亲电取代反应中,生成 σ-络合物以邻、对位取代为稳定。

这是因为当 E^+ 攻击苯酚、氯苯邻、对位时,可形成正电荷分散到氧原子或氯原子上的稳定共振极限结构。因此,酚羟基和氯取代基都是邻、对位定位基。

第二类定位基对苯环有吸电子共轭(−C)或吸电子诱导(−I)作用,苯环上 π 电子密度因此下降,但间位 π 电子密度比邻、对位电子密度相对要大,即间位带有相对较多负电荷,(δ^-),故 E^+ 攻击间位有利。

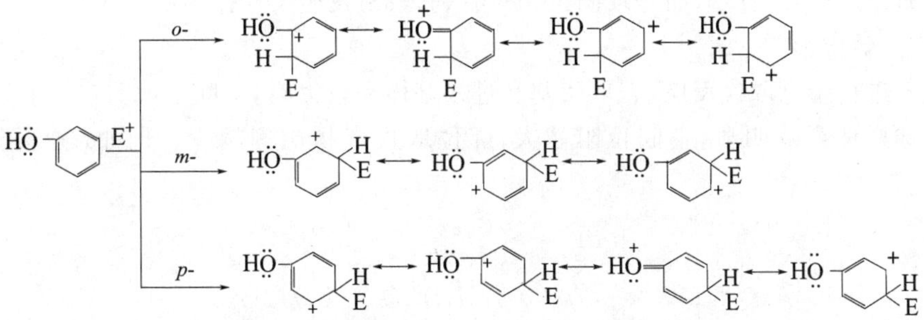

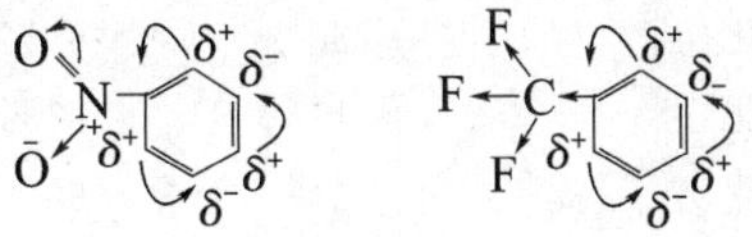

$o-$

$m-$

$p-$

（ o -a）　　　　（ o -b）　　　　（ o -c）

（ m -a）　　　　（ m -b）　　　　（ m -c）

（ p -a）　　　　（ p -b）　　　　（ p -c）

　　从中间体 σ-络合物稳定性看，E^+ 攻击间位生成中间体（σ-络合物）比较稳定，即反应按此途径进行有利，因而得到间位取代主产物。从共振杂化体角度来描述中间体 σ-络合物，可较明了地看到这一点：

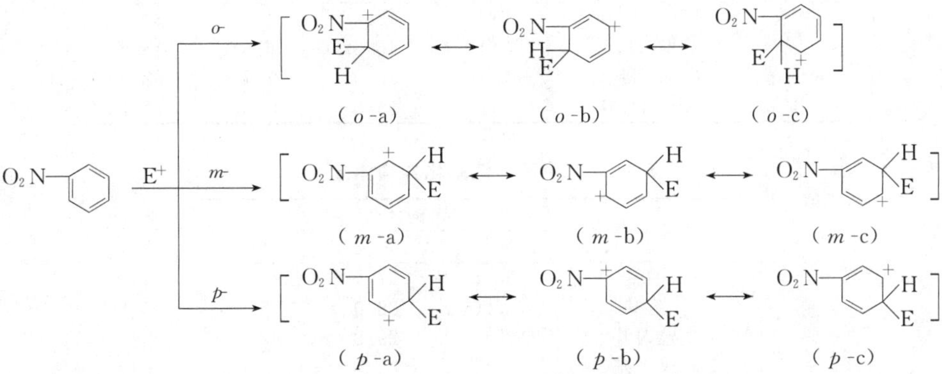

σ

$m-$

p

（ o -a）　　　　（ o -b）　　　　（ o -c）

（ m -a）　　　　（ m -b）　　　　（ m -c）

（ p -a）　　　　（ p -b）　　　　（ p -c）

　　在 E^+ 攻击硝基苯邻位（ o ）或对位（ p ）时，相应 σ-络合物中含有共振极限结构（ o -a）或（ p -b）。结构中缺电子碳与—NO_2 相邻，正电荷非但不能被分散，反而更加集中，很不稳定；而 E^+ 攻击间位（ m ）生成的 σ-络合物稳定性相对较好（带正电荷碳不与硝基直接相连），相对有利于反应进行。因此，硝基是间位定位基，三氟甲基与之此类似：

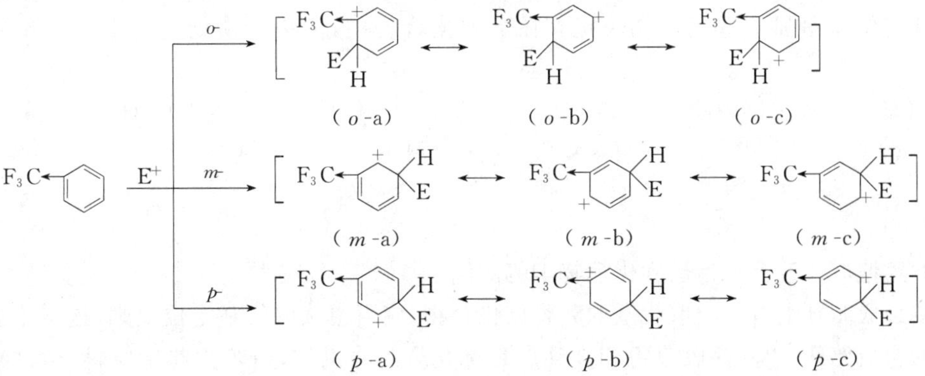

$o-$

$m-$

p

（ o -a）　　　　（ o -b）　　　　（ o -c）

（ m -a）　　　　（ m -b）　　　　（ m -c）

（ p -a）　　　　（ p -b）　　　　（ p -c）

　　由于—CF_3 是强$-I$效应基团，共振极限结构（ o -a）和（ p -b）的极不稳定性使 E^+ 攻击—CF$_3$ 邻、对位难以发生,而进攻间位相对有利,较易发生反应。

（3）空间效应影响

取代苯进行亲电取代反应,若取代基和进入基体积较大时,空间上障碍（空间效应）对进入基位置选择性影响明显,空间位阻越大,邻位取代产物比例越少。例如,氯苯亲电取代反应：

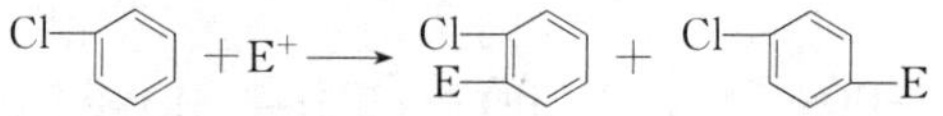

反应类型	邻位产物	对位产物
氯化	39%	55%
硝化	30%	69%
溴化	11%	87%
磺化	1%	99%

类似地,烷基苯硝化及甲苯烷基化反应亦如此,见表 5-3、表 5-4。

表 5-3　　　　　　　　一烷基苯硝化异构体分布

化合物	取代基	进入基	产物异构体/%		
			邻位	间位	对位
甲苯	—CH$_3$	—NO$_2$	58.4	4.4	37.2
乙苯	—C$_2$H$_5$	—NO$_2$	45.0	6.5	48.5
异丙苯	—CH(CH$_3$)$_2$	—NO$_2$	30.0	7.7	62.3
叔丁苯	—C(CH$_3$)$_3$	—NO$_2$	15.8	11.5	72.7

表 5-4　　　　　甲苯一烷基化异构体分布

进入基	异构体分布/%		
	邻位	间位	对位
甲基	53.8	17.4	28.8
乙基	45.0	30.0	25.0
异丙基	37.5	29.8	32.7
叔丁基	0	7.0	93.0

除电子因素、空间因素外,催化剂、溶剂、反应温度等条件变化对定位也有不同程度的影响。

3. 二取代苯定位规律

苯环上有两个取代基时,进入基进入苯环的位置由两个取代基定位作用共同决定。若两个取代基定位作用一致,则产物选择性较好;若不一致,亲电试剂进入位置主要由活化能力大或定位作用强的取代基团决定。在下列化合物中,箭头所指处是亲电试剂主要进入位置：

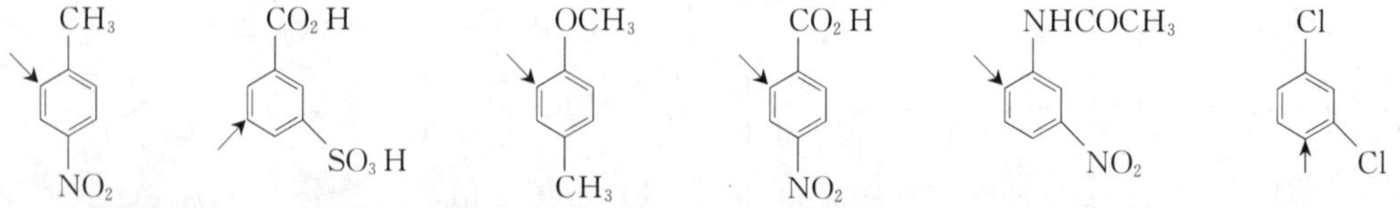

4. 定位规律在合成芳香族化合物中的应用

要合成苯环上有多个取代基的芳香族化合物,应当遵从取代基定位规则,这样才能设计合理的合成路线,以较高收率得到高纯度目标化合物。例如,由苯为起始原料,经过必要反应合成下列化合物：

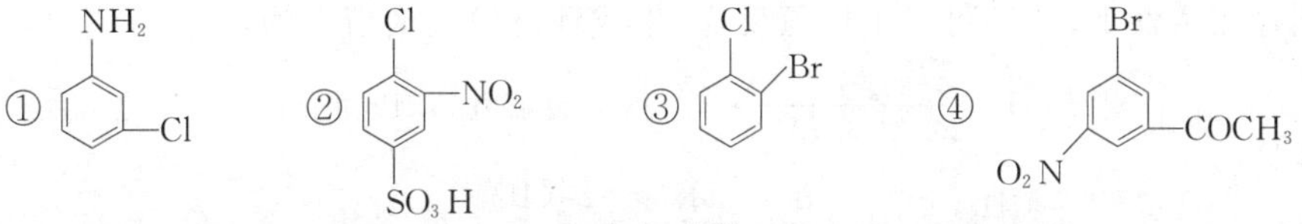

化合物①是间硝基氯苯还原产物，环上两个取代基是间位关系，而—NO₂ 是第二类定位基，—Cl 是第一类定位基，所以应先由苯制备硝基苯，然后氯化，再还原硝基：

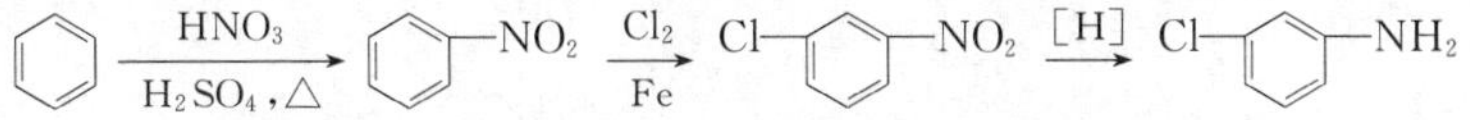

化合物②中有三个取代基，—NO₂ 处于—Cl 邻位，—SO₃H 处于—Cl 对位，而—NO₂ 又处于—SO₃H 间位，所以应先制取对氯苯磺酸，然后再硝化：

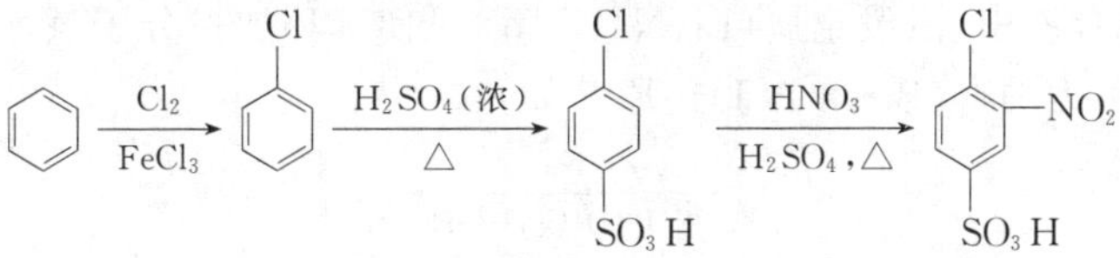

化合物③中，两个取代基—Cl 和—Br 是相邻位置。无论由氯苯溴化，还是由溴苯氯化，都将得到较多对位异构体，合成选择性不好。如果利用磺化反应可逆性，先制得对溴苯磺酸，然后再进行氯化得到定位一致的产物 3-氯-4-溴苯磺酸，最后在稀硫酸水溶液中加热，使磺酸基水解除去，得到产物③。

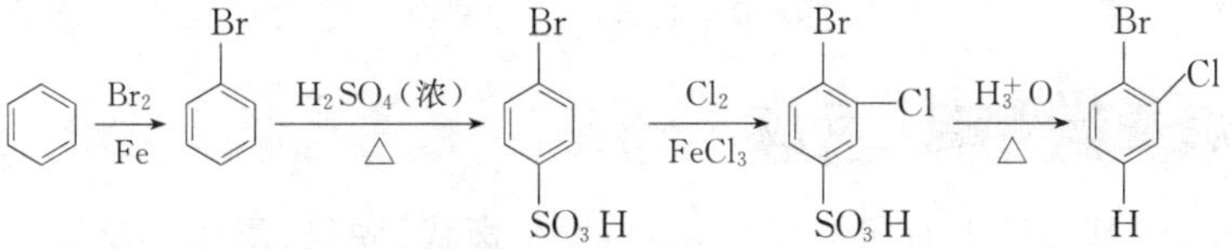

在这个合成反应过程中，应用了磺化反应引入—SO₃H 和水解去—SO₃H 的方法，此为磺酸基在合成中"占位"和"定位"作用。

化合物④中，三个取代基互为间位，所以—Br 应当最后引入到苯环上，以便得到较纯的产物④。要注意，应先制备苯乙酮，然后硝化得间硝基苯乙酮，不能先硝化后乙酰基化。即：

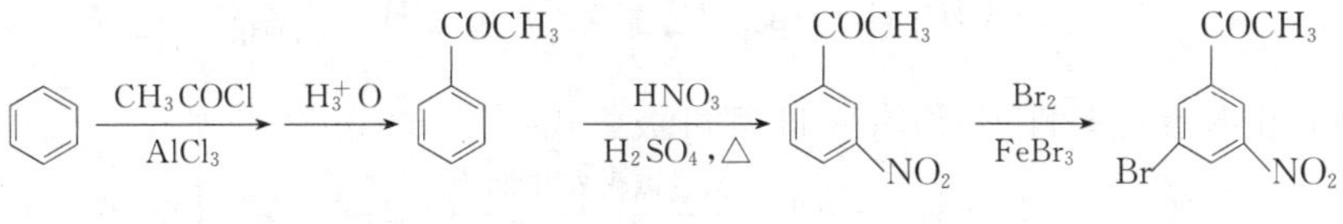

5.4.4　苯环氧化和加成反应

苯虽然很稳定，但在一定条件下仍然可以发生氧化和加成反应。例如，在五氧化二钒催化下，苯可被空气氧化成顺丁烯二酸酐，此为顺酐工业制法。

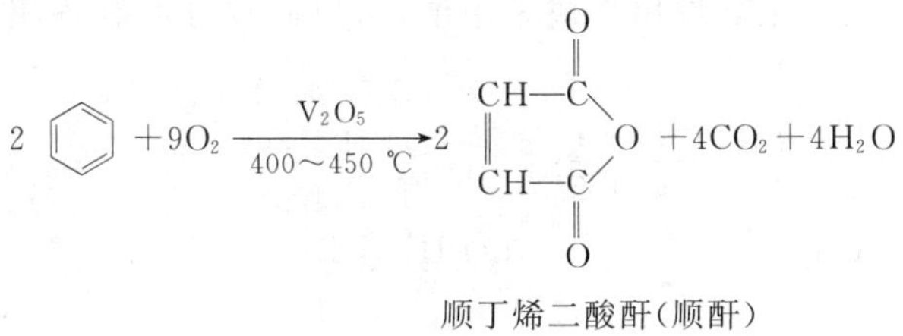

顺丁烯二酸酐(顺酐)

在催化剂存在条件下，苯环可发生加氢反应，生成环己烷或其衍生物：

$$\text{苯} + 3H_2 \xrightarrow[\text{200 ℃，2.8 MPa}]{\text{Ni}} \text{环己烷} \quad (\text{也可用 Pd、Pt 催化})$$

$$\text{邻二甲苯} + 3H_2 \xrightarrow{\text{Rh/C(5\%)}} \text{二甲基环己烷} \quad (\text{主产物})$$

在强紫外线照射下，苯与氯加成，生成六氯环己烷（即六六六）：

$$\text{苯} + 3Cl_2 \xrightarrow{h\nu} \text{六氯环己烷}$$

在醇与液氨混合液中，活泼金属（Li、Na、K 等）可使苯环加一分子氢，生成 1,4-环己二烯类化合物，此反应称为伯奇（Birch A J）还原。如：

$$\text{苯} \xrightarrow[\text{NH}_3(\text{l})\text{-C}_2\text{H}_5\text{OH}]{\text{Na}} \text{1,4-环己二烯}$$

$$\text{邻二甲苯} \xrightarrow[\text{NH}_3(\text{l})\text{-C}_2\text{H}_5\text{OH}]{\text{Na}} \text{二甲基环己二烯}$$

在适当催化剂作用下，苯环可选择性加两分子氢，生成环己烯：

$$\text{苯} + 2H_2 \xrightarrow{\text{催化剂}} \text{环己烯}$$

5.4.5　烷基苯侧链上反应

在烷基苯中，烷基 α-C 上有氢原子时，容易发生卤代、脱氢、氧化等反应。

1. α-H 卤代

烷基苯中 α-H 与烯丙位 α-H 有结构上一致性，易发生自由基型卤代反应：

$$\text{PhCH}_3 + Cl_2 \xrightarrow{h\nu} \text{PhCH}_2\text{Cl}$$

$$\text{PhCH}_2\text{CH}_3 + Br_2 \xrightarrow{h\nu} \text{PhCHBrCH}_3 + HBr$$

在较强自由基反应条件下，所有 α-H 都可被卤代：

$$H_3C-\text{苯}-CH_3 + 6Cl_2 \xrightarrow[\text{100~120 ℃}]{h\nu,\text{过氧化苯甲酰}} Cl_3C-\text{苯}-CCl_3$$

甲苯甲基一氯代，反应中间体是 $\text{Ph}\dot{\text{C}}\text{H}_2$，称为苄基自由基（苯甲基自由基），它与烯丙位自由基相似，有较好热力学稳定性。

2. 侧链的氧化

含 α-H 烷基苯与强氧化剂作用生成苯甲酸，可以此较方便制备相应苯甲酸类化合物。

$$\text{间二甲苯} \xrightarrow[\text{H}_3^+\text{O，}\triangle]{\text{KMnO}_4} \text{间苯二甲酸}$$

甲苯高锰酸钾氧化

$$(CH_3)_3C-\!\!\langle\ \rangle\!\!-CH_3 \xrightarrow[H_2SO_4]{K_2Cr_2O_7} (CH_3)_3C-\!\!\langle\ \rangle\!\!-CO_2H$$

工业上一般是用空气作氧化剂对烷基进行氧化：

$$\langle\ \rangle\!\!-CH_3 + O_2 \xrightarrow[(CH_3CO_2)_2Mn]{(CH_3CO_2)_2Co} \langle\ \rangle\!\!-CO_2H$$

$$\langle\ \rangle\!\!\!\begin{array}{c}CH_3\\CH_3\end{array} + O_2 \xrightarrow[480\ ℃]{V_2O_5} （邻苯二甲酸酐）$$

异丙苯经空气氧化，生成过氧化异丙苯，后者在酸性水溶液中重排分解，生成苯酚和丙酮，这是目前工业上制备苯酚（联产丙酮）的主要方法。

$$\langle\ \rangle\!\!-CH(CH_3)_2 \xrightarrow[\substack{110\sim120\ ℃\\0.4\ MPa}]{O_2} \langle\ \rangle\!\!-\overset{O-OH}{\underset{}{C}}(CH_3)_2 \xrightarrow[\triangle]{10\%\ H_2SO_4} \langle\ \rangle\!\!-OH + CH_3COCH_3$$

3. 脱氢反应

乙苯在 Fe_2O_3 存在时，于高温下可发生脱氢反应生成苯乙烯，此为苯乙烯工业制法：

$$\langle\ \rangle\!\!-CH_2-CH_3 \xrightarrow[560\sim600\ ℃]{Fe_2O_3} \langle\ \rangle\!\!-CH=CH_2 + H_2$$

苯乙烯是无色液体，沸点 146 ℃。双键与苯环共轭使得苯乙烯化学性质活泼，常温下放置便可发生缓慢自身聚合，故长时期放置则应加入阻聚剂。在自由基引发剂存在下，苯乙烯发生自由基型聚合反应，生成的聚苯乙烯有良好绝缘性和化学稳定性，而且透光性很好，可用于光学仪器、绝缘材料、日用品；但聚苯乙烯耐热性不好，机械强度也较低。苯乙烯与少量乙烯共聚物（交联型苯乙烯）可用于制备强酸性阳离子交换树脂及强碱性阴离子交换树脂。

芳香族多官能团化合物的命名

命名苯环上存在多个官能团这类化合物时，应选取一个主官能团为母体，其他官能团为取代基。母体官能团选择一般按下面给出官能团优先次序，排在前面者为母体，后面的为取代基。

常见官能团优先次序为

$$-CO_2H > -SO_3H > -CO_2R > -COCl > -CONH_2 > -CN > -CHO > -\overset{O}{\underset{}{C}}-$$
$$> -OH(醇>酚) > -SH > -NH_2 > -C\!\equiv\!C- > {\underset{}{\overset{}{C\!=\!C}}} > -OR > -R > -X > -NO_2$$

苯环上母体官能团所在碳位号是1，其他取代基编号遵守最低位次编号原则。例如：

2-甲基-4-氯苯胺　　2-甲基-4-羟基苯乙酮　　8-硝基-1-羟基-2,6-萘二磺酸

5.5 稠环芳烃与多环芳烃

5.5.1 稠环芳烃结构

典型的稠环芳烃是萘（Naphthalene）、蒽（Anthracene）、菲（Phenanthrene），它们主要来源于煤焦油和石油沥青，是染料、农药及精细化工产品的重要基础原料。

构成萘、蒽、菲骨架的碳原子是 sp^2 杂化，整个分子是平面结构，虽然三者不饱和度较高，但热力学稳定性很好，化学性质与苯相似。

萘由两个苯环并合而成，是闭合 π-π 共轭体系（图 5-4），萘分子因此而稳定，有芳香性。萘离域能约为 $255.0 \text{ kJ} \cdot \text{mol}^{-1}$，比两个独立苯环的离域能之和约低 $45 \text{ kJ} \cdot \text{mol}^{-1}$。故萘的芳香性小于苯，这可归因于萘分子中 π 电子离域不彻底的事实，从键长平均化程度亦能看出。

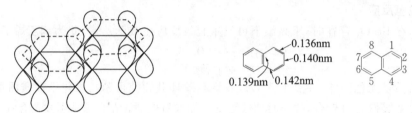

图 5-4　萘的 p 轨道构成的大 π 键

萘环上碳原子编号从两环并合处第一个含氢碳开始，依次编为 1、2、3、4、5、6、7、8，并合处碳原子不编号，其中 1、4、5、8 又称α-位，2、3、6、7 又称β-位，萘的一取代衍生物有两个位置异构体（α-和 β-）；萘的二取代物则有更多的位置异构体。

在萘 1、2 位置或 2、3 位置再并合一个苯环即是菲或蒽。它们也具有闭合 π-π 共轭平面结构，但碳碳键键长不完全相等，电子云分布不完全平均化。虽然也具有芳香性，但比萘芳香性差，表现为二者在 9、10 位较易发生氧化和加成反应。

蒽（离域能 $349 \text{ kJ} \cdot \text{mol}^{-1}$）　　　菲（离域能 $381.6 \text{ kJ} \cdot \text{mol}^{-1}$）

多于三个苯环相互并合的稠环芳烃为多核芳烃，一般多存在于煤焦油中。如 2,3-苯并芘和 1,2,5,6-二苯并蒽等多核芳烃具有致癌性。

2,3-苯并芘　　　　　1,2,5,6-二苯并蒽　　　　　10-甲基-1,2-苯并蒽

5.5.2 萘的性质

萘是熔点为 80.2 ℃的片状结晶,有光泽,沸点 218 ℃,易升华,有特殊芳香气味,不溶于水,易溶于苯、吡啶等有机溶剂。

萘环上 10 个 π 电子离域的结果是在萘 α-位上有更高电子云密度,所以萘亲电取代反应易在 α-位上发生。从反应中间体看,萘在 α-位取代生成的中间体中有两个含有独立苯环的共振极限结构;而 β-位取代中间体只有一个含有独立苯环的共振极限结构,所以 α-位取代中间体稳定性较好,反应易在 α-位进行。

α-位取代中间体的共振杂化体:

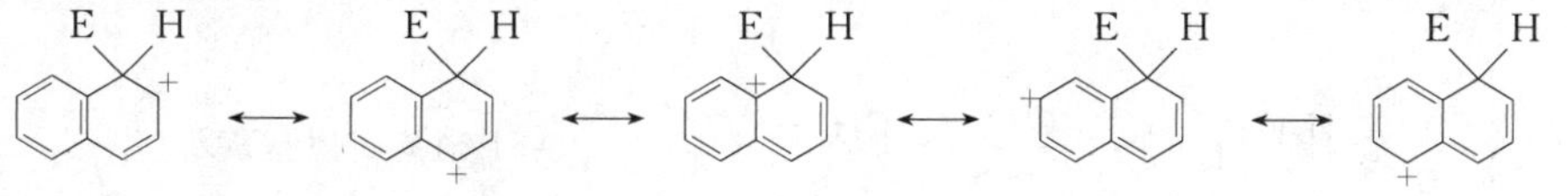

β-位取代中间体的共振杂化体:

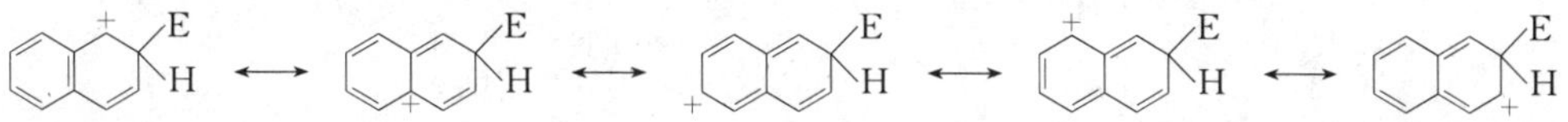

萘亲电取代中间体的稳定性明显大于苯亲电取代中间体,故萘亲电取代活性大于苯。

1. 萘的卤化

将氯气通入萘的苯溶液中,可得 α-氯(代)萘,为无色溶体,其沸点 259 ℃,可用于高沸点溶剂和增塑剂。

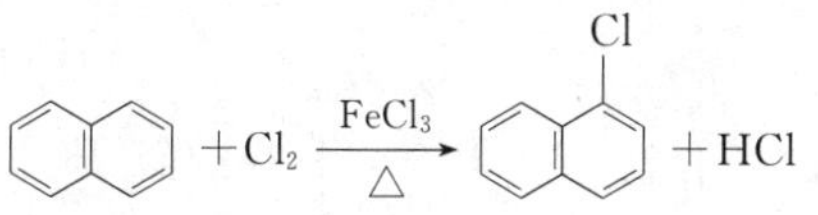

2. 萘的硝化

萘在混酸中硝化,得主产物 α-硝基萘,其熔点 61 ℃,是黄色针状结晶,用于制备 α-萘胺:

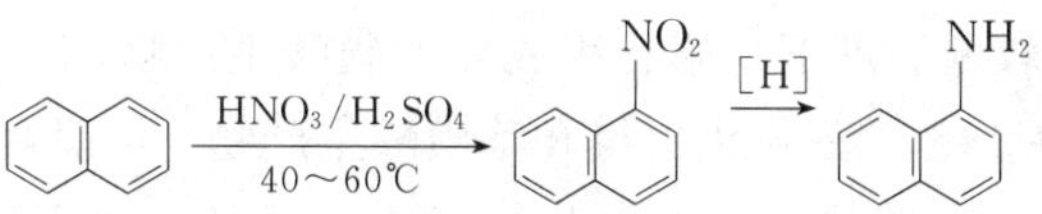

α-硝基萘　　α-萘胺

3. 萘的酰基化

在不同溶剂中,不同反应温度下,萘的乙酰化产物选择性不同,例如:

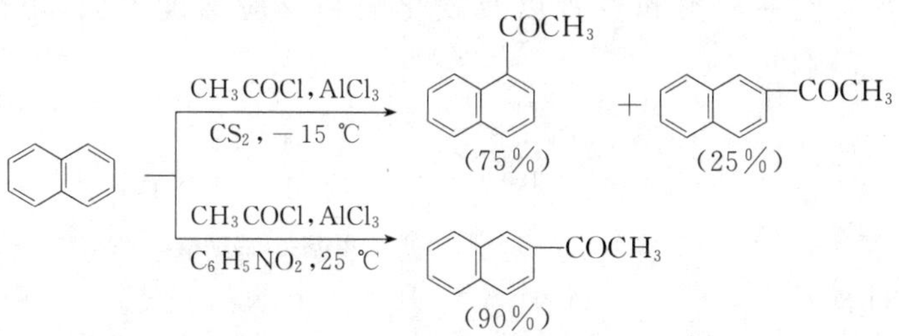

萘环较苯环活泼,故萘烷基化反应易生成多烷基萘,选择性较低。当烷基化剂活泼性较弱时,萘烷基化有实用意义,如植物生长激素 α-萘乙酸的合成:

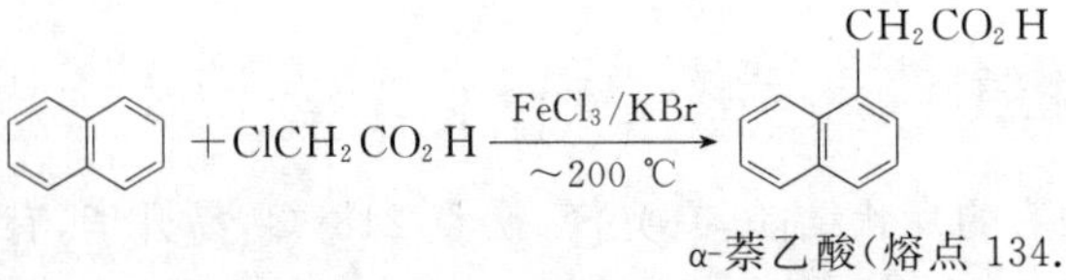

$$\text{萘} + ClCH_2CO_2H \xrightarrow[\sim 200\ ℃]{FeCl_3/KBr} \text{α-萘乙酸(熔点 134.5~135.5 ℃)}$$

一取代萘亲电取代反应的一般定位规律是:活化取代基同环取代 α-位,钝化取代基则异环取代 α-位。例如:

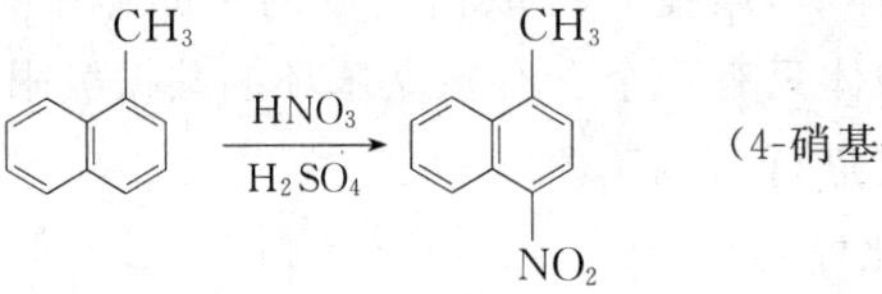

(4-硝基-1-甲基萘)

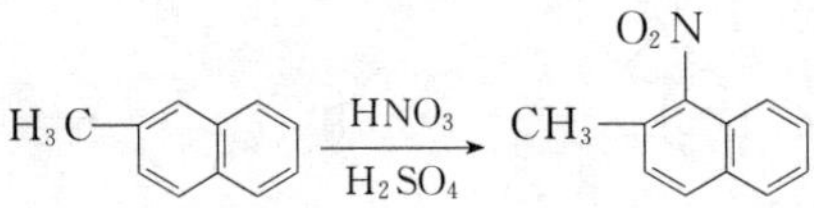

(1-硝基-2-甲基萘)

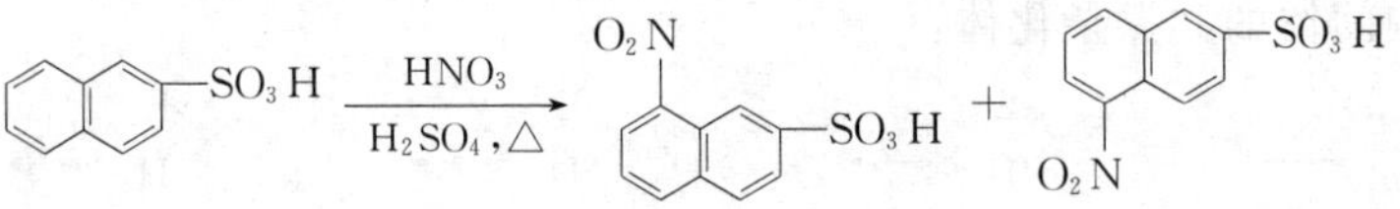

(8-硝基-2-萘磺酸)　　(5-硝基-2-萘磺酸)

4. 萘的磺化

萘的磺化可逆,反应温度不同时,磺化主产物不同。例如:

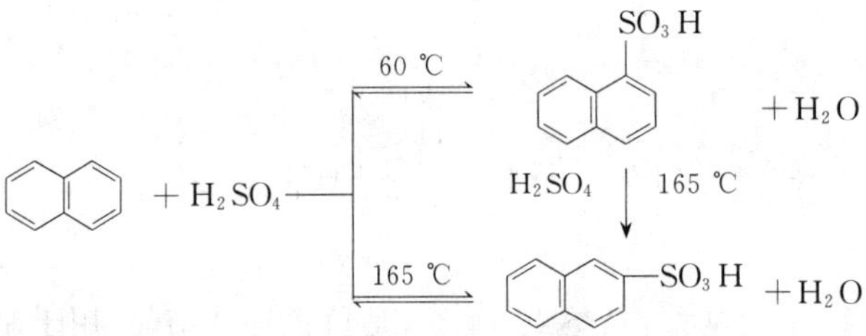

萘环 α-位活泼,在较低温度下易磺化生成 α-萘磺酸主产物,但该产物受热至 165 ℃又可转变成 β-萘磺酸。萘在 165 ℃下磺化也得 β-萘磺酸主产物。α-萘磺酸中,1-位磺酸基与 8-位氢原子之间存在互斥力,因两者间距小于范德华作用半径。由于磺化可逆,故在较高温度下,磺酸基选择 β-位进入萘环生成热力学稳定性高的产物,故称 α-萘磺酸为动力学控制磺化产物,β-萘磺酸为热力学控制磺化产物(图 5-5)。

取代萘磺化,因取代基种类和位置以及磺化剂和反应温度不同,都会影响并决定—SO₃H引入的位置。例如:

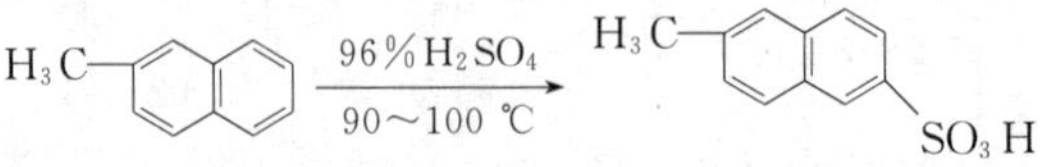

6-甲基-2-萘磺酸

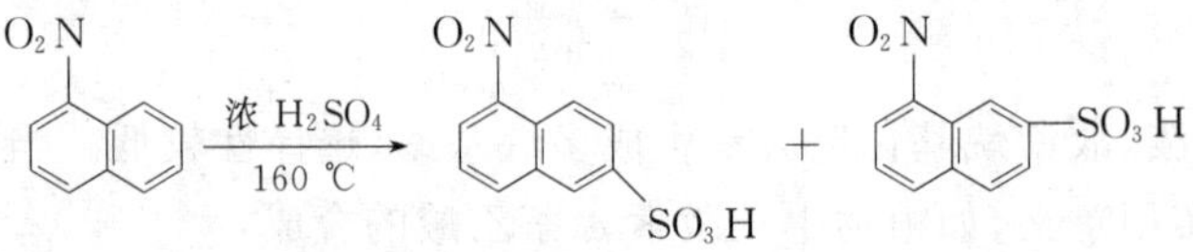

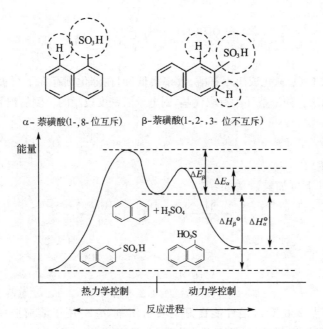

α-萘磺酸(1-,8-位互斥)　　β-萘磺酸(1-,2-,3-位不互斥)

图 5-5　萘磺化的反应进程和能量的关系

萘磺酸极易吸潮,含一分子结晶水的萘磺酸是白色晶体,α-萘磺酸熔点为 90 ℃,β-萘磺酸则为 124～125 ℃。萘磺酸是重要的化工原料,可用于生产萘酚、萘胺及染料中间体。例如:

β-萘酚　　　　　　　　　β-萘胺

（γ-酸）

由萘磺酸转变成萘酚的反应称为磺酸的碱熔(属于亲核取代反应),是工业上制备萘酚的基本方法。

由 β-萘酚转变成 β-萘胺的反应称 Bucherer 反应,又叫作羟氨互换反应。萘硝化得到 1-硝基萘,经硝基还原则得 α-萘胺,这是 β-萘胺制备有实际意义的方法。

5. 萘的氧化和还原

萘的芳香性小于苯,故萘比苯易氧化和加氢还原。例如:

（1,4-萘醌）

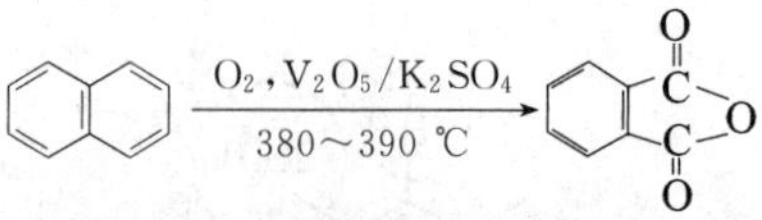

（邻苯二甲酸酐）

萘在醋酸中被 CrO_3 氧化成 1,4-萘醌,收率很低,但在催化剂存在下可被空气氧化生成邻苯二甲酸酐是工业制法。如果萘环上有取代基,则电子云密度较高的一侧易被氧化。例如:

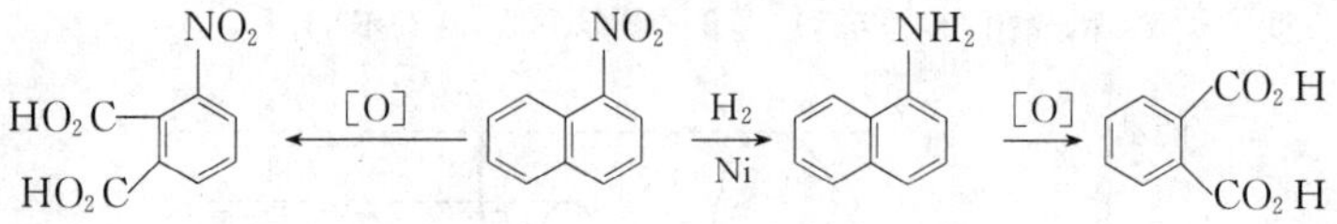

萘在适当条件下可加氢。例如:

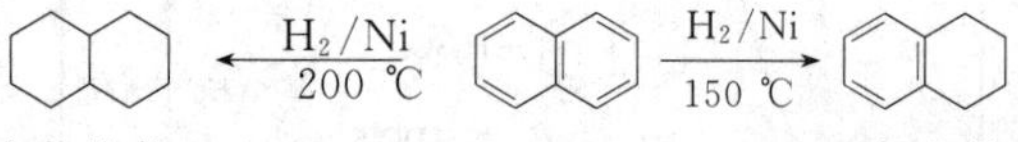

十氢化萘   四氢化萘

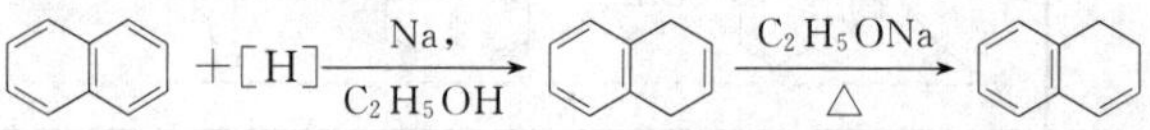

1,4-二氢萘   1,2-二氢萘

四氢化萘(沸点 208 ℃),是性能良好的有机溶剂,它可用于溶解脂肪和类脂物质,也溶解硫磺。四氢化萘与溴反应是实验室中制取少量干燥 HBr 的方法。十氢化萘(沸点 192 ℃)也常用于高沸点溶剂。萘的伯奇还原得 1,4-二氢萘,在乙醇中即可反应,而苯则要在液氨中才能反应,这说明萘较苯活泼,更易还原。

5.5.3 蒽和菲性质

除了环上亲电取代反应外,蒽和菲还易在 9-、10-位发生氧化反应,生成醌类化合物。

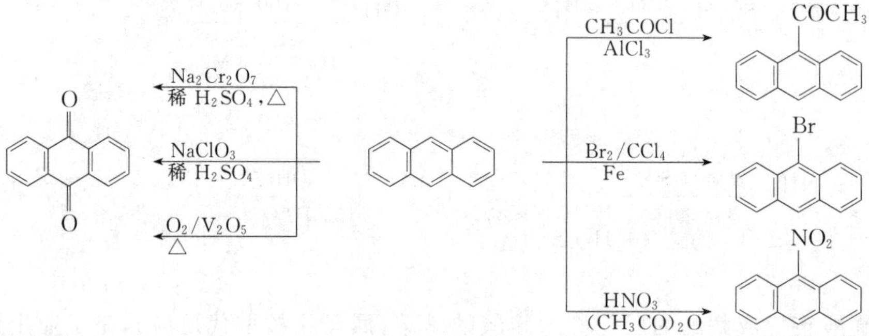

蒽的磺化在 1-位上发生,在 9-位上磺化产物不稳定。如:

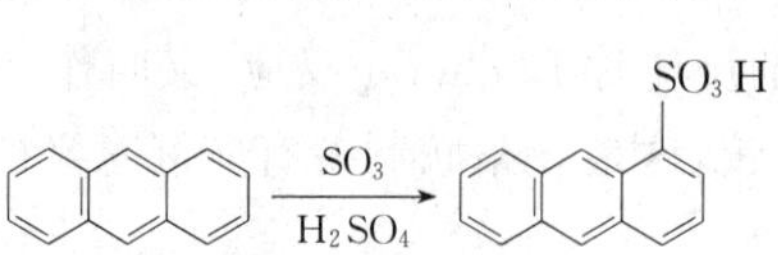

菲的卤化或氧化也发生在 9-、10-位上:

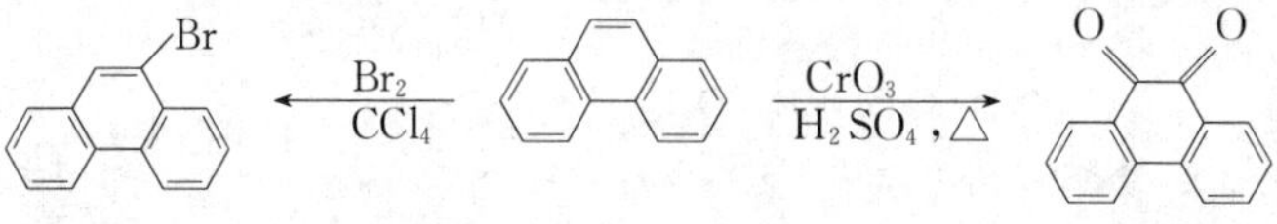

9-溴菲   9,10-菲醌

蒽的芳香性较低,在 9-、10-位上可发生双烯的特征反应——Diels-Alder 反应。如:

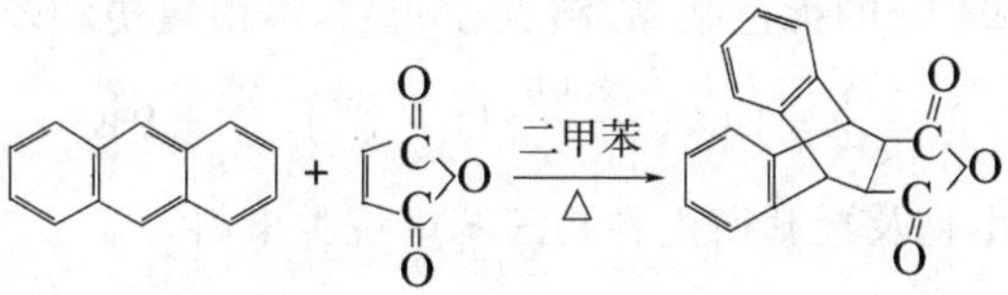

蒽和菲的 9-、10-位也较易被还原。如:

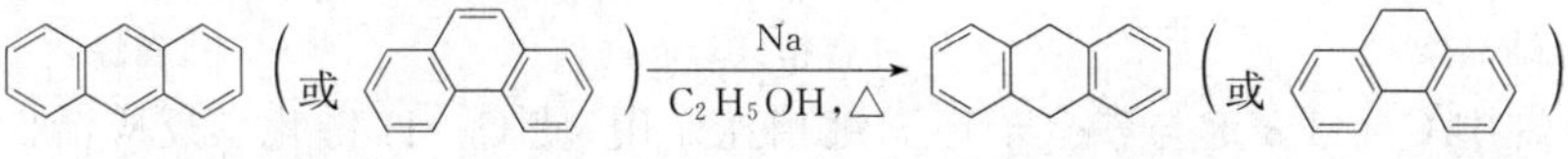

9,10-二氢蒽　　9,10-二氢菲

5.5.4　联苯和三苯甲烷

1.联苯

苯在高温下通过红热的铁管,发生分子间脱氢偶联反应,生成联苯:

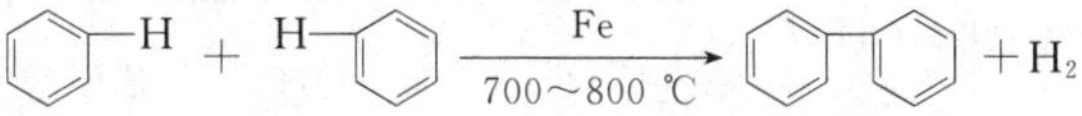

联苯是熔点为 70 ℃ 的无色晶体,沸点为 225 ℃,有很好的热稳定性,不易氧化和加成,可用于载热体。26.5% 的联苯与 73.5% 的二苯醚可形成熔点为 12 ℃ 的混合物,工业上用作导热油;常压下可在 250 ℃ 左右使用,在 1 MPa 下加热至 400 ℃ 亦不分解。

联三苯、对联四苯(4,4′-二苯基联苯)属多联苯,也可称为对三聚苯或对四聚苯。

联苯中两个苯环可通过 π-π 共轭相互影响,二者互为第一类定位基,一般是在 4-位易发生亲电取代反应。例如:

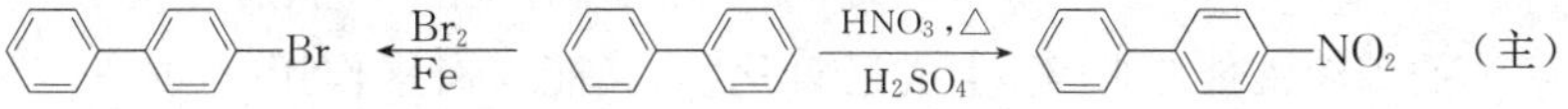

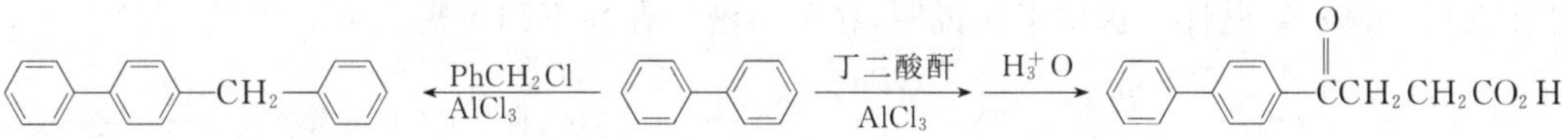

联苯在晶体状态时,两个苯环是共平面的;当联苯 2-,2′-和 6-,6′-四个位置上有较大体积取代基时,它们彼此之间相互排斥作用很强,结果造成两个苯环不能共平面,并由此而产生不对称性,存在对映异构现象。

在化合物芴中,存在联苯结构骨架,但在 2-,2′-两个位置有一个亚甲基与其相连,两个苯环共平面,中间部分呈环戊二烯结构形态。由于 CH_2 与两个苯环连接,α-H 很活泼,表现出有一定的酸性,且易于氧化。例如:

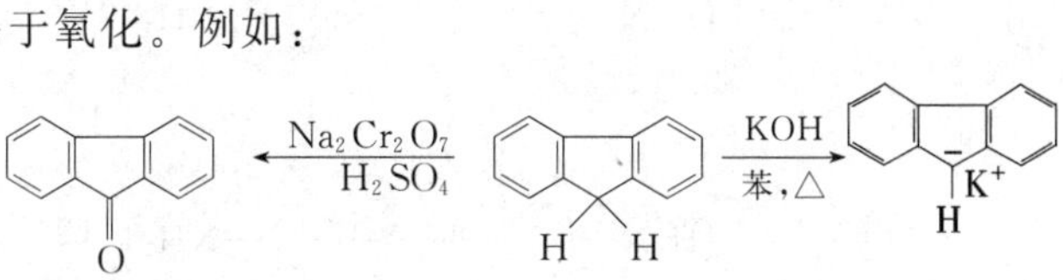

(芴)

*2. 三苯甲烷

三苯甲烷是熔点为 94 ℃的无色结晶,沸点 359 ℃,可由氯仿和苯反应制得:

$$3\ \bigcirc + HCCl_3 \xrightarrow{AlCl_3} (\bigcirc)_3 CH + 3HCl$$

三苯甲烷的氨基衍生物及羟基衍生物是三苯甲烷类染料。

$$[(CH_3)_2N-\bigcirc]_3 C^+ X^- \qquad (HO-\bigcirc)_3 C^+ X^- \qquad [(CH_3)_2N-\bigcirc]_2 \overset{+}{C}-\bigcirc X^-$$

| 结晶紫 | 金精红 | 孔雀绿 |

三苯甲烷中 C—H σ 键与三个苯环 π 键相互作用,使 C—H 键化学反应活性很高。

三苯甲烷与金属钠作用,可生成三苯甲基钠(盐):

$$(C_6H_5)_3CH + Na \longrightarrow (C_6H_5)_3C^-Na^+ + \frac{1}{2}H_2$$

$$pK_a = 31.5 \qquad\qquad (血红色)$$

三苯甲烷中的 α-H 易被取代,α-C 易被氧化:

$$(C_6H_5)_3CH \begin{cases} \xrightarrow{Br_2} (C_6H_5)_3C-Br + HBr \\ \xrightarrow{CrO_3} (C_6H_5)_3C-OH \quad (三苯甲醇) \end{cases}$$

三苯甲醇溶于浓硫酸,可生成黄色三苯甲基碳正离子:

$$(C_6H_5)_3C-OH + 2H-OSO_3H \longrightarrow (C_6H_5)_3C^+ + H_3^+O + 2HSO_4^-$$

三苯甲醇与氯化亚砜作用,可得到三苯基氯甲烷;后者在苯溶液中与锌粉作用,或与银作用,均得到一黄色溶液,此黄色物质经结构测定确认是三苯甲基自由基的二聚体。

$$(C_6H_5)_3C-OH + SOCl_2 \xrightarrow{\triangle} (C_6H_5)_3C-Cl + SO_2 + HCl$$

$$2(C_6H_5)_3C-Cl \begin{cases} \xrightarrow{2Ag,苯} 2[(C_6H_5)_3\overset{\cdot}{C}] + 2AgCl \\ \xrightarrow{Zn,苯} 2[(C_6H_5)_3\overset{\cdot}{C}] + ZnCl_2 \end{cases}$$

这个二聚体的苯溶液能吸收氧,生成过氧化物;又能与卤素作用,生成三苯基卤甲烷;而且在磁场中显示顺磁性。这些事实说明,在苯溶液中存在下列平衡:

$$(无色)\quad Ph_3C-\bigcirc=C\overset{Ph}{\underset{Ph}{\big\langle}} \underset{K=2\times10^{-4}}{\overset{苯,25\ ℃}{\rightleftharpoons}} 2[(C_6H_5)_3C^{\cdot}] \quad (黄色)$$

$$2(C_6H_5)_3C-I \xrightarrow{I_2} 2[(C_6H_5)_3\overset{\cdot}{C}] \xrightarrow{O_2} (C_6H_5)_3C-O-O-C(C_6H_5)_3$$

| 三苯基碘甲烷 | 三苯甲基自由基 | 双三苯甲基过氧化物 |

三苯甲基自由基、碳正离子和碳负离子中,存在着大范围 p-π 共轭体系,它们都很稳定。在三苯甲烷类染料中,碳正离子特征因完全离域 p-π 共轭体系而减弱甚至"消失"。如:

$$(H_2N-\bigcirc)_3 CH \xrightarrow[HCl]{PbO_2} [(H_2N-\bigcirc)_2 C=\bigcirc=\overset{+}{N}H_2] Cl^- \quad (副品红)$$

$$\updownarrow$$

$$[(H_2N-\bigcirc)_2 \overset{+}{C}-\bigcirc-\overset{\cdot\cdot}{N}H_2] Cl^-$$

由于苯环体积很大,在三苯甲烷及其活性中间体内,三个苯环不是绝对共平面的,它们与中心碳原子(α-碳)连接排列形状呈螺旋桨式结构。

5.6　非苯芳烃

有些环状化合物(或离子)不含有苯环,但却有苯环相同或相似的芳香性,即这类化合物结构上高度不饱和,但不易发生加成反应,而容易发生亲电取代反应。这类环状分子比相应非环状分子氢化热更低,热力学稳定性更高,常称为非苯芳烃。结构上非苯芳烃与苯环有极为相似的平面闭合环状共轭体系,即体系中环上每个碳原子都有相互平行的 p 轨道 π 电子离域在共轭链上可作圆周式环流运动。

非苯芳烃一般指单环轮烯和并联环(轮)多烯,有些平面环状带电共轭体系也有芳香性,即芳香离子也属于非苯芳烃类。

非苯芳烃具有芳香性判据为:在平面环状闭合共轭体系中,参与离域 π 电子数为 $(4n+2)$ 个时(n 为自然整数),该化合物或离子具有芳香性,此为休克尔(Hückel)规则。

依据休克尔规则判断化合物是否有芳香性时,要求闭合共轭体系是平面结构或非常接近平面(平面扭曲不大于 0.01 nm)。当 $n \geqslant 7$ 时,休克尔规则适用性较差。

单环共轭多烯称为轮烯,其母体名称在轮烯二字之前的方括号内以数字注明成环碳原子数目即可。环丁二烯、环辛四烯、环癸五烯、环十八碳九烯、环二十二碳十一烯等,其结构和轮烯名称如下:

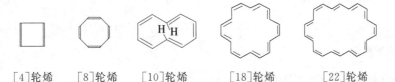

| [4]轮烯 | [8]轮烯 | [10]轮烯 | [18]轮烯 | [22]轮烯 |

如上所示各轮烯中,离域 π 电子数符合休克尔规则有[10]轮烯、[18]轮烯、[22]轮烯,但[10]轮烯却无芳香性,只因[10]轮烯两个"环内"氢原子之间相互排斥,使整个轮烯环发生扭曲而导致非共平面。环辛四烯即[8]轮烯不是平面分子,但是当它离去两个氢质子转变成环辛四烯双负离子时,则为平面结构,环上参与离域 π 电子数为 10 个 ($n = 2$),符合休克尔规则,有芳香性。同理,环丙烯正离子、环戊二烯负离子以及环庚三烯正离子也有芳香性。

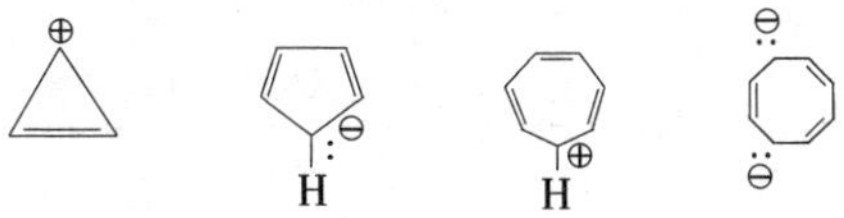

正是因为环戊二烯负离子有芳香性,环戊二烯亚甲基上氢有一定"酸性",其 $pK_a \approx 16$,可有如下反应:

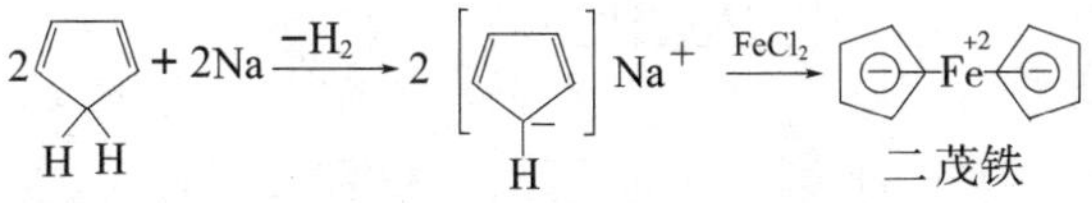

平面并联环(轮)多烯类化合物也有芳香性。化合物薁($C_{10}H_8$),是萘的同分异构体,其熔点为 99 ℃,偶极矩为 3.6×10^{-30} C·m。薁很稳定,其亲电取代反应主要生成 1-或 3-位取代产物。薁分子中七元环和五元环分别是具有芳香性的正离子和负离子,因此薁分子为极

性芳香性结构。

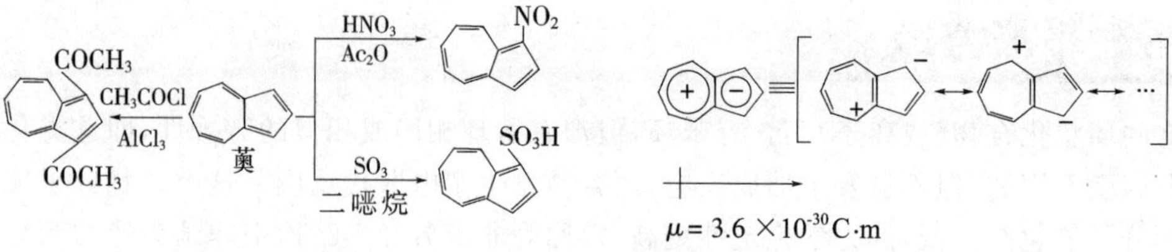

习　题

5-1　命名下列化合物。

(1) 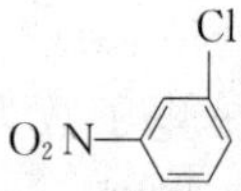 O_2N—〈〉—Cl　(2) 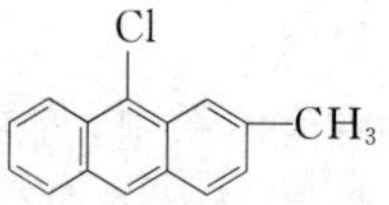 〈〉—CH_3　(3) H_3C—〈〉—CH_3

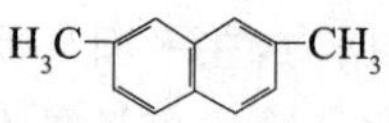

(4) 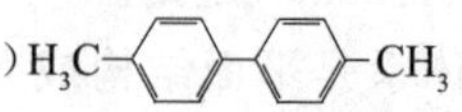 H_3C—〈〉—〈〉—CH_3

5-2　排序下些化合物亲电取代活性：

(1) A. 甲苯　B. 氯苯　C. 硝基苯　D. 苯甲醛　E. 苯酚　F. 间二甲苯

(2) 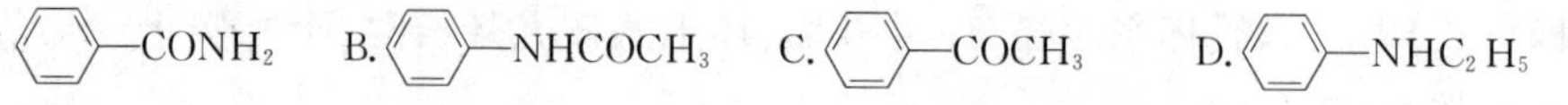 A. 〈〉—$CONH_2$　B. 〈〉—$NHCOCH_3$　C. 〈〉—$COCH_3$　D. 〈〉—NHC_2H_5

(3) A. 〈〉—CH_3　B. 〈〉—OCH_3　C. HO—〈〉—CH_3　D. 〈〉—CH_2Cl

(4)  A. 〈〉—NO_2　B. 〈〉—$COOH$　C. A. 〈〉—$OCOCH_3$　D. 〈〉—$COCOCH_3$

5-3　完成下列反应：

(1)  〈〉—CH_3 $+CH_3CH_2CH(CH_3)CH_2Cl$ $\xrightarrow{AlCl_3}$ (　　)

(2) 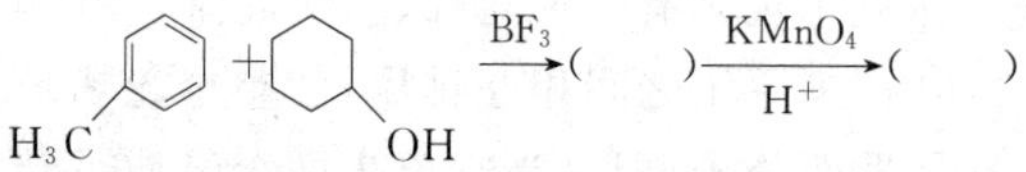 H_3C—〈〉 $+$ 〈〉—OH $\xrightarrow{BF_3}$ (　　) $\xrightarrow[H^+]{KMnO_4}$ (　　)

(3) 〈〉—$CH(CH_3)_2$ $+CH_2Cl_2$ $\xrightarrow{AlCl_3}$ 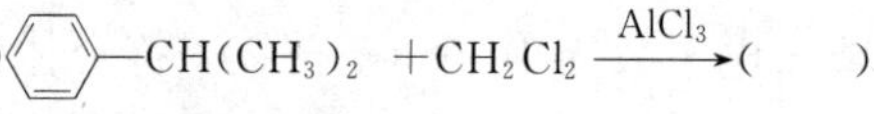 (　　)

(5) 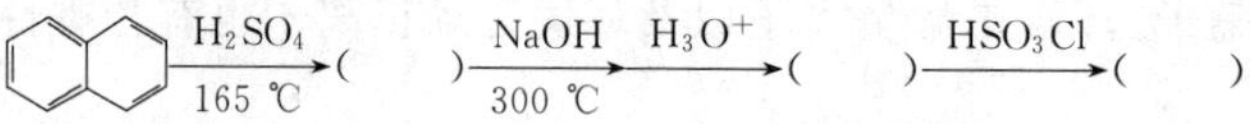 〈〉〈〉 $\xrightarrow[165\,℃]{H_2SO_4}$ (　　) $\xrightarrow[300\,℃]{NaOH}$ $\xrightarrow{H_3O^+}$ (　　) $\xrightarrow{HSO_3Cl}$ (　　)

(6) 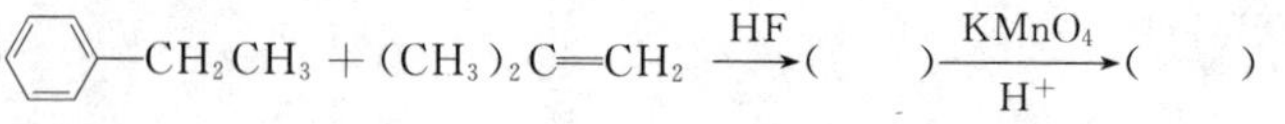 〈〉—CH_2CH_3 $+(CH_3)_2C{=}CH_2$ $\xrightarrow{HF}$ (　　) $\xrightarrow[H^+]{KMnO_4}$ (　　)

(7) 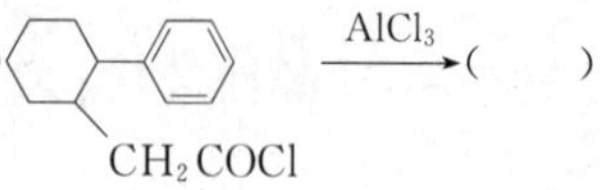 〈〉—CH_2COCl $\xrightarrow{AlCl_3}$ (　　)　(8) 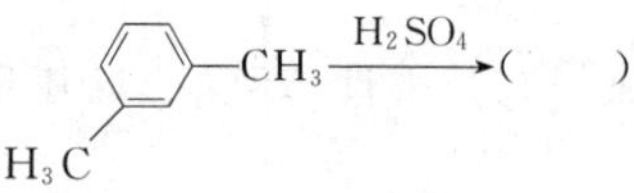 H_3C—〈〉—CH_3 $\xrightarrow{H_2SO_4}$ (　　)

(9) 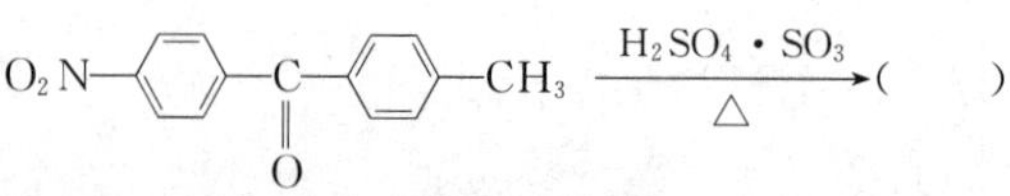 O_2N—〈〉—CO—〈〉—CH_3 $\xrightarrow[\triangle]{H_2SO_4 \cdot SO_3}$ (　　)

(10) 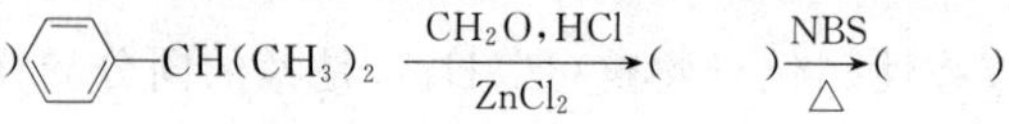 〈〉—$CH(CH_3)_2$ $\xrightarrow[ZnCl_2]{CH_2O,HCl}$ (　　) $\xrightarrow[\triangle]{NBS}$ (　　)

(11) 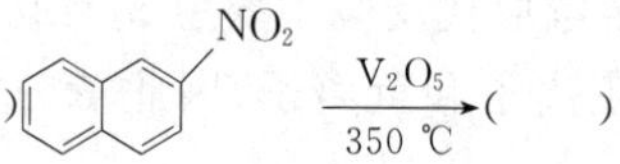 〈〉〈〉—NO_2 $\xrightarrow[350\,℃]{V_2O_5}$ (　　)　(12) 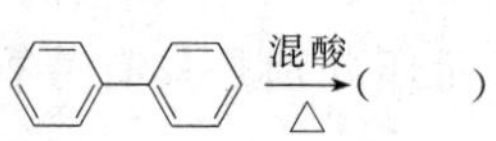 〈〉—〈〉 $\xrightarrow[\triangle]{混酸}$ (　　)

(13) 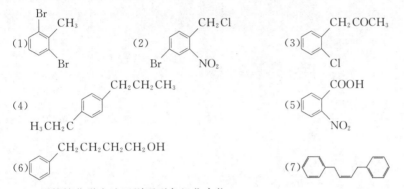 ——混酸/△—→（　　）　(14) H_3C—<benzene>—CH_3 ——$PhCH_2Cl/AlCl_3$/100℃—→（　　）

5-4　写出下列反应机理。

5-5　由苯或甲苯为有机原料合成如下化合物，其余无机试剂任选。

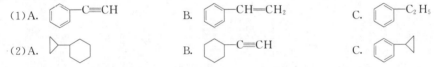

5-6　用简捷化学方法区别下列各组化合物。

(1) A.　〈Ph〉—C≡CH　　　B.　〈Ph〉—CH=CH₂　　　C.　〈Ph〉—C₂H₅

(2) A.　〈环己基—环丙基〉　　　B.　〈环己基〉—C≡CH　　　C.　〈苯基—环丙基〉

5-7　根据休克尔规则判断下列化合物或离子有无芳香性。

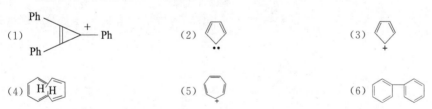

5-8　推导结构。

(1)化合物 $A(C_{10}H_{10})$ 与 $CuCl/NH_3$ 溶液反应生成红色沉淀，与 $H_2O-HgSO_4/H_2SO_4$ 作用则得化合物 B；A 与 $(BH_3)_2$ 作用，经 H_2O_2/HO^- 处理得化合物 C，B 与 C 是构造异构体。A 与 $KMnO_4/H_3^+O$ 作用生成二元酸 D，D 的一硝化产物只有一种。将 A 彻底加氢后生成化合物 $E(C_{10}H_{20})$，E 有顺反异构而无旋光异构，试写出 A～E 构造式。

(2)化合物 $A(C_9H_{12})$ 在光照下与不足量溴反应生成 B、C 和 D，分子式均为 $C_9H_{11}Br$。B 和 C 没有旋光性，不能拆分；D 没有旋光性，但能拆开成一对对映体。从 A 核磁共振谱中得知结构中含有苯环，试写出 A～D 可能构造式。

(3)化合物 A 和 $B(C_9H_{12})$ ^1H NMR 数据如下，试写出 A 和 B 构造式。

A：$\delta=2.25$（单峰），$\delta=6.78$（单峰）；

B：$\delta=2.25$（双峰），$\delta=2.95$（七重峰），$\delta=7.25$（单峰），相应峰面积之比为 6∶1∶5。

(4)芳烃 A($C_{10}H_{14}$)有五种一溴代衍生物($C_{10}H_{13}Br$),且 A 剧烈氧化后可得芳基羧酸 B($C_8H_6O_4$)。B 只有一种硝基取代产物 C($C_8H_5O_4NO_2$),请写出 A~C 结构及 A 可能的一溴代衍生物。

5-9 排序下列取代苯乙烯发生亲电加成反应活性,并简要说明缘由。

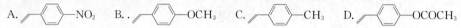

A. $\diagdown$—NO$_2$ B. $\diagdown$—OCH$_3$ C. $\diagdown$—CH$_3$ D. $\diagdown$—OCOCH$_3$

5-10 解释下列实验现象:

(1)苯与氯代烷烃发生傅-克烷基化反应时,一般苯需要过量;

(2)氯苯与氯代烷烃发生傅-克烷基化反应时,一般溶剂用硝基苯而不用苯;

(3)氯苯亲电取代活性略小于苯,但却是邻对位定位的。

第6章

有机化合物波谱分析

通过有机化合物的波谱分析来确定分子结构,与仅依靠化学方法鉴定有机物结构相比,有耗用试样量少、快速准确等优点。根据有机化合物波谱特征,可对分子构造、构型和构象进行分析。应用现代仪器分析鉴定有机化合物结构是化学工作者不可缺少的基本技能。

有机化合物的波谱性质属于物理性质,也是有机化学的重要内容之一。本章对有机化合物的红外光谱(Infrared Spectroscopy,IR)和核磁共振波谱(Nuclear Magnetic Resonance,NMR)做适当介绍。二者都属于吸收光谱。

分子或原子吸收一定波长的光,便可产生吸收光谱,吸收光频率与吸收的能量有关系式:

$$E=h\nu, \quad \nu=\frac{c}{\lambda}=c \cdot \sigma$$

式中,E 为光或电磁波能量,单位 J;h 为 Planck 常数(6.63×10^{-34} J·s);ν 为频率,单位 Hz;c 为光速(3×10^{10} cm·s^{-1});λ 为波长,单位 cm、nm、μm;σ 为波数,表示在 1 cm 长度中波数目,单位 cm^{-1}。

有机化合物结构不同,由较低能级向较高能级跃迁时所吸收的光或电磁波的能量也不同,可产生不同的特征性吸收光谱,可以此鉴别和确定有机化合物结构。

不同电磁波或光波作用在有机化合物时产生能级激发形态和相对应光谱检测方法见表 6-1。

表 6-1　　　　　　　　电磁波(或光波)与光谱方法

光波区域	波长范围	激发能级	光谱方法
γ 射线	0.05～0.14 nm	核的能级	Mössbauer 谱
X 射线	0.1～10 nm	内层电子能级	X 射线光谱
远紫外线	10～200 nm	σ 电子跃迁	真空紫外光谱
紫外线	200～400 nm	n 和 π 电子跃迁	紫外光谱
可见光	400～800 nm	n 和 π 电子	可见光谱
近红外线	0.8～2.5 μm	振动和转动	近红外光谱
中红外线	2.5～15 μm	振动和转动	红外光谱 Raman 光谱
远红外线	15～300 μm	振动和转动	远红外光谱
微波	0.03～100 cm	分子转动、电子自旋	微波波谱 电子自旋波谱
无线电波	1～1 000 m	原子核自旋	核磁共振波谱

6.1 红外光谱

红外光谱是分子吸收红外区光波时,分子中原子振动能级和转动能级发生跃迁而产生的吸收光谱。有机化合物红外光谱图中波数 σ(或波长 λ)为横坐标,透射比 T 为纵坐标,其中吸收峰位置由波数表示,吸收强度由 $T\%$ 表示。图 6-1 是 3-甲基戊烷 IR 谱图。

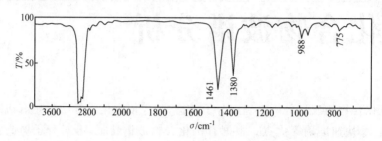

图 6-1　3-甲基戊烷红外光谱

6.1.1 分子两类振动与红外吸收

有机分子的振动是指成键原子之间发生键长和键角变化而引起的伸缩振动和弯曲振动。有机化合物各自拥有红外吸收,产生各不相同的红外吸收光谱,可由此来推断化合物的特征性构造。有机化合物中成键原子键接方式不同,成键原子种类不同都会使得伸缩振动和弯曲振动所需能量(波数)也不同。

1. 伸缩振动

双原子分子是最简单的分子,当成键两原子间发生伸缩振动时,其振动模型可由简谐振动表示(图 6-2)。

根据 Hooke 定律描述其振动频率 ν_s 或波数 σ 的表达式为

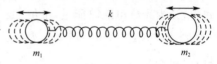

图 6-2　双原子分子的伸缩振动

$$\nu_s = \frac{1}{2\pi}\sqrt{k\left(\frac{1}{m_1}+\frac{1}{m_2}\right)}, \qquad \sigma = \frac{1}{2\pi c}\sqrt{k\left(\frac{1}{m_1}+\frac{1}{m_2}\right)}$$

上述两式中 k 为两原子间键的力常数,m_1、m_2 分别为两个原子的相对质量。令 $\frac{1}{m_1}+\frac{1}{m_2}=\frac{m_1+m_2}{m_1 m_2}=M$,$M$ 为折合质量的倒数,则有

$$\sigma = \frac{1}{2\pi c}\sqrt{k \cdot M} = 1\ 303\sqrt{k \cdot M}$$

可见,M 越大,k 越大,发生伸缩振动时所需能量越大,即红外光谱中的该振动的吸收峰所对应的波数(σ)数值越大。

一般来说,有机物中碳碳单键、碳碳双键、碳碳叁键的力常数及伸缩振动频率区别明显:

键的类型	$k/(N \cdot cm^{-1})$	σ/cm^{-1}
C≡C	12.2	2 100～2 200
C=C	9.8	1 620～1 680
C—C	4.5	900～1 200

有机分子中碳、氮、氧等原子分别可以与四个、三个、两个其他原子以单键相连,形成中性分子,两个成键原子间振动受相连的其他成键原子间振动影响。例如,在—CH_2—中有两个 C—H 键(共用一个碳原子),它们伸缩振动能相当,可相互偶合,结果表现出对称伸缩振动和不对称伸缩振动两种情况,相应的频率(或波数)也不同:

对称伸缩振动(ν_s)　　　　　不对称伸缩振动(ν_{as})
2 853 cm^{-1}　　　　　　　2 926 cm^{-1}

在 C—C—H 连接结构中,由于 C—C 的 $\nu_s \approx 1\,000\ cm^{-1}$,C—H 的 $\nu_s \approx 2\,900\ cm^{-1}$,两者相差太大,相互偶合(相互影响)程度很小,可以认为其伸缩振动几乎是各自独立进行的。

有机化合物中 Y—H,Y≡X,Y=X 三种类型键伸缩振动频率比分子骨架的 C—C 键伸缩振动频率高得多,所以它们与 C—C 键振动也可认为是相对独立的,彼此间影响很小,振动偶合作用很弱。分子骨架中 C—C、C—O、C—N 等单键的振动频率比较接近,可以互相影响产生偶合作用,但这种作用较为复杂,在此不予介绍。

2. 弯曲振动

弯曲振动是指有机分子中成键原子的键角发生变化,有面内弯曲(δ)和面外弯曲(r)两类。面内弯曲振动又分为剪式和摇式两种,面外弯曲分为摆式和扭式两种。以—CH_2—为例:

面内剪式弯曲　　　　面内摇式弯曲　　　　面外摆式弯曲　　　　面外扭式弯曲
1 450±20 cm^{-1}　　　～720 cm^{-1}　　　～1 300 cm^{-1}　　　～1 250cm^{-1}

"⌒"或"⌒"表示在键角平面内的变形弯曲方向,⊕和⊖表示离开键角平面的变形弯曲方向。弯曲振动所需能量较少,相应的波数也较低,但可反映出一些细微的结构特征。

在有机化合物中,不是所有的振动都能够引起红外吸收。产生红外吸收的条件是:分子吸收红外光的频率(ν)应与分子发生相关振动的基本频率(ν_0)相同(即 $hc\nu = \Delta E = hc\nu_0$),而且分子振动时必然产生偶极矩的变化。没有偶极矩变化振动属于红外非活性振动,在红外光谱中不出现吸收峰。如$CH_3C≡CCH_3$中C≡C伸缩振动无偶极矩变化,不产生红外吸收。一般地,偶极矩变化较大的振动,其红外吸收较强,红外谱图中该吸收峰对应的透过率很小。分子中原子转动能级在远红外区吸收很弱,无明显特征。

6.1.2　有机化合物的红外光谱特征频率区域

红外光谱图中吸收峰的出现区域常分为三个倍频区、官能团特征区和指纹区。在大于

3 700 cm^{-1}倍频区域内,吸收峰多是某些基团倍频吸收,而不是该基团基本吸收频率。在小于 1 600 cm^{-1}低频区域内,主要体现 C—C、C—N、C—O 等单键伸缩振动和各种弯曲振动红外吸收峰,此区域中吸收峰多而复杂,可反映出化合物结构上细微变化,故称为指纹区。官能团特征区内(1 600~3 700 cm^{-1})则体现不同官能团和不同化学键的伸缩振动,又分为三个特征区域:

(1)Y—H 伸缩振动区域:在此区域内主要是 O—H、N—H 和 C—H 等单键伸缩振动吸收峰特征频率,波数在 2 500 ~3 700 cm^{-1}。

(2)Y≡X三键和 Y=X=Z 累积双键伸缩振动区域:在 2 100~2 400 cm^{-1}出现的吸收峰,主要是C≡C、C≡N、N=C=O、C=C=O 等官能团伸缩振动特征频率。

(3)Y=X双键伸缩振动区域:在 1 600~1 800 cm^{-1}主要出现C=O、C=N、C=C等双键伸缩振动特征频率。

同一种化学键或官能团在不同有机化合物中,红外特征吸收不尽相同。同一化合物中基团红外吸收峰出现的位置(波数),会因试样状态、测试条件、溶剂极性等因素变化而呈现一定差异。同类型化学键(如C=C键)在不同化合物中结构环境不同而使与其相连化学键(如=C—H)的红外特征吸收不同。

官能团红外特征峰在强度和峰形方面也有一定特征。另外,同一化合物的气态光谱、液态光谱、固态光谱也存在一些差别,查阅标准图谱时要予以注意。

常见官能团红外吸收频率见表 6-2。

表 6-2　　　　　　　　　　常见官能团红外吸收频率

键　型	化合物类型	吸收峰位置/cm^{-1}	吸收强度
C—H	烷烃	2 960~2 850	强
=C—H	烯烃及芳烃	3 100~3 010	中等
≡C—H	炔烃	3 300	强
—C—C—	烷烃	1 200~700	弱
C=C	烯烃	1 680~1 620	不定
—C≡C—	炔烃	2 200~2 100	不定
C=O	醛	1 740~1 720	强
	酮	1 725~1 705	强
	酸及酯	1 770~1 710	强
	酰胺	1 690~1 650	强
—O—H	醇及酚	3 650~3 610	不定,尖锐
	氢键结合的醇及酚	3 400~3 200	强,宽
—N(H)(H)	胺	3 500~3 300	中等,双峰
C—X	氯化物	800~600	中等
	溴化物	700~500	中等

烷烃中主要有 C—H 和 C—C 两种化学键的红外吸收，以 3-甲基戊烷红外光谱为例（图 6-1）：3 000～2 800 cm^{-1}处强吸收为饱和 C—H 的伸缩振动吸收；1 461 cm^{-1}和 1 380 cm^{-1}处强吸收为—CH$_3$ 和—CH$_2$—面内弯曲振动吸收；1 380 cm^{-1}处吸收峰无裂分，表示无同碳二甲基和同碳三甲基存在；775 cm^{-1}处峰为$\left(CH_2\right)_n$ 的面内摇摆振动吸收，并且 $n<4$，若 $n\geqslant4$，则该峰应在～722 cm^{-1}处；988 cm^{-1}处为C—C伸缩振动吸收峰。图 6-3 为异丙基和叔丁基在1 375 cm^{-1}处裂分情况。

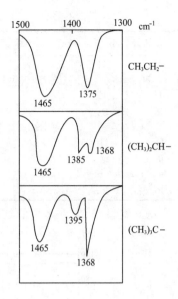

图 6-3　异丙基和叔丁基在 1 375 cm^{-1}处的裂分情况

烯烃有 C＝C 伸缩振动、＝C—H 伸缩振动和 ＝C—H 面外变形振动三种特征吸收。双键伸缩振动吸收在 1 680～1 620 cm^{-1}，其强度和位置取决于双键碳原子上取代基数目及其性质；分子对称性越高，吸收峰越弱，如果有四个取代烷基时，常常看不到吸收峰（因为振动时不能改变偶极矩，没有 C＝C 相应吸收）。＝C—H伸缩振动吸收在 3 100～3 010 cm^{-1}（中等强度），可用于鉴定双键以及双键碳上至少有一个氢原子存在。＝C—H 的面外摇摆振动吸收在 1 000～800 cm^{-1}，对于鉴定各种类型烯烃非常有用。表 6-3 列出了各类烯烃的特征吸收位置。

共轭体系中共轭作用使C＝C的力常数降低，C＝C的伸缩振动向低波数方向位移。如 1,3-丁二烯中，C＝C吸收峰在～1 600 cm^{-1}区域，由于C＝C间振动偶合，在～1 650 cm^{-1}有时还能看到另一个峰（如分子对称性强则没有）。如更多双键共轭，吸收峰逐渐变宽。

炔烃中碳碳叁键的力常数比碳碳双键大，所以叁键比双键伸缩振动出现在较高波数位置，端炔烃RC≡CH的 $\bar{\nu}_{C≡C}$ 在 2 140～2 100 cm^{-1}（弱），二元取代炔烃RC≡CR′的 $\bar{\nu}_{C≡C}$ 在 2 260～2 190 cm^{-1}，乙炔及对称二取代乙炔，在红外光谱中没有C≡C吸收峰。≡C—H伸缩振动吸收在 3 310～3 300 cm^{-1}（较强），与 $\bar{\nu}_{N—H}$ 值很相近，但 $\bar{\nu}_{N—H}$ 多为宽峰，易于识别。在 700～600 cm^{-1}区域有≡C—H 弯曲振动吸收，可用于端炔结构鉴定。

表 6-3　　　　　各类烯烃特征吸收位置

烯烃类型	＝C—H伸缩振动/cm^{-1}	C＝C 伸缩振动/cm^{-1}	＝C—H 面外摇摆振动/cm^{-1}
R、H 　＼　／ 　　C＝C 　／　＼ H　　H	＞3 000（中）	1 645（中）	910～905（强） 995～985（强）
R$_1$、H 　＼　／ 　　C＝C 　／　＼ R$_2$　　H	＞3 000（中）	1 653（中）	895～885（强）
R$_1$、R$_2$ 　＼　／ 　　C＝C′ 　／　＼ H　　H	＞3 000（中）	1 650（中）	730～650（弱且宽）

（续表）

烯烃类型	=C—H 伸缩振动/cm⁻¹	C=C 伸缩振动/cm⁻¹	=C—H 面外摇摆振动/cm⁻¹
R₁ H C'=C H R₂	>3 000（中）	1 675（弱）	980～965（强）
R₁ R₃ C=C R₂ H	>3 000（中）	1 680（中～弱）	840～790（强）
R₁ R₄ C=C R₂ R₃	无	1 670（弱或无）	

正辛烷、1-辛烯、1-辛炔的红外光谱图如图 6-4～图 6-6 所示。

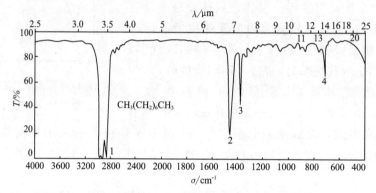

图 6-4　正辛烷红外光谱

1. C—H 伸缩振动；　2 和 3. C—H 弯曲振动

4.（—CH₂—）ₙ n≥4 时面内摇摆振动

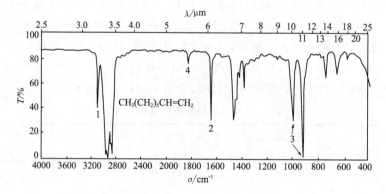

图 6-5　1-辛烯红外光谱

1. =C—H 伸缩振动；2. C=C 伸缩振动

3. —C=C—H 面外摇摆振动；4. 915 cm⁻¹ 倍频峰

（995 cm⁻¹ 和 915 cm⁻¹ 两处吸收峰是末端烯烃特征）

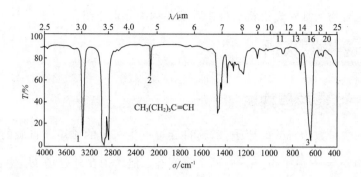

图 6-6　1-辛炔红外光谱

1.≡C—H伸缩振动;2.C≡C伸缩振动;3.≡C—H弯曲振动

在芳烃化合物中,存在着C=C键和 C—H 键。单环芳烃环上C=C键伸缩振动吸收在 1 600 cm^{-1}、1 580 cm^{-1}、1 500 cm^{-1}和 1 450 cm^{-1}附近有四个吸收峰,以 1 500 cm^{-1}(强吸收)和 1 600 cm^{-1}(中等吸收)两个吸收峰最具特征,1 450 cm^{-1}处吸收峰通常看不到,1 580 cm^{-1}吸收峰也很小。苯环上 C—H 键伸缩振动在 3 010~3 110 cm^{-1}(中等强度)。而 C—H 键面外弯曲振动在 690~900 cm^{-1},在 1 650~2 000 cm^{-1}还有其泛频区,在这两个区域出现红外特征吸收峰对分析苯环上取代情况很有意义。在表 6-4 中列出了取代苯 C—H 键面外弯曲振动的吸收位置,图 6-7 表示一取代苯和不同位置二取代苯在 2 000~1 650 cm^{-1}泛频区的吸收峰情况;图 6-8 是甲苯红外谱图。

表 6-4　　　　　　取代苯环上 C—H 面外弯曲振动

化合物	σ/cm^{-1}	化合物	σ/cm^{-1}
苯	670(强)	1,3-二取代苯	810~750(强) 710~690(中)
一取代苯	770~730(强) 710~690(强)	1,4-二取代苯	833~810(强)
1,2-二取代苯	770~735(强)		

(a)一取代苯　　(b)邻二取代苯　　(c)间二取代苯　　(d)对二取代苯

图 6-7　一取代苯和二取代苯在 2 000~1 650 cm^{-1}泛频区吸收峰情况

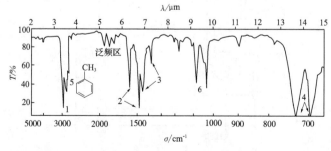

图 6-8　甲苯的红外光谱

1.苯环中 C—H 伸缩振动;2.芳环骨架伸缩振动;3.—CH$_2$—H弯曲振动;

4.一取代苯环上 C—H 面外弯曲振动;5.—CH$_2$—H 伸缩振动;6.C—C 伸缩振动

其他各类化合物的红外光谱特征将在后续各章中分别介绍。

6.2 核磁共振氢谱

6.2.1 核磁共振原理概述

原子序数或质量数为奇数的原子核，其自旋可产生一定的磁矩。自旋的质子具有能量相同的量子数为 $m_s=+\dfrac{1}{2}$ 和 $m_s=-\dfrac{1}{2}$ 两个自旋态。但质子在外磁场 H_0 中自旋时，两个自旋态的能量不再相等，自旋磁矩与 H_0 同向平行的自旋态能级较低（E_α），自旋磁矩与 H_0 反向平行的自旋态能级较高（E_β），这两个自旋能级之差 ΔE 与外加磁场 H_0 强度成正比：

$$\Delta E = E_\beta - E_\alpha = \gamma \frac{h}{2\pi} H_0 = h\nu \quad \left(\nu = \gamma \cdot \frac{H_0}{2\pi}\right)$$

式中，γ 为磁旋比，是原子核自旋磁矩与角动量之比，是自旋核特征常数（对于 ^1H，$\gamma=2.675\times10^8$ A·m²·J⁻¹·s⁻¹）；h 为普朗克常数，H_0 为外磁场强度，单位是 Gs。如果用一定频率的电磁波照射磁场（H_0）中氢核，当电磁波能量恰好满足上式时，自旋氢核因吸收相应能量从低能级（E_α）跃迁到高能级（E_β），即产生核磁共振（Nuclear Magnetic Resonance，NMR），有机化合物中氢原子核（也称为质子）的核磁共振又称为质子磁共振（Proton Magnetic Resonance，PMR），也可记为 ^1HNMR（图 6-9～图 6-11）。

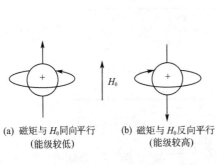

(a) 磁矩与 H_0 同向平行　　(b) 磁矩与 H_0 反向平行
　　（能级较低）　　　　　　　（能级较高）

图 6-9　外磁场 H_0 中质子两种自旋态

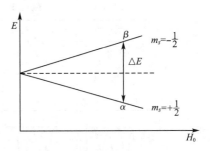

图 6-10　外磁场 H_0 中质子两种自旋态
能级裂分与磁场强度关系

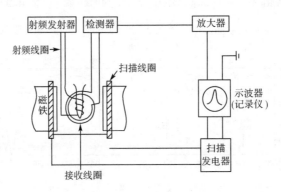

图 6-11　核磁共振仪工作原理示意图

核磁共振仪工作方式有两种,一种是保持外磁场强度不变(H_0固定),改变电磁波辐射频率,称为扫频式;另一种是保持电磁波辐射频率不变(ν不变),改变外磁场强度,称为扫场式。这两种方式可得到相同的核磁共振谱图。

常见质子核磁共振仪是扫场式的,电磁波辐射频率可固定在 60 MHz 或 100 MHz、300 MHz、400 MHz、500 MHz 或 600 MHz 等,而在磁铁上备有扫描线圈,使磁铁产生均匀磁场,并在一个较窄范围内连续、精确地变化磁场强度。射频发生器用来产生固定频率的输入电磁辐射波,信号检测器和放大器用于检出和放大核磁共振能量变化的电信号,记录仪将信号绘制成[1]HNMR 谱图。在[1]HNMR 谱图中,每一组吸收峰对应一定的磁场强度,用于表示化合物中不同结构环境的氢原子核发生核磁共振所需能量不同。

氢核在核磁共振仪中发生核磁共振时,相应的电磁波辐射频率与外加磁场的对应关系:

$$\nu/\text{MHz} \quad 60 \qquad 90 \qquad 100 \qquad 200 \qquad 400$$
$$H_0/\text{T} \quad 1.409\ 2 \quad 2.113\ 8 \quad 2.348\ 6 \quad 4.697\ 3 \quad 9.394\ 6$$

相应能量差 ΔE 并不大,如当 $H_0 = 1.41$ T 时,$\Delta E \approx 2.5 \times 10^{-5}$ kJ·mol^{-1},当 $H_0 = 2.35$ T 时,$\Delta E \approx 4.0 \times 10^{-5}$ kJ·mol^{-1},这相当于电磁波波谱中射频(无线电频)区能量。

6.2.2 化学位移

质子在 $\nu = 60$ MHz、$H_0 = 1.41$ T 条件下便可发生核磁共振。有机物中氢原子并非独立质子,它需要在 $\nu = 60$ MHz,外磁场强度略大于 1.41 T 的条件下才能发生核磁共振;即有机物中氢核比质子要在较高磁场处出现[1]HNMR 信号。这种由于氢核化学环境的不同而引起的核磁共振信号位置变化叫化学位移(Chemical Shift),以 δ 表示。"化学环境"在这里指化合物中氢原子核外的电子分布情况、与该氢核邻近其他原子和成键电子的分布情况及其对该氢核的影响。化学环境不同氢核,其核磁共振谱图中的化学位移也不同。

实验测定发现,有机分子中不同化学环境的氢核,其核磁共振信号与独立质子相比均出现在较高磁场处。这主要是氢核周围电子对其产生了屏蔽效应(Shielding Effect)。在外磁场(H_0)的作用下,氢核周围电子的运动产生了感应磁场,其方向与外磁场方向相反,则氢核实际所感受到的磁场强度比 H_0 略小。若要使该氢核产生核磁共振现象,在采用扫场式测定操作时,就必须适当增大外磁场强度,才能使被屏蔽的氢核发生核磁共振。氢核外部的电子云密度越大(质子性质越不明显),氢核所受屏蔽作用就越大,则该氢核发生核磁共振所需能量就越大,即它在[1]HNMR 谱图中较高磁场处出现吸收峰(δ 值较小)。

由于有机物结构差异性,不同化学环境氢核的[1]HNMR 化学位移(δ 值)互不相同。为了便于比较和判断,选定以 $\text{Si(CH}_3)_4$(TMS)为参照标准物,规定其中氢核化学位移值为零($\delta = 0$),将其他氢核化学位移与之对比,按下式取相对化学位移 δ 值:

$$\delta = \frac{\nu_{试样} - \nu_{\text{TMS}}}{\nu_0} \times 10^6$$

在常见有机化合物中,氢核 δ 值是负的,按 IUPAC 建议,规定在[1]HNMR 谱图中 δ 值改写为正值。δ 值越大,氢核所受屏蔽作用就越小(或去屏蔽作用越大),在较低磁场强度处便可发生核磁共振。反之,δ值越小,氢核所受屏蔽作用越大,核磁共振在较高磁场强度处方可发生。

采用相对化学位移(δ)来标记 ^{1}HNMR 谱图中核磁共振吸收峰位置,可避免因仪器的频率不同所产生的误差。如氯仿($HCCl_3$)中的氢核,在 60 MHz 的仪器中测出它与 TMS 氢核核磁共振频率之差为 437 Hz,而在 100 MHz 仪器中,这个差值为 728 Hz,但 δ 值相同:

$$\delta = \frac{437\ Hz - 0}{60 \times 10^6\ Hz} \times 10^6 = \frac{728\ Hz - 0}{100 \times 10^6\ Hz} \times 10^6 = 7.28$$

表 6-5 中列出了部分常见 ^{1}H 化学位移值。

表 6-5	部分 ^{1}H 化学位移值		（以 TMS 为标准）
氢的类型	化学位移值	氢的类型	化学位移值
RCH_3	0.9	ROH	1.0~5.5*
R_2CH_2	1.3	ArOH	6~8*
R_3CH	1.5	RCOOH	10~13*
C=CH₂	4.5~6.0	R—CH (O)	9~10
C=CCH₃	1.7	$R—O—CH_3$	3.5~4
C=C—C—H	1.9~2.6	$RCOCH_3$ (O)	3.7~4
—C≡CH	1.7~3	R—C—CH (O)	2~2.7
Ar—C—H	2.3~3	H—C—COOR	2~2.2
Ar—H	6.3~8.5	RNH_2、R_2NH	0.5~3.5*
$RCONH_2$	5.0~6.5	$ArNH_2$ (ArNRH)	2.9~4.8*
C=C—O—H	15~17		

* 与 O、N 相连的 H,其化学位移随温度、浓度、溶剂等条件的变化有较大幅度改变。

在测定 ^{1}HNMR 谱图时,一般测试样要溶于不含氢 CCl_4、CS_2 或 $DCCl_3$ 中并与 TMS 混在一起,此为内标法;若将 TMS 置于封闭的毛细管中,然后再放入试样中进行测定,此为外标法。

6.2.3　影响化学位移的因素

有机物中氢核化学位移大小取决于核外电子云密度的高低及磁各向异性效应的强弱。

1. 电负性的影响

电负性较大的原子或基团－I 效应强可使分子中氢原子核外的电子云密度降低(屏蔽效应减小),氢质子性增强,化学位移值增大,即电负性大的基团使氢核核磁共振信号(化学位移)移向低场。相反,有供电基团存在时,氢核外电子云密度增加,屏蔽效应增强,氢核化学位移向高场。例如:

化合物	$(CH_3)_4Si$	CH_4	CH_3I	CH_3Br	CH_3Cl	CH_3OH	CH_3F
CH_3 中 ^1H 的 δ	0	0.23	2.16	2.68	3.05	3.40	4.26

在烷烃中,碳电负性较大,烷基对 C—H 键中氢有去屏蔽效应,所以伯、仲、叔氢化学位移不同。例如:

	CH_4	$H_3C—CH_3$		$CH_3—CH_2—CH_3$		$(CH_3)_3CH$	
δ	0.23	0.86	0.86	0.91	1.33	0.91	0.86	1.50

当分子中引入其他官能团,伯、仲、叔氢化学位移一般在 $0.7 \sim 4.5$ 变化。无取代单环烷烃常温下一般只出现一个 ^1HNMR 吸收峰,如环丙烷 δ 值为 0.22,环丁烷 δ 值为 1.96,其他环烷烃 δ 值在 1.5 左右。

电负性对 ^1H 化学位移的影响是通过化学键的电子偏移实现,与诱导效应相似,这种影响随碳链的增长而减弱。如下列化合物中所标注 ^1H 的化学位移值随碳链增加而减小:

	CH_3Br	CH_3CH_2Br	$CH_3CH_2CH_2Br$	$CH_3(CH_2)_5Br$
δ	2.68	1.65	1.05	0.90

苯中氢的化学位移只有一种,$\delta = 7.27$(单峰)。取代苯中的取代基性质对环上氢原子化学位移有一定影响,供电子基使其 δ 值变小,吸电子基使其 δ 值增加。苯环对取代基 α C—H 键中氢质子有去屏蔽作用。

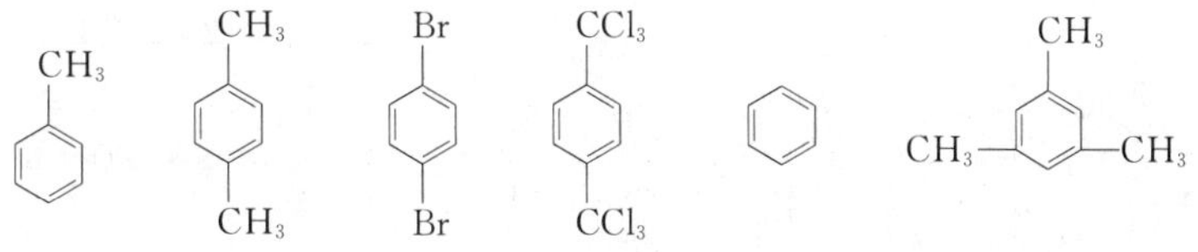

环上质子 δ	7.14	6.95	7.34	7.98	7.27	6.72

2. 磁各向异性效应

有机物中某些基团电子云分布不是球形对称,在外加磁场作用下,它对邻近氢核产生一个各向异性的磁场,使分子中处于不同空间位置的氢核受到不同程度的屏蔽作用,此为磁各向异性效应。处于受屏蔽区域的氢核其 δ 值移向较高场,处于去屏蔽区域氢核 δ 值移向低场。下面以乙烯、乙炔、苯为例介绍化学位移与磁各向异性效应的关系:

如图 6-12 所示,当乙烯或苯骨架平面与外磁场方向垂直时,π 电子形成的环电流在其内部区域产生一个与外加磁场反向平行的感应磁场。若氢核处于这个区域中,受屏蔽作用较强,须加大外磁场强度才能发生核磁共振。但若是在感应磁场与外磁场同向平行区域,氢核所受去屏蔽作用较强,化学位移则移向低场。由于乙烯双键氢和苯环氢处于去屏蔽区,故 δ 值较高。一般烯烃双键[1]H 化学位移是 $\delta=4.5\sim5.7$ 芳环共轭体系增大,环外氢核所受去屏蔽作用增大,其 δ 值增大,如萘环中 $\delta_\alpha=7.81$,$\delta_\beta=7.46$。轮烯化合物环内氢受强屏蔽作用,而环外氢受强去屏蔽作用,例如[18]轮烯中,$\delta_内=-1.9$,$\delta_外=8.2$。

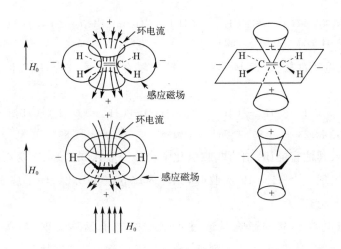

图 6-12   乙烯、苯各向异性效应(+号及−号分别表示受屏蔽区和去屏蔽区)

如图 6-13 所示,乙炔分子在外磁场中,可有两种取向,一种是与外磁场垂直,另一种是与外磁场平行。两种取向的 π 电子环流产生的感应磁场使炔氢所处磁各向异性效应区域不同,前者是去屏蔽区,后者是受屏蔽区,综合结果是炔氢受屏蔽作用较强。乙炔中[1]Hδ_H 值为 2.8。一般单取代炔烃 R—C≡CH 的 δ 值在 1.7~2.0(图 6-14)。

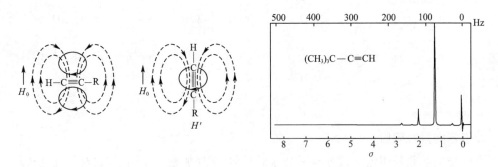

图 6-13   C≡C 的各向异性效应   图 6-14   3,3-二甲基-1-丁炔的核磁共振谱(60 MHz)

醛以及酮、酯、酸、肟、酰胺中的羰基,也会因磁各向异性效应而使其氢核或 α-H 有不同化学位移。碳碳单键或碳氢单键,也存在磁各向异性效应,只是较弱而已。图6-15为乙酸乙酯[1]HNMR 谱图。

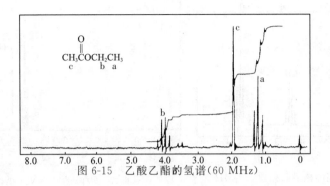

图 6-15　乙酸乙酯的氢谱(60 MHz)

除了电负性和磁各向异性对化学位移影响之外,氢键、溶剂效应、范德华效应也对化学位移有影响。一般情况下氢键产生去屏蔽效应使 δ 值移向低场。例如,醇分子间可形成氢键,其 $\delta_{OH}=3.5\sim5.5$,而羧酸分子中 $\delta_{OH}=10\sim13$。

6.2.4　自旋耦合与自旋裂分

1. 磁等价质子和磁不等价质子

有机物中化学环境相同(则化学位移相同)的质子称为磁等价质子。例如,下列化合物中各自的氢核属于磁等价质子:$H_2C=CH_2$,$HC\equiv CH$,H_3CCH_3,C_6H_6,$(CH_3)_4Si$,CH_3COCH_3,$(CH_3)_2C=C(CH_3)_2$。

化学环境不同的质子称为磁不等价质子。如 1-氯丙烷($CH_3CH_2CH_2Cl$)中 3 个碳上的氢核互为磁不等价质子,下列化合物中被标注的氢核也互为磁不等价质子:

(a)　　　　　　　(a)　(b)　　　　(d)　　　Cl　　CH₃　　　　　　　　　O
CH₃　　　　　　　CH₃　CH₂　　　　　H　　　　H　　　(d)　　　　　　‖
　　C═N　　　　　　　　C═C　　　　　H₃C　　(b)　　H　　CH₃CH₂COCH₂CH₃
CH₃　　　　OH　　　CH₃　　　　　　H　　　(a)　　(e)　　(a)　(b)　(c)　(d)
(b)　　　(c)　　　　(c)　　　　　(e)　　　　　H
　　　　　　　　　　　　　　　　　　　　　　　　(c)

在对二甲苯($H_3C\!-\!\!\bigcirc\!\!-\!CH_3$)中,两个甲基上氢核为磁等价质子,环上 4 个氢核也是磁等价质子,但这两者互为磁不等价质子。在氯乙烷(CH_3CH_2Cl)中,甲基和亚甲基上氢核互为磁不等价质子,但甲基上三个氢核或亚甲基上两个氢核是磁等价质子。

2. 自旋耦合与自旋裂分

从丙醇和氯乙烷[1]HNMR 谱图中可见(图 6-16、图 6-17),-CH₃和-CH₂-上磁等价质子吸收峰不是单峰,而是多重峰。这是因为分子中相邻磁不等价质子自旋相互作用导致了磁等价质子核磁共振吸收峰发生分裂,这种自旋的相互作用称为自旋耦合,质子核磁共振吸收峰因此而分裂成多重峰的现象称为自旋裂分。

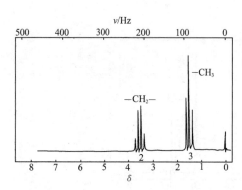

图 6-16　氯乙烷的核磁共振谱(60 MHz)

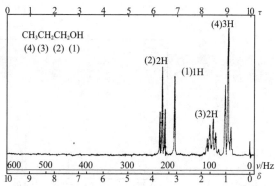

图 6-17　丙醇的 ^{1}HNMR 谱(60 MHz)

质子自旋耦合产生自旋裂分,但磁等价质子之间自旋耦合作用不产生自旋裂分,如对二甲苯 ^{1}HNMR 谱图中只有两个单峰;磁不等价质子之间自旋耦合才产生自旋裂分。在自旋裂分所形成的每组吸收峰中,各峰之间距离称为耦合常数(J),单位 Hz。

根据相互耦合的质子间相隔化学键数目,将自旋耦合作用分为同碳耦合(^2J)、邻碳耦合(^3J)和远程耦合。耦合常数 J_{ab} 大小,表示 H_a、H_b 耦合作用的强弱。一般相隔 4 个或 4 个以上单键的质子间耦合作用很弱,J 值几乎是零。

相互耦合质子的耦合常数相等,可由此判断是哪两个质子之间发生自旋耦合作用。烯烃双键碳核,由于位置不同其耦合常数也不同。如

$$J_{ab}=0\sim3.5\text{ Hz} \qquad J_{ab}=5\sim14\text{ Hz} \qquad J_{ab}=12\sim18\text{ Hz}$$

两组相互耦合的磁不等价质子的化学位移之差 $\Delta\nu$ 与其耦合常数 J 比值($\Delta\nu/J$)大于等于 6 时,其 ^{1}HNMR 谱图呈现一级谱图特征:

(1)峰的裂分数目符合 $n+1$ 规律,n 为相邻碳原子上磁等价质子数目。

(2)一组裂分峰中各峰强度比值基本上符合二项式展开系数:双峰(1:1),三重峰(1:2:1),四重峰(1:3:3:1),五重峰(1:4:6:4:1),六重峰(1:5:10:10:5:1),七重峰(1:6:15:20:15:6:1)。

(3)每组裂分峰中心处对应的 δ 值为该种氢化学位移。

(4)相互耦合两组裂分峰的峰型由外侧到内侧,峰高增大(图 6-18)。

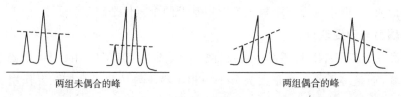

图 6-18

(5)每组裂分峰中,各裂分峰等距离,即耦合常数 J 相同。

所谓($n+1$)规律是指分子中某质子与 n 个磁等价质子自旋耦合时,该质子核磁共振信号裂分为($n+1$)重峰;如与两组数目分别为 n、n' 的邻接磁不等价质子相互耦合,则该质子裂

分峰数目为:$(n+1)(n'+1)$。

产生[1]H 一级谱的条件是 $\Delta\nu/J \geqslant 6$,以及同一组氢核均为磁等价质子。不满足一级谱条件的[1]HNMR 谱称为高级谱,其谱图峰形较复杂,裂分峰数目不符合$(n+1)$规律;同一组裂分峰中各峰强度比无规律性;裂分峰间距不一定相同,不能代表耦合常数,化学位移也不一定在裂分峰中心。

3. 自旋裂分峰的形成

受邻近磁不等价质子自旋的影响,氢核磁共振吸收峰呈现裂分,称为自旋裂分(Spin Splitting)。裂分峰数目与 n 个邻接磁不等价质子数目满足$n+1$规律,原因如下:

氢核在磁场中有两种自旋方式:与外加磁场同向平行和异向平行。核自旋产生的感应磁场 H' 与外加磁场 H_0 之叠加将形成略微大于或小于 H_0 的两个强度接近的场强"小区域",使邻近氢核感受到的磁场强度成为(H_0+H') 或 (H_0-H'),结果使邻近氢核核磁共振时,分别在较低场(H_0-H')和较高场为(H_0+H')处各出现一个吸收峰,即原来吸收信号峰裂分成强度相等的两个峰,这组双峰裂分峰间距是耦合常数 J。如果与发生核磁共振的氢核邻接一组两个磁等价质子,这两个质子各自自旋产生的感应磁场 H' 与 H_0 叠加后把氢核信号峰裂分为三重峰,其强度比为1:2:1。同样,当邻接有三个磁等价质子时,将导致信号峰裂分为四重峰,其强度之比为1:3:3:1。实验表明,在[1]HNMR 的一级谱中,氢核信号裂分情况与邻接碳上磁等价质子数目 n 的关系符合$(n+1)$规律(图6-19、图6-20)。

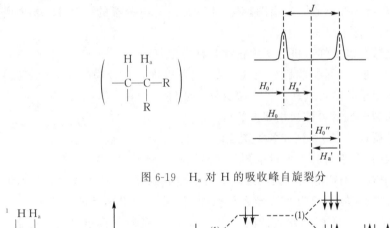

图 6-19　H_a 对 H 的吸收峰自旋裂分

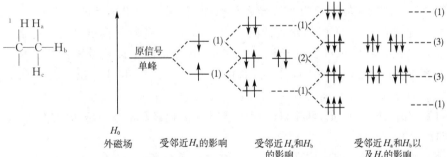

图 6-20　邻接磁等价质子(H_a、H_b、H_c)自旋对[1]H 的核磁共振吸收峰裂分影响

图 6-19 中,H_0'、H_0'':扫场时 H_0 的变化;H_0:外磁场强度;H_a':邻近磁不等价质子 H_a 自旋产生的感应磁场强度;H_a' 与 H_0' 同向叠加使裂分的峰在较低场处,H_a' 与 H_0'' 反向叠加,使裂分的峰在较高场处。

$$H_0' < H_0 < H_0'', \qquad H_0' + H_a' = H_0 = H_0'' - H_a'$$

如图 6-21 所示,乙醇的[1]HNMR 谱图中$-CH_3$ 和$-CH_2-$上两组磁不等价质子的自旋耦合作用,CH_2 使 CH_3 上的氢核的信号裂分为 (2+1) 重峰,而$-CH_3$ 使$-CH_2-$上的氢核的信号裂分为 (3+1) 重峰。

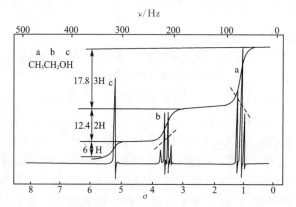

图 6-21　乙醇的[1]H 核磁共振谱图(60 MHz)

6.2.5　^{1}HNMR 谱图解析

通过考查有机化合物的核磁共振谱图,对于不太复杂有机分子的一级[1]HNMR 谱而言,可以得到此有机化合物分子结构的信息:

(1)由信号峰组数可以推知有机分子中含有几种类型氢。

(2)由各信号峰强度(峰面积或积分曲线高度)比可以推知化合物中各类型氢数目相对比,再根据分子中氢原子总数可判断出各类型氢原子数目。

(3)从各信号峰裂分数目可推知相邻氢数目。

(4)由各峰化学位移(δ 值)可推知各类型氢的归属。

(5)由耦合常数(J)和裂分峰外形可推测相邻磁不等价质子的类型。

^{1}HNMR 谱图中有一条从低场到高场逐渐上升的阶梯式曲线,此为积分曲线(图6-21)。积分曲线每个阶梯高度对应这组吸收峰峰面积峰面积,又正比于该组磁等价质子数目;积分曲线总高度与化合物中 H 核总数成正比。积分曲线中,各阶梯高度之比即为各组磁不等价质子数目之比。峰面积可由电子积分仪测量,并在谱图上以连续的阶梯式积分曲线表示出来。根据积分曲线中各阶梯高之比,由分子中氢总数可推算出各磁不等价质子数目。

【例 6-1】　如图 6-22 所示,两个[1]HNMR 谱图分别代表化合物 1-氯丙烷和 2-氯丙烷。试说明其归属。

解　在 2-氯丙烷($CH_3CHClCH_3$)中,有两组磁不等价质子;两个$-CH_3$ 上 6 个氢是磁等价的,它们对仲碳上氢核自旋耦合作用使其核磁共振吸收峰裂分为 (6+1)=7 重峰,而且,该组峰应有较大化学位移。因为 $Cl-I$ 效应对仲碳上氢核有较强的去屏蔽作用,该化学位移在较低场处($\delta=4.14$)出现。甲基上氢核只受一个邻接质子的自旋耦合作用,故其吸收峰裂分为双峰。所以,图(A)应为 2-氯丙烷。图(B)为 1-氯丙烷;图(B)中有 3 组峰,对应着

$CH_3CH_2CH_2Cl$ 中三组磁不等价质子；而且—CH_3 和—CH_2Cl 上氢核吸收峰受—CH_2—上两个磁等价质子的自旋耦合（叁键偶合）作用使其裂分为三重峰；—CH_2—上氢核吸收峰，由于受邻近的—CH_3 和—CH_2Cl 上质子自旋耦合作用，被裂分为 $(n+1)(n'+1)=(3+1)(2+1)=12$ 重峰，但仪器分辨率不高时只显示大于 7 重的多重峰。

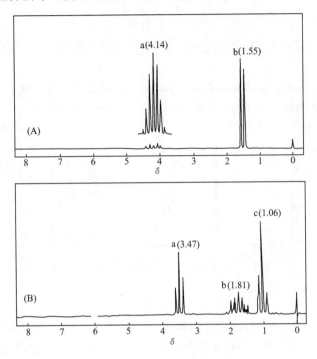

图 6-22　氯丙烷核磁共振谱(60 MHz)

【例 6-2】　已知分子式为 $C_4H_{10}O$ 的化合物的 ^{1}HNMR 谱如图 6-23 所示，试写出该化合物构造式。

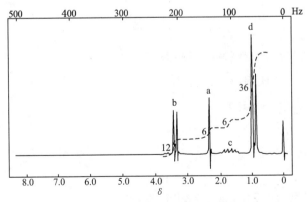

图 6-23　化合物 $C_4H_{10}O$ 的 ^{1}HNMR 谱

解　从图中可看出，该饱和化合物中有 4 组氢，由积分曲线阶梯高度之比可看出，这 4 种氢的比例是 a:b:c:d=6:12:6:36=1:2:1:6，而分子中只有 10 个氢，所以这 4 种氢的数目是 1,2,1,6。从各信号位置及裂分峰数目可知：$\delta\approx2.4$ 单峰应是羟基上氢，而 6 个质子($\delta\approx1$)的双峰应是 2 个甲基上氢核，且只有一个与之邻近的磁不等价质子。图中 b

处也是双峰,且含有 2 个磁等价氢核,而且该峰化学位移值最大,应有 $\overset{\underset{\mid}{H}}{C}\text{—}CH_2\text{—}OH$ 结
构特征。所以该化合物构造式为 $(CH_3)_2CHCH_2OH$。c 处的信号峰为多重峰,它是由 2 个
H_b 和 6 个 H_d 对 H_c 共同自旋耦合作用产生的自旋裂分峰。

【例 6-3】 分子式为 C_9H_{12} 的化合物,其 ^{1}HNMR 谱图如图 6-24 所示,试写出该化合物
构造式。

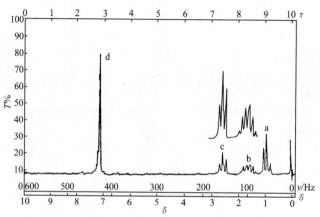

图 6-24 C_9H_{12} 的 ^{1}HNMR 谱

解 图中出现 4 组信号峰,结合不饱合度可判定该化合物是含有苯环且有 4 种氢的取
代芳烃。d 处 $\delta \approx 7.2$ 是苯环上 [1]H 吸收峰;因为 a 处和 c 处均为三重峰,且 [1]H_a 化学位移 $\delta \approx$
1.0,a 处应为 CH_3 信号;[1]H_a 和 [1]H_c 中间一定有—CH_2—存在,即与 b 处信号相对应。所以,
该化合物的构造式为 〔苯环〕—$CH_2CH_2CH_3$。

习 题

6-1 下列各组化合物的红外光谱有什么特征区别?

(1) $CH_3C{\equiv}CCH_3$ 和 $CH_3CH_2C{\equiv}CH$

(2) 〔环己基〕—OH 和 〔环己基〕=O

(3) 〔苯基〕—CO_2H 和 〔苯基〕—CHO

(4) 〔亚甲基环己烷〕 和 〔甲基环己烷〕

(5) $\overset{C_2H_5}{\underset{H}{}}C{=}C\overset{C_2H_5}{\underset{H}{}}$ 和 $\overset{C_2H_5}{\underset{H}{}}C{=}C\overset{H}{\underset{C_2H_5}{}}$

(6) 〔苯基〕—C_2H_5 和 〔邻二甲苯〕

6-2 下列各组化合物的核磁共振谱有什么特征区别?

(1) $CH_3CH{=}CH_2$ 和 $CH_3C{\equiv}CH$

(2) CH_3CH_2OH 和 CH_3OCH_3

(3) 〔苯基〕—$COCH_3$ 和 〔苯基〕—CO_2CH_3

(4) 〔苯基〕—CH_2OH 和 〔苯基〕—CHO

(5) H_3C—〔对位苯〕—CH_3 和 Cl—〔对位苯〕—Cl

(6) HO—〔对位苯〕—CH_3 和 〔苯基〕—OCH_3

6-3 预计下列各化合物的 ^{1}HNMR 图中,将有几个核磁共振信号峰出现。

(1) $CH_3{-}CH{-}CH_2$
$\underset{O}{\diagup\diagdown}$

(2) $CH_3CH{=}CH_2$

(3) $CH_3CH_2C{\equiv}CH$

(4) $CH_3CO_2CH(CH_3)_2$

(5) $CH_3CHClCH_2CH_3$

(6)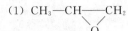

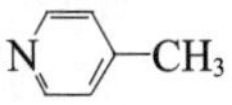

6-4 按化学位移值由大到小,把下列化合物中各个质子的 δ 值排列成序。

(1) $C_6H_5CH_2CH_2CH_3$　　(2) $ClCH_2CH_2CH_2Br$　　(3) $CH_3COOCH_2CH_3$　　(4) 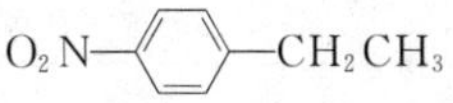 $O_2N{-}\langle\ \rangle{-}CH_2CH_3$

6-5 根据 IR、^1HNMR 光谱数据,推测化合物构造式。

(1) 分子式为 $C_9H_{11}Br$,^1HNMR 谱:$\delta=2.15$(2H 五重峰),$\delta=2.75$(2H 三重峰),$\delta=3.38$(2H 三重峰),$\delta=7.22$(5H 单峰)。

(2) 分子式为 $C_9H_{10}O$,^1HNMR 谱:$\delta=2.0$(3H 单峰),$\delta=3.5$(2H 单峰),$\delta=7.1$(5H 多重峰)。IR 谱中有 $1\,705\ cm^{-1}$ 强吸收峰。

(3) 实验式为 C_3H_6O,^1HNMR 谱:$\delta=1.2$(6H 单峰),$\delta=2.2$(3H 单峰),$\delta=2.6$(2H 单峰)、$\delta=4.0$(1H 单峰)。IR 谱在 $1\,700\ cm^{-1}$ 及 $3\,400\ cm^{-1}$ 处有明显吸收峰。

6-6 用 1 mol 丙烷和 2 mol 氯气进行自由基氯代反应,对生成的氯代产物进行精密分馏,得到 4 种二氯代丙烷 A、B、C、D。试从核磁共振谱的数据,推测其结构。

化合物 A:$\delta=2.4$,6H 单峰(沸点 69 ℃);化合物 B:$\delta=1.2$,3H 三重峰,$\delta=1.9$,2H 五重峰,$\delta=5.8$,1H 三重峰(沸点 88 ℃);化合物 C:$\delta=1.4$,3H 二重峰,$\delta=3.8$,2H 二重峰,$\delta=4.3$,1H 多重峰(沸点 96 ℃);化合物 D:$\delta=2.2$,2H 五重峰,$\delta=3.7$,4H 三重峰(沸点 120 ℃)。

第7章

卤代烃

烃分子中一个或多个氢原子被卤原子取代后的化合物称为卤代烃（Alkyl halides）。卤代烃因种类不同而用途各异，可作有机合成试剂、有机溶剂、阻燃剂、制冷剂、防腐剂、麻醉剂等。自然界中天然卤代烃存储量极其微小，常用卤代烃一般化学合成得到。例如：

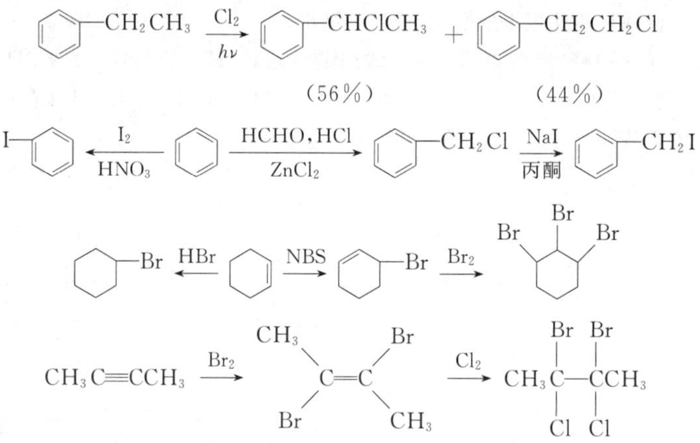

$$\text{—CH}_2\text{CH}_3 \xrightarrow[h\nu]{\text{Cl}_2} \text{—CHClCH}_3 + \text{—CH}_2\text{CH}_2\text{Cl}$$

$$(56\%) \qquad\qquad (44\%)$$

$$\text{I—} \xleftarrow[\text{HNO}_3]{\text{I}_2} \xrightarrow[\text{ZnCl}_2]{\text{HCHO,HCl}} \text{—CH}_2\text{Cl} \xrightarrow[\text{丙酮}]{\text{NaI}} \text{—CH}_2\text{I}$$

$$\text{—Br} \xleftarrow{\text{HBr}} \xrightarrow{\text{NBS}} \text{—Br} \xrightarrow{\text{Br}_2} $$

$$\text{CH}_3\text{C}\equiv\text{CCH}_3 \xrightarrow{\text{Br}_2} \xrightarrow{\text{Cl}_2} \text{CH}_3\text{C}\cdots\text{CCH}_3$$

7.1 卤代烃分类和命名

7.1.1 卤代烃分类

根据卤原子种类不同，卤代烃可分为氟代烃、氯代烃、溴代烃和碘代烃。根据烃基结构，卤代烃又可分为卤代烷烃（饱和卤代烃）、卤代烯（炔）烃（不饱和卤代烃）和卤代芳烃。根据卤原子数目将卤代烃分为单卤代烃和多卤代烃，多卤代烃中卤原子可以相同也可以不同。

饱和卤代烃又分为脂肪族卤代烷烃和脂环族卤代烷烃。在卤代烷中，依据与卤原子相连的 α-碳原子级别卤代烷可分为伯（1°）卤代烷、仲（2°）卤代烷、叔（3°）卤代烷等。例如：

（1）卤代烷烃

$$\text{CH}_3\text{CH}_2\text{CH}_2\text{CH}_2\text{Br} \qquad \text{CH}_3\text{CH}_2\overset{\overset{\displaystyle\text{Br}}{|}}{\text{CH}}\text{CH}_3 \qquad (\text{CH}_3)_3\text{CBr}$$

（伯卤代烷）　　　　　　　（仲卤代烷）　　　　叔卤代烷

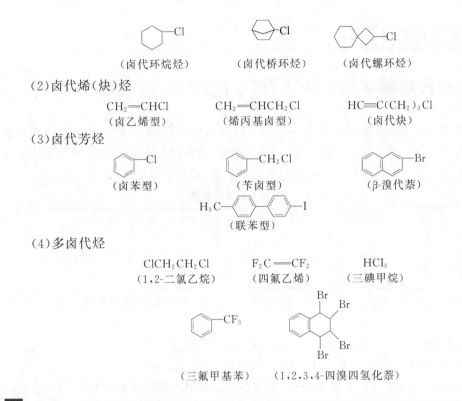

（2）卤代烯（炔）烃

$CH_2\!=\!CHCl$ （卤乙烯型）　　$CH_2\!=\!CHCH_2Cl$ （烯丙基卤型）　　$HC\!\equiv\!C(CH_2)_3Cl$ （卤代炔）

（3）卤代芳烃

（卤苯型）　　（苄卤型）　　（β-溴代萘）

$H_3C\!-\!\!\bigcirc\!\!-\!\!\bigcirc\!\!-\!I$
（联苯型）

（4）多卤代烃

$ClCH_2CH_2Cl$ （1,2-二氯乙烷）　　$F_2C\!=\!CF_2$ （四氟乙烯）　　HCl_3 （三碘甲烷）

（三氟甲基苯）　　（1,2,3,4-四溴四氢化萘）

7.1.2　卤代烃命名

卤代烃系统命名时，一般视烃为母体，卤原子是取代基。母体编号和取代基位次及其列出次序遵从选取最长碳链和最低位次及次序规则。例如：

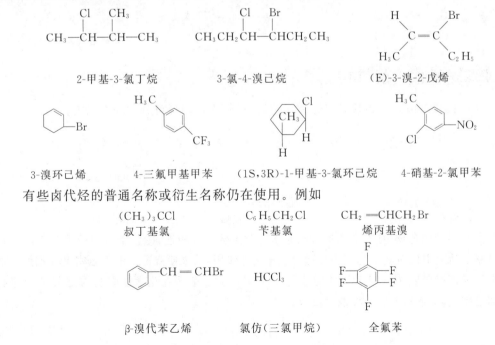

2-甲基-3-氯丁烷　　3-氯-4-溴己烷　　(E)-3-溴-2-戊烯

3-溴环己烯　　4-三氟甲基甲苯　　(1S,3R)-1-甲基-3-氯环己烷　　4-硝基-2-氯甲苯

有些卤代烃的普通名称或衍生名称仍在使用。例如

$(CH_3)_3CCl$ 叔丁基氯　　$C_6H_5CH_2Cl$ 苄基氯　　$CH_2\!=\!CHCH_2Br$ 烯丙基溴

β-溴代苯乙烯　　$HCCl_3$ 氯仿（三氯甲烷）　　全氟苯

7.2 卤代烃结构

7.2.1 卤代烷结构

卤代烷结构（RX）中，极性碳卤键 $C \overset{\delta^+}{\longrightarrow} \overset{\delta^-}{X}$ 是典型结构特征，并由此决定了卤代烷重要化学性质。卤原子电负性大于饱和碳原子（sp^3）电负性，故碳卤键中连接卤原子的 α-C 易与亲核试剂作用发生亲核取代反应，不同碳卤键的键能、键长、分子偶极矩也不同（表7-1）。

表 7-1　　　　　　　　　　一卤代烷 C—X 键及分子的极性

一卤代烷	C—X 键能/($kJ \cdot mol^{-1}$)	C—X 键长/nm	偶极矩/($C \cdot m$)（气相）
$H_3C—F$	472	0.139	6.07×10^{-30}
$H_3C—Cl$	350	0.178	6.47×10^{-30}
$H_3C—Br$	293	0.193	5.97×10^{-30}
$H_3C—I$	239	0.214	5.47×10^{-30}

不同碳卤键中的卤原子变形性及成键能力不同，碳卤键极化度及强度（键能）大小不同。

C—X 键的强度：　　　　C—F > C—Cl > C—Br > C—I

C—X 键的极化度：　　　　C—F < C—Cl < C—Br < C—I

卤代烷中卤原子—I 效应还可通过 α-C 传递到 β-C 上，使其有较明显的缺电子特征，进而影响到 β-H。表现在化学性质上，则是在强碱作用下，β-H 可消去发生卤代烷消除 HX 成烯反应。掌握卤代烃的结构对学习其主要化学性质——亲核取代反应和消除反应极其重要。

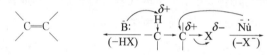

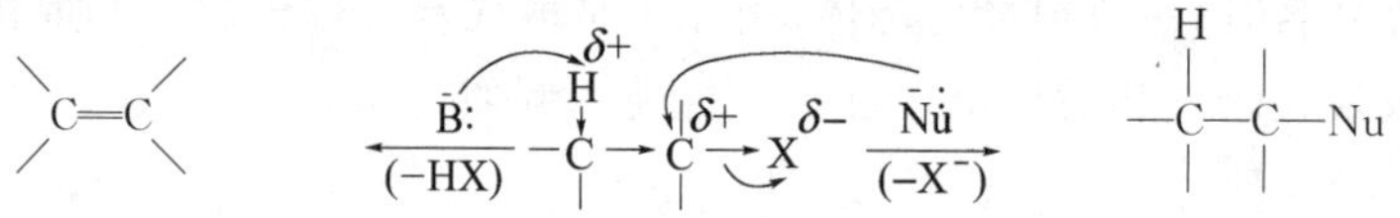

（α-、β-消除HX）　　　　　　　　　　　　　（α-C上的亲核取代）

7.2.2 卤代烯烃结构

根据卤代烯中卤原子和烯烃双键相对位置不同，卤代烯烃可分为如下三类：

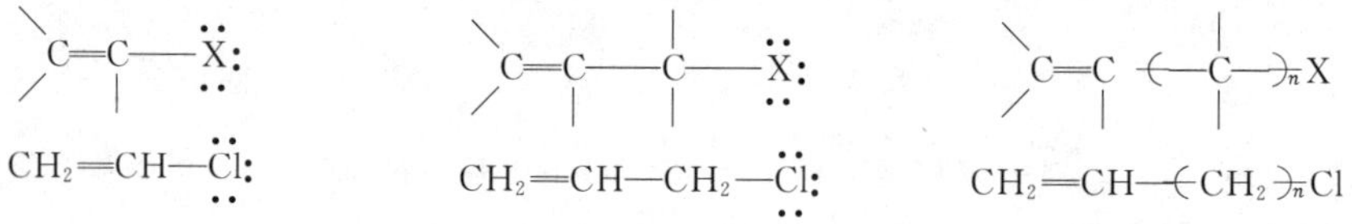

$CH_2=CH—\ddot{\underset{\cdot\cdot}{Cl}}:$　　　　　　$CH_2=CH—CH_2—\ddot{\underset{\cdot\cdot}{Cl}}:$　　　　　　$CH_2=CH—(CH_2)_n Cl$

氯代乙烯　　　　　　　　　3-氯丙烯　　　　　　　　　（$n \geqslant 2$）
（卤乙烯型卤代烯）　　　　（烯丙卤型卤代烯）　　　　　（隔离型卤代烯）

在卤乙烯型化合物中（如氯乙烯），卤原子与双键碳直接相连，氯原子对双键碳有—I 效应，同时氯原子轨道中孤对电子与相邻 π 键有 p-π 共轭作用，结果使双键 π 电子云密度较乙烯中双键 π 电子云密度要低，C—Cl 键因此键能增加，键长变短。表现在化学性质上，氯乙烯不易进行亲电加成反应，也不易发生亲核取代反应。

	C—Cl 键长/nm	C—Cl 键解离能/(kJ·mol^{-1})	C=C 键长/nm	偶极矩/(C·m)
CH_3CH_2—Cl	0.178	334		6.6×10^{-30}
CH_2=CH—Cl	0.172	368	0.138	4.8×10^{-30}
C_6H_5—Cl	0.169	406	0.142	5.67×10^{-30}

在烯丙基氯中,双键对 α-C—Cl 键的影响使烯丙位氯原子有很高的化学活性,很容易被亲核试剂取代。当卤原子与双键相隔两个或两个以上饱和碳原子时,烯烃双键及碳卤单键更多地体现出各自独立的化学性质。

7.2.3 卤代芳烃结构

从结构特征上看,卤代芳烃与卤代烯烃相似,也有三种类型:如

$$\underset{\text{(隔离型)}}{}\text{—(CH}_2)_n\text{—Cl}\quad(n\geqslant2)\qquad\underset{\text{(苄卤型)}}{}\text{—CH}_2\text{—Cl}\qquad\underset{\text{(卤苯型)}}{}\text{—Cl:}$$

隔离型卤代芳烃结构中,呈现苯环和碳卤键各自呈现独自的性质。苄氯与烯丙基氯相似,氯原子化学活性很高。与氯乙烯相似,氯苯中氯原子对苯环有−I 和+C(p-π)作用,结果使环上 π 电子密度下降而碳氯键增强。换言之,氯苯中这种 p-π 共轭作用(图 7-1),使得氯苯中氯原子稳定性增加,化学活性下降,不容易发生亲核取代反应。

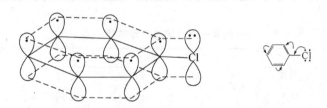

图 7-1 氯苯分子中氯原子 p 电子对与苯环 π 电子的 p-π 共轭

7.3 卤代烃物理性质

7.3.1 一般物理性质

卤代烃不溶于水,溶于烃类有机溶剂。多氯代烃对油污溶解力较强,可用作干洗剂。由于碳卤键有极性,卤代烃沸点高于相应烷烃。单氟代烷或单氯代烷的相对密度小于 1,而单溴代烷或单碘代烷的相对密度大于 1。单卤代苯熔点相对比较低,相对密度都大于 1。在二卤代苯中,对位二卤代苯对称性好,故熔点较高;而邻二卤代苯极性较大,故沸点较高。

一般情况下,碘代烷和邻二碘代烷热稳定性都不好,受热或光照时易发生分解反应,脱除碘化氢或碘,生成烯烃。单氯代烷或单溴代烷是有机合成中的常用试剂。氟代烃的制法、性质以及应用与其他卤代烃大不相同。部分卤代烃的物理常数见表 7-2、表 7-3。

表 7-2　　　　　　　　　　部分常见卤代烷、卤代烯的沸点和相对密度

卤代烃	RCl		RBr		RI	
	沸点/℃	d_4^{20}	沸点/℃	d_4^{20}	沸点/℃	d_4^{20}
$CH_2\!=\!CHCH_2X$	45.0	0.937 6	70.0	1.398 0	102.0	1.849 4
CH_2XCH_2X	84.5	1.235 1	131.4	2.179 2	200.0	3.325
$CH_2\!=\!CHX$	−13.4	0.910 6	16.0	1.493 3	56.0	2.037
CX_4	76.5	1.594 0	189.0	3.273	(升华)	4.230
CHX_3	61.7	1.483 2	150.0	2.889 9	218.0	4.008
CH_2X_2	40.0	1.326 6	97.0	2.497 0	182.0	3.325 4
CH_3X	−24.2	0.915 9	3.6	1.675 5	42.4	2.279
CH_3CH_2X	12.3	0.897 8	38.4	1.460 4	72.4	1.935 8
$CH_3CH_2CH_2X$	46.6	0.890 9	71.0	1.353 7	102.5	1.748 9
$(CH_3)_2CHX$	35.7	0.861 7	59.4	1.314 0	89.5	1.703 3
$CH_3CH_2CH_2CH_2X$	78.4	0.886 2	101.6	1.275 8	130.5	1.613 4
$(CH_3)_2CHCH_2X$	68.9	0.875	91.4	1.264	120.4	1.605 0
$CH_3CH_2CHXCH_3$	68.2	0.873 4	91.2	1.258 5	120.0	1.592 0
$(CH_3)_3CX$	52.0	0.842 0	73.3	1.220 9	100(d)	1.544 5
⬡—X	143.0	1.000	116.2	1.335 9	180(d)	1.624 4

表 7-3　　　　　　　　　　部分一卤代苯的物理常数

化合物	分子式	熔点/℃	沸点/℃	d_4^{20}	n_D^{20}
氟苯	C_6H_5F	−41.9	85.0	1.025	1.467 7
氯苯	C_6H_5Cl	−40	132.2	1.105 8	1.524 4
溴苯	C_6H_5Br	−30.5	156.2	1.495 0	1.559 7
碘苯	C_6H_5I	−31.5	188.6	1.830 8	1.620 0
氯苄	$C_6H_5CH_2Cl$	−39	179.3	1.100 2	1.539 1
邻氯甲苯	$o\text{-}CH_3C_6H_5Cl$	−35	159.2	1.082 5	1.526 8
间氯甲苯	$m\text{-}CH_3C_6H_5Cl$	−48	162	1.072 2	1.521 4(19 ℃)
对氯甲苯	$p\text{-}CH_3C_6H_5Cl$	7.5	162.4	1.069 7	1.515 0
邻硝基氯苯	$o\text{-}O_2NC_6H_4Cl$	34.0	246.0	1.305_4^{80}	—
间硝基氯苯	$m\text{-}O_2NC_6H_4Cl$	46.0	236.0	1.343_4^{50}	$1.537\ 4_a^{80}$
对硝基氯苯	$p\text{-}O_2NC_6H_4Cl$	83.6	239.0	$1.297\ 9_4^{90}$	$1.537\ 6_a^{100}$

7.3.2　波谱性质

卤代烷红外光谱中,C—X 键伸缩振动吸收峰出现在指纹区,强度较大。不同 C—X 键红外伸缩振动频率范围如下:

C—F	C—Cl	C—Br	C—I
1350~1 000 cm^{-1}	800~600 cm^{-1}	700~500 cm^{-1}	~500 cm^{-1}

卤代烷中卤原子电负性较大,其—I 作用使 α-H 和 β-H 在其核磁共振谱中呈现明显的

去屏蔽效应。例如：

$$CH_3—CH_2—CH_2—Cl \quad \delta_{H_\alpha}=3.47, \delta_{H_\beta}=1.81, \delta_{H_\gamma}=1.06$$
$$_{\gamma}_{\beta}_{\alpha}$$

$$CH_3—CH_2—CH_2—Br \quad \delta_{H_\alpha}=2.60, \delta_{H_\beta}=1.65, \delta_{H_\gamma}=1.04$$
$$_{\gamma}_{\beta}_{\alpha}$$

然而，卤原子$-I$效应在碳链上的传递是有限的，从下面化合物$-CH_3$上质子的δ_H值可以清楚地看出。

$\underline{CH_3}Br$	$\underline{CH_3}CH_2Br$	$\underline{CH_3}CH_2CH_2Br$	$\underline{CH_3}(CH_2)_4CH_2Br$
δ_H 2.68	1.66	1.04	0.9（与戊烷相同）

卤原子电负性越大，数目越多，其$-I$效应越明显，质子的δ_H值越大。例如：

CH_3F	CH_3Cl	CH_3Br	CH_3I	CH_2Cl_2	$CHCl_3$
δ_H 4.26	3.05	2.68	2.16	5.33	7.24

卤苯红外光谱中 C—X 键伸缩振动吸收峰的波数相对卤代烷中 C—X 键而言有所增加，一般是 C—Cl、C—Br、C—I 键在 $1\,175\sim1\,000\ cm^{-1}$，C—F 键在 $1\,250\ cm^{-1}$ 附近。

7.4　卤代烷化学性质

卤代烷中的烷基有烷烃性质，可发生自由基型卤代反应，由此得到二卤代或多卤代烷烃。卤代烷经典的化学性质表现在碳卤键上，可发生取代和消除两类反应。

7.4.1　亲核取代反应

卤代烷中碳卤键极性明显，卤原子电负性较大带有较多的负电荷，使中心碳原子（α-C）中心呈现缺电子属性，即带有部分正电荷而具有亲电性。因此，卤代烷可与一系列亲核试剂发生亲核取代（Nucleophilic Substitution）反应，简称 S_N 反应：

$$R—X+N\overset{..}{u}: \longrightarrow R—Nu+X^-$$

R—X 是反应底物，$N\overset{..}{u}:$ 是亲核试剂；X^- 是被 $N\overset{..}{u}:$ 取代的卤负离子，也称为离去基；R—Nu 是反应产物。

卤代烷与不同亲核试剂反应可用来制备各种有机化合物。亲核试剂可分为两大类：带有孤对电子的中性分子（路易斯碱）和带有负电荷的负离子（共轭碱）。例如：

$$N\overset{..}{u}=H_2\overset{..}{\underset{..}{O}}, R\overset{..}{\underset{..}{O}}H, H_3\overset{..}{N}, R\overset{..}{N}H_2, R_3\overset{..}{N}, R_3\overset{..}{P}, R_2S, RSH$$

$$N\overset{-}{u}=HO^-, RO^-, RC{\equiv}C^-, NC^-, NO_3^-, RCO_2^-, X^-, HS^-, RS^-$$

1. 亲核取代反应类型

（1）水解反应

卤代烷与水作用发生水解反应，生成醇和卤化氢，反应可逆。例如：

$$(CH_3)_3C—Cl+H_2\overset{..}{\underset{..}{O}} \rightleftharpoons (CH_3)_3C—OH+HCl$$

由于反应是由弱酸（H_2O）生成强酸（HCl），故反应可逆。如果卤代烷与氢氧化钠的水溶液作用，则发生碱性条件下的不可逆水解。例如：

$$C_5H_{11}Cl+NaOH \xrightarrow{H_2O} C_5H_{11}OH+NaCl$$

此反应底物 $C_5H_{11}Cl$ 源自戊烷混合物氯代反应,水解产物是戊醇混合物(称杂油醇),可用作溶剂。在此反应中,是强碱 HO^- 取代了弱碱 Cl^-,故反应可进行到底。

一般情况下,都是由醇制备卤代烃,但也可以经由卤化物水解制备相应醇,如:

$$CH_2=C(CH_3)_2 \xrightarrow{NBS} CH_2=C-CH_2-Br \xrightarrow[H_2O]{AgOH} CH_2=C-CH_2-OH$$
$$\quad\quad\quad\quad\quad\quad\quad\quad\quad | \quad\quad\quad\quad\quad\quad\quad\quad\quad\quad\quad |$$
$$\quad\quad\quad\quad\quad\quad\quad\quad\quad CH_3 \quad\quad\quad\quad\quad\quad\quad\quad\quad\quad\quad CH_3$$

(2)醇解反应

醇作为亲核试剂与卤代烷反应,也是可逆的。为了使反应顺利进行,用醇的碱金属盐(烷氧基负离子为亲核试剂)与卤代烷发生 S_N 反应,生成醚产物。此反应常用来合成不对称醚类,称为威廉姆森(Williamson)合成法。例如:

$$C_2H_5CH_2-Br+NaOCH(CH_3)_2 \longrightarrow C_2H_5CH_2OCH(CH_3)_2+NaBr$$

硫醇钠或酚钠也可用于此类反应,合成硫醚或芳基醚:

$$R-CH_2-O-Ar \xleftarrow[(-NaCl)]{ArONa} R-CH_2-Cl \xrightarrow[(-NaCl)]{NaSR'} R-CH_2-S-R'$$

邻位卤代醇(如 β-氯醇)在碱性条件下可发生分子内亲核取代反应,生成环状醚,例如:

$$\overset{\overset{\displaystyle HO:}{\curvearrowright}}{CH_2-CH_2} \xrightarrow[H_2O]{CaO} H_2C \overset{O}{\diagup\diagdown} CH_2$$
$$\quad\quad\quad |$$
$$\quad\quad\quad Cl$$

次氯酸与烯丙基氯加成产物在 $Ca(OH)_2$ 作用下生成 3-氯-1,2-环氧丙烷,此产品在生产环氧树脂中大量应用。

$$CH_2=CH-CH_2Cl \xrightarrow{HOCl} \underset{Cl}{CH_2}-\underset{OH}{CH}-\underset{Cl}{CH_2} \xrightarrow{Ca(OH)_2} CH_2 \overset{O}{\diagup\diagdown} CH-CH_2Cl$$

(3)氰解反应

在醇水混合溶剂中,伯卤代烷与氰化钠(或钾)作用,氰基(-CN)取代了卤代烷中的卤原子,生成腈类化合物。例如:

$$CH_3CH_2CH_2CH_2-Br+NaCN \xrightarrow[\triangle]{C_2H_5OH/H_2O} CH_3CH_2CH_2CH_2-CN+NaBr$$

$$BrCH_2CH_2CH_2Br+2NaCN \xrightarrow[\triangle]{C_2H_5OH/H_2O} NC-CH_2CH_2CH_2-CN+2NaBr$$

卤代烷氰解反应,在反应物中引入了氰基,产物腈比底物(RX)多一个碳原子,这是有机合成中重要的增加碳原子方法。

(4)卤代烷与含氧酸根反应

乙酸根负离子有一定亲核活性,与活泼卤代烃反应可生成酯;亚硫酸根亲核活性较强,与卤代烷反应可生成烷基磺酸盐。例如:

$$C_6H_5CH_2-Cl+CH_3COONa \longrightarrow CH_3COOCH_2C_6H_5+NaCl$$

$$n\text{-}C_8H_{17}Cl+NaHSO_3 \longrightarrow n\text{-}C_8H_{17}SO_3Na+HCl$$

硝酸根 NO_3^- 亲核性很弱,一般不与卤代烷作用。由于 AgX 极难电离,当使用 $AgNO_3$ 乙醇溶液与卤代烷作用时,会因 AgX 生成而促使卤代烷与 NO_3^- 亲核取代顺利完成。

$$RX + AgNO_3 \xrightarrow{\text{乙醇}} R-ONO_2 + AgX \downarrow \quad (X=Cl,Br,I)$$

卤代烷与硝酸银
乙醇溶液的反应

在这个反应中，生成 AgX 沉淀的现象很明显，可由此鉴别卤代烷存在。不同级别卤代烷与 $AgNO_3$ 反应，活性差别很大，叔卤代烷会立即生成 AgX 沉淀，仲卤代烷生成 AgX 较慢，伯卤代烷需加热才会有沉淀生成，即卤代烷与 $AgNO_3$ 反应活性为：

$$3°RX > 2°RX > 1°RX$$

烷基相同，但卤原子不同的卤代烷生成 AgX 沉淀速率也不同，活性次序为：

$$RI > RBr > RCl > RF$$

亚硝酸银与卤代烷作用可生成硝基烷烃：

$$n\text{-}C_4H_9Br + AgNO_2 \longrightarrow n\text{-}C_4H_9NO_2 + AgBr \downarrow$$

（5）氨解反应

氨与卤代烷作用，氨基取代了卤原子，生成伯胺和卤化氢。伯胺是有机弱碱，它与卤化氢结合形成铵盐，碱中和后得游离伯胺。

$$R-X + NH_3 \longrightarrow R-NH_2 \cdot HX \xrightarrow{NaOH} R-NH_2 (+NaX + H_2O)$$

过量氨起到碱的作用，如乙二胺制取：

$$Cl-CH_2CH_2-Cl + 4NH_3 \xrightarrow[5\ h]{110\sim120\ ℃} H_2N-CH_2CH_2-NH_2 + 2NH_4Cl$$

卤代烷与伯胺反应可生成仲胺，后者与卤代烷进一步反应可生成叔胺，叔胺再与卤代烷作用则生成季铵盐。例如：

$$C_2H_5NH_2 + BrC_2H_5 \xrightarrow{-HBr} (C_2H_5)_2NH \xrightarrow[-HBr]{BrC_2H_5} (C_2H_5)_3N$$

$$(C_2H_5)_3N + BrC_2H_5 \longrightarrow (C_2H_5)_4\overset{+}{N}\overset{-}{Br}$$

（6）卤原子置换反应

在丙酮或丁酮溶剂中，溴代烷或氯代烷与溶于其中的碘化钠作用，生成碘代烷和不溶于丙酮或丁酮的无机钠盐（NaBr 或 NaCl），故利于反应进行。

$$\underset{}{CH_3\overset{Br}{\overset{|}{C}HCH_3}} + NaI \xrightarrow[25\ ℃]{\text{丙酮}} CH_3\overset{I}{\overset{|}{C}HCH_3} + NaBr \downarrow$$

$$n\text{-}C_8H_{17}Cl + NaI \xrightarrow[\triangle]{\text{丁酮}} n\text{-}C_8H_{17}I + NaCl \downarrow$$

在这个反应体系中，卤代烷反应活性是 $1° > 2° > 3°$。

2. 亲核取代反应机理

思政材料8

卤代烷亲核取代反应在有机合成中有着重要应用。英国化学家英果尔德（C. Ingold）对反应机理做了深入系统的研究，通过对卤代烷亲核取代反应动力学方程的建立和立体化学结果的考查，提出了亲核取代反应两个典型反应模式：S_N1 机理和 S_N2 机理。

（1）亲核取代反应的动力学

实验发现：溴甲烷或溴乙烷在含 20% 水的乙醇溶液中于 55 ℃ 时的水解速率非常慢，但在加入 NaOH 后，反应速率明显加快，卤代烷和 NaOH 以相同速率同时消耗。这表明，溴甲烷或溴乙烷的碱性水解反应速率与卤代烷和 HO^- 浓度成正比。根据实测实验数据，建立了如下反应动力学方程：

$$CH_3Br + {}^-OH \xrightarrow[55\ ℃]{H_2O/C_2H_5OH} CH_3OH + Br^-$$

$$\text{反应速率 } v=k[\text{CH}_3\text{Br}][\text{HO}^-]$$

从动力学方程看,该反应为二级反应。

在叔丁基溴水解反应中发现,反应速率比溴乙烷快很多,且底物浓度越大,反应速率越快,但加入碱(HO^-)并不能加快水解速率。这表明叔丁基溴的水解反应速率只取决于底物自身浓度而与 HO^- 浓度"无关",实测动力学方程为一级。

$$(\text{CH}_3)_3\text{CBr}+\text{H}_2\text{O}\xrightarrow[\text{55 ℃}]{\text{H}_2\text{O}/\text{C}_2\text{H}_5\text{OH}}(\text{CH}_3)_3\text{C}-\text{OH}+\text{HBr}$$

$$\text{反应速率 } v=k[(\text{CH}_3)_3\text{CBr}]$$

从上述两个卤代烷水解反应的动力学方程看,亲核取代反应可分为两类:一类是由反应底物和亲核试剂两个物种浓度控制反应速率,称为双分子亲核取代(S_N2)反应;另一类是由反应底物浓度控制反应速率,称为单分子亲核取代(S_N1)反应。

(2)双分子亲核取代(S_N2)反应机理

在 CH_3Br 碱性水解反应中,CH_3Br 和 HO^- 两个底物以同等速率消耗,反应速率与二者浓度成正比,这说明决定反应速率这一步骤的过渡态与两底物相互作用有关,CH_3Br 和 HO^- 都参与了反应速率的控制步骤。换言之,溴原子逐渐离去的同时,亲核试剂 HO^- 与中心碳原子逐渐键合,即 $\text{C}-\text{Br}$ 键断裂与 $\text{C}-\text{OH}$ 键生成同步进行。当 CH_3Br 与 HO^- 发生活化碰撞,体系内能达到最高水平时,$\text{C}-\text{Br}$ 键的异裂程度和 $\text{HO}-\text{C}$ 键形成程度达到了均衡态势,称为"过渡态"(能量曲线中的最高点处);反应继续进行,当 $\text{C}-\text{Br}$ 键完全断裂时,$\text{HO}-\text{C}$ 键完全形成;整个反应过程 Br^- 离去和 HO^- 进入一步完成可描述如下:

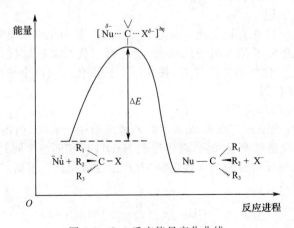

在过渡态时,中心碳原子形式上拥有是 sp^2 杂化部分属性,但中心碳相连 5 个原子或基团,原子或基团之间空间拥挤,相互作用使其内能最大;只有当进攻的 $\overset{\delta-}{\text{OH}}$ 和将要离去的 $\overset{\delta-}{\text{Br}}$ 处于直线反方向时,才能最大限度地降低过渡态内能。所以,亲核试剂(HO^-)应当从离去基(Br^-)离去的相反方向进攻中心碳原子才最为有利。反应中断裂 $\text{C}-\text{Br}$ 键所需能量可由生成 $\text{HO}-\text{C}$ 键放出的能量补偿。由于产物能量水平低于反应底物能量水平,整个反应是放热的,如图 7-2 所示。

图 7-2　S_N2 反应能量变化曲线

S_N2 反应机理中,亲核试剂从卤原子离去相反方向攻击中心碳原子,过渡态时进攻基团(如 HO^-)将中心碳原子另外三个原子或基团的化学键(σ 键)排斥到同一平面内。当 X^- 完全离去时,这三个化学键进一步被排斥到原来 $-X$ 所在区域,结果使产物中心碳原子构型与底物中心碳原子构型恰好相反,此为构型翻转或构型转化,也称为瓦尔登(Paul Walden,$1863\sim1957$)转化。当中心碳原子是手性时,这种立体化学变化可通过比旋光度测定观察到,如下面反应便有力地支持了 S_N2 反应机理:

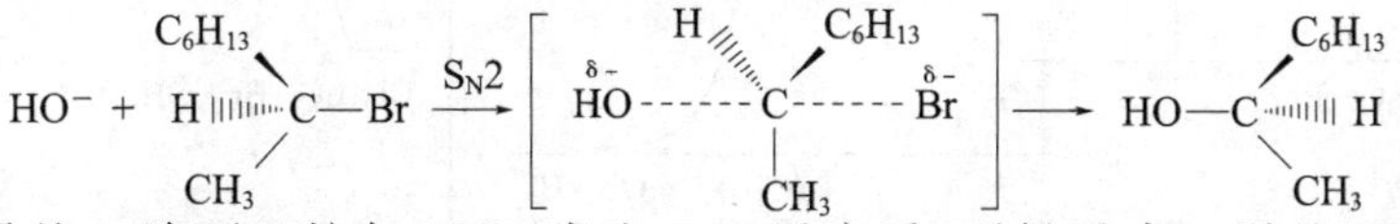

$$HO^- + H\text{━━}\overset{\overset{\displaystyle C_6H_{13}}{|}}{\underset{\underset{\displaystyle CH_3}{|}}{C}}\text{—Br} \xrightarrow{S_N2} \left[HO\text{----}\overset{\overset{\displaystyle H}{|}}{\underset{\underset{\displaystyle CH_3}{|}}{\overset{\delta^-}{C}}}\overset{\displaystyle C_6H_{13}}{\underset{}{\text{----}}}\overset{\delta^-}{Br}\right] \longrightarrow HO\text{—}\overset{\overset{\displaystyle C_6H_{13}}{|}}{\underset{\underset{\displaystyle CH_3}{|}}{C}}\text{━━}H$$

顺式 1-甲基-4-溴环己烷与 HO^- 发生 S_N2 反应后,可得反式 4-甲基环己醇产物。这也表明,构型转化是 S_N2 反应的特征。

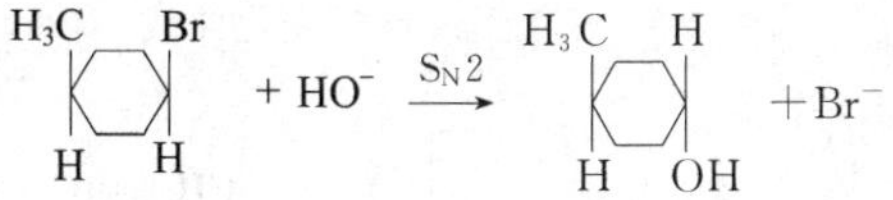

$$\overset{\overset{\displaystyle H_3C \quad Br}{}}{\underset{\underset{\displaystyle H \quad\quad H}{}}{\hexagon}} + HO^- \xrightarrow{S_N2} \overset{\overset{\displaystyle H_3C \quad H}{}}{\underset{\underset{\displaystyle H \quad\quad OH}{}}{\hexagon}} + Br^-$$

(3)单分子亲核取代(S_N1)反应机理

叔丁基溴在稀碱溶液中水解,主要生成叔丁醇,反应速率只由反应底物浓度控制,与亲核试剂浓度无关,说明反应控制步骤决定于卤代烷本身变化,即碳卤键异裂推动了反应的进行。然而,该反应机理并不是单纯的一步反应历程,常涉及如下所示多步反应过程:

① $(CH_3)_3C\text{—}Br \underset{\text{慢}}{\Longleftrightarrow} [(CH_3)_3\overset{\delta^+}{C}\text{—}\overset{\delta^-}{Br}] \longrightarrow (CH_3)_3C^+ + Br^-$

② $(CH_3)_3C^+ + \overset{-}{OH} \xrightarrow{\text{快}} (CH_3)_3C\text{—}OH$

③ $(CH_3)_3C^+ + H_2O \xrightarrow{\text{快}} (CH_3)_3C\text{—}\overset{+}{OH_2} \xrightarrow[-H^+]{\text{快}} (CH_3)_3C\text{—}OH$

④ $(CH_3)_2\overset{+}{C}\frown CH_2\text{—}H \xrightarrow[\text{快}]{-H^+} (CH_3)_2C\text{=}CH_2$ (少)

叔丁基溴在溶剂 H_2O 作用下按①式解离,碳溴键异裂后生成了活性中间体碳正离子 $(CH_3)_3C^+$ 和 Br^-。这是吸热的化学键断裂过程,也是反应的速率控制步骤。在这步反应中,碳溴键断裂与 $[HO^-]$ 无关,是单分子行为,所以称单分子亲核取代反应。活性中间体碳正离子与体系中 HO^- 结合,或与 H_2O 结合后再离解出去 H^+ 都生成叔丁醇。这两个反应都因生成化学键而放热,反应极易发生,速度很快。如果碳正离子在没 HO^- 或 H_2O 结合之前先行解离去 $\beta\text{-}H^+$,就会生成烯烃(④式),此消除产物在叔卤烷碱性水解时的确可生成,但这不影响我们对以生成叔丁醇为主产物水解反应的研究。叔丁基溴整个水解反应过程的能量变化曲线如图 7-3 所示。

S_N1 反应中间体碳正离子为平面结构,当亲核试剂与之成键生成产物时,可从该平面的两侧攻击碳正离子。在进攻几率均等条件下,可产生等量空间构型相反的产物。如果卤代烷中心碳原子是手性碳,则反应产物是外消旋体。S_N1 反应这一立体化学特征与 S_N2 反应构型翻转的立体化学特征不同。例如:

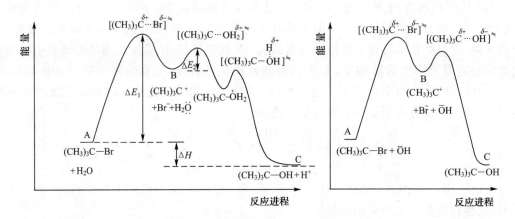

图 7-3 S_N1 反应能量变化曲线

如果是卤代环烷烃,且顺反构型一定,则水解后产物是顺反构型混合物。例如:

应当注意,含手性中心碳原子的卤代烷按 S_N1 机理反应后,产物并不一定是 100% 的外消旋体。主要原因是先行离去的卤负离子可以与碳正离子以离子对形态留存于原来空间方位,这就使亲核试剂从碳正离子两侧进入的几率不绝对均等,从而形成一定量的构型转化产物。例如,旋光性 α-氯代乙苯在 80% 丙酮-水溶液中 S_N1 水解时,反应速率与 [HO^-] 大小无关,98% 产物外消旋化,也有 2% 构型翻转的旋光醇生成。这说明当苄基碳正离子生成后,H_2O 对其进攻由于离去基(Cl^-)尚未完全离开,而呈现出一定的方位选择性,但外消旋化产物仍占了多数。即:

在 S_N1 反应中,生成碳正离子中间体常会发生重排,进而会伴有重排反应产物生成。例如:

3. 影响亲核取代反应的因素

卤代烷亲核取代反应可按 S_N2 或 S_N1 机理进行。然而,具体卤代烷 S_N 反应真实的历程,决定于底物结构,也决定于反应条件等诸多因素。一般情况下,卤代烷的烷基结构、亲核试剂的亲核活性、离去基团性质(C—X 键变形性和 X^- 离去活性)以及溶剂性质等因素对卤代烷 S_N 反应有明显影响。

(1)烷基结构影响

在 S_N2 反应中,卤代烷中 $\overset{\delta+}{C}—\overset{\delta-}{X}$ 键是在亲核试剂(Nu:)攻击中心 α 碳原子后才逐步发生异裂。如果 α-C 上的正电荷越多,空间障碍越小,就越有利于 Nu: 攻击,则 S_N2 反应活性就越高。当 α-C 上连有取代烷基(支链)时,烷基+I 作用使 α-C 上的正电荷密度下降,且多烷基的存在将造成空间障碍,不利于 Nu: 对 α-C 攻击,结果使 S_N2 反应活性下降。α-C 上取代烷基越多,S_N2 反应活性越小。实际上,在 S_N2 反应过渡态中,α-C 上连接的烷基越多越大,过渡态稳定性就越小,反应的活化能就越高,反应也就越不易发生。例如,I^- 与下面各溴代烷在丙酮溶液中于 25 ℃时发生 S_N2 反应的相对反应速率为:

反应物	$CH_3—Br$	$CH_3CH_2—Br$	$(CH_3)_2CH—Br$	$(CH_3)_3C—Br$
相对速率	150	1.0	0.01	0.001

卤代烷 β-C 上连有支链烷基时,S_N2 反应速率也有明显下降。例如,在乙醇溶液中,$NaOC_2H_5$ 与下列各溴代烷于 55 ℃下发生 S_N2 反应的相对反应速率为:

反应物	CH_3CH_2Br	$CH_3CH_2CH_2Br$	$(CH_3)_2CHCH_2Br$	$(CH_3)_3CCH_2Br$
相对速率	100	28	3.0	$4.2×10^{-6}$

由此可见,不同烷基衍生的卤代烷 S_N2 反应活性次序为:
$$CH_3X>CH_3CH_2X(1°)>(CH_3)_2CHX(2°)>(CH_3)_3CX(3°)$$

在 S_N1 反应机理中,卤代烷在极性溶剂作用下先解离生成中间体碳正离子,此为反应的速率控制步骤。因此,碳正离子稳定性越好,相应反应活化能就较低,则反应进行得较快。已知碳正离子有如下的稳定性次序:
$$(CH_3)_3C^+>(CH_3)_2\overset{+}{C}H>CH_3\overset{+}{C}H_2>\overset{+}{C}H_3$$

所以,卤代烷按 S_N1 机理反应的活性次序是:
$$(CH_3)_3CX(3°)>(CH_3)_2CHX(2°)>CH_3CH_2X(1°)>CH_3X$$

例如,下列各溴代烷在强极性溶剂甲酸中水解成醇,测得按 S_N1 机理的相对反应速率为:

反应物	CH_3Br	CH_3CH_2Br	$(CH_3)_2CHBr$	$(CH_3)_3CBr$
相对速率	1.0	1.7	45	$>10^6$

不同烷基叔卤代烷的 S_N1 反应活性也不同。例如,下面所列各叔氯代烷在丙酮水溶液中,25 ℃时水解的相对反应速率为:

反应物	$(CH_3)_3CCl$	$CH_3CH_2\overset{\overset{CH_3}{|}}{\underset{\underset{CH_3}{|}}{C}}Cl$	$(CH_3)_2CH\overset{\overset{CH_3}{|}}{\underset{\underset{CH_3}{|}}{C}}Cl$	$[(CH_3)_2CH]_3CCl$	$[(CH_3)_3C]_3CCl$
相对速率	1.0	2.0	2.4	6.9	600

一般情况下,伯卤代烷易发生 S_N2 反应,叔卤代烷易发生 S_N1 反应,但少数情况例外。新戊基溴(伯卤代烷)在乙醇中发生醇解反应时,反应速率非常缓慢,且所得产物是碳骨架发生改变的醚和烯烃,即反应中分子骨架发生了重排变化,这是 S_N1 反应典型特征。

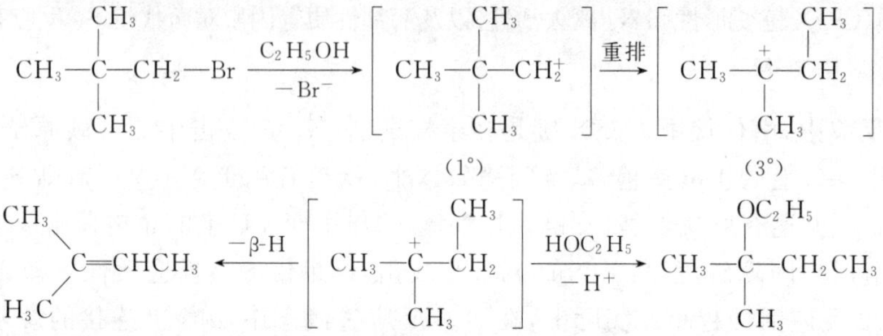

如上图所示,α-C 上叔丁基体积很大,屏蔽了亲核试剂按 S_N2 机理对 α-C 的进攻,新戊基溴只能进行 S_N1 反应,但反应速率很小,而生成的中间体伯碳正离子经过重排可变为更加稳定的叔碳正离子,主产物是以此中间体为基础进一步反应生成的。

7,7-二甲基-1-氯双环[2,2,1]庚烷存在叔碳氯键,但它与 $AgNO_3$ 的醇溶液回流 48 h 后,也观察不出有 AgCl 沉淀生成。这说明该化合物中碳氯键十分稳定,或生成相应叔碳正离子非常难,原因是这个中心碳原子是桥头碳,有桥环牵制,难以形成平面结构碳正离子,故很难进行 S_N1 反应。此外,该化合物按 S_N2 机理反应也非常困难,这是因为碳氯键背面两个环所占据的空间障碍使亲核试剂难以从背面进攻桥头碳。

(2)离去基的影响

在 S_N1 和 S_N2 历程中,C—X 键都发生异裂,故 X^- 从碳卤键中解离的活性越大,对 S_N 反应越有利,C—X 键极化度越大及电离能越小,离去基(X^-)的变形性越大、碱性越小,卤代烷发生 S_N 反应活性就越大。已知 C—X 键的极化度大小次序为

$$C—I > C—Br > C—Cl > C—F$$

C—X 键的键能及电离能大小次序为

$$C—I < C—Br < C—Cl < C—F$$

X^- 的变形性大小次序为

$$I^- > Br^- > Cl^- > F^-$$

X^- 的碱性大小次序为

$$I^- < Br^- < Cl^- < F^-$$

所以,相同烷基不同卤原子卤代烷 S_N 反应活性次序为

$$RI > RBr > RCl \gg RF$$

这个活性次序对 S_N1 反应的影响程度大于 S_N2 反应。这是因为 S_N2 反应中,X^- 的离去是在 Nu: 协助下完成的,反应活性还与 Nu: 的亲核活性有关,而在 S_N1 反应中,X^- 离去生成碳正离子是反应控速步骤。

相比之下,I^- 是卤负离子活性最好的离去基团,而 F^- 离去活性最小,故碘代烷是优良的烷基化试剂。从下面所列亲核取代反应中离去基相对离去速率可见,负离子碱性越小离去活性越大。

离去基	—F	—Cl	—Br	—I	$C_6H_5SO_3^-$	$p\text{-}O_2NC_6H_4SO_3^-$
相对离去速率	10^{-2}	1	50	150	300	2 800

（3）亲核试剂影响

在 S_N1 反应中,亲核试剂浓度及亲核性强弱对反应速率的影响可以忽略,这是因为亲核试剂没有直接参与反应速率控制步骤(溶剂解反应除外)。所以,亲核试剂浓度较低,亲核性较弱的反应条件更利于对 S_N1 反应的发生。在 S_N2 反应中,亲核试剂参与了过渡态形成,试剂亲核性强弱对 S_N2 反应影响很大。亲核试剂浓度大,亲核性强,有利于 S_N2 反应。亲核性在此指试剂给电子中心原子(带有未成键电子对,属路易斯碱)与卤代烷缺电子中心碳原子的亲和能力。亲核性越强,与卤代烷中心碳原子成键能力就越大,S_N2 反应活性也就越高。对于相同亲核原子的亲核试剂,在其他条件相同时,电子云密度越大,给电子能力就越大,亲核性就越强(与碱性大小次序相同)。如下列由强到弱亲核性顺序:

$$C_2H_5O^->HO^->C_6H_5O^->CH_3CO_2^->C_2H_5OH>H_2O$$

对同一周期的亲核原子而言,体积相近时,电负性小者,亲核性大。例如:

$$H_2N^->HO^->F^-;NH_3>H_2O;RNH_2>ROH$$

对同族亲核原子来说,可极化度大者,即变形性大者(原子半径大,电负性小),在质子型极性溶剂中,亲核性更大(与碱性强弱次序相反)。例如:

$$I^->Br^->Cl^->F^-;HS^->HO^-;H_2S>H_2O;RSH>ROH;RS^->RO^-;R_3P>R_3N$$

同类型亲核试剂,其体积越大,空间障碍就越大,不利于对卤代烷中心碳原子亲核攻击,且形成的过渡态稳定性也不好。所以,体积较大的亲核试剂,其亲核性较小。例如:

$$CH_3CH_2NH_2>(CH_3CH_2)_2NH>(CH_3CH_2)_3N$$

$$CH_3ONa>C_2H_5ONa>(CH_3)_2CHONa>(CH_3)_3CONa$$

不同亲核试剂与不同卤代烷进行 S_N2 反应时,反应条件不同,可表现出不同的亲核活性。常见亲核试剂在质子型溶剂(如 CH_3OH)中与溴甲烷反应时的亲核活性次序:

$$HS^->NC^->I^->\overset{..}{N}H_3>HO^->N_3^->Br^->Cl^->CH_3CO_2^->F^->H_2O$$

（4）溶剂影响

溶剂类型和极性大小对卤代烷 S_N 反应亲核试剂活性均有不同程度的影响。

S_N1 反应速率控制步骤中,反应底物由中性分子变成碳正离子,过渡态极性比底物极性大。

$$R—X \longrightarrow \left[\overset{\delta+}{R}\cdots\overset{\delta-}{X}\right] \longrightarrow R^++X^-$$

极性溶剂分子可与高度极化的过渡态通过偶极-偶极相互作用,使过渡态因电荷形成而引起的内能升高有所缓解,这种偶极-偶极作用所释出的能量有助于过渡态的碳卤键进一步彻底解离。对于碳正离子和卤负离子,极性溶剂分子的溶剂化作用也使它们所带电荷因得到分散而更趋于稳定。如果卤代烷在极性溶剂分子作用下完成 C—X 键异裂,随后碳正离子又与溶剂(亲核试剂)作用生成产物,此为溶剂解反应。溶剂极性越大,溶剂化能力就越强,过渡态能量就越低,中间体碳正离子也就越稳定,卤代烷溶剂解反应就越易进行,即 S_N1 反应活性越高。例如,叔丁基氯在 25 ℃时于不同极性溶剂中发生 S_N1 反应的相对速率为:

溶剂	CH_3CO_2H	CH_3OH	HCO_2H	H_2O
介电常数/$(F \cdot m^{-1})$	6.15	32.7	58.5	78.5
相对速率	1	4	5000	150 000

由此可见,溶剂极性对 S_N1 反应的影响相当之大。

溶剂极性对 S_N2 反应的影响,因取代反应类型不同而异。如 S_N2 反应过渡态电荷存在形式比底物亲核试剂的电荷更加分散,则溶剂极性增加,不利于过渡态电荷分散状态形成,因此使反应速率减慢。

$$HO^- + \overset{|}{\underset{|}{C}}-Br \rightleftharpoons \left[\overset{\delta^-}{HO} \cdots \overset{|}{\underset{|}{C}} \cdots \overset{\delta^-}{Br} \right] \xrightarrow{快} HO-\overset{|}{\underset{|}{C}} + Br^-$$

电荷集中　　　　　　　电荷分散的过渡态

另外,大极性溶剂对亲核试剂的溶剂化作用程度更大,往往致使亲核试剂的亲核活性下降,对 S_N2 反应不利。在质子型极性溶剂中(如 H_2O、C_2H_5OH 等),卤离子与溶剂可形成氢键,X^- 被溶剂分子包围而降低了亲核活性。卤负离子体积越小,负电荷越集中,它与质子型溶剂分子溶剂化作用程度越大。因此,有卤负离子亲核活性次序:

$$I^- > Br^- > Cl^- > F^-$$

由于 I^- 体积大,变形性大,负电荷较分散,溶剂化作用对其亲核性抑制作用较小,故 I^- 亲核性最好。但是在非质子型的极性溶剂中,由于 X^- 与溶剂分子不发生溶剂化作用,X^- 的负电荷完全裸露,负电荷越集中,亲核活性越大,故有 X^- 的亲核活性次序:

$$F^- > Cl^- > Br^- > I^-$$

一般而言,在极性不太弱的溶剂(如含水乙醇)中,叔卤代烷按 S_N1 机理反应;在极性不太强的溶剂(如乙醇)中,伯卤代烷按 S_N2 机理反应。仲卤代烷可按两种机理进行反应,通常是以 S_N2 机理为主。如果改变溶剂的极性,或可改变卤代烷亲核取代反应的机理。

综上所述,卤代烷进行 S_N 反应时所遵循的一般规律的特点是:

在 S_N1 反应中,卤代烷反应活性次序为:$3° > 2° > 1° > CH_3X$;反应产物可有外消旋化现象并可出现重排产物。在 S_N2 反应中,卤代烷反应活性次序为:$CH_3X > 1° > 2° > 3°$;反应中心碳原子发生立体构型转化,但无重排产物生成。卤代烷离去基的离去活性越大对 S_N 反应越有利;亲核试剂亲核性越强,对 S_N2 反应越有利;溶剂极性越大,对 S_N1 反应越有利,亲核试剂浓度增大对 S_N2 反应有利。当然,提高反应温度可加快 S_N 反应速率。

7.4.2　消除反应

1. 消除反应

卤代烷在加热条件下,于醇溶液中与强碱作用,不仅得到亲核取代产物,还得到脱除 HX 的主产物——烯烃。例如:

$$(CH_3)_2CHCH_2Br \xrightarrow[C_2H_5OH,55\,℃]{C_2H_5ONa} (CH_3)_2CHCH_2OC_2H_5 + (CH_3)_2C{=}CH_2$$
$$(38\%) \qquad\qquad (62\%)$$

$$(CH_3)_2CHBr \xrightarrow[C_2H_5OH,55\,℃]{C_2H_5ONa} (CH_3)_2CHOC_2H_5 + CH_3CH{=}CH_2$$
$$(20\%) \qquad\qquad (80\%)$$

$$(CH_3)_3CBr \xrightarrow[C_2H_5OH,55\,℃]{C_2H_5ONa} \underset{(2\%)}{(CH_3)_3COC_2H_5} + \underset{(98\%)}{(CH_3)_2C\!=\!\!CH_2}$$

卤代烷在上述反应中脱去一分子 HX 生成烯烃,称为消除(Elimination Reaction)反应。该反应脱除 α-C 卤原子和 β-C 氢原子消除,亦简称 β-消除反应,是制备烯烃的重要方法之一。从上面列举的反应看,不同级别的卤代烷在相同条件下发生 β-消除反应的活泼性不同,其消除反应活性次序一般为 3°>2°>1°。

实验证明,不同卤原子的卤代烷 HX-消除反应活性次序为 RI>RBr>RCl>RF。例如,2-甲基-2 卤丁烷在 25 ℃时与 KOC(CH$_3$)$_3$/HOC(CH$_3$)$_3$ 作用,发生消除反应的相对反应速率约为 RCl:RBr:RI=1:60:400。

同碳二卤代烷与强碱醇溶液作用,可消除两分子 HX 得到炔烃(中间经过卤代烯):

$$R\!-\!\overset{\overset{\displaystyle X}{|}}{\underset{\underset{\displaystyle X}{|}}{C}}\!-\!\overset{\overset{\displaystyle H}{|}}{\underset{\underset{\displaystyle H}{|}}{C}}\!-\!R' + 2KOH \xrightarrow[\triangle]{醇} R\!-\!C\!\equiv\!C\!-\!R' + 2KX + 2H_2O$$

在卤代烷 β-消除反应中,β-H 因卤原子-I 作用而呈现一定"酸性"在强碱作用下脱除 β-H 和 X$^-$ 离子生成烯烃。如果卤代烷中存在不止一种 β-H,则消除 HX 生成的烯烃可能就不止一种。实验结果表明,当多种 β-H 竞争脱除时,消除反应的主产物一般是双键上含有较多烷基的烯烃,也即是主要消除含氢较少的 β-C 上氢原子。这个实验规律称为查依采夫(Saytzeff)规则,此为卤代烷消除 HX 成烯反应的区域选择性,如:

$$CH_3CH_2CHCH_3 \xrightarrow[HOC_2H_5,70\,℃]{KOH} \underset{(81\%)}{CH_3CH\!=\!\!CHCH_3} + \underset{(19\%)}{CH_3CH_2CH\!=\!\!CH_2}$$
$$\overset{\underset{\displaystyle |}{\displaystyle }}{\underset{\displaystyle Br}{}}$$

$$CH_3CH_2C(CH_3)_2 \xrightarrow[HOC_2H_5,70\,℃]{KOC_2H_5} \underset{(71\%)}{CH_3CH\!=\!\!C(CH_3)_2} + \underset{\underset{(29\%)}{\displaystyle CH_3}}{CH_3CH_2C\!=\!\!CH_2}$$
$$\overset{\underset{\displaystyle |}{\displaystyle }}{\underset{\displaystyle Br}{}}$$

消除反应中卤代烷断裂两个 σ 键同时生成一个 π 键,产物烯烃内能高于反应物内能,此为吸热反应。一般 β-H"酸性"非常弱,需在高浓度强碱并加热作用条件下,才能有效生成烯烃。

叔卤代烷很容易发生消除反应,如与 NaCN 水溶液作用,得到烯烃主产物,而非亲核取代产物。

$$(CH_3)_2C\!=\!\!CH_2 \xleftarrow[C_2H_5OH]{NaOC_2H_5} (CH_3)_3C\!-\!Br \xrightarrow[C_2H_5COCH_3]{NaCN} (CH_3)_2C\!=\!\!CH_2$$

2. β-消除机理

实验研究表明,一般情况下卤代烷 β-消除机理有双分子消除(E2)和单分子消除(E1)两种。

(1)双分子消除(E2)反应机理

伯卤代烷或仲卤代烷在醇溶液中与强碱作用,消除 HX 生成烯烃,反应速率与卤代烷和

碱的浓度成正比,反应动力学方程为

$$v = k[RX][碱]$$

与 S_N2 反应类似,E2 反应中的决定反应速率的过渡状态由两底物参与形成。在 E2 反应中,碱进攻卤代烷 β-H,β-C—H 键逐步异裂,同时 α-C—X 键也随之逐渐发生异裂,在达到过渡态时,β-C—H 键和 α-C—X 键都处于高活化状态,α-C 和 β-C 分别带有部分正电荷和部分负电荷,这两个碳原子均具有 sp^2 杂化特征,即在 $C_\beta - C_\alpha$ 之间已有了部分双键性质,这时反应体系处于最高能量水平(图 7-4)。随着反应进行,β-C—H 键完全异裂,β-H 与碱结合,原有 β-碳氢 σ 键一对电子在 $C_\beta - C_\alpha$ 之间形成 π 键,X^- 从 α-C—X 键中彻底离去。完整的 E2 反应机理可描述如下:

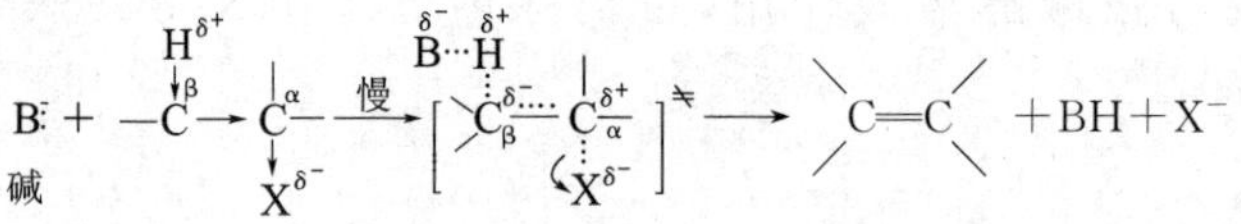

E2 反应是一步反应过程,过渡态中化学键变化涉及 5 个原子,电荷分散程度比 S_N2 过渡态还要大,所以强极性溶剂对 E2 反应不利,E2 反应一般是在醇溶液中完成。由于 β-H "酸性"很小,反应中一般使用高浓度强碱,如 NaOH、KOH、NaOR 和 KOR 等。

由于 E2 反应涉及强碱与 β-H 结合,卤代烷 α-C 支链越多,β-H 数目越多,碱中心攻击 β-H 几率就越大,E2 反应就越有利。更重要的是,过渡态时中多支链烷基的存在,对部分双键的形成有推动作用,可降低过渡态内能,亦使产物烯烃内能更低。卤代烷的 E2 反应活泼性次序为叔卤代烷>仲卤代烷>伯卤代烷。

(2)单分子消除(E1)反应机理

动力学研究表明,叔卤代烷在无碱存在时发生消除反应的反应速率只与卤代烷浓度有关,动力学方程为:

$$v = k[R_3CX]$$

叔卤代烷进行 S_N1 溶剂解反应时,常伴有有一部分烯烃生成:

$$(CH_3)_3C—Br + C_2H_5OH \xrightarrow{25℃} (CH_3)_3C—OC_2H_5 + (CH_3)_2C=CH_2$$
$$(81\%,S_N1产物) \qquad (19\%,E1产物)$$

这说明碳正离子中间体可脱除一个 β-H^+,生成烯烃:

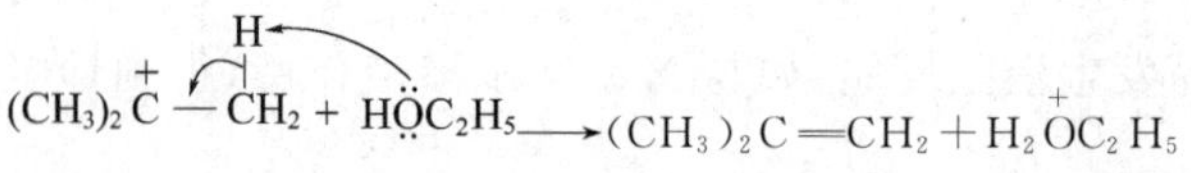

由于溶剂分子醇碱性很小,在其作用下 β-H 解离速率很慢,所以 S_N1 反应产物占据主导。如果在反应体系中加入碱($B^{:-}$),则中间体碳正离子在 $B^{:-}$ 作用下会很快解离出 β-H^+ 生成烯烃。由于反应速率控制步骤是生成碳正离子,只涉及一种反应物,故为单分子消除(E1)反应,其反应能量变化如图 7-5 所示。

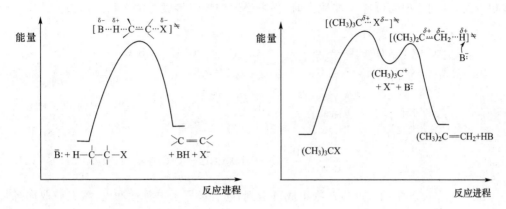

图 7-4　E2 反应能量变化曲线　　　　图 7-5　E1 反应能量变化曲线

① $(CH_3)_3C—Br$ $\xrightarrow{\text{慢}}$ $\left[(CH_3)_3\overset{\delta+}{C}\cdots\overset{\delta-}{Br} \right]$ $\longrightarrow$ $(CH_3)_3C^+ + Br^-$

② $(CH_3)_2\overset{+}{C}—CH_2 + :\overline{B}$ $\xrightarrow{\text{快}}$ $\left[\begin{array}{c} \overset{\delta+}{H}\cdots\overset{\delta-}{B} \\ (CH_3)_2\overset{\delta+}{C}\underset{\delta-}{\cdots}CH_2 \end{array} \right]^{\neq}$ $\longrightarrow$ $(CH_3)_2C=CH_2 + HB$

在 E1 反应中,式①是整个反应的速率控制步骤;式②中,β-C—H 键在碱攻击时逐步发生异裂,β-C 由 sp^3 杂化向 sp^2 杂化演变,原来 β-C—H 键中 σ 键电子部分转移到 C_α—C_β 之间,形成具有部分双键的过渡态。当 β-H 完全解离时,则生成"C_α=C_β"双键,完成反应。在式②过渡态中,如果 β-C 上仍连有烷基,则烷基+I 和+C(σ-p)效应,对过渡态有更好的稳定作用,利于反应完成。

一般情况下,只有叔卤代烷才按 E1 机理发生消除反应,仲卤代烷和伯卤代烷则按 E2 机理反应。事实上,碱的浓度对叔卤代烷的消除反应有重要影响。如下述反应中碱的浓度不同导致了产物的组成不同。

$$(CH_3)_3C—Br + NaOC_2H_5 \xrightarrow{HOC_2H_5} (CH_3)_2C=CH_2 + (CH_3)_3C—OC_2H_5$$

$\dfrac{[NaOC_2H_5]}{mol \cdot L^{-1}}$		
0	36%	64%
0.02	46%	54%
0.08	56%	44%
1.00	98%	2%

在高浓度碱反应体系中,叔卤代烷消除反应也可以是 E2 机理。

3. 消除反应的取向和立体化学

(1)消除反应取向

含不止一种 β-H 的卤代烷消除反应时,主产物一般是查依采夫取向烯烃,即双键碳上取代烷基多的烯烃,次产物是双键碳上取代烷基少的烯烃,亦称为霍夫曼取向烯烃,这是卤代烷消除反应的取向所决定的。

在 E2 反应过渡态及 E1 机理第二步反应过渡态中,在 C_α=C_β 之间有部分双键特征,从过渡态和产物稳定性看,生成双键碳原子上取代烷基较多的烯烃有利,相应活化能较低,反应速率较快,即查依采夫取向烯烃是主产物。但是,当所脱去的 β-H 有明显空间位阻或碱

体积较大,不利于中间位置 β-H 脱去时,霍夫曼取向烯烃将成为主产物。例如:

$$CH_3CH_2\overset{\overset{\displaystyle Br}{|}}{C}HCH_3 \xrightarrow[HOC(CH_3)_3,\triangle]{KOC(CH_3)_3} CH_3CH=CHCH_3 + CH_3CH_2CH=CH_2$$
$$(47\%) \qquad\qquad (53\%)$$

$$(CH_3)_3CCH_2\overset{\overset{\displaystyle Br}{|}}{C}(CH_3)_2 \begin{cases} \xrightarrow[HOC_2H_5,\triangle]{KOC_2H_5} (CH_3)_3CCH=C(CH_3)_2 + (CH_3)_3CCH_2\overset{\overset{\displaystyle CH_3}{|}}{C}=CH_2 \\ \qquad\qquad\qquad (14\%) \qquad\qquad\qquad (86\%) \\ \xrightarrow[HOC(CH_3)_3,\triangle]{KOC(CH_3)_3} (CH_3)_3CCH=C(CH_3)_2 + (CH_3)_3CCH_2\overset{\overset{\displaystyle CH_3}{|}}{C}=CH_2 \\ \qquad\qquad\qquad (2\%) \qquad\qquad\qquad (98\%) \end{cases}$$

从不同 2-卤己烷消除反应产物组成可看到,随着卤原子电负性增大,霍夫曼取向烯烃在产物中的比例将增加:

$$CH_3CH_2CH_2\overset{\overset{\displaystyle H}{|}}{C}\overset{\overset{\displaystyle X}{|}}{C}H\overset{\overset{\displaystyle H}{|}}{C}H_2 \xrightarrow[HOCH_3]{NaOCH_3} CH_3CH_2CH_2CH_2CH=CH_2 + CH_3CH_2CH_2CH=CHCH_3$$
$$\text{1-己烯} \qquad\qquad\qquad \text{2-己烯}$$

	I	Br	Cl	F
2-己烯	81%	72%	66%	30%
1-己烯	19%	28%	34%	70%

1-己烯是 2-氟己烷的消除主产物。其原因是,在 F 较强 $-I$ 效应影响下,甲基上 β-H 比亚甲基上 β-H"酸性"强,易于被碱(H_3CO^-)攻击而优先反应。

(2)消除反应的立体化学

2-溴丁烷在下面的消除反应中,主产物是反式 2-丁烯:

$$CH_3CH_2\overset{\overset{\displaystyle Br}{|}}{C}HCH_3 \xrightarrow[HOC_2H_5,70\,℃]{KOC_2H_5} CH_3CH_2CH=CH_2 +$$

$$\underset{(20\%)}{} \qquad \underset{(60\%)}{\overset{CH_3}{\underset{H}{}}C=C\overset{H}{\underset{CH_3}{}}} \quad + \quad \underset{(20\%)}{\overset{CH_3}{\underset{H}{}}C=C\overset{CH_3}{\underset{H}{}}}$$

在 E2 反应中,β-C←H 键和 α-C→X 键的异裂及在 α-C 和 β-C 之间 π 键形成同时发生,随着反应进行,α-C 和 β-C 由 sp^3 杂化转变成 sp^2 杂化,两者原来分别与卤原子、β-H 原子相连的 sp^3 轨道转变为 p 轨道,并通过侧面平行交盖构成 π 键。这就在空间上要求 $H—\overset{\beta}{C}—\overset{\alpha}{C}—X$ 4个原子应在同一平面上,才能有利于过渡态时部分 π 键形成。若要满足这种空间条件,卤代烷 $C_\alpha—C_\beta$ 构象对于 β-H 和 X 原子而言,只能是对位交叉构象和重叠构象。对位交叉构象导致反式消除 HX,重叠构象导致顺式消除 HX。重叠构象不稳定,而且顺式消除时,离去的 X^- 与攻击 β-H 的碱($B:$)的进入方向在同侧,相距较近,相互排斥,相应过渡态内能高,对反应不利。而反式消除时则相反,对位交叉构象的过渡态内能较低,稳定性较好,有利于反应进行。在一般情况下,卤代烷反式消除反应更为有利。

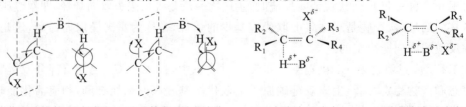

对位交叉构象,反式消除　　重叠构象,顺式消除　　反式消除过渡态　　顺式消除过渡态

2-溴丁烷 C_3 上 β-H 和—Br 处于对位交叉的构象有两种，从 E2 反应过渡态的构象及产物看，以生成反式 2-丁烯为有利。因为两个甲基是对位交叉构象，比较稳定，在相应过渡态中，两个甲基相距又最远，内能较低，而产物（反式 2-丁烯）稳定性也较高。

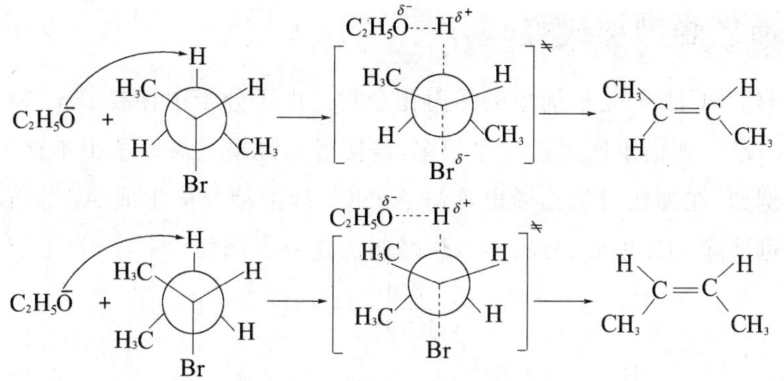

顺式 4-叔丁基溴代环己烷消除 HBr 的反应速率比反式异构体要快 500 倍之多，其原因是前者消除反应时，β-H 和—Br 恰好都处于 a 键，有利于反式消除；后者—Br 在优势构象中处在 e 键上，没有反向 β-H，要进行反式消除 HBr 必须经过环的翻转，翻转后—Br 和—C$(CH_3)_3$ 都处于 a 键上，属劣势构象，虽然有与—Br 反向 β-H，但反应速率较慢。

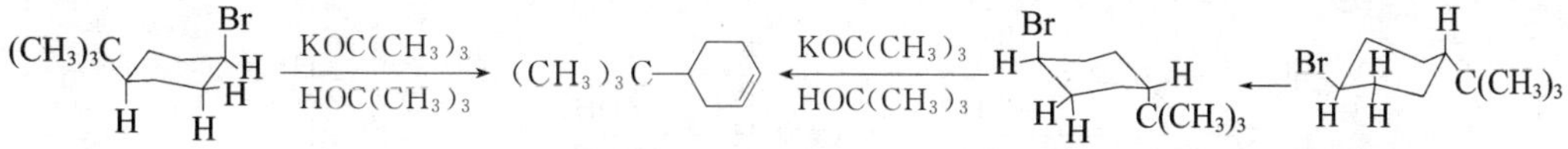

卤代环己烷 E2 反应中，反式消除十分显著，下述反应几乎没有 3-蓝烯生成：

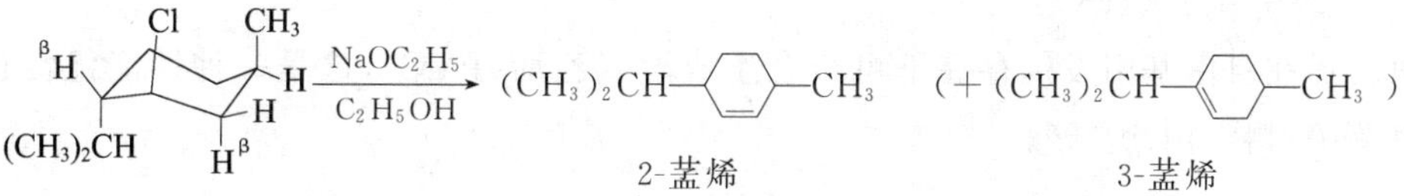

在桥环卤代烃中，由于空间因素影响，常会发生顺式消除。例如：

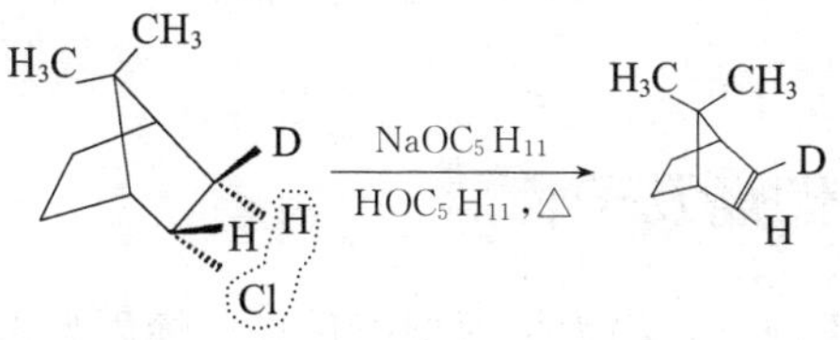

桥头碳上卤原子很难发生 E 反应，与难于发生 S_N 反应的原因相似。

利用反式消除，可以选择一定构型的卤代烃底物，合成顺式或反式烯烃。例如：

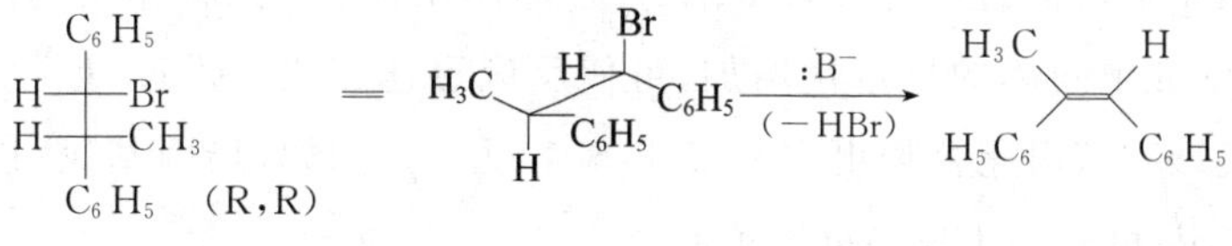

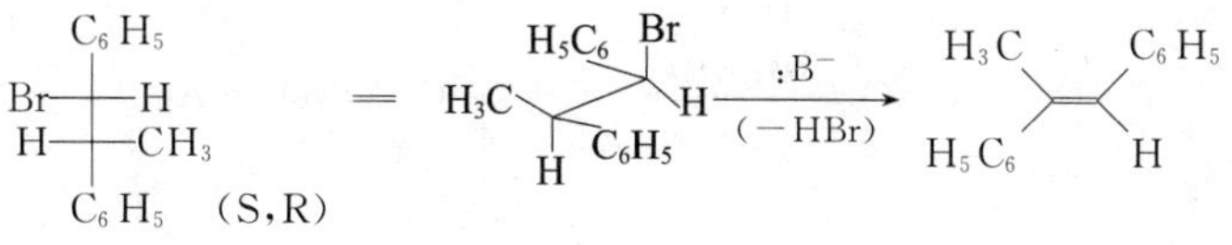

7.5 卤代烯烃和芳卤

7.5.1 卤乙烯型卤代烃

氯乙烯(CH_2=CHCl)是最简单的烯卤化合物。由于分子中存在 p-π 共轭作用,碳卤键键能很大、键长较短,偶极矩比氯乙烷小很多,这使得双键碳上氯原子很不活泼,不易发生亲核取代反应。例如,在加热时氯乙烯也难与 $AgNO_3$ 醇溶液反应生成 AgCl 沉淀。在较强反应条件下烯卤可消除 HX 生成炔烃,此为炔烃制法之一。例如:

$$\underset{H}{\overset{CH_3}{}}C=\underset{CH_3}{\overset{Br}{}} \xrightarrow[C_2H_5OH,\triangle]{KOH} CH_3-C\equiv C-CH_3$$

$$CH_3CH_2CH=CHBr \xrightarrow[液\ NH_3]{NaNH_2} CH_3CH_2C\equiv CNa \xrightarrow{H_3^+O} CH_3CH_2C\equiv CH$$

此类消除反应也是反式消除有利,如顺式二氯乙烯消除 HCl 速率是反式二氯乙烯消除 HCl 速率的 20 倍。

$$\underset{H}{\overset{Cl}{}}C=\underset{H}{\overset{Cl}{}} \xrightarrow[C_2H_5OH,\triangle]{KOH} ClC\equiv CH \xleftarrow[C_2H_5OH,\triangle]{KOH} \underset{H}{\overset{Cl}{}}C=\underset{Cl}{\overset{H}{}}$$

（顺式）　　　　　　　　　　　　　　　　（反式）

氯乙烯在自由基引发剂存在下可聚合生成聚氯乙烯(PVC),这是一种性能优良且易于加工高分子材料,用途广泛。

$$n CH_2=CH-Cl \xrightarrow[40\sim80\ ℃,\sim1.0\ MPa]{偶氮二异丁腈} \underset{Cl}{\overset{}{\left[CH_2-CH\right]_n}}$$

7.5.2 烯丙型卤代烃及苄卤

烯烃 α-C 上连有卤原子的化合物为烯丙型卤代烃。烯丙型卤代物中 α-C—X 键很活泼,卤原子易被亲核试剂取代,易发生 S_N1 或 S_N2 反应。一般认为,S_N1 反应中生成的烯丙位碳正离子及在 S_N2 反应中形成的过渡态(图7-6、图 7-7)都存在着 p-π 共轭作用,有利于降低活化能,并使过渡态或活性中间体的稳定性增加,可使反应迅速完成。不过,近年来更多学者坚持认为烯丙型卤代烃和苄卤化合物更多是发生 S_N1 反应。例如,烯丙基氯(以及苄氯)与 $AgNO_3/C_2H_5OH$ 作用,可立即生成 AgCl 沉淀。

$$\overset{|}{\underset{|}{C}}=\overset{|}{\underset{|}{C}}-\overset{|}{\underset{|}{C}}-Cl +AgNO_3 \xrightarrow{HOC_2H_5} \overset{|}{\underset{|}{C}}=\overset{|}{\underset{|}{C}}-\overset{|}{\underset{|}{C}}-ONO_2 + AgCl\downarrow$$

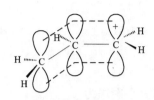

图 7-6 烯丙基正离子的 p-π 共轭体系

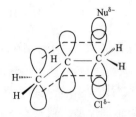

图 7-7 烯丙基氯 S_N2 反应的过渡态

苄卤有与烯丙基卤有相似的高反应活性,原因如图 7-8、图 7-9 所示。

$$\text{C}_6\text{H}_5\text{—CH}_2\text{OH} \xleftarrow[\text{H}_2\text{O—HOC}_2\text{H}_5]{\text{HO}^-} \text{C}_6\text{H}_5\text{—CH}_2\text{—Cl} \xrightarrow[\text{HOC}_2\text{H}_5]{\text{AgNO}_3} \text{C}_6\text{H}_5\text{—CH}_2\text{ONO}_2 \quad +\text{AgCl}\downarrow$$

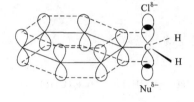

图 7-8 氯化苄 S_N2 反应过渡态

图 7-9 苄基正离子 p-π 共轭体系

同碳二卤代烷水解可得到醛或酮。例如:

$$\text{C}_6\text{H}_5\text{—CHCl}_2 \xrightarrow[\text{HO}^-]{\text{H}_2\text{O}} \text{C}_6\text{H}_5\text{—CHO}$$

$$\text{C}_6\text{H}_5\text{—CCl}_2\text{CH}_2\text{CH}_3 \xrightarrow[\text{HO}^-]{\text{H}_2\text{O}} \text{C}_6\text{H}_5\text{—CO—CH}_2\text{CH}_3$$

应当注意,烯丙型卤代烃 S_N1 反应通常伴有烯丙位重排产物。如:

$$\text{CH}_3\text{CH}\!=\!\text{CHCH}_2\text{Cl} \xrightarrow[\text{S}_N]{\text{H}_2\text{O}} [\overset{+}{\text{CH}_3\text{CH}\!=\!\text{CH}\,\overset{+}{\text{CH}}_2} \longrightarrow \text{CH}_3\overset{+}{\text{CH}}\text{CH}\!=\!\text{CH}_2]$$

$$\text{H}_2\text{O} \downarrow -\text{H}^+ \qquad\qquad \text{H}_2\text{O} \downarrow -\text{H}^+$$

$$\text{CH}_3\text{CH}\!=\!\text{CHCH}_2\text{OH} \qquad\qquad \underset{\text{OH}}{\text{CH}_3\text{CHCH}\!=\!\text{CH}_2}$$

把 3-甲基-3-氯-1-丁烯和 3-甲基-1-氯-2-丁烯分别在相同条件下水解,得到相同组成的产物:

$$\underset{\text{Cl}}{(\text{CH}_3)_2\text{CCH}\!=\!\text{CH}_2} \xrightarrow[\text{Na}_2\text{CO}_3]{\text{H}_2\text{O}} \underset{\text{OH}}{(\text{CH}_3)_2\text{CCH}\!=\!\text{CH}_2} + \underset{\text{OH}}{(\text{CH}_3)_2\text{C}\!=\!\text{CHCH}_2} \xleftarrow[\text{Na}_2\text{CO}_3]{\text{H}_2\text{O}} (\text{CH}_3)_2\text{C}\!=\!\text{CHCH}_2\text{Cl}$$

3-甲基-3-氯-1-丁烯　　　2-甲基-3-丁烯-2-醇　　　3-甲基-2-丁烯-1-醇　　　3-甲基-1-氯-2-丁烯

　　　　　　　　　　　　　(25%)　　　　　　　　(75%)

究其原因两个反应物在各自 S_N1 反应中生成了同类型的烯丙位碳正离子:

$$(\text{CH}_3)_2\overset{+}{\text{C}}\text{—CH}\!=\!\text{CH}_2 \longleftrightarrow (\text{CH}_3)_2\text{C}\!=\!\text{CH}\text{—}\overset{+}{\text{CH}}_2$$

然而,这两种烯丙型氯代烯由于 C—X 键级别不同,在 50% 的乙醇水溶液中溶剂解相对速率差别明显:

$$RCl + C_2H_5OH + H_2O \xrightarrow{45\ ℃} R-OC_2H_5 + R-OH + HCl$$

RCl	$(CH_3)_2ClCCH=CH_2$	$(CH_3)_2C=CHCH_2Cl$	$C_2H_5CCl(CH_3)_2$
溶剂解相对速率	162	38	1

实验测得不同类型卤代烃在 S_N2 反应平均相对速率大小次序为

$$C_6H_5CH_2X > CH_2=CHCH_2X > CH_3X > C_2H_5X > C_2H_5CH_2X > (CH_3)_2CHX > (CH_3)_3CCH_2X$$

平均相
对速率 4.0　　　 1.3　　　 1.0　 $3.3×10^{-2}$ 　$1.3×10^{-3}$ 　 $8.4×10^{-4}$ 　 $3.3×10^{-7}$

烯丙位卤原子反应活性与烯基卤原子相比,有绝对优势。如:

$$CH_3C=CHCH_2Cl \xrightarrow[Na_2CO_3]{H_2O} CH_3C=CHCH_2OH$$
$$\quad\ |\qquad\qquad\qquad\qquad\qquad\quad |$$
$$\quad Cl\qquad\qquad\qquad\qquad\qquad\quad Cl$$

烯丙位卤和苄卤也容易发生消除反应,生成较稳定的共轭烯烃:

$$CH_2=CH-\overset{Br}{\underset{|}{CH}}-CH_2CH(CH_3)_2 \xrightarrow[乙醇,\triangle]{KOH} CH_2=CHCH=CHCH(CH_3)_2$$

$$\overset{Cl}{\underset{|}{C_6H_5CH}}-CH_2CH_2CH_3 \xrightarrow[丁醇,\triangle]{KOH} C_6H_5CH=CH-CH_2CH_3$$

7.5.3　芳　卤

芳卤一般是指卤原子与芳环直接相连的卤代芳烃。芳卤的芳环和卤原子存在 p-π 共轭作用,其化学性质与一般卤代烷大不相同。如氯苯中 p-π 共轭作用使 C—Cl 键键长较一般氯烷烃 C—Cl 键键长更短,键能更大,氯原子很难被取代。从氯苯共振杂化体来看,C—Cl 键具有部分双键特征:

$$\underset{\ddot{}}{\bigcirc}-\ddot{\ddot{C}}l: \leftrightarrow \bigcirc-\ddot{\ddot{C}}l: \leftrightarrow {}^{-}\bigcirc=\overset{+}{\ddot{C}}l: \leftarrow {}^{-}\bigcirc=\overset{+}{\ddot{C}}l: \leftrightarrow \bigcirc=\overset{+}{\ddot{C}}l$$

一般而言,卤苯中的卤原子反应活性较低,不易被 OH^-、RO^-、CN^-、NH_3 等亲核试剂取代,与 $AgNO_3$ 醇溶液也不起反应。在 Friedel-Crafts 反应中,芳卤也不能用作烷基化试剂,但苯环上可发生亲电取代反应。

1.卤苯环上亲电取代反应

卤苯中卤原子 $-I$ 效应使环上 π 电子密度整体下降,芳环亲电取代反应活性下降,表现出略微钝化芳环趋势,但卤原子却是第一类定位基。氯苯一硝化后,经分离可得到邻-、间-、对-硝基氯苯,这是目前氯苯最主要的化学加工途径。氯苯磺化、酰基化反应也有重要应用。例如:

$$Cl-\bigcirc \xrightarrow[100\ ℃]{H_2SO_4} Cl-\bigcirc-SO_3H \xrightarrow[200\sim230\ ℃]{PhCl} Cl-\bigcirc-\overset{\overset{O}{\|}}{\underset{\underset{O}{\|}}{S}}-\bigcirc-Cl$$

4,4'-二氯苯砜

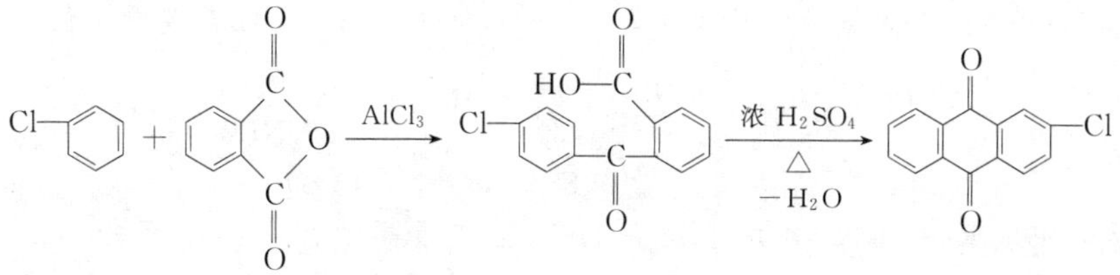

（反应式）氯苯 + 邻苯二甲酸酐 —AlCl₃→ 邻-(4-氯苯甲酰)苯甲酸 —浓 H_2SO_4, △, $-H_2O$→ 2-氯蒽醌

$$2\text{-氯蒽醌}$$

2. 卤苯卤原子取代反应

卤苯中卤原子很难发生亲核取代反应,如要使氯苯发生碱性水解或氨解,常需较高温度和一定压力才能实现:

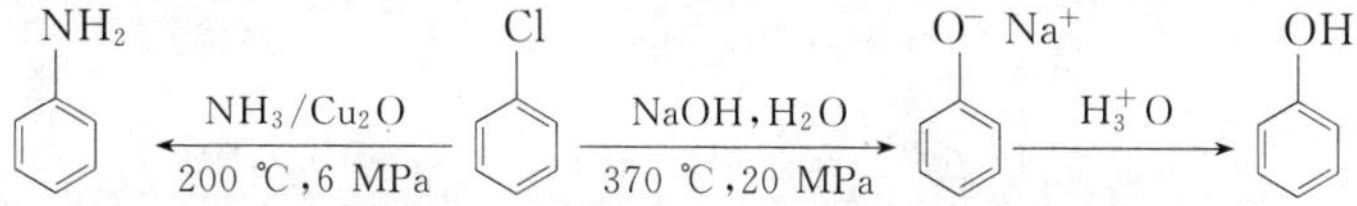

苯胺 ←$\dfrac{NH_3/Cu_2O}{200\ ℃,6\ MPa}$— 氯苯 —$\dfrac{NaOH,H_2O}{370\ ℃,20\ MPa}$→ 苯酚钠 —$\dfrac{H_3^+O}{}$→ 苯酚

这是早期苯胺和苯酚的工业制法,对生产设备要求较高,能耗很大,"三废"排污严重。现今工业上主要由硝基苯加氢还原生产苯胺,异丙苯氧化分解生产苯酚(联产丙酮)。

不同卤苯的反应活性次序是:

$$PhF > PhCl \approx PhBr > PhI$$

卤苯的邻、对位有强吸电子基团存在时,卤原子被取代的活性增加。例如:

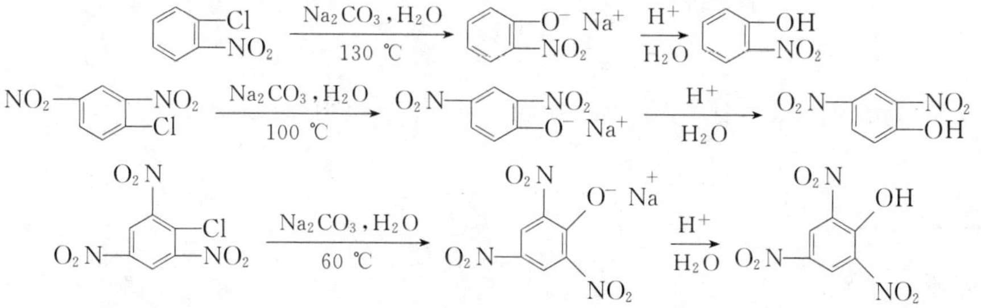

（反应式）邻氯硝基苯 —$\dfrac{Na_2CO_3,H_2O}{130\ ℃}$→ —$\dfrac{H^+}{H_2O}$→ 邻硝基苯酚

（反应式）2,4-二硝基氯苯 —$\dfrac{Na_2CO_3,H_2O}{100\ ℃}$→ —$\dfrac{H^+}{H_2O}$→ 产物

（反应式）2,4,6-三硝基氯苯 —$\dfrac{Na_2CO_3,H_2O}{60\ ℃}$→ —$\dfrac{H^+}{H_2O}$→ 苦味酸

NC^-、RO^-、PhO^-、RS^-、NH_3、NH_2R、NH_2NH_2 等也可取代硝基氯苯中的氯原子。

氯苯环上有硝基、羰基、腈基等强吸电子基时,碳氯键极性增强,有利于亲核试剂攻击,而且中间体碳负离子稳定性也增加,从而降低了反应活化能,使反应顺利进行。芳卤亲核取代反应机理是双分子亲核加成-消除机理:

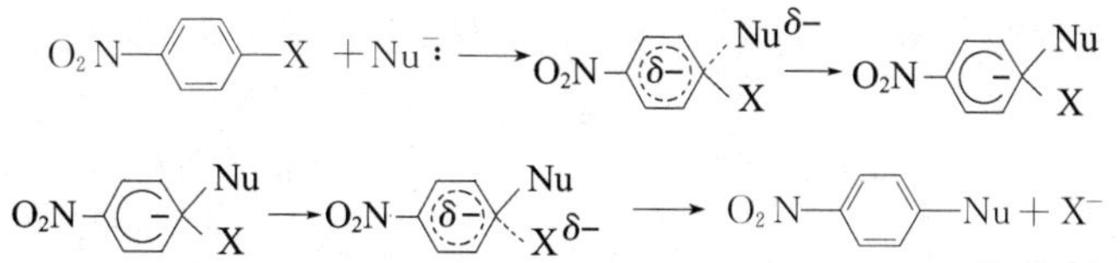

（机理反应式）O_2N—C₆H₄—X + Nu^- → O_2N—⟨δ−⟩—$Nu^{δ-}$,X → O_2N—⟨−⟩—Nu,X

O_2N—⟨⟩—Nu,X → O_2N—⟨δ−⟩—Nu,$X^{δ-}$ → O_2N—C₆H₄—Nu + X^-

芳卤与酚氧负离子 S_N 反应生成二芳基醚类化合物。例如:

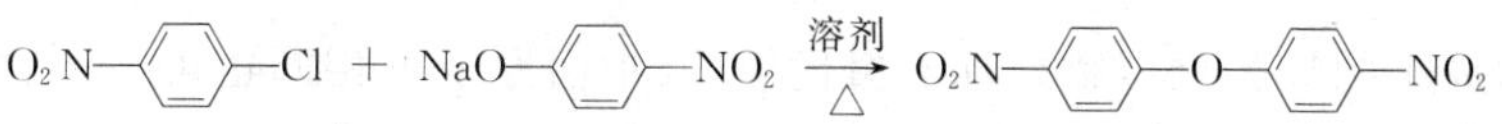

（反应式）O_2N—C₆H₄—Cl + NaO—C₆H₄—NO_2 —$\dfrac{溶剂}{△}$→ O_2N—C₆H₄—O—C₆H₄—NO_2

上述产品 4,4′-二硝基二苯醚经过硝基还原可得到 4,4′-二氨基二苯醚,这是制备聚芳醚酰胺的一种单体。

当芳卤苯环上没有强吸电子基团时,在强碱性亲核试剂作用下可发生以苯炔为中间体

的消除-加成取代反应。如氯苯在液氨中与 $NaNH_2$ 反应(＊ 为同位素碳原子位置):

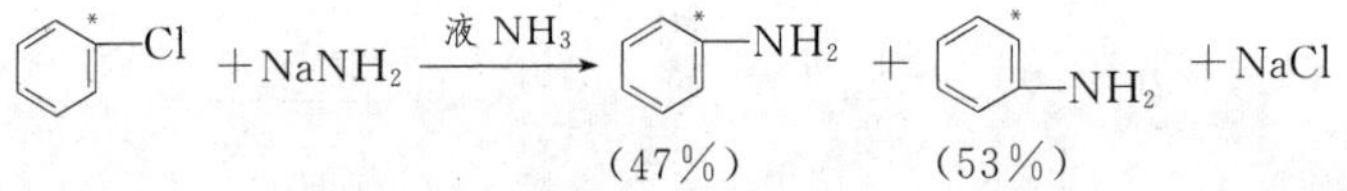

上述反应中氯苯在 H_2N^- 作用下消去 HCl,生成了高活性中间体苯炔(benzyne),然后再与 H_2N^- 加成生成苯负离子,最后与 NH_3 质子交换生成苯胺,整个过程为。消除-加成机理。反应中生成了苯炔,故又称为苯炔机理。同时,苯炔与 H_2N- 加成没有选择性,故两种产物基本各占一半。

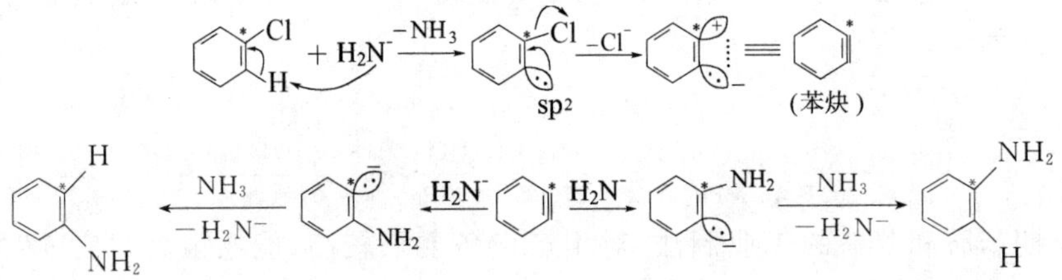

间溴甲苯按苯炔机理氨解时,可生成两种甲基苯炔中间体,计有 3 种产物:

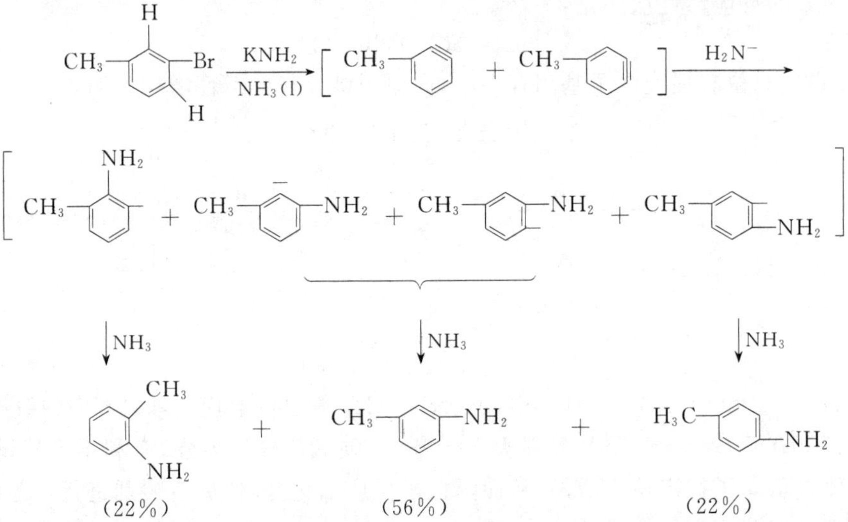

苯炔结构中新生成的 π 键是由部分交盖(不平行)的两个 sp^2 杂化轨道构成,与苯环碳架共平面,与苯环 π 键相互垂直,是高活性不饱和键,它可与亲电试剂、亲核试剂迅速反应,生成取代苯。

7.6 多卤代烃

含多个卤原子的烃类化合物统称多卤代烃,其中卤原子可相同也可不同,可连在相同碳原子上,亦可连在不同碳原子上。

7.6.1 多卤代烷烃

如表 7-4 所示,从 CH_3Cl 到 CCl_4,分子极性逐渐降低,C—Cl 键由长变短,C—H 键极性则由小变大，相对密度和沸点由低变高。

表 7-4　　多氯甲烷的部分物理常数

多氯甲烷	$\mu/(C \cdot m)$	C—Cl 键长/nm	d_4^{20}	沸点/℃
CH_3Cl	6.24×10^{-30}	0.178	0.915 9	−24
CH_2Cl_2	5.34×10^{-30}	0.177	1.326 6	40
$CHCl_3$	3.49×10^{-30}	0.176	1.483 2	62
CCl_4	0	0.175	1.594 0	77

CH_3Cl 可燃，而 $CHCl_3$ 不可燃。向可燃有机物中加入 CH_2Cl_2 可降低着火点，CCl_4 亦不可燃，曾用于灭火。$CHCl_3$ 和 CCl_4 在光照或加热时与空气中氧气作用可分解生成光气。$CHCl_3$ 是常用有机溶剂，它对大多数有机化合物均有良好溶解性，但有一定麻醉性，且与 CCl_4 一样对人体肝脏有毒害作用。CH_2Cl_2 是极性较强的有机溶剂，在水中溶解度较小(2.5%)，与 $CHCl_3$ 一样都是优良有机萃取剂。

$CHCl_3$ 结构中由于三个 Cl 原子的强吸电子作用(−I 效应)使 H 原子有一定“酸性”，可与强碱作用发生 α-消除反应，生成活泼的中间体二氯卡宾($Cl_2C:$)：

$$Cl_3CH + OH^- \longrightarrow Cl_3C:^- + H_2O$$

$$Cl_2\ddot{C}^-{-}Cl \longrightarrow Cl_2C: + Cl^-$$

$Cl_2C:$ 反应活性极高，一经生成便迅速发生进一步反应，游离 $Cl_2C:$ 通常难以得到，使用时常需原位产生。卡宾有两种存在状态：一种是单线态，碳中心为 sp^2 杂化，有一个空 p 轨道；另一种是三线态，碳为 sp 杂化，有两个半满 p 轨道。

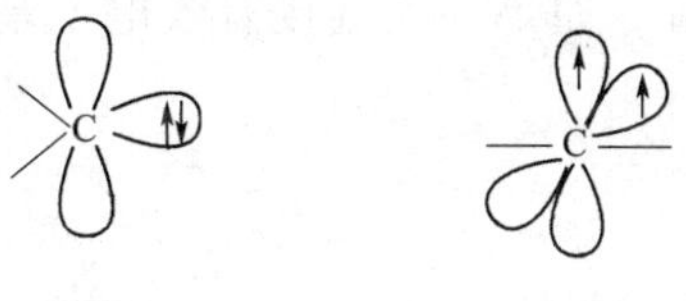

单线态　　　　三线态

$CHCl_3$ 在碱性条件下生成的 $:CCl_2$ 可以与烯烃双键加成生成环丙烷衍生物，如 7,7-二氯双环[4.1.0]庚烷的制备：

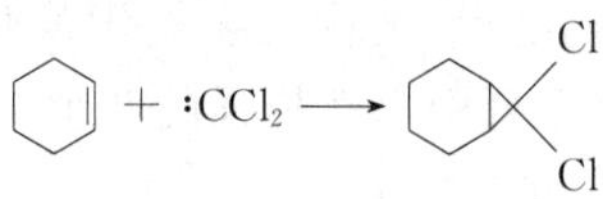

此反应在实际操作中是将 $CHCl_3$ 与环己烯预先混合，加入相转移催化剂(PTC)如 $(C_2H_5)_3N^+CH_2C_6H_5Br^-$，在强烈搅拌下缓慢加入浓 NaOH 水溶液，并控制反应温度。

除做有机溶剂外，1,2-二氯乙烷和 1,2-二溴乙烷还可用于制备双官能团化合物，如：

$$NC{-}CH_2CH_2{-}CN \xleftarrow[-Cl^-]{NC^-} ClCH_2CH_2Cl$$

$$ClCH_2CH_2Cl \xrightarrow[C_2H_5OH]{NaOH,\triangle} CH_2{=}CHCl + H_2O + NaCl$$

$$ClCH_2CH_2Cl \xrightarrow{500 \sim 550\ ℃} CH_2{=}CHCl + HCl$$

邻二卤代烷消除两分子 HX，可制备炔烃和二烯烃，如：

$$C_6H_5CHBrCH_2Br \xrightarrow[C_6H_5NH_2]{NaNH_2} \xrightarrow{H_3^+O} C_6H_5C{\equiv}CH$$

$$CH_3CHBrCH_2Br \xrightarrow[C_4H_9OH,\triangle]{KOH} CH_3C{\equiv}CH$$

邻二碘代烷的热稳定性很差,在加热下就可脱碘。

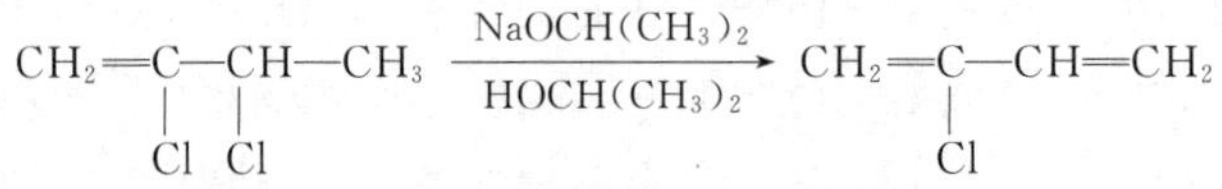

$$CH_2{=}\underset{Cl}{\underset{|}{C}}{-}\underset{Cl}{\underset{|}{CH}}{-}CH_3 \xrightarrow[HOCH(CH_3)_2]{NaOCH(CH_3)_2} CH_2{=}\underset{Cl}{\underset{|}{C}}{-}CH{=}CH_2$$

7.6.2 多卤代芳烃

二氯代苯有三个异构体,邻二氯苯极性最大,对二氯苯没有极性,常用于高沸点溶剂。间二氯苯磺化反应时,反应温度对磺化位置选择有明显的影响:

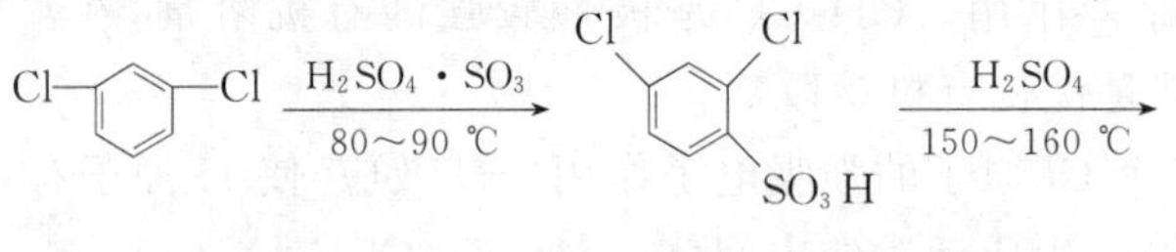

多氯联苯和多氯萘可用于机械润滑油、电器绝缘油及橡胶或塑料添加剂等,但这些多氯芳烃毒性很大,对水土、海洋毒性污染作用很强,对动植物和人类生存已经产生了明显的负效应,现已禁止生产和使用。

多溴代苯系化合物一般都有良好的阻燃性,多用作有机合成材料的阻燃剂。如六溴苯、十溴二苯醚、四溴苯酐等。氟代苯则主要用于合成医药和农药的中间体,如 2,4-二氯氟苯、2,6-二氟苯甲腈以及二氟苯酮等。

多碘代苯不稳定,易于分解。如果环上链接有吸电子基时,多碘代苯稳定性较好,如制备用于合成甲状腺素的中间体:

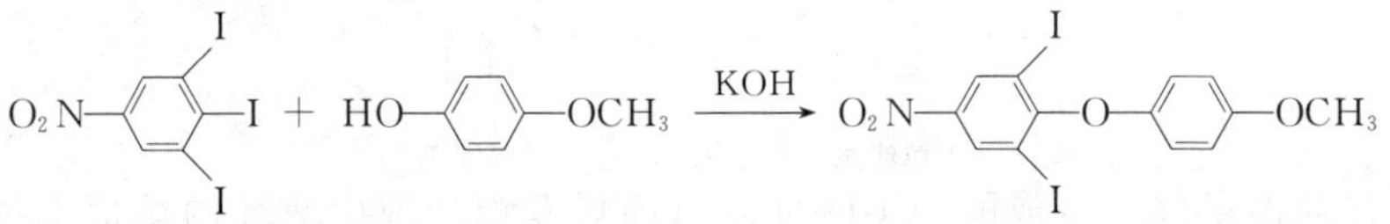

二噁英(Dioxin)多氯代芳醚在自然界中难以降解消除,对人畜均有极强毒害作用,且致癌毒性是砒霜 900 倍之多,有"世纪之毒"之称。多氯代苯并二噁烷可在高温下焚烧含多氯芳烃的塑料生成,下面化合物是该系列中毒性最强的两个。

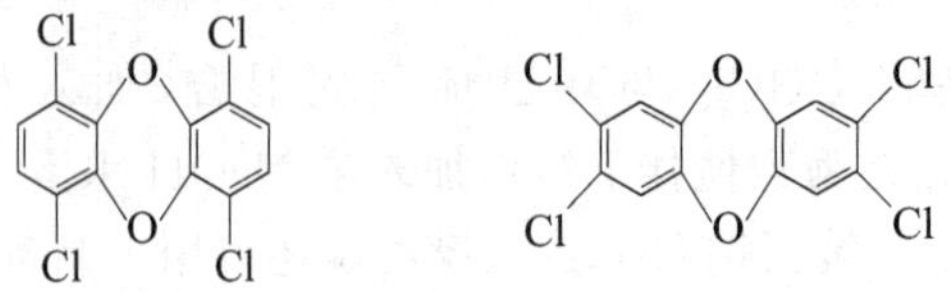

7.6.3 重要的含氟化合物

1. 氟利昂

氟利昂(Freon)一般指含有氟和氯的低碳多卤代烃,常见有氟氯甲烷和氟氯乙烷。

氟氯甲烷包括:CCl_3F,CCl_2F_2,$CHClF_2$,$CClF_3$,它们是商品名为氟利昂的各种化合物的一部分，其代号分别是 F-11，F-12，F-22，F-13。CF_2Cl_2 是以 CCl_4 为原料制得的：

$$CCl_4 + 2HF \xrightarrow{SbCl_5} CCl_2F_2 + 2HCl$$

$$3CCl_4 + 2SbF_3 \xrightarrow{SbCl_5} 3CCl_2F_2 + 2SbCl_3$$

氟氯乙烷可由 Cl_3CCCl_3 为原料制得：

$$Cl_3CCCl_3 \xrightarrow{HF}{SbF_5} Cl_3CCCl_2F + Cl_2FCCFCl_2 + ClF_2CCFCl_2 + ClF_2CCF_2Cl$$

$$\text{F-111} \qquad \text{F-112} \qquad \text{F-113} \qquad \text{F-114}$$

氟利昂一般为略有香味的无色气体或易挥发液体，无毒且对金属无腐蚀性，主要用于制冷剂气雾剂（气溶胶）。氟利昂进入到高空后，受紫外线作用分解。释放的氯原子可破坏高空臭氧层，致使过多紫外线透过大气层辐射到地球表面，进而导致全球性气候恶化，给人类及动植物的生存带来严重灾难。氟利昂已引起全球环境科学工作者的极大关注，许多国家开展了行之有效的绿色环保工作，并开发了不含氯的氟利昂代用品。

2. 四氟乙烯

四氟乙烯是无色气体，沸点为 $-76.3\ ℃$，不溶于水而溶于有机溶剂，可经由氯仿制得：

$$CHCl_3 + 2HF \xrightarrow{SbF_5}{20\sim30\ ℃} HCClF_2 + 2HCl$$

$$2HCClF_2 \xrightarrow{600\sim800\ ℃} F_2C{=\!=}CF_2 + 2HCl$$

四氟乙烯在一定条件下可聚合成聚四氟乙烯：

$$nCF_2{=\!=}CF_2 \xrightarrow{(NH_4)_2S_2O_8/H_2O,HCl}{50\ ℃,490\ kPa} {+\!\!\left[CF_2-CF_2\right]\!\!+_n}$$

聚四氟乙烯有化学惰性，不燃烧也不溶于有机溶剂，不与强酸、强碱作用，甚至不与王水反应，极耐腐蚀性。此外，聚四氟乙烯还有极佳耐磨性能和良好的电绝缘性能，可在 $-250\sim250\ ℃$ 使用，有"塑料王"之称。聚四氟乙烯属于全氟烃，与全氟苯、全氟萘等全氟芳烃一样，在材料和高新技术领域中有重要的应用。

7.7　卤代烃与金属的反应

卤代烃可与多种金属反应，生成有机金属化合物（Organometallic Compounds）。例如：

$$CH_3CH_2I + Mg \xrightarrow{\text{乙醚}} CH_3CH_2MgI$$

$$3CH_3CH_2Cl + 2Al \xrightarrow{[I_2]} (C_2H_5)_2AlCl + (C_2H_5)AlCl_2$$

在有机金属化合物中，都含有碳-金属键：$\overset{\delta-}{C}{\longleftarrow}\overset{\delta+}{M}$，金属元素越活泼，碳金属键极性就越强（离子化率越高），碳上带有负电荷就越多，则烃基碱性和亲核性就越强。在有机合成中，有机金属化合物常用于形成碳-碳键，这一点非常重要。

7.7.1　卤代烃与镁的反应

在干燥醚溶剂中，卤代烃与镁反应，可生成可溶于醚的烃基卤化镁产物：

$$R-X + Mg \xrightarrow{\text{醚}} RMgX$$

$$PhX + Mg \xrightarrow{醚} PhMgX$$

卤代烃的反应活泼性是 RI>RBr>RCl>>RF;RX>PhX

思政材料9

烃基卤化镁由法国有机化学家格利雅（Victor Grignard，1875～1935 年）于 1901 年在里昂大学开展博士论文研究工作中首次发现的，现亦称为 Grignard 试剂。有机镁化合物可作为亲核试剂用于有机合成中碳-碳键形成，这对有机合成化学的发展起到了重要推动作用，并因此获得了 1912 年化学诺贝尔奖。芳卤和烯卤也可在四氢呋喃（THF）中与镁反应生成 Grignard 试剂，效果较好。例如：

$$CH_3CH_2CH_2Cl + Mg \xrightarrow{乙醚} CH_3CH_2CH_2MgCl$$

$$CH_3CH{=}CHBr + Mg \xrightarrow{THF} CH_3CH{=}CHMgBr$$

Grignard 试剂非常活泼，但在醚溶液中可稳定存在，原因是醚可与 Grignard 试剂的 Lewis 酸中心形成络合物，进而溶于醚中，并且存在一系列平衡。RMgBr 和 RMgI 在很稀的醚溶液中主要是以单体形式存在。

RMgX 试剂强碱性和亲核性都很强，极容易和有活泼氢的物质或亲电试剂迅速反应而分解，因此，制备 RMgX 反应时，反应体系应保证干燥无水。而且，制备 RMgX 后，通常不经过分离直接用于后续反应中。

$$RMgX + H{-}B \longrightarrow R{-}H + BMgX$$

$$(H{-}B\colon H{-}OH, H{-}NH_2, H{-}OR, H{-}X, H{-}C{\equiv}CH, H{-}O\overset{\overset{\displaystyle O}{\|}}{C}R, \cdots)$$

RMgX 也易被氧化：

$$2RMgX + O_2 \longrightarrow 2ROMgX \xrightarrow{H_2O} 2ROH + Mg(OH)X$$

CO_2 也可与 RMgX 作用生成羧酸：

$$R{-}\overset{\overset{\displaystyle O}{\|}}{C}{-}OMgX \xrightarrow{H_2O} RCOOH + Mg(OH)X$$

所以，制备 RMgX 时最好在氮气保护下进行，防止 H_2O、O_2、CO_2 等进入反应体系中破坏 RMgX 试剂。然而，这些副反应有的也有制备意义。

同位素引入：

$$R{-}MgX + D_2O \longrightarrow RD + Mg(OD)X$$

炔基 Grignard 试剂的制备：

$$CH_3MgI + HC{\equiv}CCH_3 \longrightarrow CH_3C{\equiv}CMgI + CH_4\uparrow$$

制备特殊结构较高级炔烃：

$$\text{(环戊基)} -Br + Mg \xrightarrow{\text{乙醚}} \text{(环戊基)} -MgBr \xrightarrow{ClCH_2CH=CH_2} \text{(环戊基)} -CH_2-CH=CH_2$$

制备特殊结构羧酸：

$$(CH_3)_3CMgCl + CO_2 \longrightarrow (CH_3)_3C-COOMgCl \xrightarrow{H_3^+O} (CH_3)_3C-CO_2H$$

烯丙基卤化镁应在较低温度下制备,否则生成的 Grignard 试剂与没有反应的烯丙基卤发生 S_N 反应,生成高级二烯烃：

$$CH_2=CH-CH_2Br + Mg \xrightarrow[10\ ℃]{\text{乙醚}} CH_2=CH-CH_2MgBr$$

$$CH_2=CHCH_2MgBr + BrCH_2CH=CH_2 \longrightarrow CH_2=CHCH_2-CH_2CH=CH_2$$

伯烷基 Grignard 试剂可与金属氯化物反应,用来制备相应有机金属化合物：

$$2RMgX + CdCl_2 \xrightarrow{\text{醚}} R_2Cd + 2MgClX$$

$$4RMgX + SnCl_4 \xrightarrow{\text{醚}} R_4Sn + 4MgClX$$

$$2CH_3CH_2MgCl + HgCl_2 \xrightarrow{\text{醚}} (CH_3CH_2)_2Hg + 2MgCl_2$$

类似地,还可以制备一些元素有机化合物：

$$4CH_3MgI + SiCl_4 \xrightarrow{\text{醚}} (CH_3)_4Si + 4MgICl$$

$$3PhMgBr + PCl_3 \longrightarrow Ph_3P + 3MgBrCl$$

此外,Grignard 试剂的强亲核性可使其有机物缺电子碳中心发生亲核性加成反应,可用于合成碳链增长的各种类化合物。例如：

$$\text{(苯基)} -CH_2MgCl + \triangle O \longrightarrow \text{(苯基)} -CH_2CH_2CH_2OMgCl \xrightarrow{H_3^+O} \text{(苯基)} -CH_2CH_2CH_2OH$$

$$\text{(环己基)} -MgCl + CH_3CCH_3(=O) \longrightarrow \text{(环己基)} -C(CH_3)(CH_3)-OMgCl \xrightarrow{H_3^+O} \text{(环己基)} -C(CH_3)(CH_3)-OH$$

7.7.2　卤代烃与锂、钠的反应

卤代烷在低温且氮气保护条件下与金属锂反应生成有机锂化物,反应常需惰性溶剂：

$$CH_3CH_2CH_2CH_2Br + 2Li \xrightarrow[-10\ ℃]{\text{乙醚}} CH_3CH_2CH_2CH_2Li + LiBr$$

$$(CH_3)_2CHCl + 2Li \xrightarrow{\text{己烷}} (CH_3)_2CHLi + LiCl$$

如果用碘代烷与锂作用,可生成偶联产物：

$$n\text{-}C_4H_9I + 2Li \longrightarrow LiI + n\text{-}C_4H_9Li \xrightarrow{n\text{-}C_4H_9I} n\text{-}C_4H_9-C_4H_9\text{-}n$$

烷基锂碱性和亲核性比 Grignard 试剂强,反应活泼性更高,故苄基锂制备只能由间接法合成,但苯基锂可直接制备。如：

$$\text{(苯基)} -Cl + 2Li \xrightarrow{\text{醚}} \text{(苯基)} -Li + LiCl$$

$$\text{(苯基)} -CH_2-H + LiC_4H_9\text{-}n \xrightarrow{Me_2NCH_2CH_2NMe_2} \text{(苯基)} -CH_2Li + C_4H_{10}\text{-}n$$

烷基锂亲核活性高于 RMgX,表现在它与 CO_2 反应产物是酮,而不是羧酸:

$$2n\text{-}C_4H_9Li + O{=}C{=}O \longrightarrow (n\text{-}C_4H_9)_2C\genfrac{}{}{0pt}{}{OLi}{OLi} \xrightarrow{H_2O} (n\text{-}C_4H_9)_2C{=}O$$

苯基锂强碱性可导致苯炔机理反应发生。例如:

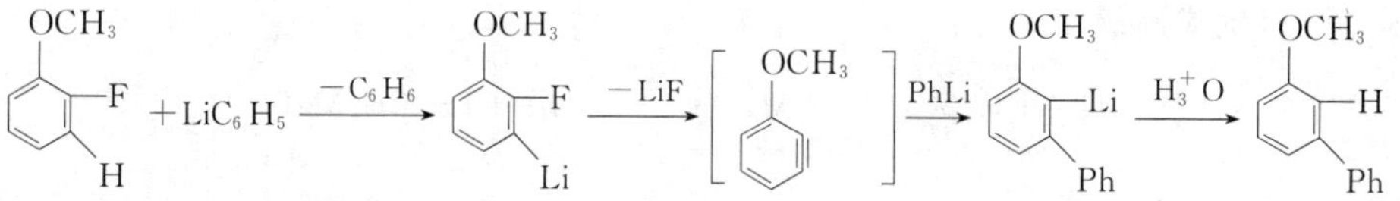

烷基锂在乙醚、四氢呋喃等醚溶液中与碘化亚铜反应,生成二烷基铜锂。作为优良的亲核试剂,二烷基铜锂与伯卤代烷反应可高收率得到新的高级烷烃烷烃,此为 Corey-House 烷烃合成法。例如:

$$(CH_3CH_2CH)_2CuLi + CH_3(CH_2)_3CH_2Cl \longrightarrow CH_3CH_2CH\underset{\displaystyle CH_3}{\overset{\displaystyle CH_3}{|}}(CH_2)_4CH_3$$

$$(CH_3)_2CuLi + CH_3(CH_2)_8CH_2I \longrightarrow CH_3(CH_2)_9CH_3$$

卤代烷与二烷基铜锂的反应活性为

$$CH_3X > RCH_2X > R_2CHX > R_3CX; \quad RI > RBr > RCl > RF$$

叔烷基铜锂反应活性较小,且仲或叔卤代烷在反应中易发生消除反应。

二烯基铜锂与卤苯反应可直接向苯环引入烯基,而且反应过程中 烯烃构型保持不变。

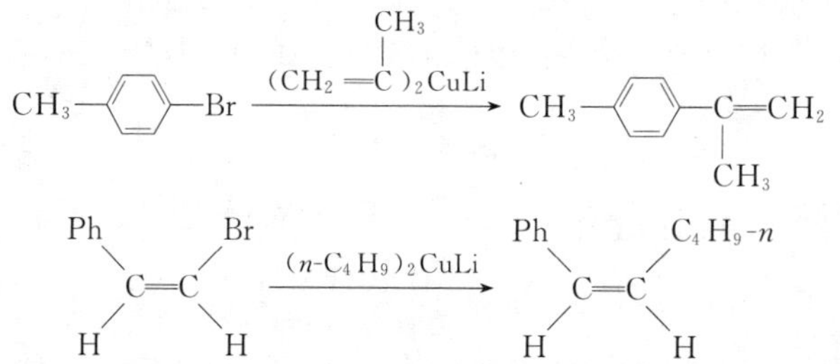

由于钠比锂还要活泼,卤代烷与金属钠反应生成烷基钠时,会立即与另一分子卤代烷偶联反应生成高级烷烃,此为 Wurtz 反应。例如:

$$2(CH_3)_2CHCH_2CH_2Br + 2Na \xrightarrow[-2NaBr]{\text{乙醚}} (CH_3)_2CH(CH_2)_4CH(CH_3)_2$$

$$2C_6H_5CH_2Cl + 2Na \xrightarrow[-2NaCl]{\text{乙醚}} C_6H_5CH_2{-}CH_2C_6H_5$$

卤代苯与钠反应,可得到联苯型化合物(Fittig 反应),但收率不高,且有多联苯副产物生成。如果将伯卤代烷和卤苯混合于干醚中并与金属钠作用,可以较好收率得到烷基苯(Wurtz-Fittig 反应),有一定制备意义。例如:

$$(62\% \sim 72\%)$$

7.7.3 卤代烃与铜、锌的反应

与 Fittig 反应相似,卤代苯在铜粉高温催化条件下可发生偶联反应,生成联苯化合物,此为 Ullmann 反应。当苯环上有强吸电子基团时,反应效果更好。

$$2\ C_6H_5I + Cu \xrightarrow{230\ ℃} C_6H_5{-}C_6H_5 + CuI_2$$

$$2 \underset{NO_2}{\overset{Cl}{C_6H_4}} + Cu \xrightarrow{220\ ℃} \text{(联苯，邻位 } O_2N,\ NO_2\text{)} + CuCl_2$$

在醇溶液中,锌与 1,2-二溴代烷或 1,3-二溴代烷发生脱卤反应生成烯烃或环丙烷。反应过程中可能是生成了有机锌中间体,然后发生分子内的亲核消除反应,得到相应产物:

$$\underset{Br}{\overset{CH_2}{H_2C}} \underset{Br}{CH_2} + Zn \longrightarrow \underset{ZnBr\ \ Br}{\overset{CH_2}{CH_2\ CH_2}}^{\delta^-\ \ \delta^+} \longrightarrow \underset{CH_2}{\overset{CH_2}{CH_2}} + ZnBr_2$$

$$C_6H_5CH{-}CH{-}CHC_6H_5 + Zn \longrightarrow C_6H_5\underset{ZnBr}{\overset{CH_3\ \ Br}{CH{-}CH{-}CHC_6H_5}} \xrightarrow{-ZnBr_2} C_6H_5\underset{CH_3}{CH}CH{=}CHC_6H_5$$

一卤代烷在酸性溶液中与锌作用,被还原生成烷烃,如:

$$(CH_3)(CH_2)_{14}CH_2I + Zn \xrightarrow{HCl} CH_3(CH_2)_{14}CH_3$$

除 Zn/HCl 还原体系外,LiAlH$_4$ 亦可充当还原剂,且效果更好。催化加氢也可将卤烃还原成烃,如在硝基氯苯的催化加氢还原过程中,硝基被还原成氨基的同时,苯环上氯原子亦有不同程度的还原脱除。例如:

$$O_2N{-}C_6H_4{-}Cl \xrightarrow[\substack{60\sim80\ ℃,60\ min\\0.6\sim0.8\ MPa}]{H_2/Ni,乙醇} H_2N{-}C_6H_4{-}Cl\ (\sim80\%) + C_6H_5{-}NH_2\ (\sim20\%) + HCl$$

习 题

7-1 写出异丁基苯在 NBS/加热条件下一溴代主导产物构造式,简述原因。

7-2 完成下列反应。

(1) $C_6H_5{-}CH_2CH_2CH_3 \xrightarrow{NBS,\ \triangle} (\quad) \xrightarrow[乙醇{-}加热]{C_2H_5ONa} (\quad) \xrightarrow[ROOR]{HBr} (\quad)$

(2) $Cl{-}C_6H_4{-}CH_2Cl + H_2O \xrightarrow{OH^-} (\quad)$

(3) $\overset{Cl}{\text{(烯烃)}} \xrightarrow[\triangle]{C_2H_5ONa} (\quad)$

(4) $Cl{-}C_6H_4{-}Br \xrightarrow[乙醚]{Mg} \xrightarrow{\text{环氧}} (\quad) \xrightarrow{H_3O^+} (\quad)$

(5) $CH_3CH_2CHClCH_3 \xrightarrow[\triangle]{C_2H_5ONa} (\quad) \xrightarrow{Br_2} (\quad) \xrightarrow[\triangle]{C_2H_5ONa} \xrightarrow{2\ mol\ Br_2} (\quad)$

(6) $Cl{-}\underset{NO_2}{C_6H_3}{-}Cl \xrightarrow{CH_3ONa} (\quad)$

(7) $\text{(环己烯基)}{-}CH_2I \xrightarrow[乙醇{-}加热]{CH_3COONa} (\quad)$

(8) Cl—C₆H₄—CH₃ $\xrightarrow[h\nu]{Cl_2}$ ( ) $\xrightarrow{HC\equiv CNa}$ ( ) $\xrightarrow{HgSO_4-H_2SO_4}$ ( )

(9) （2-氯结构）$+H_2O \xrightarrow{OH^-}$ ( )＋( )   (10) （环己烯-Cl-CH₃）$\xrightarrow[\triangle]{C_2H_5ONa/乙醇}$ ( )

(11) （Cl-戊烯-OH）$\xrightarrow[\triangle]{C_2H_5ONa/乙醇}$ ( )   (12) Cl—CH=CH—CH₂Cl $+NaCN \longrightarrow$ ( )

(13) $H-\overset{CH_3}{\underset{C_2H_5}{C}}-Cl \xrightarrow[丙酮]{NaI}$ ( )   (14) $H_3C-\overset{H}{\underset{C_6H_5}{\overset{|}{C}}}-\overset{CH_3}{\underset{H}{\overset{|}{C}}}-Cl \xrightarrow[乙醇-加热]{C_2H_5ONa}$ ( )

(15) （环己烷 CH₃/H/Br）$\xrightarrow[乙醇-加热]{C_2H_5ONa}$ ( )   (16) （环己烷 C₂H₅/CH₃/Br）$\xrightarrow[乙醇-加热]{C_2H_5ONa}$ ( )

7-3 回答下列问题。

(1) 排序下列化合物与 2% AgNO₃ 乙醇溶液反应活性：

A. 1-氯丁烷   B. 1-溴丁烷   C. 2-溴丁烷   D. 叔丁基溴

(2) 排序下列化合物与 NaI－丙酮溶液反应活性：

A. 1-溴-1-丁烯   B. 1-溴丁烷   C. 1-溴-2-丁烯   D. 2-溴丁烷

(3) 排序下列化合物在乙醇钠－乙醇溶液中消除成烯反应活性：

A. $(CH_3)_2C-CH_2CH_3$ （Br）   B. $(CH_3)_2CH-CHCH_3$ （Br）   C. $(CH_3)_2CHCH_2CH_2Br$

(4) 排序下列化合物发生 S_N1 或 S_N2 反应活性：

A. 环己基-Br-CH₃   B. 环己基-CH₂Br   C. Br-环己基-CH₃   D. 桥环-Br

(5) 排序下列化合物亲核活性：

A. $C_2H_5S^-$ B. $C_2H_5O^-$ C. CH_3OO^- D. $C_6H_5O^-$ E. C_2H_5OH

(6) 排序下列化合物发生 S_N 反应活性：

A. C₆H₅—CHBrCH₃   B. O₂N—C₆H₄—CHBrCH₃

C. H₃CO—C₆H₄—CHBrCH₃   D. H₃C—C₆H₄—CHBrCH₃

(7) 排序下列化合物极性大小：

A. O₂H—C₆H₄—CH₃   B. Cl—C₆H₄—CH₃   C. Cl—C₆H₄—Cl

(8) 排序下列化合物 E2 消除反应活性：

A. （丙基-Cl）   B. （异丙烯-Cl）   C. （戊烯-Cl）   D. （Cl-丁烯）

(9) 排序下列化合物消除成烯反应活性：

A. H₃C-环己基-CH₃（Cl）   B. H₃C-环己基-CH₃（Cl）   C. H₃C-环己基-CH₃（Cl）   B. H₃C-环己基-CH₃（Br）

(10) 排序下列化合物在碱性条件下水解活性：

A. 　B. 　C. 　

7-4　用简易化学法鉴别下列两组化合物：

(1) A. 　B. 　C. 　D.

(2) A. H_3C——CH_2Br　B. —CH_2CH_2Br

　　C. —$CHBrCH_3$　D. Br——CH_2CH_3

7-5　在下列各对反应中,哪个反应速率最快? 简述缘由。

(1) $\begin{cases} (CH_3)_2CHCH_2Br + NaCN \longrightarrow \\ CH_3CH_2CH_2Br + NaCN \longrightarrow \end{cases}$　(2) $\begin{cases} (CH_3)_3CCl + H_2O \longrightarrow \\ (CH_3)_2CHCl + H_2O \longrightarrow \end{cases}$

(3) $\begin{cases} CH_3CH_2CH_2I + HO^- \longrightarrow \\ CH_3CH_2CH_2I + HS^- \longrightarrow \end{cases}$　(4) $\begin{cases} (CH_3)_2CHCH_2Cl + N_3^- \xrightarrow{CH_3OH} \\ (CH_3)_2CHCH_2I + N_3^- \xrightarrow{CH_3OH} \end{cases}$

(5) $\begin{cases} CH_3CH_2CH_2Br + I^- \xrightarrow{H_2O} \\ CH_3CH_2CH_2Br + I^- \xrightarrow{(CH_3)_2SO} \end{cases}$　(6) $\begin{cases} CH_3CH_2CH_2CH_2Cl \xrightarrow{AgNO_3} \\ CH_3CH_2CH_2CH_2I \xrightarrow{AgNO_3} \end{cases}$

7-6　由指定原料合成下列化合物,无机试剂任选。

(1) 以苯或甲苯为原料分别合成:

A. —CH_2COOH—CN　B. 　C. —CH_2ch_2L

(2) 以丙烯和乙烯为原料合成 1,3-戊二烯

(3) 以环己烷为原料合成 7,7-二氯双环[4,1,0]-庚烷和 2,3-二溴-环己醇

(4) 以异丁烯为原料制备异丁基叔丁基醚

(5) 以氯代异丁烷和丙烯为原料制备 5-甲基-1-己烯

7-7　推导结构。

(1) 旋光性化合物 A(C_4H_7Br)与 Br_2/CCl_4 作用生成旋光性三溴代物 B,A 与 NaOH 水溶液作用顺利生成互为构造异构体的产物 C 和 D(C_4H_8O);A 与 NaOH/乙醇加热时生成产物 E,E 可与两分子溴反应,生成一个四溴代物 F,E 与 CH_2=CHCN 混合加热生成 G;用 O_3 氧化 G 并在 Zn 粉存在下水解得 OHCCH$_2$CHCNCH$_2$CH$_2$CHO。试写出 A～G 构造式,并说明 F 立体异构现象。

(2) 化合物 A(C_4H_8)在高温下与氯气作用生成化合物 B(C_4H_7Cl),两分子 B 在金属钠作用下生成化合物 C(C_8H_{14}),C 与两分子 HCl 作用,生成产物 D($C_8H_{16}Cl_2$),D 中无手性碳,D 与 NaOH-醇溶液作用能生成产物 E。E 与 C 是同分异构体,E 经 $KMnO_4/H_3^+O$ 作用后生成两分子丙酮和一分子乙二酸(HOOC—COOH),试写出化合物 A～E 结构式。

7-8　卤代烷与 NaOH 在 H_2O—HOC_2H_5 溶液中反应,试判断下列情况属于卤代烷哪种亲核取代反应机理。

(1) 产物发生瓦尔登转化;　　　　　(2) 有重排产物生成;

(3) 反应速率与离去基的活性有关;　(4) 增加混合溶剂中水含量,反应明显加快;

(5) 增加 NaOH 浓度对反应有利;　　(6) 叔卤代烷的反应活性高于仲卤代烷;

(7) 伯卤代烷反应活性大于仲卤代烷;　(8) 反应速率与亲核试剂性质有直接关系。

7-9 写出下列反应机理：

(1) $CH_3CH=CH-CH_2Br \xrightarrow{H_2O} CH_3CH=CHCH_2 + CH_3CHCH=CH_2$
         $\underset{OH}{|}$ $\overset{OH}{|}$
                                              (±)

(2)

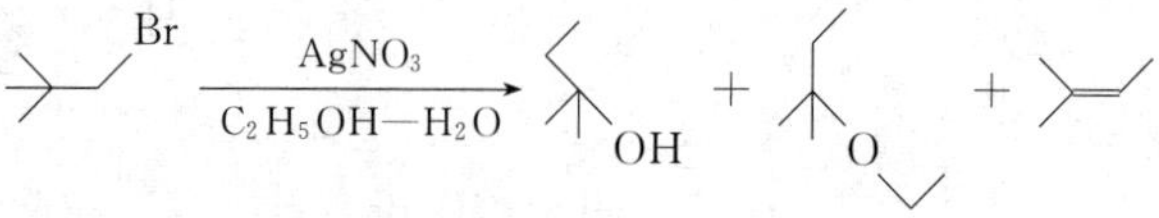

*(3)

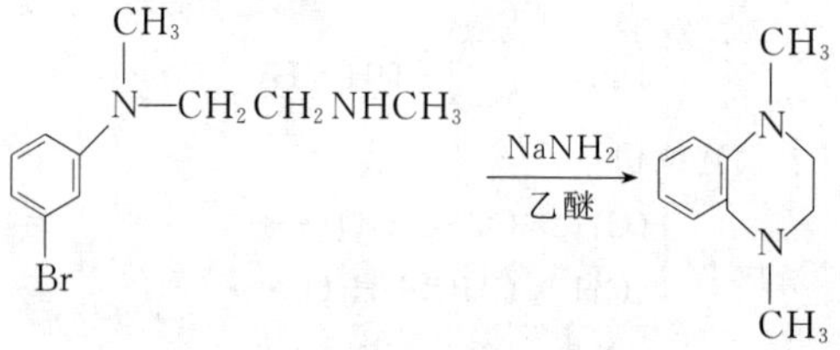

第8章

醇、酚、醚

Ⅰ 醇

8.1 醇的结构、分类、命名

8.1.1 醇的结构

烃分子中饱和碳原子氢原子被羟基（—OH）取代所形成的化合物称为醇（Alcohol）。脂肪族饱和一元醇通式为 $C_nH_{2n+1}OH$。醇分子中 C—O 键由碳原子以一个 sp^3 杂化轨道与氧原子的一个 sp^3 杂化轨道相互重叠形成；O—H 键由氧原子 sp^3 杂化轨道与氢原子 1s 轨道相互重叠形成，二者均为极性共价键。此外，氧原子还有两对未共用电子对分别占据其另外两个 sp^3 杂化轨道。甲醇分子成键情况如图 8-1、表 8-1 所示。

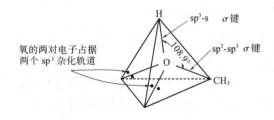

图 8-1　甲醇分子中氧原子四面体结构

表 8-1　甲醇分子中键长、键角

键	键长/nm	键角	角度
C—H	0.110	∠COH	108.9°
C—O	0.143	∠HCH	109°
O—H	0.096	∠HCO	110°

8.1.2 醇的分类

1. 按羟基数目

醇可按分子中所含羟基数目，分为一元醇、二元醇、三元醇、四元醇等，通常把二元和二元以上的醇统称为多元醇。多元醇分子中羟基一般都连接在不同的碳原子上，如：

$$CH_3CH_2OH \qquad HOCH_2CH_2OH \qquad HOCH_2CHOHCH_2OH$$

乙醇（一元醇）　　　乙二醇（二元醇）　　　丙三醇（三元醇）

两个或三个羟基连在同一碳原子上的化合物一般极不稳定的,易脱水生成醛、酮或羧酸:

$$R-\overset{\overset{\displaystyle R'(H)}{|}}{\underset{\underset{\displaystyle OH}{|}}{C}}-OH \xrightarrow{-H_2O} R-\overset{\displaystyle R'(H)}{C}=O \qquad R-\overset{\overset{\displaystyle OH}{|}}{\underset{\underset{\displaystyle OH}{|}}{C}}-OH \xrightarrow{-H_2O} R-\overset{\displaystyle OH}{C}=O$$

2. 按相连碳原子分类

与羟基直接相连碳原子有伯、仲、叔碳原子之分,对应醇分别称为伯醇(1°醇)、仲醇(2°醇)、叔醇(3°醇)。

$$RCH_2OH \qquad R-\underset{\underset{\displaystyle R'}{|}}{CHOH} \qquad R-\overset{\overset{\displaystyle R''}{|}}{\underset{\underset{\displaystyle R'}{|}}{C}}-OH$$

   伯醇   仲醇   叔醇

3. 按烃基类型

醇也可按与羟基相连烃基的不同,分为饱和醇、不饱和醇和芳香醇。

羟基与饱和烃基相连的醇称作饱和醇。例如:

$$CH_3\underset{\underset{\displaystyle OH}{|}}{CH}CH_3 \qquad \bigcirc\!\!-OH \qquad CH_3-\overset{\overset{\displaystyle CH_3}{|}}{CH}-CH_2-OH$$

羟基与不饱和烃基相连的醇称作不饱和醇。例如:

$$RCH=CH\text{—}(CH_2)_n OH \quad (n \geqslant 1) \qquad RC\equiv C\text{—}(CH_2)_n OH \quad (n \geqslant 1)$$

当 $n=1$ 时又称烯丙醇或炔丙醇。当羟基与烯烃双键直接相连时($n=0$)则形成烯醇。烯醇在通常情况下不稳定,能以酮式—烯醇式互变异构方式转变成更稳定酮式结构:

$$\overset{\overset{\displaystyle OH}{|}}{C}=C \Longrightarrow CH-\overset{\displaystyle O}{C}$$

羟基与芳环侧链相连的醇叫作芳醇。例如:

$$\bigcirc\!\!-CH_2-CH_2-OH \qquad \bigcirc\!\!-CH_2-\underset{\underset{\displaystyle OH}{|}}{CH}-CH_3$$

8.1.3　醇的命名

系统命名法是将含羟基最长碳链视为母体,把支链看作取代基,并使羟基编号尽可能小,按照主链中所含碳原子数目称为某醇,支链位次、名称及羟基位次写在母体名称前面。

$$CH_3CH_2CH_2CH_2OH \qquad CH_3-\overset{\overset{\displaystyle CH_3}{|}}{CH}-\overset{\overset{\displaystyle OH}{|}}{CH}-CH_3 \qquad \overset{\text{}}{\bigcirc}\!\!\overset{CH_3}{\underset{OH}{}}$$

   1-丁醇   3-甲基-2-丁醇   2-甲基环戊醇

不饱和醇系统命名,应选择含有羟基同时含有重键(双键、叁键)碳原子在内的碳链作为主链,并尽可能使羟基位号最小,母体名称为某烯醇或某炔醇,取代基、不饱和碳及羟基位置应分别标出。例如:

$$(CH_3)_2CHCH-\underset{\underset{\displaystyle CH=CH_2}{|}}{\overset{\overset{\displaystyle }{|}}{C}}HCH_2CH_3 \qquad CH_3C\equiv CCH_2OH$$
$$\overset{|}{OH}$$

   2-甲基-4-乙基-5-己烯-3-醇   2-丁炔-1-醇

芳香醇命名,可把芳环作为取代基。例如:

$$\bigcirc\text{—CH}=\text{CH—CH}_2\text{OH} \qquad \text{CH}_3\text{—}\bigcirc\text{—CH}_2\text{CH}_2\text{OH}$$

　　　3-苯基-2-丙烯-1-醇　　　　　　　　　2-对甲苯基乙醇

　　结构简单的醇常用俗名,结构复杂的应尽可能选择含多个羟基的碳链作为主链,并把羟基数目(以二、三、四、…表示)和位次(以 1、2、3、…表示)放在醇名称之前。例如:

$$\begin{array}{ccc} \text{CH}_3\text{—CH—CH}_2 & \text{CH}_2\text{—CH—CH}_2 & \text{HOCH}_2\text{CH}_2\text{CH}_2\text{CH}_2\text{OH} \\ \quad|\quad\quad| & \quad|\quad\quad\quad| & \\ \text{OH}\quad\text{OH} & \text{OH}\quad\quad\text{OH} & \end{array}$$

　　1,2-丙二醇　　　　　1,3-丙二醇　　　　　1,4-丁二醇　　　　顺-1,2-环戊二醇

8.2　醇物理性质

8.2.1　一般物理性质

　　低级一元醇($C_1 \sim C_3$)为刺激性气味的无色液体;$C_4 \sim C_{11}$正构醇为液体,粘度通常较大(尤其多元醇);C_{12}以上正构醇为固体。醇分子中羟基是强极性基团,故一般低碳醇分子极性较强,常作为质子型极性溶剂。常见醇物理常数见表8-2。

表 8-2　　　　　　　　　　　　　　常见醇的物理常数

结构式	名称	熔点/℃	沸点/℃	相对密度 d_4^{20}	在水中溶解度 g/100gH₂O	折射率 n_D^{20}
CH_3OH	甲醇	−97	64.7	0.792	∞	1.328 8
$\text{CH}_3\text{CH}_2\text{OH}$	乙醇	−114	78.3	0.789	∞	1.361 1
$\text{CH}_3\text{CH}_2\text{CH}_2\text{OH}$	丙醇	−126	97.2	0.804	∞	1.385 0
CH_3CHCH_3 　　$|$ 　　OH	异丙醇	−88	82.3	0.786	∞	1.377 6
$\text{CH}_3\text{CH}_2\text{CH}_2\text{CH}_2\text{OH}$	丁醇	−90	117.7	0.810	7.9	1.399 3
$\text{CH}_3\text{CH}(\text{CH}_3)\text{CH}_2\text{OH}$	异丁醇	−108	108.0	0.802	10.0	1.395 9
$\text{CH}_3\text{CH}_2\text{CH}(\text{OH})\text{CH}_3$	仲丁醇	−114	99.5	0.808	12.5	1.397 8
$(\text{CH}_3)_3\text{COH}$	叔丁醇	25	82.5	0.789	∞	1.387 8
$\text{CH}_3(\text{CH}_2)_3\text{CH}_2\text{OH}$	正戊醇	−78.5	138.0	0.817	2.4	1.410 1
$\text{CH}_3(\text{CH}_2)_4\text{CH}_2\text{OH}$	正己醇	−52	156.5	0.819	0.6	1.416 5(n_D^{25})
$\text{CH}_3(\text{CH}_2)_5\text{CH}_2\text{OH}$	正庚醇	−34	176	0.822	0.2	1.422 5～1.425 0
$\text{CH}_3(\text{CH}_2)_6\text{CH}_2\text{OH}$	正辛醇	−15	195	0.825	0.05	1.430
$\text{CH}_3(\text{CH}_2)_7\text{CH}_2\text{OH}$	正壬醇		212	0.827	—	1.431～1.435
$\text{CH}_3(\text{CH}_2)_8\text{CH}_2\text{OH}$	正癸醇	6	228	0.829	—	1.437 2
$\text{CH}_3(\text{CH}_2)_{10}\text{CH}_2\text{OH}$	正十二醇	24	259	0.831 (在熔点时)	—	1.444
$\text{CH}_2\text{=CH—CH}_2\text{OH}$	烯丙醇	−129	97	0.855	∞	1.413 5

(续表)

结构式	名称	熔点/℃	沸点/℃	相对密度 d_4^{20}	在水中溶解度 g/100gH₂O	折射率 n_D^{20}
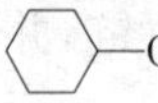 ⬡—OH	环己醇	24	161.5	0.962	3.6	1.465(n_D^{22})
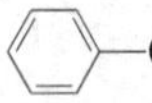 ⬡—CH₂OH	苯甲醇	−15	205	1.046	4	1.539 6
CH₂OHCH₂OH	1,2-乙二醇	−16	197	1.113	∞	1.430(n_D^{25})
CH₃CHOHCH₂OH	1,2-丙二醇		187	1.040	∞	1.4293(n_D^{27})
CH₂OHCH₂CH₂OH	1,3-丙二醇		215	1.060	∞	
CH₂OHCHOHCH₂OH	丙三醇	18	290	1.261	∞	
C(CH₂OH)₄	季戊四醇	260	276 (4 kPa)	1.050 (15 ℃)		

1. 沸点

从表 8-2 中可看出正构伯醇沸点随着碳数增加而增高,少于 10 个碳的醇一般相差 18～20 ℃/CH₂。相对分子质量相同时,正构醇沸点高于有支链醇。多元醇由于羟基数目增加,沸点更高。沸点明显高于相对分子质量相近的烃、醚、卤代烃及醛、酮(表 8-3)。

表 8-3 醇、烃、醚、卤代烃及醛酮性质比较

构造式	相对分子质量	$\mu/(10^{30} \text{ C} \cdot \text{m})$	沸点/℃	构造式	相对分子质量	$\mu/(10^{30} \text{ C} \cdot \text{m})$	沸点/℃
CH₃(CH₂)₃CH₃	72	0	36	CH₃(CH₂)₂CHO	72	9.07	76
(C₂H₅)₂O	74	3.93	35	CH₃(CH₂)₃OH	74	5.43	118
CH₃(CH₂)₂Cl	79	7.0	47				

醇有高沸点的原因是分子之间可以通过氢键形成缔合分子,当醇分子由液相转入气相时,不但要克服分子间的范德华力,还必须克服较强氢键(16～33 kJ/mol)作用。

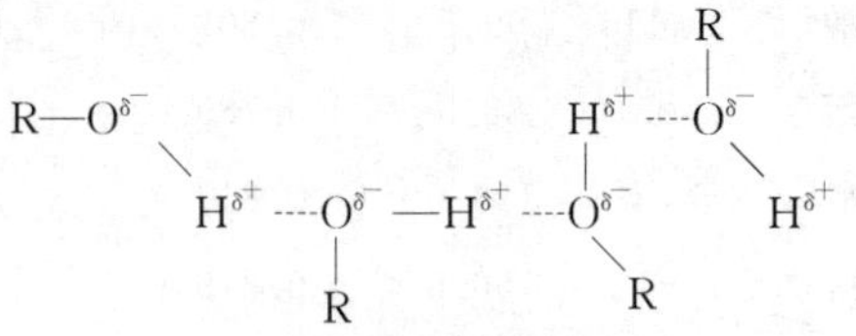

醇分子间的氢键

2. 溶解度

醇分子间氢键影响沸点,也影响醇在水中溶解度。含三个碳原子以下的一元醇可以与水混溶,随着碳原子数增加,醇溶解度大幅度地减小。其原因是一元醇分子中烃基增大,对羟基与水分子形成氢键的阻碍作用增大,溶解度下降。多元醇分子由于在水中能形成较多氢键,故水溶性更好。在丁醇的四个异构体中(表 8-4),α-C 上支链增多,醇溶解度增大,这可以理解为烷基结构改变利于和水分子形成氢键后的溶剂化作用。

表 8-4　　　　　　　　　　　　　四种丁醇的溶解度

构造式	溶解度 $g \cdot (100gH_2O)^{-1}$	构造式	溶解度 $g \cdot (100gH_2O)^{-1}$
$CH_3CH_2CH_2CH_2OH$	7.9	$\begin{array}{c} CH_3 \\ \mid \\ CH_3CH_2CH-OH \end{array}$	12.5
$\begin{array}{c} CH_3 \\ \mid \\ CH_3CH-CH_2-OH \end{array}$	10.0	$\begin{array}{c} CH_3 \\ \mid \\ CH_3-C-OH \\ \mid \\ CH_3 \end{array}$	∞

8.2.2　波谱性质

在醇 IR 谱中,主要有两种特征的化学键伸缩振动吸收峰:C—O 键及 H—O 键。

在非极性溶剂(如 CCl_4)中,游离的醇羟基伸缩振动吸收在 3 500～3 650 cm^{-1} 有一尖峰;醇分子之间有氢键形成时,缔合羟基伸缩振动吸收则在 3 200～3 400 cm^{-1} 有一宽峰;分子内缔合羟基在 3 000～3 500 cm^{-1} 有伸缩振动吸收峰。醇分子中 C—O 键伸缩振动一般在 1 050～1 200 cm^{-1} 出现吸收峰。

$$\text{伯醇 C—O 键}\quad \nu_{伸}=1\,050\sim1\,085\text{ cm}^{-1}$$
$$\text{仲醇 C—O 键}\quad \nu_{伸}=1\,100\sim1\,125\text{ cm}^{-1}$$
$$\text{叔醇 C—O 键}\quad \nu_{伸}=1\,150\sim1\,200\text{ cm}^{-1}$$

在醇的 ^{1}HNMR 谱中,羟基上氢的化学位移值一般出现在较低场处(有时 δ 可达 5 以上)。对于伯醇和仲醇,α-C 上氢的化学位移值一般是 3.3～4.0。

8.3　醇化学性质

醇类化合物化学性质与羟基官能团直接相关。醇具有弱酸性、羟基被取代、脱水以及氧化等重要化学性质。

8.3.1　弱酸性和弱碱性

1. 弱酸性

醇分子中存在 O—H 极性键,在其电离平衡中存在质子和烷氧负离子:

$$ROH+H_2O \underset{}{\overset{K_a}{\rightleftharpoons}} RO^- + H_3O^+$$

几种常见醇 pK_a 值为:

$$\begin{array}{cccc} CH_3OH & CH_3CH_2OH & (CH_3)_2CHOH & (CH_3)_3COH \end{array}$$
$$pK_a \qquad \sim15.5 \qquad \sim16.9 \qquad \sim18.0 \qquad \sim19.2$$

从 pK_a 可以看出它们都是较弱酸,除甲醇外,醇酸性小于水($pK_a=15.7$)。

影响醇电离平衡的主要因素是烷氧基负离子稳定性。一方面烷基是供电子基,α-C 上烷基越多,供电子能力越强,氧原子上负电荷越多,则烷氧负离子越不稳定,醇就越难电离,酸性则弱。另一方面,其空间障碍使烷基越多,烷氧基负离子在水中溶剂化作用更为困难,稳定性减弱,相应醇酸性下降。醇酸性强弱及其共轭碱烷氧负离子碱性强弱顺序为:

酸性: $CH_3OH > RCH_2OH > R_2CHOH > R_3COH$

碱性: $CH_3O^- < RCH_2O^- < R_2CHO^- < R_3CO^-$

醇与金属钠作用,反应较缓和,在实验室中常用乙醇处理剩余少量金属钠。

$$2C_2H_5OH + 2Na \longrightarrow 2NaOC_2H_5 + H_2 \uparrow$$

醇钠性质

醇钠碱性比氢氧化钠强,遇水几乎完全水解:

$$C_2H_5ONa + H_2O \Longrightarrow C_2H_5OH + NaOH$$

2. 弱碱性

醇羟基氧原子上有未共用电子对,它可与强酸或 Lewis 酸结合形成钅羊盐或络合盐,如:

$$C_2H_5\overset{..}{\underset{..}{O}}H + H_2SO_4 \Longrightarrow C_2H_5\overset{+}{\underset{..}{O}}H_2 \cdot HS\bar{O}_4$$

$$C_2H_5\overset{..}{\underset{..}{O}}H + ZnCl_2 \Longrightarrow C_2H_5\overset{\delta+}{\underset{\underset{H}{|}}{O}} \rightarrow \overset{\delta-}{ZnCl_2}$$

低级醇分子可以与 $MgCl_2$、$CaCl_2$ 等无机盐形成络合物($MgCl_2 \cdot 6C_2H_5OH$、$CaCl_2 \cdot 4C_2H_5OH$),故不能使用这类盐干燥低级醇。

8.3.2 醇与氢卤酸反应

醇与氢卤酸反应,可生成相应的 3°、2°、1°卤代烃:

$$ROH + HX \Longrightarrow R\overset{+}{O}H_2 + X^- \longrightarrow R-X + H_2O$$

卤化氢反应活性为

$$HI > HBr > HCl \gg HF$$

醇反应活性为

$$R_3COH > R_2CHOH > RCH_2OH$$

例如:

$$(CH_3)_3C-OH \xrightarrow{\text{浓 HCl}} (CH_3)_3C-Cl$$

$$n\text{-}C_6H_{13}-OH \xrightarrow[ZnCl_2]{\text{浓 HCl}} n\text{-}C_6H_{13}-Cl$$

浓盐酸与无水氯化锌配制成的试剂称为 Lucas 试剂。室温下对于不多于六个碳的醇,可以用 Lucas 试剂来鉴别伯、仲、叔醇。

$$\left.\begin{array}{l} RCH_2OH \\ R_2CHOH \\ R_3COH \end{array}\right\} \xrightarrow[\text{室温}]{\text{浓 HCl,无水 ZnCl}_2} \left\{\begin{array}{l} \text{不反应(加热后可反应)} \\ \text{反应缓慢(几分钟后逐渐混浊)} \\ \text{反应迅速(立刻混浊或分层)} \end{array}\right.$$

低级醇能溶解于 Lucas 试剂中,而卤代烷不溶。故一旦反应生成卤代烃,反应液就会出现混浊或分层。

醇与氢卤酸反应主要有 S_N1 和 S_N2 两种反应机理。大多数伯醇与氢卤酸的反应按 S_N2 机理进行,没有重排产物;仲醇和叔醇与氢卤酸反应一般按照 S_N1 机理进行,常有重排产物。

S_N2 机理：

$$RCH_2OH + H^+ \rightleftharpoons RCH_2\overset{+}{O}H_2 \quad （锌盐）$$

$$X^- + RCH_2\overset{+}{\frown}OH_2 \longrightarrow \left[\overset{\delta^-}{X}\cdots\overset{\delta^+}{\underset{R}{CH_2}}\cdots\overset{\delta^+}{O}H_2 \right]^{\neq} \longrightarrow RCH_2-X + H_2O$$

（过渡态）

S_N1 机理：

$$R_3COH + H^+ \rightleftharpoons R_3C\overset{+}{O}H_2$$

$$R_3C-\overset{+}{O}H_2 \xrightarrow{慢} R_3C^+ + H_2O$$

$$R_3C^+ + X^- \xrightarrow{快} R_3C-X$$

在 S_N1 机理反应中，往往有碳正离子重排的产物生成。例如：

$$(CH_3)_2CHCHCH_3 \xrightarrow[回流]{浓\ HBr} (CH_3)_2CH-CH-CH_3 + (CH_3)_2C-CH_2CH_3 \quad （重排产物）$$
$$\underset{OH}{|} \qquad\qquad\qquad \underset{Br}{|} \qquad\qquad \underset{Br}{|}$$

新戊醇虽然是伯醇，但因叔丁基的空间障碍较大，一般按 S_N1 机理与 HCl 反应。

$$(CH_3)_3C-CH_2OH \xrightarrow{H^+} (CH_3)_3CCH_2\overset{+}{O}H_2 \xrightarrow{-H_2O} (CH_3)_3C\overset{+}{C}H_2 \xrightarrow[(-CH_3\ 邻位迁移)]{重排}$$

$$(CH_3)_2\overset{+}{C}CH_2CH_3 \xrightarrow{Cl^-} (CH_3)_2C-CH_2CH_3$$
$$\underset{Cl}{|}$$

由醇转变成卤代烃还可以采用其他试剂，如氯化亚砜、卤化磷等，反应几乎没有重排产物且副产物是二氧化硫、氯化氢或三氯氧磷等无机试剂，产品卤代烷易于分离纯化。$SOCl_2$ 与醇反应是分子内亲核取代（S_Ni），可使手性中心特征保持，而 PBr_3、PCl_5 与醇反应则是 S_N2 机理。然而，当 $SOCl_2$ 与醇在吡啶催化作用下反应时，可使 α 碳原子构型翻转，有明显 SN_2 反应的特点。

$$CH_3(CH_2)_5CHCH_3 + SOCl_2 \xrightarrow{\triangle} CH_3(CH_2)_5CHCH_3 + SO_2\uparrow + HCl\uparrow$$
$$\underset{OH}{|} \qquad\qquad\qquad\qquad \underset{Cl}{|}$$

$$6n\text{-}C_4H_9OH + 2PBr_3 \longrightarrow 6n\text{-}C_4H_9Br + 2P(OH)_3$$

8.3.3　醇与无机含氧酸反应

醇与无机含氧酸的反应机理和醇与氢卤酸的反应机理相似，反应可按 S_N1 或 S_N2 机理进行。伯醇一般按 S_N2 机理，叔醇按 S_N1 机理，仲醇则两种机理皆有可能。

1. 与硫酸反应

醇与硫酸反应可以生成酸性硫酸酯（硫酸氢酯）和中性硫酸酯（硫酸二酯）。

$$RCH_2OH + HOSO_3H \xrightarrow{温热} RCH_2OSO_3H + H_2O$$

温度过高将会有醚或烯烃生成，叔醇与浓硫酸在加热的条件下反应主要得到烯烃。

利用醇与浓硫酸（亦可由氯磺酸或 SO_3 代替）该反应可制备十二烷基硫酸钠，这是一种性能优良的阴离子表面活性剂，常用于乳化剂配制。

$$C_{12}H_{25}OH + H_2SO_4 \xrightarrow{40\sim55\ ℃} C_{12}H_{25}OSO_3H + H_2O$$

$$C_{12}H_{25}OSO_3H + NaOH \longrightarrow C_{12}H_{25}OSO_3Na + H_2O$$

硫酸二甲酯、硫酸二乙酯是有机合成中常用的烷基化试剂,可由相应的硫酸氢酯在减压下蒸馏得到,但二者都是剧毒物质,对呼吸器官和皮肤都有强烈刺激作用。因此,制备和使用时要在通风良好环境下小心操作。

$$2ROSO_3H \rightleftharpoons R\overset{+}{\underset{H}{\text{—O—}}}SO_3H + ROSO_3^- \rightleftharpoons ROSO_2OR + H_2SO_4 \qquad (R=CH_3, C_2H_5)$$

2. 与硝酸反应

$$RCH_2OH + HNO_3 \longrightarrow RCH_2ONO_2 + H_2O$$

$$HOCH_2\underset{OH}{\underset{|}{CH}}CH_2OH + 3HNO_3 \longrightarrow O_2NOCH_2\underset{ONO_2}{\underset{|}{CH}}CH_2ONO_2 + 3H_2O$$

硝酸酯不稳定,受热易分解,甚至引起爆炸,多元醇的硝酸酯是烈性炸药;丙三醇三硝酸酯(硝化甘油)还具有舒张血管、缓解心绞痛的药理作用;亚硝酸异戊酯是冠心病患者突发病时的急救药物之一。

3. 与磷酸反应

$$ROH + H_3PO_4 \rightleftharpoons ROPO_3H_2 \overset{ROH}{\rightleftharpoons} (RO)_2PO_2H$$

$$3n\text{-}C_4H_9OH + POCl_3 \longrightarrow (n\text{-}C_4H_9O)_3PO + 3HCl$$

磷酸三酯是一类很有用精细化工中间体,它常用于制取农药和增塑剂及萃取剂等。

甘油与磷酸反应可得磷酸甘油,它在人体脂肪代谢过程中有着重要作用。葡萄糖磷酸氢酯是人体糖代谢和转化中重要的中间物,在核糖核酸中存在磷脂键。

8.3.4 醇脱水反应

醇在相应反应条件下,可以分子间脱水成醚,也可分子内脱水生成烯烃。

1. 分子间脱水

在酸催化并一定反应温度下,伯醇可按 S_N2 机理发生分子间脱水成醚反应。

$$2C_2H_5OH \xrightarrow[140\ ℃]{\text{浓 } H_2SO_4} CH_3CH_2OCH_2CH_3 + H_2O$$

机理:
$$C_2H_5OH + H^+ \longrightarrow CH_3CH_2\overset{+}{O}H_2$$

$$CH_3CH_2\overset{..}{\underset{..}{O}}H + H_2\overset{+}{O}CH_2CH_3 \longrightarrow (CH_3CH_2)_2\overset{+}{\underset{..}{O}}H + H_2O$$

$$(CH_3CH_2)_2\overset{+}{\underset{..}{O}}H \xrightarrow{-H^+} (CH_3CH_2)_2\overset{..}{\underset{..}{O}}:$$

2. 分子内脱水

醇在硫酸或磷酸存在下于较高温度时发生分子内脱水生成烯烃的反应,属于消除反应。一般来说仲醇和叔醇按 E1 机理进行脱水反应,有重排产物生成。

$$(CH_3)_3C\underset{OH}{\underset{|}{—}CH—}CH_3 \rightleftharpoons (CH_3)_3C\underset{\overset{+}{O}H_2}{\underset{|}{—}CH—}CH_3 \xrightarrow{-H_2O} (CH_3)_3C\overset{+}{—}CH—CH_3 \xrightarrow{1,2\text{-甲基迁移}}$$

$$(CH_3)_2\overset{+}{C}\underset{CH_3}{\underset{|}{—}CH—}CH_3 \xrightarrow{-H^+} (CH_3)_2C{=}C(CH_3)_2$$

不同结构醇,分子内脱水生成烯烃的反应活性为叔醇＞仲醇＞伯醇。例如:

$$CH_3CH_2CH_2CH_2OH \xrightarrow[150\ ℃]{75\%H_2SO_4} CH_3CH_2CH=CH_2 + CH_3CH=CHCH_3$$

$$CH_3CH_2\underset{OH}{CHCH_3} \xrightarrow[95\ ℃]{60\%H_2SO_4} CH_3CH_2CH=CH_2 + CH_3CH=CHCH_3$$

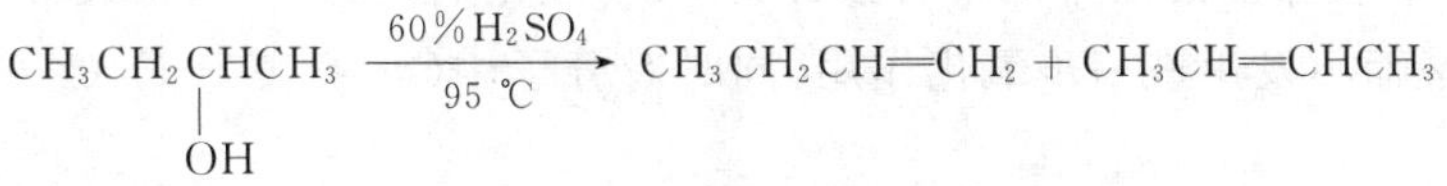

$$(CH_3)_3COH \xrightarrow[80\ ℃]{20\%H_2SO_4} (CH_3)_2C=CH_2$$

醇在酸催化下脱水反应以生成支链较多的烯烃为主,即脱水取向符合 Saytzeff 规则。

Al_2O_3 常作为醇分子内脱水的催化剂,反应温度一般高于 300 ℃,Al_2O_3 再生性能好,反应过程中三废少,产率较高,用碱处理 Al_2O_3 后重排产物极少,可用于制备端烯烃和共轭二烯烃。

3.嚬哪醇脱水

通常把两个羟基都连在叔碳原子上的 α-二醇称为嚬哪醇(Pinacol)。在 Al_2O_3 存在下,嚬哪醇发生分子内脱水生成二烯烃。

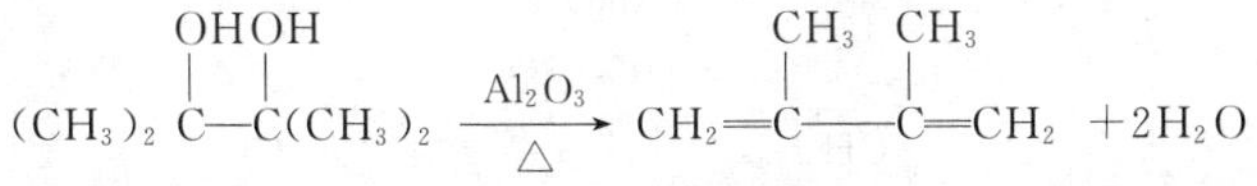

$$(CH_3)_2\underset{}{C}-\underset{}{C}(CH_3)_2 \xrightarrow[\triangle]{Al_2O_3} CH_2=C-C=CH_2 + 2H_2O$$

质子酸可催化时嚬哪醇脱水重排生成嚬哪酮,而非烯烃。举例说明如下:

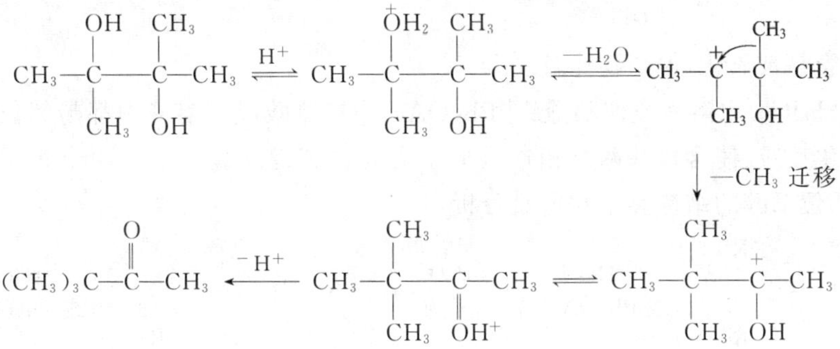

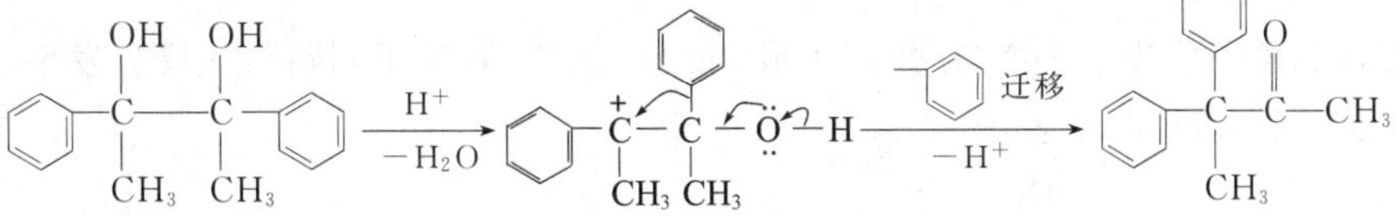

8.3.5　醇的氧化和脱氢

1.醇的氧化

伯醇和仲醇被氧化,生成相应醛或酮,醛很容易被继续氧化成羧酸。叔醇不含 α-H,通常情况下不易被氧化。如:

$$CH_3(CH_2)_3CH_2OH \xrightarrow[CH_3COOH,100\ ℃]{Na_2Cr_2O_7} CH_3(CH_2)_3CHO \xrightarrow{[O]} CH_3(CH_2)_3COOH$$

要使伯醇氧化反应停留在生成醛的阶段，一般可采用两种方法：一是把生成醛尽快从反应体系中移出，以避免进一步氧化；二是选择合适氧化剂，使生成的醛不被进一步氧化。

吡啶和 CrO_3 在盐酸溶液中的络合盐称为 PCC 氧化剂，也称沙瑞特(Sarrett)试剂，可以将伯醇氧化为醛而不发生进一步氧化作用，同时对分子中 $C=C$、$C=O$、$C=N$ 等不饱和键兼容性良好。

$$CH_3(CH_2)_6CH_2OH \xrightarrow{CrO_3,\text{吡啶}} CH_3(CH_2)_6CHO$$

新制 MnO_2 对烯丙位醇和苄醇可较好地选择性氧化。

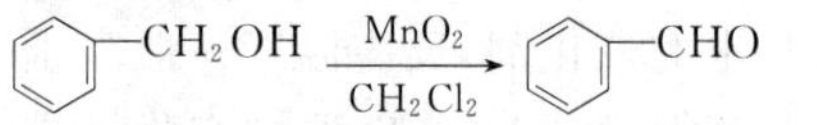

$$\text{—CH}_2\text{OH} \xrightarrow[CH_2Cl_2]{MnO_2} \text{—CHO}$$

仲醇氧化生成酮，可用氧化剂有 $K_2Cr_2O_7/H_2SO_4$、$KMnO_4$、$CrO_3/$稀 H_2SO_4（Jones 试剂）、$(i\text{-}C_3H_7O)_3Al$—CH_3COCH_3（Oppenauer 氧化法）、NaOX 等，因为产物酮难以被继续氧化，所以仲醇对氧化剂选择要求不高，但不饱和仲醇不宜使用强氧化剂。

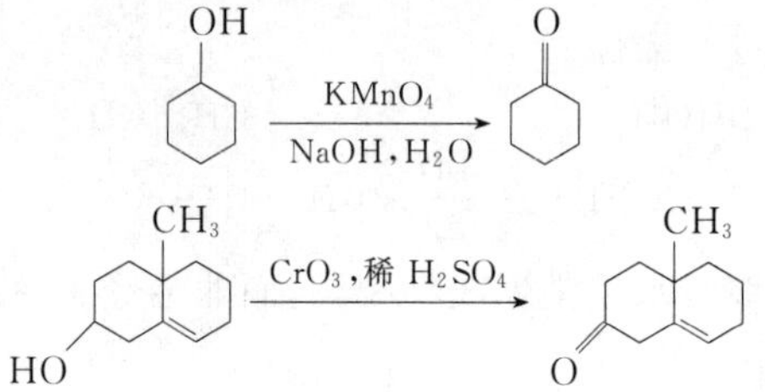

多元醇容易被氧化，但产物比较复杂。

高碘酸(HIO_4)水溶液或四醋酸铅[$Pb(OAc)_4$]在醋酸或苯溶液中都与邻位二醇发生定量专属性氧化反应，使含羟基两个相连碳原子之间碳碳键断裂并生成两个相应的羰基化合物，可用于邻位二醇的结构鉴定和定量分析。

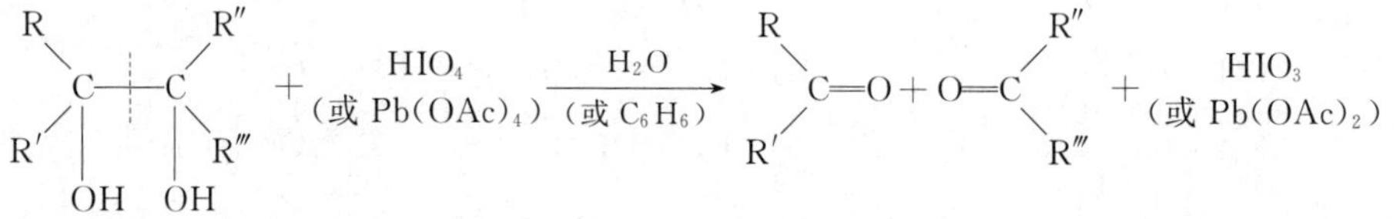

生成的 HIO_3 可以与 $AgNO_3$ 作用生成 $AgIO_3$ 沉淀，有助于判断氧化反应发生。相邻多元醇也可发生此类反应，如：

2.醇的脱氢

醇脱氢反应是指在催化剂作用下，伯醇和仲醇羟基上氢原子和 α-C 氢原子的脱除反应，得到相应醛或酮。工业生产常用铜或铜铬氧化物、氧化锌、钯等作脱氢催化剂。

$$RCH_2OH \xrightarrow{Cu,325\,℃} RCHO + H_2$$

$$\underset{OH}{RCHR'} \xrightarrow{Cu,200\sim300\,℃} \underset{O}{RCR'} + H_2$$

Ⅱ 酚

8.4 酚结构和命名

8.4.1 酚的结构

羟基直接与芳环相连的化合物称为酚(Phenol)。酚分子中羟基中氧原子孤电子对与芳环上 π 键形成了 p-π 共轭体系,使 C—O 键键能增大,导致其性质与醇差异很大。苯酚结构可用下列共振式来表示:

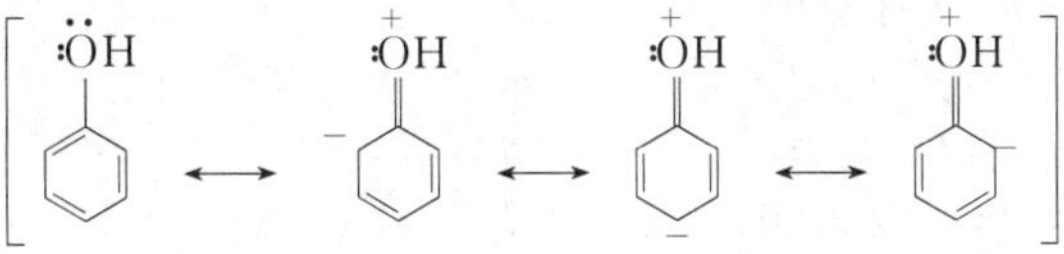

从共振式可以看出,羟基氧原子上电子向苯环分散,故酚羟基上氢有明显酸性。

8.4.2 酚的命名

酚的命名常根据芳烃不同结构称为"某酚",若有位次差异应予注明。当苯环上有不止一种取代基时,需按官能团优先顺序选择母体。当羟基优先时,母体为酚;否则应把羟基看作取代基。例如:

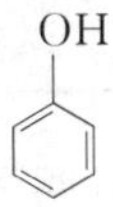

| 苯酚 | 邻甲基苯酚 | 邻硝基苯酚 | 1-萘酚
(α-萘酚) | 2-萘酚
(β-萘酚) | 间氨基苯酚 |

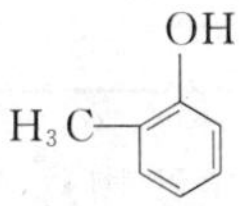

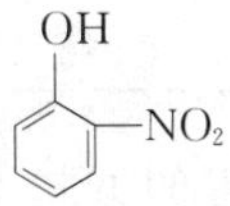

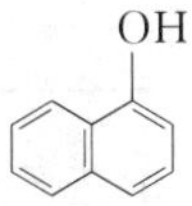

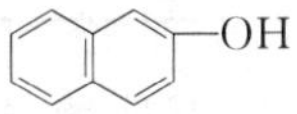

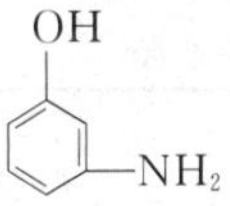

含有两个或多个羟基与芳环直接相连的化合物称为二元或多元酚,其位次编号与多取代烷基苯命名相似。例如:

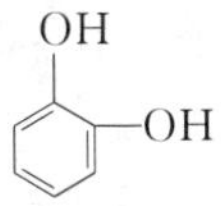

| 邻苯二酚 | 间苯二酚 | 对苯二酚 | 偏苯三酚 | 均苯三酚 | 连苯三酚 |

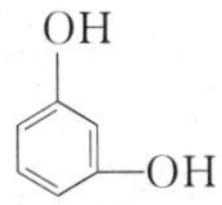

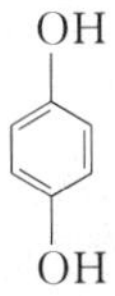

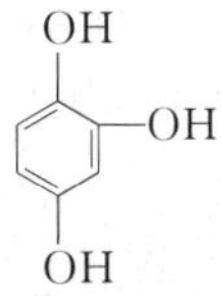

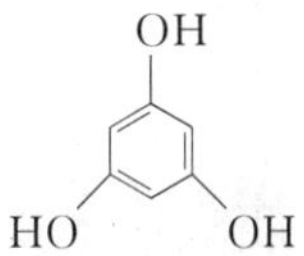

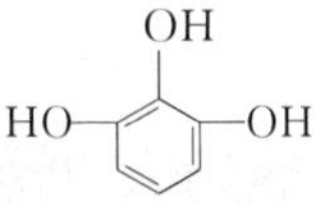

8.5 酚物理性质

8.5.1 一般物理性质

酚可以形成分子间氢键,故酚的熔点和沸点及在水中的溶解度比相对分子质量相近的芳烃、卤代芳烃要高,酚相对密度大于1。纯净的酚一般为无色结晶状。长期放置后可被空气氧化,常带有暗红色或更深色泽。低级酚有特殊刺激性气味,尤对眼睛、呼吸道黏膜、皮肤有刺激和腐蚀作用。部分常见酚物理常数见表8-5。

表 8-5　　　　　　　　　　　　　　常见酚的物理常数

名称	分子式	熔点/℃	沸点/℃	溶解度 g/100gH₂O	K_a
苯酚	C_6H_5OH	43	181	9.3	1.28×10^{-10}
邻甲苯酚	$o\text{-}CH_3\text{-}C_6H_4OH$	30	191	2.5	6.5×10^{-11}
间甲苯酚	$m\text{-}CH_3\text{-}C_6H_4OH$	11	201	2.5	9.8×10^{-11}
对甲苯酚	$p\text{-}CH_3\text{-}C_6H_4OH$	35.5	201	2.3	6.7×10^{-11}
邻氯苯酚	$o\text{-}Cl\text{-}C_6H_4OH$	8	176	2.8	7.7×10^{-9}
间氯苯酚	$m\text{-}Cl\text{-}C_6H_4OH$	29	214	2.6	1.7×10^{-9}
对氯苯酚	$p\text{-}Cl\text{-}C_6H_4OH$	37	217	2.8	6.5×10^{-10}
对氟苯酚	$p\text{-}F\text{-}C_6H_4OH$	48	185		1.1×10^{-10}
对溴苯酚	$p\text{-}Br\text{-}C_6H_4OH$	64	236	1.4	5.6×10^{-10}
对碘苯酚	$p\text{-}I\text{-}C_6H_4OH$	94			6.3×10^{-10}
邻硝基苯酚	$o\text{-}NO_2\text{-}C_6H_4OH$	44.5	214	0.2	6.0×10^{-8}
间硝基苯酚	$m\text{-}NO_2\text{-}C_6H_4OH$	96	分解	1.4	5.0×10^{-9}
对硝基苯酚	$p\text{-}NO_2\text{-}C_6H_4OH$	114	279(分解)	1.7	6.8×10^{-8}
2,4-二硝基苯酚	$2,4\text{-}(NO_2)_2\text{-}C_6H_3OH$	113	分解	0.56	1.0×10^{-5}
2,4,6-三硝基苯酚	$2,4,6\text{-}(NO_2)_3\text{-}C_6H_2OH$	122	分解(300 ℃爆炸)	1.4	6.0×10^{-1}
邻苯二酚	$1,2\text{-}(OH)_2\text{-}C_6H_4$	105	245	45	4×10^{-10}
间苯二酚	$1,3\text{-}(OH)_2\text{-}C_6H_4$	110	281	123	4×10^{-10}
对苯二酚	$1,4\text{-}(OH)_2\text{-}C_6H_4$	170	286	8	1×10^{-10}
α-萘酚	$\alpha\text{-}C_{10}H_7OH$	94	279	难溶	4.9×10^{-10}
β-萘酚	$\beta\text{-}C_{10}H_7OH$	123	286	0.1	2.8×10^{-10}

由表8-5可以看出,某些酚异构体由于形成氢键的方式不同导致物理性质上有明显差异。例如,间位和对位硝基苯酚能形成分子间氢键,沸点较高;而邻位硝基苯酚能形成分子内氢键,熔、沸点都较低,可用水蒸气蒸馏法将其从三个异构体混合物中分离出来。

邻硝基苯酚分子内氢键

8.5.2　波谱性质

在酚 IR 谱中,酚羟基在 3 200～3 500 cm⁻¹ 显示较宽、较强吸收峰。酚中 C—O 键伸缩振动一般出现在 1 200～1 250 cm⁻¹。

在酚 ¹HNMR 谱中,酚羟基上质子化学位移通常在 4～7。影响酚羟基上质子化学位移因素很多。有分子内氢键或环上有强吸收电子基时,酚羟基质子化学位移值一般为8～12。

8.6　酚化学性质

酚化学性质主要是酚羟基和芳环两部分的性质构成。由于羟基与芳环直接相连形成了共轭体系,使其羟基及芳环性质与醇和苯相比都发生了很大变化。

8.6.1　酚羟基上反应

1. 酚的弱酸性

向苯酚和水形成的混浊液中,滴入 5％NaOH 溶液,浊液变成澄清透明溶液。这是因为苯酚和氢氧化钠发生了中和反应,生成了水溶性苯酚钠盐,这说明苯酚具有酸性。如果向溶液中通入二氧化碳或加入醋酸,苯酚析出,体系又变成混浊,说明苯酚酸性比碳酸和醋酸酸性弱,可借此分离提纯苯酚。

$$
\text{C}_6\text{H}_5\text{—OH} + \text{NaOH} \longrightarrow \text{C}_6\text{H}_5\text{—ONa} + \text{H}_2\text{O}
$$

$$
\text{C}_6\text{H}_5\text{—ONa} + \text{CO}_2 \xrightarrow{\text{H}_2\text{O}} \text{C}_6\text{H}_5\text{—OH} + \text{NaHCO}_3
$$

$$
\text{C}_6\text{H}_5\text{—ONa} + \text{CH}_3\text{COOH} \xrightarrow{\text{H}_2\text{O}} \text{C}_6\text{H}_5\text{—OH} + \text{CH}_3\text{COONa}
$$

从下面 pK_a 值可以看出,苯酚酸性比水和醇强,比羧酸、碳酸弱。

	ROH	H_2O	苯酚	萘酚	H_2CO_3	RCOOH
pK_a	16～19	15.7	10.0	9.65	～6.35	～5

苯酚酸性大于醇,主要是在酚氧负离子中存在 p-π 共轭作用,氧原子负电荷通过 p-π 共轭向苯环离域,氧上电子云密度得以分散而使负离子稳定性增加。虽然苯酚有较弱的酸性,但是苯酚水溶液不能使石蕊试纸变色。

苯酚与醇酸性比较

取代苯酚的酸性大小与取代基性质有关。具有吸电子作用($-I$,$-C$)的取代基一般使取代酚酸性大于苯酚,因吸电基有利于酚氧负离子负电荷分散。当取代基有供电子作用($+I$,$+C$)时,则使取代酚酸性下降,且酸性小于苯酚,因供电基使酚氧负离子负电荷密度增高,稳定性下降。取代基电子效应对酚酸性的影响明显,表 8-6 给出了部分取代酚 pK_a 值,其中邻硝基苯酚酸性小于对硝基苯酚酸性,是因邻硝基苯酚中存在着邻位效应。

表 8-6　　　　　一些取代酚 pK_a

取代基	电子效应		pK_a(水中,25 ℃)
对硝基	吸电子诱导效应	吸电子共轭效应	7.15
邻硝基	吸电子诱导效应	吸电子共轭效应	7.22
对氰基	吸电子诱导效应	吸电子共轭效应	7.95
间硝基	吸电子诱导效应	—	8.39
间氯	吸电子诱导效应	—	9.02
对氯	吸电子诱导效应	给电子共轭效应	9.38
间甲氧基	吸电子诱导效应	—	9.65

（续表）

取代基	电子效应		pK_a（水中，25 ℃）
氢	—	—	10.0
对甲氧基	吸电子诱导效应	给电子共轭效应	10.21
2,4-二硝基	吸电子诱导效应	吸电子共轭效应	4.09
2,4,6-三硝基	吸电子诱导效应	吸电子共轭效应	0.45

2. 酚与 FeCl₃ 反应

（1）显色反应

酚中羟基与芳环直接相连，可看作是烯醇型化合物。具有烯醇型结构的分子可与 FeCl₃ 溶液发生颜色反应。不同酚与 FeCl₃ 作用呈现颜色不同，可用来鉴别酚的存在。颜色由酚氧负离子和三价铁离子形成的络合盐显现出来。

酚与氯化铁
显色反应

$$6ArOH + FeCl_3 \rightleftharpoons [Fe(OAr)_6]^{3-} + 6H^+ + 3Cl^-$$

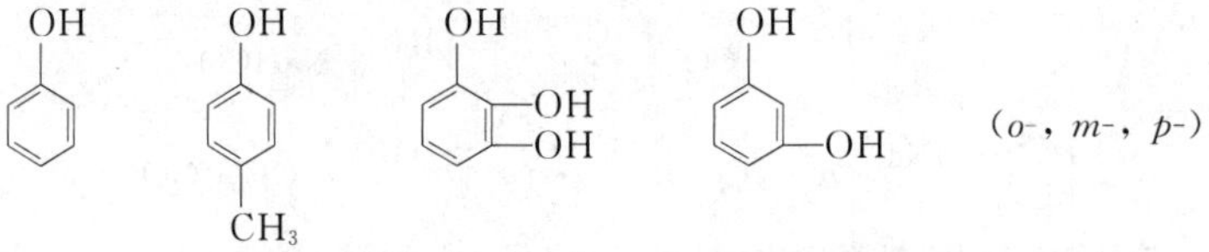

（结构式）

(o-, m-, p-)

蓝紫色　　　　蓝色　　　　淡棕色　　　蓝紫　深绿　暗绿

（2）偶联反应

萘酚与稀 FeCl₃ 溶液作用也有颜色反应。α-萘酚与 FeCl₃ 反应析出沉淀产物中含有一定量 4,4′-联 α-萘酚。这是由于 FeCl₃ 作为氧化剂使 α-萘酚发生了氧化偶联所致：

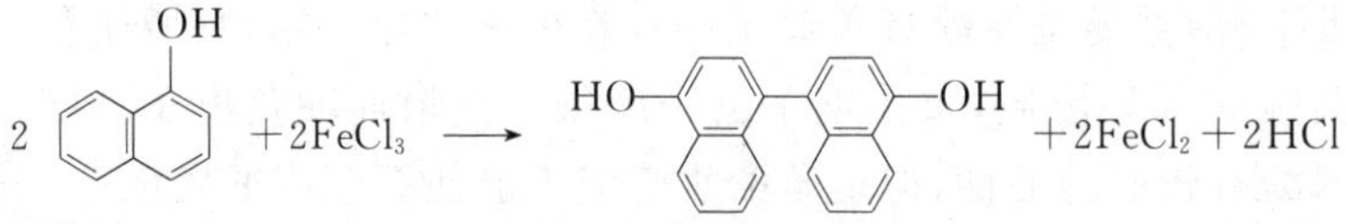

（反应式）

β-萘酚钠盐在醋酸-水溶液中与足量 FeCl₃ 作用，生成手性 1,1′-联 β-萘酚（β-BN）：

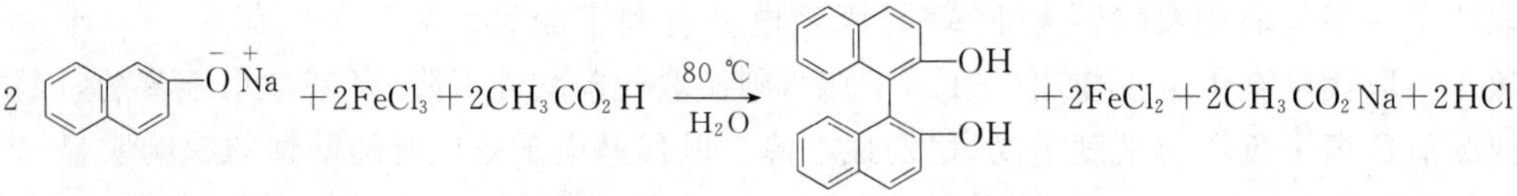

（反应式）

3. 芳醚的生成

一般酚分子内和分子间脱水反应难以进行，在高温催化条件下才能反应：

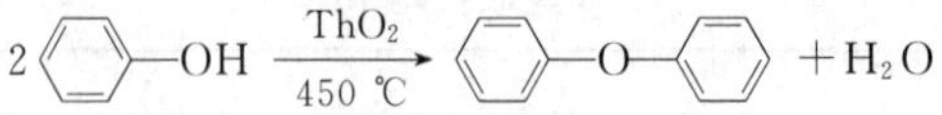

$$2 \text{（苯酚）}-OH \xrightarrow[450℃]{ThO_2} \text{（二苯醚）} + H_2O$$

酚氧负离子和卤苯作用可得二芳基醚：

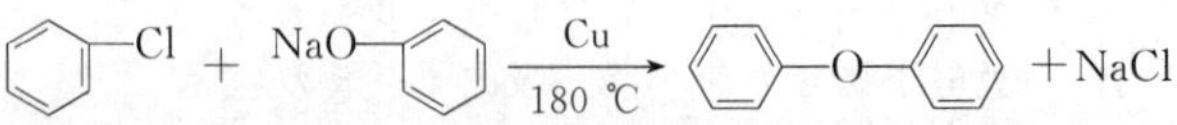

$$\text{（苯）}-Cl + NaO-\text{（苯）} \xrightarrow[180℃]{Cu} \text{（二苯醚）} + NaCl$$

在碱性条件下，酚与伯卤代烷反应生成混合醚：

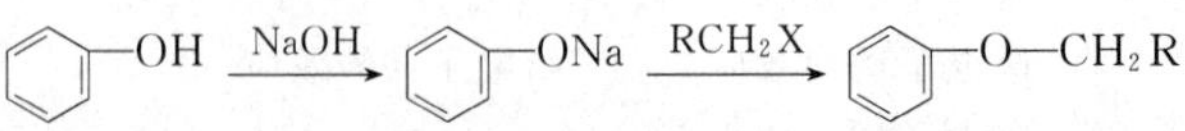

$$\text{（苯）}-OH \xrightarrow{NaOH} \text{（苯）}-ONa \xrightarrow{RCH_2X} \text{（苯）}-O-CH_2R$$

制备苯甲醚或苯乙醚时，常用 $(H_3CO)_2SO_2$ 或 $(H_5C_2O)_2SO_2$ 作为烷基化试剂，在氢氧化钠水溶液中进行反应。实验室和工业上都可使用这个方法,但硫酸二甲酯毒性较大,操作时应注意防护。

$$\underset{\text{苯甲醚(茴香醚)}}{}$$

苯甲醚(茴香醚)

4.酚酯的生成

醇可以在酸催化下直接与羧酸发生酯化反应,但酚反应活性较低,一般要在碱(碳酸钾、吡啶)存在下与酰卤或酸酐反应才能完成酯化反应。

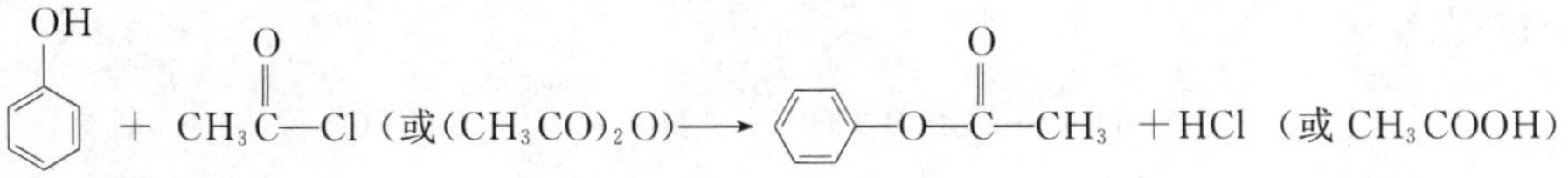

生成的酚酯与路易斯酸(如 $AlCl_3$)作用,酰基可以重排到羟基的邻位或对位,此反应称为弗里斯(Fries)重排。

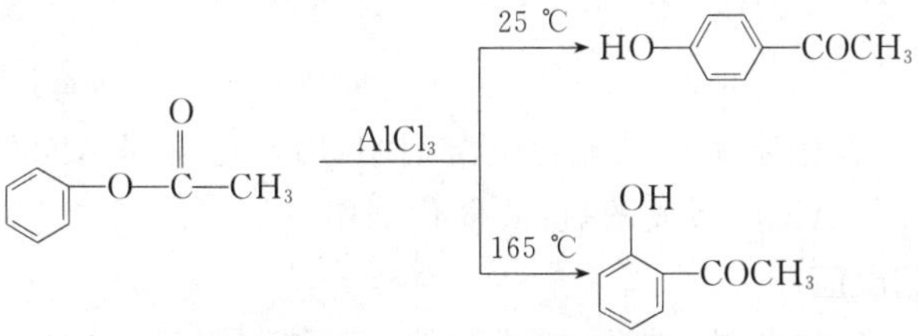

两个重排产物可以用水蒸气蒸馏进行分离(邻位异构体可形成分子内氢键,随水蒸气蒸出)。重排反应可在硝基苯、硝基甲烷等溶剂中进行,也可以不用溶剂直接加热,但用硝基苯能加速反应。芳环上有吸电子基时,酚酯则不发生重排。

8.6.2　酚环上反应

1.亲电取代

酚羟基是很强的第一类定位基,使芳环上电子云密度增大,容易发生亲电取代反应。

(1)卤代反应

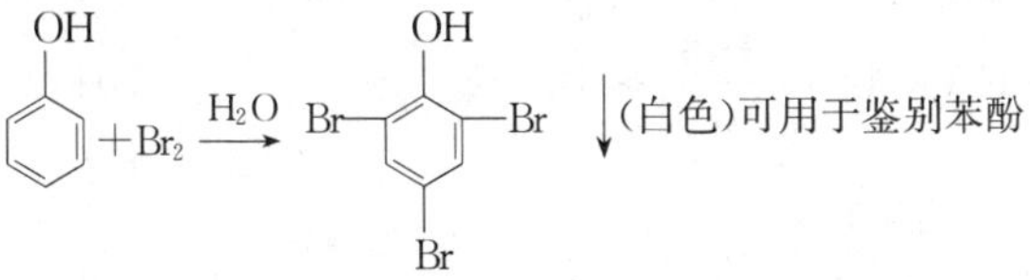

苯酚与溴水反应

酚与 X_2 反应非常迅速,在低温和低极性溶剂中,不足量 X_2 与酚反应可以生成一卤代苯酚。

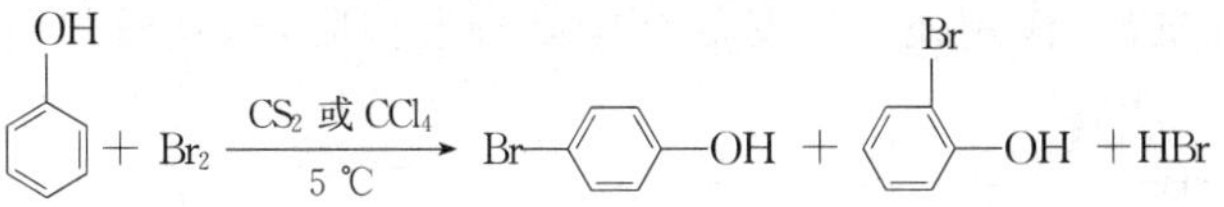

(2)磺化反应

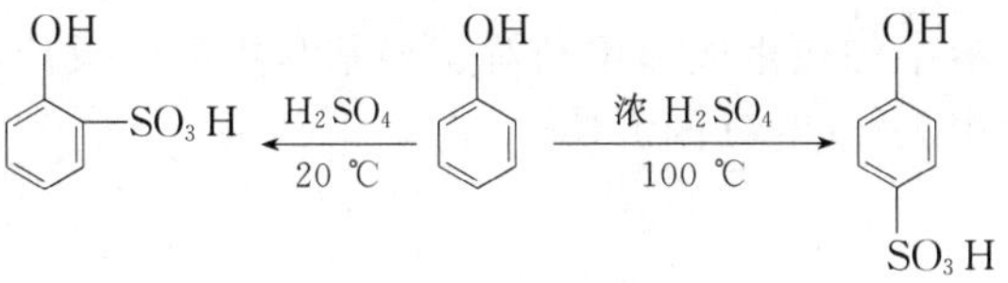

萘酚磺化反应产物随磺化剂种类和反应温度不同而改变。

（3）硝化反应

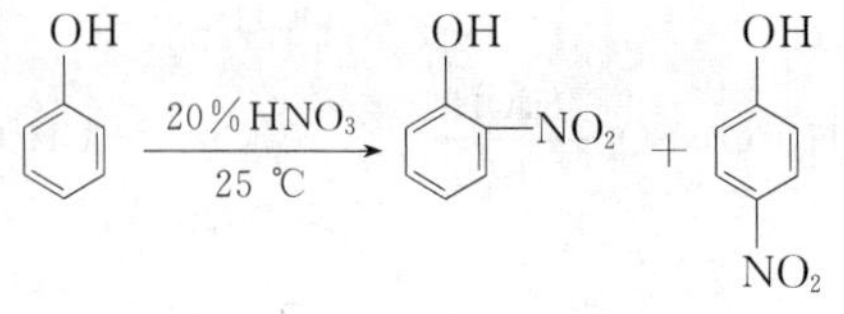

$$\text{苯酚} \xrightarrow[25\ ℃]{20\%\ HNO_3} \text{邻硝基苯酚} + \text{对硝基苯酚}$$

$$(\sim 35\%) \qquad (\sim 15\%)$$

用浓 HNO_3 可生成二硝基、三硝基苯酚，但苯酚易被浓 HNO_3 氧化，产率很低。

（4）付-克反应

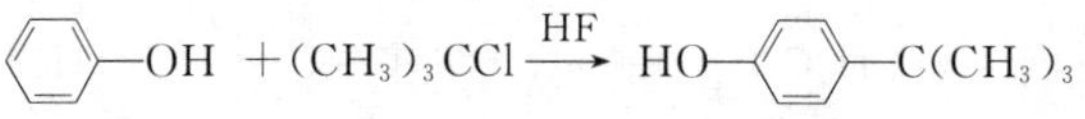

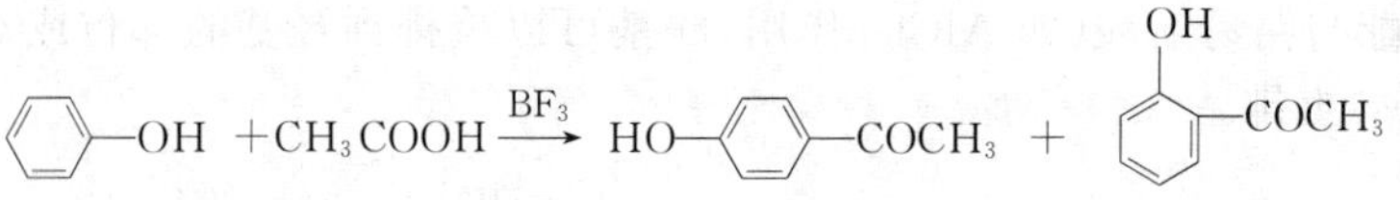

$$\text{苯酚} + (CH_3)_3CCl \xrightarrow{HF} HO-\text{苯基}-C(CH_3)_3$$

$$\text{苯酚} + CH_3COOH \xrightarrow{BF_3} HO-\text{苯基}-COCH_3 + \text{邻羟基苯乙酮}$$

$$(95\%) \qquad (\text{少量})$$

上述烷基化反应可在硝基苯或二硫化碳溶剂中进行，也可用 $AlCl_3$ 作催化剂，用酰氯或酸酐为酰化剂，因酚可与 $AlCl_3$ 形成酚盐，故催化剂用量较多。

2. 与甲醛、丙酮的反应

苯酚在碱催化（氨、氢氧化钠、碳酸钠）或酸催化下能与甲醛发生反应。酚氧负离子电子离域使苯环上羟基邻、对位带有较多负电荷，可与甲醛羰基进行亲核加成。

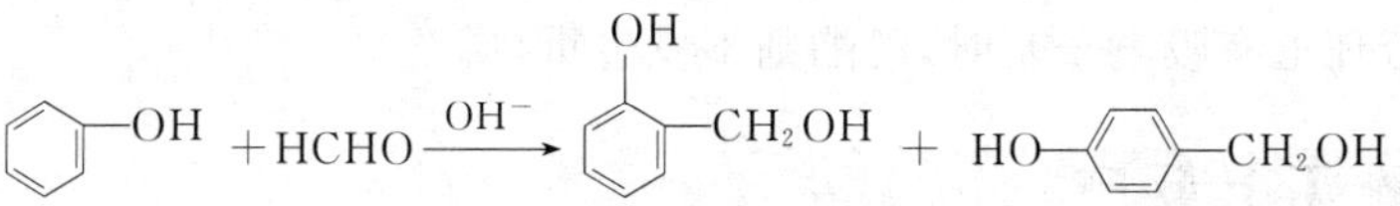

$$\text{苯酚} + HCHO \xrightarrow{OH^-} \text{邻羟甲基苯酚} + HO-\text{苯基}-CH_2OH$$

苯酚与甲醛可以连续缩合生成酚醛树脂缩聚产物。酚醛树脂相对分子质量高、耐高温、耐老化、耐化学腐蚀、具有良好绝缘性能，常用来制作绝缘材料，广泛用于电子、电气、塑料等行业。

苯酚在酸性条件下与丙酮发生缩合反应生成双酚 A：

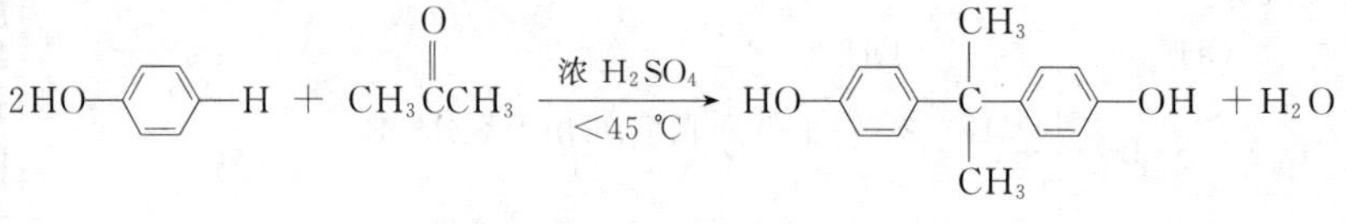

$$2HO-\text{苯基}-H + CH_3\overset{O}{\underset{\|}{C}}CH_3 \xrightarrow[<45\ ℃]{\text{浓}\ H_2SO_4} HO-\text{苯基}-\underset{CH_3}{\overset{CH_3}{C}}-\text{苯基}-OH + H_2O$$

双酚 A

双酚 A 主要用途之一是与环氧氯丙烷反应得到不同聚合度的环氧树脂，这种树脂与固化剂（多元胺或多元酸酐）作用便形成交联结构高分子树脂，具有极强黏合力，可以牢固地黏合多种材料，俗称"万能胶"。

3. 酚醛、酚酸生成

（1）瑞穆尔-悌曼（Reimer-Tiemann）反应

酚与氯仿在碱性溶液中加热生成邻位和对位羟基苯甲醛的反应称为瑞穆尔-悌曼反应。这是一种向活化苯环中引入—CHO 的方法。

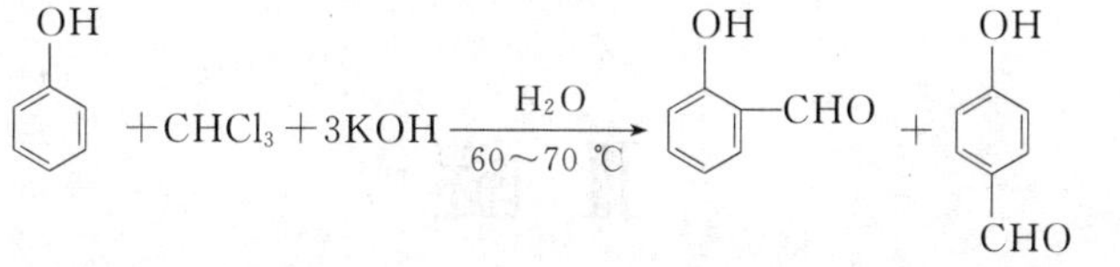

水杨醛
（37％～45％）　（8％～11％）

当酚羟基邻位有取代基时，反应主要发生在对位，如 4-羟基-3-甲氧基苯甲醛（食用香料香兰素）的合成：

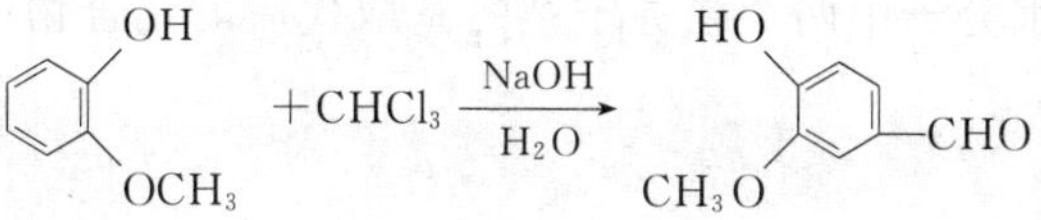

（2）柯尔伯-施密特（Kolbe-Schmitt）反应

干燥酚钠或酚钾与二氧化碳在加热加压条件下作用生成羟基苯甲酸的反应称为柯尔伯-施密特反应。

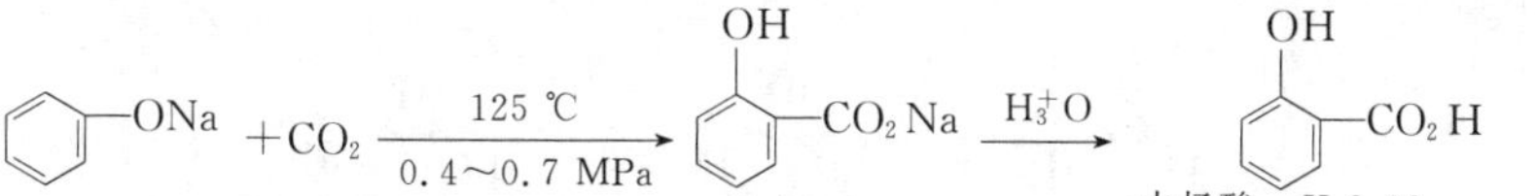

水杨酸、pKa 2.98
熔点 159 ℃

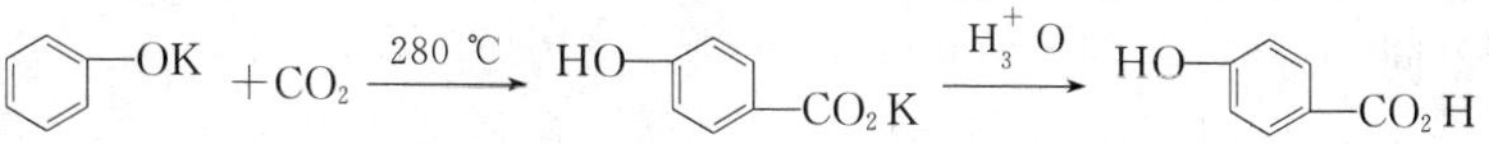

工业上利用这一反应制取水杨酸。水杨酸有多种用途，是合成药物、染料、香料的重要原料，还可用作食物防腐剂。

8.6.3　酚氧化和还原

酚非常容易被氧化，而且随着氧化剂及反应条件不同，氧化产物也不同。例如：

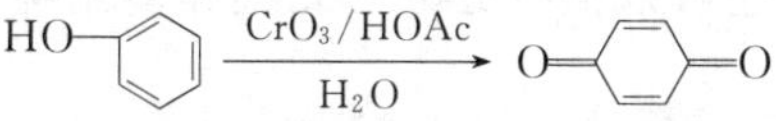

（对苯醌）

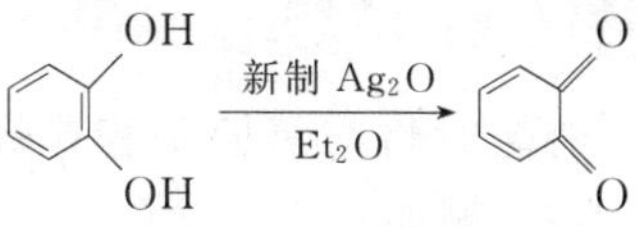

（邻苯醌）

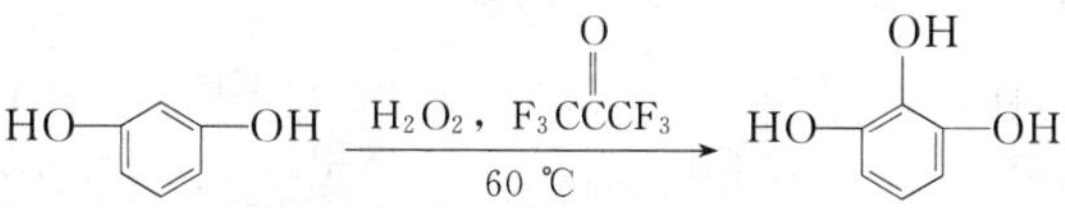

使用过氧化氢氧化苯酚或烷基酚，也可得到二元酚，反应副产物是水，对环境无污染。例如：

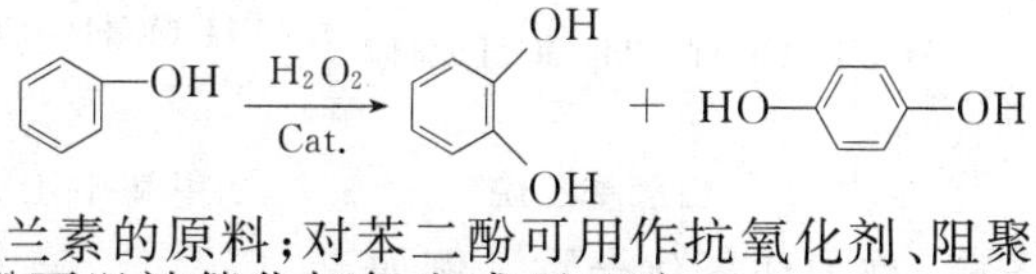

邻苯二酚是生产香兰素的原料；对苯二酚可用作抗氧化剂、阻聚剂、稳定剂等。

在较高温度下，苯酚可以被催化加氢生成环己醇：

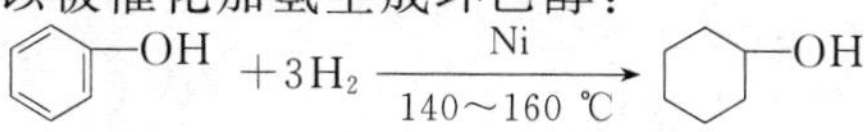

Ⅲ 醚

8.7　醚的结构、分类、命名

醚(Ether)可以看成是水分子中两个氢原子被烃基取代后的化合物,通式为 ROR′。

8.7.1　醚的结构

醚键(C—O—C)是醚类化合物结构特征,其中氧原子是以 sp^3 杂化状态分别与两个烃基碳形成两个 σ 键,氧原子两对孤对电子占据着另外两个 sp^3 杂化轨道。一般脂肪醚的醚键键角($\angle COC$)约为 111°。

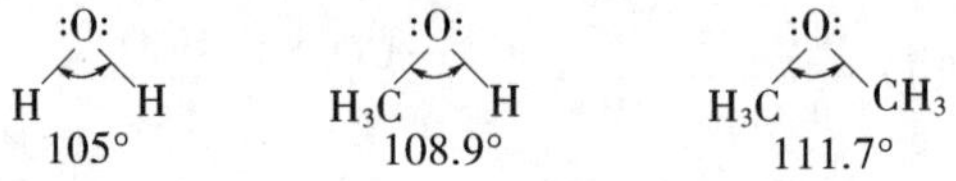

$$\begin{array}{ccc} :\ddot{O}: & :\ddot{O}: & :\ddot{O}: \\ H\diagup\diagdown H & H_3C\diagup\diagdown H & H_3C\diagup\diagdown CH_3 \\ 105° & 108.9° & 111.7° \end{array}$$

最简单的芳基醚是苯甲醚。苯甲醚分子中氧原子与苯环有 p-π 共轭作用,其化学性质与脂肪醚有所不同。

8.7.2　醚的分类

根据醚中两个烃基的不同,可分成脂肪醚和芳香醚两大类。脂肪醚中,根据烃基结构不同又可分为饱和醚、不饱和醚、环醚、冠醚等;芳香醚又可分为单芳基醚和二芳基醚。还可根据醚中与氧相连烃基是否相同来进行分类,相同的称为对称醚,也称单醚;不相同的称为不对称醚,也称混醚。根据醚键数目,还可以把醚分为一元醚和多元醚。

8.7.3　醚的命名

简单醚命名通常采用习惯命名法。命名时将与氧原子相连烃基名称写在醚字之前,若为单醚则在烃基前面加"二"(通常可省略)。例如:

$$CH_3OC_2H_5 \qquad C_2H_5OC_2H_5 \qquad \text{〔苯环〕—O—〔苯环〕} \qquad \text{〔苯环〕—O—}CH_3 \qquad C_2H_5OCH\!\!=\!\!CH_2$$
甲乙醚　　　　(二)乙醚　　　　　二苯醚 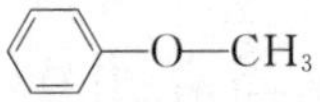　　　　　　苯甲醚　　　　　乙基乙烯基醚

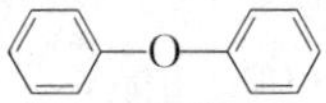

结构复杂的醚采用系统命名法。选取较优烃基作为母体,把较不优烃基和氧一起看成取代基,称为烃氧基(RO—)但系统命名使用的不太普遍。

$$\underset{\underset{OCH_2CH_3}{|}}{CH_3CH_2CHCH_2CH_3} \qquad CH_3CH_2OCH_2CH_2OCH_2CH_3 \qquad \underset{\underset{CH_3}{|}}{C_2H_5OCH\!\!=\!\!CCH_2CH_2CH_3}$$
　　3-乙氧基戊烷　　　　　　　1,2-二乙氧基乙烷　　　　　　2-甲基-1-乙氧基-1-戊烯

当氧原子是成环原子时,称为环氧化合物。例如:

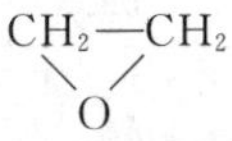

环氧乙烷 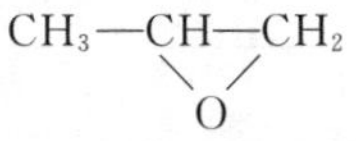　　　1,2-环氧丙烷 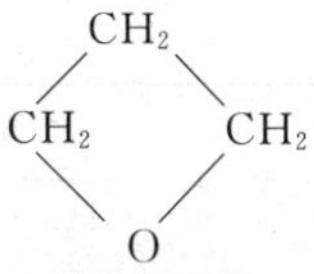　　　1,3-环氧丙烷

分子中含多个氧原子的大环多醚称为冠醚,因结构特殊性而采用简化名。例如:

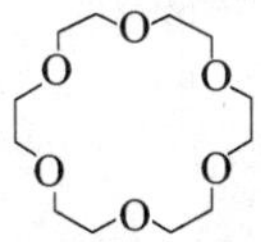

18-冠-6 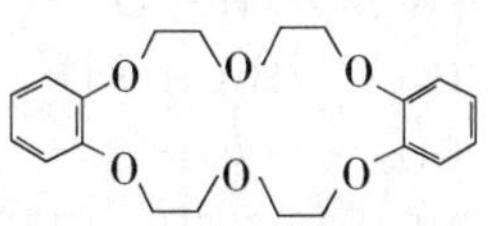　　　　　　　　二苯并-18-冠-6

冠字之前数字表示成环原子总数,冠字之后数字表示氧原子数。

8.8　醚物理性质

8.8.1　一般物理性质

由于醚极性较小,分子之间又不能形成氢键,因此沸点比醇低得多,与相对分子质量相近烷烃相似。如乙醇沸点为 78.4 ℃,甲醚沸点为 −24.9 ℃,正丁醇沸点为117.8 ℃,乙醚沸点为 34.6 ℃,戊烷沸点为 36.1 ℃。一般低级醚为易挥发、易燃液体。常见醚物理常数见表 8-7。

多数醚不溶于水,室温下乙醚中可溶有 1%～1.5% 的水,而水中可溶解 7.5% 乙醚。实验室中常用乙醚从水溶液中萃取易溶于乙醚的有机物,但蒸去乙醚之前,需用干燥剂去水。向盐类化合物乙醇溶液中加入乙醚,可使盐类化合物析出。

乙醚有麻醉性,极易挥发和易燃,并可以和空气形成爆炸性混合气,爆炸极限为 1.85%～36.5%(体积)。四氢呋喃和1,4-二氧六环的氧原子凸出在外,易和水形成氢键,故可与水完全互溶。

8.8.2　波谱性质

醚红外光谱(IR)在 $1\,050$～$1\,300\ cm^{-1}$ 处有较强 C—O 键伸缩振动吸收峰。一般烷基醚 C—O 键伸缩振动在 $1\,050$～$1\,150\ cm^{-1}$ 处有强而宽的吸收;芳醚和乙烯基醚则在 $1\,200$～$1\,275\ cm^{-1}$ 处有明显 C—O 键伸缩振动吸收峰,同时在 $1\,020$～$1\,075\ cm^{-1}$ 处也有较弱 C—O 键伸缩振动吸收峰。

在 ^{1}HNMR 谱中,醚键中氧原子对 α-C 上氢有显著去屏蔽作用,$ROCH_3$ 中 CH_3 上氢核 δ_H 在 3.5 左右。

表 8-7　　　　　　　　　　　常见醚的物理常数

名称	结构	熔点/℃	沸点/℃	相对密度 d_4^{20}
甲醚	CH_3—O—CH_3	−140	−24.9	0.661
甲乙醚	CH_3—O—C_2H_5		7.9	0.725
乙醚	C_2H_5—O—C_2H_5	−116	34.5	0.714
正丙醚	$(CH_3CH_2CH_2)_2O$	−122	90.5	0.736
异丙醚	$[(CH_3)_2CH]_2O$	−60	68	0.735
正丁醚	$(CH_3CH_2CH_2CH_2)_2O$	−95	141	0.768
乙基乙烯基醚	CH_3CH_2—O—CH=CH_2		36	0.763
二乙烯基醚	CH_2=CH—O—CH=CH_2		39	0.773
二烯丙基醚	$(CH_2$=CH—$CH_2)_2O$		94	0.826
环氧乙烷	$\begin{array}{c} CH_2\!-\!CH_2 \\ \diagdown O \diagup \end{array}$	−111.3	10.7	0.896 9 (d_4^9)
四氢呋喃	$\begin{array}{c} CH_2\!-\!CH_2 \\ \mid \qquad\ \ O \\ CH_2\!-\!CH_2 \end{array}$	−108	65.4	0.888
1,4-二氧六环(二噁烷)	$\begin{array}{c} CH_2\!-\!CH_2 \\ O \qquad\quad O \\ CH_2\!-\!CH_2 \end{array}$	11	101	1.034
苯甲醚	⬡—O—CH_3	−37.3	154	0.994
苯乙醚	⬡—O—C_2H_5	−33	172	0.970
二苯醚	⬡—O—⬡	27	259	1.072

8.9　醚化学性质

一般情况下,饱和醚对氧化剂、还原剂、碱等都很稳定,常温下不与金属钠作用。但醚中氧原子上未共用电子对具有一定碱性,可与强酸发生作用。

8.9.1　醚的碱性

醚中氧原子上有未共用电子对,是路易斯碱,在常温时溶于浓硫酸,也可与卤化氢或路易斯酸(如三氟化硼、三氯化铝等)作用形成锌盐或络合盐:

$$R—\overset{..}{\underset{..}{O}}—R' + H_2SO_4 \Longrightarrow R—\overset{\overset{H}{|}}{\underset{+}{O}}—R' + HSO_4^-$$

$$R—\overset{..}{\underset{..}{O}}—R' + HCl \Longrightarrow R—\overset{\overset{H}{|}}{\underset{+}{O}}—R' + Cl^-$$

$$R\overset{..}{\underset{..}{O}}R' + BF_3 \longrightarrow R\overset{+}{\underset{\underset{R'}{|}}{O}}\overset{-}{BF_3}$$

醚锌盐是弱碱和强酸所生成的不稳定盐,置于冰水中后便很快分解放出原来的醚。利用该性质,可将醚从烷烃或卤代烃混合物中分离出来。路易斯酸碱络合物的形成使 BF_3、$AlCl_3$ 作为有机合成反应中常用催化剂的使用更为方便。

8.9.2 醚键断裂

醚与氢碘酸共热,发生碳氧键断裂,生成碘代烃和醇,过量氢碘酸可将生成的醇转变成碘代烃。反应中酸与醚先生成锌盐,然后与碘负离子发生 S_N1 或 S_N2 反应,小体积伯烷基易发生 S_N2 反应,而叔烷基易发生 S_N1 反应:

$$R-O-R' + HI \overset{\triangle}{\longrightarrow} ROH + R'I$$
$$\underset{\triangle}{\overset{HI}{\longrightarrow}} RI + H_2O$$

$$R-O-R' + HI \longrightarrow R\overset{+}{\underset{\underset{H}{|}}{O}}R' + I^-$$

$$\overset{S_N1}{\longrightarrow} R^+ + I^- + HOR' \longrightarrow R-I + HOR'$$

$$\overset{S_N2}{\longrightarrow} [\overset{\delta^-}{I} \cdots \underset{\underset{H}{|}}{C} \cdots \overset{\delta^+}{OR}] \longrightarrow R'-I + HOR$$

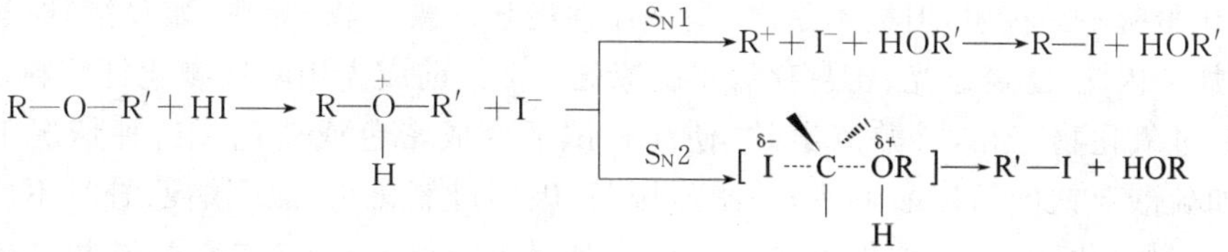

因碳氧键断裂需要吸收较多的能量,即活化能较高,故反应需在加热条件下进行。

氢溴酸和氢氯酸也可进行上述反应,但两者都不如氢碘酸活泼,需要浓酸和较高反应温度,而氢氟酸不能发生此种反应。

混醚碳氧键断裂有选择性。当 R 和 R′ 分别为 CH_3 及伯、仲烷基时,碳氧键断裂发生在甲基一侧,即 I^- 对缺电子 α-C 亲核进攻按 S_N2 机理,反应沿空间有利方向进行。当 R 或 R′ 为叔烷基时,质子化醚按 S_N1 机理进行断裂反应,生成较稳定叔碳正离子。例如:

$$(CH_3)_3C-O-CH_3 \underset{\triangle}{\overset{H_2SO_4, H_2O}{\longrightarrow}} (CH_3)_2C=CH_2 + (CH_3)_3C-OH + CH_3OH$$

实验室中可由此反应制取少量异丁烯。

对于芳基烷基混醚来说,与氢碘酸共热生成酚和碘代烷(叔丁基除外),二芳醚一般不易被氢碘酸分解。

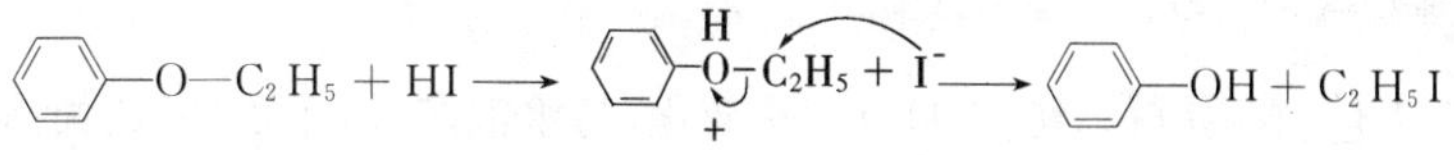

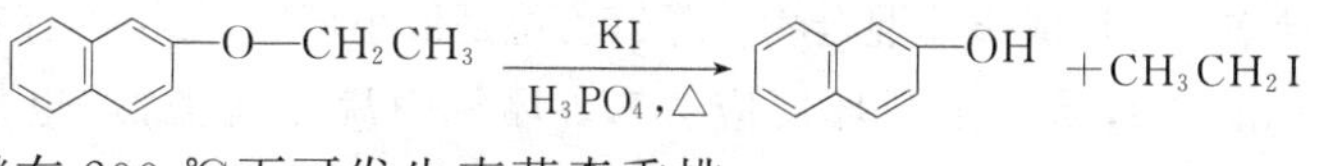

烯丙基芳基醚在 200 ℃ 下可发生克莱森重排:

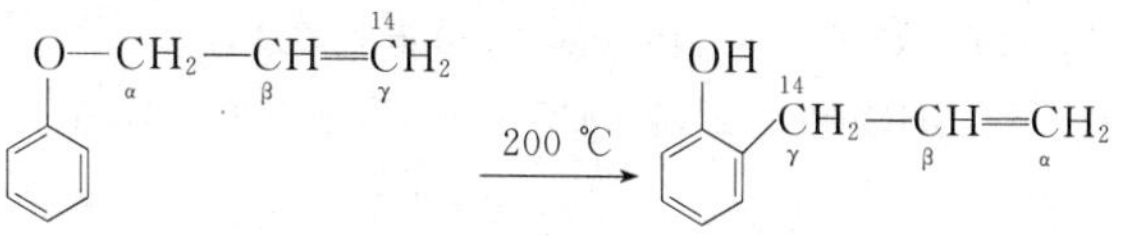

克莱森重排是分子内重排,当烯丙基芳基醚两个邻位未被烃基占满时,重排主要得到邻位产物;当两个邻位都被占据时得到对位产物;邻、对位均被占满时不发生重排。

8.9.3 生成过氧化物

醚虽然对氧化剂稳定,但常与空气接触,经光照会发生缓慢氧化,生成醚过氧化物,这是发生在醚 α-C—H 键上的自由基反应。可以理解为由于醚键中氧原子存在使 α-C 上氢被活化,类似于与碳碳双键、苯环α-C上氢被活化。

$$CH_3CH_2OCH_2CH_3 \xrightarrow{O_2} CH_3CH_2OCHCH_3$$
$$\underset{OOH}{|}$$
氢过氧化乙醚

$$n CH_3CH_2OCHCH_3 \xrightarrow[-nCH_3CH_2OH]{} n\left[\begin{array}{c} CH_3\dot{C}H \\ | \\ OO\cdot \end{array}\right] \longrightarrow \left[\begin{array}{c} H \\ | \\ C-O-O \\ | \\ CH_3 \end{array}\right]_n$$
$$\underset{OOH}{|}$$
过氧化聚醚

过氧化聚醚不易挥发,但极不稳定,是爆炸性极强的聚合物,受热(如蒸馏)时迅速分解可引起爆炸。因此,醚需避光、密封存放于阴凉处。蒸馏前应先用酸性碘化钾淀粉试纸进行检验,如有过氧化物存在,会游离出碘,使淀粉试纸变成紫色或蓝色。这种情况下可加入还原剂(如硫酸亚铁的稀硫酸溶液)并激烈振荡,破坏过氧化物,故蒸馏乙醚时不应将醚蒸干。为防止过氧化物生成,市售无水乙醚中常加有 $0.05\ \mu g \cdot g^{-1}$ 二乙基氨基二硫代甲酸钠作为抗氧剂。

8.10 环 醚

由碳原子和氧原子连接成的环状结构醚称为环醚。例如:

$$\underset{\underset{O}{\diagdown\diagup}}{CH_2-CH_2}$$
环氧乙烷

$$\underset{\underset{O}{\diagdown\diagup}}{ClCH_2-CH-CH_2}$$
1,2-环氧-3-氯丙烷

四氢呋喃

二噁烷

五元环、六元环环醚,性质比较稳定。三元环环醚因其分子中存在张力,极易与各种试剂发生加成反应,使其开环生成多种不同产物,且反应条件温和,速度快,在有机合成中非常有用。

8.10.1 环氧乙烷

环氧乙烷为无色、有毒气体,沸点 11 ℃,易液化,与水混溶,溶于乙醇、乙醚等有机溶剂,与一定量空气能形成爆炸混合物。环氧乙烷是最小环醚,分子内存在较大环张力($114\ kJ \cdot mol^{-1}$),易发生开环反应。1,2-环氧丙烷结构类似,也是一种重要的化工化学品原料。

思政材料10

$$\underset{\underset{O}{\diagdown\diagup}}{CH_2-CH_2}$$

C—C 键长 0.149 nm,C—O 键长 0.147 nm
∠HCH=116°,∠OCC=59.2°,∠COC=61.6°

1. 酸催化下开环反应

环氧乙烷在催化剂作用下可生成聚乙二醇：

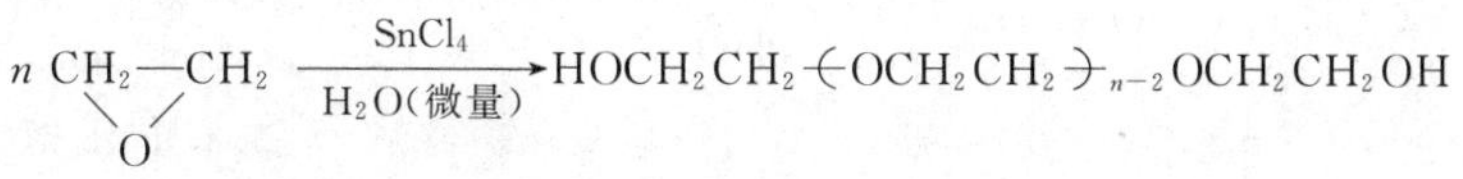

$$n\ CH_2\!\!-\!\!CH_2 \xrightarrow[H_2O(微量)]{SnCl_4} HOCH_2CH_2\!\!\left(\!OCH_2CH_2\!\right)_{n-2}\!OCH_2CH_2OH$$

酸催化的 1,2-环氧丙烷与不对称试剂加成反应明显有 S_N1 反应特点：

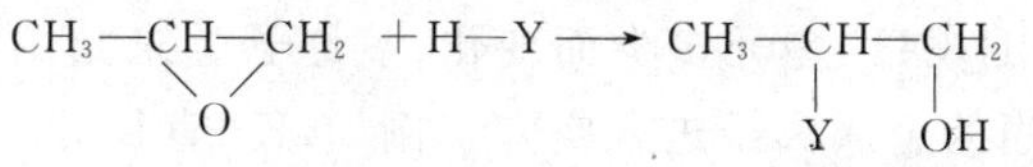

$$CH_3\!\!-\!\!CH\!\!-\!\!CH_2 + H\!\!-\!\!Y \longrightarrow CH_3\!\!-\!\!CH\!\!-\!\!CH_2$$

（—Y=—X，—CN，—OH，—OR，—OAr，—SH…）

酸催化条件下，一般试剂亲核能力较弱，故催化本质是帮助环氧乙烷开环。具体讲即是，酸作用使环上氧原子质子化形成镁盐，氧带上正电荷增强了其吸电子能力，使 C—O 键极性加大，也使碳原子缺电子程度增大，容易在极性条件下异裂，增强了与亲核试剂的结合能力。

2. 碱催化开环反应

碱性条件下环氧乙烷类化合物的开环类似 S_N2 反应，亲核试剂主要进攻环上含取代基较少、空间位阻较小的碳原子。例如：

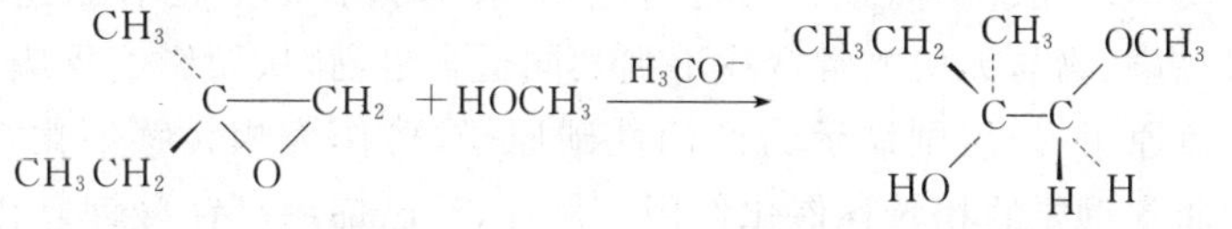

$$CH_3CH_2\underset{CH_3CH_2}{\overset{CH_3}{C}}\!\!-\!\!CH_2 + HOCH_3 \xrightarrow{H_3CO^-} CH_3CH_2\underset{HO}{\overset{CH_3}{C}}\!\!-\!\!\underset{H}{\overset{OCH_3}{C}}\!\!H$$

(S)-2-甲基-1,2-环氧丁烷　　　　　(S)-2-甲基-1-甲氧基-2-丁醇

碱性条件下异裂开环方向正好与酸性条件下异裂开环方向相反。例如：

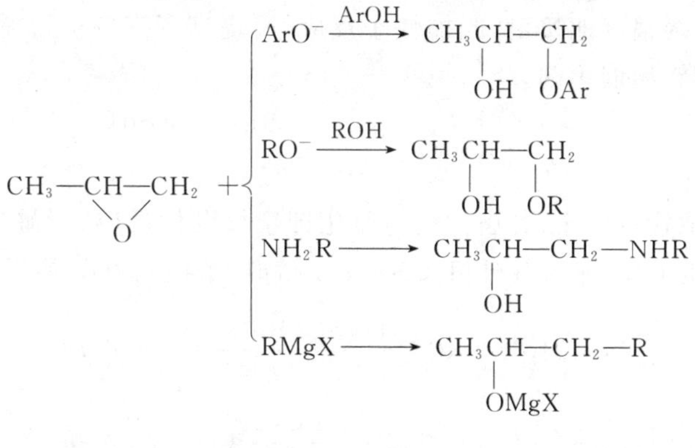

$$CH_3\!\!-\!\!CH\!\!-\!\!CH_2 + \begin{cases} ArO^- \xrightarrow{ArOH} CH_3CH\!\!-\!\!CH_2 \\ \qquad\qquad\quad OH\quad OAr \\[4pt] RO^- \xrightarrow{ROH} CH_3CH\!\!-\!\!CH_2 \\ \qquad\qquad\quad OH\quad OR \\[4pt] NH_2R \longrightarrow CH_3CH\!\!-\!\!CH_2\!\!-\!\!NHR \\ \qquad\qquad\qquad OH \\[4pt] RMgX \longrightarrow CH_3CH\!\!-\!\!CH_2\!\!-\!\!R \\ \qquad\qquad\qquad OMgX \end{cases}$$

8.10.2 冠　醚

冠醚合成可由威廉森反应来完成。例如：

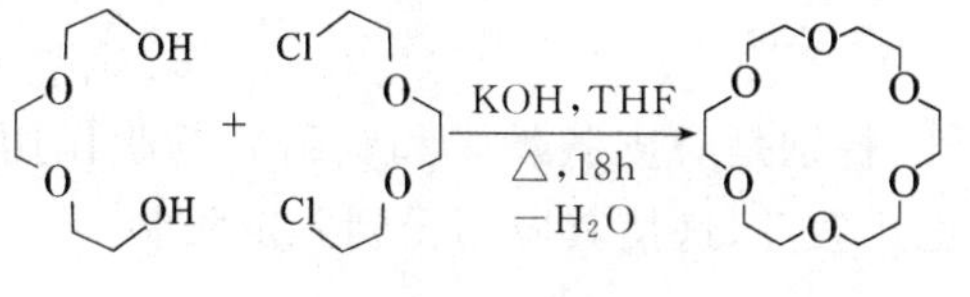

18-冠-6　（m.p.36.5～38 ℃）

二苯并-18-冠-6

冠醚重要的化学特性之一是对某些金属正离子有络合能力。冠醚分子的大环结构中可形成空穴，其大小随-OCH$_2$CH$_2$-单元多少而变化，氧原子上未共用电子对可与金属正离子络合，使与空穴大小相当的金属离子进入空穴。例如，K$^+$直径0.026 6 nm，18-冠-6空穴直径0.026～0.03 2 nm，正好容纳钾离子，进而络合；Na$^+$直径0.018 nm，15-冠-5空穴直径0.017～0.022 nm，同样可以络合；Li$^+$直径0.012 nm，12-冠-4空穴直径0.012～0.015 nm，故也可以络合。但是，18-冠-6不能络合Li$^+$、Na$^+$，15-冠-5和12-冠-4不能络合K$^+$，可见络合过程中空穴的大小与离子大小的匹配很重要。

冠醚这种性质不仅在金属离子分离上有应用，在有机合成上也有用途。有机反应中常用到无机试剂，但有机物与无机物常常找不到共同适合溶剂，从而影响反应顺利进行。若冠醚内层是亲水性氧原子，外层则展示为亲油性碳原子，可作为相转移催化剂用于水-油两相反应体系并起到非常重要的相转移催化作用。例如，环己烯用高锰酸钾氧化，烯烃在水中溶解度很低，而高锰酸钾水溶液在烯烃中溶解度也很小，在体系中加入一些18-冠-6，反应便可顺利进行，条件温和，收率很高；此时冠醚与K$^+$络合，使KMnO$_4$能以络合盐形式溶于环己烯中，氧化剂与环己烯很好地接触，既加快了反应，又提高了产率。冠醚携带氧化剂由水相转移到有机相，是相转移催化剂。

在脂肪族亲核取代反应中，如卤代烃与氰化钾亲核取代反应，冠醚与K$^+$形成络合离子将与其形成离子对的CN$^-$拖入有机相，CN$^-$完全游离，亲核能力增强，反应可顺利完成。

然而，冠醚有一定毒性，特别是对皮肤黏膜和眼睛有刺激作用，应避免吸入其蒸气或接触皮肤。另外，冠醚价格也比较高，这使其应用受到一定限制。

习　题

8-1　命名下列化合物或写出相应结构。

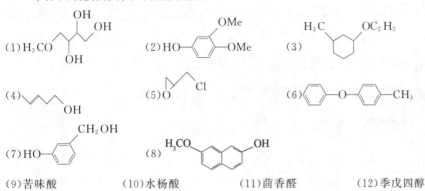

(9)苦味酸　　　　　(10)水杨酸　　　　　(11)茴香醛　　　　(12)季戊四醇

8-2　完成下列各题。

(1)排序下列化合物沸点高低：

A. HO—CH—OH(OH)　　B. HO—CH—OCH₃(OH)　　C. HO—OCH₃　　D. H₃CO—OCH₃

(2)排序下列化合物酸性强弱：

A.对甲氧基苯酚　　B.对硝基苯酚　　C.间硝基苯酚　　D.邻硝基苯酚　　E.苦味酸

(3)鉴别下列各组中化合物：

A. $CH_3CH_2CH_2Cl$, $CH_3CH_2CH_2OH$, $CH_2\!=\!CHCH_2OH$

B. $CH_3CH_2CHOHCH_3$, $CH_3CH_2CH_2CH_2OH$, $(CH_3)_3COH$

(4)分别排序下列两组化合物与 HBr 水溶液反应的活性顺序：

A. ⬡—CH₂OH, CH₃—⬡—CH₂OH, O₂N—⬡—CH₂OH

B. ⬡—CH₂OH, ⬡—CHOHCH₃, ⬡—CH₂CH₂OH

(5)解释下列化合物沸点随相对分子质量增加而降低的原因。

$\begin{array}{c}CH_2OH\\ |\\ CH_2OH\end{array}$	$\begin{array}{c}CH_2OH\\ |\\ CH_2OCH_3\end{array}$	$\begin{array}{c}CH_2OCH_3\\ |\\ CH_2OCH_3\end{array}$
沸点 197 ℃	沸点 125 ℃	沸点 84 ℃

(6)已知溴乙烷中含少量乙醇和乙醚，请提出简易化学纯化方法，并说明原因。

8-3　写出下列醇在浓硫酸作用下脱水成烯的产物结构，并写出相应反应历程。

$$\text{（环戊烷）}\overset{CH_3}{\underset{CH_3}{\diagdown}}C\text{—OH}\ \xrightarrow[\triangle]{H_2SO_4}$$

8-4　以丙烯为原料合成如下化合物，无机试剂任选。

(1)$CH_3CH_2CH_2OCH(CH_3)_2$　　(2)$DCH_2CH_2CH_2OH$　　(3)环氧氯丙烷

8-5　以适当原料合成下列化合物，无机试剂任选。

(1) H_3CO—⬡—CH_2CH_2OH　　(2) 　　(3)

8-6 完成下列反应：

(1) $\xrightarrow{HBr}$ ( ) $\xrightarrow{OH^-}$ ( )

(2) $\xrightarrow{CH_3COOH}$ ( ) $\xrightarrow[H_2O]{H^+}$ ( )

(3) $-CH_2OH \xrightarrow{PBr_3}$ ( ) $\xrightarrow[醚]{Mg}$ ( ) $\xrightarrow[②H_3^+O]{①CH_2-CH_2}$ ( )

(4) $-OH \xrightarrow{NaOH}$ ( ) $\xrightarrow{CH_3CH=CHCH_2Cl}$ ( ) $\xrightarrow{\triangle}$ ( )

(5) $CH_3CH_2CHCH_2CH_3 + HBr \xrightarrow{\triangle}$ ( ) + ( )
         |
        OCH_3

(6) ( ) $\xleftarrow[CH_3O^-]{CH_3OH}$ $\xrightarrow[H^+]{CH_3OH}$ ( )

(7) ( ) $\xleftarrow{Equiv. NH_3}$ $\xrightarrow{C_2H_5MgBr}$ $\xrightarrow{H_3O^+}$ ( )

(8) $\xrightarrow{CrO_3}$ ( )   (9) $\xrightarrow{PBr_3}$ ( )

(10) $\xrightarrow{HIO_4}$ ( )   (11) $\xrightarrow{SOCl_2}$ ( )

(12) $\xrightarrow{H^+}$ ( )   (13) $\xrightarrow{H^+}$ ( )

(14) ( ) $\xleftarrow[\triangle]{H_2SO_4}$ $\xrightarrow{HBr}$ ( )

(15) + HO— $\xrightarrow{H^+}$ ( )

(16) $\xrightarrow{Ca(OH)_2}$ ( )   (17) $\xrightarrow[-H_2O]{H^+}$ ( )

(18) $\xrightarrow{Cl_2-H_2O}$ $\xrightarrow[\triangle]{碱石灰}$ ( ) $\xrightarrow{HCl}$ ( )

8-7 推导结构。

(1)某化合物 A($C_{10}H_{14}O$) 能溶于 NaOH 水溶液，而不溶于 NaHCO$_3$ 溶液，与 Br$_2$/H$_2$O 反应得到二溴代化合物，分子式 $C_{10}H_{12}Br_2O$。A 的 IR 谱中 3 250 cm^{-1} 处有宽峰，830 cm^{-1} 处有吸收峰；^{1}H NMR 谱中 $\delta=1.3(9H)$ 单峰，$\delta=4.9$（1 H）单峰，$\delta=7.0$（4 H）多重峰。试推断 A 构造，并说明诸组氢及红外吸收峰归属。

(2)中性化合物 A($C_8H_{16}O_2$)，有顺反异构而无旋光异构。A 与 Na 作用放出 H$_2$，与 PBr$_3$ 作用生成溴代物 $C_8H_{14}Br_2$；A 可被 PCC 氧化生成 $C_8H_{12}O_2$，但 A 不被 HIO$_4$ 氧化；A 与浓 H$_2$SO$_4$ 一起共热脱水生成 B(C_8H_{12})。B 可使溴水和 KMnO$_4$ 溶液褪色，B 在室温下与 H$_2$SO$_4$ 作用再水解可得 A 同分异构体 C；C 与浓 H$_2$SO$_4$ 共热可生成 D，但 C 不能被 KMnO$_4$ 氧化；D 氧化生成 2,5-己二酮和乙二酸。试写出 A-D 构造式。

(3)某芳香化合物 A($C_8H_{12}O$)红外光谱在 810～750 cm^{-1} 和 710～690 cm^{-1} 有特征峰。A 与 1 mol HI 加热后生成 CH_3I 和化合物 B(C_7H_8O)，B 不溶于 NaHCO$_3$ 溶液，但溶于 NaOH 溶液；B 与溴水作用生成白色沉淀 C($C_7H_5OBr_3$)。D、E、F、G、H 是 A 同分异构体，其一硝化产物只有两种，试写出 A～H 构造式。

(4) 某中性化合物 A($C_{10}H_{20}O$)，被臭氧氧化并在锌粉存在下分解产生甲醛但无乙醛。当加热至 200 ℃以上时，A 迅速异构化成 B。B 经臭氧氧化再在锌粉存在下分解产生乙醛但无甲醛；B 与 $FeCl_3$ 呈颜色反应；B 也能溶于 NaOH 溶液；B 在 NaOH 存在下与 CH_3I 作用得到 C。C 经碱性 $KMnO_4$ 溶液氧化后得到邻甲氧基苯甲酸。推断 A～C 构造式并写出相应反应式。

8-8　推测下列反应机理：

(1)

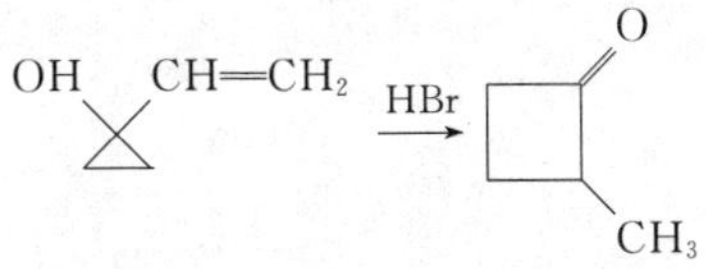

(2)

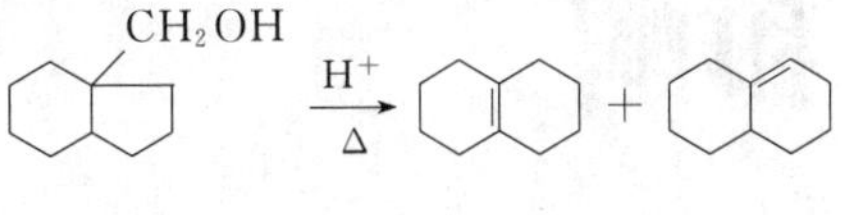

(3)

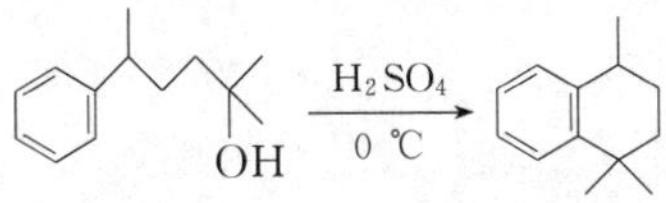

(4) 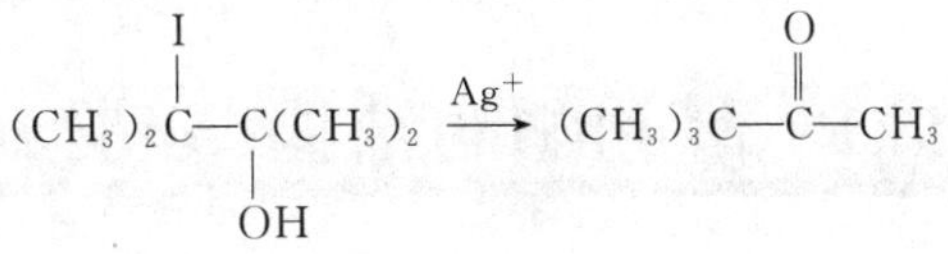 $(CH_3)_2C\!-\!C(CH_3)_2 \xrightarrow{Ag^+} (CH_3)_3C\!-\!\overset{O}{\overset{\|}{C}}\!-\!CH_3$

(5)

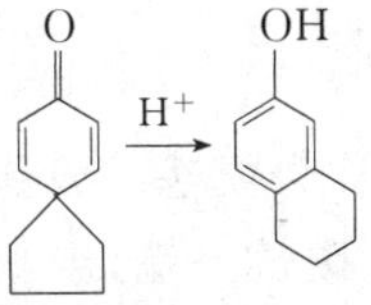

(6)

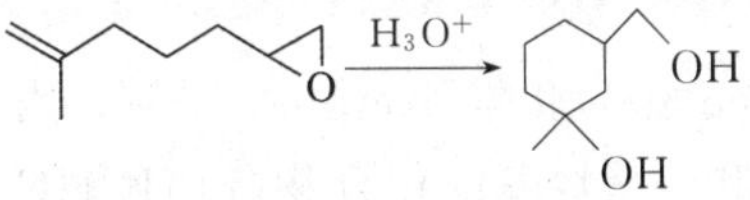

(7)

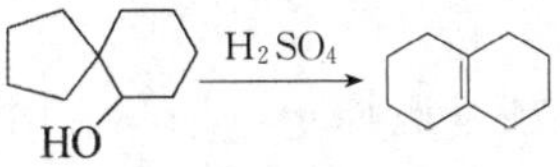

8-9　参见其他有机化学教材，自学关于硫醇和硫醚化合物基本性质，回答下面问题：

(1) 为什么硫醇酸性大于醇酸性？

(2) 硫醚氧化有什么应用？

(3) 硫醇和硫醚的制备方法有哪些？

硫醇、硫醚

第9章

醛和酮

9.1 醛和酮的结构、分类、命名

9.1.1 结构和分类

醛(Aldehydes)和酮(Ketones)是羰基化合物,分子中碳氧双键称为羰基。羰基碳连接一个氢原子和一个烃基的化合物醛(HCHO 是甲醛),醛基总是位于碳链一端;羰基碳连接两个烃基时则为酮。

醛、酮分子中羰基碳氧双键由一个 σ 键和一个 π 键构成,羰基碳原子以 sp² 杂化轨道与氧及其他两个原子形成三个 σ 键,这三个 σ 键处在同一个平面内,键角约 120°;羰基中碳 p 轨道与氧原子 p 轨道相互平行重叠,形成 π 键,并与三个 σ 键所居平面垂直。

甲醛、乙醛和丙酮分子键长、键角数据如下:

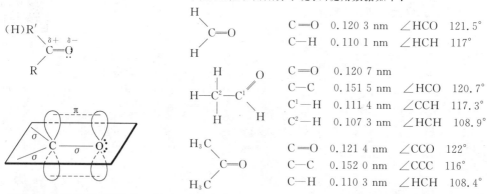

C＝O	0.120 3 nm	∠HCO 121.5°
C—H	0.110 1 nm	∠HCH 117°

C＝O	0.120 7 nm	
C—C	0.151 5 nm	∠HCO 120.7°
C¹—H	0.111 4 nm	∠CCH 117.3°
C²—H	0.107 3 nm	∠HCH 108.9°

C＝O	0.121 4 nm	∠CCO 122°
C—C	0.152 0 nm	∠CCC 116°
C—H	0.110 3 nm	∠HCH 108.4°

氧电负性较强使得羰基双键电子偏向氧原子一方,造成羰基极性较强,其碳原子带有部分正电荷,是缺电子中心,有一定的亲电性,易于和亲核试剂作用;氧原子带有部分负电荷,具有一定碱性。

与醛相比,酮羰基所连两个烷基供电子作用使羰基碳正电荷相对减少,稳定性较强。一般来说,酮热力学稳定性大于醛。羰基与芳环直接相连则构成芳醛或芳酮。由于芳环与羰基之间存在着 π-π 共轭作用,羰基碳缺电子性下降,化学活性随之减弱,热力学稳定性增大。

酮分子中与羰基连接两个相同烃基,此为单酮(RCOR),连接不同基团则为混酮(RCOR')。根据羰基所连烃基,可将醛、酮分成脂肪族醛、酮,芳香族醛、酮等;根据烃基是否饱和又可分成饱和醛、酮及不饱和醛、酮;根据分子中所含羰基数目还可分为一元醛、酮和多元醛、酮。

9.1.2　命　名

结构简单的醛、酮可用普通命名法;复杂醛、酮则一般采用系统命名法。

1. 普通命名法

醛普通命名法与醇相似,将相应的"醇"改成"醛"字,碳链从与醛基相邻碳原子开始,用 α、β、γ、…编号。例如:

$$CH_3CH—CH_2CHO$$
$$|$$
$$CH_3$$

异戊醛

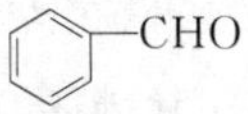

苯甲醛

$$Br—CH_2—CH_2—CH_2CHO$$

γ-溴丁醛

酮按羰基所连烃基的名称来命名,简单烃基名在前,复杂烃基名在后,然后加"甲酮"二字。下面括号中"基"字或"甲"字可以省略,但比较复杂基团的"基"字不能省略,酮羰基与苯环直接相连时可称为酰基苯。

$$CH_3COCH_2CH_3$$
甲(基)乙(基)(甲)酮

$$CH_3COCH=CH_2$$
甲基乙烯基(甲)酮

$$CH_3CHClCOCH_2CH_2Cl$$
α-氯乙基-β'-氯乙基(甲)酮

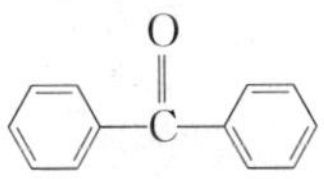

二苯(基)甲酮

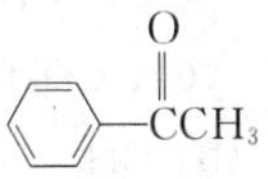

乙酰苯[习惯称苯乙酮,甲基苯基(甲)酮]

2. 系统命名法

选择含羰基最长碳链作主链,编号从靠近羰基一端开始。醛基总是处在碳链一端,不用标明位次,而酮羰基须标明位次。把羰基位次写在名称前面;如果主链上有取代基或支链,则将其位次和名称写在前面。例如:

$$CH_3CH_2CHCHCHO \quad CH_2=CHCH_2CHO \quad CH_3CH_2COCHCH_3 \quad CH_2=CHCH_2COCH_2CH_3$$
$$H_3C \ CH_2CH_3 \qquad\qquad\qquad CH_3$$

3-甲基-2-乙基戊醛　　　3-丁烯醛　　　2-甲基-3-戊酮　　　5-己烯-3-酮

含有两个以上羰基,可以用二醛、二酮等来命名。脂环酮羰基在环内,称环某酮,如羰基在环外,则将环作为取代基,将含羰基链作母体链,按脂肪酮方法命名。例如:

$$OHCC≡CCHO$$
丁炔二醛

$$CH_3COCHCOCH_3$$
$$|$$
$$CH_2CH=CH_2$$
3-烯丙基-2,4-戊二酮

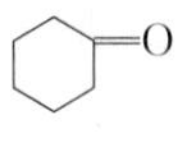

环己酮

—CH_2COCH_2CH_3
1-环己基-2-丁酮

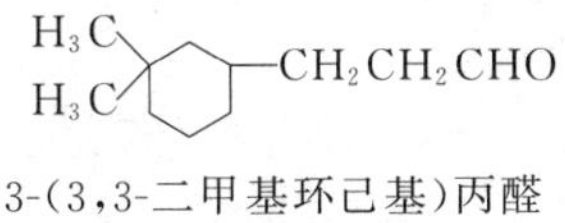

3-(3,3-二甲基环己基)丙醛

醛基作取代基时,可用词头"甲酰基"或"氧代"表示;酮基作取代基时,可用词头"氧代"表示。例如:

$$CH_3CH_2COCH_2CHO \qquad OHC-CH_2-CH_2-\overset{\overset{\displaystyle CHO}{|}}{CH}-CH_2CHO$$

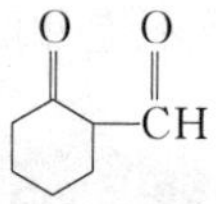

3-氧代戊醛　　　　　　　　3-甲酰基-己二醛　　　　　　　2-氧代环己基甲醛
（2-甲酰基环己酮）

9.2　醛和酮物理性质

9.2.1　一般物理性质

　　醛、酮分子极性较强,分子间作用力较大,其沸点比相对分子质量相近的烷烃、烯烃、醚要高。然而,醛、酮分子间不能形成氢键,其沸点又比分子质量相近的醇要低。醛、酮氧原子可与水形成氢键,故低级醛、酮与水混溶,随着相对分子质量增加,在水中溶解度逐渐变小。脂肪族醛、酮相对密度小于1,芳香族醛、酮大于1,常见醛、酮物理常数见表9-1。

表 9-1　　　　　　　　　　　常见醛、酮的物理常数

名称	结构	熔点/℃	沸点/℃	相对密度 d_4^{20}
甲醛	HCHO	−92	−21	0.815
乙醛	CH_3CHO	−123	21	0.781
丙醛	CH_3CH_2CHO	−81	49	0.807
丁醛	$CH_3CH_2CH_2CHO$	−97	75	0.817
2-甲基丙醛	$(CH_3)_2CHCHO$	−66	61	0.794
戊醛	$CH_3(CH_2)_3CHO$	−91	103	0.819
3-甲基丁醛	$(CH_3)_2CHCH_2CHO$	−51	93	0.803
己醛	$CH_3(CH_2)_4CHO$		129	0.834
丙烯醛	$CH_2=CH-CHO$	−88	53	0.841
2-丁烯醛	$CH_3CH=CHCHO$	−77	104	0.859
苯甲醛	C_6H_5-CHO	−56	179	1.046
丙酮	CH_3COCH_3	−95	56	0.792
2-丁酮	$CH_3COCH_2CH_3$	−86	80	0.805
2-戊酮	$CH_3COCH_2CH_2CH_3$	−78	102	
3-戊酮	$CH_3CH_2COCH_2CH_3$	−41	101	0.814
2-己酮	$CH_3COCH_2CH_2CH_3$	−57	127	0.830
3-己酮	$CH_3CH_2COCH_2CH_2CH_3$		124	0.818
环戊酮	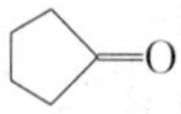	−51.3	130	
环己酮	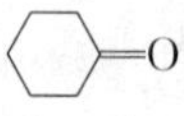	−45	−157	0.948
苯乙酮	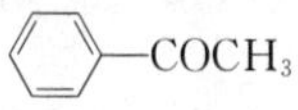	21	202	1.024
二苯甲酮	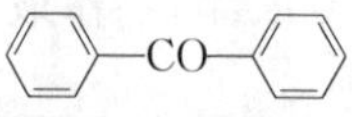	48	305	1.083

常温下,除甲醛呈气态外,其他 C_{12} 以下醛、酮都呈液态,更高碳数醛、酮则为固态。40%甲醛水溶液(福尔马林溶液)是防腐剂,可用于生物标本保存。

9.2.2　波谱性质

在红外光谱中,醛、酮羰基在 $1\,680\sim1\,750\ cm^{-1}$ 有强伸缩振动吸收峰,醛基中 C—H 键在 $2\,665\sim2\,880\ cm^{-1}$ 区域有特征伸缩振动吸收峰,可用来判断是否有醛基存在。

在核磁共振谱中,醛基质子化学位移在 $9\sim10$ 范围;与羰基相连烷基 α-C 上氢核化学位移一般在 $2.0\sim2.5$(图 9-1、图 9-2)。

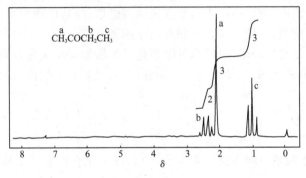

图 9-1　丁酮的 ^{1}HNMR

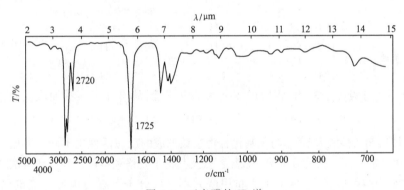

图 9-2　正辛醛的 IR 谱

9.3　醛和酮化学性质

醛、酮羰基中缺电子碳有较高反应活性。由于羰基吸电子作用影响$(-I,-C)$,与其相连 α-C 上氢被活化。羰基与烃基相互影响结果使醛、酮化学性质主要表现在两个方面:一是羰基可发生亲核加成、还原、氧化等反应;二是与羰基相连 α-C 上氢有一定活性,可发生酮式-烯醇式互变、羟醛缩合、卤代反应等。

9.3.1 亲核加成

醛、酮羰基是极性不饱和基团,羰基碳原子高度缺电子。当亲核试剂与羰基作用发生亲核加成反应时,羰基 π 键逐步异裂,同时羰基碳原子和亲核试剂之间 σ 键逐步形成,反应前后羰基碳由 sp^2 转变为 sp^3 杂化态。即:

$$\underset{R}{\overset{R'}{C}}=\overset{\delta+}{\underset{}{}}\overset{\delta-}{O}+:Nu^- \longrightarrow \left[\underset{R}{\overset{R'}{\underset{\delta}{C}}}\cdots\overset{Nu^{\delta}}{\underset{}{}}\overset{\delta-}{O}\right]^{\neq} \longrightarrow \underset{R}{\overset{R'\ Nu}{C}}-O^- \xrightarrow{H^+} \underset{R}{\overset{R'\ Nu}{C}}-OH$$

醛、酮分子中电子效应和空间效应对这一反应有直接影响。烷基对羰基有 +I 和超共轭作用,使羰基碳原子缺电子性下降,不利于亲核试剂进攻;烷基体积增大,会产生明显空间位阻,使亲核试剂进攻受阻,亦使过渡态时相对活化能较高。

醛、酮中氧原子是富电子端,可以预见酸催化对亲核加成反应是有利的。质子化的羰基中 π 键电子会更加偏向氧原子,使羰基电子属性增强,更有利于亲核试剂攻击。

$$\underset{R}{\overset{R'}{C}}=\ddot{O} \overset{H^+}{\rightleftharpoons} \left[\underset{R}{\overset{R'}{C}}-\overset{+}{\ddot{O}}H \longleftrightarrow \underset{R}{\overset{R'}{\overset{+}{C}}}-\ddot{O}H\right] \xrightarrow{:Nu^-} \underset{R}{\overset{R'\ Nu}{C}}-\ddot{O}H$$

从电子效应和空间效应两方面因素综合考虑,羰基化合物发生亲核加成反应的活性次序如下(已被实验验证):

$$\underset{H}{\overset{H}{C}}=O > \underset{H_3C}{\overset{H}{C}}=O > \underset{C_2H_5}{\overset{H}{C}}=O > \underset{H_3C}{\overset{H_3C}{C}}=O > \underset{C_2H_5}{\overset{H_3C}{C}}=O$$

$$> \overset{O}{\bigcirc} > \underset{H_5C_2}{\overset{H_5C_2}{C}}=O > \underset{H_3C}{\overset{C_6H_5}{C}}=O > \underset{C_6H_5}{\overset{C_6H_5}{C}}=O$$

如果芳环上有吸电子基团,将增加羰基的缺电子性,故有如下亲核加成反应活性次序:

$$O_2N-\overset{}{\bigcirc}-CHO > \overset{}{\bigcirc}-CHO > H_3CO-\overset{}{\bigcirc}-CHO$$

不同亲核试剂亲核能力不同,与羰基化合物亲核加成的反应活性也不同。常见用于醛、酮亲核加成的亲核试剂有:醇、亚硫酸氢钠、氢氰酸、氨及其衍生物格利雅试剂和维梯希试剂等。

甲醛在水中溶解度很大,实际上大量甲醛并不是以分子形态与水形成氢键而溶解,而是与水分子发生了亲核加成反应,生成了易溶于水的水合物(同碳二元醇)。

$$\underset{H}{\overset{H}{C}}=O +H_2O \rightleftharpoons \underset{H}{\overset{H\ \ \ OH}{C}}OH$$

高度缺电子的醛或酮的羰基也易与 H_2O 加成。如水与三氯乙醛反应生成水合氯醛几乎是不可逆的:

$$Cl_3C-\overset{O}{\overset{\|}{C}}H + H_2O \longrightarrow Cl_3C-\overset{OH}{\underset{OH}{C}}H$$

但是,一般的醛、酮与水加成较难进行。

$$R_1R_2C{=\!\!=}O+H_2O \rightleftharpoons R_1R_2C(OH)_2 \quad K[H_2O]=\dfrac{[R_1R_2C(OH)_2]}{[R_1R_2C{=\!\!=}O]}$$

	HCHO	CH$_3$CHO	CH$_3$CH$_2$CHO	PhCHO	ClH$_2$CCHO
$K[H_2O]$	2×10^3	1.3	0.71	8.3×10^{-3}	37.0

	Cl$_3$CCHO	CH$_3$COCH$_3$	ClCH$_2$COCH$_3$	ClCH$_2$COCH$_2$Cl	
$K[H_2O]$	2.8×10^4	2×10^{-3}	2.9	10.0	

1. 与醇加成

醇分子亲核性较弱,在酸催化下有利于亲核加成反应进行,反应可逆。羰基与一分子醇加成生成产物是半缩醛或半缩酮。

$$\underset{(R')}{\overset{R}{\underset{\,}{\text{C}}}}{=\!\!=}O + R''OH \rightleftharpoons \underset{(R')}{\overset{R}{\underset{H}{\text{C}}}}\overset{OH}{\underset{OR''}{}} \qquad \text{半缩醛（半缩酮）}$$

酸或碱都可以催化半缩醛生成。酸催化是通过生成锌盐正离子以强化羰基碳缺电子性;加入碱(如 HO$^-$)则可以使醇转化为烷氧负离子增强亲核能力。催化反应过程可描述为:

$$RCH{=\!\!=}O + H^+ \longrightarrow \left[\begin{array}{c} RCH{=\!\!=}\overset{+}{O}H \\ \updownarrow \\ \overset{+}{R}CH{-\!\!-}OH \end{array}\right] \xrightarrow{R'OH} \underset{HOR'}{R{-}CH{-}OH} \xrightarrow{-H^+} \underset{OR'}{R{-}CH{-}OH}$$

$$R'OH + NaOH \xrightarrow{-H_2O} R'O^-Na^+ \xrightarrow{RCH{=\!\!=}O} \underset{OR'}{RCH{-}O^-Na^+} \xrightarrow{HOR'} \underset{OR'}{RCH{-}OH} + NaOR'$$

半缩醛不稳定,酸性条件下可再与另一分子醇分子间脱水,生成稳定醚型产物缩醛:

$$\underset{OH}{\overset{OR'}{RCH}} + R'OH \xrightarrow{HCl} \underset{OR'}{\overset{OR'}{RCH}} \qquad \text{缩醛}$$

缩醛生成这步反应只能在酸催化条件下生成:

$$\underset{}{RCHOH} + H^+ \longrightarrow \left[\underset{}{\overset{OR'}{RCH{-}\overset{+}{O}H_2}}\right] \xrightarrow{-H_2O} \underset{}{\overset{OR'}{R{-}\overset{+}{C}H}} \longleftrightarrow \underset{}{\overset{+OR'}{R{-}CH}}$$

$$\underset{+}{\overset{OR'}{R{-}CH}} \xrightarrow{R'\ddot{O}H} \left[\underset{H\,\overset{+}{O}R'}{\overset{OR'}{R{-}CH}}\right] \xrightarrow{-H^+} \underset{OR'}{\overset{OR'}{R{-}CH}}$$

在丙酮与乙醇生成缩酮反应中,平衡时只有约 2% 缩酮产物,只有不断地移出生成的水,才能使反应平衡右移:

$$\overset{O}{\underset{\|}{CH_3CCH_3}} + 2HOC_2H_5 \underset{\triangle}{\overset{H^+}{\rightleftharpoons}} CH_3{-}\overset{CH_3}{\underset{\,}{C}}(OC_2H_5)_2 + H_2O$$

乙二醇与酮在酸性条件下作用较容易得到缩酮,这是由于从半缩酮再分子内脱水生成五元环醚缩酮,结构比较稳定。例如:

$$\text{环己酮} + HOCH_2CH_2OH \xrightarrow[C_6H_6,\triangle]{p\text{-}CH_3C_6H_4SO_3H} \longrightarrow + H_2O$$

缩醛或缩酮都可在酸性体系中水解中释出醛或酮及醇。可由乙二硫醇代替乙二醇制得硫代缩酮、缩醛。

由于缩醛或缩酮是稳定醚型结构，且生成过程又可逆，在有机合成中可用于保护羰基，如 5-羟基戊醛合成：

$$BrCH_2CH_2CHO + HOCH_2CH_2OH \xrightarrow{H^+} BrCH_2CH_2CH\Big\langle \begin{array}{c} O-CH_2 \\ O-CH_2 \end{array} \xrightarrow[\text{醚}]{Mg}$$

$$BrMgCH_2CH_2CH\Big\langle \begin{array}{c} O-CH_2 \\ O-CH_2 \end{array} \xrightarrow{\quad} BrMgOCH_2CH_2CH_2CH\Big\langle \begin{array}{c} O-CH_2 \\ O-CH_2 \end{array} \xrightarrow{H_3O^+}$$

$$BrMg(OH) + HOCH_2CH_2OH + HOCH_2CH_2CH_2CH_2CHO$$

由 α-溴代环己酮制取 α,β-环己烯酮的反应过程中，如不保护羰基，则会发生法沃斯基（Favorski A J）重排的副反应，生成一部分环烷酸：

（化学反应式图）

在合成纤维"维尼纶"的制造中，就应用了缩醛生成的反应，使聚乙烯醇部分缩醛化，以提高产品耐水性。

$$\cdots-CH_2-CH-CH_2-CH-\cdots + HCHO \xrightarrow{H^+} \cdots-CH_2-CH-CH_2-CH-\cdots$$

2. 与亚硫酸氢钠加成

醛或酮与饱和亚硫酸氢钠溶液作用可得产物 α-羟基磺酸钠。该产物可以从反应体系中以晶体析出，反应可逆：

$$\begin{array}{c} R \\ C=O \\ (CH_3)H \end{array} + \overset{-}{:}\overset{+}{S}\Big\langle \begin{array}{c} O \\ O Na \\ OH \end{array} \rightleftharpoons \begin{array}{c} R\ \ \overset{-}{O}\overset{+}{Na} \\ C \\ (CH_3)H\ \ SO_3H \end{array} \rightleftharpoons \begin{array}{c} R\ \ OH \\ C \\ (CH_3)H\ \ SO_3Na \end{array} \downarrow$$

亚硫酸氢钠与羰基亲核加成

NaHSO$_3$ 是较弱酸性化合物,向产物水溶液中加入较强酸或强碱时,都会使加成产物分解而游离出羰基化合物:

$$\text{Na}^+ + \text{SO}_3^{2-} + \underset{R}{\overset{R'}{>}}C=O \xleftarrow[\text{H}_2\text{O}]{\text{OH}^-} \underset{R}{\overset{R'}{\underset{\text{SO}_3\text{Na}}{|}}}C\text{—OH} \xrightarrow[\text{H}_2\text{O}]{\text{HCl}} \underset{R}{\overset{R'}{>}}C=O + \text{SO}_2 + \text{H}_2\text{O} + \text{NaCl}$$

虽然 NaHSO$_3$ 亲核性相对较强,但一般酮所连两个烃基体积较大,空间上不利于 HSO$_3^-$ 对羰基加成;而且,加成产物烃基的增多和体积的增大,对—SO$_3$Na 排斥力也增大,使产物不稳定而易于分解。所以,NaHSO$_3$ 与醛、脂肪族甲基酮及少于 C$_8$ 环酮反应时才能得到较好收率。

3. 与氢氰酸加成

醛、酮与氢氰酸加成生成 α-氰醇,也称 α-羟基腈:

$$\underset{(R')H}{\overset{R}{>}}C=O + \text{HCN} \rightleftharpoons \underset{(R')H}{\overset{R}{\underset{\text{CN}}{|}}}C\text{—OH}$$

醛、脂肪族甲基酮及 C$_8$ 以下环酮可以与 HCN 顺利反应。氢氰酸是剧毒易挥发液体(b. p 26 ℃),实际操作中是用 KCN 或 NaCN 溶液与醛或酮混合,然后逐渐加入无机强酸,并控制 pH≈8,使反应平缓进行。

$$\underset{\text{CH}_3}{\overset{\text{CH}_3}{>}}C=O + \text{NaCN} \xrightarrow[\text{H}_2\text{O}]{\text{H}_2\text{SO}_4} \underset{\text{CH}_3}{\overset{\text{CH}_3}{\underset{\text{CN}}{|}}}C\text{—OH}$$

利用 NaHSO$_3$ 与羰基化合物加成的可逆性,将 NaCN 与 α-羟基磺酸钠作用,使生成的 HCN 与分解出的羰基化合物加成生成 α-羟基腈,这样可避免直接使用 HCN。例如:

$$\text{C}_6\text{H}_5\underset{\text{SO}_3\text{Na}}{\overset{\text{OH}}{\underset{|}{\text{CH}}}} \rightleftharpoons \text{C}_6\text{H}_5\text{CHO} + \text{NaHSO}_3 \xrightarrow[\text{H}_2\text{O}]{\text{NaCN}} \text{C}_6\text{H}_5\underset{\text{CN}}{\overset{\text{OH}}{\underset{|}{\text{CH}}}} + \text{Na}_2\text{SO}_3$$

实验发现,HCN 与羰基化合物加成受碱催化,微量碱加入使反应迅速完成,且产率也能提高;但在酸性介质中,反应则相当缓慢。由此可见,反应速率控制步骤是 NC$^-$ 对羰基攻击。氢氰酸是弱酸,在水中解离常数很小,加入碱后促进 HCN 解离,从而促进了加成反应。

$$\text{HCN} + \text{OH}^- \underset{}{\overset{\text{快}}{\rightleftharpoons}} \text{H}_2\text{O} + \text{NC}^-$$

$$\text{NC}^- + \text{R}_2\text{C}=O \underset{}{\overset{\text{慢}}{\rightleftharpoons}} \text{R}_2\underset{\text{CN}}{\overset{\text{O}^-}{\underset{|}{\text{C}}}}$$

$$\text{R}_2\underset{\text{CN}}{\overset{\text{O}^-}{\underset{|}{\text{C}}}} + \text{HCN} \underset{}{\overset{\text{快}}{\rightleftharpoons}} \text{R}_2\underset{\text{CN}}{\overset{\text{OH}}{\underset{|}{\text{C}}}} + \text{NC}^-$$

醛、酮与 HCN 加成是经典的亲核加成反应,是最早有关反应机理和反应动力学研究

（1903 年，Lapworth）的成果之一。这个反应也是有机合成中制取增加一个碳原子的羟基腈、羟基酸、α,β-不饱和酸及胺类化合物的重要反应。

与 NC⁻ 相似，炔基负离子也可与醛、酮发生亲核加成，用于制备炔醇，反应不可逆：

$$\text{环己酮} + \overset{+}{Na}\overset{-}{C}{\equiv}CH \xrightarrow[-33\,℃]{\text{液}NH_3} \text{(环己基)} \xrightarrow{H_3^+O} \text{(环己醇炔)}$$

$$2HCHO + HC{\equiv}CH \xrightarrow[\triangle]{KOH} HOCH_2C{\equiv}CCH_2OH$$

4. 与格利雅试剂加成

格利雅试剂亲核性很强，一般与醛、酮发生亲核加成，产物不经分离直接进行水解可得到相应醇，这是有机合成中增加碳链的重要方法之一。

$$\underset{R_2}{\overset{R_1}{C}}{=}O + R'MgX \xrightarrow{\text{干醚}} \underset{R_2\ R'}{\overset{R_1\ OMgX}{C}} \xrightarrow{H_3^+O} \underset{R_2\ R'}{\overset{R_1\ OH}{C}}$$

在有机合成方案中，可多次运用这一反应，如由不多于三个碳的有机物合成 2,3-二甲基-2-戊醇：

$$CH_3CH_2MgBr + CH_3CHO \xrightarrow{\text{醚}} \underset{OMgBr}{CH_3CHCH_2CH_3} \xrightarrow{H_3^+O} \underset{OH}{CH_3CHCH_2CH_3}$$

$$\underset{OH}{CH_3CHCH_2CH_3} \xrightarrow[\text{(或 HBr)}]{PBr_3} \underset{Br}{CH_3CHCH_2CH_3} \xrightarrow[\text{醚}]{Mg} \underset{MgBr}{CH_3CHCH_2CH_3}$$

$$\underset{MgBr}{CH_3CHCH_2CH_3} + \underset{CH_3}{\overset{CH_3}{C}}{=}O \xrightarrow{\text{醚}} \xrightarrow{H_3^+O} \underset{CH_3\ CH_3}{\overset{OH}{CH_3CH_2C{-}CH_3}}$$

格利雅试剂与酮亲核加成反应中，空间位阻对其有一定影响。

$$(CH_3)_2CHC\overset{O}{\overset{\|}{C}}CH(CH_3)_2 \begin{cases} \xrightarrow[\text{干醚}]{C_2H_5MgBr} \xrightarrow{H_3^+O} [(CH_3)_2CH]_2\underset{C_2H_5}{\overset{OH}{C}}C_2H_5 \quad (80\%) \\ \xrightarrow{CH_3CH_2CH_2MgBr} \xrightarrow{H_3^+O} [(CH_3)_2CH]_2\underset{}{\overset{OH}{C}}C_3H_7\text{-}n \quad (30\%) \end{cases}$$

使用烷基锂对空间位阻较大的酮进行亲核加成，方可较顺利进行。

5. 与维蒂希试剂反应

维蒂希（Wittig）试剂也称磷叶立德（Ylid），是一种中性内鏻盐。维蒂希试剂是强亲核试剂，它与醛、酮发生加成反应生成另一种内鏻盐，消去三苯基氧膦后即可生成烯烃。此为维蒂希反应，是由醛或酮制备特殊结构烯烃的有效方法。

$$\underset{R}{\overset{R'}{C}}{=}O + (C_6H_5)_3\overset{+}{P}{-}\overset{-}{C}HCH_3 \longrightarrow \left[\underset{R}{\overset{R'\ \overset{O^-}{\underset{|}{C}}{-}\overset{+}{P}(C_6H_5)_3}{C}}{-}CH{-}CH_3\right]$$

$$(C_6H_5)_3P{=}CHCH_3$$

$$\underset{R}{\overset{R'}{>}}C=CHCH_3 + O=P(C_6H_5)_3 \longleftarrow \left[\underset{R}{\overset{R'}{>}}\underset{\quad}{C}\underset{}{\overset{O-P(C_6H_5)_3}{|}}\underset{}{\overset{|}{CH-CH_3}}\right]$$

通过 Wittig 反应所制备烯烃的双键位置确定,但烯烃往往顺反异构体都有:

$$\text{⬡}=O + Ph_3\overset{+}{P}-\overset{-}{C}HCH_3 \longrightarrow \text{⬡}=CHCH_3$$

$$\text{⬡}-CH_2CHO + Ph_3\overset{+}{P}-\overset{-}{C}HPh \longrightarrow \text{⬡}-CH_2CH=CHPh$$

$$(Z/E)$$

6. 与氨及其衍生物加成-消除反应

氨($\overset{..}{N}H_3$)及其衍生物,如伯胺、羟胺、肼、苯肼、氨基脲等都是亲核试剂,在酸性条件下(pH=3~5)可与醛、酮羰基加成,脱去一分子水后生成缩合产物。

(1)与氨、伯胺和仲胺的反应

脂肪族醛、酮与氨或伯胺反应可生成亚胺,也称为西佛碱(Schiff base):

$$\underset{R}{\overset{R'}{>}}C=O + H_2NR'' \Longrightarrow \left[\underset{R}{\overset{R'}{>}}\underset{}{\overset{\overset{\boxed{OH\ H}}{|\ \ |}}{C}}-NR''\right] \overset{\triangle}{\underset{-H_2O}{\longrightarrow}} \underset{R}{\overset{R'}{>}}C=NR''$$

亚胺中含有 C═N 键,在反应条件下不太稳定,易于发生聚合反应。芳香族醛、酮与伯胺反应生成比较稳定的亚胺。

$$C_6H_5CHO + H_2NC_6H_5 \overset{\triangle}{\longrightarrow} C_6H_5CH=NC_6H_5 + H_2O$$

仲胺与醛、酮加成-消除反应可生成烯胺。例如:

$$\text{⬡}=O + H-\overset{..}{N}\text{⬠} \overset{H^+}{\longrightarrow} \text{⬡}\overset{OH}{\underset{\overset{|}{\overset{..}{N}\text{⬠}}}{|}} \overset{-H_2O}{\underset{\triangle}{\longrightarrow}} \text{⬡}-\overset{..}{N}\text{⬠} \longleftrightarrow \text{⬡}=\overset{+}{N}\text{⬠}$$

甲醛与氨水作用可生成环六亚甲基四胺(乌洛托品),该物质热稳定性好,加热至 263 ℃不熔,但升华也有部分分解;乌洛托品具有杀菌作用,可用于膀胱炎、尿道炎、肾盂肾炎等疾病治疗。

甲醛与尿素可发生缩聚反应,常用于制造脲醛树脂。不同反应条件下,产物可以是液态线型高聚物,主要用于黏合剂;也可以是固态体型高聚物,用于生产色泽漂亮"电玉"。

$$\left[NH-\underset{\overset{|}{\overset{||}{O}}}{C}-NH-CH_2\right]_n$$

$$\left[\begin{array}{c} -N-CH_2-N-CH_2-N- \\ \overset{|}{C}=O \quad\quad \overset{|}{C}=O \\ \overset{|}{N} \quad\quad\quad \overset{|}{N} \end{array}\right]_n$$

（以上两式上方还含 —N—CH₂— / C=O 支链结构）

线型脲醛树脂　　　　　体型脲醛树脂

（2）与肼、苯肼、氨基脲反应

醛、酮类化合物与肼、苯肼及氨基脲（统称为羰基试剂）在弱酸性条件下（pH＝3～5）反应，可分别生成腙、苯腙和缩氨脲等缩合产物。

$$
\begin{array}{c}
\underset{R}{\overset{R'}{C}}=O + \\
\end{array}
\begin{cases}
H_2N-NH_2 \xrightarrow[-H_2O]{H^+} \underset{R}{\overset{R'}{C}}=N-NH_2 \quad （腙）\\[2mm]
H_2N-NH-\bigcirc \xrightarrow[-H_2O]{H^+} \underset{R}{\overset{R'}{C}}=N-NH-\bigcirc \quad （苯腙）\\[2mm]
H_2N-NH-\underset{O_2N}{\bigcirc}-NO_2 \xrightarrow[-H_2O]{H^+} \underset{R}{\overset{R'}{C}}=N-NH-\underset{O_2N}{\bigcirc}-NO_2 \quad （2,4-二硝基苯腙）\\[2mm]
H_2N-NH-\overset{O}{\overset{\|}{C}}-NH_2 \xrightarrow[-H_2O]{H^+} \underset{R}{\overset{R'}{C}}=N-NH-\overset{O}{\overset{\|}{C}}-NH_2 \quad （缩氨脲）
\end{cases}
$$

弱酸性条件下有利于羰基试剂亲核攻击活化羰基碳，缩合产物大多数是有固定熔点和一定晶型的固体。这些产物易于从反应体系中分离出来，还易进行重结晶提纯，而且这些产物在酸性水溶液中加热还可以水解生成原来醛或酮。这便为羰基化合物鉴别和分离提纯提供了一个有效的方法。在定性分析上，2,4-二硝基苯肼或氨基脲是常用羰基试剂，在分离提纯上可用苯肼。

羰基鉴别和鉴定

（3）与羟氨反应——肟的生成及贝克曼重排

醛、酮与羟氨（NH_2OH）反应，分别生成醛肟和酮肟，它们都有固定熔点。例如：

$$(CH_3)_2C=O + H_2NOH \xrightarrow{\triangle} (CH_3)_2C=NOH + H_2O$$

丙酮肟，熔点 60 ℃

肟的生成与腙的生成途径相同，醛肟生成速率快于酮肟生成。

在肟分子中，如果双键碳原子所连两个基团不同，有 Z/E 构型之分（腙类中也存在此种情况）。例如：

$$\underset{H}{\overset{C_6H_5}{C}}=N \diagdown OH \qquad \underset{H}{\overset{C_6H_5}{C}}=N \diagup OH$$

（E)-苯甲醛肟，熔点 35 ℃　　（Z)-苯甲醛肟，熔点 130 ℃

芳香族酮肟用浓 H_2SO_4 或 PCl_5 处理，发生分子内重排反应，结果是氮原子上羟基与处于双键异侧基团互换位置，生成一烯醇型中间物，然后异构为酰胺，此为贝克曼（Beckmann）重排反应。

思政材料11

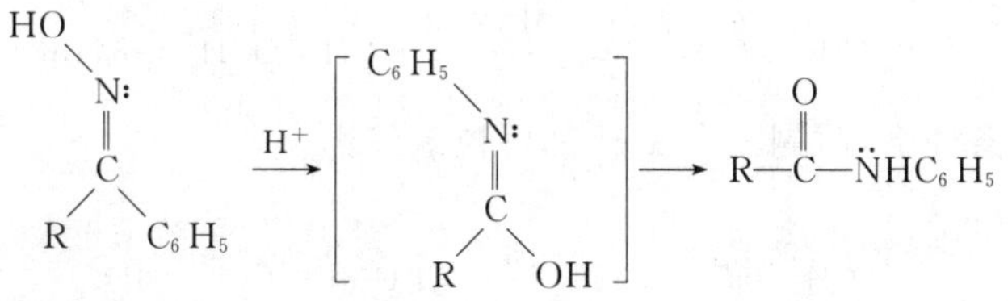

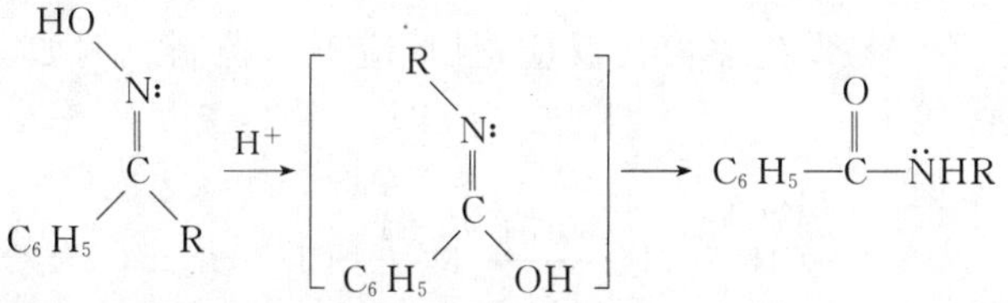

醛肟不易发生这种重排，即便重排产物不完全是反位重排结果。

通过对贝克曼重排产物或其水解产物结构分析，可推知原来酮结构。环己酮与羟氨反应产物是环己酮肟，在硫酸作用下重排产物为 ε-己内酰胺，后者是合成纤维锦纶-6 的单体。

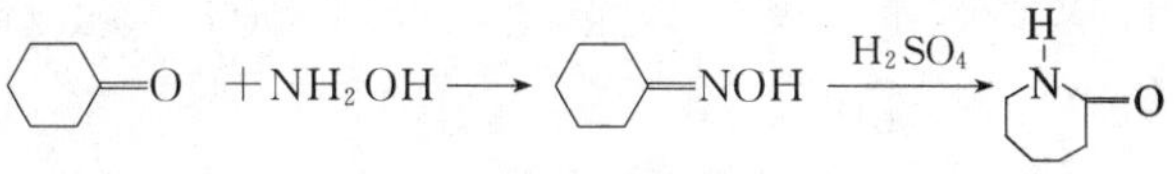

9.3.2　α-氢反应

1. 酸性及互变异构

醛、酮中 α-H 在羰基影响下(-I 和-C 效应)，显示出一定弱酸性，可通过烯醇式结构表现出来：

	CH_3CHO	CH_3COCH_3	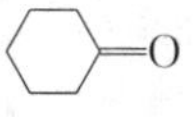	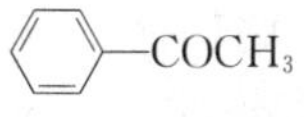
pK_a	～17	～20	～17	～16

$$H-CH_2-\underset{CH_3}{\underset{|}{C}}=O \rightleftharpoons H^+ + \left[H_2C^- -\underset{CH_3}{\underset{|}{C}}=O \longleftrightarrow CH_2=\underset{CH_3}{\underset{|}{C}}-O^- \right] \rightleftharpoons CH_2=\underset{CH_3}{\underset{|}{C}}-OH$$

酮式　　　　　　　　　　共轭碱　　　　　　　　　　烯醇式

在酮式与其烯醇式互变平衡中，共轭碱形成是互变异构平衡建立与移动的关键。一般情况下，醛、酮烯醇型结构不稳定，在互变平衡中含量很小；但是，当化学反应是以烯醇型结构进行时，烯醇型不断消耗可使平衡迅速移动，直到反应结束为止。

2. 卤代反应

在酸或碱催化下，醛、酮可与卤素发生 α-H 卤代反应，生成 α-卤代醛、酮，这是制备 α-卤代羰基化合物的重要方法。

脂肪醛卤代可生成一卤代、二卤代甚至三卤代醛卤。三氯乙醛就是由乙醛和氯水作用得到：

$$CH_3CHO + 3Cl_2 \xrightarrow{H_2O} CCl_3CHO + 3HCl$$

α-H 被卤素取代生成卤代酮，且酮一卤代反应较醛卤代易于控制。例如：

$$CH_3COCH_3 + Cl_2 \xrightarrow[20\ ℃]{CaCO_3} CH_3COCH_2Cl + HCl$$

$$CH_3COCH_3 + Br_2 \xrightarrow[65\ ℃]{CH_3COOH} CH_3COCH_2Br + HBr$$

在较强反应条件下,丙酮 6 个 α-H 都可被氯代:

$$CH_3COCH_3 + 6Cl_2 \xrightarrow{h\nu} Cl_3C\overset{\overset{O}{\|}}{-}C-CCl_3 + 6HCl$$

碱性条件下醛、酮容易发生多卤代反应,且反应不易控制。例如,甲基酮中甲基上 3 个 α-H 可迅速地发生卤代:

$$R\overset{\overset{O}{\|}}{-}C-CH_3 + 3I_2 \xrightarrow{NaOH} R\overset{\overset{O}{\|}}{-}C-CI_3 + 3NaI + 3H_2O$$

在生成的 α-三卤代酮中,三卤甲基强烈－I 效应,使羰基碳原子更缺电子,在碱作用下迅速发生亲核加成反应,而后离去 X_3C^-,生成卤仿和少一碳原子羧酸:

$$R\overset{\overset{O}{\|}}{-}C-CX_3 + HO^- \longrightarrow R\overset{\overset{O^-}{|}}{\underset{OH}{-}C-CX_3} \longrightarrow R\overset{\overset{O}{\|}}{-}C-OH + X_3C^- \longrightarrow RCOO^- + HCX_3$$

如果所用卤素为碘,则生成碘仿黄色沉淀,称为碘仿反应。这一反应现象十分明显,可用于甲基酮(CH₃COR)鉴别。由于在碱溶液中卤素与碱作用可生成次卤酸盐,后者可氧化仲醇为酮,乙醇和有 $CH_3CHOH-R$ 结构的醇也可以发生碘仿反应,同样可用于鉴别。在应用卤仿反应制取少一碳羧酸时,常使用价廉次卤酸钠碱溶液作为试剂。例如:

碘仿反应

$$(CH_3)_3C\overset{\overset{O}{\|}}{C}CH_3 + 3NaOCl \xrightarrow[H_2O]{OH^-} (CH_3)_3C\overset{\overset{O}{\|}}{C}ONa + CHCl_3 + 2NaOH$$

9.3.3　缩合反应

1. 醛缩合反应

含有 α-H 脂肪醛在稀碱作用下可形成 α-C 负离子,后者可对另一分子醛羰基进行亲核加成反应,生成 β-羟基醛,此为醛的羟醛缩合反应。

$$RCH_2\overset{\overset{O}{\|}}{C}H + H-\overset{\overset{R}{|}}{C}HCHO \xrightarrow{稀\ HO^-} RCH_2\overset{\overset{OH}{|}}{C}H-\overset{\overset{R}{|}}{C}HCHO$$

当醛分子增大($>C_6$)时,羟醛缩合反应较慢,需较高反应温度及适当增加碱浓度。

羟醛缩合反应机理如下:

$$HO^- + H-\overset{\overset{}{|}}{\underset{R}{C}}H-CHO \rightleftharpoons \left[\ddot{\overset{}{\underset{R}{C}}}H-CH=O \longleftrightarrow \overset{}{\underset{R}{C}}H=CH-O^- \right] + H_2O$$

$$RCH_2\overset{\overset{O}{\|}}{C}H + \ddot{:}\overset{\overset{}{}}{\underset{R}{C}}H-CHO \rightleftharpoons RCH_2\overset{\overset{O^-}{|}}{C}H-\overset{\overset{}{}}{\underset{R}{C}}H-CHO \xrightarrow[-HO^-]{H_2O} RCH_2\overset{\overset{OH}{|}}{C}H-\overset{\overset{}{}}{\underset{R}{C}}H-CHO$$

β-羟基醛在加热条件下分子内脱水生成 α,β-不饱和醛:

$$RCH_2CH-\overset{\displaystyle R}{\underset{\displaystyle R}{C}}CHO \xrightarrow[\triangle]{-H_2O} RCH_2CH=\overset{\displaystyle }{\underset{\displaystyle R}{C}}CHO$$

如果反应产物 β-羟基醛中不存在 α-H,则不发生进一步脱水反应。例如:

$$(CH_3)_2CHCHO + (CH_3)_2\overset{\displaystyle }{\underset{\displaystyle H}{C}}CHO \underset{\triangle}{\overset{稀\ HO^-}{\rightleftharpoons}} (CH_3)_2CHCH-\overset{\displaystyle CHO}{\underset{\displaystyle CH_3}{\overset{|}{\underset{|}{C}}}}-CH_3$$

羟醛缩合在有机合成上非常重要,可由此制得碳链增长的羟基醛、不饱和醛或醇,还可通过进一步反应制得饱和醇。例如:

$$2RCH_2CHO \xrightarrow[H_2O]{HO^-} RCH_2\overset{\displaystyle OH}{\underset{\displaystyle R}{\overset{|}{\underset{|}{C}}H}}CHCHO \xrightarrow{NaBH_4} RCH_2\overset{\displaystyle OH}{\underset{\displaystyle R}{\overset{|}{\underset{|}{C}}H}}CHCH_2OH$$

$$\Big\downarrow \triangle\ -H_2O$$

$$RCH_2CH_2\overset{\displaystyle }{\underset{\displaystyle R}{C}}HCH_2OH \xleftarrow[Ni]{H_2} RCH_2CH=\overset{\displaystyle }{\underset{\displaystyle R}{C}}CHO \xrightarrow{LiAlH_4} RCH_2CH=\overset{\displaystyle }{\underset{\displaystyle R}{C}}CH_2OH$$

如果含有 α-H 的不同醛分子之间进行羟醛缩合,将会出现交叉羟醛缩合,产物可有 4 种 β-羟基醛,这在有机合成中一般没有意义。如果一个醛分子中无 α-H,则二者之间发生交叉羟醛缩合反应就有制备意义。例如:

$$CH_3CHO + HCHO \xrightarrow[\triangle]{稀\ HO^-\quad -H_2O} CH_2=CH-CHO$$

$$C_6H_5-CHO + CH_3CHO \xrightarrow[50\ ℃]{稀\ NaOH\quad -H_2O} C_6H_5CH=CHCHO$$

2. 酮的缩合

含 α-H 酮在碱作用下也可发生缩合反应,生成 β-羟基酮,再经脱水可得到 α,β-不饱和酮。但是,这种羟酮缩合反应平衡很大程度地偏向反应物一边。以丙酮为例,在平衡状态下其缩合产物只有 5% 左右,设法不断移出生成缩合产物(如在索氏提取器中进行反应),能够使反应不断进行。

$$(CH_3)_2\overset{\displaystyle O}{\overset{\|}{C}} +CH_3COCH_3 \xrightarrow[Ba(OH)_2]{HO^-} (CH_3)_2\overset{\displaystyle OH}{\overset{|}{C}}CH_2COCH_3 \xrightarrow[\triangle]{H_3PO_4} (CH_3)_2C=CHCOCH_3 + H_2O$$

$$(双丙酮醇)$$

芳醛与含有 α-H 酮之间交叉缩合生成 α,β-不饱和酮的反应为克莱森-施密特(Claisen-Schmidt)反应。例如:

$$C_6H_5CHO+CH_3COCH_3 \xrightarrow[25\sim30\ ℃]{HO^-} \xrightarrow[100\ ℃]{-H_2O} C_6H_5CH=CHCOCH_3$$

$$C_6H_5CHO+CH_3COC_6H_5 \xrightarrow[15\sim30\ ℃]{HO^-} \xrightarrow[100\ ℃]{-H_2O} C_6H_5CH=CHCOC_6H_5$$

在适当结构二羰基化合物中,可利用分子内缩合反应制得环烯基 α,β-不饱和羰基化合物或环烯酮。例如：

$$CH_2\!\!<\!\!\begin{array}{c}CH_2-CHO\\CH_2-CH_2-COCH_3\end{array} \xrightarrow{HO^-} CH_2\!\!<\!\!\begin{array}{c}CH_2-CH-OH\\CH_2\\CH_2-CH-COCH_3\end{array} \xrightarrow[\triangle]{-H_2O} CH_2\!\!<\!\!\begin{array}{c}CH_2-CH\\CH_2\\CH_2-C-COCH_3\end{array}$$

$$CH_3\overset{O}{\overset{\|}{C}}CH_2CH_2\overset{O}{\overset{\|}{C}}CH_3 \xrightarrow[100\ ℃]{NaOH,H_2O} \text{(环己烯酮结构)}CH_3$$

3. 珀金反应

芳醛与含有 α-H 酸酐作用生成 α,β-不饱和羧酸，称为珀金（Perkin）反应。反应所用的碱（缩合催化剂）是与所用酸酐相对应的羧酸盐。例如，苯甲醛与乙酸酐及乙酸钾混合共热缩合，经酸化生成 β-苯基丙烯酸（肉桂酸）：

$$C_6H_5CHO+(CH_3CO)_2O \xrightarrow[170\sim180\ ℃]{CH_3COOK} C_6H_5CH=\!\!=CHCOOK+CH_3COOH$$
$$\downarrow H^+$$
$$C_6H_5CH=\!\!=CHCOOH$$

珀金反应机理如下所示。碱性催化剂 CH_3COO^- 夺取乙酸酐 α-H 后，生成一个碳负离子，继与芳醛亲核加成，生成中间产物 β-羟基酸酐，然后再经脱水和水解，生成 α,β-不饱和酸：

$$(CH_3CO)_2O+CH_3COOK \rightleftharpoons \left[\!\!\begin{array}{c}\bar{C}H_2-\overset{O}{\overset{\|}{C}}-O-\overset{O}{\overset{\|}{C}}-CH_3\end{array}\!\!\right]K^++CH_3COOH$$

$$ArCHO+\bar{C}H_2-\overset{O}{\overset{\|}{C}}-O-\overset{O}{\overset{\|}{C}}-CH_3 \longrightarrow ArCH-CH_2-\overset{O}{\overset{\|}{C}}-O-\overset{O}{\overset{\|}{C}}-CH_3$$
$$\qquad\qquad\qquad\qquad\qquad\qquad\qquad \overset{O^-}{|}$$
$$\downarrow CH_3COOH$$

$$ArCH=\!\!=CH-\overset{O}{\overset{\|}{C}}-O-\overset{O}{\overset{\|}{C}}-CH_3 \xleftarrow{-H_2O} ArCH-CH_2-\overset{O}{\overset{\|}{C}}-O-\overset{O}{\overset{\|}{C}}-CH_3$$
$$\qquad\qquad\qquad\qquad\qquad\qquad \overset{OH}{|}$$
$$\downarrow{水解}\ H_2O$$
$$ArCH=\!\!=CH-COOH+CH_3COOH$$

4. 曼尼希反应

甲基酮与甲醛、氨（或伯胺、仲胺）盐酸盐作用，在甲基酮甲基上发生氨（胺）甲基化反应，生成 β-酮胺（又称曼尼希碱），此为曼尼希反应。

$$RCOCH_3+HCHO+HNR_2'\cdot HCl \longrightarrow RCOCH_2CH_2NR_2'\cdot HCl+H_2O$$

反应生成盐酸盐中和后转为碱——β-酮胺，后者是有机合成的重要中间体，如与 KCN 作用可生成氰基化合物等。

$$C_6H_5COCH_3+HCHO+HN(CH_3)_2\cdot HCl \longrightarrow C_6H_5COCH_2CH_2N(CH_3)_2\cdot HCl$$
$$C_6H_5COCH_2CH_2N(CH_3)_2\cdot HCl \xrightarrow{HO^-} C_6H_5COCH_2CH_2N(CH_3)_2$$
$$\triangle\downarrow\qquad\qquad\qquad\qquad\qquad\qquad \triangle\downarrow KCN$$
$$(CH_3)_2NH\cdot HCl+C_6H_5COCH=\!\!=CH_2 \qquad C_6H_5COCH_2CH_2CN$$

含有活泼 α-H 的酯、腈等有机化合物也可发生类似反应。

9.3.4　氧化反应

1. 醛的氧化

醛可被多种氧化剂氧化成羧酸,如 HNO_3、$KMnO_4$、$Na_2Cr_2O_7$、CrO_3、H_2O_2、Br_2、NaOX (X＝Cl,Br,I)以及活性氧化银等,芳醛较脂肪醛难于氧化,苯甲醛曝露于空气中会迅速被空气氧化成苯甲酸,这是光催化的自由基机理氧化历程。因此,醛类化合物的存放应避光和隔氧,久置的醛在使用时应重新蒸馏。

由于脂肪醛羰基碳在形成自由基时,其稳定性远小于芳醛的羰基自由基,故脂肪醛在空气中氧化比较缓慢。

硝酸银氨溶液(Tollens)可将芳醛或脂肪醛氧化成相应羧酸,析出银可附在清洁器壁上呈现光亮银镜,常称"银镜反应",可以此来鉴别醛,工业上则以此反应原理制镜。

银镜反应

$$RCHO + 2Ag(NH_3)_2OH \longrightarrow RCOONH_4 + 2Ag\downarrow + H_2O + 3NH_3$$

Fehling 试剂是硫酸铜与酒石酸钾/钠的碱性混合液,二价铜离子具有较弱氧化性,可氧化脂肪醛为脂肪酸,而芳醛一般不被氧化。在反应中析出砖红色的氧化亚铜沉淀,现象明显,可用于脂肪醛鉴别:

$$RCHO + 2Cu^{2+} + NaOH + H_2O \xrightarrow{\triangle} RCOONa + Cu_2O\downarrow + 4H^+$$

Fehling 试剂和 Tollens 试剂对烯键不发生氧化作用,可用于对 α,β-不饱和醛的选择性氧化制备 α,β-不饱和羧酸。新制的二氧化锰或氧化银也有这种作用。

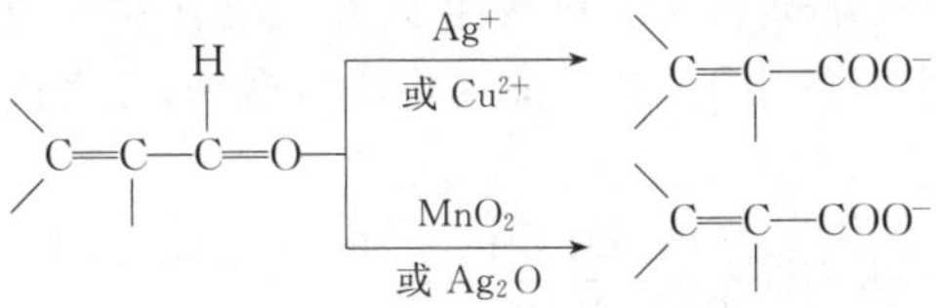

2. 酮的氧化

与醛相比,酮不易被氧化。在强氧化条件下,酮被氧化分解成小分子羧酸,但一般无制备意义。

环酮氧化可生成二元酸,有应用价值。例如,环己酮和环戊酮可被氧化分别得到己二酸和戊二酸,前者是合成纤维尼龙-66 的原料。不过,这种强氧化方法耗能高、污染大、对设备腐蚀严重。本着"绿水青山就是金山银山"的理念,改进的生产工艺已被陆续提出。

思政材料12

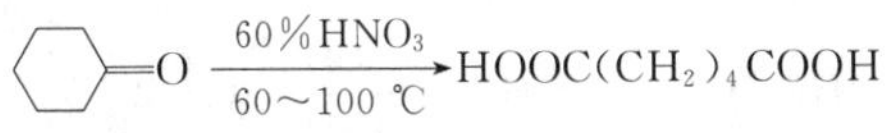

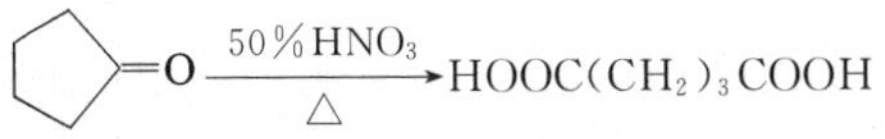

酮类化合物用 H_2O_2 或过氧酸氧化时,发生重排反应,结果是生成了酯,相当于在酮分子结构中羰基和烃基之间插入了一个氧原子,此为拜耳-维立格(Baeyer-Villiger)反应,是由酮制备酯的一种方法。由芳酮氧化可生成酚酯,经水解后便制得酚和酸。

思政材料13

$$\text{环己酮} + CH_3COOOH \xrightarrow[40\ ℃]{CH_3CO_2C_2H_5} \text{（己内酯）}$$

$$R-\overset{\underset{\displaystyle O}{\|}}{C}-Ar + R'COOOH \longrightarrow R-\overset{\underset{\displaystyle O}{\|}}{C}-O-Ar + R'COOH$$

$$\xrightarrow{H_2O} ArOH + RCOOH$$

当醛或酮 α-碳上存在着羟基时，HIO_4 可定量将其氧化成为小分子羰基化合物和羧酸：

$$R-\overset{\underset{\displaystyle O}{\|}}{C}-\overset{\underset{\displaystyle OH}{\|}}{C}H-R' \xrightarrow{HIO_4} R-\overset{\underset{\displaystyle O}{\|}}{C}-OH + R'CHO$$

α-羟基酮也可以与托伦试剂反应，生成 α-二酮：

$$R-\overset{\underset{\displaystyle O}{\|}}{C}-\overset{\underset{\displaystyle OH}{\|}}{C}H-R' \xrightarrow[HO^-,H_2O]{Ag^+(NH_3)_2} R-\overset{\underset{\displaystyle O}{\|}}{C}-\overset{\underset{\displaystyle O}{\|}}{C}-R' + Ag\downarrow$$

3. 坎尼扎罗反应

无 α-H 醛在浓碱作用下，发生歧化反应，一分子醛被氧化为酸，另一分子醛被还原成醇，此为坎尼扎罗（Cannizzaro）反应。例如：

$$2HCHO + NaOH \longrightarrow HCOONa + CH_3OH$$

$$2\ \text{苯}-CHO \xrightarrow{40\%KOH} \xrightarrow{H_3^+O} \text{苯}-COOH + \text{苯}-CH_2OH$$

两种不同的无 α-H 醛在浓碱作用下可发生交叉坎尼扎罗反应。在反应中，通常是活泼醛被氧化，芳醛和甲醛在浓碱作用下，甲醛被氧化成甲酸钠，而芳醛则被还原成芳醇，可用此法可高收率制备苄醇。

$$CH_3O-\text{苯}-CHO + HCHO \xrightarrow[H_2O,CH_3OH,\triangle]{30\%NaOH} \xrightarrow{H_3^+O} CH_3O-\text{苯}-CH_2OH + HCOOH$$

坎尼扎罗反应机理如下：

$$R-CH + \overline{O}H \Longleftrightarrow R-\overset{\underset{\displaystyle OH}{|}}{C}-H + CHR \longrightarrow R-C-OH + RCH_2O^- \longrightarrow RCOO^- + RCH_2OH$$

工业上生产季戊四醇先由甲醛与乙醛经羟醛缩合得到三羟甲基乙醛，再与一分子甲醛发生坎尼扎罗反应制得：

$$3HCHO + CH_3CHO \xrightarrow[H_2O]{Ca(OH)_2} (HOCH_2)_3CCHO$$

$$(HOCH_2)_3C-CHO + HCHO \xrightarrow[H_2O]{Ca(OH)_2} (HOCH_2)_4C + HCOO^-$$

季戊四醇大量用于油漆的醇酸树脂生产，也可用于工程塑料聚醚生产，其四硝酸酯具有扩张血管作用，可用于冠心病患者的治疗。

9.3.5 还原反应

醛、酮羰基都能被还原成醇羟基，也可以被还原成亚甲基（$-CH_2-$）。反应条件不同，还原产物也不同。

1. 催化加氢还原法

醛、酮在过渡金属催化剂存在下加氢,分别生成伯醇和仲醇:

$$RCHO + H_2 \xrightarrow[\triangle,压力]{催化剂} RCH_2OH$$

$$R_2CO + H_2 \xrightarrow[\triangle,压力]{催化剂} R_2CHOH$$

催化加氢还原能力很强,可以使醛、酮分子中其他不饱和官能团被还原,如烯烃双键、炔烃三键,席夫碱,酰氯和酰胺、酯类及硝基氰基等。

2. 负氢还原法

(1)$LiAlH_4$、$NaBH_4$ 及 KBH_4 还原法

氢化铝锂($LiAlH_4$)是很强的化学还原剂,对羰基、硝基、氰基、羧基、酯、酰胺、卤代烃等都能还原。氢化铝锂非常活泼,遇到含有活泼氢化合物迅速分解,所以使用 $LiAlH_4$ 时,反应常在醚溶液中进行。由于 $LiAlH_4$ 分子中 4 个氢都为负性,它可在较低温度下还原 4 个分子醛或酮。$LiAlH_4$ 可用于 α,β-不饱和醛、酮选择性还原。

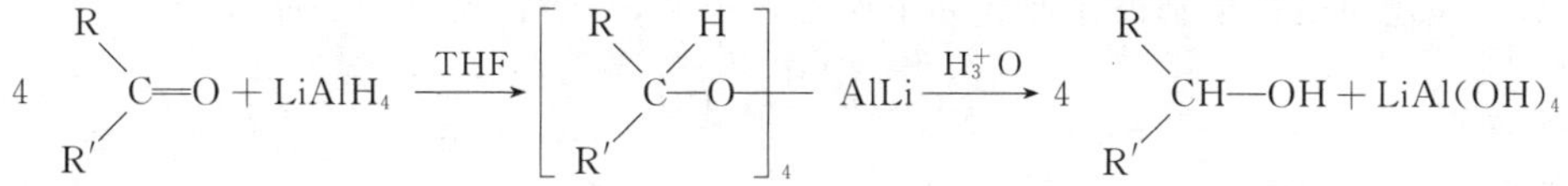

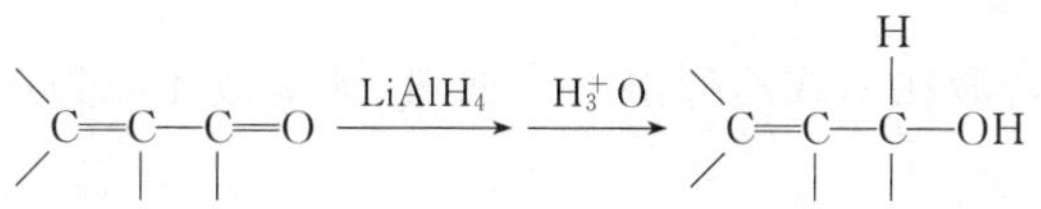

$LiAlH_4$ 与水激烈反应放出 H_2,故过量 $LiAlH_4$ 应用乙醇与之缓慢作用消除。$NaBH_4$ 或 KBH_4 是较缓和的还原剂,可在醇溶液中使用,它能有效地还原醛、酮和酰氯。

(2)$Al[OCH(CH_3)_2]_3/HOCH(CH_3)_2$ 还原法

异丙醇铝也可看作是"负氢"型还原剂。在还原醛或酮过程中,异丙醇铝仲碳上氢原子以负性试剂亲核加成羰基,使羰基转变为烷氧负离子并与铝原子络合,同时释放出一分子丙酮,前者从溶剂(异丙醇)中再获取一个质子分解出醇,并重新形成异丙醇铝:

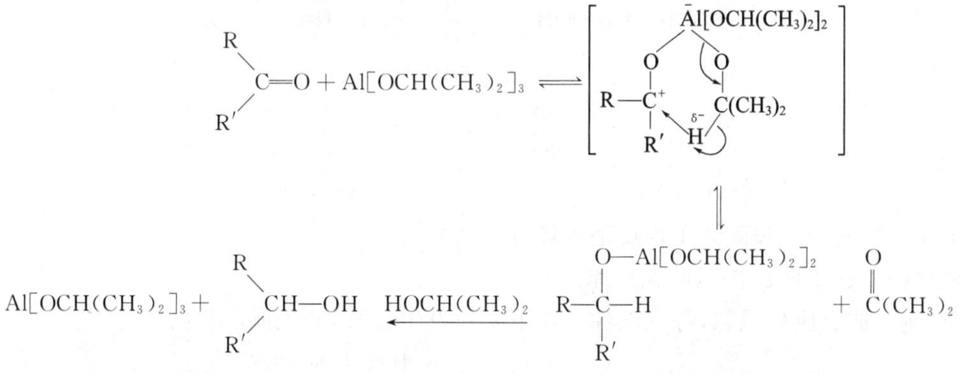

异丙醇铝可与三分子醛或酮作用生成三烷氧基铝,再经水解得到醇和三价铝。

异丙醇铝还原醛、酮的反应条件比较缓和,反应选择性也高,而且不影响$C{=}C$、$-C{\equiv}$

C—、—NO$_2$、—Cl 等基团,只要在反应过程中连续蒸出丙酮,便可使反应不断进行,得到较高收率的醇。此为米尔魏因-庞道夫(Meerwein-Poundorf)还原,逆反应称为奥彭奈尔(Oppenauer)氧化。

3. 金属还原法

在醇溶液中,活泼金属(Na、Mg、Al 等)可将醛还原成伯醇,但收率并不高。酮在镁汞齐作用下,可被还原成双分子还原产物——α-二醇。例如:

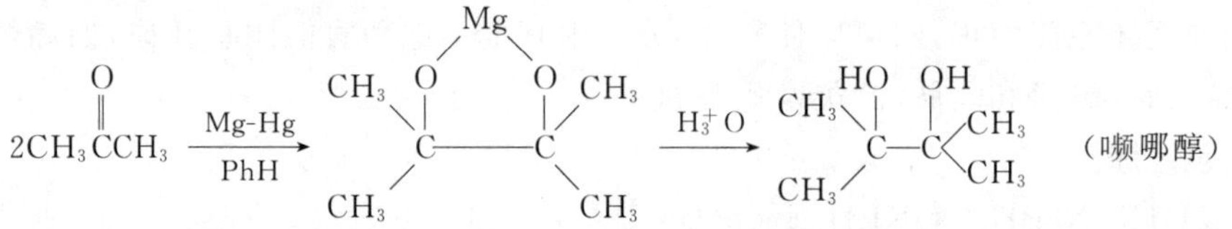

$$2CH_3 \cdot CCH_3 \xrightarrow[PhH]{Mg\text{-}Hg} \quad \xrightarrow{H_3^+O} \quad (嚬哪醇)$$

在液氨中,钠可将芳酮还原成邻二醇:

$$2PhCPh \xrightarrow[NH_3(l)]{Na} \xrightarrow{H_3^+O} (Ph)_2C - C(Ph)_2 \quad (四苯基乙二醇)$$

4. 羰基彻底还原

羰基彻底还原是指羰基被还原成如下所示亚甲基,一般常见三种还原方法。

$$\diagdown C = O \xrightarrow{[H]} \diagdown CH_2$$

（1）克莱门森还原法

酮或醛与锌汞齐及盐酸在苯或乙醇溶液中加热,羰基被还原为亚甲基:

$$R-\overset{O}{\underset{|}{C}}-R' + 4[H] \xrightarrow[苯,\triangle]{Zn\text{-}Hg/HCl} RCH_2 R' + H_2 O$$

这一反应首先由英国化学家克莱门森(Clemmensen E)于 1913 年发现并用于制备烷烃、烷基芳烃和烷基酚类化合物,后来证实此方法还可用于羰基酸的还原。克莱门森还原对羰基具有很好的选择性,除 α,β-不饱和键外,一般对于双键无影响,而且反应操作也很简便。但是,由于在酸性介质中进行反应,此方法不适用于对酸性介质敏感的羰基化合物还原(如呋喃醛,酮,吡咯醛、酮)。例如:

$$C_6 H_5 COCH_2 CH_2 COOH \xrightarrow[甲苯,\triangle]{Zn\text{-}Hg/HCl} C_6 H_5 CH_2 CH_2 CH_2 COOH$$

$$\xrightarrow[甲苯,\triangle]{Zn\text{-}Hg/HCl}$$

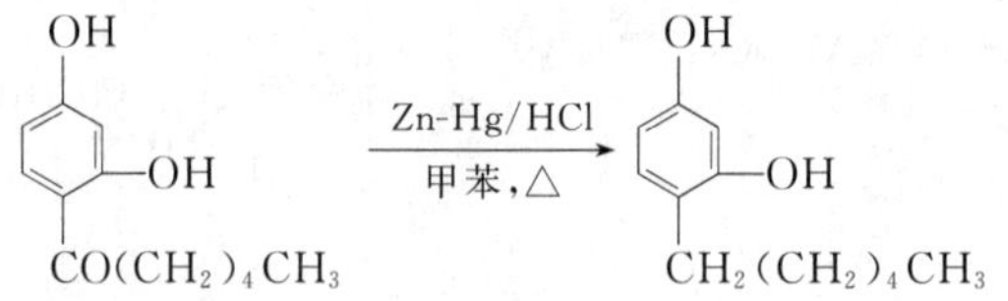

上述反应对合成长碳链正构烷基芳烃有实际意义。

（2）沃尔夫-吉斯尼尔-黄鸣龙还原法

醛、酮与肼反应生成腙,腙在碱性条件下受热发生分解,并生成烃放出 N$_2$。

$$\diagdown C = O + NH_2 - NH_2 \xrightarrow{\triangle} \diagdown C = NNH_2 \xrightarrow[\triangle,压力]{KOH \ 或 \ NaOR/HOR} \diagdown CH_2 + N_2$$

早在 1911 年,俄国化学家吉斯尼尔(Kishner N)首先发现腙类衍生物和无水粉状 KOH 在封管中加热至 160~180 ℃时,发生分解得到还原产物烃;1912 年德国化学家沃尔夫(Wolff L)也发现,采用浓度为 7％醇钠-无水醇,在封管中进行腙分解反应,也得到产物烃,分解温度可降低到 150~160 ℃,这就是沃尔夫-吉斯尼尔还原反应。

我国有机化学家黄鸣龙于 1946 年在哈佛大学工作时对这个反应进行改进:将酮(或醛)与 50％~85％水合肼及 KOH(或 NaOH)共混,在水溶性高沸点溶剂(如二甘醇或三甘醇)中常压加热回流,当腙生成后蒸出水和过量肼,然后继续加热至 190~200 ℃并保持回流 1~2 h,使腙完全分解而得到烃。这种改进使该反应应用范围进一步扩大,特别是对甾酮的还原效果良好。采用含

思政材料14

水肼和高沸点溶剂,并使反应在常压下进行,避免了昂贵无水肼及使用高压设备的使用,更适合工业生产,而且副反应少,收率也高。例如:

$$\text{Ph-CO-CH}_2\text{CH}_2\text{CH}_3 \xrightarrow[\text{(HOCH}_2\text{CH}_2)_2\text{O},\triangle]{\text{NH}_2\text{NH}_2\cdot\text{H}_2\text{O},\text{NaOH}} \text{Ph-CH}_2\text{CH}_2\text{CH}_3$$

$$\text{PhO-C}_6\text{H}_4\text{-COCH}_2\text{CH}_2\text{COOH} \xrightarrow[\text{三甘醇},195\ ℃]{\text{NH}_2\text{NH}_2,\text{H}_2\text{O},\text{KOH}} \text{PhO-C}_6\text{H}_4\text{-CH}_2(\text{CH}_2)_2\text{COOK}$$

9.4 α,β-不饱和醛、酮

α,β-不饱和醛、酮分子中碳碳双键和羰基构成 π-π 共轭体系,这两个官能团的相互影响使各自化学性质均有不同程度改变,且还表现出某些特性。

9.4.1 亲电加成

在 α,β-不饱和醛、酮中,羰基强−C 和−I 效应,使碳碳双键 π 电子云密度下降,与亲电试剂加成反应活性下降;加成反应有 1,2-加成和 1,4-加成(共轭加成)两种途径,但反应产物却是一样的。

$$\text{H}^+ + \ \text{C=C−C=O} \longrightarrow \left[\overset{+}{\text{C}}\text{−C−C=O} + \overset{+}{\text{C}}\text{=C−C−OH} \right]$$

1,2-加成   1,4-加成

↓ X⁻   ↓ X⁻

$$\text{X−C−C−C=O} \longleftarrow \text{X−C−C=C−OH}$$

例如:

$$\text{环己烯酮} + \text{HBr} \longrightarrow \text{2-溴环己酮}$$

9.4.2 亲核加成

同样,由于 α,β-不饱和醛酮结构中共轭作用,烯烃双键＋C 效应使 α,β-不饱和醛、酮中

羰基碳原子缺电子性有所下降,而 β-碳原子却显出缺电子性。亲核试剂与 α,β-不饱和醛、酮的加成反应随着试剂性质及反应物结构不同也有 1,2-加成和 1,4-加成两种加成方式。

格利雅试剂对 α,β-不饱和醛、酮亲核加成可顺利进行,对于 α,β-不饱和醛主要是 1,2-加成;对于 α,β-不饱和酮,1,2-加成和 1,4-加成两种加成方式均可出现,这是取代基空间位阻所致,但加入 CuI 后则主要是 1,4-加成。

$$CH_3\overset{O}{\overset{\|}{C}}-CH=CHCH_3 + CH_3MgBr \xrightarrow{H_3^+O} CH_3\overset{O}{\overset{\|}{C}}-CH_2-\overset{CH_3}{\overset{|}{C}}HCH_3 + CH_3CH=CH-\overset{OH}{\overset{|}{C}}(CH_3)_2$$

$$\text{(1,4-加成)} \qquad\qquad \text{(1,2-加成)}$$

$$CH_3\overset{O}{\overset{\|}{C}}-CH=CHCH_3 + CH_3MgBr \xrightarrow{CuI} \xrightarrow{H_3^+O} CH_3\overset{O}{\overset{\|}{C}}-CH_2-CH(CH_3)_2$$

1,4-加成的结果相当于在 C=C 中加成了亲核试剂。

有机锂试剂具有更高的活性,对 α,β-不饱和醛、酮加成以 1,2-加成为主。例如:

$$PhCH=CH-\overset{O}{\overset{\|}{C}}-Ph + PhLi \xrightarrow{Et_2O} \xrightarrow{H_3^+O} PhCH=CH-\overset{OH}{\overset{|}{C}}Ph_2$$

HCN 和 HNR$_2$ 等较弱亲核试剂与 α,β-不饱和醛、酮一般是 1,4-加成为主。例如:

$$PhCH=CH\overset{O}{\overset{\|}{C}}Ph + HCN \longrightarrow PhCH-\overset{CN}{\overset{|}{}}CH_2\overset{O}{\overset{\|}{C}}Ph$$

烷基铜锂与 α,β-不饱和醛、酮作用则完全是 1,4-加成。例如:

$$(CH_3)_2C=CHCCH_3 + (CH_2=CH)_2CuLi \xrightarrow{醚} \xrightarrow{H^+} CH_2=CHC-CH_2\overset{O}{\overset{\|}{C}}CH_3$$

含活泼氢羰基化合物在碱性条件下可与 α,β-不饱和醛、酮进行 1,4-共轭加成,生成 1,5-二羰基化合物,此为麦克尔(Michael)加成反应的一种类型。例如:

$$CH_3\overset{O}{\overset{\|}{C}}CH_3 + CH_2=CH-\overset{O}{\overset{\|}{C}}-H \xrightarrow{稀 HO^-} CH_3\overset{O}{\overset{\|}{C}}-CH_2-CH_2-CH_2\overset{O}{\overset{\|}{C}}H$$

这是 CH$_3$COCH$_3$ 烯醇型负离子对丙烯醛发生了 1,4-亲核加成的结果:

$$\left[CH_3\overset{O}{\overset{\|}{C}}-\overset{-}{C}H_2 \longleftrightarrow CH_3\overset{O^-}{\overset{|}{C}}=CH_2\right] + CH_2=CH-\overset{O}{\overset{\|}{C}}H \longrightarrow CH_3\overset{O}{\overset{\|}{C}}CH_2CH_2-CH=\overset{O^-}{\overset{|}{C}}H$$

$$CH_3\overset{O}{\overset{\|}{C}}CH_2CH_2CH_2\overset{O}{\overset{\|}{C}}H \longleftarrow CH_3\overset{O}{\overset{\|}{C}}CH_2CH_2-CH=\overset{OH}{\overset{|}{C}}H \longleftarrow H_2O$$

又如环己酮与 3-丁烯-2-酮发生麦克尔加成可生成一个 δ-二酮,在碱作用下后者可进一步发生分子内缩合反应,生成桥环酮类化合物:

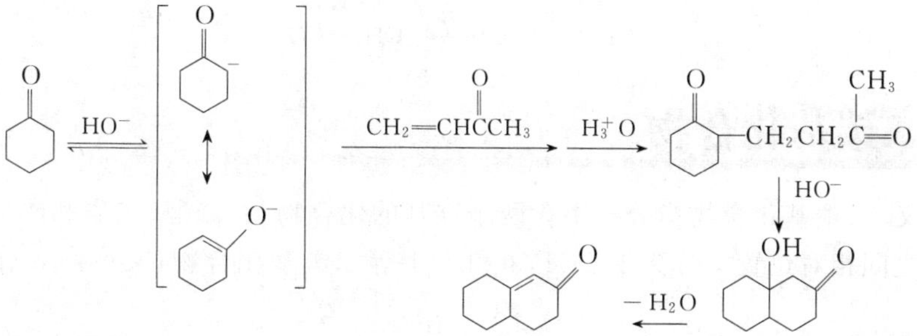

在 α,β-不饱和醛中,饱和 γ-碳上氢也有一定的“酸性”。当与碱作用形成负离子时,大共轭体系存在使之较为稳定,可与其他醛羰基发生缩合反应,生成更大的共轭体系,如

$$CH_3CH{=}CH{-}CHO + CH_3CH{=}CH{-}CHO \xrightarrow[\triangle]{HO^-} CH_3CH{=}CH{-}CH{=}CH{-}CH{=}CH{-}CHO$$

像这种在乙醛中两个碳原子之间插入一个 C═C,并使 α-H 活性延至 γ-H 上的现象称为“插烯规律”,且这种效应不因共轭体系加长而减弱。

9.4.3 乙烯酮

乙烯酮($CH_2{=}C{=}O$)是分子最小的不饱和酮。乙烯酮中乙烯基与羰基共用一个碳原子(sp 杂化),分子中两个 π 键是累积型。乙烯酮化学活性非常之高,沸点很低(−56 ℃),不易贮存,极易与空气中氧作用形成爆炸性的过氧化物;乙烯酮毒性很大,有特殊臭味,在丙酮中有较好溶解性。

由于乙烯酮分子有高度不饱和性,它可与众多极性试剂发生加成反应,结果是在试剂分子中引入了乙酰基,故乙烯酮是高活性的乙酰化试剂。

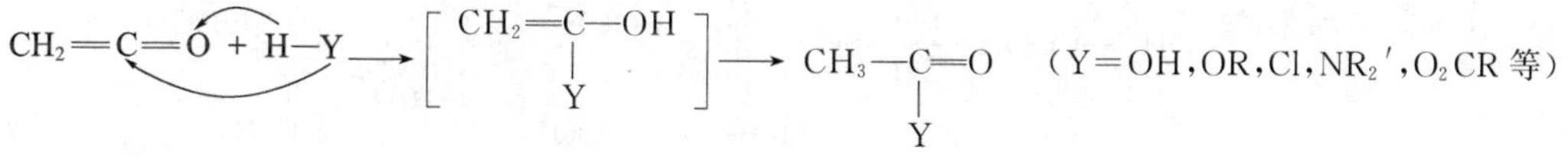

乙烯酮在 0 ℃时会发生二聚反应,生成二乙烯酮(沸点 127 ℃)。从结构上看,二乙烯酮是一个四元环内酯,分子中存在着高度不饱和性和环张力,易和有活泼氢的化合物作用,生成 β-丁酮酸衍生物,是一类重的有机试剂和化工原料。

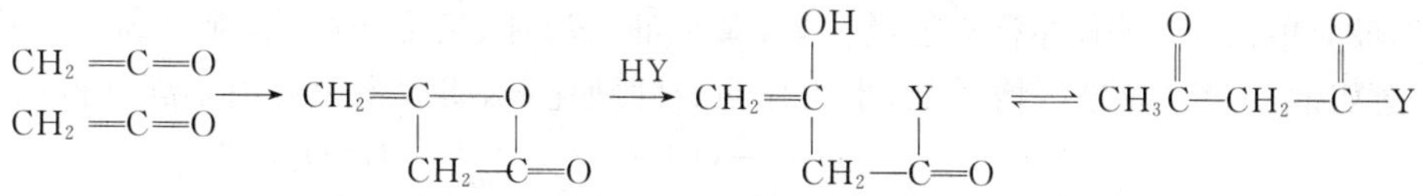

乙烯酮可由乙酸或丙酮通过热裂解方法得到:

$$\underset{\boxed{H\quad OH}}{CH_2{-}C{=}O} \xrightarrow[700\sim720\ ℃]{(C_2H_5O)_3PO} CH_2{=}C{=}O + H_2O$$

$$\underset{\boxed{H\quad CH_3}}{CH_2{-}C{=}O} \xrightarrow{750\sim800\ ℃} CH_2{=}C{=}O + CH_4$$

紫外光作用下,乙烯酮分解生成能插入 C—H 键的高活性卡宾(Carbeen):

$$CH_2{=}C{=}O \xrightarrow{h\nu} :CH_2 + CO$$

9.5 二羰基化合物

顾名思义，二羰基化合物指分子中含两个羰基的化合物，有二醛、二酮和酮醛三种类型。按两个羰基之间相对位置又分为 1,2-、1,3-和 1,4-等二羰基化合物，又称作 α-、β-、γ-等二羰基化合物。

9.5.1 乙二醛

乙二醇在铜催化条件下，用空气氧化可得到乙二醛。乙二醛是淡黄色液体，熔点15 ℃，沸点 50.4 ℃，它溶于水、乙醇和乙醚。

$$HOCH_2{-}CH_2OH + O_2 \xrightarrow[250\sim300\ ℃]{Cu} OHC{-}CHO + 2H_2O$$

用二氧化硒氧化乙醛可以得到高收率的乙二醛：

$$CH_3{-}CHO + SeO_2 \longrightarrow OHC{-}CHO + H_2O + Se$$

乙二醛还原性很强，容易被进一步氧化成甲酸，在控制条件下的氧化产物可以是乙醛酸或乙二酸。乙二醛无 α-H 可发生分子内坎尼扎罗反应：

$$OHC{-}CHO \xrightarrow{OH^-} \xrightarrow{H_3O^+} HOCH_2COOH$$

乙二醛、乙醛酸和乙二酸都是很有用的化工产品。乙二醛主要用作明胶、动物胶、乳酪、聚乙烯醇和淀粉等水溶性黏结剂，以及人造丝阻缩剂等，乙醛酸可用于香兰素合成。例如：

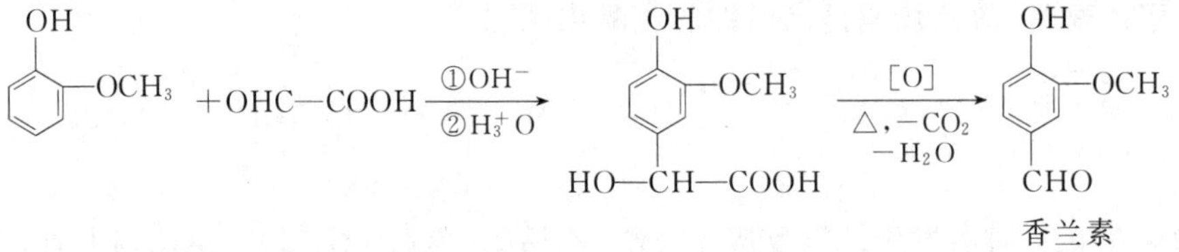

香兰素

9.5.2 α-二酮

丁二酮最简单的 α-二酮，亦称双乙酰，是淡黄色油状液体，熔点 −4 ℃，沸点 88 ℃，可用于奶油、人造奶油、干酪、糖果等增香剂，也用作明胶的硬化剂，实验室中可由丁酮制得：

$$CH_3\overset{O}{\overset{\|}{C}}CH_2CH_3 \xrightarrow{HNO_2} CH_3{-}\overset{O}{\overset{\|}{C}}{-}\overset{N-OH}{\overset{\|}{C}}{-}CH_3 \xrightarrow{H_3O^+} CH_3{-}\overset{O}{\overset{\|}{C}}{-}\overset{O}{\overset{\|}{C}}{-}CH_3$$

丁二酮与二分子羟氨作用生成丁二酮二肟，可用于定量分析和鉴别镍离子：

$$CH_3{-}\overset{O}{\overset{\|}{C}}{-}\overset{O}{\overset{\|}{C}}{-}CH_3 + 2NH_2OH \xrightarrow{-2H_2O} CH_3{-}\overset{HO-N}{\overset{\|}{C}}{-}\overset{N-OH}{\overset{\|}{C}}{-}CH_3$$

由于丁二酮优势构象是两个羰基处于反位方向(s-反)，不利于形成分子内氢键，故在丁二酮互变平衡中烯醇型含量很少；而环戊酮氧化制得的 1,2-环戊二酮中两个羰基处于顺位，其烯醇型含量在互变异构平衡中接近 100%。

$$\text{(环戊酮)} \xrightarrow{SeO_2} \text{(环戊二酮)} \longrightarrow \text{(烯醇)} \qquad (\sim 100\%)$$

$$CH_3-\overset{\overset{O}{\|}}{C}-\overset{\overset{O}{\|}}{C}-CH_3 \rightleftharpoons CH_2=\overset{\overset{OH}{|}}{C}-\overset{\overset{O}{\|}}{C}-CH_3 \qquad (\sim 0.006\%)$$

二苯乙二酮(黄色晶体,m. p. 95 ℃)可由苯基苄基酮氧化制得:

$$C_6H_5\overset{\overset{O}{\|}}{C}CH_2C_6H_5 \xrightarrow{SeO_2} C_6H_5-\overset{\overset{O}{\|}}{C}-\overset{\overset{O}{\|}}{C}-C_6H_5 + H_2O$$

也可以由斐林溶液氧化安息香制得:

$$C_6H_5\overset{\overset{OH}{|}}{C}H-\overset{\overset{O}{\|}}{C}C_6H_5 \xrightarrow{\text{Fehling 溶液}} C_6H_5\overset{\overset{O}{\|}}{C}-\overset{\overset{O}{\|}}{C}C_6H_5$$

二苯乙二酮与强碱共热生成二苯基羟乙酸,此为二苯羟基乙酸重排反应。例如:

$$C_6H_5COCOC_6H_5 \xrightarrow[\triangle]{HO^-} \xrightarrow{H_3^+O} (C_6H_5)_2\overset{\overset{OH}{|}}{C}-COOH$$

9.5.3 β-二酮

2,4-戊二酮是有芳香气味的高沸点(b. p. 137 ℃)无色液体,是最简单但很重要的 β-二酮。2,4-戊二酮中两个羰基之间亚甲基上 α-H 有明显酸性($pK_a = 9.0$),其烯醇型结构中可以形成分子内氢键,故互变平衡中烯醇型含量很高,可达 76%。即便是在水溶液中,烯醇型含量也有 10% 左右,而在己烷溶液中烯醇型含量高达 99%,在气态中其烯醇型含量占91%~93%。

$$CH_3-\overset{\overset{O}{\|}}{C}-CH_2-\overset{\overset{O}{\|}}{C}-CH_3 \rightleftharpoons CH_3-\overset{\overset{O\cdots\cdots HO}{\|}}{C}=\overset{|}{C}-CH_3$$
$$\qquad (24\%) \qquad\qquad\qquad (76\%)$$

2,4-戊二酮烯醇型结构可用 $FeCl_3$ 检验,它与 Fe^{3+} 生成暗红色络合物,2,4-戊二酮与金属钠反应可产生氢气,生成烯醇钠盐:

$$CH_3-\overset{\overset{O}{\|}}{C}-CH_2-\overset{\overset{O}{\|}}{C}-CH_3 + Na \longrightarrow CH_3-\overset{\overset{O}{\|}}{C}-\overset{\overset{ONa}{|}}{C}H-C-CH_3 + \frac{1}{2}H_2$$

2,4-戊二酮分子中亚甲基的活泼性在有机合成中很重要,如在碱存在下与活泼卤代烷作用可得到烷基化产物:

$$(CH_3\overset{\overset{O}{\|}}{C})_2CH_2 + CH_3I \xrightarrow{K_2CO_3} (CH_3\overset{\overset{O}{\|}}{C})_2CH-CH_3 + KI + KHCO_3$$

$$\Big\downarrow \begin{matrix} NaOC_2H_5 \\ -HOC_2H_5 \end{matrix}$$

$$(CH_3\overset{\overset{O}{\|}}{C})_2\overset{\overset{R}{|}}{C}-CH_3 + NaI \xleftarrow{RI} \left[(CH_3\overset{\overset{O}{\|}}{C})_2\overset{-}{C}-CH_3 \right] Na^+$$

其他 β-二酮也可发生类似烷基化反应。

β-二酮活泼亚甲基在碱存在下,可与 α,β-不饱和羰基化合物发生共轭加成,即麦克尔加成反应。例如:

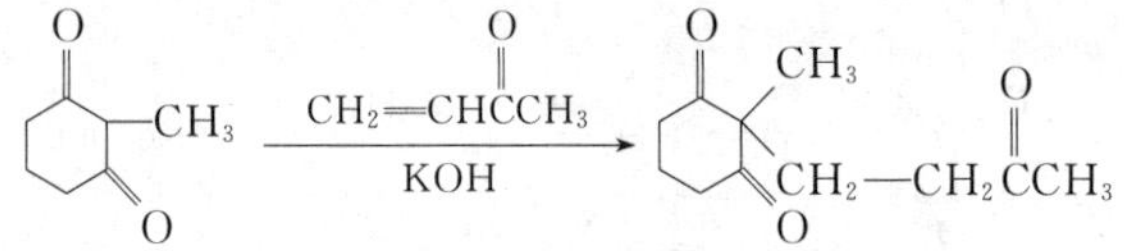

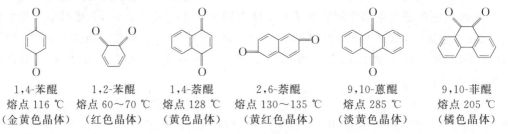

β-二酮亚甲基较高反应活性还表现在它可以被弱氧化剂 SeO_2 氧化,如茚三酮制备:

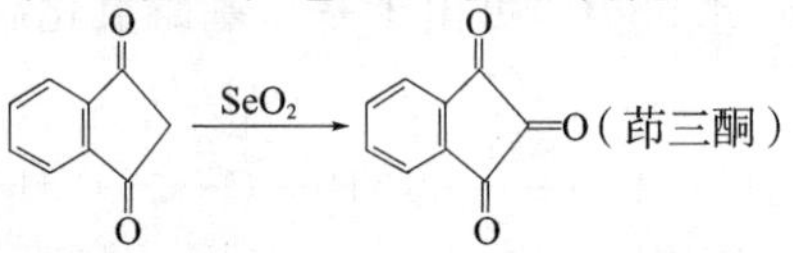

9.6 醌

醌(Quinone)是一类特殊的 α,β-不饱和环状共轭二酮。苯醌分子中存在"环己二烯二酮"的结构特征。常见醌可分为苯醌、萘醌、蒽醌、菲醌四大类。辅酶 Q_{10} 中含有苯醌环,维生素 K 中含有萘醌环。

苯醌分子中两个羰基共存于同一个不饱和的共轭环上,使醌类化合物热稳定性很差,醌环化学性质与 α,β-不饱和酮相似。在对苯醌中碳碳单键及碳碳双键键长分别为 0.149 nm 和 0.132 nm,这与脂肪族典型键长(0.154 nm 和 0.134 nm)相近。

醌是被作为相应芳烃衍生物来命名的。例如:

1,4-苯醌	1,2-苯醌	1,4-萘醌	2,6-萘醌	9,10-蒽醌	9,10-菲醌
熔点 116 ℃	熔点 60～70 ℃	熔点 128 ℃	熔点 130～135 ℃	熔点 285 ℃	熔点 205 ℃
(金黄色晶体)	(红色晶体)	(黄色晶体)	(黄红色晶体)	(淡黄色晶体)	(橘色晶体)

醌制法主要有三种,一是由芳烃氧化,二是由相应芳胺或酚氧化,三是由芳烃或取代芳烃进行环上酰基化反应。

9.6.1 苯 醌

苯醌有高度不饱和性,可在羰基上和碳碳双键上发生亲核或亲电加成,既可进行 1,2-加成,又可进行 1,4-共轭加成,还可被还原成更稳定的酚类化合物。

1. 还原反应

对苯醌很容易被还原,还原剂可以是 H_2S,HI,$Na_2S_2O_3$,Fe/H_2O,$FeCl_2$ 等,还原产物是对苯二酚,也称为氢醌:

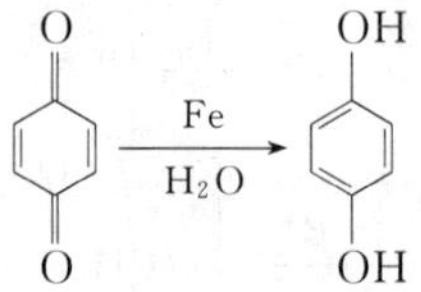

对苯二酚与对苯醌可形成分子电荷转移络合物,称为醌氢醌:

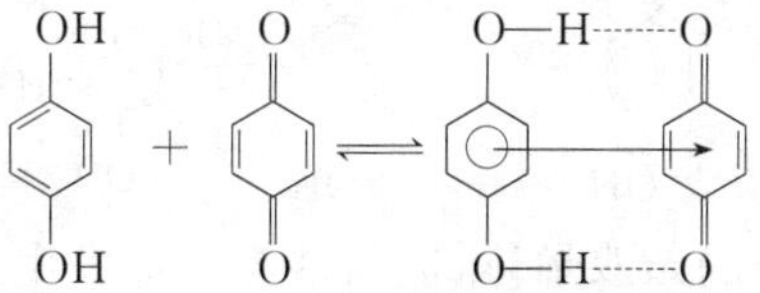

对苯二酚氧化

醌氢醌为墨绿色晶体,熔点 191 ℃。分子中氢键的形成使其结构稳定。醌氢醌可用于测定半电池电势。

苯醌有一定的氧化能力,当醌环上连有较多吸电子基团时,其氧化能力增强,并有特殊的用途。如二氯二氰基对苯醌(DDQ)可用于环烯烃类化合物芳构化的脱氢试剂。

2. 加成反应

(1)加卤素

苯醌与 Br_2 加成发生在碳碳双键上,属亲电加成,可得到二溴或四溴化合物。

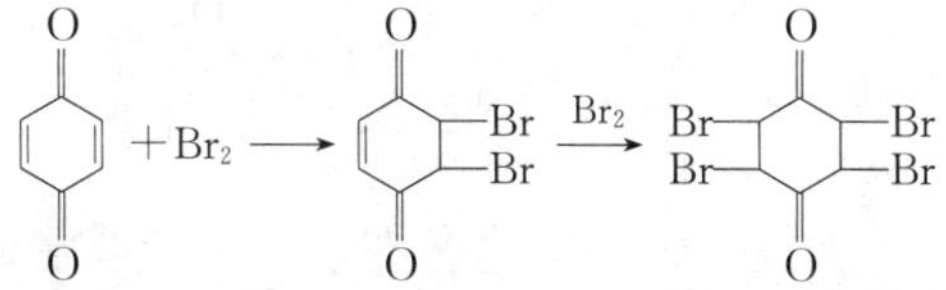

Cl_2 也可以发生类似加成但 9,10-蒽醌和 9,10-菲醌不与卤素加成。

(2)共轭加成

对苯醌与 HCl 发生 1,4-共轭加成,生成氯代对苯二酚:

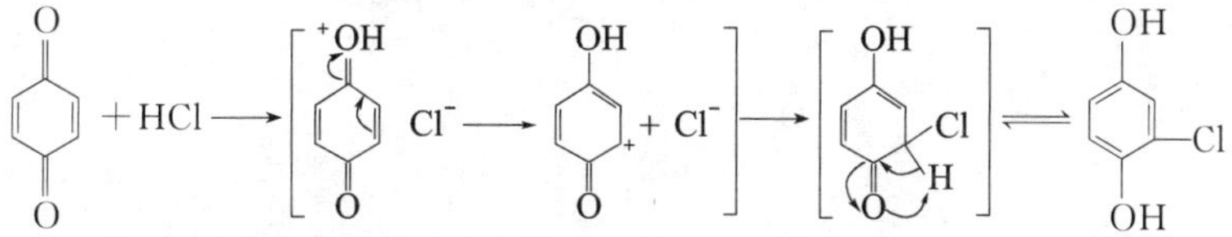

对苯醌与 HCN、H_2NR 等的加成也是 1,4-共轭加成。

(3)羰基 1,2-亲核加成

羟胺与对苯醌加成,生成相应的肟:

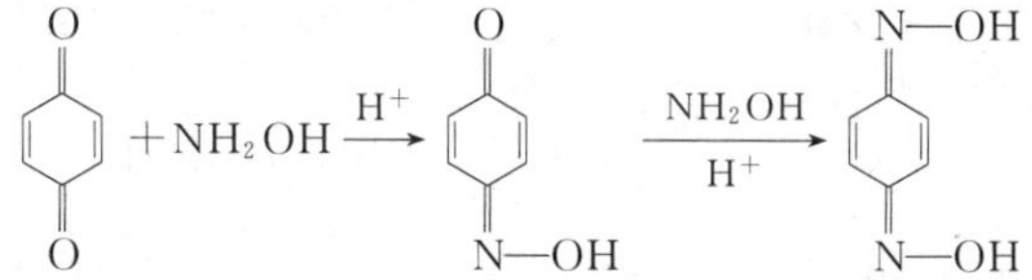

对苯醌一肟　　　　　对苯醌二肟

对苯醌一肟与对亚硝基苯酚彼此为互变异构体,在溶液中主要以一肟的结构存在。

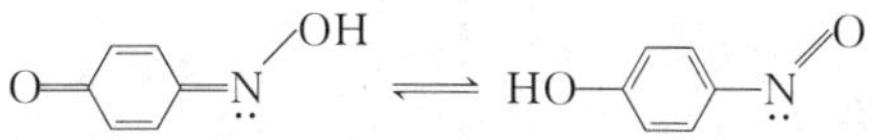

对苯醌与等当量格氏试剂反应可以生成醌醇,酸性条件下可重排成取代对苯二酚。

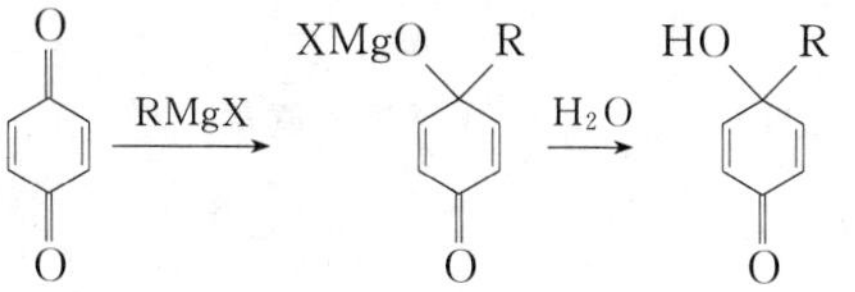

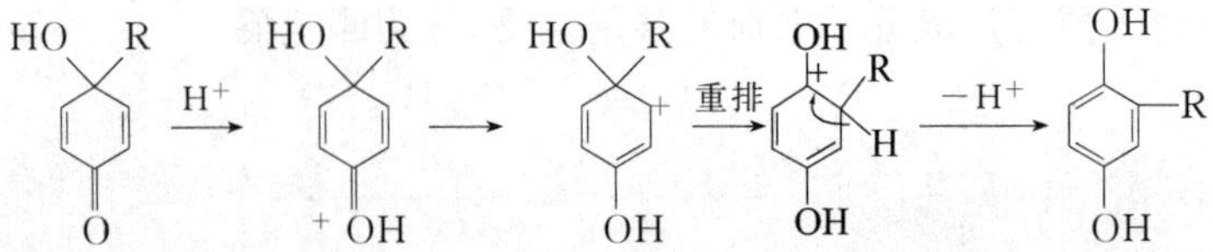

此外,苯醌是高度缺电子的亲双烯体,能与共轭二烯发生反应,得到桥环化合物。

9.6.2 萘 醌

萘醌可有五种同分异构体,其中 1,5-萘醌和 1,7-萘醌不稳定,也不常见。1,4-萘醌、1,2-萘醌、2,6-萘醌可由相应氧化反应制得。

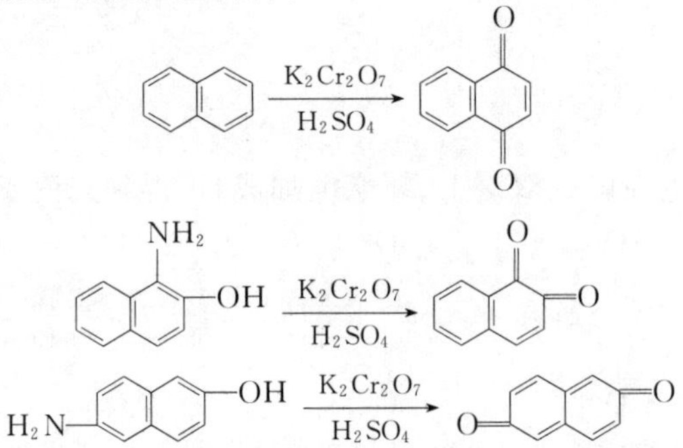

萘醌有 α,β-不饱和酮特征反应,但 1,4-萘醌和 1,2-萘醌分别与等当量 Br_2 作用,产物不同。

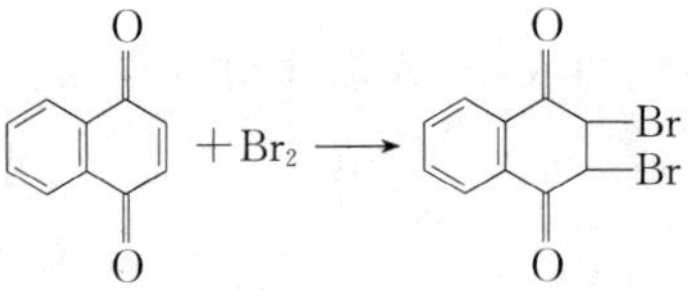

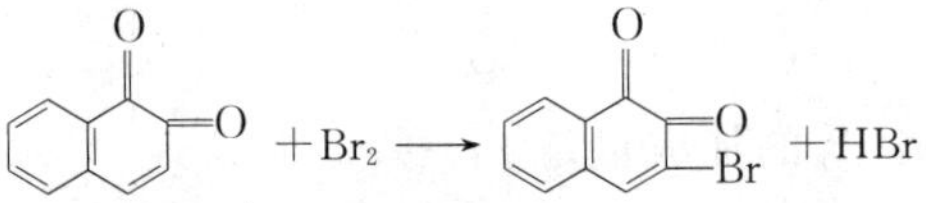

一些醌类化合物具有一定的生物活性或药物活性。

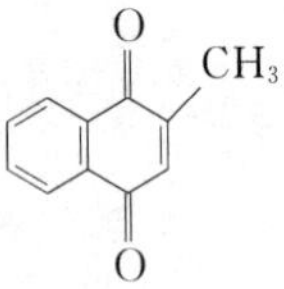

（VK₃） （VK₂ $n=1\sim13$） （VK₁）

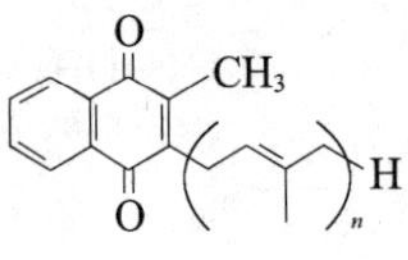

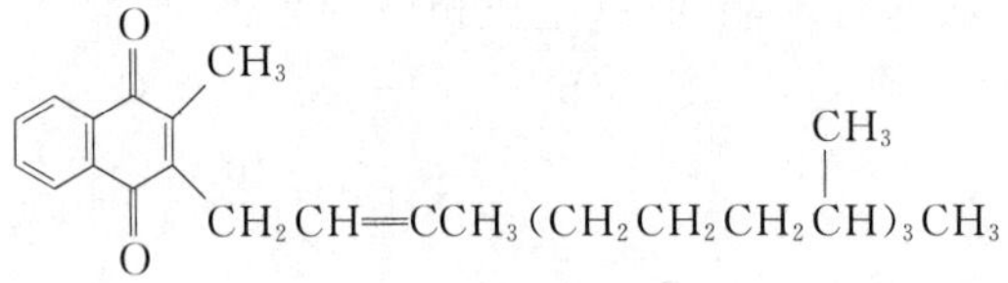

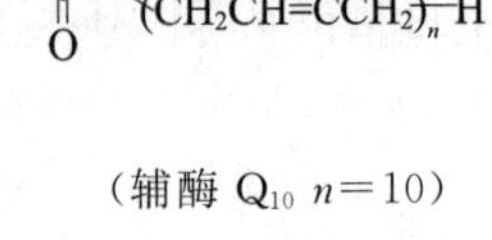

（辅酶 Q₁₀ $n=10$） 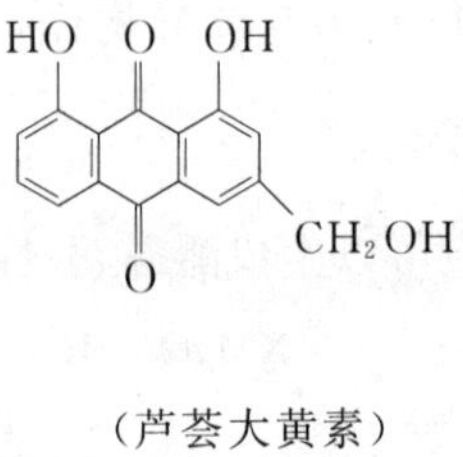 （芦荟大黄素） 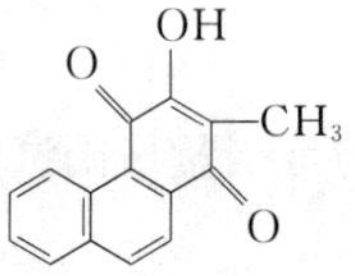 （丹参新醌）

9.6.3 蒽 醌

9,10-蒽醌是最重要的蒽醌,它不溶于水,微溶于乙醚、氯仿、乙醇等溶剂,可溶于浓硫酸。9,10-蒽醌中有两个完整苯环,热力学稳定性很好,而且两个羰基的存在使环化学活性不高,主要化学性质是还原反应和磺化反应等。

1. 还原反应

9,10-蒽醌标准氧化还原电势很低,较难还原,但在较强还原条件下蒽醌可被还原生成9,10-二氢蒽;在酸性水溶液中锡粉可将蒽醌还原为蒽酮,后者可用于糖类化合物定性检验和定量测定,这是建立在糖类与蒽酮硫酸溶液作用呈现蓝绿色基础之上的。

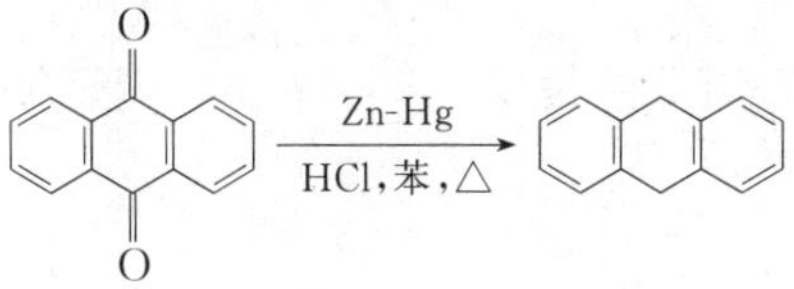

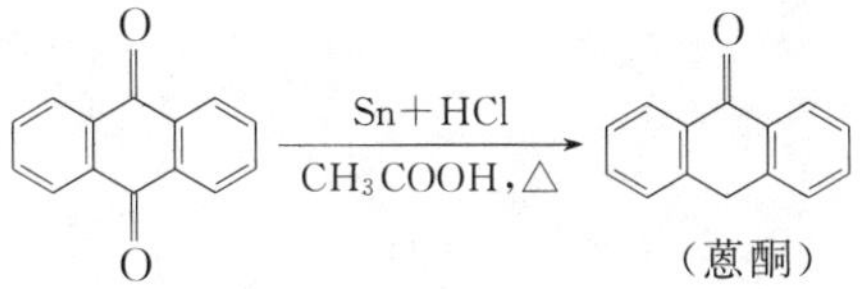

在锌和氢氧化钠或在保险粉与氢氧化钠作用下,9,10-蒽醌被还原成 9,10-二羟基蒽钠盐,后者溶于碱性溶液中呈血红色,这个反应可用于 9,10-蒽醌鉴别。9,10-二羟基蒽钠盐在酸性条件下转化为氢化蒽醌,它易被空气氧化为蒽醌,可用于蒽醌分离提纯。

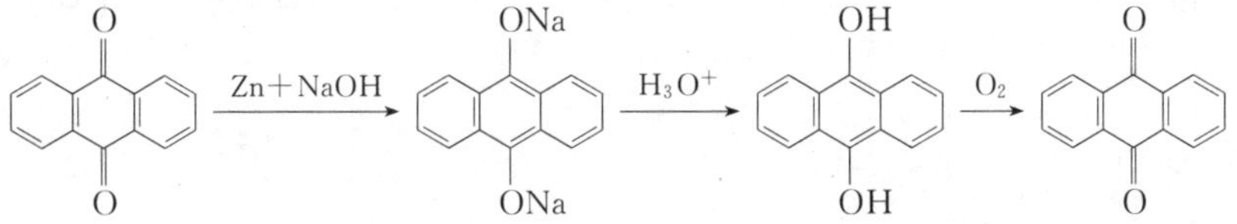

2. 磺化反应

蒽醌两个苯环是钝化的,在较高温度下与浓硫酸或发烟硫酸作用,生成 β-蒽醌磺酸,进一步磺化,则生成 2,6- 及 2,7-二磺酸;如果加入 $HgSO_4$,蒽醌磺化产物主要为 α-磺酸,继续磺化则可得到 1,5- 及 1,8-二磺酸;它们是制取多种染料中间体的基本原料。

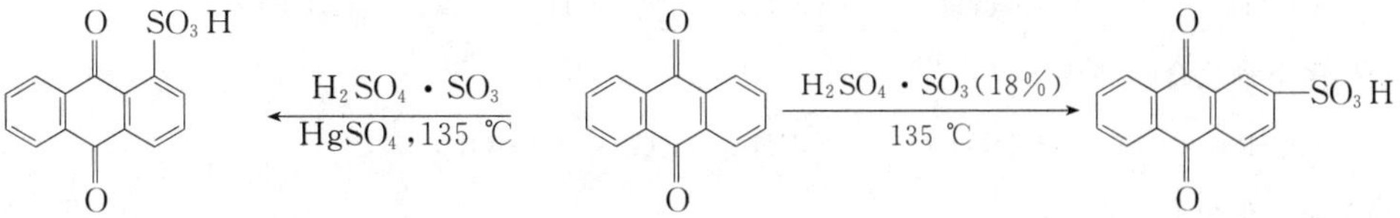

蒽醌磺酸中磺基可被氨基、羟基等置换。例如:

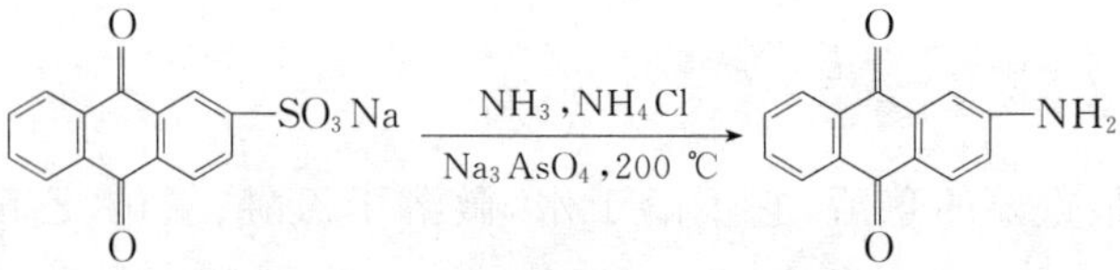

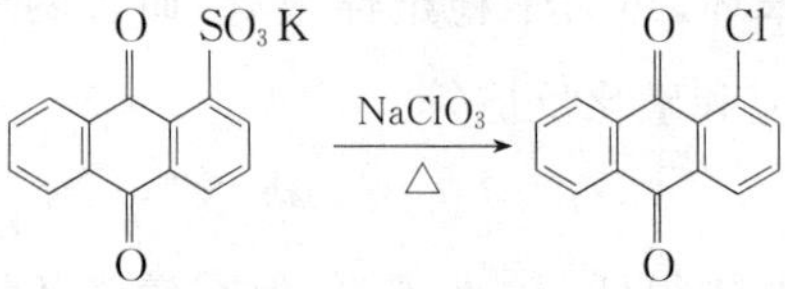

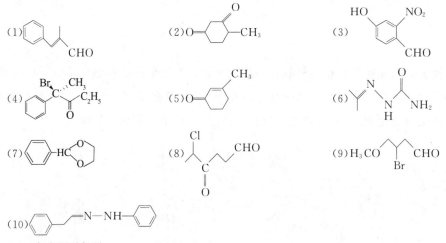

β-蒽醌磺酸与 NaOH 和 KNO₃ 共熔，生成的 1,2-二羟基蒽醌(茜素),是一种红色的植物染料(m. p. 289 ℃),亦可以从茜草根中分离出来,系最早人工合成天然染料。

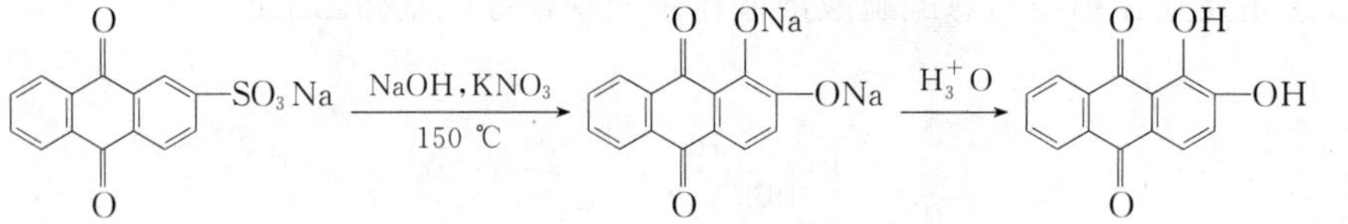

习 题

9-1 命名下列化合物。

(1) [structure with CHO]

(2) [cyclohexanone structure with CH₃]

(3) [structure with HO, NO₂, CHO]

(4) [structure with Br, CH₃, C₂H₅, O]

(5) [structure with CH₃, O]

(6) [structure with N, O, NH₂, H]

(7) [structure with HC, O, O]

(8) [structure with Cl, CHO, O]

(9) H₃CO, CHO, Br [structure]

(10) [structure with N—NH]

9-2 完成下列各题。

(1)排序下列各组化合物与饱和亚硫酸钠溶液反应的活性：

A.CH₃COCH₂CH₃,CH₃CHO,(CH₃)₃CCOC(CH₃)₃　　　　　B.C₂H₅COCH₃,CH₃COCCl₃,C₆H₅COCH₃

C.乙醛,氯乙醛,苯乙酮,丁酮

(2)用简捷化学方法鉴别下列各化合物：

[structure]—OH, [structure]—CH₂OH, [structure]—COCH₃, [structure]—CHO, [structure]—CH₂CHO

(3)排序下列化合物沸点：

[structure]—CHO, [structure]—CH₂OH, [structure]—OCH₃, H₃C—[structure]—OH

(4)用简单化学方法鉴别：

A. 2-戊醇　　　　B. 2-戊酮　　　　C. 3-戊酮　　　　D. 戊醛　　　　E. 苯甲醛

(5)排序下列化合物与 HCN 反应活性：

A.苯乙醛　　　　　　　　　B.对硝基苯甲醛

C.苯乙酮　　　　　　　　　D.对甲氧基苯乙酮

(6)排序下列化合物烯醇式含量：

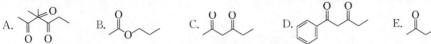

(7)* 为什么茚三酮可与一分子水加成生成稳定的水合茚三酮？

9-3　下列化合物中哪些能发生碘仿反应？

A. ICH_2CHO　　　　　　B. C_2H_5CHO　　　　　　C. $CH_3CH_2CHOHCH_3$

D. $C_6H_5COCH_3$　　　　　E. CH_3CHO　　　　　　　F. $CH_3CH_2CH_2OH$

9-4　下列化合物中,哪些能发生银镜反应？

A. $CH_3COCH_2CH_3$　　　B. CHO　　　C. $(CH_3)_2CHCHO$

D. 　　　　　　E. 　　　　　　F. CH=CHCHO

9-5　写出 $CH_3CH{=}CHCHO$ 与下列试剂反应的主要产物。

(1)H_2/Ni　　　　　　　(2)$CH_2{=}CHCH{=}CH_2/\triangle$　　　　(3)$Ag_2O/NaOH$

(4)$LiAlH_4/$醚、低温　　　(5)HCN/OH^-　　　　　　　　　(6)$PhCHO/$稀 OH^-

9-6*　写出对苯醌与下列试剂反应的主要产物。

(1)HCN　　　(2) / $\triangle$　　　(3)H_2O/Fe　　　(4)NH_2OH/H^+　　　(5)$C_6H_5NH_2$

9-7　完成下列反应：

(1)$HOCH_2CH_2CH_2CH_2CHO \xrightarrow{HCl} ($　　$)$

(2) $\xrightarrow[②Zn/H_2O]{①O_3} ($　$) \xrightarrow[\triangle]{稀\ NaOH} ($　$) \xrightarrow{NaBH_4} ($　$)$

(3) $\xrightarrow[CH_3COONa]{(CH_3CO)_2O} ($　$) \xrightarrow[\triangle]{H_3^+O\ -H_2O} ($　$)$

(4)$BrCH_2CH_2COCH_3 \xrightarrow[H^+]{(CH_2OH)_2} ($　$) \xrightarrow[醚]{Mg} ($　$) \xrightarrow{CH_3CHO} ($　$) \xrightarrow{H_3^+O} ($　$) \xrightarrow[吡啶]{CrO_3} ($　$)$

(5)$CH_3COCH_3 \xrightarrow[苯]{Mg} ($　$) \xrightarrow[\triangle]{H^+} ($　$) \xrightarrow[NaOH,\triangle]{I_2} ($　$)+($　$)$

(6)$C_6H_5CH{=}CHCOCH_3 + C_2H_5MgBr \xrightarrow{H_2O} ($　$)+($　$)$

(7) $\xrightarrow{PCl_5} ($　$)$　　　　(8) $\xrightarrow{PhCO_3H} ($　$)$

(9) $\xrightarrow[\triangle]{稀\ NaOH} ($　$)$　　　　(10) $\xrightarrow[OH^-]{Excess\ I_2} ($　$)$

(11)($　$) $\xleftarrow[②H_2O^+]{①CH_3MgI-CuI}$ $\xrightarrow[\triangle]{NaBH_4} ($　$)$

(12) $\xrightarrow[\triangle]{水合肼/二甘醇} ($　$) \xrightarrow{H_3^+O} ($　$)$

(13) $+HCHO \xrightarrow[\triangle]{40\%\,NaOH} \xrightarrow{H_3O^+}$ (　　)+(　　)

(14) $+HOCH_2CH_2OH \xrightarrow{Dry\ HCl}$ (　　)

(15) $\xrightarrow{CH_3COONa}$ (　　)

(16) $CH_3CH_2CH=PPh_3$ (　　)

(17) —CHO $+CH_3CHO \xrightarrow{8\%\ NaOH}$ (　　)

(18) $\xrightarrow{Zn-Hg/HCl}$ (　　)

9-8 由指定原料合成,其余无机试剂任选。

(1) $\longrightarrow$ Br——$(CH_2)_3CH_3$

(2)

(3) $ClCH_2CH_2CH_2CHO \longrightarrow CH_3\overset{\underset{\displaystyle |}{OH}}{C}HCH_2CH_2CH_2CHO$

(4) $\longrightarrow (CH_3)_2C=CHCH_2C_6H_5$

(5)

(6)

(7)

(8)

(9) 乙醛 $\longrightarrow$

9-9 推导结构

(1)旋光活性化合物 A($C_{12}H_{20}$)在铂催化下加一分子氢得到两种异构体 B 和 C,分子式为 $C_{12}H_{22}$。A 臭氧化只得到一种旋光活性化合物 D($C_6H_{10}O$),D 与羟氨反应得 E($C_6H_{11}NO$)。D 与 DCl 在 D_2O 中可以与活泼 α—氢发生交换反应得到 $C_6H_7D_3O$,表明有三个 α-活泼氢,D 的 NMR 谱表明有一个甲基,且是双峰。试推测化合物 A~E 构造式。

(2)化合物 A($C_6H_{12}O_3$) 在 1 710 cm^{-1} 有强吸收峰,^1H NMR 谱中:$\delta=2.1$ 单峰(3H),$\delta=2.6$ 双峰(2H),$\delta=3.2$ 单峰(6H),$\delta=4.7$ 三重峰(1H)。A 与 I_2/NaOH 溶液作用得黄色沉淀,与托伦试剂作用无银镜产生,用稀 H_2SO_4 处理后可得化合物 B,B 可与托伦试剂产生有银镜,写出 A 和 B 构造式和相关反应式。

(3)不饱和酮 A(C_5H_8O)与 CH_3MgI 反应,经酸化水解后得到饱和酮 B($C_6H_{12}O$)和不饱和醇 C($C_6H_{12}O$)的混合物。B 经溴—氢氧化钠溶液处理转化为 3-甲基丁酸钠,C 与 $KHSO_4$ 共热脱水生成 D(C_6H_{10}),D 与丁炔二酸反应得 E($C_{10}H_{12}O_4$),E 在 Pd 上脱氢得 3,5-二甲基邻苯二甲酸,试推导 A~E 构造式,写出相关反应式。

9-10 写出下列反应机理:

(1) —OH $+ CH_3\overset{\displaystyle O}{\overset{\displaystyle \|}{C}}CH_3 \xrightarrow{H_2SO_4}$ HO—

(2) 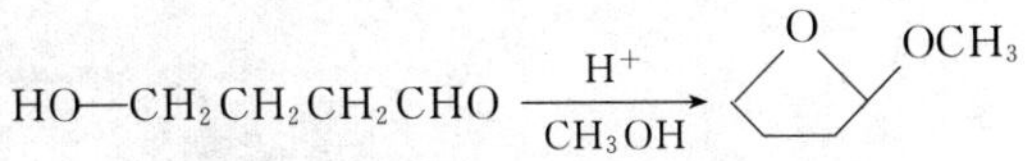
HO—CH₂CH₂CH₂CHO
H⁺
CH₃OH
O
OCH₃

*(3) 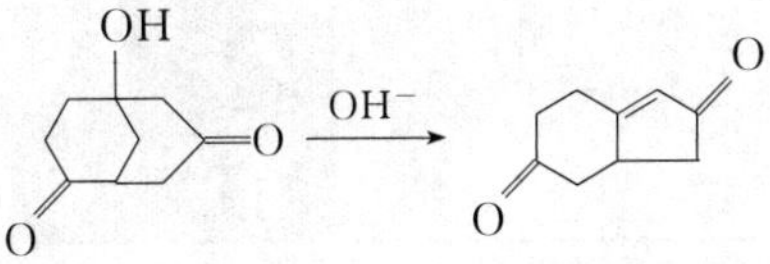
OH
O
O
OH⁻
O
O

(4) 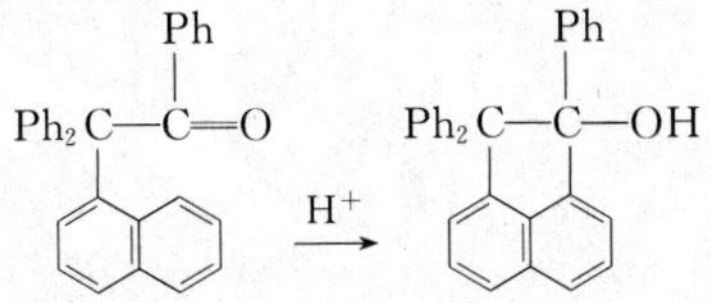
Ph
Ph₂C—C=O
H⁺
Ph
Ph₂C—C—OH

第10章

羧酸和取代羧酸

分子中含有羧基化合物称为羧酸（Carboxylic acids）。除甲酸外，羧酸都可以看作烃分子中氢原子被羧基取代的烃衍生物，羧酸通式可表示为 RCOOH。

根据分子中烃基结构和羧基数目，羧酸可分为脂肪酸和芳香酸，饱和酸和不饱和酸，一元酸和多元酸。

羧酸分子中烃基氢原子被其他原子或基团取代的化合物称为取代羧酸（Substituted carboxylic acids），根据取代基不同，分为卤代酸、羟基酸、氧代酸（羰基酸）和氨基酸等。

10.1 羧酸结构和命名

10.1.1 羧酸的结构

羧酸官能团结构如下图所示，中心碳原子为 sp^2 杂化，三个 sp^2 杂化轨道分别与烃基碳（或氢原子）、羰基氧原子及羟基氧原子形成共平面三个 σ 键，键角约为 $120°$。碳原子未杂化 p 轨道与氧原子 p 轨道重叠形成 π 键，羟基氧原子上孤对电子与 π 键构成 p-π 共轭体系。

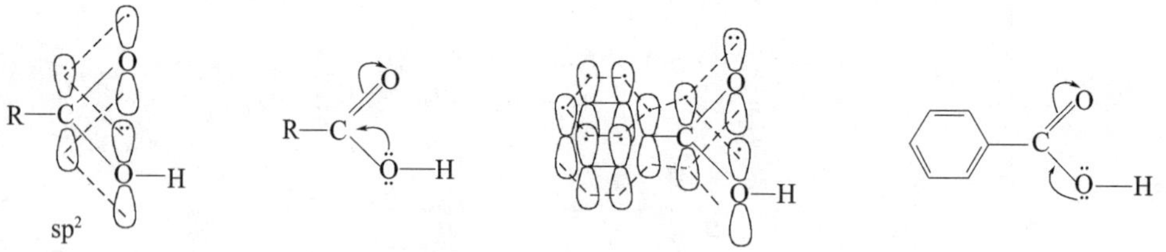

由于 p-π 共轭所致，羧基中碳氧键键长趋于平均化。X-射线衍射证明，甲酸中C=O键（键长 0.123 nm）较甲醛中C=O键（键长 0.120 nm）略长，C—O 键（键长 0.136 nm）较甲醇分子 C—O 键（键长 0.143 nm）略短。羧基中的羰基与羟基相互影响，羟基氧原子电子云向羰基离域，降低了羟基氧原子电子云密度，增强了 O—H 键极性，使羧酸具有明显酸性。

羧酸饱和烃基 α-碳氢键与羧基间存在 σ-π 超共轭作用，而 α,β-不饱和羧酸或芳香族羧酸中，烃基与羧基之间存在 π-π 共轭作用，羧基与烃基相互影响着各自的反应活性。

10.1.2　羧酸命名

羧酸常用俗名和系统命名法命名。

羧酸的俗名通常根据其天然来源而得名,甲酸最初由干馏蚂蚁得到,称为蚁酸;乙酸是食醋主要成分,称为醋酸。高级一元羧酸由脂肪水解得到,称为脂肪酸,如硬脂酸、软脂酸、油酸、亚油酸和亚麻酸等都属此类。

羧酸系统命名法与醛相似,即选择含羧基最长碳链为主链,并从羧基碳原子开始标明主链碳原子位次,根据所含碳原子数目称为某酸,取代的位次及名称写在某酸之前,如:

$$CH_3CHCH_2COOH \qquad CH_3C\!=\!CHCOOH \qquad HOOC(CH_2)_4COOH$$
$$\quad\ \ |\qquad\qquad\qquad\qquad\quad |$$
$$\quad\ \ OH\qquad\qquad\qquad\qquad CH_3$$

　　　3-羟基丁酸　　　　　　3-甲基-2-丁烯酸　　　　　　　　己二酸

含脂环或芳环羧酸,则以脂肪酸为母体,脂环或芳环作取代基来命名。例如:

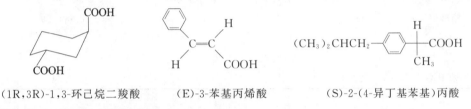

　(1R,3R)-1,3-环己烷二羧酸　　　(E)-3-苯基丙烯酸　　　　(S)-2-(4-异丁基苯基)丙酸

10.2　羧酸物理性质

10.2.1　一般物理性质

低级一元羧酸在室温下为液体,$C_1 \sim C_3$ 羧酸有强烈刺激性酸味,$C_4 \sim C_9$ 的羧酸具有明显的腐败气味,C_{10} 以上一元羧酸为蜡状固体,挥发性低,气味很小。二元羧酸和芳香酸都是结晶固体。

正构一元饱和羧酸熔点随分子中碳原子数目增加呈锯齿状上升,含偶数碳羧酸较相邻两个奇数碳羧酸熔点高。这是因为含偶数碳羧酸中,链端甲基和羧基分列于链两边,对称性更高,在晶格中容易排列得更紧密,分子间作用力更大之。

羧酸沸点通常随相对分子质量的增大而升高,且比分子质量相近的醇要高很多,这是由于羧基强极性和羧酸分子间氢键缔合所致。气态时,甲酸和乙酸是以双分子缔合形态存在。

$$R\!-\!C\overset{\textstyle O\cdots H\!-\!O}{\underset{\textstyle O\!-\!H\cdots O}{}}C\!-\!R$$

在饱和一元羧酸中,甲酸～丁酸分子极性大,能与水分子很好地形成氢键,与水互溶。羧酸随碳链增长,羧酸水溶性迅速降低。低级二元羧酸或多元酸易溶于水,而芳香酸水溶性很小。常见羧酸物理常数见表 10-1。

表 10-1　　　　　　　　　　常见羧酸物理常数

化合物	熔点/℃	沸点/℃	相对密度(d_4^{20})	溶解度/(g/100 gH$_2$O)
甲酸	8.4	100.5	1.220	∞
乙酸	16.6	118	1.049	∞
丙酸	−22	141	0.992	∞
丁酸	−4.5	165.5	0.959	∞
戊酸	−34	187	0.939	3.7
己酸	−3	205	0.875	0.968
辛酸	16.5	240	0.862	0.068
癸酸	31.1	269	0.853	0.015
月桂酸(C$_{12}$)	43.6	298.9	0.848	0.005 5
豆蔻酸(C$_{14}$)	54.4	202.4	0.844	0.002 0
软脂酸(C$_{16}$)	62.9	221.5	0.841	0.000 7
硬脂酸(C$_{18}$)	69.9	240.0	0.840	0.000 29
丙烯酸	13	141.6		∞
丁二酸	185	235(脱水)		5.8
苯甲酸	122.4	249		0.34

10.2.2　波谱性质

羧酸官能团是羧基,红外光谱特征吸收体现为 O—H、C=O、C—O 键伸缩振动吸收。

ν_{O-H}:气态或在非极性溶剂稀溶液中,游离羧酸在 3 550 cm^{-1} 处有一弱的锐峰,液体或固体状态的羧酸为二聚体,在 2 500～3 300 cm^{-1} 范围内出现强宽谱带。

$\nu_{C=O}$:游离羧酸在 1 750～1 770 cm^{-1} 处有一强吸收峰,若为二聚体或羰基与苯环、碳碳双键发生共轭,吸收峰则出现在 1 680～1 700 cm^{-1} 处。

ν_{C-O}:在 1 210～1 320 cm^{-1} 处出现吸收峰。

羧酸中羧基的质子有较高去屏蔽效应,化学位移出现在低场,δ 值为 10～13。羧酸中 α-H 质子受羧基吸电子效应影响,化学位移移向低场,δ 值为 2.2～2.5。

10.3　羧酸化学性质

羧基由羰基和羟基直接相连而成,但羧基性质并不是两个基团简单加合,而是两个基团相互影响所表现出的特征。

10.3.1　酸性与成盐

1. 酸性
羧酸具有明显酸性,在水溶液中有如下平衡:

$$\underset{\substack{O\\\|}}{R-C-OH} + H_2O \rightleftharpoons \underset{\substack{O\\\|}}{R-C-O^-} + H_3^+O$$

羧酸 pK_a 值一般为 4～5，比碳酸、酚和醇等含活泼氢化合物酸性强，详见表 10-2。

表 10-2 一些常见化合物 pK_a 值

羧酸酸性

类别	pK_a	类别	pK_a
RCOOH	4～5	ROH	16～19
H_2CO_3	6.4	$HC\equiv CH$	～25
C_6H_5OH	10	RH	～50
HOH	～15.7		

羧酸之所以较醇等酸性更强，是因为羧基中 p-π 共轭效应使羟基氧原子上电子云部分离域到羰基上，增强了 O—H 键极性，有利于羟基上氢原子以质子形式解离。同时，形成的羧酸根负电荷可以均匀分散于两个电负性较强的氧原子上，两个碳氧键键长相等（0.126 nm），体系能量降低，使平衡移向电离增大方向。羧酸根中电子离域可描述为：

$$R-C\overset{O}{\underset{O^-}{\diagdown}} \longleftrightarrow R-C\overset{O^-}{\underset{O}{\diagdown}} \quad 或 \quad R-C\overset{O^{\frac{1}{2}-}}{\underset{O^{\frac{1}{2}-}}{\diagdown}}$$

羧酸酸性强弱取决于整个分子结构及电离后形成羧酸根负离子的稳定性。在羧酸分子中，烃基氢原子若被吸电子基取代，吸电子基-I 效应可以分散负电荷，利于羧酸根负离子稳定，酸性增强，且酸性随吸电子基的吸电子能力增大而增强。反之，烃基连有供电子基，供电子基＋I 效应使羧酸根负离子稳定性下降，酸性减弱。取代基对酸性强弱的影响与取代基性质、数目以及与羧基相对位置有关，其影响是通过诱导效应、共轭效应和邻位效应实现的。一些常见取代乙酸 $Y-CH_2COOH$ pK_a 值列于表 10-3 中。

表 10-3 常见取代乙酸 $Y-CH_2COOH$ pK_a 值

取代基 Y	pK_a	取代基 Y	pK_a
CH_3	4.84	Br	2.94
H	4.76	Cl	2.86
OH	3.83	F	2.59
I	3.18	NO_2	1.08

根据取代乙酸 pK_a 值，可以推测各取代基诱导效应的类型和强弱次序。诱导效应在饱和碳链上的传递随距离增加而迅速减弱。例如：

$$\underset{\underset{Cl}{|}}{CH_3CH_2CHCOOH} \qquad \underset{\underset{Cl}{|}}{CH_3CHCH_2COOH} \qquad \underset{\underset{Cl}{|}}{CH_2CH_2CH_2COOH} \qquad CH_3CH_2CH_2COOH$$

pK_a 2.86   4.06   4.52   4.82

诱导效应还具有加和性，相同性质基团越多对酸性影响越大。例如：

$$CH_3COOH \qquad ClCH_2COOH \qquad Cl_2CHCOOH \qquad Cl_3CCOOH$$

pK_a 4.76   2.86   1.36   0.63

二元羧酸酸性与两个羧基相对距离有关，且二元羧酸酸性比相同碳数一元羧酸强，而且总是 $pK_{a_1}<pK_{a_2}$。

	HOOC—COOH	HOOCCH$_2$COOH	HOOC(CH$_2$)$_2$COOH	HOOC(CH$_2$)$_4$COOH
pK_{a_1}	1.27	2.85	4.21	4.43
pK_{a_2}	4.27	5.70	5.64	5.41

二元羧酸分两步进行电离,第一步电离时受另一羧基−I效应影响,更有利于电离。电离后羧基负离子对第二个羧基有＋I效应而使其不易电离。两个羧基相互间影响随距离增大而减弱。

取代基共轭效应对芳香酸的影响比较大。苯甲酸比一般脂肪酸(除甲酸外)酸性强,这是由于苯甲酸电离后所形成的羧基负离子可与苯环发生共轭,负电荷离域到苯环上使羧酸根负离子稳定性增强之故。取代苯甲酸酸性与取代基种类及在苯环上位置有关,见表10-4。

表 10-4　　　　　　　　取代苯甲酸(Y—C$_6$H$_4$—COOH)的 pK_a 值　　　　　　　(25 ℃)

Y	pK_a							
	NO$_2$	CN	Cl	H	C$_2$H$_5$	CH$_3$	OCH$_3$	OH
o	2.21	3.44	2.92	4.20	3.79	3.91	4.09	2.98
m	3.49	3.64	3.83	4.20	4.27	4.27	4.09	4.08
p	3.42	3.55	3.97	4.20	4.35	4.38	4.47	4.57

表 10-4 数据表明,取代基吸电子作用(−I效应、−C效应)使酸性增强,而供电子作用(＋I效应、＋C效应)使酸性减弱。不过,取代基在间位和在对位对羧酸的酸性影响不同。如对硝基苯甲酸,硝基−I效应和−C效应方向一致,羧基负离子负电荷分散程度大而稳定性增强;硝基在间位时,−I效应和−C效应之作用略不一致,故间硝基苯甲酸酸性略弱于对硝基苯甲酸,但二者都比苯甲酸强。在对甲氧基苯甲酸中,甲氧基＋C效应大于−I效应,使羧基负离子负电荷集中而不稳定,酸性弱于苯甲酸;甲氧基处于间位时,定位规则使得苯环间位电子云密度略低,使羧基负离子稳定,酸性强于苯甲酸。

取代基处于羧基邻位时,不论是第一类定位基(氨基除外)还是第二类定位基,都使取代苯甲酸酸性增强。这种特殊影响规律总称为邻位效应。邻位效应通常是电子效应、场效应、立体效应和氢键形成等因素综合影响结果。

邻乙基苯甲酸中乙基占据一定空间,某种程度上破坏了羧基与苯环共平面性,苯环对羧基＋C效应被减弱甚至消失,稳定了羧基负离子,使其酸性接近甲酸。这种立体效应使其酸性比间位和对位取代的苯甲酸都要强。

空间效应影响　　　场效应:分散负电荷酸性增强　　　氢键作用:分散负电荷酸性增强

邻氟苯甲酸比其间位和对位异构体酸性强,是因为氟原子电负性极可在空间上对羧基负离子施加空间诱导作用(场效应),使羧酸根负电荷通过空间直接分散到邻位吸电子基上,增加了羧酸根负离子的稳定性。

邻羟基苯甲酸的酸性也较间位和对位异构体显著增强,主要是由于邻位羟基与羧基及羧基负离子形成分子内氢键,使邻羟基苯甲酸根负离子稳定,而间位和对位异构体不存在这种作用。

2. 成盐反应

羧酸能与 $NaHCO_3$、Na_2CO_3 和 $NaOH$ 等碱反应生成盐和水。利用羧酸与碱中和反应可以鉴别羧酸,测定有机化合物分子中羧基数目或羧酸类化合物的含量。

$$RCOOH + NaHCO_3 \longrightarrow RCOONa + CO_2 + H_2O$$

$$RCOOH + NaOH \longrightarrow RCOONa + H_2O$$

羧酸碱金属盐易溶于水,遇强酸则游离出羧酸。利用这一性质可以分离、精制羧酸,如对羧酸和酚的混合物,羧酸能与 $NaHCO_3$ 作用生成水溶性钠盐,而酚只能与 $NaOH$ 作用,以此很容易将羧酸与酚分离开。

羧酸盐在工业、农业、医药及食品等行业中有广泛应用。

10.3.2 羧酸衍生物生成

羧基中羟基可以被卤原子、酰氧基、烷氧基、氨基(或取代氨基)取代,形成酰卤、酸酐、酯、酰胺等羧酸衍生物。

1. 酰卤生成

除甲酸外,羧酸与 PX_3、PX_5（X=Cl,Br）和 $SOCl_2$ 作用,羧基中羟基被卤原子取代,生成酰卤。

$$R-\overset{O}{\underset{}{C}}-OH + \begin{cases} PCl_3 \\ PCl_5 \\ SOCl_2 \end{cases} \longrightarrow R-\overset{O}{\underset{}{C}}-Cl + \begin{cases} H_3PO_3 \\ POCl_3 \\ SO_2 + HCl \end{cases} \quad (R \neq H)$$

酰卤易水解,通常采用蒸馏法分离精制产物。卤化剂的选择取决于产物与反应物或副产物是否易于分离。在实验室中,常用 $SOCl_2$ 制备酰卤,副产物 HCl 和 SO_2 容易从反应体系中移出,过量低沸点 $SOCl_2$ 可通过蒸馏除去,可以较高收率得到较纯酰氯产物。然而,副产物酸性气体 HCl 和 SO_2 应加以回收利用,避免污染环境。工业上用 PCl_3 制备沸点较低的酰氯,以便于产物的蒸馏;用 PCl_5 制备沸点较高的酰氯,以便于副产物 $POCl_3$ 蒸出。

2. 酸酐的生成

甲酸在浓 H_2SO_4 存在下加热,分子内脱水生成 CO 和 H_2O。这是实验室制备一氧化碳的方法。

$$H-\overset{O}{\underset{}{C}}-OH \xrightarrow[\triangle]{H_2SO_4} CO + H_2O$$

饱和一元羧酸在脱水剂 P_2O_5 或乙酐存在下加热,发生分子间脱水生成酸酐。

$$\begin{matrix} R-\overset{O}{\underset{}{C}}-OH \\ R-\overset{}{\underset{O}{C}}-H \end{matrix} \xrightarrow[\triangle]{P_2O_5} \begin{matrix} R-\overset{O}{\underset{}{C}} \\ \quad \quad O \\ R-\overset{}{\underset{O}{C}} \end{matrix} + H_2O$$

$$2RCOOH + (CH_3CO)_2O \rightleftharpoons (RCO)_2O + 2CH_3COOH$$

两分子不同结构羧酸脱水,产物复杂,不适于制备混合酸酐。混合酸酐一般用酰卤与羧酸盐反应来制备。

$$R-\overset{\overset{O}{\|}}{C}-ONa \ + \ Cl-\overset{\overset{O}{\|}}{C}-R' \longrightarrow R-\overset{\overset{O}{\|}}{C}-O-\overset{\overset{O}{\|}}{C}-R' \ +NaCl$$

部分二元羧酸较容易发生分子内脱水生成稳定五元或六元环状酸酐,反应通常只需加热而不需要脱水剂。

$$\begin{array}{c} \text{结构式} \xrightarrow{200\ ℃} \text{酸酐} + H_2O \end{array}$$

$$\begin{array}{c} \text{邻苯二甲酸} \xrightarrow{200\ ℃} \text{邻苯二甲酸酐} + H_2O \end{array}$$

3. 酯的生成

羧酸与醇在酸催化下作用生成酯和水的反应称为酯化反应。

$$R-\overset{\overset{O}{\|}}{C}-OH \ +HO-R' \xrightleftharpoons{H^+} R-\overset{\overset{O}{\|}}{C}-OR' \ +H_2O$$

酯化反应特点:

(1)可逆反应。酯化反应的逆反应为酯的水解反应。应用平衡移动原理,常采用加入过量的廉价原料,或在反应中不断蒸馏出水和酯,来提高酯收率。

(2)反应机理与醇的类型有关。酸催化下羧酸与醇的酯化反应,同位素标记法实验表明,羧酸与不同类型醇(伯醇、叔醇)反应生成酯的反应机理不同。

羧酸与伯醇或绝大多数仲醇进行酯化反应时,发生酰氧断键,羧基中羟基与醇羟基氢原子结合生成水。

$$R-\overset{\overset{O}{\|}}{C}\vdots OH \ + \ H-\overset{18}{O}-R' \xrightleftharpoons{H^+} R-\overset{\overset{O}{\|}}{C}-\overset{18}{O}R' \ +H_2O$$

反应机理为:

$$R-\overset{R}{\underset{HO}{C}}=O \xrightleftharpoons{H^+} \overset{R}{\underset{HO}{C}}=\overset{+}{O}H \xrightleftharpoons{H\ddot{O}-R'} R'-\overset{+}{\underset{H}{O}}-\overset{R}{\underset{OH}{C}}-OH \rightleftharpoons$$

$$R'-\overset{OH}{\underset{\overset{|}{O}H_2}{C}}-R \rightleftharpoons R-\overset{OH}{\underset{}{C}}-OR' \ +H_2O \rightleftharpoons R-\overset{\overset{O}{\|}}{C}-OR' \ +H_3\overset{+}{O}$$

酸催化本质是 H^+ 首先活性羧酸羰基,增强羰基碳亲电性,以利于亲核试剂醇进攻。醇的进攻是酯化反应控制步骤,形成中间体通过质子转移失去一分子水,再脱去氢质子等一系列可逆平衡步骤生成酯。

羧酸与叔醇酯化反应时,首先发生醇的碳氧键断裂。

$$R-\overset{\overset{O}{\|}}{C}-OH + H_2^{18}O \cdots CR_3' \underset{}{\overset{H^+}{\rightleftharpoons}} R-\overset{\overset{O}{\|}}{C}-OCR_3' + H_2^{18}O$$

反应机理为：

$$R_3'C-OH+H^+ \rightleftharpoons R_3'C-\overset{+}{O}H_2 \rightleftharpoons R_3'C^+ +H_2O$$

$$R_3'C^+ + HO-\overset{\overset{O}{\|}}{C}-R \rightleftharpoons R_3'C-\overset{\overset{+}{\underset{H}{O}}}{\overset{O}{\|}}\overset{O}{\|}C-R \overset{H_2O}{\rightleftharpoons} R_3'C-O-\overset{\overset{O}{\|}}{C}-R +\overset{+}{H_3}O$$

酸催化条件下叔醇易脱水形成碳正离子中间体,碳正离子中间体与羧酸作用,再脱去 H^+ 生成酯。

（3）酸和醇的结构对酯化反应活性影响

酸催化下羧酸与伯醇、仲醇的酯化反应经历了亲核加成-消除的反应过程。

$$R-\overset{\overset{O}{\|}}{C}-OH +HO-R' \overset{H^+}{\rightleftharpoons} \left[\, R-\overset{\overset{OH}{\|}}{\underset{OR'}{C}}-OH \,\right] \rightleftharpoons R-\overset{\overset{O}{\|}}{C}-OR' +H_2O$$

酯化反应活性取决于中间体稳定性。反应中间体是一个四面体结构,若羧酸和醇烃基体积增大,则中间体结构中空间拥挤程度相应增大,体系能量升高而稳定性下降,因而导致酯化反应活性降低。一般情况下,不同羧酸和醇酯化反应活性顺序为

RCOOH：　HCOOH > CH_3COOH > RCH_2COOH > R_2CHCOOH > R_3CCOOH

ROH：　　　　　CH_3OH > RCH_2OH > R_2CHOH > R_3COH

酯也可以通过羧酸盐与活泼卤代烃反应制备。

$$RCOONa+ BrCH_2-\bigcirc \longrightarrow R-\overset{\overset{O}{\|}}{C}-OCH_2-\bigcirc +NaBr$$

4. 酰胺的生成

羧酸与氨或胺（1°胺、2°胺）作用,首先生成铵盐,进而加热脱水生成酰胺。

$$R-\overset{\overset{O}{\|}}{C}-OH + \begin{cases} NH_3 \\ R'NH_2 \\ R_2'NH \end{cases} \longrightarrow \begin{cases} RCOO\overset{-}{N}\overset{+}{H_4} \\ RCOO\overset{-}{N}\overset{+}{H_3}R' \\ RCOO\overset{-}{N}\overset{+}{H_2}R_2' \end{cases} \overset{\triangle}{\longrightarrow} \begin{cases} RCONH_2 \\ RCONHR' \\ RCONR_2' \end{cases} +H_2O$$

二元羧酸和二元胺发生缩合反应或内酰胺聚合生成聚酰胺。例如,等摩尔己二酸与己二胺生成己二酸己二胺盐,然后在氮气下于 250 ℃ 进行缩聚,生成聚酰胺纤维尼龙-66。

$$n H_2N(CH_2)_6NH_2 + n HOOC(CH_2)_4COOH \xrightarrow[-H_2O]{250\ ℃} \left[\!\!\left[NH(CH_2)_6NH-\overset{\overset{O}{\|}}{C}-(CH_2)_4-\overset{\overset{O}{\|}}{C} \right]\!\!\right]_n$$

根据单体中烃基不同,聚酰胺可分为脂肪族聚酰胺和芳香族聚酰胺。

聚酰胺是含—CONH—结构的高聚物,大分子链由极性酰胺键和非极性烃基形成。极性的酰胺键使聚酰胺有较大内聚能,非极性烃基使分子有较好柔顺性。分子间能形成氢键使分子之间整齐排列,因此聚酰胺具有较高的化学稳定性、热稳定性和机械强度。聚酰胺经一系列加工制成各种形式的聚酰胺纤维和薄膜,有耐碱、抗有机溶剂、弹性好、拉力强和比天

然纤维经久耐用等优点。某些芳香族聚酰胺还有抗裂、抗冲击、抗疲劳、耐燃等特点而广泛用作机械材料、电绝缘材料和轮胎帘子线等。聚酰胺还可通过在酰胺氮原子或在烃基上引入烃基或其他基团（如—SO_3H、—$COOH$等）改性，使其在医药、生物科学和智能高分子材料等领域应用前景十分广阔。

10.3.3 氧化和还原反应

羧酸一般不易被氧化，但甲酸结构特殊，既有羧基特征，又有醛基结构，故有还原性。甲酸能发生银镜反应，也易被高锰酸钾等氧化为二氧化碳和水，这些反应可用于甲酸的定性鉴定。

草酸也很容易被氧化为二氧化碳和水，故可在定量分析中常用草酸来滴定高锰酸钾。

$$5(COOH)_2 + 2KMnO_4 + 3H_2SO_4 \Longrightarrow K_2SO_4 + 2MnSO_4 + 10CO_2 + 8H_2O$$

羧酸不易被还原。在强还原剂（如 $LiAlH_4$）作用下，羧酸直接还原为伯醇，分子中所含碳碳双键一般不受影响。

$$(CH_3)_3C—COOH \xrightarrow[Et_2O]{LiAlH_4} [(CH_3)_3CCH_2O]_4AlLi \xrightarrow{H_3^+O} (CH_3)_3CCH_2OH$$

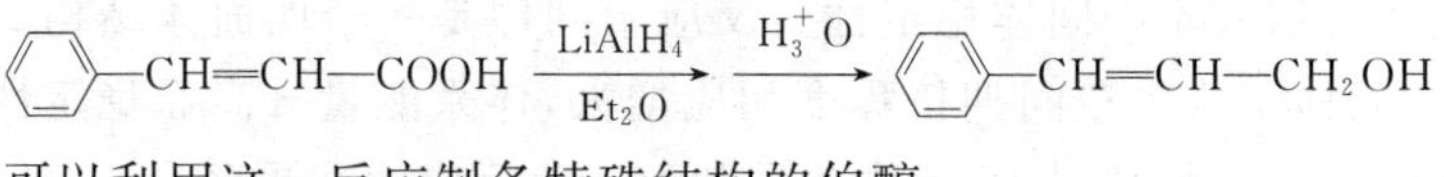

$$\bigcirc—CH=CH—COOH \xrightarrow[Et_2O]{LiAlH_4} \xrightarrow{H_3^+O} \bigcirc—CH=CH—CH_2OH$$

在实验室中可以利用这一反应制备特殊结构的伯醇。

10.3.4 脱羧反应和脱水反应

无水羧酸钠与碱石灰共热，羧酸盐失去 CO_2 生成烃。例如

$$R—\overset{\displaystyle O}{\overset{\|}{C}}—ONa + NaOH \xrightarrow[\triangle]{CaO} R—H + Na_2CO_3$$

此反应仅适用于低级脂肪酸盐及芳香族羧酸盐。

若羧酸的碳原子上连有强吸电子基团，加热即可顺利脱羧。例如：

$$CH_3—\overset{\displaystyle O}{\overset{\|}{C}}—CH_2—\overset{\displaystyle O}{\overset{\|}{C}}—OH \xrightarrow{\triangle} CH_3—\overset{\displaystyle O}{\overset{\|}{C}}—CH_3 + CO_2$$

二元羧酸受热后，两个羧基相对位置决定了发生反应的类型，有的脱羧，有的脱水，有的同时脱水脱羧。

$$HOOC—COOH \xrightarrow{200\ ℃} H—COOH + CO_2$$

$$HOOCCH_2COOH \xrightarrow{150\ ℃} H—CH_2COOH + CO_2$$

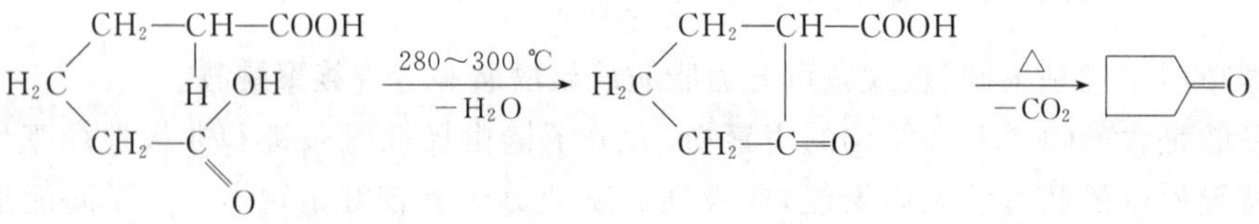

丁二酸、戊二酸分子内脱水生成环状酸酐。己二酸、庚二酸在 $Ba(OH)_2$ 存在下受热脱水脱羧形成环酮。庚二酸以上的二元羧酸，在高温时发生分子间脱水形成高分子的聚酐。

$$m\mathrm{HOOC(CH_2)_nCOOH} \xrightarrow{\triangle} \mathrm{HO{+}\overset{O}{\overset{\|}{C}}{-}(CH_2)_n{-}\overset{O}{\overset{\|}{C}}{-}O{+}_mH} + (m-1)\mathrm{H_2O} \quad (n \geqslant 6)$$

羟基在羧基的邻位或对位的酚酸，加热至熔点时分解为相应的酚和 CO_2：

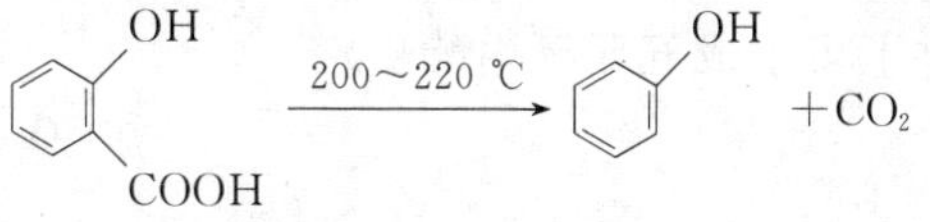

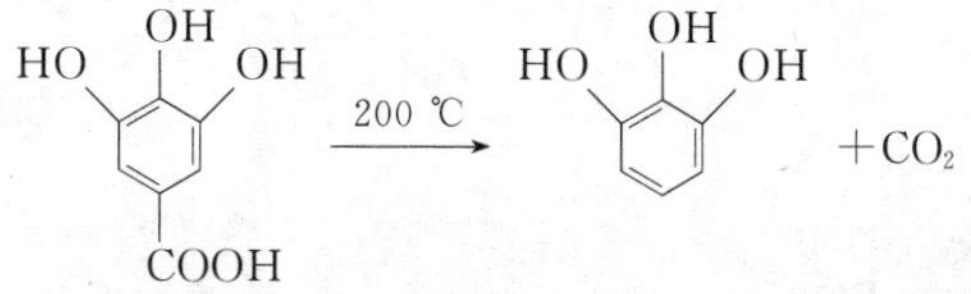

10.4　取代羧酸

取代羧酸是多官能团化合物，除具有各官能团典型性质外，官能团之间相互影响，使其还具有一些特殊化学特性和生理活性。

10.4.1　卤代酸

1. α-卤代酸的制法

具有 α-H 羧酸在少量红磷或硫存在下，与卤素(Cl_2、Br_2)作用得到 α-卤代酸。在卤素过量的情况下，羧酸中多个 α-H 可以被逐步卤代，生成多卤代酸。

$$\mathrm{CH_3COOH} \xrightarrow[\mathrm{P}]{\mathrm{Cl_2}} \mathrm{CH_2ClCOOH} \xrightarrow[\mathrm{P}]{\mathrm{Cl_2}} \mathrm{CHCl_2COOH} \xrightarrow[\mathrm{P}]{\mathrm{Cl_2}} \mathrm{CCl_3COOH}$$

反应过程中，少量红磷与卤素先形成 PX_3，PX_3 与羧酸作用生成酰卤。通过酰卤的烯醇式形成 α-卤代酰卤，再与羧酸交换一个卤原子，生成 α-卤代酸。

$$\mathrm{RCH_2COOH + PX_3 \longrightarrow RCH_2COX + P(OH)_3}$$

$$\mathrm{RCH_2\overset{O}{\overset{\|}{C}}{-}X \rightleftharpoons RCH{=}\overset{OH}{\overset{|}{C}}{-}X \xrightarrow[(-HX)]{X_2} R{-}\overset{X}{\overset{|}{C}H}{-}\overset{O}{\overset{\|}{C}}{-}X \xrightleftharpoons{RCH_2COOH} R\overset{X}{\overset{|}{C}}H\overset{O}{\overset{\|}{C}}{-}OH + RCH_2\overset{O}{\overset{\|}{C}}{-}X}$$

羧酸 α-H 的卤代反应具有位置专一性，是制备 α-卤代酸的常用方法。

2. 卤代酸的化学反应

卤代酸中卤原子受羧基的影响性质活泼，可发生亲核取代反应，也可发生消除反应。卤代酸可发生水解、氨解和氰解分别制备 α-羟基酸、α-氨基酸和二元羧酸。

$$\mathrm{R{-}\underset{X}{\underset{|}{C}H}{-}COONa} \xrightarrow[\text{稀 } \mathrm{HO^-}]{\mathrm{H_2O}} \mathrm{R{-}\underset{OH}{\underset{|}{C}H}{-}COONa}$$

$$\mathrm{R{-}\underset{X}{\underset{|}{C}H}{-}COONa} \xrightarrow{\mathrm{NH_3}} \mathrm{R{-}\underset{NH_2}{\underset{|}{C}H}{-}COONa}$$

$$\mathrm{R{-}\underset{X}{\underset{|}{C}H}{-}COONa} \xrightarrow{\mathrm{NaCN}} \mathrm{R{-}\underset{CN}{\underset{|}{C}H}{-}COONa} \xrightarrow{\mathrm{H_3^+O}} \mathrm{R{-}\underset{COOH}{\underset{|}{C}H}{-}COOH}$$

β-卤代酸在稀碱水溶液中加热,可消除生成具有 π-π 共轭作用的 α,β-不饱和酸。

$$R-\overset{\overset{\displaystyle X}{|}}{CH}-\overset{\overset{\displaystyle H}{|}}{CH}-COOH \xrightarrow[\triangle]{稀 HO^-} \xrightarrow{H_3^+O} RCH=CHC-OH$$

γ-卤代酸在同样条件下可生成五元环内酯。

$$CH_3\overset{\overset{\displaystyle |}{CH}CH_2CH_2C}{\underset{\displaystyle X}{|}}\overset{O}{\overset{\|}{C}}-OH \xrightarrow[H_2O]{Na_2CO_3}$$

10.4.2 羟基酸

羟基酸分子中同时具有羟基和羧基。羟基连在饱和碳原子上的羟基酸,称为醇酸;羟基连在芳环上则为酚酸。羟基酸大量存在于自然界中,在医药和食品行业中应用广泛。

1. 羟基酸制备

(1)α-卤代酸水解

具有光学活性 α-卤代酸,碱性水解条件不同,生成产物的构型不同。

(S)-2-溴丙酸与浓 NaOH 溶液作用,按 S_N2 机理反应,得到(R)-乳酸。

$$\underset{(S)}{\overset{HOOC}{\underset{H_3C}{\overset{|}{\underset{|}{C}}}}\!\!-Br} \xrightarrow{浓 NaOH} [HO\cdots\overset{COO^-}{\underset{CH_3}{\overset{|}{\underset{|}{C}}}}\cdots Br] \longrightarrow HO-\overset{COO^-}{\underset{CH_3}{\overset{|}{\underset{|}{C}}}}\!H \xrightarrow{H_3^+O} \underset{(R)}{HO-\overset{COOH}{\underset{CH_3}{\overset{|}{\underset{|}{C}}}}\!H}$$

(S)-2-溴丙酸在稀 NaOH 溶液及 Ag_2O 存在下反应,得到构型保持的(S)-乳酸。

$$\underset{(S)}{\overset{HOOC}{\underset{H_3C}{\overset{|}{\underset{|}{C}}}}\!\!-Br} \xrightarrow[Ag_2O]{稀 NaOH} \underset{}{H\cdots\overset{^-OOC}{\underset{H_3C}{\overset{|}{\underset{|}{C}}}}\!-OH} \xrightarrow{H_3^+O} \underset{(S)}{H\cdots\overset{HOOC}{\underset{H_3C}{\overset{|}{\underset{|}{C}}}}\!-OH}$$

该反应过程中,首先 Ag^+ 接近溴原子,促进溴原子带着一对电子离去,同时邻近的 COO^- 作为亲核试剂从溴原子背面进攻 α-C 形成环状中间体(R)-α-丙内酯,然后 HO^- 再从内酯环氧原子背面(Br^- 离去方位)进攻 α-C,可认为 α-C 经两次 S_N2 反应,故产物构型保持。

$$\overset{O}{\underset{O^-}{\overset{\|}{C}}}\!\!-\overset{CH_3}{\underset{\underset{Ag^+}{Br}}{\overset{|}{\underset{|}{C}}}}\!\!H \xrightarrow{-AgBr} \overset{O}{\underset{HO^-}{\overset{\|}{C}}}\!\!-\overset{CH_3}{\underset{}{\overset{|}{\underset{|}{C}}}}\!\!CH_3 \longrightarrow \overset{O}{\underset{OH}{\overset{\|}{C}}}\!\!-\overset{CH_3}{\underset{}{\overset{|}{\underset{|}{C}}}} \xrightarrow{H_3^+O} \overset{HO}{\underset{OH}{\overset{}{C}}}\!\!-\overset{CH_3}{\underset{}{\overset{|}{\underset{|}{C}}}}\!\!H$$

在整个反应过程中,COO^- 作为手性碳原子邻近基团参与了反应,协助离去基团离去,产物有一定立体化学特征,此为邻基参与效应(Neighboring group participation effect)。

(2)羟基腈水解

羟基腈在酸性溶液中水解生成羟基酸。

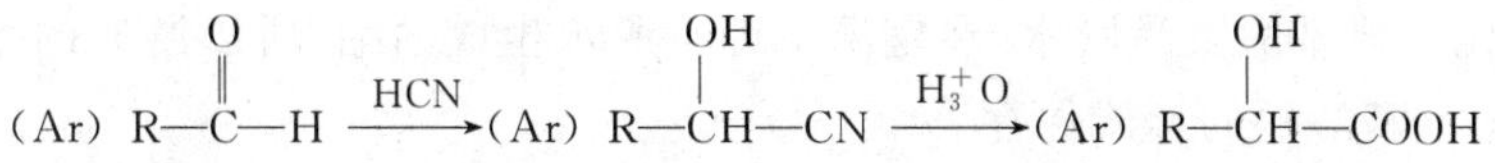

$$(Ar)R-\overset{\overset{\displaystyle O}{\parallel}}{C}-H \xrightarrow{HCN} (Ar)R-\overset{\overset{\displaystyle OH}{|}}{C}H-CN \xrightarrow{H_3^+O} (Ar)R-\overset{\overset{\displaystyle OH}{|}}{C}H-COOH$$

$$CH_2=CH_2 \xrightarrow{HOCl} HOCH_2CH_2Cl \xrightarrow{HCN} HOCH_2CH_2CN \xrightarrow{H_3^+O} HOCH_2CH_2COOH$$

（3）雷佛尔马斯基反应

α-卤代酸酯在锌粉存在下生成有机锌化合物,再与醛、酮反应,水解后可得 β-羟基酸。

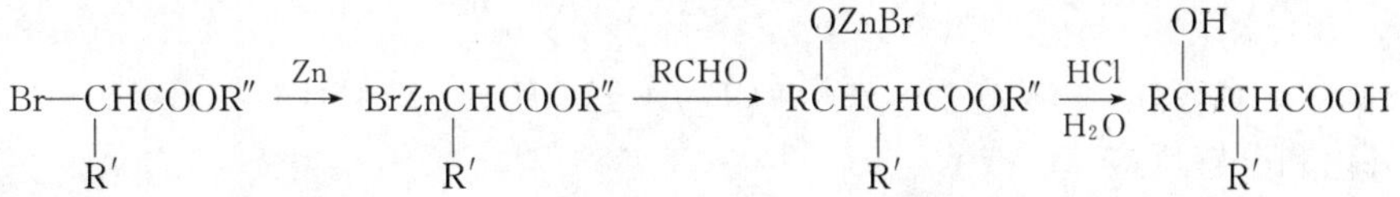

$$Br-\overset{\overset{\displaystyle }{|}}{\underset{R'}{C}}HCOOR'' \xrightarrow{Zn} BrZn\overset{\overset{\displaystyle }{|}}{\underset{R'}{C}}HCOOR'' \xrightarrow{RCHO} R\overset{\overset{\displaystyle OZnBr}{|}}{C}H\overset{}{\underset{R'}{C}}HCOOR'' \xrightarrow[H_2O]{HCl} R\overset{\overset{\displaystyle OH}{|}}{C}H\overset{}{\underset{R'}{C}}HCOOH$$

有机锌化合物活性较 Grignard 试剂低,只与醛、酮羰基反应,不与酯基反应,此为雷佛尔马斯基(Reformatsky)反应,是制备 β-羟基酸及其酯的重要方法。

（4）水杨酸的工业制法——柯尔伯-施密特反应

苯酚钠盐或钾盐与 CO_2 在一定温度和压力下反应,生成水杨酸盐,酸化后得到水杨酸,该反应称为柯尔伯-施密特(Kolbe-Schmitt)反应,参见 8.6.2 章节内容(酚的化学性质)。

2. 羟基酸性质

羟基酸具有醇(或酚)与羧酸的性质,羟基与羧基间相互影响又表现出一些特殊性,两种官能团的相对位置对反应影响很大。

（1）脱水反应

醇酸受热易脱水,脱水方式和产物因羟基和羧基的相对位置不同而异。

α-羟基酸受热时,两分子间羟基与羧基相互酯化、交叉脱水生成交酯,这是 α-羟基酸的特征反应。

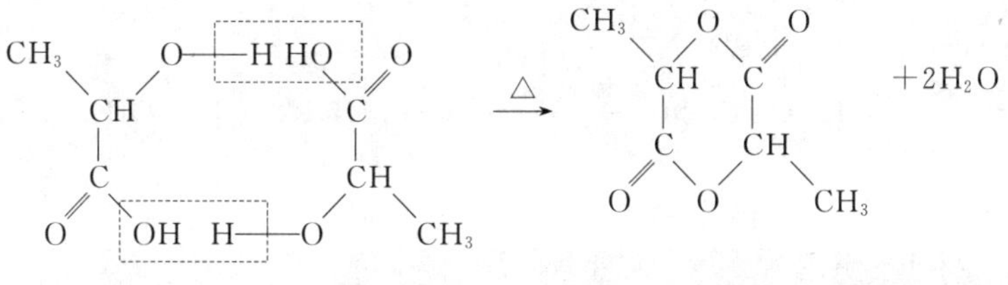

丙交酯

β-羟基酸在酸性介质中受热,分子内脱水生成 α,β-不饱和酸。

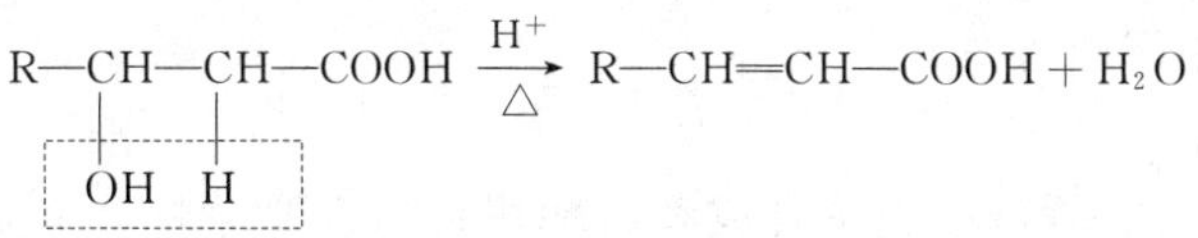

$$R-\overset{}{\underset{\underset{OH\ H}{\downarrow}}{C}}H-CH-COOH \xrightarrow[\triangle]{H^+} R-CH=CH-COOH + H_2O$$

γ-和 δ-羟基酸受热时则发生分子内脱水,生成比较稳定的五元环和六元环内酯。

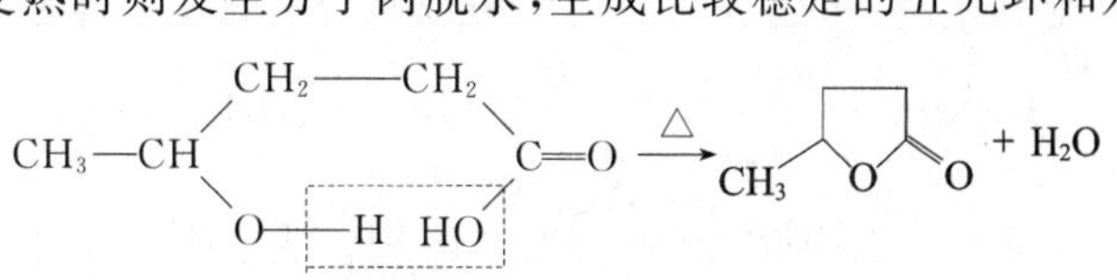

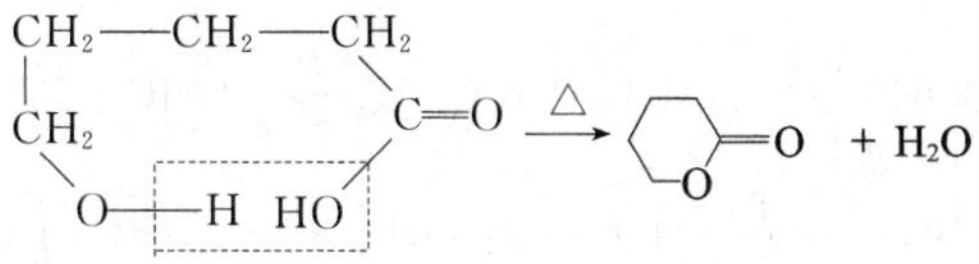

γ-羟基酸比 δ-羟基酸更易脱水,在室温下即可脱水生成内酯,所以游离的 γ-羟基酸不易得到,通常以 γ-羟基酸盐的形式保存。

$$\text{（内酯）} + NaOH \xrightarrow[\triangle]{H_2O} HOCH_2CH_2CH_2COONa$$

当羟基和羧基相距 4 个以上碳原子时,加热条件下可发生分子间脱水生成聚酯。

$$m\,HO(CH_2)_nCOOH \xrightarrow{\triangle} H \text{—} O(CH_2)_n\overset{O}{\overset{\|}{C}} \text{—}_m OH + (m-1)H_2O \quad (n \geqslant 5)$$

(2)氧化和分解反应

羟基酸的羟基易被 KMnO$_4$ 氧化生成 α-或 β-酮酸,它们在氧化反应体系中不稳定,易脱羧转变为醛、酮或羧酸。

$$R\text{—}\underset{OH}{\overset{}{\underset{|}{CH}}}\text{—}COOH \xrightarrow[H_2O]{KMnO_4} R\text{—}\overset{O}{\overset{\|}{C}}\text{—}COOH \xrightarrow[-CO_2]{\triangle} R\text{—}\overset{O}{\overset{\|}{C}}\text{—}H \xrightarrow[H_2O]{KMnO_4} R\text{—}\overset{O}{\overset{\|}{C}}\text{—}OH$$

$$R\text{—}\underset{OH}{\overset{}{\underset{|}{CH}}}CH_2COOH \xrightarrow[H_2O]{KMnO_4} R\text{—}\overset{O}{\overset{\|}{C}}CH_2COOH \xrightarrow[-CO_2]{\triangle} R\text{—}\overset{O}{\overset{\|}{C}}\text{—}CH_3$$

α-羟基酸用浓 H$_2$SO$_4$ 加热处理,分解生成醛或酮及 CO 和 H$_2$O;用稀 H$_2$SO$_4$ 加热处理则分解为醛或酮和甲酸,可以用此制备比原来羧酸少一个碳原子的醛或酮。

$$R\text{—}\underset{OH}{\overset{H(R')}{\underset{|}{\overset{|}{C}}}}\text{—}COOH \xrightarrow{\text{浓}\ H_2SO_4} R\text{—}\overset{O}{\overset{\|}{C}}\text{—}H(R') + CO + H_2O$$

$$R\text{—}\underset{OH}{\overset{H(R')}{\underset{|}{\overset{|}{C}}}}\text{—}COOH \xrightarrow{\text{稀}\ H_2SO_4} R\text{—}\overset{O}{\overset{\|}{C}}\text{—}H(R') + HCOOH$$

10.4.3 羰基酸

羰基酸又称为氧代酸,分为醛酸与酮酸两类。α-和 β-酮酸可存在于糖、油脂和蛋白质等在动物体内代谢的中间产物中。

1. 羰基酸的制备

乙醛酸是最简单的 α-醛酸,也是合成香料和药物的重要原料。工业上乙醛酸是由草酸电解还原或乙二醛控制氧化制备,也可由二卤乙酸或水合三氯乙醛水解制备。

$$HOOC\text{—}COOH + 2H^+ \xrightarrow{\text{电解}} OHC\text{—}COOH + H_2O$$

$$OHC\text{—}CHO + \frac{1}{2}O_2 \xrightarrow{\text{催化剂}} OHC\text{—}COOH$$

$$Cl_2CHCOOH \xrightarrow{H_2O} (HO)_2CHCOOH \longrightarrow OHC\text{—}COOH + H_2O$$

$$Cl_3CCH(OH)_2 \xrightarrow{H_2O} HOOCCH(OH)_2 \longrightarrow OHC\text{—}COOH + H_2O$$

α-酮酸可由酰氯与氰化钠反应,生成的产物再水解即可。

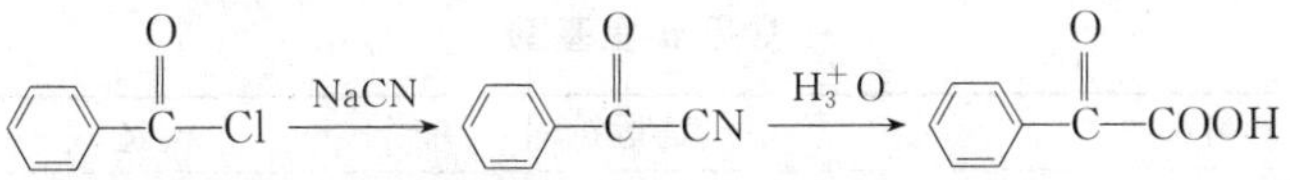

$$\text{PhC(=O)-Cl} \xrightarrow{\text{NaCN}} \text{PhC(=O)-CN} \xrightarrow{\text{H}_3\text{O}^+} \text{PhC(=O)-COOH}$$

α-或 β-羟基酸用稀硝酸氧化生成相应的 α-或 β-酮酸。

$$CH_3CHCOOH \xrightarrow{\text{稀 HNO}_3} CH_3-C(=O)-COOH$$
（带OH）

$$CH_3CHCH_2COOH \xrightarrow{\text{稀 HNO}_3} CH_3C(=O)CH_2COOH$$
（带OH）

β-酮酸在有机合成中主要由 β-酮酸酯的水解得到。

$$R-C(=O)-CH(R')-C(=O)-OR' \xrightarrow{\text{H}_3\text{O}^+} R-C(=O)-CH(R')-C(=O)-OH + R'OH$$

2. 羰基酸的性质

乙醛酸是熔点为 98 ℃ 的晶体,极易吸水,具有腐蚀性,对皮肤和黏膜有强刺激作用。乙醛酸可发生醛基特征反应,如与 HCN 加成、与苯肼反应、银镜反应和坎尼扎罗反应等,并具有较强酸性。

α-酮酸除具有酮和羧酸一般性质外,还是一类不很稳定的化合物。

α-酮酸与稀硫酸共热发生脱羧反应生成醛,与浓硫酸共热则失去一分子 CO 变为羧酸。

$$CH_3-C(=O)-COOH \xrightarrow{\text{稀 H}_2\text{SO}_4} CH_3-C(=O)-H + CO_2$$

$$CH_3-C(=O)-COOH \xrightarrow{\text{浓 H}_2\text{SO}_4} CH_3-C(=O)-OH + CO$$

β-酮酸受热或在酶作用下脱羧生成酮。

$$R-C(=O)-CH_2-C(=O)-OH \xrightarrow{\triangle} R-C(=O)-CH_3 + CO_2$$

10.4.4　氨基酸

氨基酸是分子中含有氨基的羧酸化合物。不同来源的蛋白质在酸、碱或酶的作用下完全水解,都生成 α-氨基酸混合物。α-氨基酸是组成生命基础物质蛋白质的基本单位,是一类重要的化合物。

1. 氨基酸分类、命名与构型

（1）分类

根据氨基酸分子结构与性质,有以下几种不同的分类方法。

①根据氨基酸分子中烃基不同,分为脂肪族氨基酸、芳香族氨基酸和杂环氨基酸。

②对于脂肪族氨基酸,根据分子中氨基和羧基相对位置的不同,又分为 α-氨基酸、β-氨基酸、γ-氨基酸……ω-氨基酸;部分 α-氨基酸是构成蛋白质的单体。

③对于 α-氨基酸,根据分子中所含氨基和羧基数目的不同,分为中性氨基酸(分子中氨基和羧基数目相等)、酸性氨基酸(分子中氨基数目少于羧基数目)和碱性氨基酸(分子中氨

基数目多于羧基数目）。表 10-5 中列出了常见 α-氨基酸。

表 10-5　　　　　　　　　　　常见 α-氨基酸

名称	缩写符号	构造式	等电点
中性氨基酸			
甘氨酸(Glycine)(氨基乙酸)	甘(Gly)	$CH_2(NH_2)COOH$	5.97
丙氨酸(Alanine)(α-氨基丙酸)	丙(Ala)	$CH_3CH(NH_2)COOH$	6.00
丝氨酸(Serine)(α-氨基-β-羟基丙酸)	丝(Ser)	$CH_2(OH)CH(NH_2)COOH$	5.68
半胱氨酸(Cysteine)(α-氨基-β-巯基丙酸)	半胱(CySH)	$CH_2(SH)CH(NH_2)COOH$	5.05
胱氨酸(Cystine)(双-β-硫代-α-氨基丙酸)	胱(CySSCy)	$S{-}CH_2CH(NH_2)COOH$ $S{-}CH_2CH(NH_2)COOH$	4.08
*苏氨酸(Threonine)(α-氨基-β-羟基丁酸)	苏(Thr)	$CH_3CH(OH)CH(NH_2)COOH$	5.7
*蛋氨酸(Methionine)(α-氨基-γ-甲硫基丁酸)	蛋(Met)	$CH_3SCH_2CH_2CH(NH_2)COOH$	5.74
*缬氨酸(Valine)(β-甲基-α-氨基丁酸)	缬(Val)	$(CH_3)_2CHCH(NH_2)COOH$	5.96
亮氨酸(Leucine)(γ-甲基-α-氨基戊酸)	亮(Leu)	$(CH_3)_2CHCH_2CH(NH_2)COOH$	6.02
*异亮氨酸(Isoleucine)(β-甲基-α-氨基戊酸)	异亮(Ile)	$CH_3CH_2\underset{\underset{CH_3}{\mid}}{CH}CH(NH_2)COOH$	5.92
*苯丙氨酸(Phenylalanine) (β-苯基-α-氨基丙酸)	苯丙(Phe)	〔苯环〕$-CH_2CH(NH_2)COOH$	5.48
酪氨酸(Tyrosine) (α-氨基-β-对羟苯基丙酸)	酪(Tyr)	$HO-$〔苯环〕$-CH_2CH(NH_2)COOH$	5.66
脯氨酸(Proline)(α-四氢吡咯甲酸)	脯(Pro)	〔吡咯烷环〕$-COOH$	6.30
*色氨酸(Tryptophan) (α-氨基-β-(3-吲哚)丙酸)	色(Try)	〔吲哚环〕$CH_2CH(NH_2)COOH$	5.80
酸性氨基酸			
天门冬氨酸(Aspartic acid)(α-氨基丁二酸)	天门冬(Asp)	$HOOCCH_2CH(NH_2)COOH$	2.77
谷氨酸(Glutamic acid)(α-氨基戊二酸)	谷(Glu)	$HOOCCH_2CH_2CH(NH_2)COOH$	3.22
碱性氨基酸			
精氨酸(Arginine)(α-氨基-δ-胍基戊酸)	精(Arg)	$H_2N\underset{\underset{NH}{\parallel}}{C}NH(CH_2)_3CH(NH_2)COOH$	10.76
*赖氨酸(Lysine)(α,ω-二氨基己酸)	赖(Lys)	$H_2N(CH_2)_4CH(NH_2)COOH$	9.74
组氨酸(Histidine)(α-氨基-β-(5-咪唑)丙酸)	组(His)	〔咪唑环〕$CH_2CH(NH_2)COOH$	7.59

表 10-5 中氨基酸是生命必需物质，带 * 号的 8 个氨基酸是人体内不能合成的，必须从食物中获得，称为人体必需氨基酸。

(2)命名

氨基酸系统命名是把氨基作为取代基。例如：

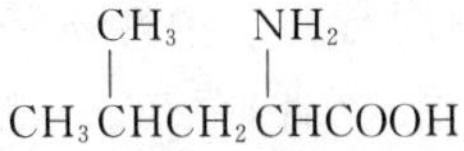

$$CH_3CHCH_2CHCOOH$$
（CH₃, NH₂ 取代）

4-甲基-2-氨基戊酸
（亮氨酸）

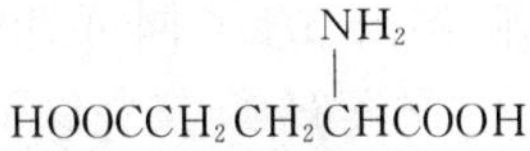

$$HOOCCH_2CH_2CHCOOH$$
（NH₂）

2-氨基戊二酸
（谷氨酸）

$$H_2N(CH_2)_4CHCOOH$$
（NH₂）

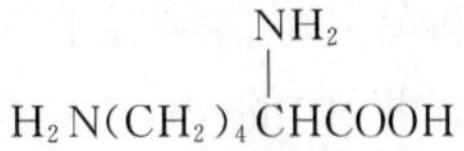

2,6-二氨基己酸
（赖氨酸）

天然 α-氨基酸通常按其来源和性质所得的俗名来命名，并已广泛使用。常见 α-氨基酸的俗名以及国际通用缩写符号列在表 10-5 中。使用这些符号表示多肽或蛋白质中 α-氨基酸排列顺序非常方便。

（3）构型

除甘氨酸外，天然 α-氨基酸分子中 α-碳原子均为手性碳原子，具有旋光性，习惯上采用 D/L 标记法标注构型。生物体内具有光学活性氨基酸，其 α-碳原子构型均与 L-甘油醛相同，都属于 L 型。含多个手性碳原子氨基酸，通常以距羧基最近手性碳原子构型来表示分子构型。

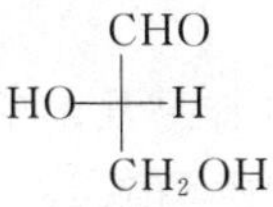

L-甘油醛
(S)-2,3-二羟基丙醛

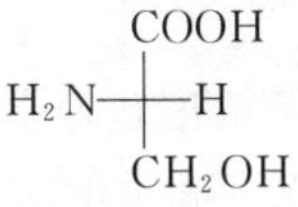

L-丝氨酸
(S)-2-氨基-3-羟基丙酸

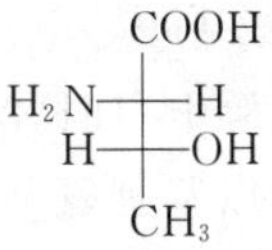

L-苏氨酸
(2S,3R)-2-氨基-3-羟基丁酸

采用 R/S 标记法，表 10-5 中氨基酸 α-碳原子均为 S 构型，半胱氨酸除外（R 构型）。

2. 氨基酸性质

α-氨基酸物理性质表现出盐类化合物特性，均为水溶性无色晶体，具有较高熔点（一般在 200 ℃以上），且大多数在熔化的同时发生分解。α-氨基酸一般易溶于强酸、强碱，难溶于非极性有机溶剂。

氨基酸分子中含有氨基和羧基，具有氨基和羧基典型性质，但这两种基团相互影响又表现出一些特殊的性质。

（1）两性和等电点

氨基酸分子中碱性的氨基和酸性的羧基可相互作用形成盐，称为内盐。

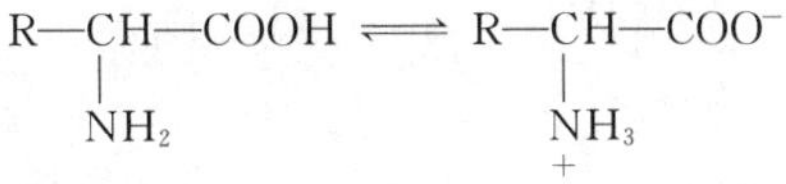

$$R{-}CH{-}COOH \rightleftharpoons R{-}CH{-}COO^-$$
（NH₂）　　　　（NH₃⁺）

内盐分子中既有正离子部分，也有负离子部分，因此又称偶极离子。氨基酸在结晶状态主要以内盐形式存在，所以具有熔点较高、不易挥发和难溶于非极性有机溶剂等特性。

氨基酸偶极离子既能与强酸起反应形成正离子，也能与强碱起反应生成负离子，具有两性化合物特性。氨基酸在不同 pH 水溶液中，通常以偶极离子、正离子和负离子三种形式存在，它们之间相互转化并达到动态平衡状态。

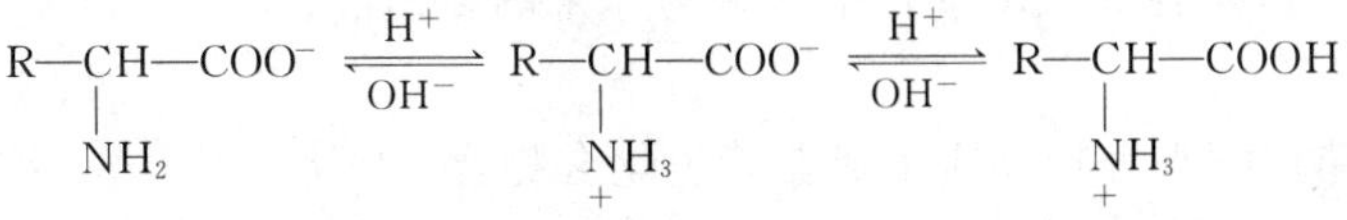

$$R{-}CH{-}COO^- \underset{OH^-}{\overset{H^+}{\rightleftharpoons}} R{-}CH{-}COO^- \underset{OH^-}{\overset{H^+}{\rightleftharpoons}} R{-}CH{-}COOH$$
（NH₂）　　　　　（NH₃⁺）　　　　　（NH₃⁺）

（Ⅰ）　　　　　　（Ⅱ）　　　　　　（Ⅲ）

负离子　　　　　两性离子　　　　　正离子

pH＞pI　　　　　pH＝pI　　　　　pH＜pI

　　将氨基酸溶液置于电场中,随溶液 pH 不同可表现出不同行为。中性氨基酸在酸性溶液中,(Ⅱ)中的—COO⁻ 接受质子,平衡右移,主要以正离子形式(Ⅲ)存在,在电场中向负极移动;在碱性溶液中,(Ⅱ)中的—NH₃⁺ 给出质子,平衡左移,主要呈负离子形式(Ⅰ)存在,在电场中向正极移动。但在一定 pH 溶液中,正离子和负离子数量相当,这时主要以偶极离子形式(Ⅱ)存在,在电场中既不移向负极,也不移向正极,此时溶液 pH 就是氨基酸等电点,用 pI 表示。

　　各种氨基酸分子中所含基团和结构不同,其等电点也不同。由于氨基酸分子中羧基的解离能力大于氨基接受质子能力,中性氨基酸在水溶液中呈弱酸性,负离子比正离子稍多,只有加入适量酸才能达到抑制—NH₃⁺ 给出质子,使正、负离子相等,主要以偶极离子存在,故等电点小于 7,一般在 5.6～6.3。酸性氨基酸溶液中须加入较多的酸才能调节到等电点,等电点一般为 2.8～3.2。若调节碱性氨基酸达到等电点,则需加入适量碱,其等电点在 7.5～10.8,常见氨基酸等电点见表 10-5。

　　氨基酸在等电点时,溶液中偶极离子浓度最高,溶解度最小,最容易从溶液中析出,所以根据等电点可以鉴别氨基酸,而利用调节等电点的方法可以分离提纯氨基酸。

　　(2)受热脱水反应

　　氨基酸受热时,发生脱水或脱氨反应,产物因氨基和羧基的相对位置不同而异。

　　α-氨基酸受热,分子间交互脱水生成六元环状交酰胺。

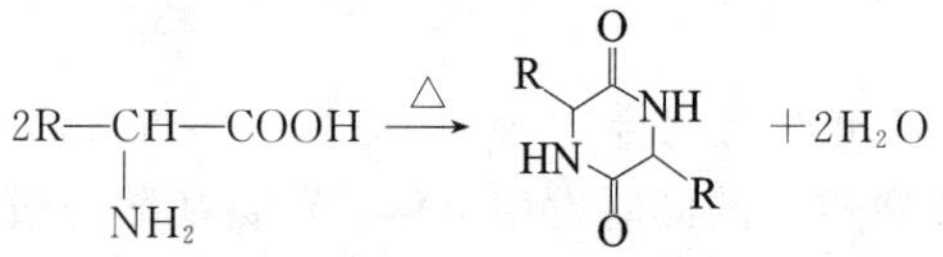

交酰胺

　　γ-氨基酸或 δ-氨基酸加热熔化时,发生分子内的氨基与羧基脱水反应,生成 γ-内酰胺或 δ-内酰胺。

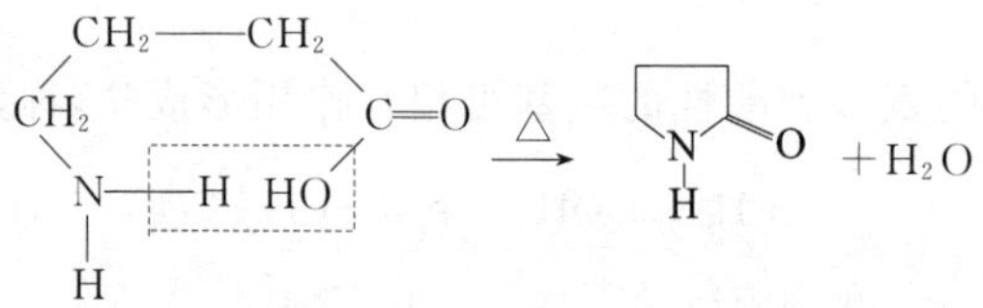

γ-丁内酰胺

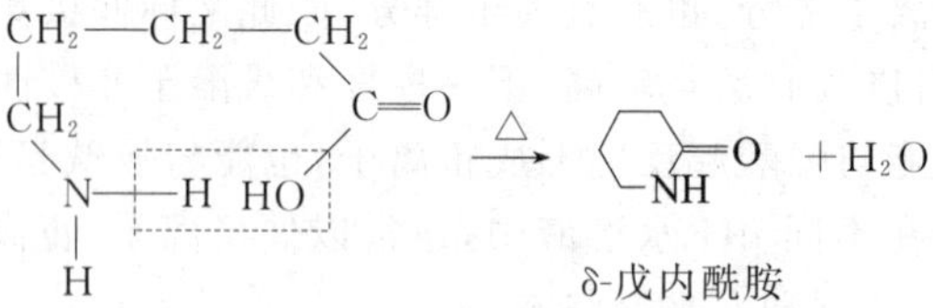

δ-戊内酰胺

内酰胺与交酰胺可在酸或碱催化下水解为原来的氨基酸。

　　(3)显色反应

　　α-氨基酸与茚三酮水合物反应生成蓝紫色化合物:

　　此反应可用于 α-氨基酸鉴定及 α-氨基酸比色测定或色层分析显色。

　　(4)与亚硝酸反应

　　氨基酸(除分子中含亚氨基的脯氨酸外)与亚硝酸作用,生成羟基酸并定量放出氮气。

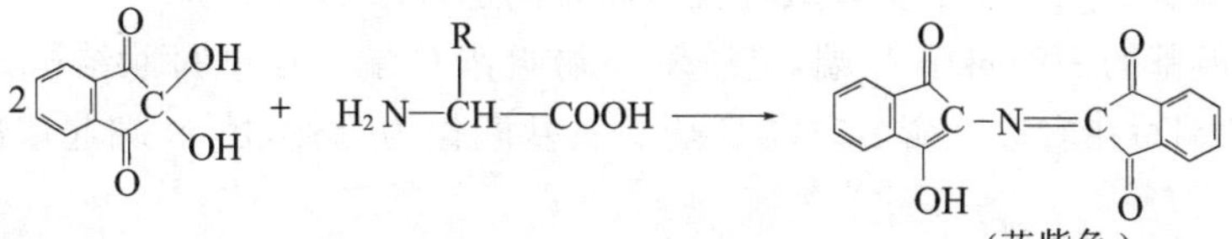

$$R-CH-COOH + HNO_2 \longrightarrow R-CH-COOH + N_2\uparrow + H_2O$$

（NH_2 在第一式下方，OH 在第二式下方）

　　测定反应所释放氮气体积，可计算试样中氨基含量，此方法称为范斯莱克（Van Slyke）氨基氮测定法。

3. α-氨基酸来源与制法

（1）蛋白质水解

　　蛋白质在酸、碱或酶作用下水解，得到各种氨基酸混合物，用色层分离法、离子交换法和电泳法等手段，分离后可得到纯 α-氨基酸。

（2）α-卤代酸氨解

　　α-卤代酸与过量氨作用生成氨基酸。

$$R-CH-COOH + 2NH_3 \longrightarrow R-CH-COOH + NH_4X$$

（X 在左式下方，NH_2 在右式下方）

（3）盖布瑞尔合成法

　　应用盖布瑞尔合成法可得到收率较高、易于精制的氨基酸。

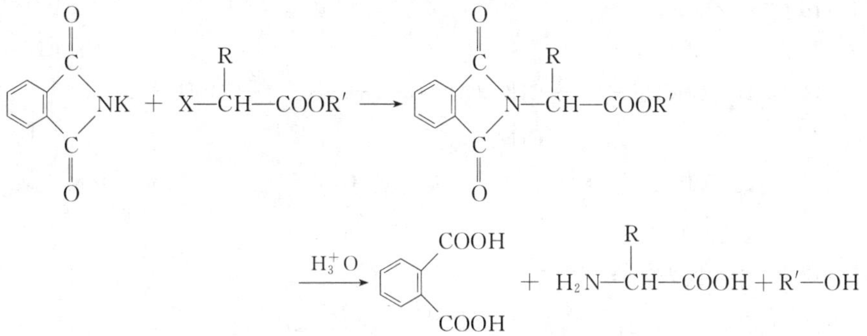

（4）斯特雷克合成法

　　醛与氨及氢氰酸或氰化铵反应生成 α-氨基腈，然后水解得到 α-氨基酸，此为斯特雷克（Strecker）合成法。

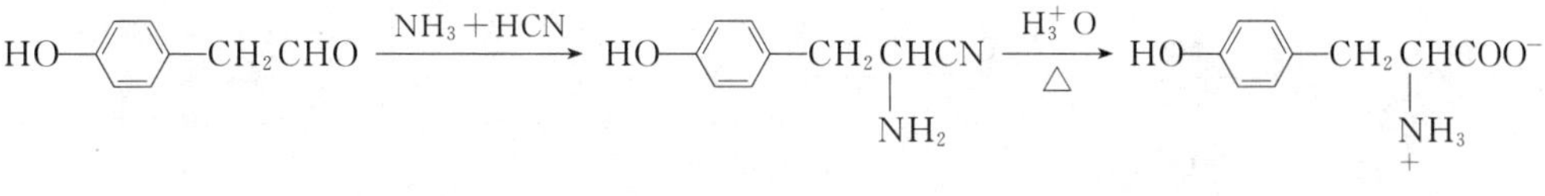

dl-酪氨酸

　　合成的氨基酸为外消旋体，需要经过拆分，才能获得具有生理活性的 L-氨基酸。

4. 氨基酸与多肽

　　α-氨基酸氨基与另一 α-氨基酸羧基脱水形成的酰胺键叫肽键。由酰胺键使 α-氨基酸连接而形成的缩氨酸叫肽（Peptides），由两个、三个或多个 α-氨基酸组成的肽，分别称为二肽、

有机化学

三肽或多肽。肽链分子中所含氨基酸种类可以相同也可以不同。

肽链中有氨基的一端叫作 N 端,有羧基一端叫作 C 端。在书写肽结构式时,一般将 N 端写在左边,C 端写在右边。命名时以 C 端 α-氨基酸作为母体,由 N 端起依次称为某氨酰-某氨酸。例如:

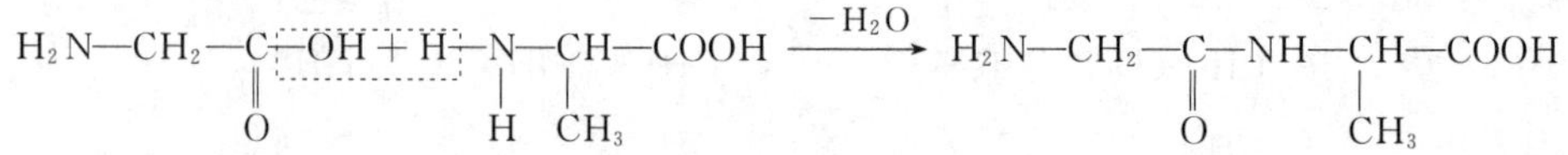

$$H_2N-CH_2-C{\overset{\underset{O}{|}}{-}}OH + H-N-CH-COOH \xrightarrow{-H_2O} H_2N-CH_2-C{\overset{\underset{O}{|}}{-}}NH-CH-COOH$$

甘氨酸   丙氨酸   甘氨酰-丙氨酸

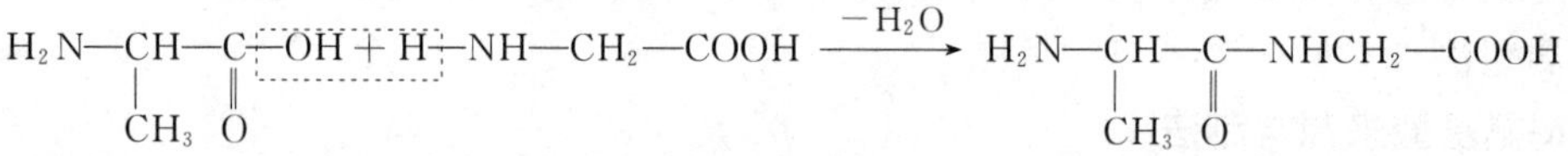

$$H_2N-CH-C-OH + H-NH-CH_2-COOH \xrightarrow{-H_2O} H_2N-CH-C-NHCH_2-COOH$$

丙氨酸   甘氨酸   丙氨酰-甘氨酸

称为丙氨酰-酪氨酰-甘氨酸,简记为丙-酪-甘。

多肽一般是 10 个以上氨基酸形成的肽链,广泛存在于自然界,在生物体内起着重要生理作用。如由胰脏 α-细胞分泌的胰高血糖素(29 肽),可调节肝糖元降解产生葡萄糖,以维持血糖平衡。蛋白质则是结构复杂的多肽,是生物体内组成细胞的基础物质。这些内容将在相关课程继续学习。

习 题

10-1 命名下列化合物:

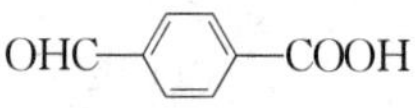

(1) 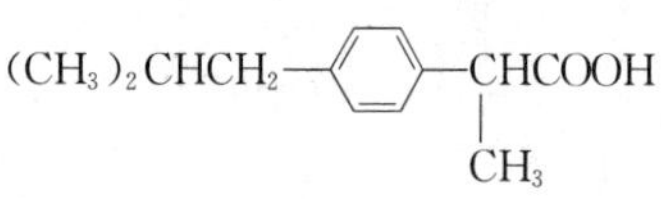 $(CH_3)_2CHCH_2-$⬡$-CHCOOH$ (2) $OHC-$⬡$-COOH$ (3) 结构式

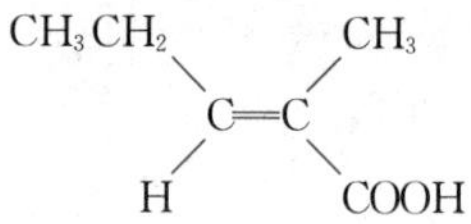

(4) 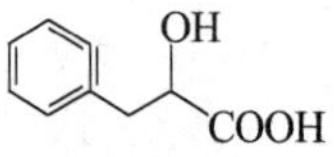 结构式   (5) 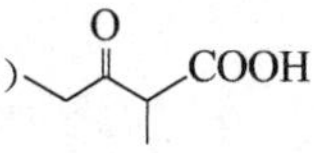 结构式   (6) 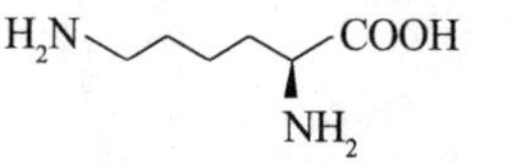 结构式

10-2 完成下列反应:

(1)、(2)、(3)、(4)、(5) 反应式

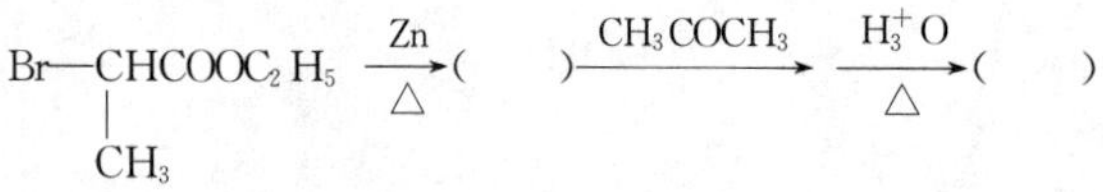

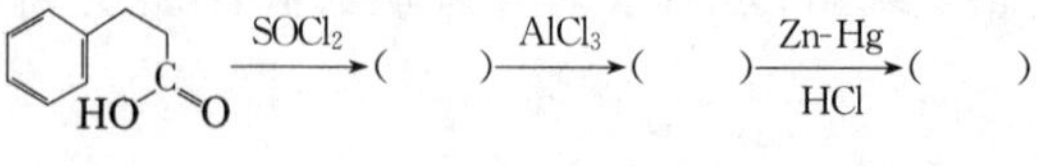

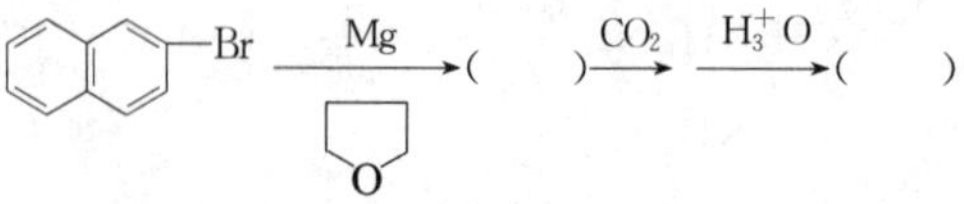

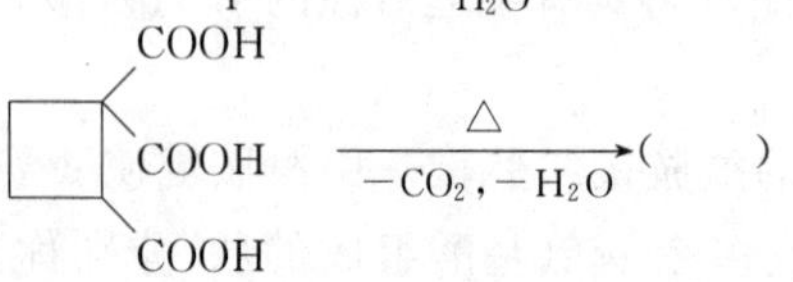

(6) $CH_3CHCH_2CH_2C{=}O$ $\xrightarrow[\triangle]{H^+}$ (　　)
　　　$\underset{OH}{|}$ 　　　　$\underset{OH}{|}$

(7) $\begin{matrix}COOH\\COOH\end{matrix}$ $\xrightarrow{\text{乙酸酐}}$ (　　)

(8) $\begin{matrix}COOH\\COOH\end{matrix}$ $\xrightarrow[290\,℃]{Ba(OH)_2}$ (　　)

(9) $\bigcirc\!{=}$—$CH{=}CH$—$COOH$ $\xrightarrow{LiAlH_4}$ $\xrightarrow{H_3O^+}$ (　　)

(10) $\bigcirc{=}O$ $\xrightarrow{HCN}$ (　　) $\xrightarrow{H_3O^+}$ (　　) $\xrightarrow[\triangle]{-H_2O}$ (　　)

(11) $HOOC$—————$COOH$ + $\underset{O}{\overset{O}{\parallel}}$ $\xrightarrow{\triangle}$ (　　)

(12) 邻苯二甲酰亚胺NK + $\underset{\overset{\parallel}{O}}{C}{-}OC_2H_5$（含Cl） $\longrightarrow$ (　　) $\xrightarrow{H_3O^+}$ (　　)

(13) H_3C—$\bigcirc$—CHO + $(CH_3CH_2\underset{O}{\overset{O}{\parallel}}C)_2O$ $\xrightarrow[\triangle]{CH_3CH_2COOK}$ $\xrightarrow{H_3^+O}$ (　　)

10-3 排列下列各组化合物的指定性质,简述理由。

(1)排序下列化合物沸点高低:

A. $CH_3CH_2CH_2OH$ 　　　　B. $CH_3CH_3OCH_3$ 　　　　C. CH_3COCH_3 　　　　D. CH_3COOH

(2)排序下列脂肪羧酸酸性强弱:

A. CH_3CH_2COOH 　　　　B. $(CH_3)_2CHCOOH$ 　　　　C. $ClCH_2COOH$ 　　　　D. $(CH_3)_3\overset{+}{N}CH_2COOH$

(3)排序下列芳香羧酸酸性强弱:

A. 对氯苯甲酸(Cl)　B. 对硝基苯甲酸(NO_2)　C. 对甲基苯甲酸(CH_3)　D. 对甲氧基苯甲酸(OCH_3)　E. 邻羟基苯甲酸(OH)

(4)排序下列化合物碱性相对强弱:

A. CH_3CH_2ONa 　　　　B. CH_3COONa 　　　　C. O_2NCH_2COONa 　　D. $HOCH_2COONa$

(5)排序下列羧酸与甲醇酸催化酯化反应的相对活性:

A. $HCOOH$ 　　　　B. $(CH_3)_3CCOOH$ 　　　　C. CH_3CH_2COOH 　　　　D. $(CH_3)_2CHCOOH$

(6)排序下列醇与苯甲酸酯化反应的相对活性:

A. CH_3OH 　　　　B. $(CH_3)_3COH$ 　　　　C. $(CH_3)_2CHOH$ 　　　　D. $CH_3CH_2CH_2OH$

(7)排序下列氨基酸等电点(pI)高低:

A. $H_2N(CH_2)_4\underset{\underset{NH_2}{|}}{C}HCOOH$ 　　　　　　　　B. $CH_3\underset{\underset{NH_2}{|}}{C}HCOOH$

C. HO—$\bigcirc$—$CH_2\underset{\underset{NH_2}{|}}{C}HCOOH$ 　　　　D. $HOOCCH_2\underset{\underset{NH_2}{|}}{C}HCOOH$

10-4 解释下列实验现象：

(1)(Z)-丁烯二酸(马来酸)pK_{a_1}(1.83)小于其反式异构体(E)-丁烯二酸(富马酸)pK_{a_1}(2.03)，但它 pK_{a_2}(6.07)却大于 E 式异构体的 pK_{a_2}(4.44)。

(2)邻羟基苯甲酸的酸性(pK_a=2.98)比苯甲酸的酸性(pK_a=4.17)强，而对羟基苯甲酸的酸性(pK_a=4.54)则比苯甲酸弱。

(3)不溶于水的苯甲酸和邻氯苯甲酸所组成的混合物，可用甲酸钠的水溶液处理来分开。

(4)$C_2H_5CH_2^{18}OH$ 与 C_2H_5COOH 反应时，醇中的 ^{18}O 出现在酯分子中而不是水分子中。提出一种与上述现象一致的反应机理。

(5)(R)-2-溴丙酸碱性条件下水解生成(R)-2-羟基丙酸，反应前后手性碳原子构型保持不变。

10-5 鉴别与分离。

(1)用简便化学方法鉴别下列化合物：

A. CH_3CH_2CHO B. $CH_3CH(OH)CH_3$ C. CH_3CH_2COOH D. CH_2=CHCOOH

(2)用简便化学方法鉴别下列化合物：

A. HCOOH   B. $(COOH)_2$ C. $CH_2(COOH)_2$ D. $HOOCCH_2CH_2COOH$

(3)用化学法分离下列混合物中的各化合物：

A. H_3C—〈〉—OH   B. 〈〉—COOH   C. 〈〉—OCH_3 D. 〈〉—CHO

10-6 合成下列化合物，其余无机试剂任选。

10-7 推导结构：

(1)环丙二羧酸有 A、B、C、D 四个异构体。A 和 B 具有旋光性，对热稳定；C 和 D 均无旋光性，C 加热时脱羧生成 E，D 加热失水得到 F。试写出 A、B、C、D、E 和 F 的结构式。

(2)旋光性物质 A($C_5H_{10}O_3$)，与 $NaHCO_3$ 作用放出 CO_2，A 加热脱水生成 B。B 存在两种构型，但无光学活性。B 在酸性条件下用 $KMnO_4$ 处理生成乙酸和化合物 C。C 也能与 $NaHCO_3$ 作用放出 CO_2，还能发生碘仿反应。试推测 A、B、C 的结构式并写出推导过程。

(3)某化合物 A($C_4H_8O_2$)，IR 谱图在 3 200～2 500 cm^{-1}，1 715 cm^{-1} 和 1 230 cm^{-1} 频率范围内有强的特征吸收峰；^{1}HNMR 谱图在 $\delta_{1.2}$(双重峰，J=6)，$\delta_{2.17}$(七重峰，J=6)，$\delta_{11.0}$(单峰，用 D_2O 处理后消失)有吸收峰，强度 6：1：1，试推测 A 的可能结构式。

10-8 雷弗尔马斯基(Reformatsky)反应强调 α—溴代羧酸酯与锌粉反应制备有机锌试剂，随后再与醛或酮反应，水解后得 β—羟基羧酸酯。试以丙酮和乙酸为原料制备 β—羟基异丁酸乙酯，并讨论可否采用金属镁代替金属锌，说明原因。

*10-9 羧酸的制备方法有很多，如烃的氧化、醇的氧化、腈的水解、格氏试剂法、珀金反应、碘仿反应等。下列克脑文格尔(Knoevenagel)反应也是制取月桂酸的方法之一，反应机理与珀金反应类似，试写出相应反应历程。

第11章

羧酸衍生物

羧酸分子中羟基被—X、—OCOR、—OR 和—NH$_2$（或—NHR、—NR$_2$）取代的化合物，分别称为酰卤（Acyl halides）、酸酐（Anhydrides）、酯（Esters）和酰胺（Amides），统称为羧酸衍生物（Carboxylic acid derivatives）。本章重点学习这四种重要的羧酸衍生物、β-二羰基化合物、脂类及碳酸衍生物。

11.1 羧酸衍生物结构和命名

11.1.1 羧酸衍生物结构

羧酸衍生物常用通式 $R-\overset{\overset{O}{\|}}{C}-L$ 表示，其结构特征是分子中都含有酰基（$R-\overset{\overset{O}{\|}}{C}-$）。酰基中羰基碳原子为 sp^2 杂化，具有平面结构，未参与杂化的 p 轨道与氧原子 p 轨道重叠形成 π 键，与酰基直接相连 L 基团中杂原子（X、O、N）都有未共用电子对，所占据 p 轨道与羰基 π 轨道可形成 p-π 共轭体系，未共用电子对向羰基离域，使 C—L 键具有部分双键的性质。羧酸衍生物结构及共振结构式表示如下：

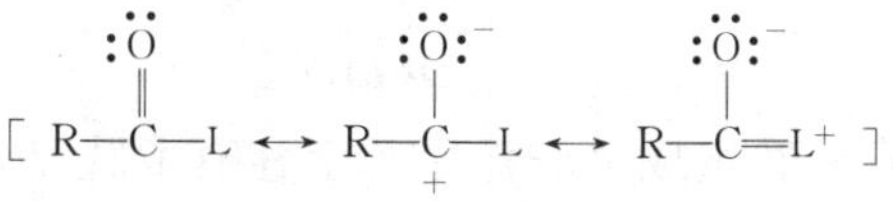

$$\left[R-\overset{\overset{..}{\overset{..}{O}}}{C}-L \longleftrightarrow R-\overset{\overset{..}{\overset{..}{O}}{:}^-}{\underset{+}{C}}-L \longleftrightarrow R-\overset{\overset{..}{\overset{..}{O}}{:}^-}{C}=L^+ \right]$$

羧酸衍生物 C—L 键较典型的单键 C—L 键键长有所缩短，不同类型化合物C—L键键长比较见表 11-1。

表 11-1　羧酸衍生物 C—L 键键长与典型单键 C—L 键键长比较

类型	键长/nm	类型	键长/nm	类型	键长/nm
$H_3C-\overset{\overset{O}{\|}}{C}-Cl$	0.178 4	$H-\overset{\overset{O}{\|}}{C}-NH_2$	0.137 6	$H-\overset{\overset{O}{\|}}{C}-OCH_3$	0.133 4
H_3C-Cl	0.178 9	H_3C-NH_2	0.147 4	H_3C-OH	0.143 0

11.1.2 羧酸衍生物命名

1. 酰基名称

羧酸去掉羧基中羟基后剩余的部分称为酰基。酰卤、酸酐、酯和酰胺都含有酰基，所以又称为酰基化合物。

酰基名称是将相应的羧酸名称中"酸"变成"酰基"。例如：

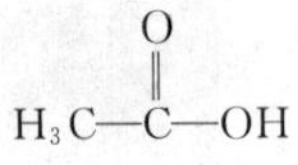

乙酸 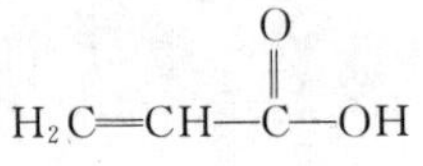　　　　　　　　　丙烯酸 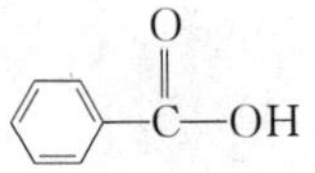　　　　　　　　　苯甲酸

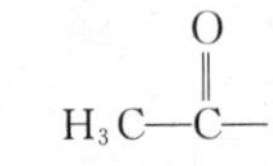

乙酰基 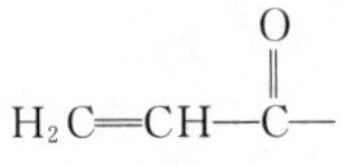　　　　　　　　丙烯酰基 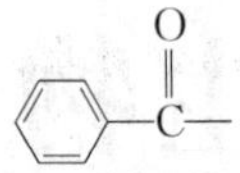　　　　　　　　苯甲酰基

2. 羧酸衍生物命名

酰卤命名是在酰基后面加上卤素名称（基字可省略）。例如：

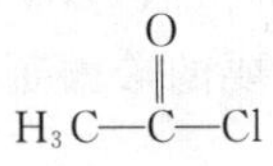

乙酰氯 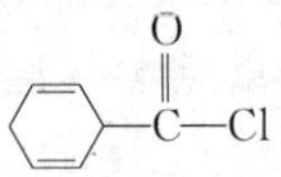　　2,5-环己二烯基甲酰氯 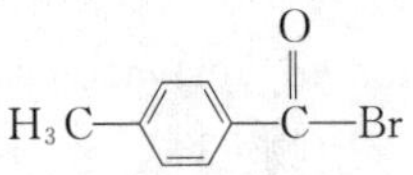　　　　4-甲基苯甲酰溴

酸酐命名是由两个羧酸名称加上"酐"字。相同羧酸形成的酸酐称为单酐；不同羧酸形成的酸酐称为混酐。混酐命名时，通常简单羧酸写在前面，复杂羧酸写在后面。例如：

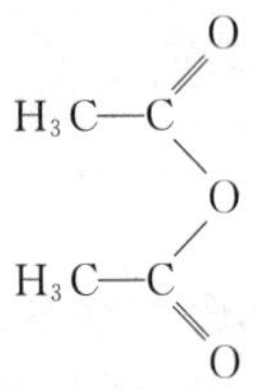

乙酸酐 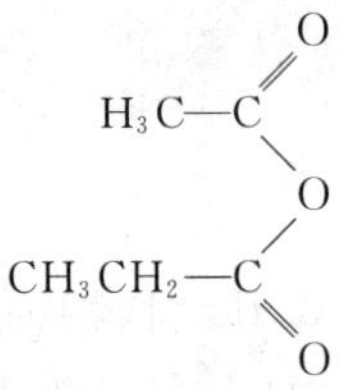　　　　　　　　乙丙酸酐 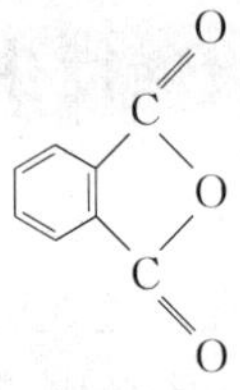　　　　　　　　邻苯二甲酸酐

酯的命名是相应羧酸和醇中烃基名称组合后加"酯"字。例如：

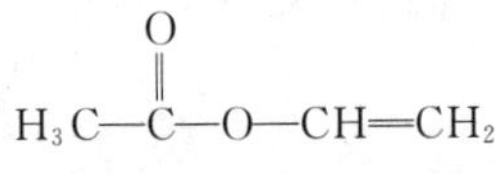

乙酸乙烯酯 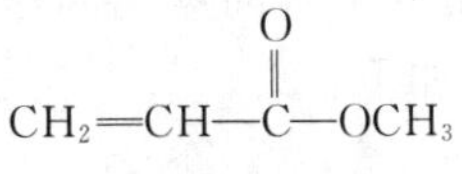　　　　　　丙烯酸甲酯 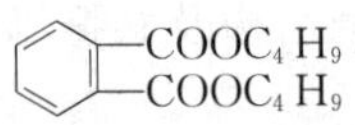　　　　　　邻苯二甲酸二丁酯

酰胺名称由酰基和胺或某胺组成。若氮原子上连有取代基，在取代基名称前加"N"标记，表示该取代基连在氮原子上。例如：

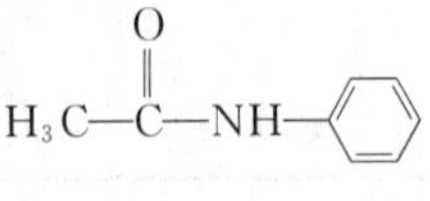

乙酰苯胺 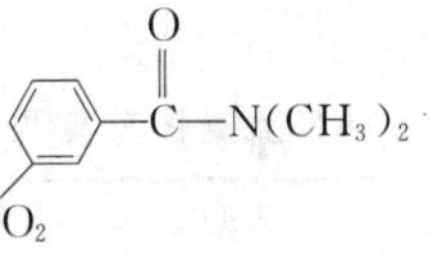　　　　　N,N-二甲基-3-硝基苯甲酰胺 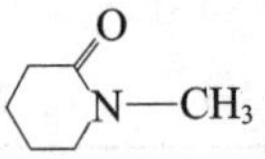　　　N-甲基戊内酰胺

11.2 羧酸衍生物物理性质

11.2.1 一般物理性质

低级酰卤和酸酐是刺激性气味的无色液体；低级酯则是有芳香气味的易挥发性无色液体；一般酰胺均为固体，甲酰胺和某些 N-取代酰胺是液体。

酰卤、酸酐和酯分子间不能形成氢键,但酰胺分子间可以形成较强氢键。因此,酰卤和酯沸点较相应羧酸低;酸酐沸点也低于分子质量相近羧酸;酰胺熔点和沸点均比相应羧酸高。酰胺氮原子上氢原子被烃基取代后,分子间不能形成氢键,熔点和沸点都有所降低。

羧酸衍生物一般均能溶于乙醚、氯仿、丙酮、苯等有机溶剂。低级酰胺(如 N,N-二甲基甲酰胺)能与水混溶,是优良的非质子极性溶剂。

常见羧酸衍生物物理常数列于表 11-2。

表 11-2　　常见羧酸衍生物物理常数

类别	化合物	构造式	熔点/℃	沸点/℃	相对密度 d_4^{20}
酰卤	乙酰氯	CH_3COCl	−112	52	1.104
	乙酰溴	CH_3COBr	−96	76.7	1.52
	苯甲酰氯	C_6H_5COCl	−1	197.2	1.212
酸酐	乙酸酐	$(CH_3CO)_2O$	−73	139.6	1.082
	苯甲酸酐	$(C_6H_5CO)_2O$	42	360	1.199
	邻苯二甲酸酐		132	284.5	1.527
酯	甲酸乙酯	$HCOOCH_2CH_3$	−80	54	0.969
	乙酸乙酯	$CH_3COOCH_2CH_3$	−84	77.1	0.901
	苯甲酸乙酯	$C_6H_5COOCH_2CH_3$	−35	213	1.051^{15}
酰胺	乙酰胺	CH_3CONH_2	82	222	1.159
	苯甲酰胺	$C_6H_5CONH_2$	130	290	1.341
	N,N-二甲基甲酰胺	$HCON(CH_3)_2$	−	153	$0.948^{22.4}$
	乙酰苯胺	$CH_3CONHC_6H_5$	114	305	1.21^4

11.2.2　波谱性质

羧酸衍生物羰基伸缩振动吸收波数在 1 650～1 850 cm^{-1},羰基碳缺电子性越强,吸收波数越高。不同羧酸衍生物中羰基伸缩振动频率不同,表 11-3 列出了红外吸收波数大致范围。

表 11-3　　羧酸衍生物中羰基的红外吸收

化合物	伸缩振动吸收波数/cm^{-1}	化合物	伸缩振动吸收波数/cm^{-1}
酰卤	1 785～1 815	酸酐	1 740～1 790 和 1 800～1 850
酯	1 735～1 750	酰胺	1 650～1 680

酸酐有两个羰基,故有两个伸缩振动吸收波数,相差约 60 cm^{-1}。

羧酸衍生物中 α-碳上氢核受羰基影响,其化学位移移向低场,一般 δ 值为 2～3。酯分子中烷氧基中与氧相连的碳原子上氢核化学位移 δ 值一般为 3.7～4.1,比酰基中 α-碳上氢核化学位移更靠近低场。酰胺氮原子上氢核因屏蔽效应小,δ 值在 5～8 范围内。

11.3　羧酸衍生物化学性质

羧酸衍生物羰基碳原子易被亲核试剂进攻,发生酰基上亲核加成消除反应,也能发生相应还原反应,而且酰基上 α-氢原子受羰基影响,也表现出一定活泼性,这是羧酸衍生物共性。此外,不同羧酸衍生物还有它们各自的特性。

11.3.1 水解、醇解和氨解

羧酸衍生物可以由一种衍生物转变为另一种衍生物,也可以通过水解转变为羧酸:

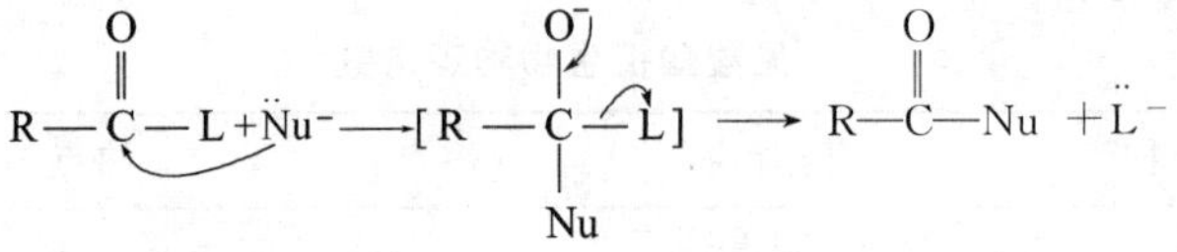

$$R-\overset{O}{\overset{\|}{C}}-L+\ddot{N}u^- \longrightarrow [R-\overset{O}{\overset{\|}{C}}-L] \longrightarrow R-\overset{O}{\overset{\|}{C}}-Nu +L^-$$
$$Nu$$

反应过程是亲核试剂首先加成到羧酸衍生物羰基碳原子上,形成一个中心碳原子为四面体结构、氧原子上带负电荷的中间体;然后该中间体消除一个负性基团(L⁻),形成另一种羧酸衍生物,此为亲核加成-消除反应。

影响亲核加成-消除反应活性的因素:

(1)电子效应

由反应过程不难理解,R 或 L 吸电子效应越强,羰基碳原子正电荷密度越大,亲核试剂(Nu⁻)就越容易加成,反应活性越大。另一方面,离去基团(L⁻)碱性越弱就越稳定,在反应过程中就越容易离去,越有利于反应进行。

离去基团吸电子效应:

$$-X > -OCOR > -OR > -NH_2$$

离去基团碱性:

$$X^- < RCO_2^- < RO^- < H_2N^-$$

羧酸衍生物反应活性:

$$RCOX > RCOOCOR > RCOOR' > RCONH_2$$

(2)空间效应

亲核加成反应使酰基碳原子由 sp^2 杂化变成 sp^3 杂化,即平面三角形结构转变为四面体结构;若羰基碳原子连接基团过于庞大,则中间体四面体结构空间拥挤,使得体系能量升高,反应活性降低。

1.水解反应

羧酸衍生物水解生成相应的羧酸。

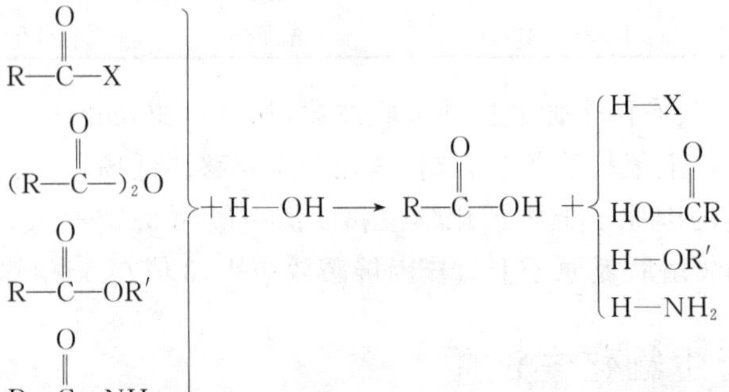

$$\left.\begin{array}{l}R-\overset{O}{\overset{\|}{C}}-X\\(R-\overset{O}{\overset{\|}{C}}-)_2O\\R-\overset{O}{\overset{\|}{C}}-OR'\\R-\overset{O}{\overset{\|}{C}}-NH_2\end{array}\right\}+H-OH \longrightarrow R-\overset{O}{\overset{\|}{C}}-OH+\left\{\begin{array}{l}H-X\\HO-\overset{O}{\overset{\|}{C}}R\\H-OR'\\H-NH_2\end{array}\right.$$

低级酰卤在常温下与水剧烈反应;酸酐在热水中易水解;酯和酰胺的水解一般要用酸或

碱催化,并在加热条件下进行。酸催化水解反应,由于羰基质子化作用增强了羰基碳原子的正电性,有利于弱亲核试剂水的进攻;碱催化水解本质是 HO^- 亲核性比 H_2O 强,提高了水解反应速率。

酸催化下酯水解是酯化反应逆反应,碱催化酯水解则不可逆,也称酯的皂化反应。

$$RCOOR' + NaOH \xrightarrow{H_2O} RCOONa + R'OH$$

酰胺在酸性条件下水解生成羧酸和铵盐,在碱性条件下水解则生成羧酸盐,并放出氨或胺。

$$CH_3O \underset{NO_2}{\overset{}{\bigcirc}} NH\text{—}\overset{O}{\overset{\|}{C}}\text{—}CH_3 + KOH \xrightarrow[100\ ℃]{H_2O} CH_3O \underset{NO_2}{\overset{}{\bigcirc}} NH_2 + CH_3COOK$$

2.醇解反应

羧酸衍生物与醇反应生成酯,称为醇解反应。

$$\left.\begin{array}{c} R\text{—}\overset{O}{\overset{\|}{C}}\text{—}X \\[2mm] (R\text{—}\overset{O}{\overset{\|}{C}}\text{—})_2O \\[2mm] R\text{—}\overset{O}{\overset{\|}{C}}\text{—}OR'' \\[2mm] R\text{—}\overset{O}{\overset{\|}{C}}\text{—}NH_2 \end{array}\right\} + H\text{—}OR' \longrightarrow R\text{—}\overset{O}{\overset{\|}{C}}\text{—}OR' + \left\{\begin{array}{c} H\text{—}X \\[2mm] HO\text{—}\overset{O}{\overset{\|}{C}}R \\[2mm] H\text{—}OR'' \\[2mm] H\text{—}NH_2 \end{array}\right.$$

酰卤和酸酐醇解反应比较容易,是合成酯的常用方法。特别是酸酐,它比酰卤易于制备和保存,应用更广泛。例如,乙酐与水杨酸作用生成乙酰水杨酸,俗名"阿司匹林"(Aspirin),是具有解热、镇痛作用的药物,还有降低风湿性心脏病发病率和预防肠癌的作用。

$$(CH_3CO)_2O + \underset{OH}{\overset{COOH}{\bigcirc}} \longrightarrow \underset{O\text{—}\overset{O}{\overset{\|}{C}}\text{—}CH_3}{\overset{COOH}{\bigcirc}} + CH_3COOH$$

阿司匹林

酯醇解生成新的醇和新的酯,又称酯交换反应。酯交换反应活性较低,但反应可逆,需在酸或碱催化下,采用加入过量底物醇或将生成醇除去,使平衡向指定方向移动。

工业上合成纤维"涤纶"时就利用了酯交换反应。

$$CH_3O\overset{O}{\overset{\|}{C}}\text{—}\bigcirc\text{—}\overset{O}{\overset{\|}{C}}OCH_3 \xrightarrow[Sb_2S_3,\triangle]{HOCH_2CH_2OH} \text{[}\overset{O}{\overset{\|}{C}}\text{—}\bigcirc\text{—}\overset{O}{\overset{\|}{C}}OCH_2CH_2O\text{]}_n + CH_3OH$$

涤纶

聚乙烯醇生产工艺的最后一步也利用了酯交换反应。

$$CH_2{=}\underset{OAc}{CH} \xrightarrow{聚合} \text{[}CH_2{-}\underset{OAc}{CH}\text{]}_n \xrightarrow[NaOH]{nCH_3OH} \text{[}CH_2{-}\underset{OH}{CH}\text{]}_n + nCH_3COOCH_3$$

酰胺醇解反应不易发生,需要过量醇并加热条件下才能生成酯并放出氨。

3. 氨解反应

羧酸衍生物与氨(或胺)反应生成酰胺。

$$
\left.\begin{array}{c} R-\overset{O}{\underset{}{C}}-X \\[2mm] (R-\overset{O}{\underset{}{C}})_2O \\[2mm] R-\overset{O}{\underset{}{C}}-OR' \end{array}\right\} + H-NH_2 \longrightarrow R-\overset{O}{\underset{}{C}}-NH_2 + \left\{\begin{array}{l} H-X \\[2mm] HO-\overset{O}{\underset{}{C}}-R \\[2mm] H-OR' \end{array}\right.
$$

酰胺氨解反应可逆。只有参与反应的伯或仲胺碱性比离去胺碱性强并且过量情况下,才能得到 N-烷基酰胺,叔胺不能与酰胺发生氨解反应。

$$
R-\overset{O}{\underset{}{C}}-NH_2 + \left\{\begin{array}{l} H-NHR' \\ H-NR'_2 \end{array}\right. \underset{(过量)}{\rightleftharpoons} \left\{\begin{array}{l} R-\overset{O}{\underset{}{C}}-NHR' \\[2mm] R-\overset{O}{\underset{}{C}}-NR'_2 \end{array}\right. + H-NH_2
$$

酰卤和酸酐氨(胺)解反应活性高,得到酰胺和铵盐。

$$
CH_3COCl + 2\,HN\!\!\diagdown \longrightarrow CH_3-\overset{O}{\underset{}{C}}-N\!\!\diagdown + H_2^+N\!\!\diagdown \ Cl^-
$$

酯需要在无水条件下,用过量氨处理才能得到酰胺。

丁内酰胺 (吡咯烷酮)

11.3.2 与有机金属化合物反应

1. 与 Grignard 试剂反应

羧酸衍生物与 Grignard 试剂作用的实质是碳负离子对羰基亲核加成反应。

$$
R-\overset{O}{\underset{}{C}}-L \xrightarrow[Et_2O]{R'MgX} \left[R-\overset{OMgX}{\underset{R'}{C}}-L\right] \xrightarrow{-MgXL} R-\overset{O}{\underset{}{C}}-R' \xrightarrow{R'MgX} R-\overset{OMgX}{\underset{R'}{C}}-R' \xrightarrow{H_3^+O} R-\overset{OH}{\underset{R'}{C}}-R'
$$

反应过程中经历一个生成酮的中间阶段。由于酰卤与 Grignard 试剂反应活性比酮高,所以控制反应温度和 Grignard 试剂用量可使反应停止在生成酮的阶段。若 Grignard 试剂过量，则生成叔醇。

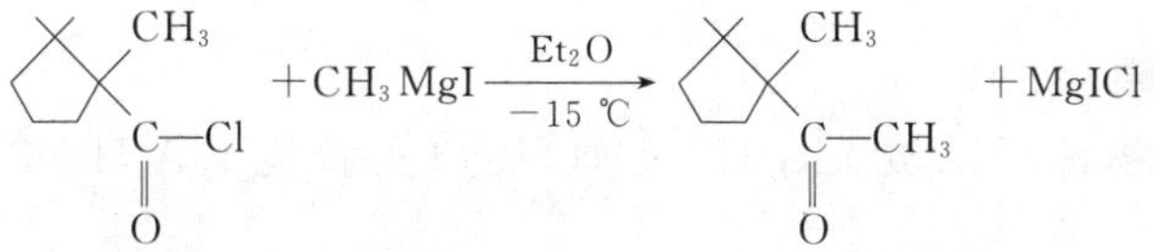

酸酐和酯与 Grignard 试剂反应也先生成酮。酮分子中羰基比酯中羰基活性高，故 Grignard 试剂过量时会继续与酮反应生成叔醇，甲酸酯则生成对称仲醇。

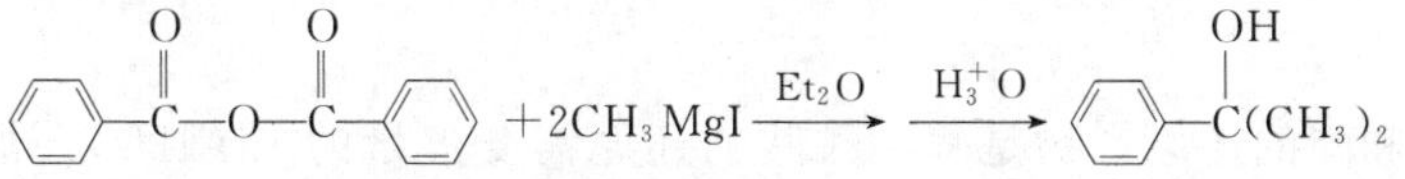

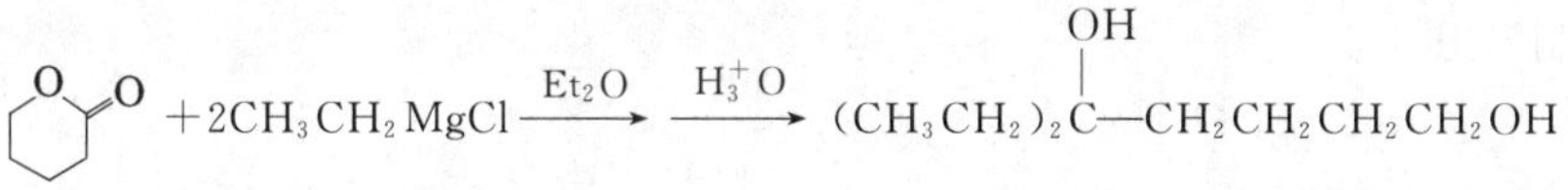

酰胺与 Grignard 试剂反应在有机合成上应用较少，含活泼氢酰胺还有分解 Grignard 试剂的行为。

2. 与烃基铜锂反应

羧酸衍生物中只有酰卤和 R_2CuLi 反应具有实际意义，这是制备酮的方法之一。其他羧酸衍生物与 R_2CuLi 反应不甚理想。

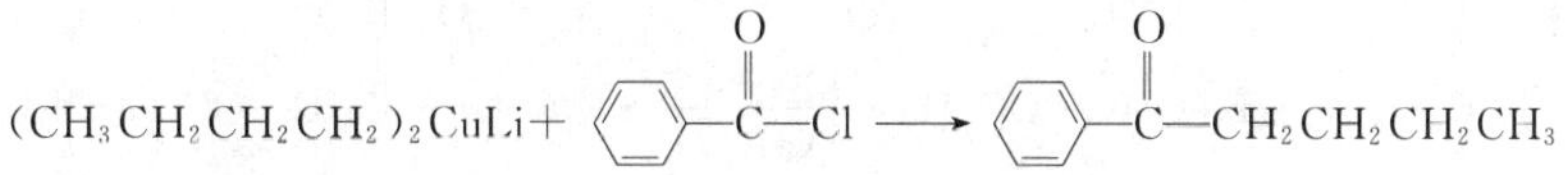

11.3.3 还原反应

羧酸衍生物比羧酸易被还原。酰卤、酸酐和酯被还原为醇，酰胺被还原为胺。

1. 催化加氢

羧酸衍生物在催化加氢条件下都可以被还原，但酰卤的选择性还原和酯的还原更有制备意义。

酰卤选择性加氢的催化体系是 $Pd/BaSO_4$-硫-喹啉（或硫脲），可使酰卤加氢反应停止在生成醛阶段，称为罗森门德（Rosenmund）反应，这是一种制备醛的方法。

$$(Ar)R-\overset{O}{\overset{\|}{C}}-Cl + H_2 \xrightarrow[\text{硫-喹啉}]{Pd/BaSO_4} (Ar)R-\overset{O}{\overset{\|}{C}}-H + HCl$$

$$CH_3O-\overset{O}{\overset{\|}{C}}CH_2CH_2\overset{O}{\overset{\|}{C}}-Cl + H_2 \xrightarrow[\text{硫-喹啉}]{Pd/BaSO_4} CH_3O-\overset{O}{\overset{\|}{C}}CH_2CH_2\overset{O}{\overset{\|}{C}}-H + HCl$$

在高温高压 $CuO \cdot CuCrO_4$ 催化加氢条件下反应，酯被还原成两分子醇。若羧酸酯分子中具有不饱和基团，在反应过程中将同时被加氢还原，不过苯环不受影响。

$$R-\overset{O}{\overset{\|}{C}}-OR' + H_2 \xrightarrow[250\ ^\circ C,\ 20\sim 33\ MPa]{CuO \cdot CuCrO_4} RCH_2OH + HOR'$$

酯可在金属钠-乙醇还原体系中还原为醇，分子中烯烃或炔烃不饱和键不受影响，可用于不饱和脂肪酸酯的选择性还原。

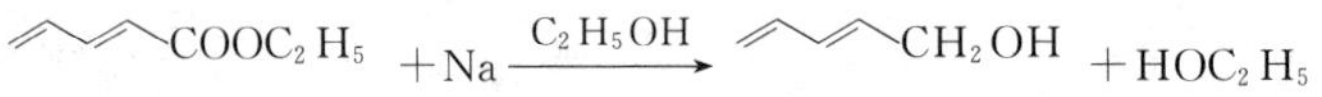

$$\text{〜〜COOC}_2\text{H}_5 + \text{Na} \xrightarrow{\text{C}_2\text{H}_5\text{OH}} \text{〜〜CH}_2\text{OH} + \text{HOC}_2\text{H}_5$$

2. 氢化铝锂还原

羧酸及其衍生物都可以被 LiAlH₄ 还原，还原实质是 LiAlH₄ 中负氢对羰基的加成反应。

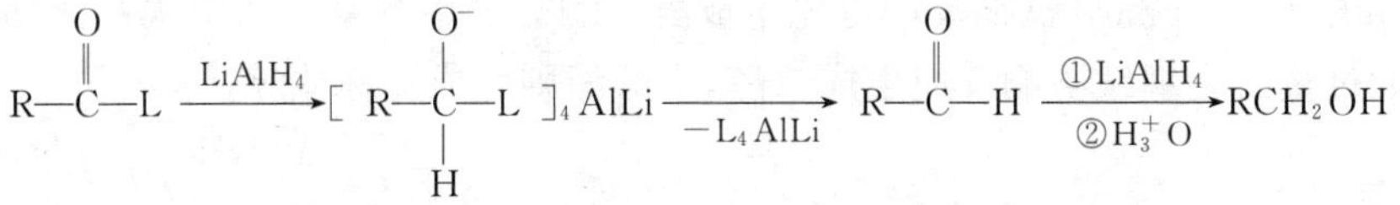

$$\underset{O}{\overset{O}{R-C-L}} \xrightarrow{\text{LiAlH}_4} [\underset{H}{\overset{O^-}{R-C-L}}]_4\text{AlLi} \xrightarrow{-\text{L}_4\text{AlLi}} \underset{}{\overset{O}{R-C-H}} \xrightarrow[\text{②H}_3^+\text{O}]{\text{①LiAlH}_4} \text{RCH}_2\text{OH}$$

酰卤、酸酐和酯的还原产物是醇。酰胺的还原需要过量的 LiAlH₄，还原产物是不同类型的胺，有制备意义。

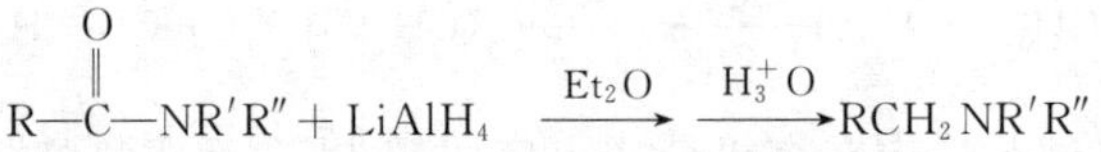

$$\underset{O}{\overset{O}{R-C-NR'R''}} + \text{LiAlH}_4 \xrightarrow{\text{Et}_2\text{O}} \xrightarrow{\text{H}_3^+\text{O}} \text{RCH}_2\text{NR'R''}$$

11.3.4 酯缩合反应

酯的 α-氢原子有弱酸性，在醇钠作用下可发生分子间缩合反应，结果是在形式上一分子酯的 α-氢被另一分子酯的酰基取代，生成 β-酮酸酯，此为克莱森(Claisen)酯缩合反应。

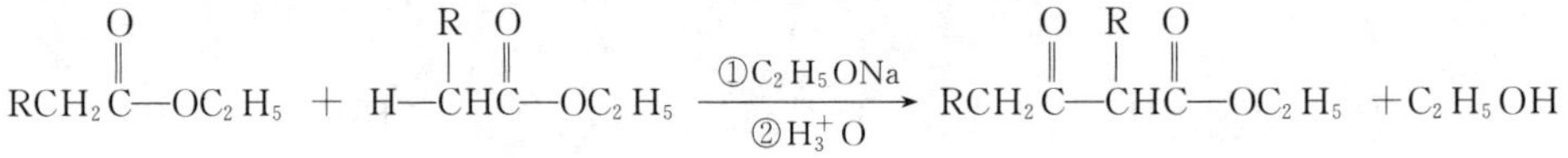

$$\underset{}{\overset{O}{RCH_2C-OC_2H_5}} + \underset{}{\overset{R\ O}{H-CHC-OC_2H_5}} \xrightarrow[\text{②H}_3^+\text{O}]{\text{①C}_2\text{H}_5\text{ONa}} \underset{}{\overset{O\ R\ O}{RCH_2C-CHC-OC_2H_5}} + \text{C}_2\text{H}_5\text{OH}$$

以乙酸乙酯缩合为例，克莱森酯缩合反应机理如下图所示。乙酸乙酯 α-氢酸性弱于乙醇，并不利于乙酸乙酯负离子生成，但乙酰乙酸乙酯负离子形成具有更大共振稳定性，使平衡移动趋向于生成缩合产物乙酰乙酸乙酯盐，最后酸化才能得到游离的乙酰乙酸乙酯。

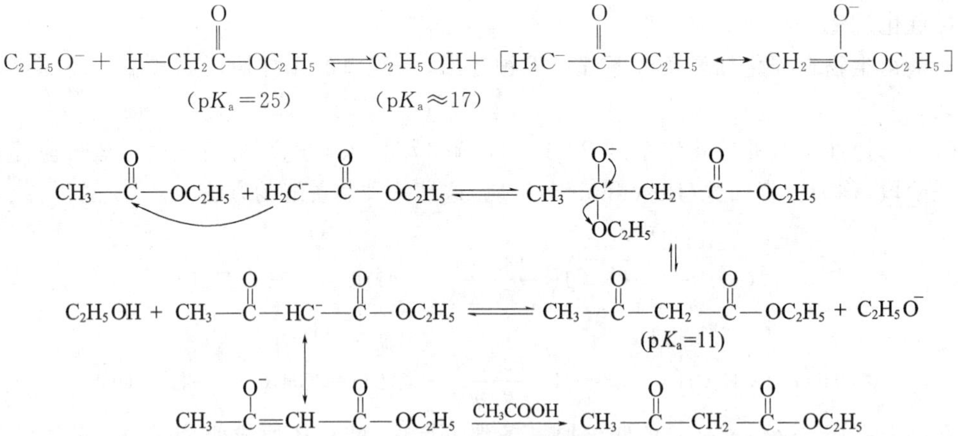

$$\text{C}_2\text{H}_5\text{O}^- + \underset{(pK_a=25)}{\overset{O}{H-CH_2C-OC_2H_5}} \rightleftharpoons \text{C}_2\text{H}_5\text{OH} + [\underset{(pK_a \approx 17)}{\overset{O}{H_2C^--C-OC_2H_5}} \leftrightarrow \underset{}{\overset{O^-}{CH_2=C-OC_2H_5}}]$$

$$\underset{}{\overset{O}{CH_3-C-OC_2H_5}} + \underset{}{\overset{O}{H_2C^--C-OC_2H_5}} \rightleftharpoons \underset{OC_2H_5}{\overset{O^-}{CH_3-C-CH_2-C-OC_2H_5}}$$

$$\text{C}_2\text{H}_5\text{OH} + \underset{}{\overset{O\ \ \ \ \ O}{CH_3-C-HC^--C-OC_2H_5}} \rightleftharpoons \underset{(pK_a=11)}{\overset{O\ \ \ \ \ O}{CH_3-C-CH_2-C-OC_2H_5}} + \text{C}_2\text{H}_5\text{O}^-$$

$$\underset{}{\overset{O^-\ \ \ \ \ O}{CH_3-C=CH-C-OC_2H_5}} \xrightarrow{\text{CH}_3\text{COOH}} \underset{}{\overset{O\ \ \ \ \ O}{CH_3-C-CH_2-C-OC_2H_5}}$$

若两个不同的酯均含有 α-氢，交叉酯缩合反应时理论上可得到 4 种不同产物，制备价值不大。若两个酯只有一个具有 α-氢原子，交叉酯缩合则有制备意义。

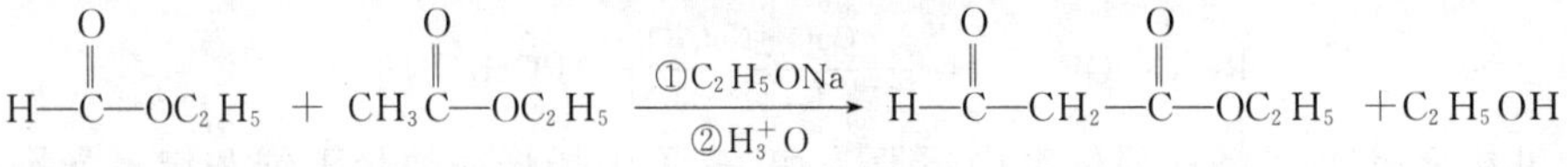

$$\underset{}{\overset{O}{H-C-OC_2H_5}} + \underset{}{\overset{O}{CH_3C-OC_2H_5}} \xrightarrow[\text{②H}_3^+\text{O}]{\text{①C}_2\text{H}_5\text{ONa}} \underset{}{\overset{O\ \ \ \ \ O}{H-C-CH_2-C-OC_2H_5}} + \text{C}_2\text{H}_5\text{OH}$$

芳香酸酯的羰基虽然较不活泼，但在强碱的作用下，反应也能顺利进行。

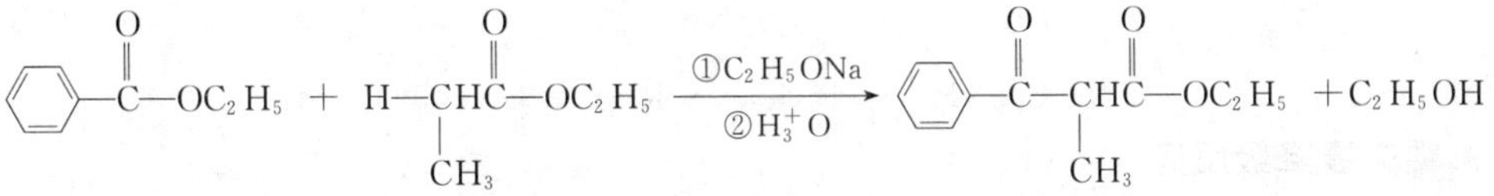

酮的 α-氢比酯的 α-氢活泼，酮与酯进行缩合反应时，是酯羰基受到进攻，生成 β-羰基酮。

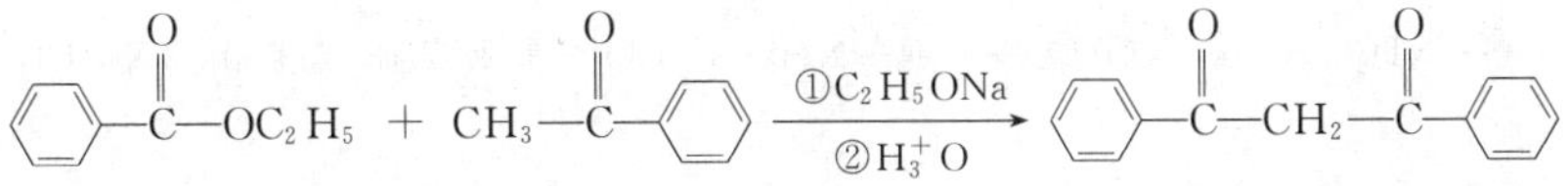

酯与醛也可发生交叉缩合：

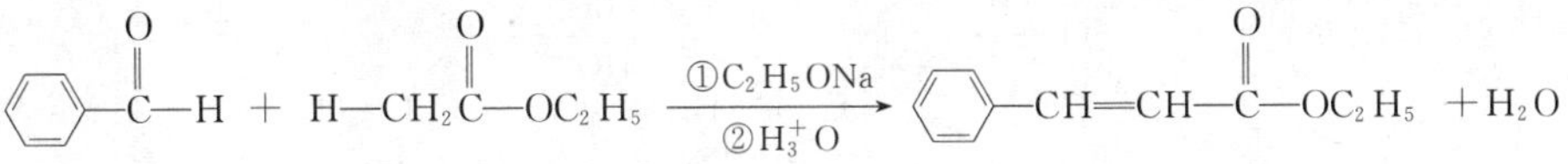

二元酸酯可以发生分子内酯缩合反应，如己二酸酯和庚二酸酯在醇钠作用下，形成五元或六元环 β-酮酸酯，这种分子内的酯缩合反应称为狄克曼（Dieckmann）缩合反应。

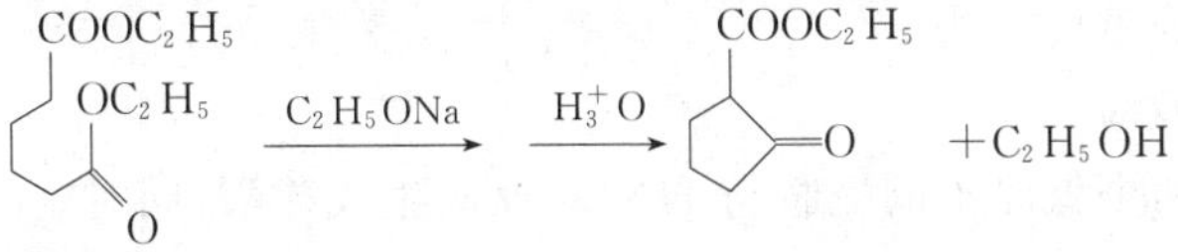

11.3.5　酰胺特性反应

1. 酸碱性

酰胺分子中氮原子未共用电子对与羰基形成共轭体系，未共用电子对向羰基离域，使氮原子上电子云密度降低，氨基碱性减弱，所以酰胺一般视为中性化合物。当酰胺用强酸处理时，生成质子化酰胺，表现为"弱碱性"，用强碱处理时则生成盐，又表现为"弱酸性"。

$$CH_3CONH_2 + HCl \longrightarrow CH_3CONH_2 \cdot HCl$$

$$CH_3CONH_2 + NaNH_2 \longrightarrow CH_3CON\overset{-}{H}N\overset{+}{a} + NH_3$$

上述两种盐极不稳定，遇水时立即分解为原来的酰胺。

酰亚胺中氮原子上连有两个酰基，氮上电子云密度显著下降，使—NH—表现出明显酸性，可与氢氧化钾水溶液作用生成稳定钾盐。丁二酰亚胺钾盐在冰水浴中与溴作用可制备 N-溴代丁二酰亚胺（NBS）。NBS 是制备烯丙型溴代烃的溴化试剂。

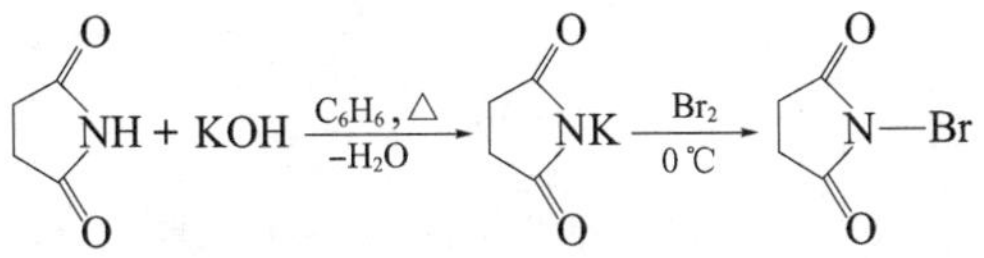

2. 脱水反应

酰胺与强脱水剂（P_2O_5、$POCl_3$、$SOCl_2$ 等）共热，发生分子内脱水反应生成腈，这是制备腈的方法之一。

$$R-\overset{\overset{\text{O}}{\|}}{C}-NH_2 + P_2O_5 \xrightarrow{\triangle} R-C\equiv N + H_3PO_4$$

3. 霍夫曼降级反应

氮原子连有两个氢的酰胺在碱溶液中与卤素作用,脱去羰基生成伯胺。

$$R-\overset{\overset{\text{O}}{\|}}{C}-NH_2 + X_2 + 4OH^- \longrightarrow R-NH_2 + CO_3^{2-} + 2X^- + 2H_2O \quad (X=Cl,Br)$$

在反应过程中碳链减少了一个碳原子,此为霍夫曼(Hoffmann)降级反应,这是以较高收率制备伯胺或氨基酸的重要方法。

4. 与 HNO₂ 的反应

氮原子上连有两个氢原子的酰胺与 HNO₂ 反应生成羧酸,同时定量放出 N₂。

$$RCONH_2 + HO-NO \longrightarrow RCOOH + H_2O + N_2 \uparrow$$

此反应可用于 N 上无取代酰胺的鉴别和定量分析。

11.4 β-二羰基化合物

含有两个羰基的化合物统称为二羰基化合物。两个羰基被一个饱和碳相间隔时称为 β-二羰基化合物,一般有下列三种类型:

$$R-\overset{\overset{\text{O}}{\|}}{C}-CH_2-\overset{\overset{\text{O}}{\|}}{C}-R \qquad R-\overset{\overset{\text{O}}{\|}}{C}-CH_2-\overset{\overset{\text{O}}{\|}}{C}-OR' \qquad RO-\overset{\overset{\text{O}}{\|}}{C}-CH_2-\overset{\overset{\text{O}}{\|}}{C}-OR$$

β-二酮   β-酮酸酯   丙二酸酯

β-二羰基化合物是重要的有机合成中间体。

11.4.1 β-二羰基化合物酸性和烯醇式

β-二羰基化合物的结构特性在于两个羰基共同影响亚甲基,使其上 α-氢原子酸性增强。

$$H_5C_2O-\overset{\overset{\text{O}}{\|}}{C}-CH_2-\overset{\overset{\text{O}}{\|}}{C}-OC_2H_5 \qquad CH_3-\overset{\overset{\text{O}}{\|}}{C}-CH_2-\overset{\overset{\text{O}}{\|}}{C}-OC_2H_5 \qquad CH_3-\overset{\overset{\text{O}}{\|}}{C}-CH_2-\overset{\overset{\text{O}}{\|}}{C}-CH_3$$

pK_a 13.0   11.0   9.0

β-二羰基化合物酸性强于一般羰基化合物,原因是其共轭碱负电荷在两个羰基间离域,体系能量明显降低,有利于亚甲基 α-氢原子作为质子解离而呈显酸性。

$$CH_3-\overset{O}{\underset{}{C}}-CH_2-\overset{O}{\underset{}{C}}-OC_2H_5 \rightleftharpoons H^+ + \left[CH_3-\overset{O}{\underset{}{C}}-\overset{-}{C}H-\overset{O}{\underset{}{C}}-OC_2H_5 \leftrightarrow CH_3-\overset{O^-}{\underset{}{C}}=CH-\overset{O}{\underset{}{C}}-OC_2H_5 \leftrightarrow \right.$$

$$\left. CH_3-\overset{O}{\underset{}{C}}=CH-\overset{O^-}{\underset{}{C}}-OC_2H_5 \right]$$ 或 $$CH_3-\overset{O}{\underset{}{C}}=CH=\overset{O^-}{\underset{}{C}}-OC_2H_5$$

由于酸性较强,β-二羰基化合物通常存在酮式-烯醇式互变的动态平衡体系。乙酰乙酸乙酯烯醇式结构和酮式结构在其平衡体系中共存,酮式结构占 92.5%,烯醇式结构占 7.5%。

$$CH_3-\overset{O}{\underset{}{C}}-CH_2-\overset{O}{\underset{}{C}}-OC_2H_5 \rightleftharpoons$$

酮式 92.5% 　　　　　　烯醇式 7.5%

乙酰乙酸乙酯
酮-烯醇结构互变

乙酰乙酸乙酯两种异构体常温下互变速度极快,难以将二者分离,故表现出酮和烯醇两方面的特征反应。将乙酰乙酸乙酯石油醚溶液用干冰冷却至 $-78\ ℃$,分离出熔点为 $-39\ ℃$ 的无色晶体。该晶体最初不发生与 $FeCl_3$ 显色或使 Br_2 的乙醇溶液褪色等烯醇特征反应,但可发生酮的特征反应。

酮式-烯醇式互变异构现象在 β-二羰基化合物中普遍存在。各种化合物酮式-烯醇式平衡混合物中,烯醇式含量主要取决于分子结构。常见羰基化合物酮式-烯醇式互变异构体中烯醇式的含量见表 11-4。

表 11-4　　　　常见羰基化合物酮式-烯醇式互变异构体中烯醇含量

酮式	烯醇式	烯醇式含量/%
$CH_3-\overset{O}{\underset{}{C}}-CH_3$	$CH_2=\overset{OH}{\underset{}{C}}-CH_3$	0.000 15
$H_5C_2O-\overset{O}{\underset{}{C}}-CH_2-\overset{O}{\underset{}{C}}-OC_2H_5$	$H_5C_2O-\overset{OH}{\underset{}{C}}=CH-\overset{O}{\underset{}{C}}-OC_2H_5$	0.1
$CH_3-\overset{O}{\underset{}{C}}-CH_2-\overset{O}{\underset{}{C}}-OC_2H_5$	$CH_3-\overset{OH}{\underset{}{C}}=CH-\overset{O}{\underset{}{C}}-OC_2H_5$	7.5
$CH_3-\overset{O}{\underset{}{C}}-CH_2-\overset{O}{\underset{}{C}}-CH_3$	$CH_3-\overset{OH}{\underset{}{C}}=CH-\overset{O}{\underset{}{C}}-CH_3$	76.0
$C_6H_5-\overset{O}{\underset{}{C}}-CH_2-\overset{O}{\underset{}{C}}-CH_3$	$C_6H_5-\overset{OH}{\underset{}{C}}=CH-\overset{O}{\underset{}{C}}-CH_3$	90.0

酮式-烯醇式互变异构体在平衡体系中也随溶剂、浓度和温度不同而有所改变。在非极性溶剂中,有利于形成分子内氢键,烯醇式含量较高。乙酰乙酸乙酯在不同溶剂中的烯醇式

含量(%)如下：

水	乙醇	乙酸乙酯	苯	乙醚	正己烷
0.4	10.52	12.9	16.2	27.1	46.4

11.4.2　乙酰乙酸乙酯合成法的应用

乙酰乙酸乙酯在碱性条件下较易形成稳定碳负离子中间体,这一特点使其在有机合成上占有重要地位。

1. 亚甲基上取代反应

乙酰乙酸乙酯中活泼亚甲基在强碱作用下可产生碳负离子,与活泼卤代烃发生亲核取代反应或在酰卤羰基上发生亲核加成-消除反应,生成亚甲基碳原子烃基化或酰基化产物。

$$CH_3-\overset{O}{\overset{||}{C}}-CH_2-\overset{O}{\overset{||}{C}}-OC_2H_5 \xrightarrow{NaOC_2H_5} \overset{+}{Na}\left[CH_3-\overset{O}{\overset{||}{C}}-\overset{-}{CH}-\overset{O}{\overset{||}{C}}-OC_2H_5 \right]$$

$$CH_3-\overset{O}{\overset{||}{C}}-\overset{R}{\overset{|}{CH}}-\overset{O}{\overset{||}{C}}-OC_2H_5 \xleftarrow[\overset{+}{Na}]{R-X} \left[CH_3-\overset{O}{\overset{||}{C}}-\overset{-}{CH}-\overset{O}{\overset{||}{C}}-OC_2H_5 \right] \xrightarrow{RCOX} CH_3-\overset{O}{\overset{||}{C}}-\overset{\overset{R}{\overset{|}{C=O}}}{\overset{|}{CH}}-\overset{O}{\overset{||}{C}}-OC_2H_5$$

亚甲基上一烃基取代的 β-酮酸酯继续与醇钠、卤代烃作用,可生成二烃基取代物。烃基化反应时宜使用伯卤代烷,因为叔卤代烷在强碱条件下易发生消除反应,仲卤代烷也伴有一定的消除反应导致收率较低,乙烯型卤烃不够活泼,不能于此发生取代反应。在引入不同烃基时,通常先引入空间位阻较大的取代基,这样更有利于反应进行。

2. 分解反应

β-酮酸酯在碱作用下可发生酮式分解和酸式分解反应。

β-酮酸酯在稀碱(5%NaOH)溶液中水解,酸化后生成 β-羰基酸,后者受热分解脱羧生成酮,称为酮式分解。

$$CH_3-\overset{O}{\overset{||}{C}}-\overset{R}{\overset{|}{CH}}-\overset{O}{\overset{||}{C}}-OC_2H_5 \xrightarrow{5\%NaOH} CH_3-\overset{O}{\overset{||}{C}}-\overset{R}{\overset{|}{CH}}-\overset{O}{\overset{||}{C}}-ONa \xrightarrow[\triangle]{H_3^+O} CH_3-\overset{O}{\overset{||}{C}}-CH_2-R + CO_2$$

β-酮酸酯在浓碱(40%NaOH)中加热,酮羰基上碳原子受亲核试剂 OH^- 进攻,发生亲核加成反应,引起 C—C 键断裂,最后生成两分子羧酸,称为酸式分解。

$$CH_3-\overset{O}{\overset{||}{C}}-\overset{\overset{R'}{\overset{|}{}}}{\underset{\overset{|}{R}}{C}}-\overset{O}{\overset{||}{C}}-OC_2H_5 \xrightarrow{40\%NaOH} \xrightarrow{H_3^+O} CH_3COOH + R-\overset{R'}{\overset{|}{CH}}COOH + C_2H_5OH$$

3. 在合成上的应用

鉴于乙酰乙酸乙酯上述特性,即先在乙醇钠作用下产生碳负离子,再与活泼卤代烷或酰卤作用,生成烃基化或酰基化的乙酰乙酸乙酯,最后经过酮式分解或酸式分解,可以制备不同的甲基酮或羧酸化合物,此为乙酰乙酸乙酯合成法。

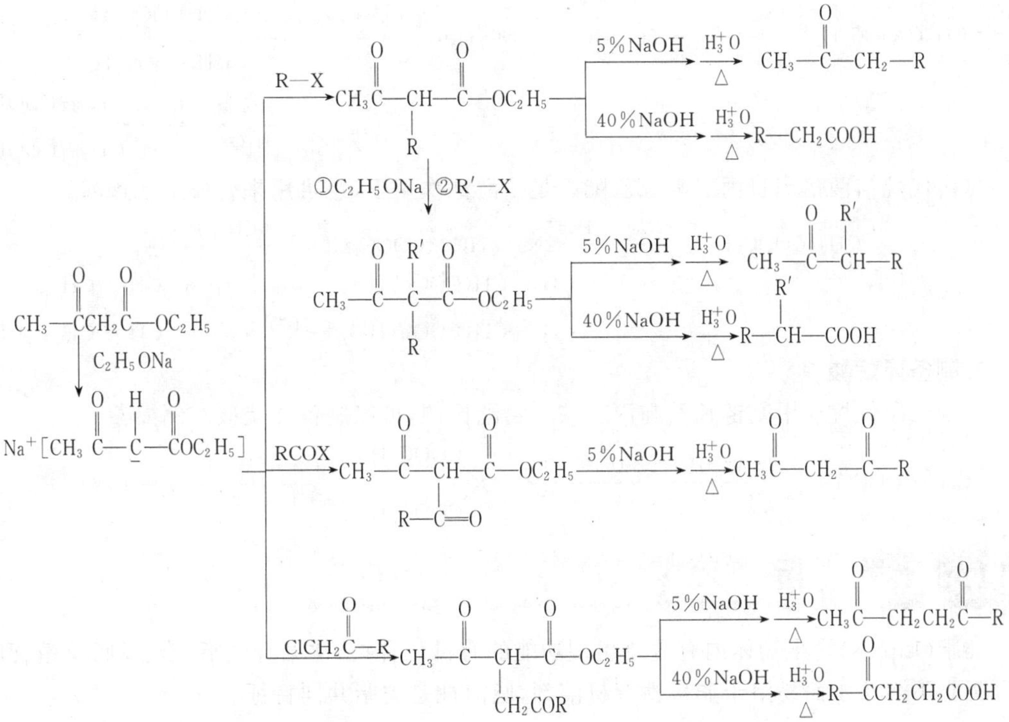

乙酰乙酸乙酯合成法在酸式分解后会产生酮式分解产物，所以该法主要用于制备酮类化合物。

11.4.3　丙二酸二乙酯合成法应用

丙二酸二乙酯分子中亚甲基上氢原子也具有酸性($pK_a=13$)，在乙醇钠等强碱存在下可产生碳负离子中间体，可与卤代烃等发生亲核取代反应，生成烃基化的丙二酸二乙酯，经水解和脱羧反应后可得到不同类型的取代乙酸，此为丙二酸二乙酯合成法。

1. 制备取代乙酸

丙二酸二乙酯亚甲基上两个氢原子可被逐步取代，生成一取代或二取代乙酸。

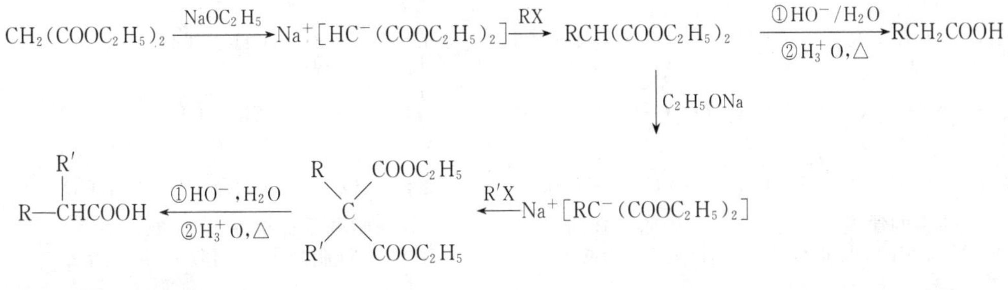

2. 制备二元羧酸

以 α-卤代酸酯代替卤代烃可制备二元羧酸。

$$CH_2(COOC_2H_5)_2 \xrightarrow{NaOC_2H_5} Na^+[HC^-(COOC_2H_5)_2] \xrightarrow{ClCH_2COOC_2H_5} \begin{array}{c} CH(COOC_2H_5)_2 \\ | \\ CH_2COOC_2H_5 \end{array}$$

$$\xrightarrow[H_2O]{HO^-} \xrightarrow[\triangle]{H_3^+O} \begin{array}{c} CH_2-COOH \\ | \\ CH_2-COOH \end{array}$$

二卤代烷与两倍当量丙二酸二乙酯在足量醇钠作用下,也可用来合成二元羧酸。

$$2CH_2(COOC_2H_5)_2 \xrightarrow{2NaOC_2H_5} 2Na^+[HC^-(COOC_2H_5)_2] \xrightarrow{BrCH_2CH_2Br}$$

$$\begin{array}{c} CH_2-CH(COOC_2H_5)_2 \\ | \\ CH_2-CH(COOC_2H_5)_2 \end{array} \xrightarrow[H_2O]{HO^-} \xrightarrow[\triangle]{H_3^+O} \begin{array}{c} CH_2-CH_2CO_2H \\ | \\ CH_2-CH_2CO_2H \end{array}$$

3. 制备环烷酸

控制二卤代烷亚甲基链长及与丙二酸二乙酯比例,可以制备环烷酸。例如:

$$CH_2(COOC_2H_5)_2 \xrightarrow{2NaOC_2H_5} \xrightarrow{Br(CH_2)_3Br} \underset{COOC_2H_5}{\overset{COOC_2H_5}{\diamondsuit}} \xrightarrow[H_2O]{HO^-} \xrightarrow[\triangle]{H_3^+O} \diamondsuit-COOH$$

11.5 类 脂

类脂(Lipids)是生物体内有重要生理功能的有机化合物,常见有油脂、蜡、磷脂及糖苷脂等。类脂不溶于水而易溶于非极性有机溶剂,脂溶性是类脂共同特征。

11.5.1 油脂和蜡

1. 油脂结构与组成

油脂是动植物体重要成分,普遍存在于动物脂肪组织和植物种子中。油脂包括油(Oil)和脂肪(Fat)。习惯上把常温下为液态的称为油,固态或半固态的称为脂。

油脂化学结构可看作一分子甘油与三分子高级脂肪酸酯化所生成的酯。若三个脂肪酸相同,称为同酸甘油三酯;若不同,则称为异酸甘油三酯。同酸甘油三酯命名为"三某脂酰甘油"或"甘油三某脂酸酯"。异酸甘油三酯用 α、β、α' 或 1、2、3 标明脂肪酸占据的位置。例如

油脂的通式　　　　　三硬脂酰甘油　　　　α-硬脂酰-β-棕榈酰-α'-油酰甘油
(R、R'、R"可相同,也可不同)　(甘油三硬脂酸酯)　(甘油-α-硬脂酸-β-棕榈酸-α'-油酸酯)

天然油脂是各种异酸甘油三酯的混合物,水解得到多种偶数碳高级正构饱和脂肪酸及不饱和脂肪酸。常见油脂脂肪酸组成及含量见表11-5。

表 11-5　　　　　　　　　　常见油脂脂肪酸组成和含量

油脂名称	含量/%					
	棕榈酸	硬脂酸	油酸	亚油酸	皂化值	碘值
猪油	28～30	12～18	41～48	3～8	195～208	46～70
牛油	24～32	14～32	35～48	2～4	190～200	30～48
花生油	6～9	2～6	50～57	13～26	105～185	83～105
大豆油	6～10	2～4	21～29	50～59	189～194	127～138

天然油脂中脂肪酸的组成和含量不同,对油脂理化性质的影响也不同。含不饱和酸较多的油脂熔点较低,这是不饱和脂肪酸的碳碳双键一般为顺式构型,使脂肪酸碳链弯曲,分子间排列不紧密所致。油的主要成分就是高级不饱和脂肪酸的甘油酯。若油脂中不饱和酸较少,室温下则为固体或半固体,脂肪主要成分是高级饱和脂肪酸甘油酯。

2. 油脂化学性质

（1）水解与皂化

油脂在酸或酶的作用下,可水解生成甘油和高级脂肪酸,反应可逆。在碱性条件下则水解,生成甘油和俗称为肥皂的高级脂肪酸盐,故油脂碱性水解又称为皂化反应,反应不可逆。

$$
\begin{array}{l}
CH_2-O-\overset{O}{\overset{\|}{C}}-R \\
CH-O-\overset{O}{\overset{\|}{C}}-R' \\
CH_2-O-\overset{O}{\overset{\|}{C}}-R''
\end{array}
+3KOH \xrightarrow[\triangle]{H_2O}
\begin{array}{l}
CH_2-OH \\
CH-OH \\
CH_2-OH
\end{array}
+
\begin{array}{l}
RCOOK \\
R'COOK \\
R''COOK
\end{array}
$$

1 g 油脂完全皂化时所需 KOH 的质量（单位：mg）称为皂化值。皂化值是衡量油脂质量指标之一,可以判断油脂的平均相对分子质量并反映油脂皂化时碱的用量。油脂皂化值越大,相对分子质量越低,皂化时耗碱量越大。

（2）加成与聚合反应

①油脂的氢化

含有不饱和脂肪酸甘油酯的液态油,碳碳双键经催化加氢,转化为饱和脂肪酸甘油酯含量较多的半固态或固态脂肪,称为油脂氢化。氢化后的半固态或固态油脂称为"氢化油"或"硬化油"。

硬化油在工业上有广泛用途。熔点 56 ℃左右工业硬化油用于制造肥皂,以取代资源有限的动物脂肪。完全硬化的油脂用于制造饱和脂肪酸,部分氢化硬化油可配制酥油、人造奶油和黄油等。

②加碘

油脂的不饱和程度可用碘值来定量衡量。100 g 油脂与碘加成所需碘的质量（单位：g）称为碘值。碘值与油脂的不饱和程度成正比。在实际测定中,由于碘与碳碳双键加成一般不能形成稳定的加成产物,常用氯化碘或溴化碘冰醋酸溶液作为试剂与油脂反应,再换算成碘加成的质量。

③聚合反应

含有共轭双键的油脂可发生聚合反应,生成复杂聚合物。例如桐油刷在木制品表面上,可逐渐形成一层干硬、带有光泽且具有一定弹性的薄膜,是油脂干燥,这可能是一系列氧化聚合反应的结果,而具有这种特性的油脂称为干性油。经油脂分析,干性油碘值大于130;半干性油碘值为100~130;不干性油碘值小于100。

(3)氧化反应

油脂长期储存后发生变质,产生难闻气味,此为油脂酸败。油脂中不饱和酸碳碳双键在空气中氧、水分以及微生物作用下被氧化分解成过氧化物和低级醛、酮、羧酸等具有特殊气味的化合物。光、热、潮气和微生物可加速油脂酸败过程。

油脂酸败程度用酸值表示。中和1 g油脂中游离脂肪酸所需氢氧化钾质量(单位:mg)称为油脂的酸值。

不饱和油脂中的碳碳双键可被过氧化物氧化生成环氧化物,如环氧大豆油常用作塑料稳定剂。

3.蜡

蜡(Wax)的主要成分是由C_{16}以上高级脂肪酸和高级脂肪一元醇形成的酯。天然蜡中还含有一定量的游离高级脂肪酸、醇和烃类。蜡在常温下呈固态,能溶于乙醚、苯和氯仿等有机溶剂,不被脂肪酶水解,也不易发生皂化。蜡水解得到相应的高级醇和羧酸。

蜡根据来源可分为植物蜡和动物蜡两大类。在植物茎叶和果实表面蜡膜,具有防止外界水分内浸和内部水分蒸发的作用。在昆虫外壳和动物的皮毛以及鸟类羽毛中,都存在具有保护作用的动物蜡。常见蜡的主要成分见表11-6。

表 11-6　　　　　　　　　　　蜡的主要成分

名称	主要成分	来源	名称	主要成分	来源
巴西蜡	$C_{25}H_{51}COOC_{30}H_{61}$	巴西棕榈叶	鲸蜡	$C_{15}H_{31}COOC_{16}H_{33}$	鲸鱼头部
蜂蜡	$C_{15}H_{31}COOC_{30}H_{61}$	蜜蜂体内	虫蜡	$C_{25}H_{51}COOC_{26}H_{53}$	蜡虫分泌物

植物蜡和虫蜡是重要的工业原料,用于生产高级脂肪酸、脂肪醇以及造纸助剂、防水剂、光泽剂和水果保鲜剂等。

11.5.2　磷　脂

磷脂(Phosphatide)是含有磷酸二酯键结构的脂类,可分为甘油磷脂和鞘磷脂两大类,在动物肝、脑组织、禽蛋黄及植物的种子中含量较丰富,具有重要的生理作用。

1.甘油磷脂

由甘油构成的磷脂称为甘油磷脂。最简单的甘油磷脂是磷脂酸,由甘油与磷酸生成L-甘油-3-磷酸后再和两分子脂肪酸酯化生成的产物。

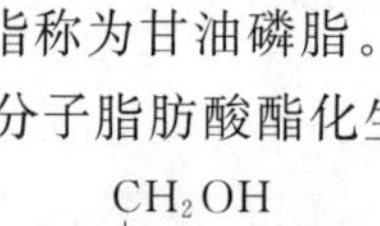

$$
\begin{array}{cc}
CH_2OH & CH_2OOCR \\
HO{-}H & R'COO{-}H \\
CH_2OPO_3H_2 & CH_2OPO_3H_2 \\
\text{L-甘油-3-磷酸(GPA)} & \text{磷脂酸(PA)}
\end{array}
$$

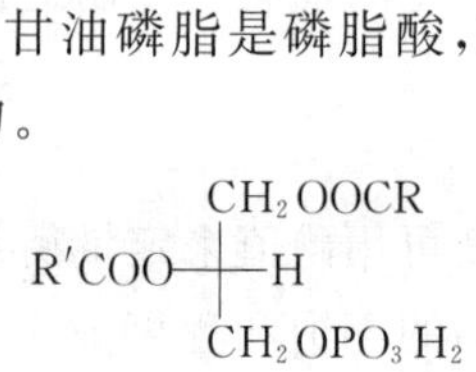

　　复杂甘油磷脂是磷脂酸与含羟基化合物酯化形成磷脂酰化物。一些常见甘油磷脂的结构如下：

$$
\begin{array}{ll}
R'\text{—C—O—}^1CH_2 & \\
\quad\parallel & \\
\quad O & \\
R''\text{—C—O—}^2C\text{—H} & \\
\quad\parallel & \\
\quad O & \\
\qquad\quad {}^3CH_2\text{—O—P—X} & \\
\qquad\qquad\qquad O^- &
\end{array}
$$

基团	名称
—OH	磷脂酸
$-CH_2CH_2\overset{+}{N}(CH_3)_3$	磷脂酰胆碱
$-CH_2CH_2\overset{+}{N}H_3$	磷脂酰乙醇胺
$-CH_2CHCOO^-$　$\overset{\mid}{\underset{+}{NH_3}}$	磷脂酰丝氨酸

　　甘油磷脂通常都不是单一化合物,而是一族具有同样极性头部和不同酯酰基的化合物组合。一般来说,饱和脂肪酸在甘油骨架 C-1 处成酯,不饱和脂肪酸在 C-2 处成酯。磷脂酰胆碱、磷脂酰乙醇胺和磷脂酰丝氨酸是生物膜脂中最主要成分。

　　磷脂酰胆碱俗名卵磷脂,在空气中易被氧化,不溶于水、丙酮和乙酸甲酯,但溶于乙醇、乙醚和氯仿中。磷脂酰乙醇胺俗名脑磷脂,在空气中也易被氧化,能溶于乙醚,不溶于乙醇、丙酮和乙酸甲酯中。

　　在甘油骨架 C-1 位置上具有脂烯醚结构特征的化合物,称为缩醛磷脂。

$$
\begin{array}{l}
CH_3(CH_2)_n CH\!=\!CH\text{—O—}^1CH_2 \\
R'\text{—C—O—}^2C\text{—H} \\
\quad\parallel \\
\quad O \\
\qquad\quad {}^3CH_2\text{—O—P—X} \\
\qquad\qquad\qquad O^-
\end{array}
$$

$R'=$ 不饱和脂肪酸的烃基

$X=-CH_2CH_2\overset{+}{N}H_3,$

$\quad\ -CH_2CH_2\overset{+}{N}(CH_3)_3$

　　在缩醛磷脂结构中,与缩醛磷脂酸酯化的化合物主要是乙醇胺和胆碱。缩醛磷脂大约占人体中枢神经系统中甘油磷脂的 33%。

2. 鞘磷脂

　　由鞘氨醇构成的磷脂称为鞘磷脂。鞘磷脂是神经鞘磷脂简称,是由神经酰胺羟基与磷酸胆碱酯化形成的磷酸二酯。

　　鞘磷脂结构骨架是鞘氨醇,是正构直链十八碳氨基二醇,在 C-4 和 C-5 之间有一反式双键。鞘氨醇氨基与脂肪酸通过酰胺键结合,形成的脂酰鞘氨醇称为神经酰胺。

$$
\begin{array}{ccc}
\text{鞘氨醇} & \text{神经酰胺} & \text{神经鞘磷脂}
\end{array}
$$

　　鞘磷脂有两段由鞘氨醇端基和脂肪酸端基所携疏水性长烃链,还有一亲水性磷酸胆碱端基,结构上与甘油磷脂相似,具有乳化性质。鞘磷脂经水解可以得到磷酸、胆碱、鞘氨醇和脂肪酸。鞘磷脂是生物膜的重要成分之一,在空气中不易被氧化,不溶于丙酮、乙醚和乙酸甲酯,但能溶于热乙醇中。

3. 磷脂双分子层与生物细胞膜

两性结构磷脂分子具有共同特点,亦可看成分子中存在疏水长链和亲水中心的偶极离子,既能溶解在有机溶剂中形成透明溶液,又能溶解在水中以胶体状态在水相中扩散。

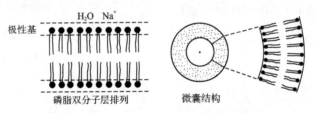

非极性脂溶端　　　极性水溶端

磷脂在水溶液中可以精巧地组装成脂双分子层结构,如图 11-1 所示。脂双分子层内部是磷脂疏水基之间互相聚集,是高度非极性区域;而外侧是两排磷脂内盐极性亲水区域,与水相接触。脂双层是有选择性的通透壁垒,大多数带电荷分子都不能通透,但水和疏水性分子能自由地扩散通过。脂双层倾向于形成闭合的球形结构,这一特性可以减少脂双层疏水边界与水相之间的不利接触。

H₂O Na⁺

极性基

磷脂双分子层排列　　　微囊结构

图 11-1　磷脂双分子层结构剖面图

由脂双分子层构成的微囊结构,其内部是一个水相空间,称为脂质体。它相当稳定,对许多物质是不可通透的壁垒。脂质体由于内部是一个水相空间,可以包裹药物分子,而脂质体膜中的靶蛋白可以识别特定组织,利用脂质体可以将药物带到特定组织部位。

典型的生物膜是由蛋白质和脂(主要是各种磷脂)等组成的。描述生物膜结构流动镶嵌模型认为,生物膜结构是液态脂类构成的双分子层,可流动脂质双分子层组成膜的骨架,可移动膜蛋白全部或部分地嵌入在膜中或与膜表面连接,如图 11-2 所示。

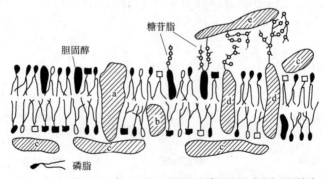

糖苷脂

胆固醇

磷脂

ａｂｃｄｅ　膜蛋白;　糖基;　■ □ 0 ● 不同的膜磷脂的极性端

图 11-2　生物膜结构示意图

生物膜对各类物质的通透性不同,可以选择性地透过某种物质,在细胞吸收外界营养物质和分泌代谢产物过程中起着重要作用。生物膜主要功能是物质转送、能量转换和信息传递。

11.6 碳酸衍生物

碳酸在结构上可看作羟基甲酸或两个羟基共用一个羰基的二元酸。碳酸分子中一个或两个羟基被其他基团(除烃基外)取代后生成物称为碳酸衍生物。

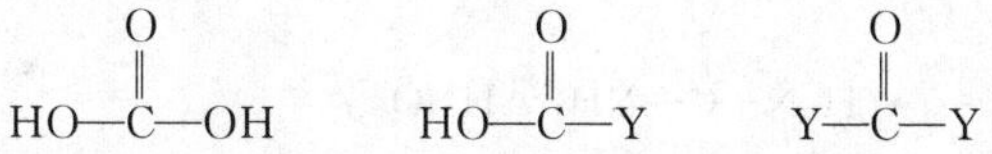

$$\underset{HO-C-OH}{\overset{O}{\|}} \qquad \underset{HO-C-Y}{\overset{O}{\|}} \qquad \underset{Y-C-Y}{\overset{O}{\|}} \qquad (Y=Cl,OR,NH_2,NHR,SH,SR'等)$$

碳酸和酸性的碳酸衍生物不稳定,不能以游离状态存在。碳酸双衍生物及氨基甲酸盐或酯很稳定,是有机合成、医药和农药合成的重要原料。

11.6.1 碳酰氯和碳酸酯

碳酰氯俗称光气,可由一氧化碳和氯气在光照下或活性炭催化下加热至 200 ℃制得。

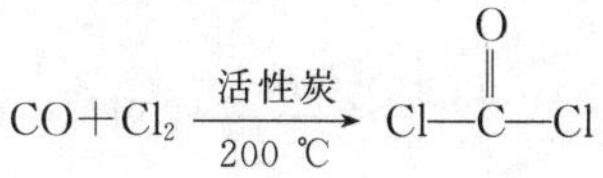

$$CO+Cl_2 \xrightarrow[200\ ℃]{活性炭} \underset{Cl-C-Cl}{\overset{O}{\|}}$$

碳酰氯沸点 8.3 ℃,易溶于苯及甲苯,是一种毒性极强的气体。

碳酰氯具有酰氯的一般特性,可发生水解、醇解和氨解反应,是重要的有机合成中间体。

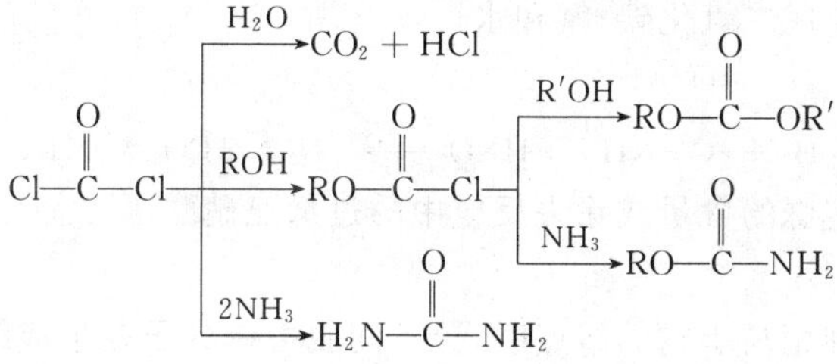

碳酸酯和氨基甲酸酯具有酰胺和酯的结构,在碱性条件下水解生成氨(胺)、醇和碳酸盐。

许多取代氨基甲酸酯有一定的生物活性,毒性较低,广泛用于植物保护的杀虫剂、杀菌剂和除草剂等。例如

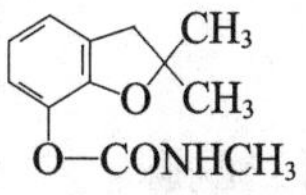

克百威(杀虫剂) 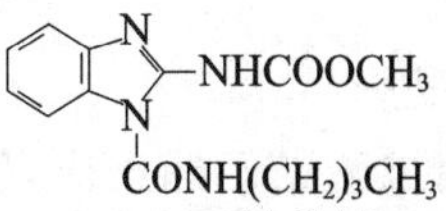　　　苯菌灵(杀菌剂) 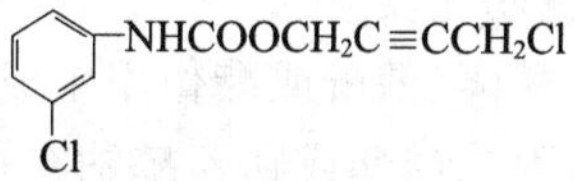　　　燕麦灵(除草剂)

11.6.2 脲和胍

1. 脲

脲(俗称尿素),是碳酸的中性酰胺,也是哺乳动物体内蛋白质代谢的最终产物之一,成人每天排泄尿液中含 25～30 g 脲。

工业上用二氧化碳和过量的氨在加压（14～20 MPa）、加热（180～200 ℃）下生产尿素。

$$CO_2 + 2NH_3 \rightleftharpoons [NH_2COONH_4] \rightleftharpoons H_2N-\overset{O}{\overset{\|}{C}}-NH_2 + H_2O$$

脲为菱形或针状结晶，熔点 132.7 ℃，易溶于水和乙醇，难溶于乙醚。脲除具有酰胺的一般化学性质外，还具有以下特性。

（1）弱碱性

脲具有弱碱性，其水溶液不能使石蕊试纸变色，但能与强酸作用生成盐。例如：

$$H_2N-\overset{O}{\overset{\|}{C}}-NH_2 + HNO_3 \longrightarrow H_2N-\overset{O}{\overset{\|}{C}}-NH_2 \cdot HNO_3 \downarrow$$

$$硝酸脲（结晶，不溶于水）$$

（2）水解

脲在酸、碱或尿素酶催化下水解生成氨（或铵盐）。

$$H_2N-\overset{O}{\overset{\|}{C}}-NH_2 \begin{cases} \xrightarrow{HCl/H_2O} CO_2 + NH_4Cl \\ \xrightarrow{NaOH/H_2O} Na_2CO_3 + NH_3 \\ \xrightarrow{脲酶} 2NH_3 + CO_2 \end{cases}$$

脲是重要的氮肥，在土壤中可逐渐水解为铵离子，为植物所吸收，用于合成植物蛋白。

（3）与亚硝酸作用

脲与亚硝酸作用生成二氧化碳、氮和水。

$$H_2N-\overset{O}{\overset{\|}{C}}-NH_2 + HNO_2 \longrightarrow N_2\uparrow + CO_2\uparrow + H_2O$$

此反应可用来测定脲的含量或除去反应中的过量亚硝酸。

（4）缩二脲反应

将脲小心地加热到稍高于它的熔点时，分子间脱去一分子氨生成缩二脲。

$$H_2N-\overset{O}{\overset{\|}{C}}-NH_2 + H_2N-\overset{O}{\overset{\|}{C}}-NH_2 \xrightarrow{\triangle} H_2N-\overset{O}{\overset{\|}{C}}-NH-\overset{O}{\overset{\|}{C}}-NH_2 + NH_3$$

缩二脲难溶于水，能溶于碱，在其碱性溶液中加入微量硫酸铜时显紫红色，为缩二脲反应。分子中含有两个或两个以上相邻（—CONH—）结构的化合物都有这种显色反应。

（5）酰基化反应

脲与酰卤、酸酐或酯作用生成相应的酰脲。

脲与丙二酸酯或在乙醇钠存在下与丙二酸二乙酯反应，生成丙二酰脲。

$$\underset{\overset{|}{COOC_2H_5}}{\overset{\overset{|}{COOC_2H_5}}{H_2C}} + \underset{\overset{|}{H_2N}}{\overset{\overset{|}{H_2N}}{}}C=O \xrightarrow{C_2H_5ONa} H_2C\underset{\overset{|}{C}-NH}{\overset{\overset{|}{C}-NH}{}}\overset{O}{\underset{O}{}}C=O + C_2H_5OH$$

丙二酰脲在水溶液中存在酮式-烯醇式的互变异构平衡：

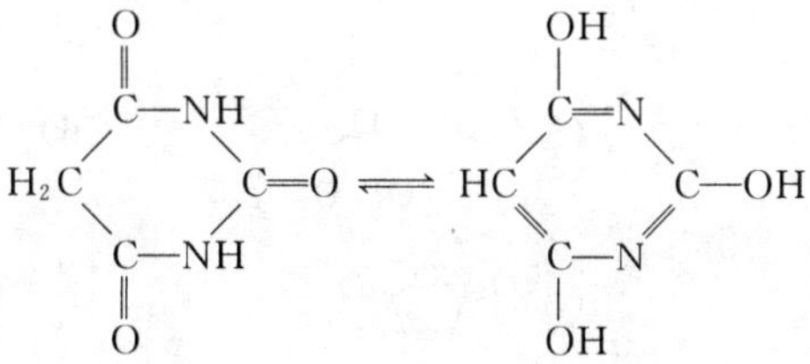

酮式　　　　　　　　烯醇式

烯醇式 $pK_a = 3.85$，比乙酸酸性强，又称巴比妥酸。

脲与羟乙酸乙酯在碱催化下缩合成乙内酰脲，其水溶液中也存在酮式-烯醇式互变异构平衡，呈显酸性。

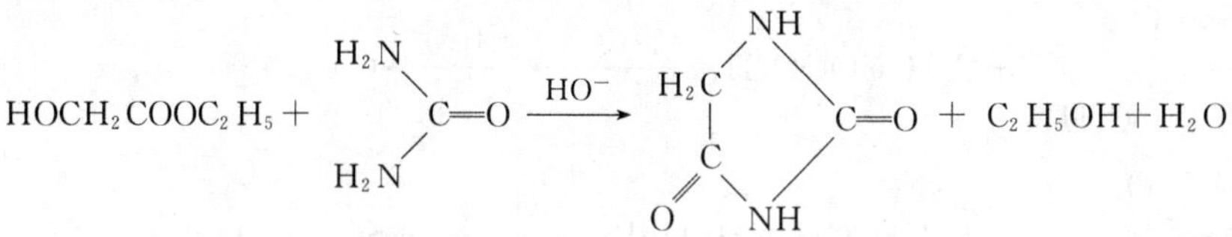

丙二酰脲和乙内酰脲分子中亚甲基上氢原子被取代后的衍生物可作为药物。

2. 胍

脲分子中氧原子被亚氨基（═NH）取代后的化合物称为胍，又叫作亚氨基脲。胍分子中去掉一个氨基氢原子后称为胍基，去掉一个氨基后称为脒基。

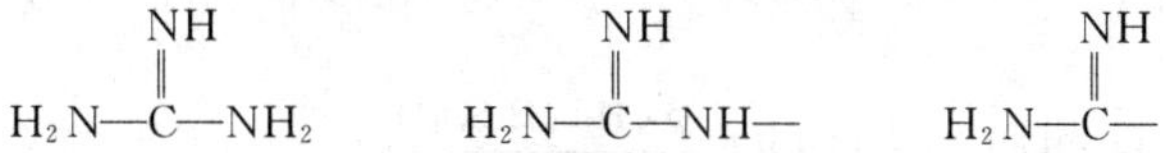

胍　　　　　　　　胍基　　　　　　　　脒基

胍为无色晶体，熔点 50 ℃。它是有机强碱，碱性（$pK_a = 13.8$）与氢氧化钾相当，能吸收空气中的水分和二氧化碳生成稳定的碳酸盐。

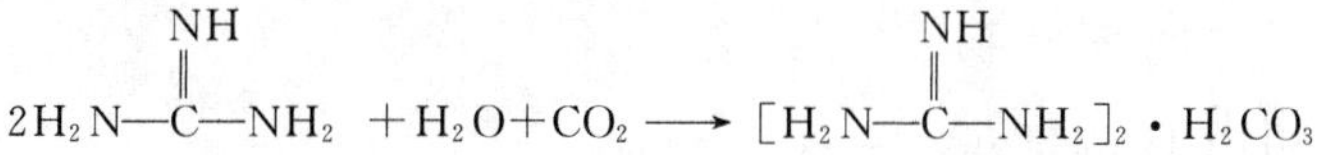

游离胍易水解。在氢氧化钡水溶液中加热，胍水解生成脲和氨。由于游离胍不稳定，故胍和胍衍生物通常以盐的形态保存。

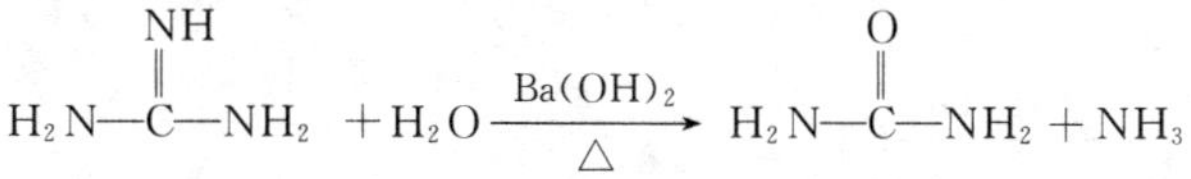

胍的许多衍生物都是重要药物。吗啉双胍的盐酸盐是预防流感的抗病毒药物之一。

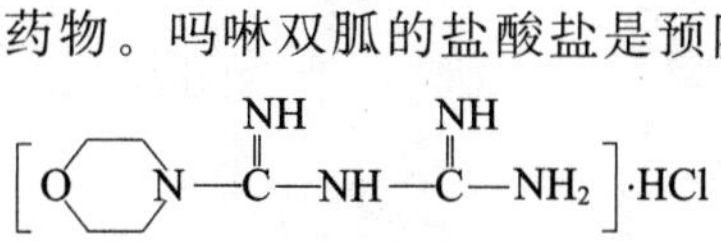

习　题

11-1 命名下列化合物。

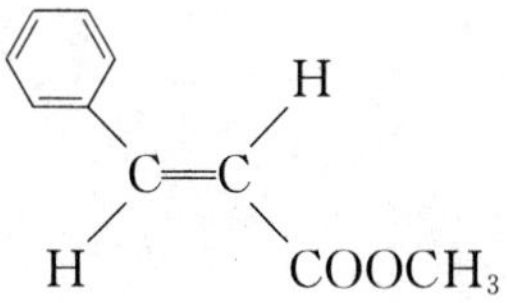

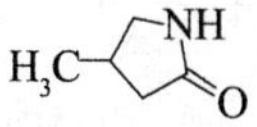

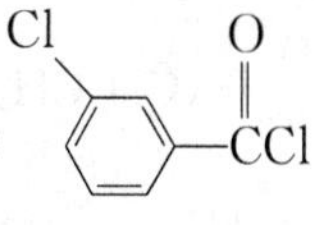

（4） （5） （6）HO——$NHCCH_3$

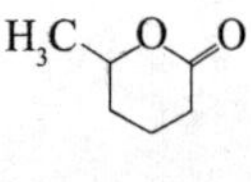

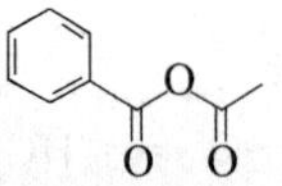

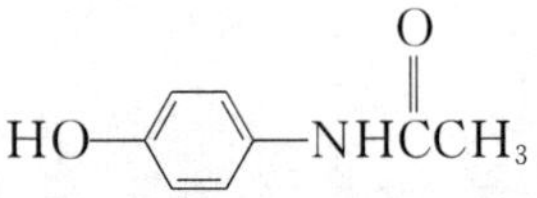

（7） （8）

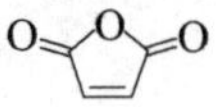

11-2 完成下列反应：

（1） $+CH_3COOC_2H_5 \xrightarrow[\text{②}H_3^+O]{\text{①}NaOC_2H_5} (\quad)$

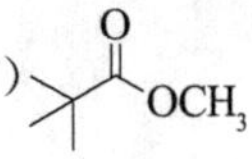

（2）$H\overset{O}{\underset{OC_2H_5}{\text{—C—}}} +C_2H_5COOC_2H_5 \xrightarrow{C_2H_5ONa} \xrightarrow{H_3O^+} (\quad)$

（3）$H\overset{O}{\underset{OC_2H_5}{\text{—C—}}} +C_3CH_2CH_2CH_2MgBr \xrightarrow{Et_2O} \xrightarrow{H_3O^+} (\quad)$

（4） $+LiAlH_4 \xrightarrow{Et_2O} \xrightarrow{H_3O^+} (\quad)$

（5）—$COOH \xrightarrow{PCl_5} (\quad) \xrightarrow[\triangle]{NH_3} (\quad) \xrightarrow[\triangle]{P_2O_5} (\quad) \xrightarrow{H_2/Ni} (\quad)$

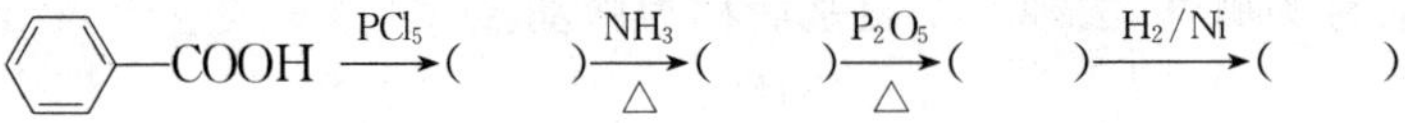

（6） $+CH_3CH_2CH_2CH_2OH \xrightarrow{p\text{-}CH_3C_6H_4SO_4H} (\quad)$

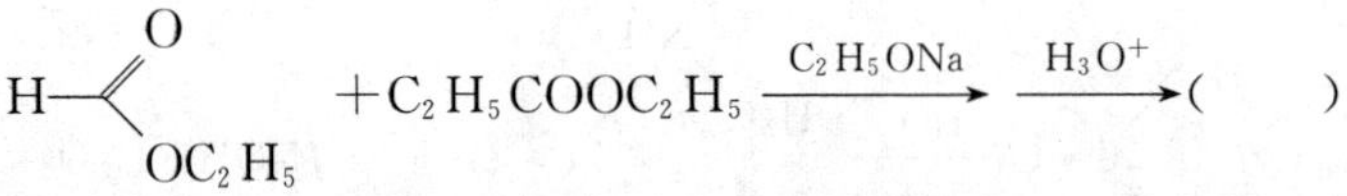

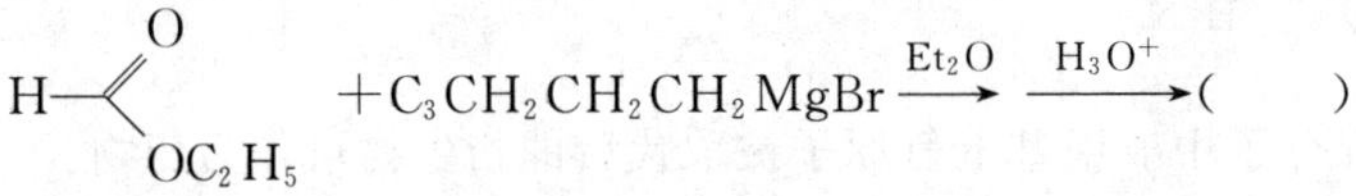

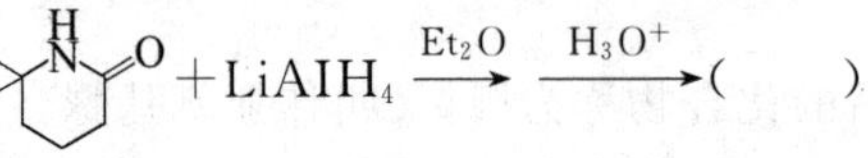

（7） $\xrightarrow{CH_3OH} \xrightarrow{CH_3OH} (\quad) \xrightarrow[\triangle]{SOCl_2} (\quad) \xrightarrow[\text{Pd-BaSO}_4/\text{喹啉-硫}]{H_2} (\quad)$

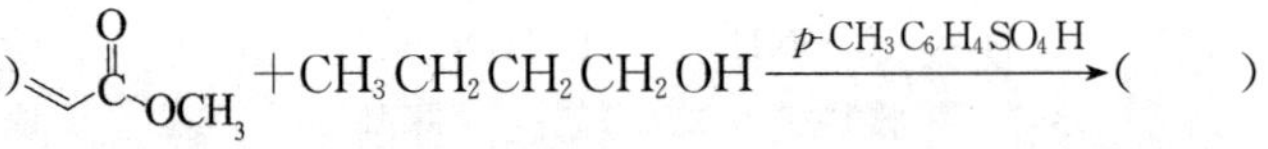

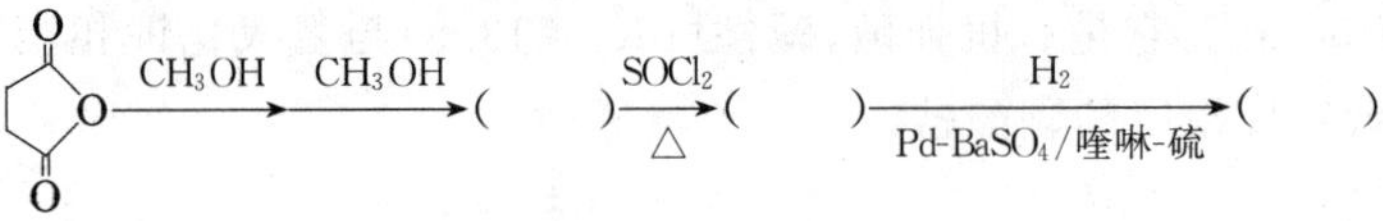

（8） $+NH_2CH_2CH_2NH_2 \xrightarrow{\triangle} (\quad)$

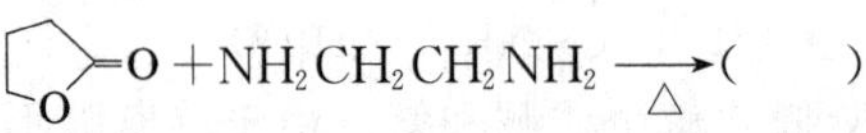

（9）—$COOEt +LiAlH_4 \xrightarrow{Et_2O} \xrightarrow{H_3O^+} (\quad)$

（10） $\xrightarrow{NaOH-Br_2} (\quad)$

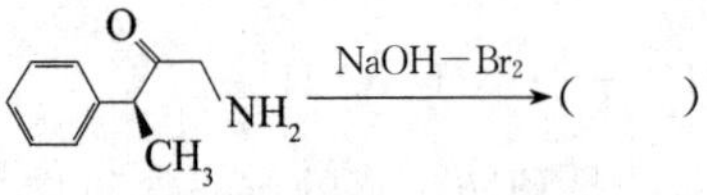

（11） $+$ —$NH_2 \longrightarrow (\quad)$

（12）$HO$$COOH \xrightarrow[\triangle_1-H_2O]{H^+} (\quad)$

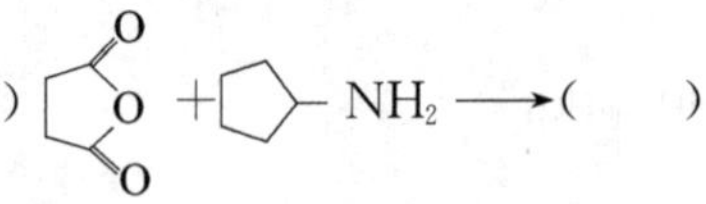

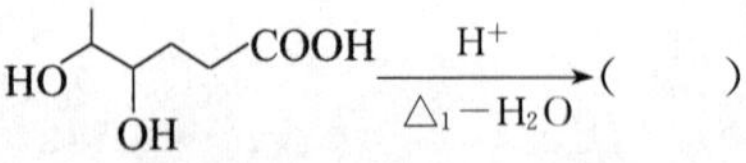

（13） $+(CH_3CH_2CH_2CH_2)_2CuLi \xrightarrow{\triangle} (\quad)$

（14）$(\quad) \xleftarrow{H_3O^+} \xleftarrow{NaBH_4}$ $COOC_2H_5 \xrightarrow[Et_2O]{LiAlH_4} \xrightarrow{H_3O^+} (\quad)$

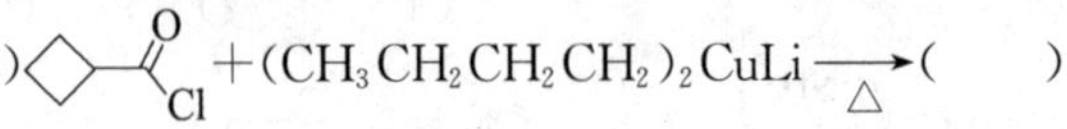

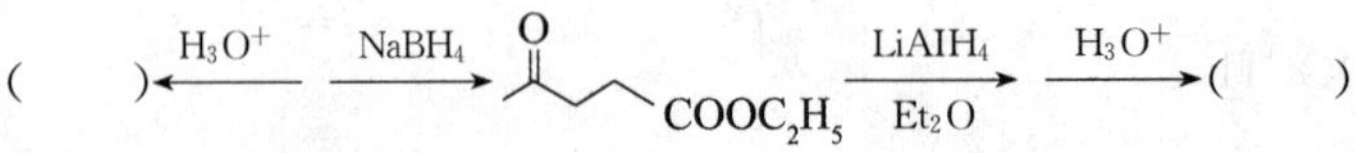

(15) H_3C —⬠= O $\xrightarrow{\text{过氧酸}}$ (　　　) $\xrightarrow{(CH_3)CHNH_2}$ (　　　)

11-3 排列下列各组化合物的指定性质,简述理由。

(1)下列相对分子质量相近的化合物,沸点高低的相对顺序为:

A. $CH_3CH_2CH_2CH_2OH$　　　　　　B. $CH_3CH_2CONH_2$

C. $CH_3CH_2COCH_3$　　　　　　　　D. CH_3COOH

(2)下列脂肪族羧酸酯皂化反应的相对活性顺序为:

A. $CH_3COOC_2H_5$　　　　　　　　B. $CH_3COOCH(CH_3)_2$

C. CH_3COOCH_3　　　　　　　　　D. $CH_3COOC(CH_3)_3$

(3)下列芳香族羧酸酯发生碱性水解的相对反应速率快慢为:

A. Cl—⬡—$COOCH_3$　　　　　　B. H_3C—⬡—$COOCH_3$

C. O_2N—⬡—$COOCH_3$　　　　　D. CH_3O—⬡—$COOCH_3$

(4)下列芳香族酰氯氨解反应活性大小顺序为:

A. Cl—⬡—$COCl$　　　　　　　　B. H_3C—⬡—$COCl$

C. O_2N—⬡—$COCl$　　　　　　　D. ⬡—$COCl$

(5)下列化合物酸性强弱相对顺序为:

A. $CH_3COCH_2COCH_3$　　　　　　B. $CF_3COCH_2COCH_3$

C. $CH_3COCH_2COOC_2H_5$　　　　　D. $CH_2(COOC_2H_5)_2$

11-4 解释下列实验现象:

(1)乙酰胺的相对分子质量较 N,N-二甲基甲酰胺小,但其熔点和沸点均比后者高。

(2)羧酸衍生物与亲核试剂的反应活性为:酰卤＞酸酐＞酯＞酰胺。

* (3)具有光学活性的 $3°$ 醇的羧酸酯 $RCOOCR^1R^2R^3$,酸催化下用 $H_2{}^{18}O$ 水解,生成含有 ^{18}O 且发生部分外消旋化的 $3°$ 醇 $HOCR^1R^2R^3$。在同样条件下水解具有手性的 $2°$ 醇的羧酸酯,^{18}O 存在于羧酸分子中,而且生成的醇的光学活性未改变。

* (4)油和脂都是高级羧酸的甘油酯,但油比脂的熔点低。

11-5 鉴别与分离题:

(1)用简便快捷的试管测试反应区别下列各组化合物:

① CH_3COCl、$(CH_3CO)_2O$、$CH_3COOC_2H_5$、CH_3CONH_2

② $CH_3\overset{\displaystyle O}{\overset{\|}{C}}-O-$⬡ 、 ⬡$\genfrac{}{}{0pt}{}{COOC_2H_5}{OH}$ 、 ⬡$\genfrac{}{}{0pt}{}{CONH_2}{OCH_3}$

③ $CH_3COCH_2CH_3$、$CH_3CH_2CH_2CHO$、$CH_3COCH_2COOC_2H_5$、$CH_2(COOC_2H_5)_2$

(2)苯甲酸在少量硫酸存在下与甲醇进行酯化反应,最后的反应混合物中含有苯甲酸甲酯、甲醇、水、硫酸和少量苯甲酸。试用流程图概述分离出纯净酯的方法与步骤。

11-6 合成下列化合物,其余无机试剂任选。

(1)由指定原料合成如下化合物(1)～(6),其中合成(1)～(2)的原料为乙醇,合成(3)的原料为丁醇,合成(4)的原料为甲苯,合成(5)的原料为环己烷。

A. 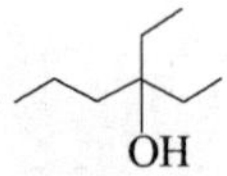 　　B. 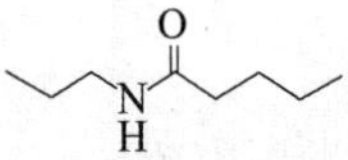 　　C. 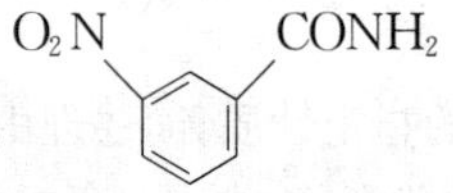 　　D.

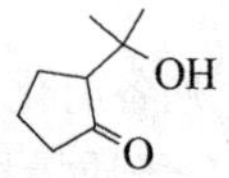

(2)经由乙酰乙酸乙酯途经合成下列化合物:

A. 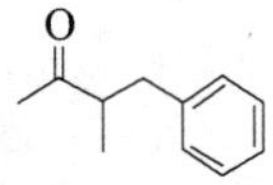 　　B. 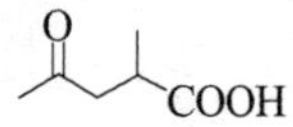 　　C. 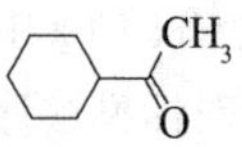 　　D. 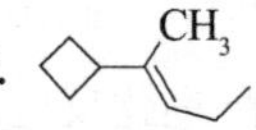 　　E.

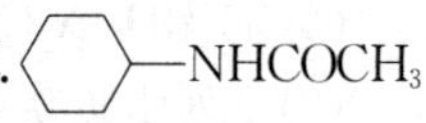

(3)经由丙二酸酯酯途经合成下列化合物:

A. 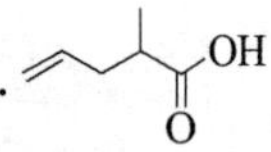 　　B. 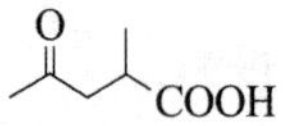 　　C. 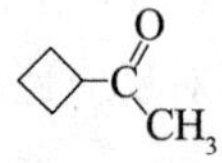 　　D. 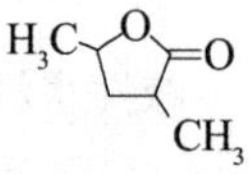 　　E.

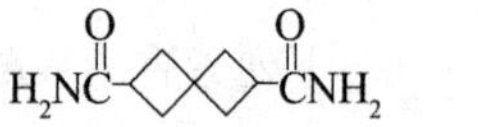

11-7 推导结构:

(1)化合物 A($C_9H_{10}O_3$)不溶于水、稀 HCl 和稀 Na_2CO_3 溶液,但可溶于 NaOH 溶液。A 与稀 NaOH 溶液共热反应后,冷却并酸化后得到沉淀 B($C_7H_6O_3$)。B 能溶于 $NaHCO_3$ 溶液,并产生气体;B 遇 $FeCl_3$ 溶液呈现紫色;B 在酸性介质中可以进行水蒸气蒸馏。试写出 A、B 构造式及推导过程。

(2)化合物 A($C_5H_6O_3$)与乙醇作用得到两种互为异构体的 B 和 C,将 B 和 C 分别与亚硫酰氯作用后,再与乙醇作用则得到相同化合物 D。试推测 A~D 构造式,并写出各步反应式。

(3)化合物 A($C_{10}H_{22}O_2$)与碱不起作用,但可被稀酸水解成 B 和 C。C 的分子式为 C_3H_8O,与金属钠作用有气体逸出,能与 NaIO 反应。B 分子式为 C_4H_8O,能进行银镜反应,与 $K_2Cr_2O_7$ 和 H_2SO_4 作用生成 D。D 与 Cl_2/P 作用后,再水解可得到 E。E 与稀 H_2SO_4 共沸得 F,F 分子式为 C_3H_6O,F 同分异构体可由 C 氧化得到。写出 A~F 构造式。

11-8 写出下列反应机理:

(1)

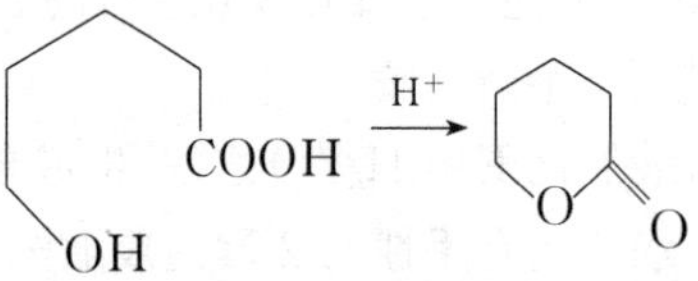

(2)

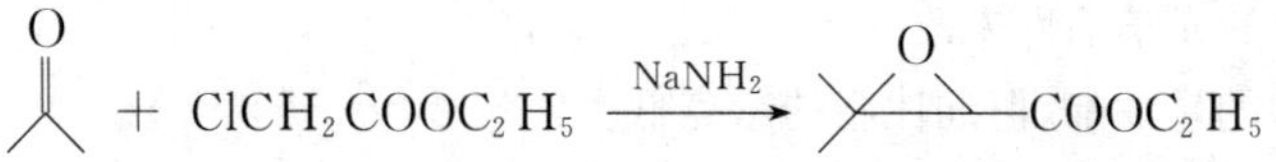

*(3)

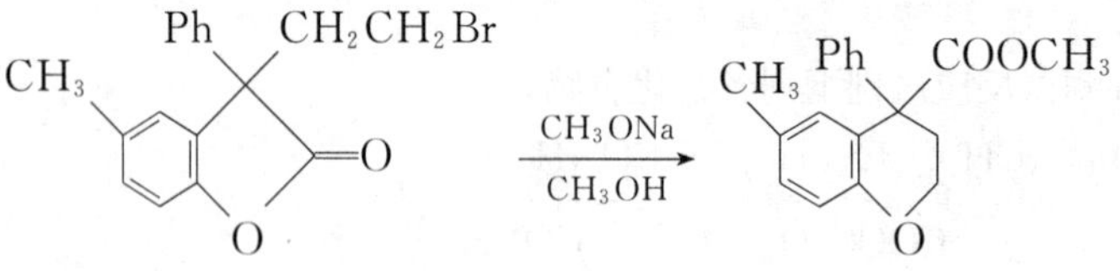

(4)

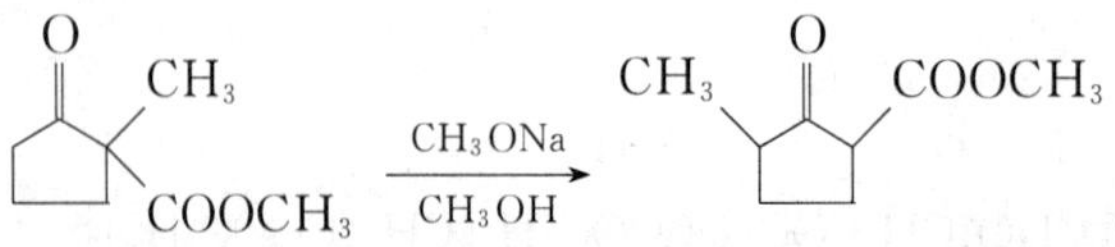

第12章

有机含氮化合物

  有机含氮化合物是指分子中含有碳氮键的化合物。这类化合物种类很多,包括硝基化合物、胺、重氮和偶氮化合物、腈、异腈、酰胺、氨基酸、肟、腙、肼、脒等。本章主要介绍硝基化合物、胺类、重氮和偶氮化合物、腈类等典型含氮化合物。

I 硝基化合物

12.1 硝基化合物的结构、分类、命名

  烃分子中氢原子被硝基取代后的衍生物称为硝基化合物。根据硝基数目不同,可分为一硝基化合物和多硝基化合物;根据烃基的不同,可分为脂肪族硝基化合物、芳香族硝基化合物和脂环族硝基化合物;根据硝基所连的饱和碳原子的不同,可分为伯、仲、叔硝基化合物。硝基化合物的结构可表示为:

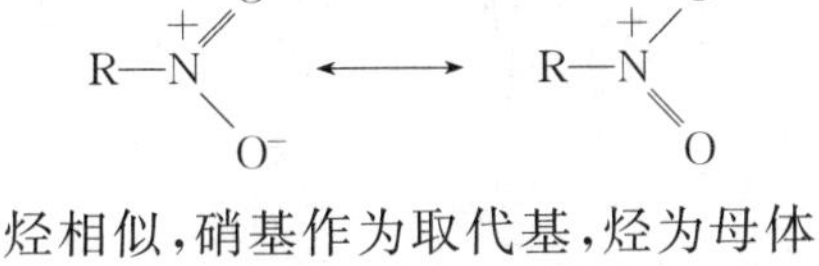

$$R : \overset{..}{\underset{..}{N}} : \overset{..}{\underset{..}{O}} : \quad \text{或} \quad R - \overset{+}{N} = O$$
$$\overset{..}{\underset{..}{O}} : \qquad\qquad \overset{|}{\underset{O^-}{}}$$

  电子衍射法实验证明,硝基具有对称结构,如硝基甲烷中两个氮氧键键长都是 0.122 nm,既非一般氮氧单键,也不是一般氮氧双键,而是氮原子上 p 轨道与两个氧原子 p 轨道互相重叠,形成包括三原子(O、N、O)在内的大 π 键。硝基物也可写成共振结构式:

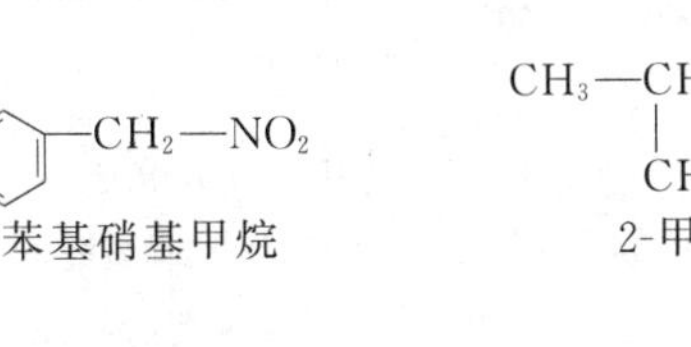

$$R - \overset{+}{\underset{O^-}{N}} \overset{O}{\underset{}{}} \longleftrightarrow R - \overset{+}{\underset{O}{N}} \overset{O^-}{\underset{}{}}$$

  硝基化合物命名与卤代烃相似,硝基作为取代基,烃为母体。例如:

α-硝基萘   苯基硝基甲烷   2-甲基-4-硝基戊烷

$$CH_3 - CH - CH_2 - CH - CH_3$$
$$\qquad\quad |\qquad\qquad\quad |$$
$$\qquad\quad CH_3\qquad\qquad NO_2$$

12.2 硝基化合物物理性质

脂肪族硝基化合物是无色有香味液体;芳香族硝基化合物是无色或淡黄色液体或固体,有苦杏仁味;芳香族多硝基化合物是黄色晶体,受热时易分解而发生爆炸,可用作炸药,如2,4,6-三硝基甲苯;有些多硝基化合物有香味,如2,6-二甲基-4-叔丁基-3,5-二硝基苯乙酮(麝香酮),可用作香料。硝基化合物难溶于水,易溶于有机溶剂,还能溶于浓 H_2SO_4 中。芳香族化合物一般都有毒性,如硝基苯的蒸气能透过皮肤被肌体吸收而引起中毒。此外,硝基是极性基团,故硝基化合物沸点比其同分异构体亚硝酸酯高得多。例如:硝基乙烷(C_2H_5—NO_2)沸点是 115 ℃,而亚硝酸乙酯(C_2H_5—O—NO)沸点是17 ℃。常见硝基化合物的物理常数见表 12-1。

表 12-1   常见硝基化合物物理常数

名称	构造式	熔点/℃	沸点/℃
硝基甲烷	CH_3NO_2	−28.5	100.8
硝基乙烷	$CH_3CH_2NO_2$	−50	115
1-硝基丙烷	$CH_3CH_2CH_2NO_2$	−108	131.5
2-硝基丙烷	$(CH_3)_2CHNO_2$	−93	120
硝基苯	$C_6H_5NO_2$	5.7	210.8
间二硝基苯	$1,3\text{-}C_6H_4(NO_2)_2$	89.8	303(102 658 Pa)
1,3,5-三硝基苯	$1,3,5\text{-}C_6H_3(NO_2)_3$	122	315
邻硝基甲苯	$1,2\text{-}CH_3C_6H_4NO_2$	−4	222.3
对硝基甲苯	$1,4\text{-}CH_3C_6H_4NO_2$	54.5	238.3
2,4-二硝基甲苯	$1,2,4\text{-}CH_3C_6H_3(NO_2)_2$	71	300
2,4,6-三硝基甲苯	$1,2,4,6\text{-}CH_3C_6H_2(NO_2)_3$	82	分解

红外光谱中硝基有很强的吸收,脂肪族伯和仲硝基化合物 N—O 伸缩振动在1 565～1 545 cm^{-1}和 1 385～1 360 cm^{-1},叔硝基化合物的 N—O 伸缩振动在 1 545～1 530 cm^{-1}和 1 360～1 340 cm^{-1}。芳香族硝基化合物 N—O 伸缩振动在 1 550～1 510 cm^{-1} 和 1 365～1 335 cm^{-1}。硝基苯红外光谱如图 12-1 所示。

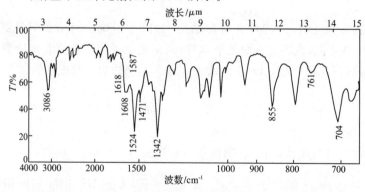

图 12-1   硝基苯红外光谱

1 618 cm^{-1}、1 608 cm^{-1}、1 587 cm^{-1}和 1 471 cm^{-1}:芳环 C=C 伸缩振动;3 086 cm^{-1}:芳环=CH 伸缩振动;

1 524 cm^{-1}和 1 342 cm^{-1}:硝基 N—O 伸缩振动;855 cm^{-1}:N—O 弯曲振动;

761 cm^{-1}和 704 cm^{-1}:一取代苯 C—H 弯曲振动

在核磁共振谱中,硝基相连亚甲基上氢核,受硝基强-I 作用影响,化学位移出现在较低场,一般 $\delta = 4.28 \sim 4.34$。

12.3 硝基化合物化学性质

12.3.1 脂肪族硝基化合物的化学性质

1. 还原反应

硝基化合物酸性还原(Fe、Sn、Zn 和盐酸)或催化氢化可生成伯胺。

$$R-NO_2 + 3H_2 \xrightarrow{Ni} R-NH_2 + 2H_2O$$

2. 酸性

硝基化合物 α-H 受硝基-I 作用影响能生成假酸式的互变异构体:

（假酸式）

假酸式中羟基有酸性,能与 NaOH 作用生成盐:

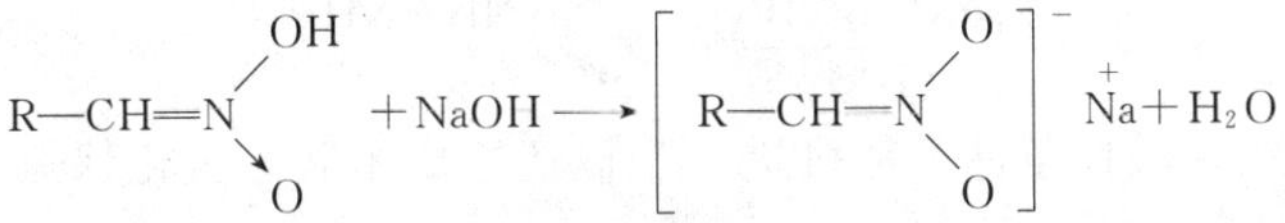

此外,假酸式有烯醇式特征,如与 $FeCl_3$ 溶液有显色反应,与 Br_2/CCl_4 溶液有加成反应等。通常硝基化合物中假酸式含量很少。

3. 缩合反应

与羟醛缩合及克莱森缩合等反应类似,含 α-H 硝基化合物可与羰基化合物发生缩合反应,例如

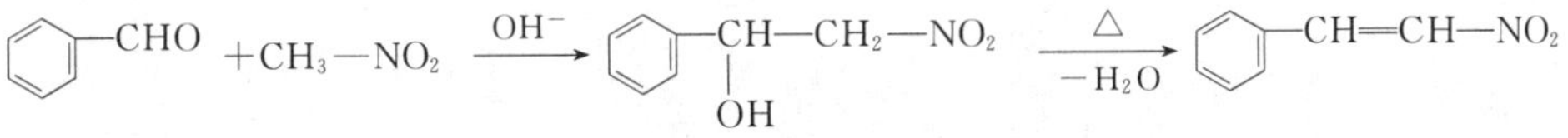

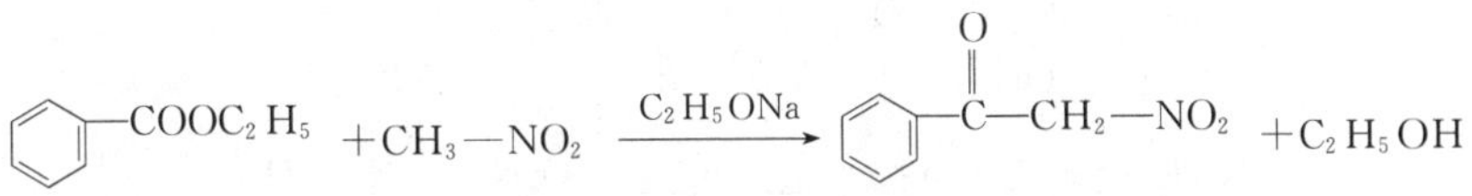

12.3.2 芳香族硝基化合物的化学性质

1. 硝基还原反应

硝基容易发生还原反应,反应条件对还原反应影响很大。

(1)酸性还原

硝基苯在 Fe、Zn、Sn 等金属和盐酸的存在下被还原为苯胺。

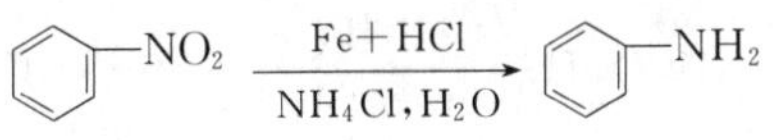

此还原过程可表示如下:

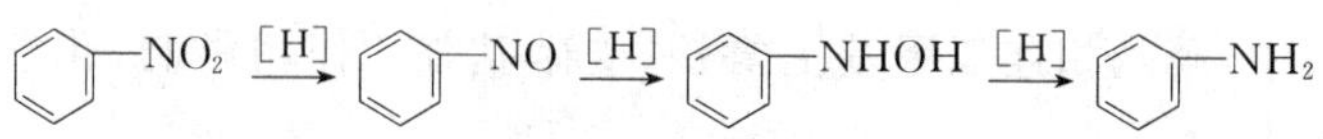

$$\text{C}_6\text{H}_5-\text{NO}_2 \xrightarrow{[H]} \text{C}_6\text{H}_5-\text{NO} \xrightarrow{[H]} \text{C}_6\text{H}_5-\text{NHOH} \xrightarrow{[H]} \text{C}_6\text{H}_5-\text{NH}_2$$

中间产物亚硝基苯及 N-羟基苯胺比硝基更容易还原,所以不易控制在中间产物阶段。

（2）中性还原

硝基苯在中性介质中还原生成 N-羟基苯胺。

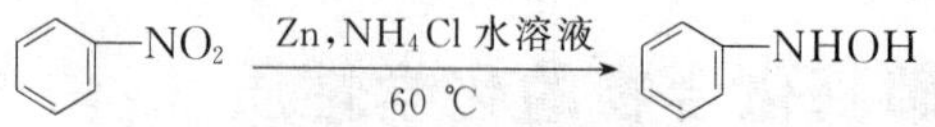

$$\text{C}_6\text{H}_5-\text{NO}_2 \xrightarrow[\text{60 ℃}]{\text{Zn,NH}_4\text{Cl 水溶液}} \text{C}_6\text{H}_5-\text{NHOH}$$

（3）碱性还原

硝基苯在碱性介质中可还原成两分子缩合产物,碱性介质不同,还原产物不同,可分别得到氧化偶氮苯、偶氮苯和氢化偶氮苯。

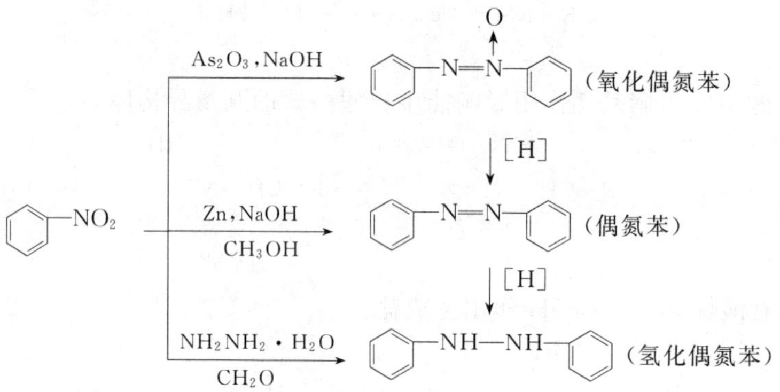

上述所有产物,在酸性条件下都可进一步被还原成苯胺。氢化偶氮苯在稀酸中于较低温度下可发生重排生成联苯胺。

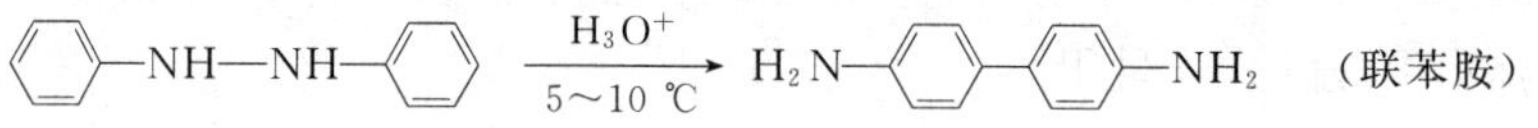

（4）硫化碱还原

多硝基芳烃在 Na_2S_x、NH_4HS、$(\text{NH}_4)_2\text{S}$、$(\text{NH}_4)_2\text{S}_x$ 等硫化物作用下,可以部分还原,即可还原一个硝基为氨基。例如

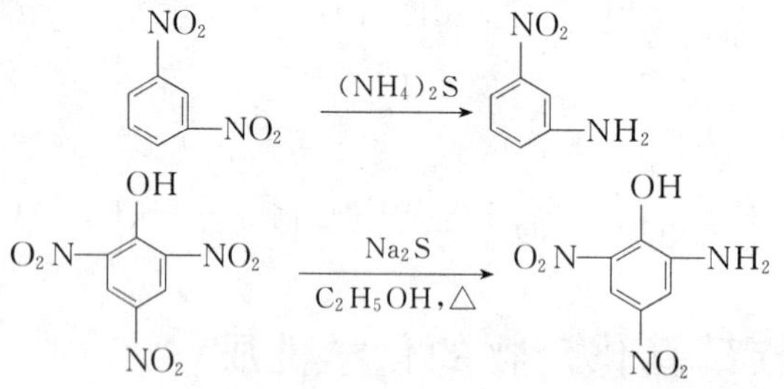

（5）催化加氢还原

工业生产上可采用催化加氢(如镍、钯、铂等为催化剂)还原硝基化合物生成胺。例如

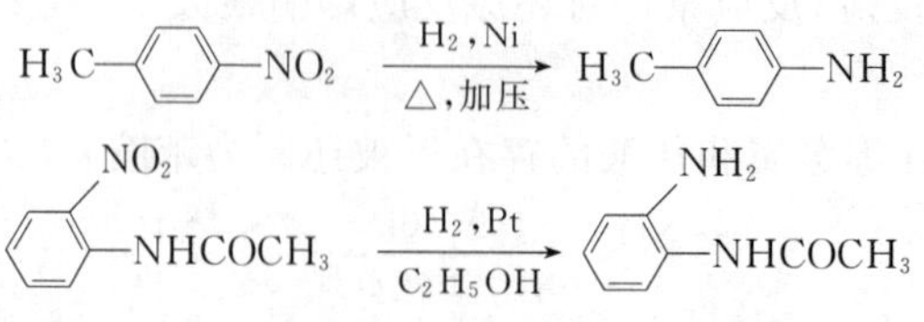

加氢还原优点是生产过程可连续化,产品质量和收率方面都优于化学还原法,与铁粉还原相

比不产生大量废水和废渣,尤其对酸、碱敏感的硝基化合物更宜采用此法还原。

2. 苯环上取代反应

硝基是钝化苯环的间位定位基,使芳烃卤化、硝化和磺化都比较困难。例如:

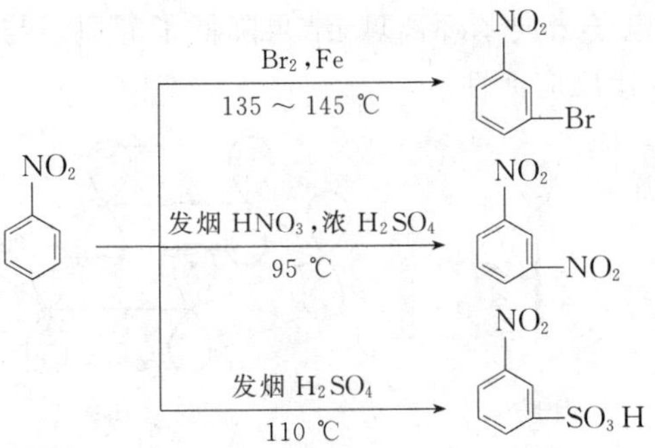

硝基使苯环电子云密度降低得较多,以致硝基苯不能发生烷基化和酰基化反应,故常作这类反应溶剂。

3. 硝基对苯环上取代基的影响

苯环上硝基对其邻位和对位上取代基的化学性质有明显影响。

(1)硝基卤苯的亲核取代反应

氯苯分子中氯原子不活泼,与 NaOH 必须在高温高压下才能反应。氯苯邻位和对位硝基吸电子作用,使苯环上与氯所连碳原子亲电性增强,易被亲核试剂进攻发生亲核取代反应,生成相应硝基苯酚(见 7.5.3 节)。

(2)硝基苯酚酸性

硝基苯酚中硝基强-I 酸性较苯酚明显增强。当硝基处于羟基的邻位或对位时,比间硝基苯酚酸性增强更明显,且羟基邻、对位硝基越多,酸性越强(表 8-5 和表 8-6)。

(3)芳胺碱性

苯胺碱性是由—NH_2 中 N 上孤对电子体现的,苯环上连有吸电子的硝基使碱性下降(见胺化学性质 12.6.1 节)。

(4)羧酸酸性

硝基的吸电子效应(-I,-C)使羧酸酸性增强。(见羧酸化学性质 10.3.1 节)

Ⅱ　胺

胺是一类重要的有机含氮化合物,其化学制法很多,如硝基化合物还原、氨或胺烷基化、腈和酰胺还原、醛和酮还原氨化、酰胺降级、盖布瑞尔合成、季铵碱热分解等。

12.4　胺的结构、分类、命名

12.4.1　胺的结构

氨分子是三棱锥形四面体结构,氮原子 3 个 sp^3 杂化轨道与 3 个氢 s 轨道重叠形成 3 个

σ键,氮原子上一对未成键孤对电子占据第四个 sp^3 杂化轨道,处于棱锥体顶端。胺结构和氨相似,氮原子 3 个 sp^3 轨道与氢原子或碳原子成键,也呈棱锥形结构。芳胺中氮中心也是棱锥形结构,氮原子上未共用电子对与苯环 π 键 p 轨道约 37.5° 夹角,但 N 上电子对仍能与苯环 π 键成共轭体系。氮原子上电子云向苯环离域,结果降低了氮原子与质子结合能力(碱性),同时提高了苯环进行亲电取代反应活性。

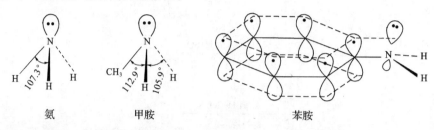

氨　　　　　甲胺　　　　　　　苯胺

12.4.2　胺的分类

胺是氨分子中的一个、两个或三个氢原子被烃基取代所形成的化合物。根据氮上氢原子被烃基取代的个数,分别称为伯胺(1°胺)、仲胺(2°胺)、叔胺(3°胺)。

$$NH_3 \qquad R—NH_2 \qquad R_2NH \qquad R_3N$$

氨　　　　伯胺　　　仲胺　　　叔胺

这种分类方法与醇或卤代烷不同。伯、仲、叔醇或卤代烷定义为:羟基或卤原子与伯、仲、叔碳原子相连,而伯、仲、叔胺却氮原子所连的烃基数目而定。

$$(CH_3)_3C—Cl \qquad\qquad (CH_3)_3C—OH \qquad\qquad (CH_3)_3C—NH_2$$

(叔氯丁烷)　　　　　　　(叔丁醇)　　　　　　　　(伯胺)

根据氮原子所连接烃基的不同,胺分为脂肪胺和芳胺。氮原子上只连接脂肪烃基者为脂肪胺;芳基与氮原子直接相连则为芳胺。例如:

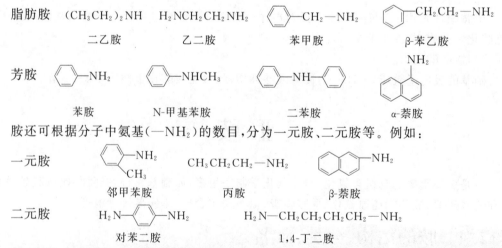

脂肪胺　　$(CH_3CH_2)_2NH$　　$H_2NCH_2CH_2NH_2$

二乙胺　　　　　二乙胺　　　　　乙二胺　　　　　　苯甲胺　　　　　　β-苯乙胺

芳胺

苯胺　　　　N-甲基苯胺　　　　　二苯胺　　　　　α-萘胺

胺还可根据分子中氨基(—NH_2)的数目,分为一元胺、二元胺等。例如:

一元胺

邻甲苯胺　　　　　　丙胺　　　　　　β-萘胺

二元胺　　$H_2N—$〈〉$—NH_2$　　　　　$H_2N—CH_2CH_2CH_2CH_2—NH_2$

对苯二胺　　　　　　　　　1,4-丁二胺

氮原子上连有四个烃基的卤化物为季铵盐,相当于铵盐类化合物。对应四烃基氮氢氧化物为季铵碱,相当于氢氧化铵类化合物。例如:

季铵盐　　　　　$(CH_3)_4\overset{+}{N}Cl^-$　　　　　$C_6H_5CH_2\overset{+}{N}(CH_3)_3Br^-$

氯化四甲铵　　　　　　溴化三甲基苄基铵

季铵碱　　　　　　　　　　　$(C_2H_5)_4\overset{+}{N}\overset{-}{O}H$

氢氧化四乙铵

12.4.3　胺的命名

简单的胺习惯上按所含烃基命名,即烃基名加"胺"字,以胺为母体,称某烃基胺,基字可省略,例如

$(CH_3)_2CHNH_2$　　　　　　　　　$\text{环己}-NH_2$　　　　　　$H_3C-\text{苯}-NH_2$

异丙胺　　　　　　　　　环己胺 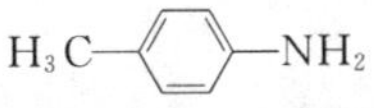　　　　　　　　对甲基苯胺

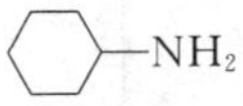

对于脂肪族仲胺和叔胺,相同烃基应注明数目;不同烃基,按次序规则优先烃基放在后面。例如:

$CH_3CH_2CH_2-NH-CH_2CH_2CH_3$　　　$(CH_3)_2-N-CH_2CH_3$　　　$CH_3CH_2CH(CH_3)NHCH_3$

二丙胺　　　　　　　　　　　二甲基乙胺　　　　　　　　甲基仲丁胺

当氮原子上同时连有芳基和脂肪烃基时,在芳胺名称前加"N"字,以表示脂肪烃基连在氮原子上。例如:

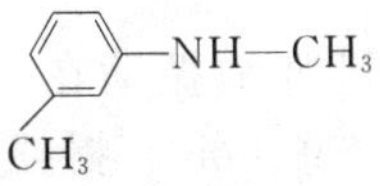

N-甲基间甲苯胺 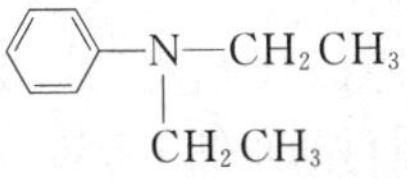　　　N,N-二乙基苯胺 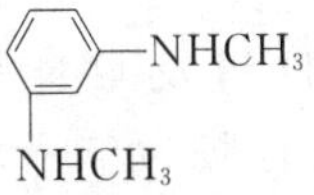　　　N,N'-二甲基间苯二胺 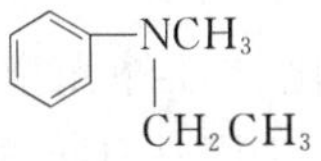　　N-甲基-N-乙基苯胺

复杂的胺则用系统命名法,即以烃为母体,氨基作为取代基命名。例如:

$CH_3CH_2CH_2CH-NH-CH_3$ (with CH_3 branch)　　　　$CH_3CH_2CHCH_2CHCH_3$ (with NH_2 and CH_3 branches)

2-甲氨基戊烷　　　　　　　　　　2-甲基-4-氨基己烷

季铵盐或季铵碱命名与氢氧化铵或铵盐命名相似。

12.5　胺物理性质

12.5.1　一般物理性质

常温下的甲胺、二甲胺、三甲胺和乙胺是气体,丙胺以上是液体,高级胺是固体。低级胺溶于水,有令人不愉快的气味,如三甲胺有鱼腥气味,1,4-丁二胺(俗称腐胺)和1,5-戊二胺(俗称尸胺)有腐烂肉恶臭味。高级脂肪胺不溶于水,几乎没有气味。苯胺有毒,吸入其蒸气或与皮肤接触均可引起严重中毒。另外,如联苯胺、β-萘胺等芳胺有致癌作用。

低级伯胺和仲胺分子间能形成氢键,故其沸点比相对分子质量相近的烷烃要高,但氮原子电负性比氧原子小,故胺分子间氢键弱于醇分子间氢键,沸点也低于比相对分子质量相近的醇。例如:

	相对分子质量	沸点/℃
$CH_3CH_2CH_2CH_2NH_2$	73	77.8
$CH_3(CH_2)_3CH_3$	72	36
$CH_3CH_2CH_2CH_2OH$	74	117.3

除叔胺外的伯、仲胺均可形成分子间氢键,但伯胺分子有两个氮氢键可形成氢键,因此相对分子质量相同的脂肪胺中,伯胺沸点最高,叔胺沸点最低。常见胺的物理常数见表12-2。

表 12-2   常见胺物理常数

名称	熔点/℃	沸点/℃	溶解度 (g/100g 水)	名称	熔点/℃	沸点/℃	溶解度 (g/100g 水)
甲胺	−92	−7.5	易溶	丁胺	−50	78	易溶
二甲胺	−96	7.5	易溶	乙二胺	8	117	溶
三甲胺	−117	3	91	己二胺	42	204~205	溶
乙胺	−80	17	∞	苯胺	−6	184	3.7
二乙胺	−39	55	易溶	N-甲基苯胺	−57	196	微溶
三乙胺	−114.7	89	易溶	N,N-二甲基苯胺	3	194	1.4
丙胺	−83	49	∞				

12.5.2   波谱性质

胺合化物红外光谱有 N-H 键及 C-N 键的特征吸收峰。N-H 键伸缩振动在 $3\,300\sim3\,500\ cm^{-1}$(其中伯胺为双峰、仲胺为单峰);弯曲振动在 $1\,580\sim1\,650\ cm^{-1}$;摇摆振动在 $666\sim909\ cm^{-1}$。C-N 键的伸缩振动:脂肪胺在 $1\,020\sim1\,250\ cm^{-1}$;芳香胺在 $1\,250\sim1\,380\ cm^{-1}$,其中芳伯胺在 $1\,250\sim1\,340\ cm^{-1}$,芳仲胺在 $1\,250\sim1\,350\ cm^{-1}$,芳叔胺在 $1\,310\sim1\,380\ cm^{-1}$。图 12-2 和图 12-3 分别给出了异丁胺和 N-甲基苯胺的红外光谱图。

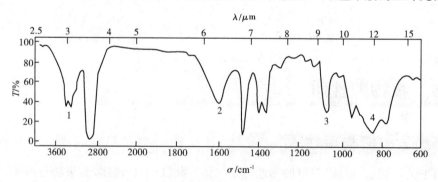

图 12-2   异丁胺红外光谱

1.N-H 伸缩振动;2.N-H 弯曲振动;3.C-N 伸缩振动;4.N-H 摇摆振动

由于氮电负性比碳大,胺化合物 NMR 谱图中 α-C 原子上氢核化学位移在较低场,δ 值一般为 $2.2\sim2.9$。

$$\underset{2.2}{\underline{CH_3}-NR_2} \qquad \underset{2.4}{R'\underline{CH_2}-NR_2} \qquad \underset{2.8}{R_2'\underline{CH}-NR_2}$$

δ

β-C 原子上氢核受氮原子影响较小,化学位移一般是 $\delta=1.1\sim1.7$。由于形成氢键程度不同,氮原子上氢核化学位移变化较大;一般脂肪族胺 $\delta=0.6\sim3.0$,芳香族胺,一般芳香族胺 $\delta=3.0\sim5.0$。图 12-4 是对甲基苯胺核磁共振谱图。

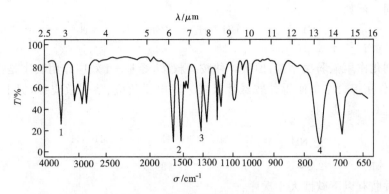

图 12-3　N-甲基苯胺红外光谱
1. N—H 伸缩振动；2. 苯环骨架伸缩振动；3. C—N 伸缩振动；4. N—H 摇摆振动

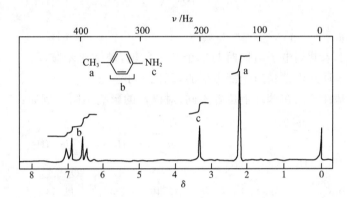

图 12-4　对甲基苯胺的核磁共振谱

12.6　胺化学性质

胺类化合物氮原子上的孤对电子使胺具有亲核性和芳胺环上还可发生取代反应。

12.6.1　碱　性

胺分子中氮原子上具有未共用电子对而呈显碱性，碱性大小可用 pK_b 表示：

$$R-NH_2+H_2O \Longrightarrow R-\overset{+}{N}H_3+HO^- \qquad K_b=\frac{[R-\overset{+}{N}H_3][HO^-]}{[R-NH_2][H_2O]}, \qquad pK_b=-\lg K_b$$

pK_b 值越小，碱性越强。脂肪胺水溶液可使石蕊变蓝，与酸作用生成盐。

$$R-\overset{..}{N}H_2+HCl \longrightarrow R-\overset{+}{N}H_3Cl^-$$

胺分子中烷基 +I 效应的影响，使氮原子上电子云密度增加，利于与质子结合，故甲胺碱性比氨强。在芳胺分子中，氮原子上未共用电子对与苯环 π 轨道形成共轭体系，使氮原子上电子云密度降低，与质子结合能力降低，所以苯胺碱性比氨弱：

$$CH_3-NH_2 \qquad NH_3 \qquad \text{◯}-NH_2$$

$$pK_b \qquad 3.38 \qquad 4.76 \qquad 9.40$$

对于脂肪胺，在非水溶液或气相中，碱性通常是叔胺＞仲胺＞伯胺（＞氨）。但在水溶液中则有所不同。例如：

	$(CH_3)_2NH$	CH_3NH_2	$(CH_3)_3N$	NH_3
pK_b	3.27	3.38	4.21	4.76

胺在水中溶剂化作用强弱次序是：伯胺＞仲胺＞叔胺，烃基＋I效应作用次序是：叔胺＞仲胺＞伯胺，两种作用综合结果使得仲胺碱性最强。除电子效应、溶剂效应外，氮上烃基空间位阻对胺碱性也有一定影响：

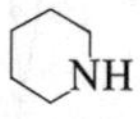

		$(C_2H_5)_2NH$	$(C_2H_5)_3N$	$C_2H_5NH_2$
pK_b	2.88	3.06	3.25	3.36

对于芳香胺有以下碱性大小次序：

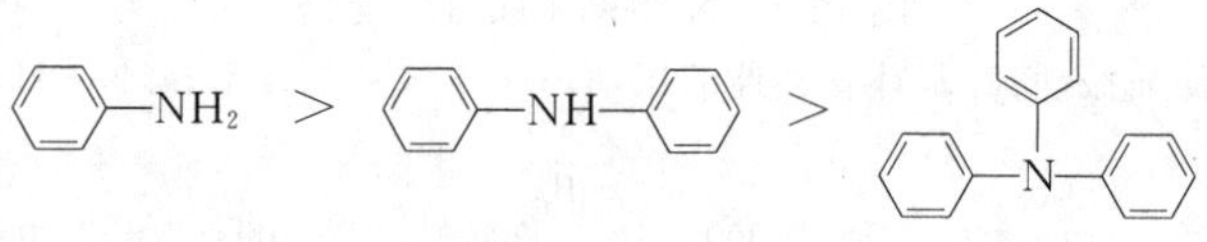

pK_b　9.4　　13.8　　中性

二苯胺中氮上未共用电子对同时与二个苯基共轭，碱性比苯胺弱。三苯胺则因氮上未共用电子与三个苯环共轭接受质子能力更弱，碱性更小。

苯环上取代基性质及在苯环上位置不同，对碱性的影响不同。例如：

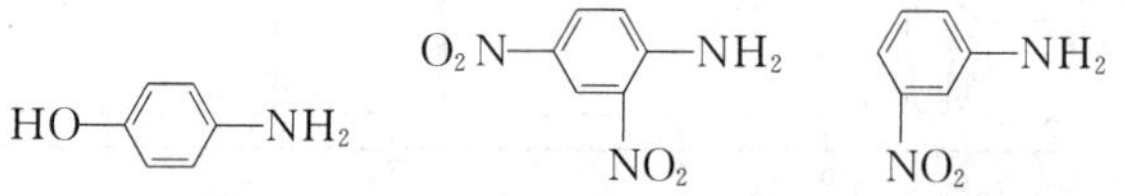

pK_b　8.50　　13.40　　11.53

pK_b　8.66　　9.28　　10.48　　13.0

12.6.2 胺烷基化和酰基化

卤代烷与氨烷基化作用生成胺，继续与卤代烷反应可依次生成仲胺、叔胺和季铵盐。

$$R-NH_2+R'X \longrightarrow R'(R)\overset{+}{N}H_2\overset{-}{X} \xrightarrow{NaOH} R'(R)NH \xrightarrow{R'X} R'(R')(R)\overset{+}{N}H\overset{-}{X} \xrightarrow{NaOH} R'(R')(R)N \xrightarrow{R'X} [R-\overset{+}{N}R_3']X^-$$

上述反应中，胺作为亲核试剂与卤代烷发生了亲核取代反应，结果得到在氮原子上逐步烷基化的产物。

与烷基化反应类似，酰基化试剂（如酰卤、酸酐等）可与胺发生酰基化反应，伯胺和仲胺分别生成相应酰胺和N-取代酰胺，叔胺中氮原子上没有氢原子，不发生酰基化反应，可以此将叔胺从伯、仲、叔胺混合物中分离。

$$CH_3CH_2NH_2 + H_3C-\overset{O}{\overset{\|}{C}}-Cl \longrightarrow H_3C-\overset{O}{\overset{\|}{C}}-NHCH_2CH_3 + HCl$$

$$(CH_3CH_2)_2NH+(CH_3\overset{O}{\overset{\|}{C}})_2O \longrightarrow H_3C-\overset{O}{\overset{\|}{C}}-N(CH_2CH_3)_2 + CH_3COOH$$

如果用苯磺酰氯或对甲苯磺酰氯代替酰氯与伯胺和仲胺酰基化反应,可在胺分子中引入磺酰基,生成相应磺酰胺,此为胺的磺酰化反应,又称为兴斯堡(Hinsberg)反应。此反应常用来分离及鉴别伯、仲、叔胺:伯胺反应后生成的磺酰胺可溶于碱溶液中,仲胺反应后生成的磺酰胺不能溶于碱溶液中,叔胺不反应。

$$C_2H_5NH_2 \atop (C_2H_5)_2NH \atop (C_2H_5)_3N \quad H_3C- \hspace{-0.5em}\bigcirc\hspace{-0.5em} -SO_2Cl$$

磺酰胺不溶于水,但伯胺磺酰化产物分子中,磺酰基−I较强,与氮原子相连氢原子因此有一定酸性,能与氢氧化钠成盐而溶于水溶液中。仲胺磺酰化产物中,氮原子上没有氢原子,故不溶于氢氧化钠水溶液中,这也是通常鉴别伯、仲、叔胺最常用的方法。

12.6.3　与亚硝酸反应

伯、仲、叔胺与亚硝酸($NaNO_2/HCl$)反应结果各不相同。脂肪族伯胺与亚硝酸反应,生成极不稳定的脂肪族重氮盐,即使在低温条件下该盐也会自动分解,定量释放氮气并生成碳正离子,后者进一步发生反应,得到卤代烃、醇、烯等混合物。例如:

$$CH_3CH_2CH_2NH_2 \xrightarrow{NaNO_2,HCl} \left[CH_3CH_2CH_2\overset{+}{N}\equiv N\overset{-}{Cl} \right] \longrightarrow CH_3CH_2\overset{+}{C}H_2 + Cl^- + N_2\uparrow$$

$$CH_3CH_2CH_2^+ \begin{cases} \xrightarrow{H_2O,-H^+} CH_3CH_2CH_2OH \\ \xrightarrow{-H^+} CH_3CH=CH_2 \\ \xrightarrow{Cl^-} CH_3CH_2CH_2Cl \end{cases}$$

由于产物复杂,在合成上没有实用价值,但反应定量释放氮气,可以此用于脂肪族伯胺的定性鉴别与定量分析。

芳香族伯胺在常温下与亚硝酸在酸性介质中作用生成芳基重氮盐:

$$\bigcirc\hspace{-0.5em}-NH_2 + NaNO_2 + 2HCl \longrightarrow \bigcirc\hspace{-0.5em}-\overset{+}{N_2}\overset{-}{Cl} + 2H_2O + NaCl$$

干燥的芳基重氮盐一般也不稳定,受热或振动容易发生爆炸,但在酸性溶液中且低温时比较稳定;升高温度重氮盐会逐渐分解,放出氮气。

脂肪族和芳香族仲胺与亚硝酸反应,生成亚硝基胺。例如:

$$(C_2H_5)_2NH + NaNO_2 + HCl \longrightarrow (C_2H_5)_2N-N=O + H_2O + NaCl$$

N-亚硝基二乙胺

$$\bigcirc\hspace{-0.5em}-NHCH_3 + NaNO_2 + HCl \xrightarrow{0\sim10\,℃} \bigcirc\hspace{-0.5em}-\underset{\underset{NO}{|}}{N}-CH_3 + H_2O + NaCl$$

N-甲基-N-亚硝基苯胺

一般 N-亚硝基胺为黄色中性油状液体,不溶于水,有强烈致癌作用。

脂肪族叔胺与亚硝酸只发生酸碱中和反应,芳香族叔胺与亚硝酸可发生环上亲电取代

反应,生成对位亚硝基取代化合物。例如:

$$(CH_3)_2N{-}\langle\ \rangle+NaNO_2+HCl \xrightarrow{8\ ℃} (CH_3)_2N{-}\langle\ \rangle{-}NO$$

N,N-二甲基-对亚硝基苯胺(绿色固体)

12.6.4　芳环上亲电取代反应

氨基是第一类定位基,对苯环有很强的给电子共轭作用,从而活化苯环,使芳胺环上更易进行亲电取代反应。

1.卤化

芳胺与卤素(通常是氯或溴)容易发生亲电取代反应。在苯胺水溶液中加入溴水,立即生成 2,4,6-三溴苯胺白色沉淀。此反应定量完成,可用于苯胺的定性鉴别和定量分析。

苯胺与溴水反应

$$\langle\ \rangle{-}NH_2 + 3Br_2 \longrightarrow Br{-}\langle\ \rangle{-}NH_2\downarrow + 3HBr$$

为了获得一卤代物,需将氨基酰化,以降低其对苯环的活化能力。由于乙酰氨基体积较大,空间障碍大,故取代反应主要发生在对位:

$$\langle\ \rangle{-}NH_2 \xrightarrow{(CH_3CO)_2O} \langle\ \rangle{-}NHCOCH_3 \xrightarrow[AcOH]{Br_2} Br{-}\langle\ \rangle{-}NHCOCH_3 \xrightarrow[H^+\ 或\ HO^-]{H_2O} Br{-}\langle\ \rangle{-}NH_2$$

2.硝化

硝酸氧化性较强,而苯胺又易被氧化,所以用硝酸硝化苯胺时,常伴随着氧化反应发生。

为此,可先将苯胺溶于浓硫酸中,使之成为硫酸氢盐,然后再硝化。苯胺铵盐 $Ph{-}\overset{+}{N}H_3$ 的生成防止了芳胺氧化,但铵盐是钝化芳环的间位定位基,硝化产物主要是间硝基苯胺:

$$\langle\ \rangle{-}NH_2 \xrightarrow{浓\ H_2SO_4} \langle\ \rangle{-}\overset{+}{N}H_3HSO_4^- \xrightarrow[\triangle]{HNO_3} \langle\ \rangle{-}\overset{+}{N}H_3HSO_4^- \xrightarrow[HO^-]{H_2O} \langle\ \rangle{-}NH_2$$

若要制备对位硝化异构体,则需将苯胺中氨基酰基化,保护后的苯胺再硝化:

$$\langle\ \rangle{-}NH_2 \xrightarrow[\triangle]{CH_3COOH} \langle\ \rangle{-}NHCOCH_3 \xrightarrow[H_2SO_4]{HNO_3} O_2N{-}\langle\ \rangle{-}NHCOCH_3 \xrightarrow[H^+\ 或\ HO^-]{H_2O} O_2N{-}\langle\ \rangle{-}NH_2$$

酰化后先磺化、再硝化,最后水解去磺酸基和酰基,可得邻硝基苯胺:

$$\langle\ \rangle{-}NH_2 \xrightarrow[\triangle]{CH_3COOH} \langle\ \rangle{-}NHCOCH_3 \xrightarrow{H_2SO_4} HO_3S{-}\langle\ \rangle{-}NHCOCH_3 \xrightarrow{HNO_3\ \ H_2SO_4}$$

$$HO_3S{-}\langle\ \rangle{-}NHCOCH_3 \xrightarrow[H^+,\triangle]{H_2O} \langle\ \rangle{-}NH_2$$

3.磺化

苯胺与浓硫酸反应,首先生成苯胺硫酸氢盐,然后加热脱水再重排生成对氨基苯磺酸。

$$\langle\ \rangle{-}NH_2 \xrightarrow{H_2SO_4} \langle\ \rangle{-}\overset{+}{N}H_3HSO_4^- \xrightarrow[(-H_2O)]{180\ ℃} H_2N{-}\langle\ \rangle{-}SO_3H \rightleftharpoons \overset{+}{H_3}N{-}\langle\ \rangle{-}SO_3^-$$

(内盐)

在对氨基苯磺酸分子同时含有碱性氨基和酸性磺酸基,是为内盐结构。该内盐在 280～

300 ℃分解,难溶于冷水和有机溶剂,较易溶于沸水。对氨基苯磺酸是重要的染料中间体,也用于防治麦锈病(敌锈酸)。

12.6.5　胺的氧化

胺类化合物均易被氧化,但脂肪族伯胺、仲胺氧化产物复杂而无合成价值,叔胺用过氧化氢或过氧酸氧化后得到氧化叔胺。例如:

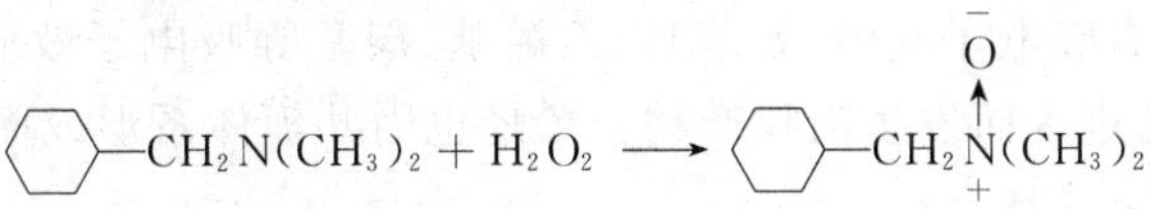

$$\bigcirc\!-CH_2N(CH_3)_2 + H_2O_2 \longrightarrow \bigcirc\!-CH_2\overset{-}{\underset{+}{N}}(CH_3)_2$$

$$C_{12}H_{25}N(CH_3)_2 + H_2O_2 \longrightarrow C_{12}H_{25}\overset{-}{\underset{+}{N}}(CH_3)_2$$

二甲基十二烷基胺氧化物是性能良好的表面活性剂。

芳胺可被包括空气在内的被各种氧化剂氧化。例如,纯苯胺是无色油状液体,在空气中放置因被氧化颜色逐渐呈显酒红色,氧化过程很复杂,产物也难以分离。若用二氧化锰在稀硫酸中氧化苯胺,则主要生成对苯醌:

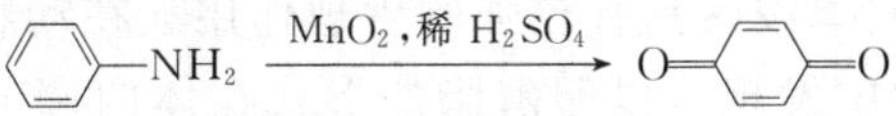

$$\bigcirc\!-NH_2 \xrightarrow{MnO_2,稀 H_2SO_4} O=\bigcirc=O$$

这曾是实验室制备和工业上生产对苯醌的方法。

12.7　季铵盐和季铵碱

季铵盐一般为水溶性白色晶体,具有盐的性质,不溶于非极性有机溶剂。季铵盐在加热时分解,生成叔胺和卤代烷。

$$[R_4N]^+X^- \xrightarrow{\triangle} R_3N + RX$$

季铵盐与强碱作用,可得到含有季铵碱的平衡混合物:

$$[R_4N]^+X^- + KOH \Longleftrightarrow R_4N^+\overset{-}{O}H + KX$$

这一反应如果在醇溶液中进行,由于碱金属卤化物不溶于醇可使反应进行到底。用湿的氧化银代替氢氧化钾,生成卤化银难溶于水而使反应彻底进行,得到季铵碱。例如:

$$[(CH_3)_4N]^+X^- + Ag_2O \xrightarrow{H_2O} (CH_3)_4\overset{+}{N}\overset{-}{O}H + AgX\downarrow$$

季铵碱是水溶性有机强碱,碱性与 NaOH、KOH 相当,易潮解并吸收空气中 CO_2。季铵碱受热易分解,分解产物与氮原子上所连接烃基有关。加热氢氧化四甲胺,生成甲醇和三甲胺:

$$(CH_3)_4\overset{+}{N}\overset{-}{O}H \xrightarrow{\triangle} (CH_3)_3N + CH_3OH$$

如果分子有含 β-氢原子的高级烷基,则分解为叔胺和烯烃。例如

$$HO+H-CH_2-CH_2-\overset{+}{N}(CH_3)_3 \xrightarrow{\triangle} (CH_3)_3N + CH_2=CH_2 + H_2O$$

这是 OH^- 进攻 β-氢原子,发生消除反应的缘故。如果季铵碱具有两种或多种不同类型 β-氢原子,通常是消除位阻较小的 β-氢,即生成双键碳原子上连有较少烷基的烯烃。这是季铵碱特有的消除规律,称为霍夫曼规则。

$$\left[\begin{array}{c} \overset{H}{\underset{}{CH_3}}-\overset{H}{\underset{}{CH}}-\overset{H}{\underset{N(CH_3)_3}{CH}}-CH_2 \end{array}\right]^- OH \xrightarrow{\triangle} CH_3CH_2CH=CH_2 + CH_3CH=CHCH_3 + N(CH_3)_3 + H_2O$$
$$\qquad\qquad\qquad\qquad\qquad\qquad\qquad\qquad 95\% \qquad\qquad\quad 5\%$$

如果 β-碳原子上有吸电子基团,如苯基、乙烯基、羰基等吸电子效应基团存在时,β-氢酸性增大,更易接受碱的进攻而发生消除产物。烯烃也因共轭体系形成而更稳定。例如:

$$\left[\text{⬡}-CH_2CH_2\overset{CH_3}{\underset{CH_3}{\overset{|}{N}}}CH_3\right]^+ \quad \bar{O}H \xrightarrow{\triangle} CH_3CH_2\overset{}{\underset{CH_3}{N}}CH_3 + \text{⬡}-CH=CH_2 + H_2O$$

季铵盐是一类阳离子表面活性剂,除具有去污能力外,还具有良好的润湿、起泡、乳化、防腐性能,以及显著的杀菌、防霉作用。如溴化二甲基苄基十二烷基铵(商品名"新洁尔灭"),既是具有去污能力的表面活性剂,又是具有广谱杀菌能力的消毒剂。

思政材料15

某些低碳链的季铵盐或季铵碱具有较强的生理作用。在动物肝、胆组织中存在着胆碱(首先在胆汁中发现),以卵磷脂的形式在体内调节脂肪、糖类和蛋白质的代谢,并传递神经冲动所需物质。矮壮素是一种植物生长调节剂,能抑制农作物细胞伸长,但不抑制细胞分裂,从而使植株变矮,秆茎变粗,叶色变绿,具有提高农作物耐旱、耐盐碱和抗倒伏的能力。

$$[(CH_3)_3\overset{+}{N}CH_2CH_3]\bar{O}H, \qquad [(CH_3)_3\overset{+}{N}CH_2CH_2-COCH_3]\bar{O}H, \qquad [(CH_3)_3\overset{+}{N}CH_2CH_2Cl]\bar{O}H$$
$$\qquad\text{胆碱} \qquad\qquad\qquad\qquad\quad \text{乙酰胆碱} \qquad\qquad\qquad\qquad\quad \text{矮壮素}$$

Ⅲ 重氮、偶氮及腈类化合物

12.8 重氮及偶氮化合物

重氮和偶氮化合物分子中都含有 —N＝N— 基团,若其两端都分别与烃基相连,称为偶氮化合物。例如:

$$\text{⬡}-N=N-\text{⬡} \qquad \text{⬡}-N=N-\text{⬡}-N(CH_3)_2 \qquad \overset{(CH_3)_2C}{\underset{CN}{\overset{|}{}}}N=N\overset{C(CH_3)_2}{\underset{CN}{\overset{|}{}}} \qquad CH_3N=NCH_3$$
$$\quad\text{偶氮苯} \qquad\qquad \text{对二甲氨基偶氮苯} \qquad\qquad \text{偶氮二异丁腈} \qquad\qquad \text{偶氮甲烷}$$

若 —N＝N— 基的一端与烃基相连,另一端连接其他非碳原子,则为重氮化合物。如:

$$\text{⬡}-N=N-NH-\text{⬡} \qquad\qquad \text{⬡}-N=N-NH-\text{⬡}-CH_3$$
$$\quad\text{苯重氮氨基苯} \qquad\qquad\qquad\qquad \text{苯重氮氨基对甲苯}$$

重氮盐是除此外的另一类重要的重氮化合物。例如:

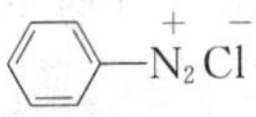

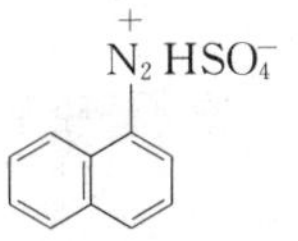

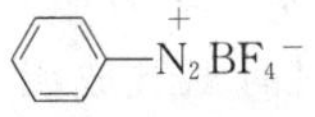

$$\overset{+}{N_2} \, HSO_4^-$$

氯化重氮苯　　　　α-萘基重氮硫酸盐　　　　苯基重氮氟硼酸盐

　　自然界中天然的重氮和偶氮化合物含量极少,大多由人工合成,其中芳香族重氮盐及以其为原料制备的偶氮化合物尤为重要,前者在有机合成和分析上有广泛用途,后者是染料、药物、色素等重要的精细化工产品。

12.8.1　重氮盐制备

　　重氮盐可通过重氮化反应来制备。芳香伯胺在 0～5 ℃和强酸(盐酸和硫酸)溶液中与亚硝酸作用生成重氮盐,此为重氮化反应,如重氮盐酸盐制备:

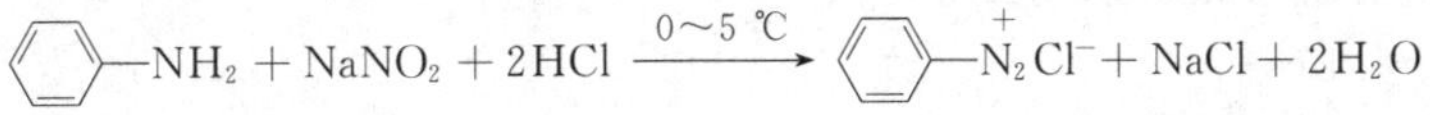

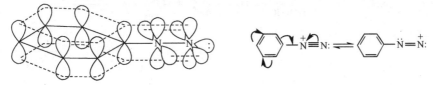

　　先将苯胺溶于过量稀盐酸中,然后在 0～5 ℃条件下边搅拌边滴加亚硝酸钠溶液(亚硝酸不稳定,故用亚硝酸钠和盐酸作重氮化试剂),直到溶液对淀粉碘化钾试纸呈蓝色为止,表明亚硝酸过量,反应已完成。亚硝酸钠加入不能太快,以防过多亚硝酸会造成芳香胺氧化。同时,重氮化是放热反应,亚硝酸钠加入太快也不易控制反应温度。重氮化反应所用的无机酸要在两倍当量以上。一当量用于产生亚硝酸,一当量用于形成重氮盐,多余过量酸可使溶液保持一定酸性以避免或减少副反应发生。

（右侧二维码说明文字）重氮盐和偶氮化合物制备

12.8.2　重氮盐的结构

　　重氮盐结构式如图 12-5 所示。脂肪族伯胺与亚硝酸反应产生的重氮盐易分解放出 N_2,而芳香族伯胺与亚硝酸反应生成的芳香族重氮盐却相对稳定,这是因为芳香重氮正离子中 $C-N\equiv N$ 键呈线形结构,$N\equiv N$ 键中的 π 轨道与苯环 π 轨道形成离域的共轭体系。

图 12-5　苯重氮正离子结构

　　重氮盐易溶于水,不溶于有机溶剂,在水溶液中能离解成正离子 ArN_2^+ 和负离子 X^-。干的重氮盐极不稳定,当受热或震动时,易发生爆炸。只有在冷的酸性水溶液中才能稳定存在,温度升高时容易分解放出 N_2。所以,重氮盐制备需要在低温酸性介质中进行。

12.8.3　重氮盐在有机合成中的应用

　　重氮盐化学性质活泼,在有机合成上有广泛应用。重氮盐参与的反应有两大类:一类是重氮基被取代的放氮反应,另一类是保留氮的反应的还原反应和偶合反应。

1. 放氮反应

重氮盐在一定条件下分解，重氮基可被氢原子、羟基、卤原子和氰基等所取代，生成相应的芳烃衍生物，同时有氮气放出。

（1）被氢原子取代

重氮盐与次磷酸或乙醇等还原剂作用，重氮基被氢原子取代。例如：

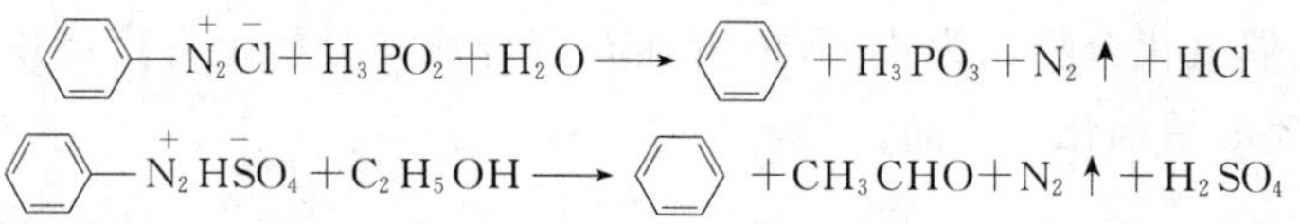

$$\text{C}_6\text{H}_5-\overset{+}{\text{N}}_2\overset{-}{\text{Cl}}+\text{H}_3\text{PO}_2+\text{H}_2\text{O} \longrightarrow \text{C}_6\text{H}_6 +\text{H}_3\text{PO}_3+\text{N}_2\uparrow+\text{HCl}$$

$$\text{C}_6\text{H}_5-\overset{+}{\text{N}}_2\overset{-}{\text{HSO}}_4 +\text{C}_2\text{H}_5\text{OH} \longrightarrow \text{C}_6\text{H}_6 +\text{CH}_3\text{CHO}+\text{N}_2\uparrow+\text{H}_2\text{SO}_4$$

重氮基源自氨基，故该反应又称去氨基反应。通过在苯环上引入氨基并借助其定位效应，可将某些基团引入芳环上特定位置，再通过重氮化反应将氨基去掉，可用以合成由其他方法难以制备的芳烃衍生物。例如1,3,5-三溴苯，无法由苯直接卤化有效合成，但由苯胺出发经溴化、重氮化和去氨基后可较容易得到。

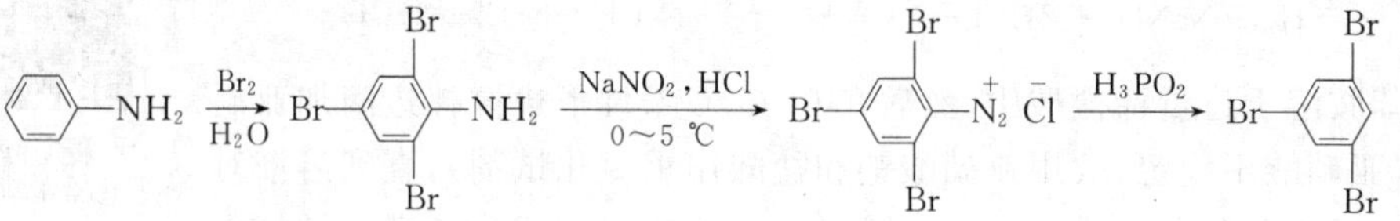

再如 2,4,6-三溴苯甲酸的合成：

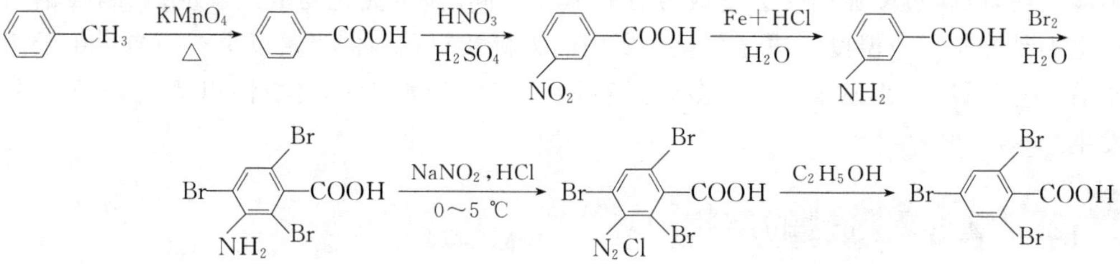

间溴甲苯不能用甲苯直接溴化制得，但利用氨基定位作用则可顺利合成。

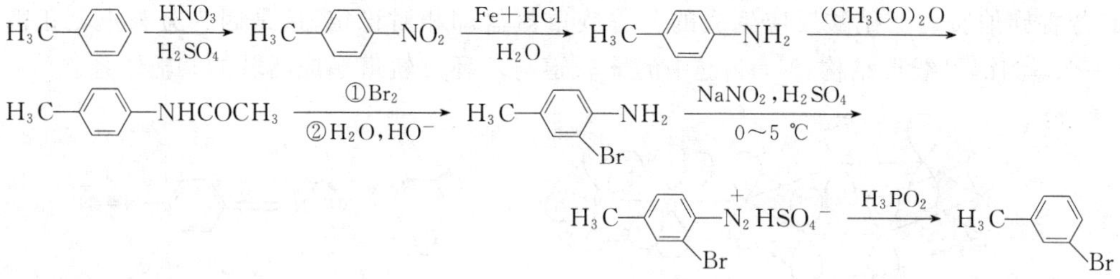

（2）被羟基取代

将重氮盐强酸性溶液（一般是 $40\% \sim 50\%$ 硫酸溶液）加热，重氮盐分解生成酚并放出氮气。虽经重氮盐制酚路线较长，产率也不高，不如磺化并碱熔制酚方法简捷，但是当苯环上有卤素或硝基等取代基时，不宜采用碱熔法制酚，历经重氮盐便是可行途径。

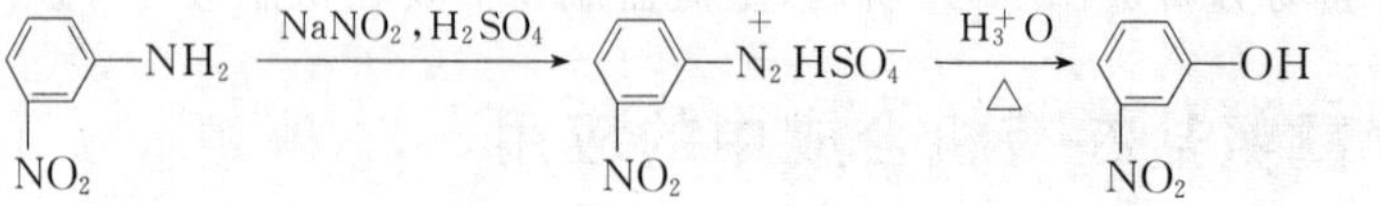

重氮盐水解制酚最好用重氮硫酸盐，并在硫酸溶液中水解。若采用重氮盐酸盐进行反应，体系中 Cl^- 作为较强亲核试剂容易产生氯苯等副产物，而硫酸氢根亲核性很弱，副反应

可以忽略。同时,反应水溶液要保持强酸性,否则水解产物酚易与尚未反应的重氮盐发生偶合反应。

（3）被卤原子取代

重氮盐在氯化亚铜或溴化亚铜催化剂和相应的氢卤酸作用下,重氮基可被氯或溴原子取代并放出氮气,此为桑德迈尔（Sandmeyer）反应。例如:

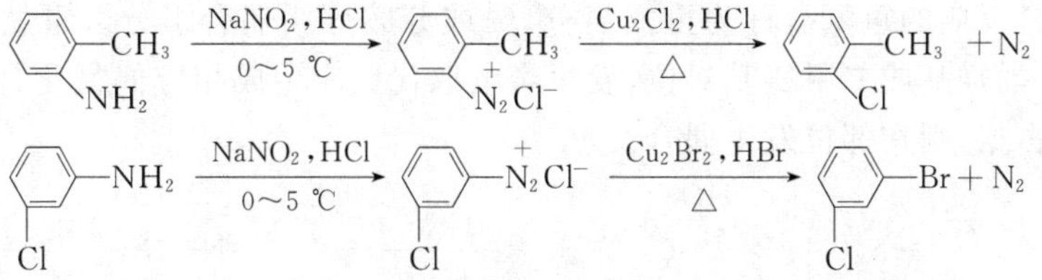

重氮盐与碘化钾水溶液共热,不需要催化剂就能以较高产率生成碘化物。例如:

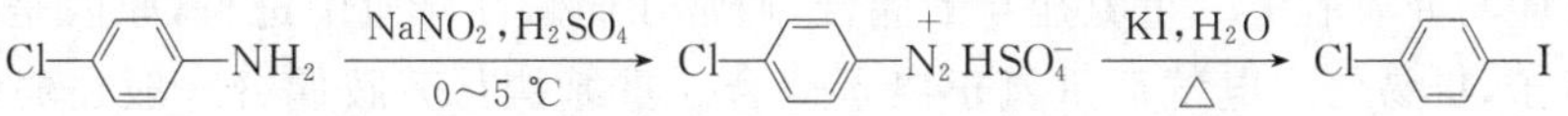

F⁻ 亲核性比 Cl⁻ 和 Br⁻ 更弱,不能采用上述方法制备氟代芳烃。通常将重氮盐与氟硼酸反应,得到不溶性氟硼酸重氮盐沉淀,干燥后小心加热使之分解,可得氟取代物,如:

上述反应在有机合成上常用来制备某些不易或不能直接由卤代法制得的芳卤化合物。

（4）被氰基取代

重氮盐与氰化亚铜的氰化钾水溶液作用时,重氮基被氰基取代。例如:

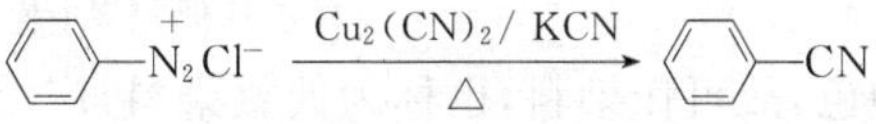

此反应在亚铜盐存在下进行,也称桑德迈尔反应。由于氯苯不能直接氰解制备苯腈,由重氮盐引入氰基便尤为重要。氰基容易水解为羧基,故可以此合成芳香酸。如 2,4,6-三溴苯甲酸的合成路线如下:

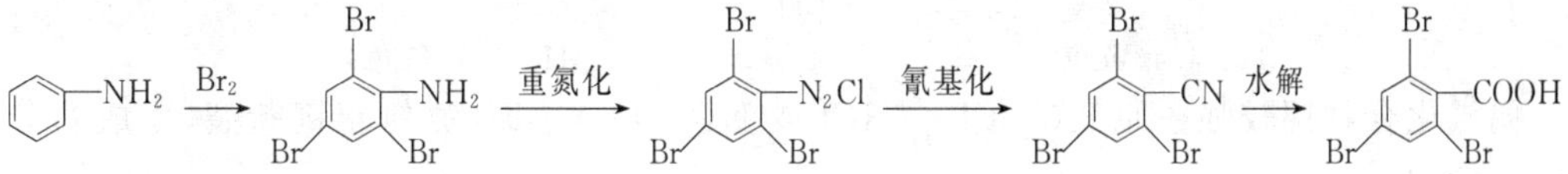

2. 留氮反应

留氮反应是指反应后重氮基的两个氮原子仍保留在产物中的反应。

（1）还原反应

芳香重氮盐与二氯化锡和盐酸或亚硫酸（氢）钠等还原剂作用,被还原成芳基肼。例如:

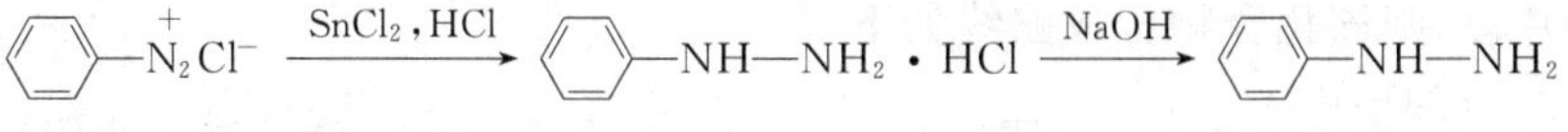

苯肼是无色油状毒性液体（b. p. 242 ℃）,不溶于水,是常用的羰基试剂,也是合成药物和染料的原料。

（2）偶合反应

在适当条件下,重氮盐可与酚或芳胺作用生成偶氮化合物此为偶合反应。例如:

$$\text{C}_6\text{H}_5\overset{+}{\text{N}}_2\text{Cl}^- + \text{HO—C}_6\text{H}_5 \xrightarrow[0\ ℃,pH=8\sim9]{\text{NaOH},\text{H}_2\text{O}} \text{C}_6\text{H}_5—\text{N}=\text{N—C}_6\text{H}_4—\text{OH}$$

对羟基偶氮苯(橘红色)

$$\text{C}_6\text{H}_5\overset{+}{\text{N}}_2\text{Cl}^- + \text{C}_6\text{H}_5—\text{N}(\text{CH}_3)_2 \xrightarrow[\text{H}_2\text{O},0\ ℃,pH=5\sim7]{\text{CH}_3\text{CO}_2\text{H}/\text{CH}_3\text{CO}_2\text{Na}} \text{C}_6\text{H}_5—\text{N}=\text{N—C}_6\text{H}_4—\text{N}(\text{CH}_3)_2$$

对二甲氨基偶氮苯

参加偶合反应的重氮盐称为重氮组分,酚或芳胺等叫偶合组分。重氮正离子作为弱亲电试剂,进攻酚羟基或二甲氨基对位,发生亲电取代反应生成相应偶氮化合物。如果对位已有其他基团占据,则在邻位发生偶合。

$$\text{C}_6\text{H}_5\overset{+}{\text{N}}_2\text{Cl}^- + \text{4-CH}_3\text{C}_6\text{H}_4\text{OH} \xrightarrow{pH=8\sim10} \text{C}_6\text{H}_5—\text{N}=\text{N—C}_6\text{H}_3(\text{OH})(\text{CH}_3)$$

偶合反应与介质有关。重氮盐与酚偶合,通常在弱碱性介质中进行,原因是此时酚转变成芳氧负离子,更易与亲电试剂重氮正离子偶合。重氮盐与芳胺偶合一般在弱酸性或中性介质中进行,但酸性强会使氨基转变为钝化苯环的铵基(第二类定位基),不利于偶合反应的发生。另外,在重氮盐与芳胺偶合反应中,若芳胺是伯胺或仲胺,则氨基易进攻重氮基而生成芳基重氮氨基苯。例如:

$$\text{C}_6\text{H}_5\overset{+}{\text{N}}_2\text{Cl}^- + \text{H}_2\text{N—C}_6\text{H}_5 \xrightarrow{\text{弱酸}} \text{C}_6\text{H}_5—\text{N}=\text{N—NH—C}_6\text{H}_5$$

苯基重氮氨基苯(杏黄色)

苯基重氮氨基苯和少量苯胺盐酸盐一起受热,易发生重排反应生成偶氮化合物:

$$\text{C}_6\text{H}_5—\text{N}=\text{N—NH—C}_6\text{H}_5 \longrightarrow \text{C}_6\text{H}_5—\text{N}=\text{N—C}_6\text{H}_4—\text{NH}_2$$

对氨基偶氮苯(黄色)

许多偶氮化合物都有颜色,故可作染料,也称为偶氮染料,广泛用于棉、毛、丝、麻织品以及塑料、印刷、皮革、橡胶等产品染色。有些偶氮化合物在酸或碱溶液中结构发生变化而显示不同颜色,可用作酸碱指示剂。例如,甲基橙在 pH<3.1 时呈红色,而 pH>4.4 时呈黄色。

$$\text{O}_3\overset{-}{\text{S}}—\text{C}_6\text{H}_4—\text{N}=\text{N—C}_6\text{H}_4—\text{N}(\text{CH}_3)_2 \underset{\text{HO}^-}{\overset{\text{H}^+}{\rightleftharpoons}} \text{O}_3\overset{-}{\text{S}}—\text{C}_6\text{H}_4—\text{NH—N}=\text{C}_6\text{H}_4=\overset{+}{\text{N}}(\text{CH}_3)_2$$

pH>4.4(黄色)   pH<3.1(红色)

偶氮化合物用较强还原剂($\text{SnCl}_2 + \text{HCl}$ 或 $\text{Na}_2\text{S}_2\text{O}_4$)还原,氮氮双键断裂,生成两分子芳胺。例如:

$$\text{NaO}_3\text{S—C}_6\text{H}_4—\text{N}=\text{N—C}_6\text{H}_4—\text{OH} \xrightarrow{\text{SnCl}_2,\text{HCl}} \text{NaO}_3\text{S—C}_6\text{H}_4—\text{NH}_2 + \text{H}_2\text{N—C}_6\text{H}_4—\text{OH}$$

从生成芳胺的结构,可推测原偶氮化合物构成,或以此来合成某些氨基酚或芳胺。

例如,某偶氮化合物经过氯化亚锡-盐酸还原,得到了对甲基苯胺和 N,N-二甲基-对甲基苯胺两个片段,则该化合物合成路线如下:

$$\text{C}_6\text{H}_6 \xrightarrow[60\ ℃]{\text{HNO}_3,\text{H}_2\text{SO}_4} \text{C}_6\text{H}_5—\text{NO}_2 \xrightarrow{\text{Fe},\text{HCl}} \text{C}_6\text{H}_5—\text{NH}_2 \xrightarrow[\triangle]{\text{CH}_3\text{OH}} \text{C}_6\text{H}_5—\text{N}(\text{CH}_3)_2$$

$$\text{H}_3\text{C—C}_6\text{H}_5 \xrightarrow[30\ ℃]{\text{HNO}_3,\text{H}_2\text{SO}_4} \text{H}_3\text{C—C}_6\text{H}_4—\text{NO}_2 \xrightarrow{\text{Fe}+\text{HCl}}$$

$$\text{H}_3\text{C—C}_6\text{H}_4—\text{NH}_2 \xrightarrow[0\sim5\ ℃]{\text{NaNO}_2,\text{HCl}} \text{H}_3\text{C—C}_6\text{H}_4—\text{N}_2\text{Cl}$$

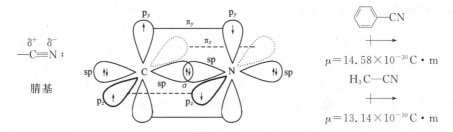

12.9 腈类化合物

腈可以看作氢氰酸氢原子被烃基取代后的化合物,或烃分子中的氢原子被氰基(-CN)取代后的化合物,可由卤代烷氰解或酰胺在脱水剂(五氧化二磷)作用下失水制得。

12.9.1 腈的结构与分类命名

氰基是强吸电子基团,结构中氮原子是 sp 杂化,其中一个 sp 杂化轨道与碳原子 sp 杂化轨道重叠形成 σ 键,另两个 p 轨道与碳原子 p 轨道分别形成两个互相垂直的 π 键,氮原子上一对未共用电子在 sp 轨道上(图 12-6)。由于 sp 杂化氮原子电负性很大(4.67),π 键容易极化,苯腈和乙腈偶极矩都较大。

图 12-6 ：C≡N:中的 σ 键和 π 键(C 和 N 都是 sp 杂化)

腈可以根据氰基所连烃基的不同分为不饱和腈(如丙烯腈)、饱和腈(如丙腈)、芳香腈(如苯腈),还可以根据分子中氰基数目分为一元腈和多元腈。

腈的命名和羧酸相似,需将氰基碳原子计在主链碳原子数之内,称为某腈。例如:

$$CH_3CH_2CH_2CN \quad H_2C{=}CH{-}CN \quad NC(CH_2)_4CN \qquad \text{苯}{-}CH_2CN$$

丁腈　　　　　丙烯腈　　　　己二腈　　　　　苯乙腈

12.9.2 腈的性质

1. 腈物理性质

一般低级腈为无色液体。由于腈分子中碳氮键极性较强,分子间引力较大,腈的沸点比相对分子质量相近的烃、醚、醛、酮、胺均高,与醇相近,但比羧酸要低。例如:

	CH_3CN	$CH_3CH_2CH_3$	$C_2H_5NH_2$	CH_3CHO	C_2H_5OH	$HCOOH$
相对分子质量	41	44	45	44	46	46
沸点/℃	82	−42.2	16.6	21	78.3	100

氰基上氮原子与水能形成氢键,所以低级腈类在水中低级腈溶解度较大。如乙腈与水混溶,但丙腈、丁腈在水中溶解度迅速降低。丁腈以上腈类难溶于水。一些低级不饱和腈有毒,通常腈化合物中会含有少量毒性较大的异腈(RNC)。

氰基红外特征吸收区与炔键一样,在 2 000～2 400 cm^{-1} 处。

2.腈的化学性质

(1)还原

氰基中有两个 π 键,用氢化铝锂或催化加氢使其还原,生成伯胺。例如:

$$\text{C}_6\text{H}_5\text{—C}\!\equiv\!\text{N} \xrightarrow{\text{LiAlH}_4} \text{C}_6\text{H}_5\text{—CH}_2\text{—NH}_2$$

工业上用己二腈催化加氢制己二胺:

$$NC(CH_2)_4CN + 4H_2 \xrightarrow[2\sim3\ \text{MPa}]{\text{Ni,C}_2\text{H}_5\text{OH,70}\sim90\ ℃} H_2N(CH_2)_6NH_2$$

(2)水解

腈与酸或碱水溶液共沸,水解生成羧酸。例如:

$$\text{C}_6\text{H}_5\text{—CH}_2\text{CN} + H_2SO_4 + H_2O \xrightarrow{130\ ℃} \text{C}_6\text{H}_5\text{—CH}_2\text{COOH} + NH_4HSO_4$$

$$(CH_3)_2CHCH_2CH_2CN + NaOH + H_2O \longrightarrow (CH_3)_2CHCH_2CH_2COONa + NH_3$$

(3)与格利雅试剂作用

腈与格利雅试剂作用可生成酮。

$$\text{C}_6\text{H}_5\text{—CH}_2\text{CN} + CH_3MgX \longrightarrow \text{C}_6\text{H}_5\text{—CH}_2\text{—}\underset{\underset{CH_3}{|}}{C}\!=\!N\text{—MgX} \xrightarrow{H_2O} \text{C}_6\text{H}_5\text{—CH}_2\text{—}\underset{\underset{CH_3}{|}}{C}\!=\!O$$

(4)α-H 活泼性

含有 α-H 腈可发生自身缩合反应,称为索普(Thorpe)反应。

$$CH_3CH_2\text{—}C\!\equiv\!N + CH_3\text{—}\underset{\underset{H}{|}}{C}H\text{—CN} \xrightarrow{Na} CH_3CH_2\text{—}\underset{\underset{NH}{\|}}{C}\text{—}\underset{\underset{CH_3}{|}}{C}H\text{—CN}$$

氰基-I 效应使其 α-H 有一定酸性,可以发生缩合反应。例如:

$$\text{C}_6\text{H}_5\text{—CHO} + \text{C}_6\text{H}_5\text{—CH}_2\text{CN} \xrightarrow[C_2H_5OH]{NaOC_2H_5} \xrightarrow[-H_2O]{\triangle} \text{C}_6\text{H}_5\text{—CH}\!=\!\underset{\underset{CN}{|}}{C}\text{—C}_6\text{H}_5$$

$$CH_3CH_2\text{—}\overset{\overset{O}{\|}}{C}\text{—OC}_2\text{H}_5 + CH_3CN \xrightarrow{NaNH_2} CH_3CH_2\text{—}\overset{\overset{O}{\|}}{C}\text{—CH}_2\text{CN} + C_2H_5OH$$

12.9.3 异腈和异氰酸酯

1.异腈

异腈是腈的同分异构体,有一定毒性,官能团为异氰基(-NC),其结构类似于一氧化碳(CO)。

$$:\!\overset{-}{C}\!\equiv\!\overset{+}{O}\!:\qquad\qquad\qquad -\overset{+}{N}\!\equiv\!\overset{-}{C}$$

异腈可由伯胺与氯仿及氢氧化钾共热制得:

$$R\text{—NH}_2 + CHCl_3 + 3KOH \xrightarrow{\triangle} R\text{—NC} + 3KCl + 3H_2O$$

异腈的命名根据烃基称为异氰基某烃,如 C_2H_5NC 称为异腈基乙烷。

异腈对碱相当稳定,但较腈类更容易酸性水解,生成甲酸和比异腈少一个碳原子的伯胺。例如:

$$RNC + 2H_2O \xrightarrow{H^+} R-NH_2 + HCOOH$$

异腈加氢生成甲基仲胺：

$$RNC + 2H_2 \xrightarrow{Ni} RNHCH_3$$

将异腈加热到 250～300 ℃时可发生异构化，转变成相应腈。

$$RNC \xrightarrow{\triangle} RCN$$

异腈可氧化成异氰酸酯：

$$RNC + HgO \longrightarrow R-N=C=O + Hg$$

2. 异氰酸酯

异氰酸是氰酸的互变异构体，平衡中以异氰酸为主。

$$HO-C\equiv N \Longrightarrow O=C=N-H$$

氰酸　　　　　　　　异氰酸

异氰酸酯结构如下，命名为异氰酸某酯。例如：

$$CH_3CH_2CH_2CH_2-N=C=O$$ 　　　　　

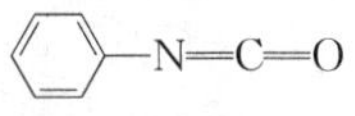

异氰酸丁酯　　　　　　　　异氰酸苯酯

在异氰酸酯中，以芳香族异氰酸酯较为重要，工业上常用芳胺制备异氰酸酯：

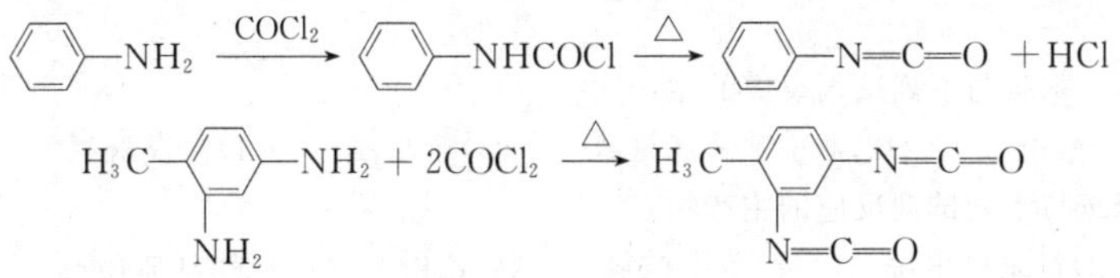

由于异氰酸酯的结构与乙烯酮相似，分子中的累积双键使其化学性质十分活泼，易与水、醇、胺等物发生反应。例如：

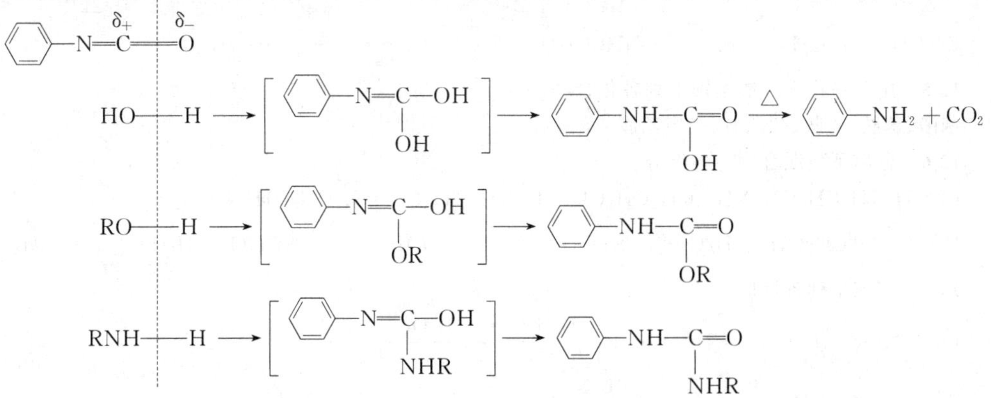

大多数芳基异氰酸酯是合成树脂、涂料、农药、黏合剂的重要原料。例如，甲苯二异氰酸酯（TDI）和二元醇作用，可得到一类重要的高分子化合物——聚氨基甲酸酯（聚氨酯树脂）：

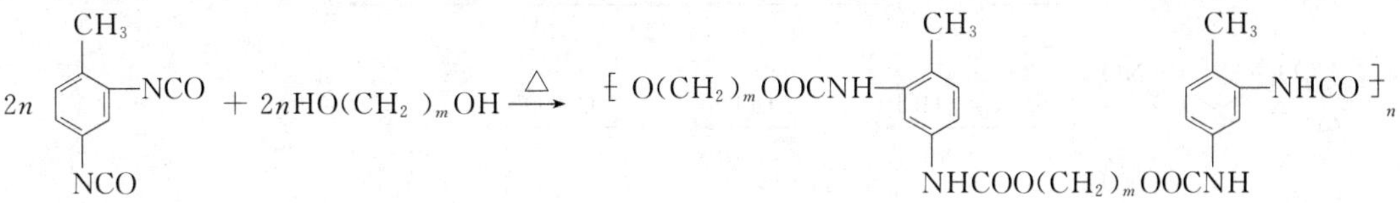

在聚合过程中添加少量水与二元醇,则有部分二异氰酸酯与水反应生成二胺和二氧化碳。在聚合物固化时,二氧化碳形成的小气泡保留在聚合体内,使产物呈海绵状,这就是常见的聚氨酯泡沫塑料:

$$H_3C-\phi-N=C=O + 2H_2O \longrightarrow H_3C-\phi-NH_2 + 2CO_2$$

生成的二元芳胺可进一步与二异氰酸酯反应,有利于聚合物固化。

习 题

12-1 命名下列化合物。

(1) $H_3C-\phi-N(CH_3)(C_2H_5)$

(2) $\phi-N^+\equiv NCl^-$

(3) $[(CH_3)_2CH]_2NH$

(4) $\phi-SO_2NHC_2H_5$

(5) ⬠—NHCH$_3$

(6) $CH_3CH_2CHCH_3$ 带 $NHCH_3$

(7) O_2N、$COOCH_3$、H_2N 苯环

(8) $C_{12}H_{25}N^+(CH_3)_3OH^-$

12-2 写出环己基胺与下列试剂反应的主产物。

(1)邻苯二甲酸酸酐 　(2)2,4,6-三硝基氯苯 　(3)苄基溴 　(4)异戊酰氯

12-3 写出苯胺与下列试剂反应的主产物。

(1)溴水 　(2)过量碘甲烷 　(3)苯甲酰氯 　(4)乙酐 　(5)混酸(加热)

12-4 排序下列化合物碱性大小,并简要说明原因。

A. $\phi-NH_2$ 　　B. $H_3CO-\phi-NH_2$ 　　C. $H_3C-\phi-NH_2$ 　　D. ⬡—NH_2

E. $(CH_3)_4N^+OH^-$ 　　F. $\phi-NHCOCH_3$ 　　G. $\phi-SO_2NHCH_3$

12-5 用简易化学方法鉴别下列各化合物。

苯酚、苯胺、乙胺、二乙胺、二甲乙胺

12-6 分离下列混合物中各组分。

(1)$CH_3CH_2CH_2CH_2NH_2$ 、$CH_3CH_2CH_2CH_2NHCH_3$ 、$CH_3CH_2CH_2CH_2N(CH_3)_2$

(2)$\phi-CH_2OH$ 、$H_3C-\phi-OH$ 、$\phi-COOH$ 、$\phi-CHO$ 、$H_3C-\phi-NH_2$

12-7 完成下列各反应。

(1)$O_2N-\phi-CH_3 + HCOOC_2H_5 \xrightarrow{C_2H_5ONa} \xrightarrow{H_3O^+} (\quad)$

(2)⬡—$CONH_2 \xrightarrow{P_2O_5} (\quad) \xrightarrow{H_2-Ni} (\quad)$

(3)$O_2N-\phi-NO_2 \xrightarrow{Na_2S} (\quad) \xrightarrow[0\sim5\ ℃]{NaNO_2-HCl} \xrightarrow[pH=9]{H_2N-\phi-\phi-OH} (\quad)$

(4)$O_2N、NO_2、NH_2$ 苯环 $\xrightarrow[0\sim5\ ℃]{NaNO_2-HCl} (\quad) \xrightarrow{CuBr} (\quad) \xrightarrow{CH_3ONa} (\quad)$

(5) 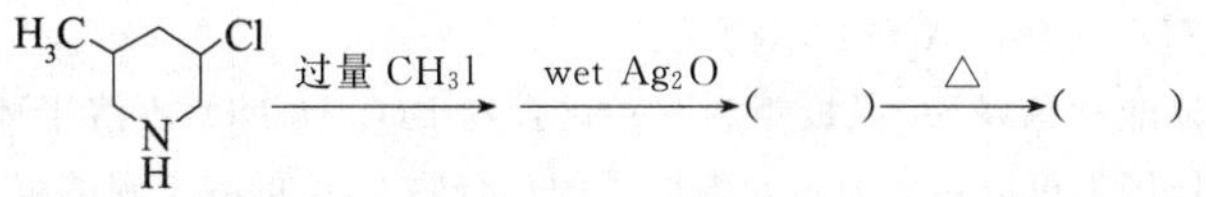 　$\xrightarrow{\text{过量 CH}_3\text{I}}$　$\xrightarrow{\text{wet Ag}_2\text{O}}$ (　　)　$\xrightarrow{\triangle}$ (　　)

(6) 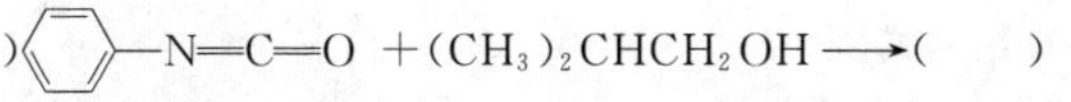 $-N=C=O$ $+(CH_3)_2CHCH_2OH \longrightarrow$ (　　)

(7) 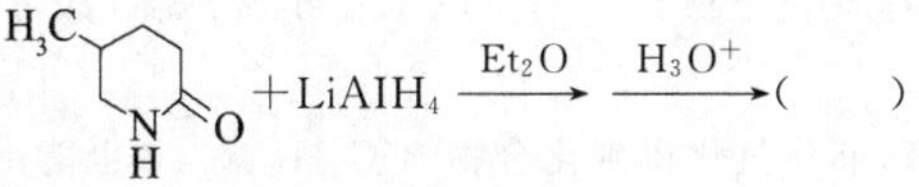 $+LiAlH_4 \xrightarrow{\text{Et}_2\text{O}} \xrightarrow{\text{H}_3\text{O}^+}$ (　　)

(8) 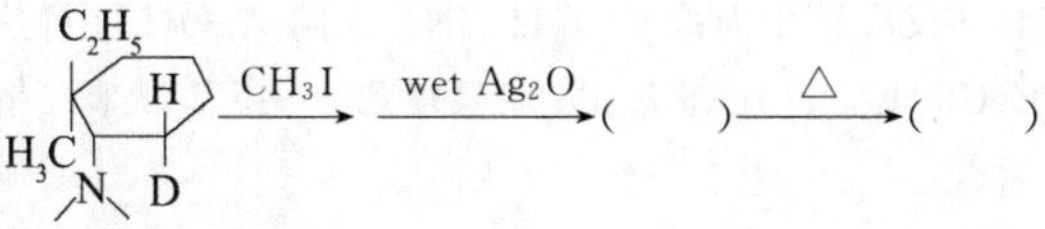 $\xrightarrow{\text{CH}_3\text{I}} \xrightarrow{\text{wet Ag}_2\text{O}}$ (　　) $\xrightarrow{\triangle}$ (　　)

(9) 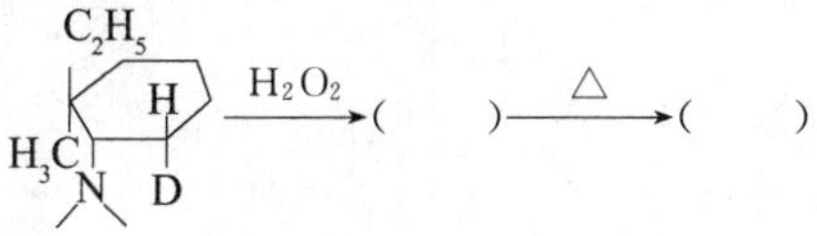 $\xrightarrow{\text{H}_2\text{O}_2}$ (　　) $\xrightarrow{\triangle}$ (　　)

(10) 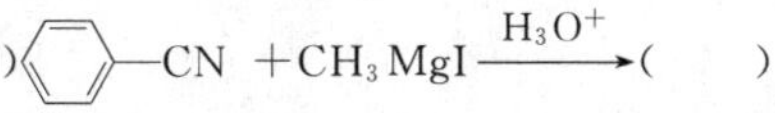 $-CN$ $+CH_3MgI \xrightarrow{\text{H}_3\text{O}^+}$ (　　)

12-8　试写出对甲基氯化重氮苯与下列试剂作用的产物。

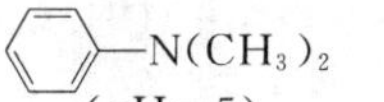

(1)H_3PO_2　　(2)$CuBr$,HBr　　(3)Cu_2CN_2,KCN　　(4)KI,$\triangle$　　(5)H_2O,$\triangle$

(6) 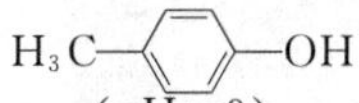 H_3C——OH　　(7) —$N(CH_3)_2$　　(8) OH
　　　　（pH＝9）　　　　　　　　（pH＝5）　　　　　　　　（pH＝9）

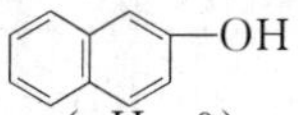

12-9　完成下列合成,相关无机试剂任选。

(1)由乙烯制备丙腈和丁二胺　　(2)由正丁醇制备 *N*-丙基丙酰胺和 *N*-戊基丙酰胺

12-10　以苯、甲苯或萘为原料完成下列合成,相关无机试剂任选。

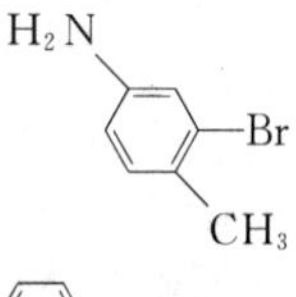

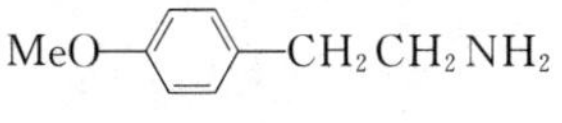

(1) 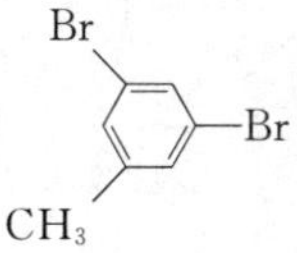 　　(2) 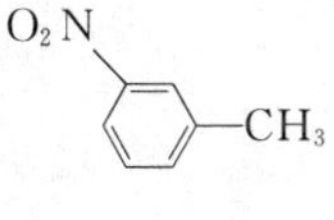 　　(3)

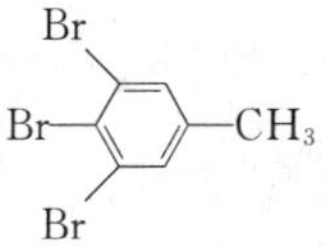

(4) 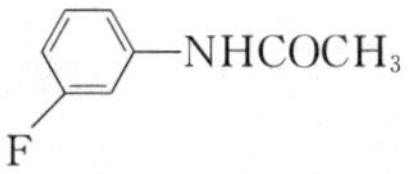 　　(5) 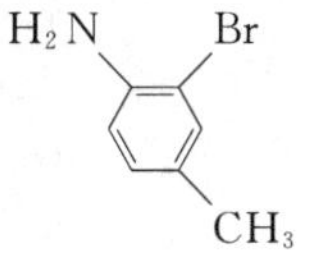 　　(6)

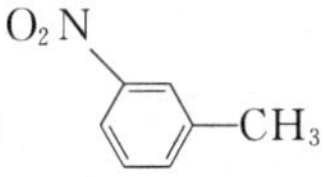

(7) 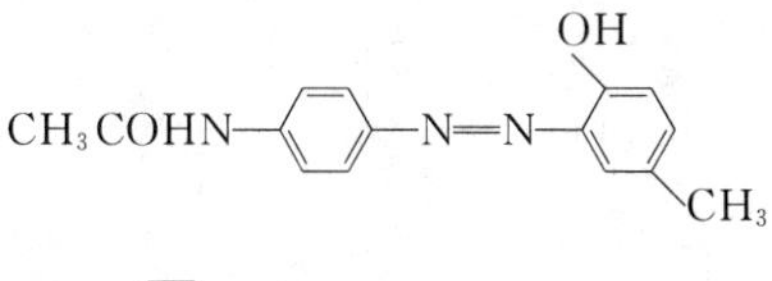 CH_3COHN—　　(8)

(9)MeO——$CH_2CH_2NH_2$　　(10) 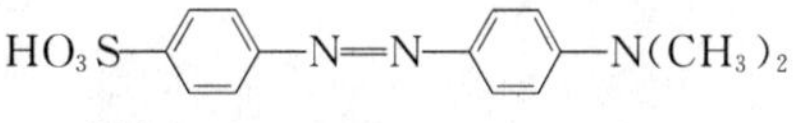 HO_3S——$N=N$——$N(CH_3)_2$

(11) 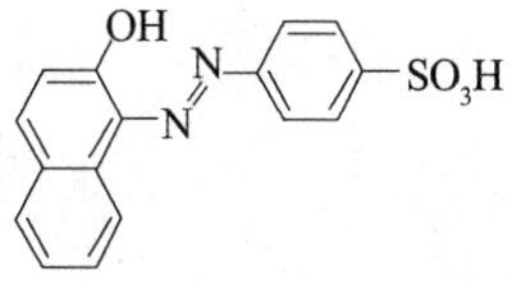 　　(12)

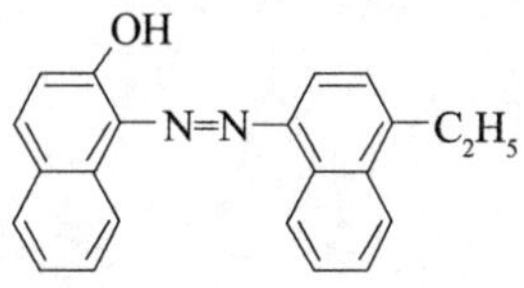

12-11　推导结构。

(1)化合物 A 和 B 分子式都是 $C_6H_{15}N$,用碘甲烷处理时,均形成季铵盐。将季铵盐用湿氧化银处理再加热分解,从 A 出发所得季铵碱分解生成乙烯及分子式为 $C_5H_{13}N$ 化合物;由 B 得到的季铵碱则分解生成

1-丁烯及分子式为 C_3H_9N 的产物。试写出化合物 A 和 B 结构式。

(2)化合物 A($C_6H_4N_2O_4$)不溶于稀酸和稀碱,A 偶极矩为零。化合物 B(C_8H_9NO)不溶于稀酸和稀碱。在 H_2SO_4 中化合物 B 在高锰酸钾作用下可以转变为不含氮原子的化合物 C,C 可溶于碳酸氢钠溶液,只有一种一硝基取代产物。试写出化合物 A~C 结构式。

(3)化合物 D($C_7H_7NO_2$)可以发生剧烈氧化反应生成化合物 E($C_7H_5NO_4$),E 可溶于稀碳酸氢钠溶液,有两种一氯代异构体。试写出化合物 A 和 B 结构式。

(4)某碱性物质 A($C_5H_{11}N$)用臭氧化可生成甲醛,催化氢化得到化合物 B($C_5H_{13}N$),B 也能由己酰胺与溴在 NaOH 水溶液中处理得到。A 与过量 CH_3I 反应转化为盐 C($C_8H_{18}IN$),C 同 AgOH 进行热解得到二烯 D(C_5H_8),D 与丁炔二酸二甲酯反应生成 E($C_{11}H_{14}O_4$),E 通过 Pd 脱氢得到 3-甲基邻苯二甲酸二甲酯。写出 A~E 可能的构造式。

12-12 写出下列反应的机理。

(1)

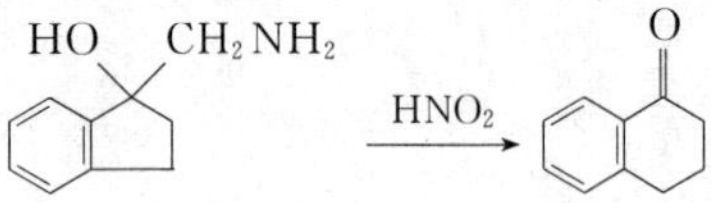

(2)

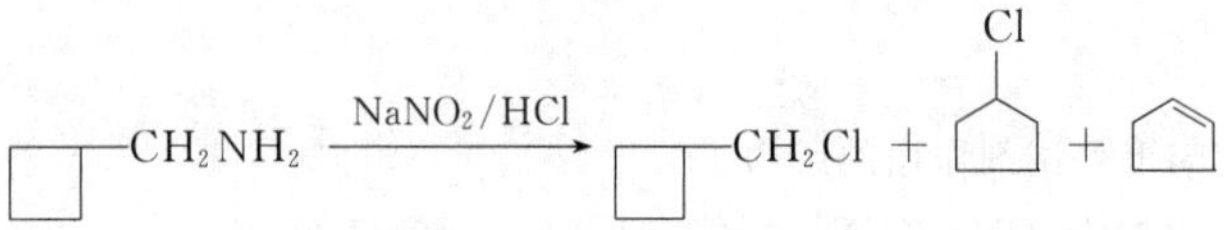

*(3)$HOCH_2CH_2NH_2$

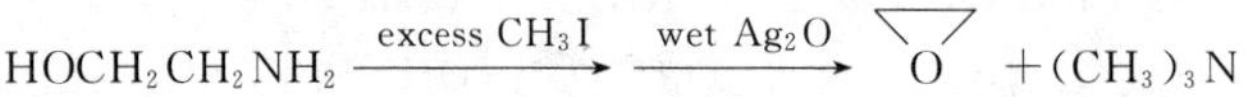

*(4)

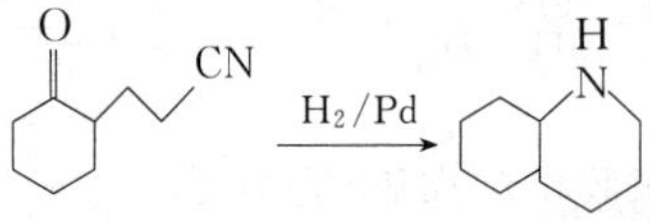

第13章

杂环化合物

杂环化合物通常指含有杂原子并具有芳香性的环状化合物,常见杂原子有氧、氮和硫原子等。所有成环原子共平面,构成一个含有 $4n+2$ 个 π 电子的闭合共轭体系。

杂环化合物广泛存在于自然界中,如植物中叶绿素和动物体内血红素都含有吡咯环,毒芹碱和新烟碱等都含有吡啶环,石油、煤焦油中也含有少量杂环化合物。许多杂环化合物结构复杂,有的有重要的生理功能,如嘧啶和嘌呤衍生物是脱氧核糖核酸的重要组成部分;许多医药分子是杂环化合物的衍生物,如吗啡、黄连素、维生素和抗菌素等。

13.1 杂环化合物分类和命名

根据环数多少杂环化合物可分为单杂环化合物和稠杂环化合物;根据环大小可分为五元杂环化合物和六元杂环化合物;根据杂原子数目可分为含有一个杂原子、两个或多个杂原子的杂环化合物;根据所含杂原子的种类分为氧杂环、氮杂环和硫杂环等。

杂环化合物命名习惯上采用音译法,即按照英文名称译音,选用同音汉字,再加上"口"旁以表示环状化合物,见表 13-1。

当杂环化合物环上有取代基时,通常以杂环为母体,编号时从杂原子开始,并将杂原子编为 1 号,依次为 1、2、3、…,或与杂原子相邻的碳原子编为 α,依次为 α、β、γ、…。当环上有两个或两个以上杂原子时,应使杂原子位次数字最小;当环上有不同杂原子时,按 O→S→N 次序编号。当环上连有不同取代基时,编号时遵守次序规则及最低系列原则。例如:

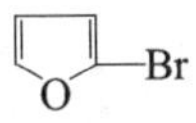

2-溴呋喃   3,4-二甲基吡啶   5-硝基-2-呋喃甲醛
α-溴呋喃   β,γ-二甲基吡啶   α′-硝基-α-呋喃甲醛

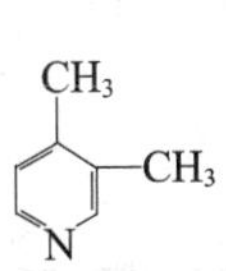

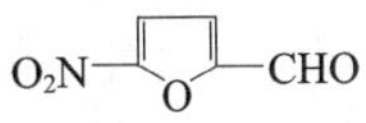

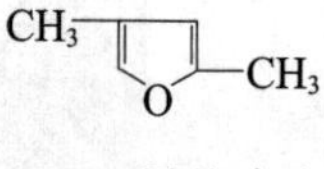

2,4-二甲基呋喃
α,β'-二甲基呋喃

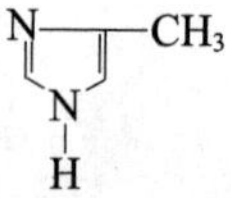

4-甲基咪唑

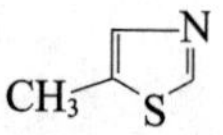

5-甲基噻唑

表 13-1   **杂环的分类和名称**

杂环分类	碳环母核	重要的杂环
单杂环 — 五元杂环	 环戊二烯	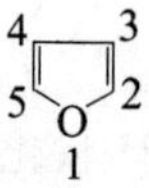 呋喃 (Furan)  噻吩 (Thiophene) 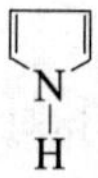 吡咯 (Pyrrole) 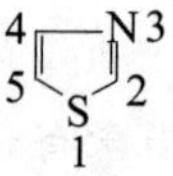 噻唑 (Thiazole) 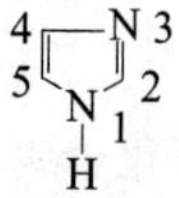 咪唑 (Imidazole)
单杂环 — 六元杂环	 苯	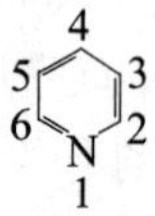 吡啶 (Pyridine) 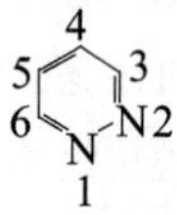 哒嗪 (Pyridazine) 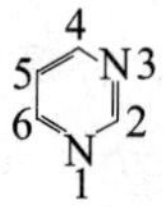 嘧啶 (Pyrimidine) 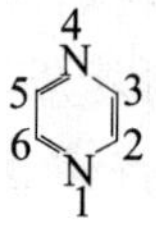 吡嗪 (Pyrazine)
稠杂环	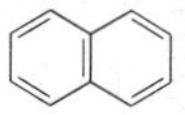 萘	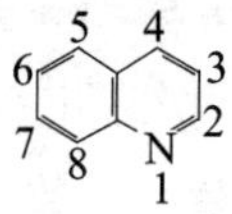 喹啉 (Quinoline) 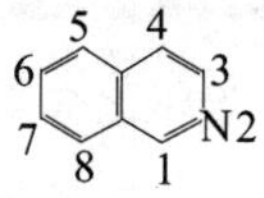 异喹啉 (Isoquinoline)
稠杂环	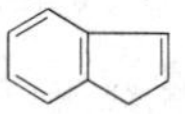 茚	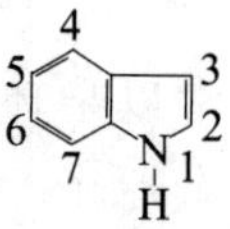 吲哚 (Indole) 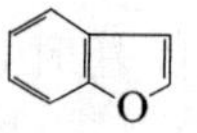 苯并呋喃 (Benzofuran) 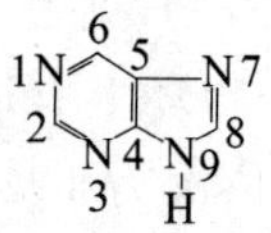 嘌呤 (Purine)
稠杂环	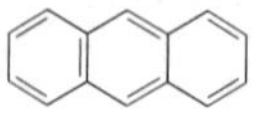 蒽	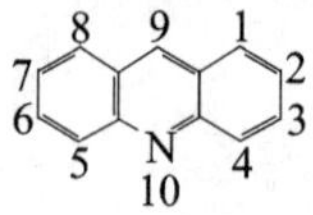 吖啶 (Acridine)

13.2　单杂环化合物的结构和芳香性

13.2.1　五元单杂环

　　呋喃、噻吩和吡咯是含一个杂原子的五元杂环化合物,成环 5 原子位于同一平面上,彼此以 σ 键相连接,4 个 sp^2 杂化碳原子 p 轨道上各有 1 个电子,杂原子 p 轨道上有 2 个电子,这 5 个 p 轨道都垂直于环所在平面,肩并肩交盖组成了 π_5^6 闭合离域体系:

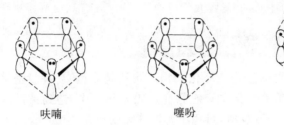

|呋喃|噻吩|吡咯|

　　分子中参与离域 π 电子数符合 Hückel 规则,都有芳香性,分子中键长数据如下:

　　呋喃　　0.144nm　0.135nm　0.137nm

　　噻吩　　0.142nm　0.137nm　0.171nm

　　吡咯　　0.143nm　0.137nm　0.138nm

已知典型的键长数据为

　　　C—C 0.154 nm；　C—O 0.143 nm；　C—S 0.182 nm；　C—N 0.147 nm

　　　C=C 0.134 nm；　C=O 0.122 nm；　C=S 0.160 nm；　C=N 0.128 nm

　　由此可见,五元杂环分子中键长有一定程度的平均比,但不像苯那样完全平均化,因此芳香性较苯差,有一定程度不饱和性及环不稳定性。杂环杂原子由于 p-π 共轭,使环上电子云密度较苯环高,尤其 α 位,比苯更容易发生亲电取代反应,其反应活性与苯酚、硫酚和苯胺相当。

　　噻吩、吡咯、呋喃的离域能依次为 117 kJ·mol^{-1}、88 kJ·mol^{-1}、67 kJ·mol^{-1},因此芳香性由大到小次序为

苯＞噻吩＞吡咯＞呋喃

　　其中,呋喃芳香性最差,可表现出共轭二烯烃性质,如可以进行双烯加成反应。

13.2.2　六元单杂环

　　吡啶是典型的六元单杂环化合物,结构和苯相似,相当于苯中 1 个碳原子被氮原子取代,成环的 5 个碳原子和氮原子共平面,所有成环原子均以 sp^2 杂化轨道相互连接形成 σ 键,每个原子 p 轨道均有 1 个电子,这 6 个 p 轨道都垂直于环所在平面,相互平行交盖组成 π_6^6 体系;这一体系符合 Hückel 规则,具有芳香性。

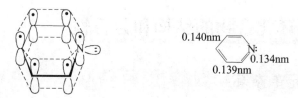

与吡咯不同,吡啶氮上对未共享电子(sp^2)在平面之内,不参与共轭,因此该氮原子有一定碱性和亲核性。氮原子−I效应使环上电子云密度降低,尤其 α-和 γ-位电子云密度降低更多,类似于苯环上连接−NO_2等吸电子基团的作用。所以,吡啶亲电取代反应较苯要难,且主要进入 β-位,但可在 α-和 γ-位发生亲核取代反应。

13.3 五元杂环化合物

呋喃、噻吩、吡咯是最常见的五元杂环化合物。呋喃是无色、易挥发液体(b. p. 31 ℃),难溶于水,易溶于乙醇、乙醚等有机溶剂。它存在于松木焦油中,遇到被盐酸浸湿过的松木片时呈绿色,此反应称为松木检验反应,可用于鉴定呋喃的存在。工业上可用糠醛或糠酸为原料制备呋喃。噻吩难闻臭味是无色液体,存在于煤焦油的粗苯中。噻吩沸点(84 ℃)与苯接近,故分馏煤焦油时可与苯一起馏出,这也使得从煤焦油中提取苯都含有少量噻吩(0.5%)。噻吩在浓硫酸存在下与靛红一起加热后呈现蓝色,此反应灵敏,可用于检验噻吩的存在。工业上可用正丁烷(烯)与硫磺混合后高温反应得到噻吩;实验室中可用丁二酸制备。吡咯也是无色液体,但易被空气氧化而变黑,气味与苯胺相似,沸点129 ℃,难溶于水,易溶于乙醇和乙醚,存在于煤焦油、骨油和石油中,其蒸气遇浸过盐酸的松木片显红色,可用于检验吡咯的存在,工业上可从呋喃或乙炔与氨作用制得。

13.3.1 五元杂环化合物化学性质

在呋喃、噻吩、吡咯中,由于杂原子 p-π 共轭效应,使环上电子云密度增大,亲电取代反应比苯更易进行,反应活性吡咯＞呋喃＞噻吩＞苯,且主要发生在电子云密度较大的 α-位。

1. 亲电取代反应

(1)卤代

五元单杂环可与卤素迅速反应,生成卤代产物。例如

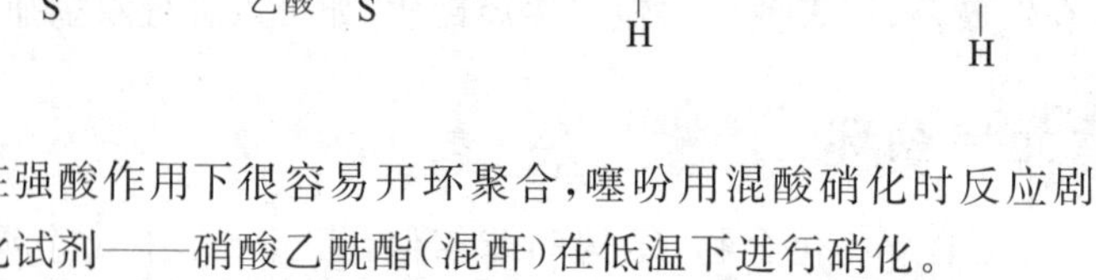

(2)硝化

呋喃与吡咯在强酸作用下很容易开环聚合,噻吩用混酸硝化时反应剧烈,易发生爆炸,但可用温和的硝化试剂——硝酸乙酰酯(混酐)在低温下进行硝化。

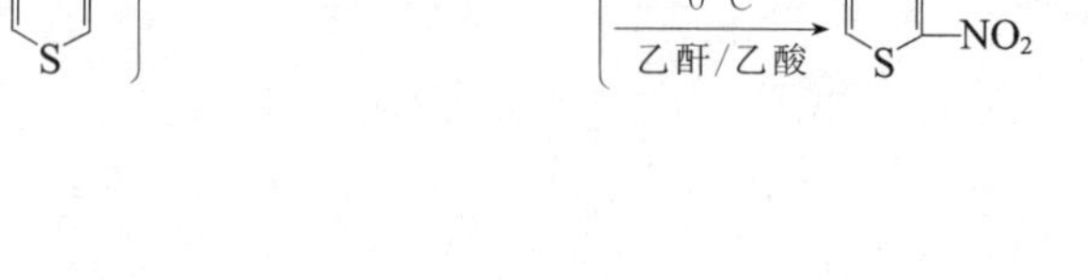

（3）磺化

呋喃和吡咯因对强酸敏感,同样需用温和的磺化试剂——吡啶三氧化硫进行磺化。噻吩在室温下可与浓硫酸顺利发生磺化反应,以此可将苯中的噻吩杂质除去。如在煤焦油中得到的苯含有少量噻吩,加入浓硫酸一起振荡,噻吩发生磺化而溶解在浓硫酸中与苯分离,从而纯化制得无噻吩苯。

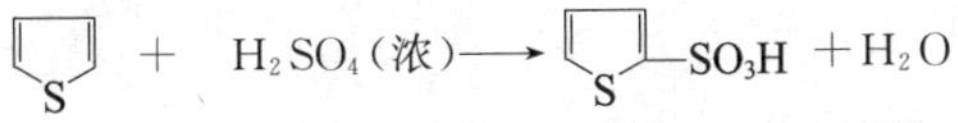

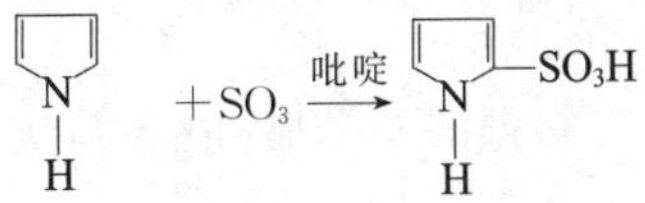

$$\text{\<噻吩\>} + H_2SO_4(\text{浓}) \longrightarrow \text{\<噻吩-SO_3H\>} + H_2O$$

$$\text{\<吡咯\>} + SO_3 \xrightarrow{\text{吡啶}} \text{\<吡咯-SO_3H\>}$$

（4）酰基化

$$\text{\<呋喃\>} + (CH_3CO)_2O \xrightarrow{SnCl_4} \text{\<呋喃-C(=O)CH_3\>}$$

$$\text{\<吡咯\>} + (CH_3CO)_2O \xrightarrow{150\sim200\ ℃} \text{\<吡咯-C(=O)CH_3\>}$$

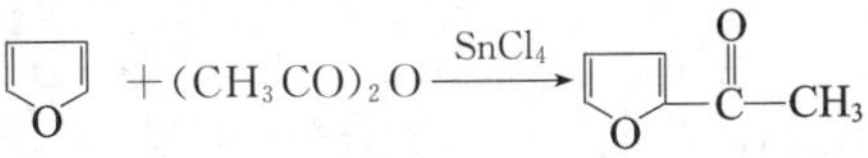

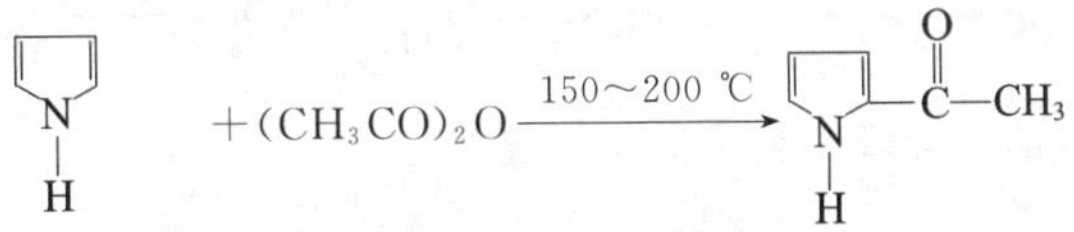

呋喃、噻吩、吡咯也能发生烷基化反应,但产率低,选择性差。

2. 加氢

呋喃、噻吩、吡咯在催化剂存在下都能发生加氢反应,生成相应四氢化物。

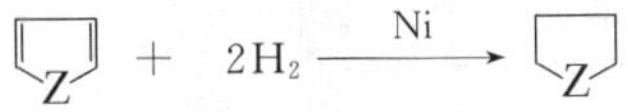

$$\text{\<杂环Z\>} + 2H_2 \xrightarrow{Ni} \text{\<四氢化物Z\>} \quad (Z=O,S,NH)$$

四氢呋喃（THF）是一种优良的溶剂,它既溶于水,又溶于一般有机溶剂,也是重要的有机合成原料。四氢吡咯为仲胺,在有机合成中也有重要用途。四氢噻吩可氧化为环丁砜,是重要的有机溶剂。

13.3.2　重要的五元杂环化合物

1. 呋喃与糠醛

五元杂环化合物中呋喃芳香性最弱,能够发生 Diels-Alder 反应,如呋喃很容易同顺丁烯二酸酐发生 1,4-加成反应:

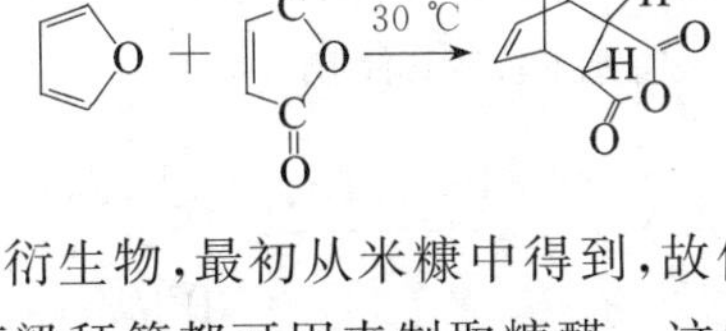

$$\text{\<呋喃\>} + \text{\<顺丁烯二酸酐\>} \xrightarrow{30\ ℃} \text{\<加成产物\>}$$

α-呋喃甲醛是呋喃的重要衍生物,最初从米糠中得到,故俗称糠醛。很多农副产品如麦秆、玉米芯、花生壳、甘蔗渣、高粱秆等都可用来制取糠醛。这些生物质基农副产品中都含有戊聚糖,在稀酸作用下水解成戊醛糖,进一步脱水环化得到了糠醛:

$$(C_5H_8O_5)_n \xrightarrow[H^+]{H_2O} \underset{\substack{| \\ \text{CH}-\text{CH}-\text{CHO} \\ | \qquad | \\ \text{OH} \quad \text{OH}}}{\text{HO}-\text{CH}-\text{CH}-\text{OH}} \xrightarrow{\triangle} \overset{}{\underset{O}{\square}}\text{CHO}+3H_2O$$

戊聚糖 戊醛糖

糠醛是重要的化工原料,与水蒸气在催化剂（ZnO-Cr$_2$O$_3$-MnO$_2$）作用下加热至 400～415 ℃,可脱去羰基生成呋喃:

$$\overset{}{\underset{O}{\square}}\text{CHO}+H_2O \xrightarrow[\triangle]{\text{催化剂}} \overset{}{\underset{O}{\square}} + CO_2 + H_2$$

糠醛是无色液体（b.p.162 ℃）,糠醛与苯胺在醋酸存在下能产生亮红色,可以此检验糠醛存在。

糠醛化学性质与苯甲醛有相似之处。例如,糠醛在浓碱作用下能发生康尼查罗反应,生成糠醇及糠酸。

$$2\overset{}{\underset{O}{\square}}\text{CHO} \xrightarrow{\text{NaOH}} \overset{}{\underset{O}{\square}}\text{CH}_2\text{OH} + \overset{}{\underset{O}{\square}}\text{COONa} \xrightarrow{H^+} \overset{}{\underset{O}{\square}}\text{COOH}$$

糠醛与乙酐在醋酸钠作用下,则发生珀金反应。

$$\overset{}{\underset{O}{\square}}\text{CHO}+(CH_3CO)_2O \xrightarrow{CH_3COONa \atop \triangle} \overset{}{\underset{O}{\square}}\text{CH}=\text{CH}-\text{COOH}+CH_3COOH$$

另外,糠醛醛基还能发生银镜反应、氧化反应、还原反应、交叉羟醛缩合反应等。

糠醛作为一种重要的化工原料,除用来制呋喃外,还可用于制备酚醛树脂、电绝缘材料、药物以及其他精细化工产品。

2. 吡咯与吲哚

吡咯除了具有五元杂环化合物的共性外,还有某些特殊性质。如吡咯分子中氮上电子对参与共轭,基本上不与质子结合,碱性（pK_b=13.6）很弱,甚至可显示弱酸性 K_a=10^{-15}）。如在强碱作用下,可发生下述反应:

$$\overset{}{\underset{\underset{H}{N}}{\square}} + KOH \xrightarrow{-H_2O} \overset{}{\underset{\underset{K^+}{N}}{\square}} \xrightarrow{CH_3COCl} \overset{}{\underset{\underset{COCH_3}{N}}{\square}} \xrightarrow{\triangle} \overset{}{\underset{\underset{H}{N}}{\square}}\text{COCH}_3$$

$$\overset{}{\underset{\underset{H}{N}}{\square}} + RMgX \xrightarrow{-RH} \overset{}{\underset{\underset{MgX}{N}}{\square}} \xrightarrow[-MgX_2]{RX} \overset{}{\underset{\underset{R}{N}}{\square}} \xrightarrow{\triangle} \overset{}{\underset{\underset{H}{N}}{\square}}R$$

由于吡咯 α-位电子云密度比噻吩和呋喃 α-位电子云密度大,吡咯的亲电取代反应活性很高,能与重氮盐发生偶合反应,生成偶氮化合物。

$$\overset{}{\underset{\underset{H}{N}}{\square}} + \overset{}{\underset{}{\bigcirc}}\text{-N}_2^+\text{Cl}^- \xrightarrow{CH_3COONa} \overset{}{\underset{\underset{H}{N}}{\square}}\text{N}=\text{N}-\overset{}{\underset{}{\bigcirc}} + HCl$$

吡咯钾盐可发生 Kolbe-Schmitt 反应,吡咯环还能发生 Reimer-Tiemann 反应。

吲哚是由苯环和吡咯环稠合而成的稠杂环化合物,亦称苯并吡咯。吲哚为粪臭味片状结晶（m.p.52 ℃）,但纯吲哚极稀溶液有香味,可用于制造茉莉型香精等。与吡咯相似,吲哚几乎无碱性,也能与钾作用生成吲哚钾。吲哚亲电取代反应发生在 β-位上,加成反应也在吡咯环上进行。吲哚也能使浸有盐酸的松木片显红色。

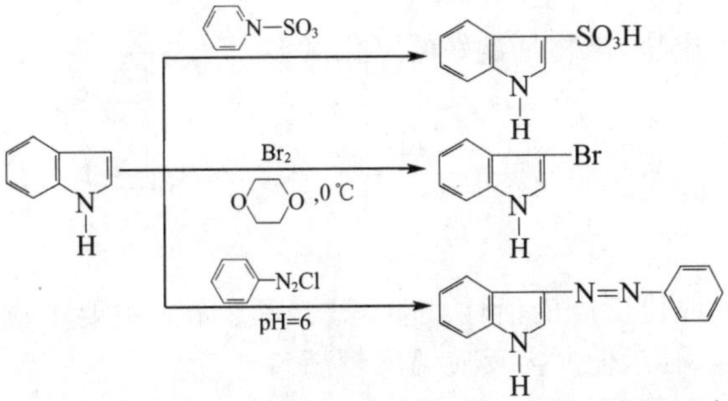

吲哚及其衍生物广泛分布于在自然界中动植物中。例如吲哚环存在于人体必需氨基酸色氨酸(人体必需氨基酸)中和植物素馨花香精油中;天然植物激素 β-吲哚乙酸,一些生物碱(如利血平)、麦角碱及脑白金等均为吲哚衍生物,在人体内有重要生理作用。在动物粪便中也检测有吲哚及其同系物 β-甲基吲哚。

13.4　六元杂环化合物

13.4.1　吡　啶

作为最重要的六元杂环化合物,吡啶是无色臭味液体,可溶于水并能和许多有机物(如乙醇、乙醚等)混溶,是有机反应的优良溶剂。

吡啶多存在于煤焦油及页岩油中,工业上可从煤焦油中提取。用硫酸处理煤焦油中分馏出的轻油部分,则吡啶生成硫酸盐而溶于水。用碱中和后,吡啶即游离出来,后经蒸馏即可精制。在自然界中存在的维生素 B_6 类物质中含有吡啶环,如吡多醇、吡多醛、吡多胺。

吡啶有碱性和亲核性,吡啶环上可发生亲电取代、亲核取代及加成反应等反应,吡啶氮原子还可氧化。

1. 碱性和亲核性

吡啶环上氮原子未共用电子对处于 sp^2 杂化轨道上,不参与环上共轭而呈现弱碱性($pK_b=8.8$),碱性较苯胺碱性($pK_b=9.3$)强,但弱于脂肪胺,容易和无机酸反应生成盐,亦常做反应中缚酸剂。

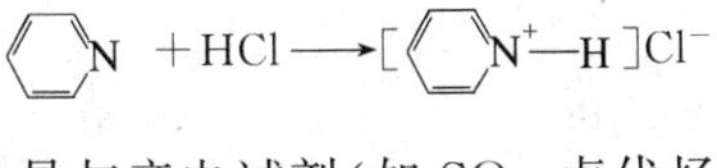

吡啶氮原子上电子还有亲核性,易与亲电试剂(如 SO_3、卤代烃、酰卤等)反应,如吡啶结合生成温和的磺化试剂(N-磺酸吡啶),可用来磺化那些不耐强酸的杂环化合物。

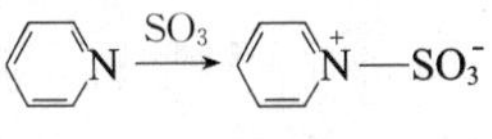

吡啶与碘甲烷结合生成烷基化吡啶盐产物,加热后重排成 α-甲基吡啶和 γ-甲基吡啶。

$$\text{吡啶} \xrightarrow{H_3CI} [\text{吡啶}^+\text{—CH}_3]I^- \xrightarrow{\triangle} \text{2-甲基吡啶—CH}_3 + \text{CH}_3\text{—吡啶}$$

吡啶与酰氯作用生成盐,产物是良好的酰化试剂。

$$\text{吡啶} \xrightarrow{H_3C-\overset{O}{\underset{}{C}}-Cl} [\text{吡啶}^+-\overset{O}{\underset{}{C}}-CH_3]Cl^-$$

2. 亲电取代反应

吡啶环上发生亲电取代反应的活性较差(弱于硝基苯),主要生成 β-取代产物。吡啶可进行卤代、硝化、磺化等反应,但所需反应温度较高。

$$\text{3-氯吡啶} \xleftarrow[\triangle]{Cl_2} \text{吡啶} \xrightarrow[\triangle]{Br_2,300\ ℃} \text{3-溴吡啶—Br}$$

$$\text{3-磺酸吡啶—SO}_3\text{H} \xleftarrow[H_2SO_4]{350\ ℃} \text{吡啶} \xrightarrow[300\ ℃]{NO_3,H_2SO_4} \text{3-硝基吡啶—NO}_2$$

吡啶环上不发生付-克反应,这是因为环中氮原子 $-I$ 效应使环上电子云密度大幅度降低。另外,亲电试剂易和吡啶成盐,吡啶正离子使环上亲电取代反应更难进行。用 Lewis 酸来催化反应,也会生成吡啶盐,同样使亲电取代反应较难发生。

3. 亲核取代反应

由于吡啶环上电子云密度降低,受强亲核试剂进攻,可生成 α-和 γ-取代产物。吡啶在亲电取代中失去质子,而在亲核取代中失去负氢离子。例如,吡啶可与氨基钠作用生成 α-氨基吡啶;与苯基锂作用生成 α-苯基吡啶。

$$\text{吡啶} \xrightarrow{NaNH_2} \text{吡啶—NHNa} \xrightarrow{H_2O} \text{吡啶—NH}_2$$

$$\text{吡啶} + C_6H_5Li \longrightarrow \text{吡啶—C}_6\text{H}_5 + LiH$$

当 α-或 γ-位有易离去基团时,吡啶亲核取代反应更易发生。这与形成的中间体负离子稳定性有关。亲核试剂在 α-或 γ-位进攻时,可形成负电荷在氮原子上的共振极限结构,使反应中间体相对更加稳定。例如:

$$\text{吡啶—Cl} \xrightarrow[\triangle]{KOH} \text{吡啶—OH} + KCl$$

$$\text{Br—吡啶—Br} \xrightarrow[160\ ℃]{NH_3/H_2O} \text{H}_2\text{N—吡啶—Br}$$

4. 氧化与还原

吡啶较苯稳定,不易被氧化剂氧化,但吡啶烷基侧链容易被氧化成吡啶甲酸:

$$\text{吡啶—CH}_3 \xrightarrow[\triangle]{KMnO_4/OH^-} \text{吡啶—COOH} \quad (\beta\text{-吡啶甲酸——烟酸})$$

$$\text{吡啶—CH}_3 + O_2 \xrightarrow[\triangle]{V_2O_5} \text{吡啶—COOH} \quad (\gamma\text{-吡啶甲酸——异烟酸})$$

烟酸是维生素 B 族化合物之一,异烟酸是合成治疗结核病药物异烟肼(Rimifon,俗称雷米封)的中间体。烟酸最初由烟碱(尼古丁,烟草中主要生物碱)氧化而得。

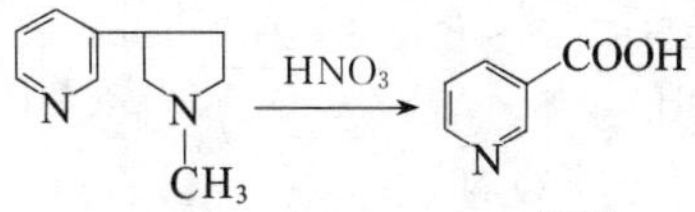

烟碱　　　　　烟酸

吡啶氮原子可用 H_2O_2 或过氧酸氧化生成氧化吡啶。氧化吡啶的溴化和硝化主要发生在 γ-位上。可用三氯化磷或钯催化加氢等方法除去氧原子。

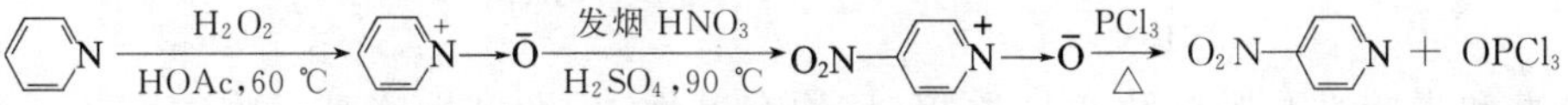

吡啶经催化加氢或用乙醇与钠还原,可得六氢吡啶。

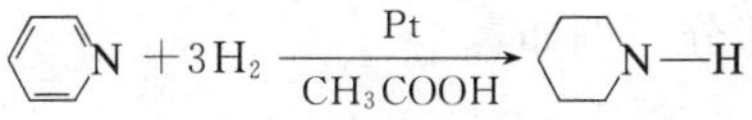

六氢吡啶又称哌啶($pK_a=11.12$),性质与脂肪族仲胺相似,是水溶性无色液体,常作溶剂及有机合成试剂。

2-甲基吡啶和 4-甲基吡啶是吡啶的重要衍生物。氮原子－I 效应使得侧链甲基上呈显一定酸性,可在碱性条件下和羰基化合物发生缩合反应。例如:

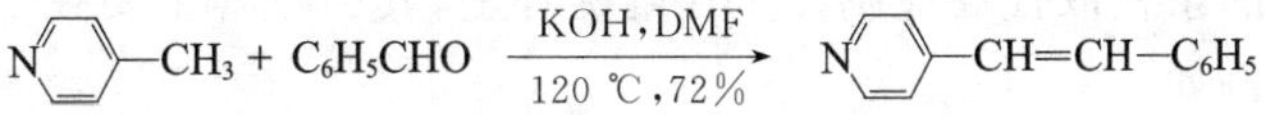

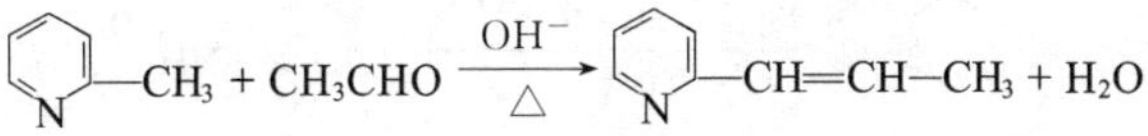

γ-甲基吡啶和 β-甲基吡啶均是制备农药的重要原料。

13.4.2　喹　啉

喹啉和异喹啉都存在于煤焦油和骨油中。喹啉在常温时是无色油状液体,沸点为 238 ℃;异喹啉熔点为 26 ℃,沸点为 243 ℃。二者都难溶于水,易溶于有机溶剂。许多喹啉衍生物在医药上具有重要意义,如生物碱和抗疟类药物都是喹啉的衍生物。

喹啉及其衍生物的合成常用 Skraup 合成法。喹啉可由苯胺、甘油、浓硫酸和氧化剂(硝基苯或砷酸)共同加热而制得。反应历程为甘油在浓硫酸作用下脱水生成丙烯醛,然后丙烯醛和苯胺发生 Michael 加成生成 β-苯胺基丙醛,醛的稀醇式在酸催化下失水闭环得到二氢喹啉,二氢喹啉被硝基苯氧化脱氢变成喹啉。

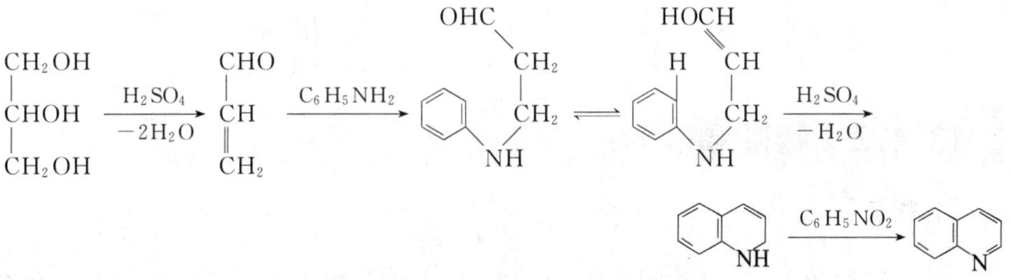

用其他芳胺或不饱和醛、酮分别代替苯胺和丙烯醛,可以制备喹啉衍生物,如可以苯酚

为原料合成 6-甲氧基-喹啉：

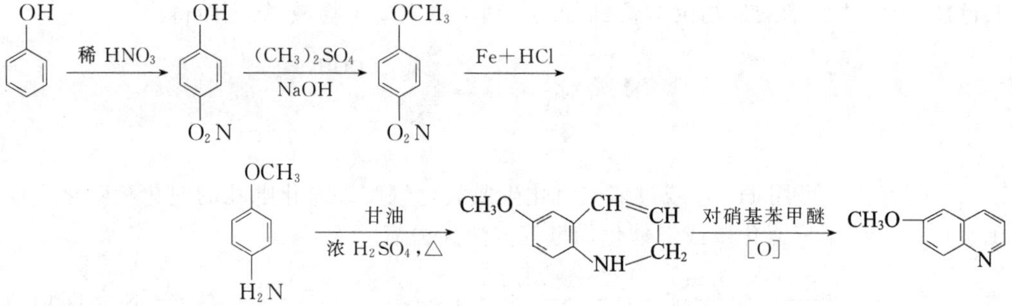

喹啉和异喹啉与吡啶化学性质相似，均有碱性，后者碱性略高于喹啉。

喹啉和异喹啉亲电取代反应（如硝化、磺化、溴化等）比吡啶容易进行，亲电试剂主要进攻喹啉或异喹啉结构中苯环部分。例如：

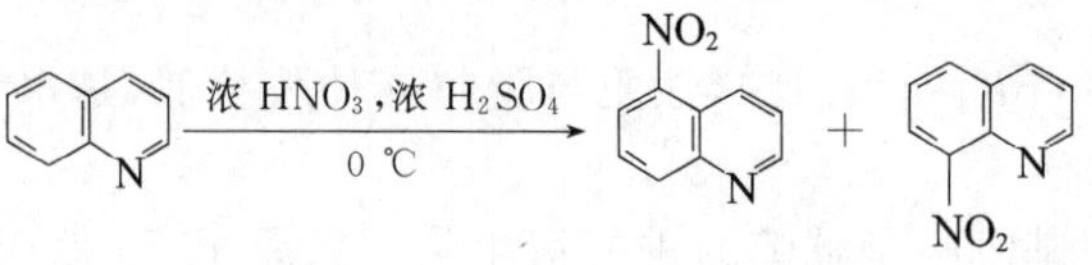

50%　　48%

喹啉和异喹啉的亲核取代反应则发生在吡啶环上，其中喹啉主要在 2 位取代，而异喹啉主要在 1 位取代。例如：

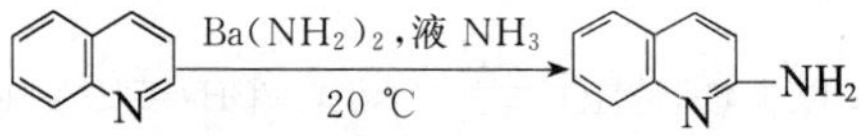

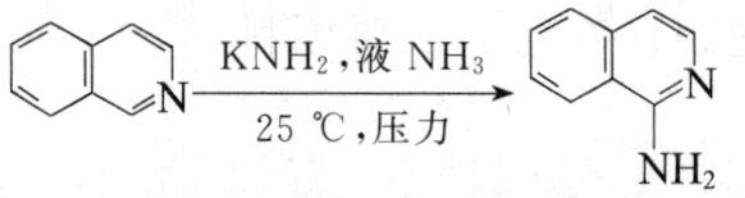

由于喹啉吡啶环上电子云密度较低，喹啉氧化时苯环一侧易被氧化，生成 2,3-吡啶二甲酸；进一步加热后，α-位羧基受氮原子影响易发生脱羧反应，生成 β-吡啶甲酸（烟酸）。

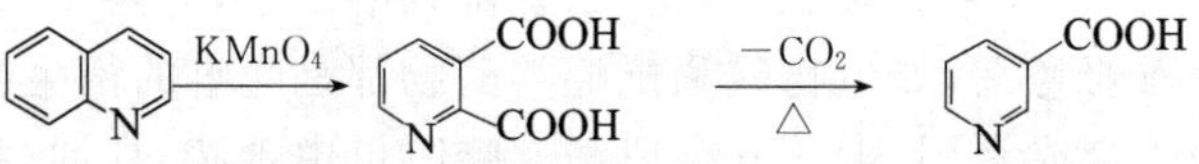

2,3-吡啶二甲酸　　烟酸

喹啉还原时，吡啶环优先被还原生成 1,2,3,4-四氢喹啉。例如：

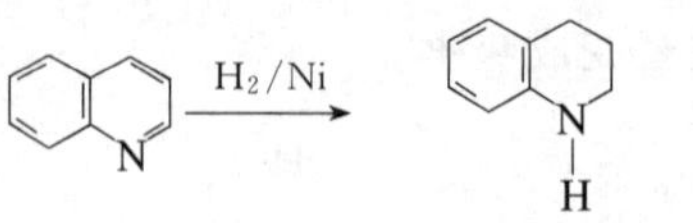

1,2,3,4-四氢喹啉

13.4.3 嘧啶和嘌呤

1. 嘧啶

嘧啶结构为 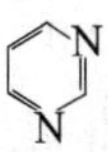 又称间二嗪（表 13-1），为含有两个氮原子的六元杂环化合物，是易溶

于水的无色结晶(熔点 22 ℃)。嘧啶碱性弱于吡啶,本身并不存在于自然界中,但其衍生物却广泛分布于生物体内,在生理和药理上都具有重要作用。含嘧啶环的碱性化合物常称为嘧啶碱,嘧啶的羟基衍生物(酚型)——尿嘧啶和胸腺嘧啶,及尿嘧啶氨基衍生物——胞嘧啶,都是核酸重要组成部分。在生理环境中,嘧啶类碱基以酰胺型(酮式)为主。

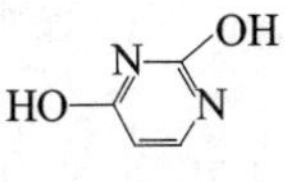

尿嘧啶 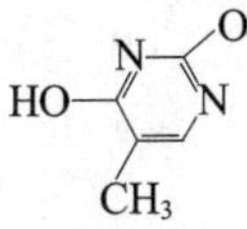　　　　胸腺嘧啶 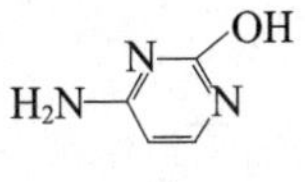　　　　胞嘧啶

2. 嘌呤

嘌呤是由一个嘧啶环和一个咪唑环在 4-,5-位稠合而成的稠杂环体系,环中有 4 个氮原子。环上的编号为:

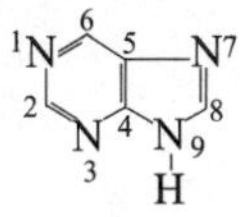

嘌呤 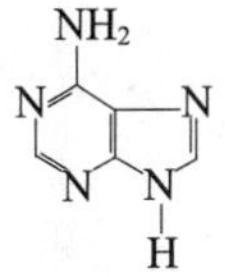　　　　　腺嘌呤 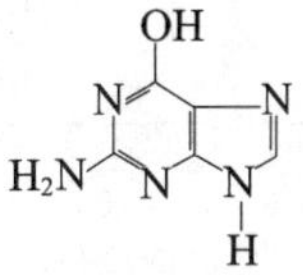　　　　　鸟嘌呤

嘌呤(无色晶体,熔点 217 ℃)本身不存在于自然界中,但衍生物在生物体内大量存在,如腺嘌呤和鸟嘌呤是核酸的组成部分。此外,茶碱、咖啡碱、可可碱、尿酸等生物碱分子中都有嘌呤环骨架。

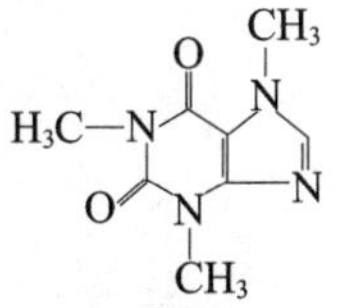

咖啡碱 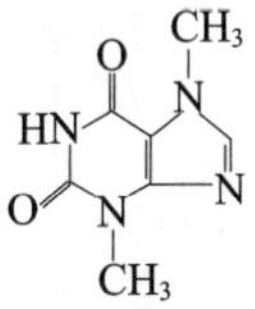　　　　　可可碱 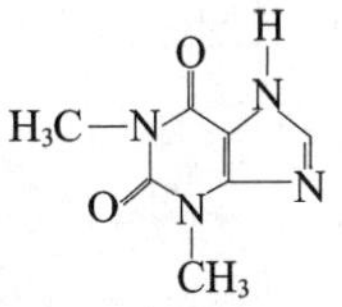　　　　　茶碱 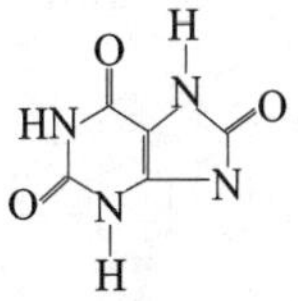　　　　　尿酸

嘧啶和嘌呤都有芳香性。核酸中嘧啶碱基和嘌呤碱基存在着互变异构现象,这种异构现象受 pH 和温度影响,而且不同异构体形成氢键的方向不同,因此影响核酸立体结构。

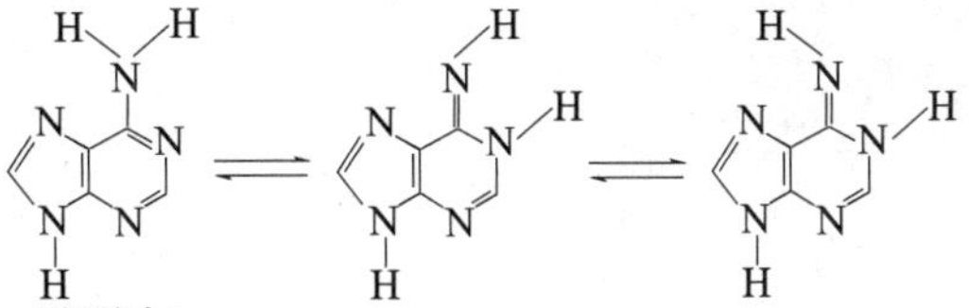

(腺嘌呤)

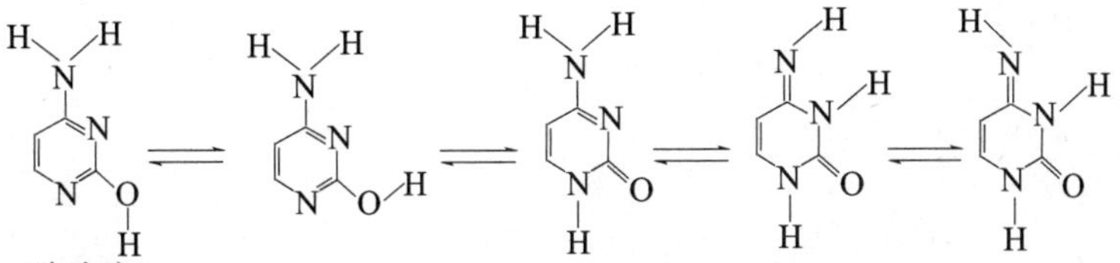

(胞嘧啶)

嘧啶和嘌呤是天然核酸重要的碱基组成结构。嘧啶和嘌呤通过 N 与核糖苷原子以 C—N 形成糖苷,后者 5 位差劲基磷酸化后即为核酸结构,这些将在相关课程继续学习。

习 题

13-1 命名下列化合物。

(1) 〔furan〕—CHO   (2) H₃C—〔pyridine〕—CH=CH₂   (3) Br—〔thiophene〕—SO₃H   (3)(4) HO—〔quinoline〕—CH₃

(5) H₃C—N⁺—OH⁻ (with H₃C, CH₃)   (6) 〔pyrrole, N-CH₃〕—COCH₃   (7) 〔pyridine〕—CONHCH₃   (8*) H₃C—N〔imidazole〕N⁺—CH₂COO⁻ (C₄H₉)

13-2 完成下列反应。

(1) 〔furan〕—COOH $\xrightarrow{Br_2}$ ( )   (2) 〔pyrrole〕—CH₃ $\xrightarrow[-10\,℃]{CH_3OONO_2}$ ( )

(3) 〔pyridine〕—CH₃ $\xrightarrow[\triangle]{KMnO_4/H^+}$ ( ) $\xrightarrow[\triangle]{PCl_5}$ ( ) $\xrightarrow{NH_3}$ ( ) $\xrightarrow{Cl_2/NaOH}$ ( )

(4) 〔pyridine〕—NO₂ $\xrightarrow{Fe/HCl}$ ( ) $\xrightarrow[0\sim5\,℃]{NaNO_2-HCl}$ ( ) $\xrightarrow[pH=9]{苯酚}$ ( )

(5) 〔quinoline〕 $\xrightarrow[\triangle]{KMnO_4/H^+}$ ( ) $\xrightarrow[\triangle]{-CO_2}$ ( )

(6) 〔pyridine〕—CH₃ $\xrightarrow{H_2/Ni}$ ( ) $\xrightarrow{2CH_3I}$ ( ) $\xrightarrow{wet\ Ag_2O}$ ( ) $\xrightarrow{\triangle}$ ( )

(7) 〔quinoline〕 $\xrightarrow{C_6H_5COOOH}$ ( ) $\xrightarrow{Br_2}$ ( ) $\xrightarrow[CHCl_3]{PCl_3}$ ( )

(8) 〔furan〕—CHO + (CH₃CO)₂O $\xrightarrow{CH_3COOK}$ ( )

(9) 〔furan〕 + ‖(COOCH₃)(COOCH₃) $\xrightarrow{\triangle}$ ( )

(10) 〔furan〕—CHO $\xrightarrow{Cl_2}$ ( ) $\xrightarrow{浓\ NaOH}$ ( )

(11) 〔quinoline〕—CH₃ + C₆H₅COOC₂H₅ $\xrightarrow{KNH_2/NH_3}$ ( )

(12) 〔pyridine〕 $\xrightarrow{NaNH_2}$ ( ) $\xrightarrow[0\sim5\,℃]{NaNO_2-HCl}$ ( ) $\xrightarrow{KI}$ ( )

(13) (H₃C)₂N—〔pyridine〕 $\xrightarrow[\triangle]{1\ mol\ C_4H_9Br}$ ( )

(14) 〔pyridine〕 $\xrightarrow[\triangle]{混酸}$ ( ) $\xrightarrow[0\sim5\,℃]{NaNO_2-HCl}$ ( ) $\xrightarrow{CuCN/KCN}$ ( )

13-3 排序下列化合物碱性或同一化合物各部位氮原子碱性大小。

(1) A. 〔piperidine, NH〕   B. 〔pyridine〕   C. 〔benzene〕—NH₂   D. 〔pyrrole, NH〕

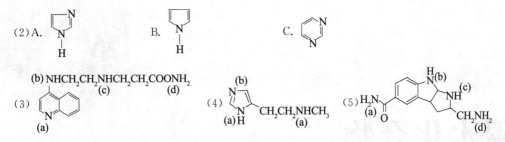

(2)A. 　　　B. 　　　C.

(3) 　　　(4) 　　　(5)

13-4　用简易化学方法去除下列化合物中少量杂质。

(1)苯中少量噻吩　　(2)甲苯中少量吡啶　　(3)吡啶中少量四氢吡啶

13-5　以吡啶或间甲基吡啶为原料制备如下化合物,无机试剂任选。

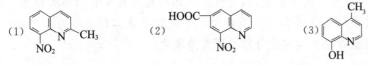

(1) 　　　(2) 　　　(3) 　　　(4)

13-6　用 Skraup 合成法制备下列喹啉化合物。

(1) 　　　(2) 　　　(3)

13-7　烟碱彻底甲基化后,用湿氧化银处理可得相应季铵碱。

(1)写出该季铵碱构造式;(2)写出该季铵碱热解后的产物构造式;(3)将(2)中产物继续季铵化,再次与湿氧化银作用并热解,写出产物构造式。

*　**13-8**　回答下列问题。

(1)为什么噻吩环比吡咯和呋喃环稳定?

(2)为什么吲哚和吡啶亲电取代容易容易发生在 β 位?

(3)为什么氧化吡啶容易发生对位硝化反应?

第14章

碳水化合物

  碳水化合物(Carbohydrates)俗称糖,实验式符合通式 $C_m(H_2O)_n$。人们很早就知道葡萄糖、果糖是由 C、H、O 三种元素组成,但后来发现碳水化合物这个名称并不能确切反映出所有糖类化合物结构上的特点,如鼠李糖 $C_5H_{12}O_5$,脱氧核糖($C_5H_{10}O_4$)分子式并不符合碳水化合物通式。而且,有的糖类物质还含有 N、P、S 等元素,如氨基糖中含有氨基。此外,如甲醛、乙酸、乳酸等化合物组成符合这个通式,但在性质上却与通常意义上的糖类相去甚远。从结构上看,碳水化合物是多羟基醛或多羟基酮以及水解后能生成多羟基醛或多羟基酮的物质,一些多羟基酸和多羟基胺也在碳水化合物的研究范围之内。

14.1 碳水化合物来源和分类

  碳水化合物是植物光合作用的产物。植物在日光照射和叶绿素催化作用下,将空气中的二氧化碳和水转化成碳水化合物,吸收能量同时放出氧气:

$$x\mathrm{CO_2} + y\mathrm{H_2O} \xrightarrow[\text{叶绿素}]{h\nu} \mathrm{C}_x(\mathrm{H_2O})_y + x\mathrm{O_2}$$

故碳水化合物也是储存太阳能的物质。

  碳水化合物在自然界分布最为广泛,遍布从细菌到高等动植物的生物体系中。碳水化合物最重要的来源和储存形式是植物,常占植物干重的 85%~90%,也是人类和动物三大能源(脂肪、蛋白质、糖类)之一。碳水化合物在人体内代谢最终生成二氧化碳和水,同时释放出能量,维持生命及体内各种生物合成转变所需。另外,碳水化合物(如糖、棉、麻、木等)可为化学工业提供丰富的有机原料。

  根据分子大小和结构特征,碳水化合物可分为三大类:

  (1)单糖:不能水解成更小分子的多羟基醛或多羟基酮。如葡萄糖、果糖、核糖、半乳糖等。

  (2)低聚糖:能水解成两个、三个或十几个单糖的碳水化合物称为低聚糖,又称寡糖。其中最重要的是二糖,如蔗糖和麦芽糖等。

  (3)多糖:水解后能产生较多个单糖的碳水化合物,如淀粉和纤维素等。

14.2 单 糖

  根据单糖分子中所含碳原子数目,可分为丙糖、丁糖、戊糖、己糖和庚糖等。分子中含有醛基的叫醛糖,含有酮基的叫酮糖。葡萄糖是己醛糖,果糖是己酮糖,核糖是戊醛糖。

14.2.1　单糖结构

1. 单糖开链结构

单糖开链结构以 Fischer 投影式表示时,将碳链竖直放置,醛(酮)基放在上方,碳原子编号自上端开始。为书写方便,常用简式(氢不写出),也可用短线表示羟基。如葡萄糖开链结构为:

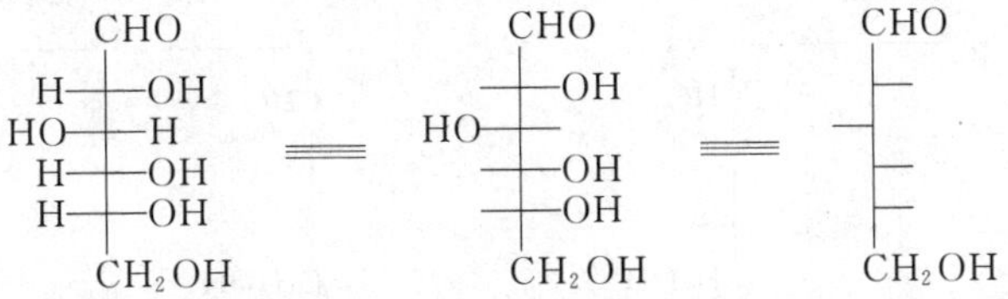

最简单的单糖是丙醛糖(甘油醛)和丙酮糖(二羟基丙酮)。在甘油醛分子中,由于存在一个手性碳原子,它有对映异构体。

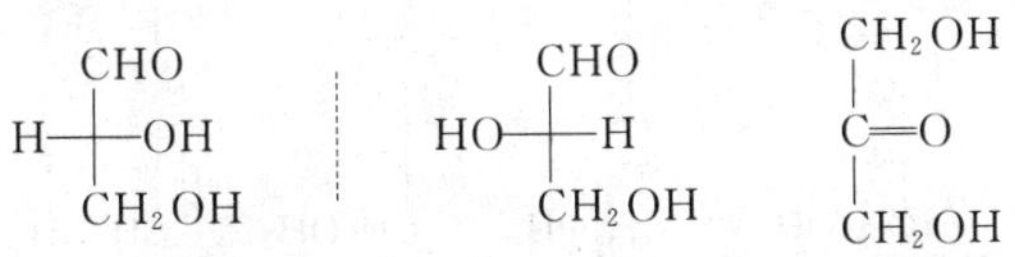

$$\text{D-}(+)\text{-甘油醛}\qquad \text{L-}(-)\text{-甘油醛}\qquad \text{二羟基丙酮}$$

除丙酮糖外,其他单糖分子中都含有一个或多个手性碳原子,因此都有立体异构体。如己醛糖分子中有 4 个手性碳,故存在 $2^4 = 16$ 个立体异构体,葡萄糖是其中之一。己酮糖分子中有 3 个手性碳,故有 $2^3 = 8$ 个立体异构体,果糖是其中之一。

葡萄糖分子式为 $C_6H_{12}O_6$,一分子葡萄糖和乙酸酐反应后可以引入 5 个乙酰基,因此,分子中应该有 5 个不在同一个碳原子上的羟基。它能和 Fehling 试剂或 Tollens 试剂作用,说明有还原性;用溴水氧化葡萄糖得到碳原子数相同的五羟基羧酸;当葡萄糖与羟胺或氢氰酸反应能生成一元肟或六羟基腈化合物。这些实验结果表明葡萄糖分子结构中有一个醛基。还原上述六羟腈基化合物可以得到正庚胺,还原葡萄糖最终可得到正己烷。由此可以判断葡萄糖的构造式为:

$$\overset{*}{\text{CH}_2\text{OH}}-\overset{*}{\text{CHOH}}-\overset{*}{\text{CHOH}}-\overset{*}{\text{CHOH}}-\text{CHOH}-\text{CHO}$$

单糖构型的确定是以甘油醛为标准,规定 OH 写在右边为右旋(＋)-甘油醛,构型记为 D 型,OH 写在左边为左旋(－)-甘油醛,构型记为 L 型。凡由 D-(＋)-甘油醛经过增碳反应转变成的醛糖称为 D 型,由 L-(－)-甘油醛经过增碳反应转变成的醛糖称为 L 型。自然界天然单糖绝大部分是 D 型,图 14-1 列出了由 D-(＋)-甘油醛导出的 D 型醛糖。

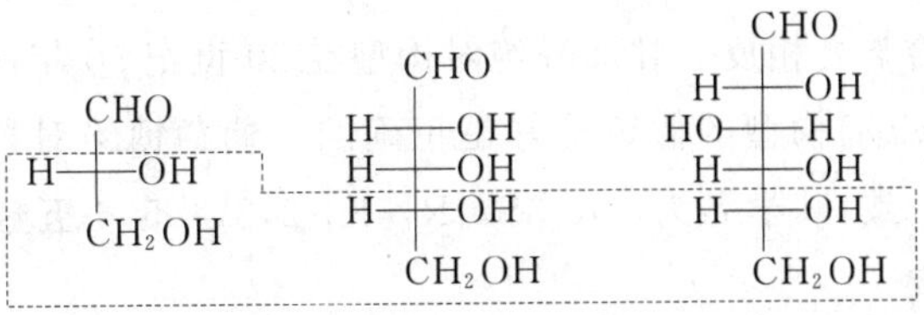

$$\text{D-}(+)\text{-甘油醛}\qquad \text{D-}(-)\text{-核糖}\qquad \text{D-}(+)\text{-葡萄糖}$$

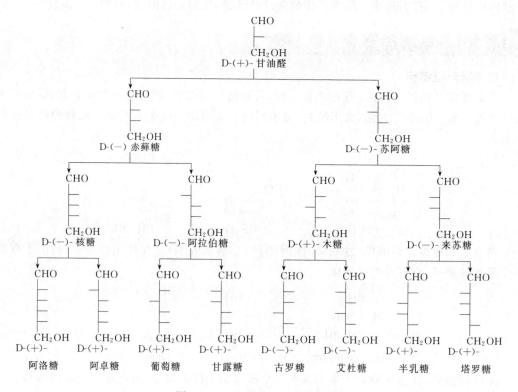

图 14-1　D 型醛糖的构型和名称

可根据 D 型糖推导出相应 L 型糖。另外,单糖构型还可以通过与甘油醛构型对比来确定。若单糖中编号最大的手性碳原子与 D-(＋)-甘油醛的手性碳原子构型相同,则为 D 型;若与 L-(－)-甘油醛构型相同,则为 L 型。这种与甘油醛相关联的构型为相对构型。例如:

　　　L-(－)-甘油醛　　　　D-(＋)-甘油醛　　　D-(＋)-葡萄糖　　　D-(－)-果糖

费歇尔(Fischer E)对葡萄糖中 4 个手性碳原子的构型确定作出了卓越贡献。他首先假定 C(5)构型是 OH 在右边,然后设计了一系列精巧的实验,得出了葡萄糖的相对构型;但也有可能其真正的构型恰与之相反。甘油醛绝对构型在 20 世纪 50 年代经 X-射线衍射确定以后,证明了 Fischer 对 C(5)构型的假定恰好是正确的。葡萄糖绝对构型和早先对其做出的相对构型判断也完全一致,其学名为(2R,3S,4R,5R)-2,3,4,5,6-五羟基己醛。

2. 单糖氧环式结构

葡萄糖开链式构型虽已确定,但许多反应现象用葡萄糖开链式结构难以解释。例如,葡

萄糖水溶液不与 $NaHSO_3$ 发生一般醛类应有的加成反应。它与甲醇在酸催化下的反应也与普通醛不同，并不是与二分子甲醇作用产生缩醛，而是只能引入一分子甲醇生成醚键，所得产物稳定性与缩醛相似，且此产物在酸性条件下水解又重新得到葡萄糖和一分子甲醇，这说明葡萄糖结构中已不具有独立醛基的特征。

　　用葡萄糖开链式结构也无法解释葡萄糖变旋光现象（溶液比旋光度随着时间变化而改变，最后达到恒定值的现象）。葡萄糖结晶时可以生成两种不同的晶体：一种是常温下在乙醇和水混合溶剂中得到熔点为 146 ℃、比旋光度为 +112° 的 α 型；另一种是在 90 ℃水溶液中得到熔点为 150 ℃、比旋光度为 +18.7° 的 β 型。新配制的 α 型葡萄糖晶体水溶液放置时，比旋光度会慢慢下降直到 +52.7°。同样将 β 型葡萄糖晶体水溶液放置时，比旋光度会慢慢上升到 +52.7° 为止，即无论是 α 型葡萄糖还是 β 型葡萄糖或二者混合物水溶液，当比旋光度达到 +52.7° 时就都不再变化了。

　　葡萄糖结构中羟基和醛基发生分子内缩醛反应生成了环状半缩醛，形成了葡萄糖的 δ-氧环式结构，故没有独立醛基的结构特征。

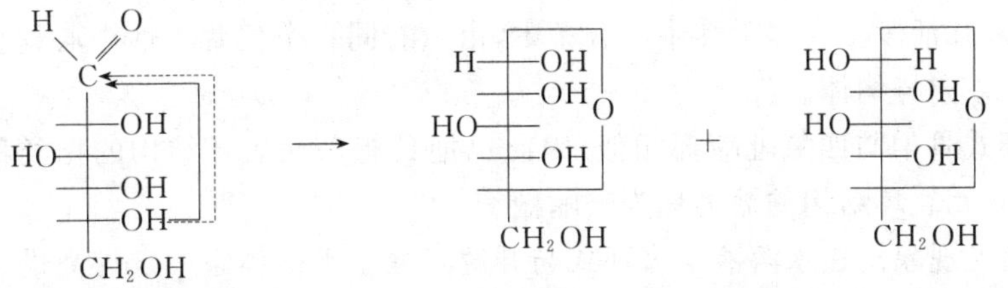

D-(+)-葡萄糖
开链式

α-D-(+)-葡萄糖　β-D-(+)-葡萄糖
氧环式

　　葡萄糖氧环式不能恰当地反映分子中各原子或基团的空间关系，故哈沃斯（Haworth）提出了以透视式表示糖分子的空间构型，即将六元环写成环骨架中的氧原子位于纸面右后方的形式，由开链式转变成哈沃斯式的过程可表示如下：

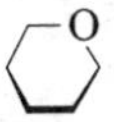

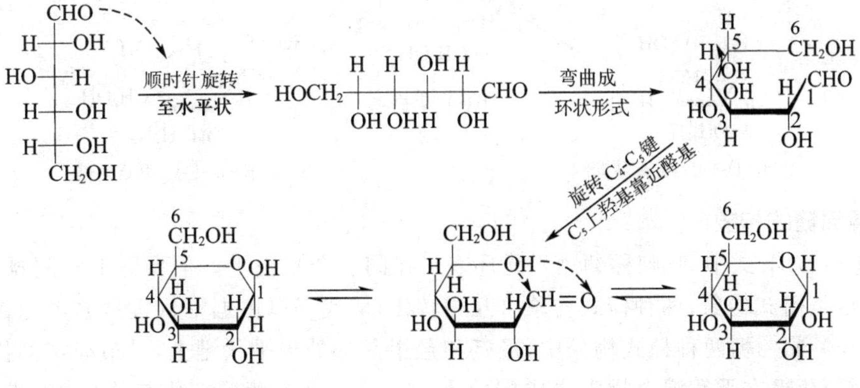

β-D-(+)-葡萄糖　　　　　　　　　　　　　　α-D-(+)-葡萄糖

由于这种氧环式半缩醛的形成,醛基结构特征消失了,故不能和亚硫酸氢钠加成,而且只能与一分子甲醇作用生成缩醛。在葡萄糖分子 IR 光谱中,无羰基伸缩振动;HNMR谱中,葡萄糖分子中无醛基氢核吸收峰。在氧环式结构中,C(1)成为新手性中心,C(1)处羟基又称为苷羟基,所处方位不同造就了 α 型和 β 型两个非对映异构体。在葡萄糖水溶液中,两异构体间通过开链式结构达到互变异构平衡,比旋光度为 $+52.7°$。此时 α 型占 $35\%\sim36\%$,β 型占 $63\%\sim64\%$,开链结构含量小于 1%。

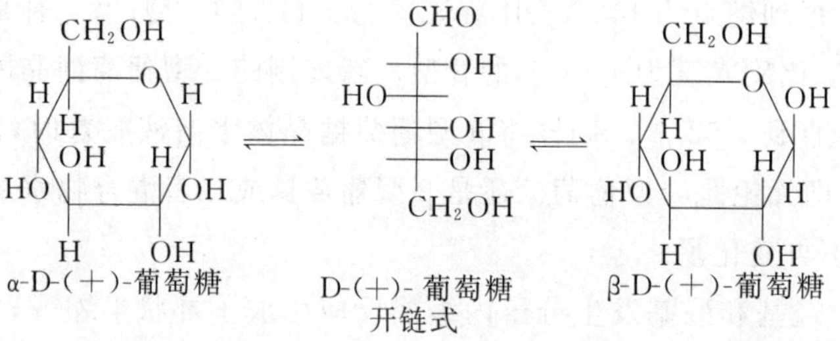

α-D-(＋)-葡萄糖   D-(＋)-葡萄糖 开链式   β-D-(＋)-葡萄糖

在葡萄糖的氧环式结构中,新生成的手性碳原子称为苷原子,其所连接的羟基叫苷羟基,苷羟基比其他羟基活泼。在多手性中心分子中,由只有同一个位置手性中心构型不同所产生的异构体叫作差向异构体。

葡萄糖 δ-氧环式骨架与四氢吡喃环相似,因此也把具有六元氧环结构的糖类称为吡喃糖。同理,把具有五元氧环结构的糖类称为呋喃糖。

果糖也有变旋光现象。在水溶液中氧环式与开链式处于平衡体系中。游离的果糖可有 δ-氧环式结构——吡喃果糖,而构成蔗糖的果糖则是 γ-氧环式结构——呋喃果糖。吡喃果糖和呋喃果糖的结构及其互变可以表示如下:

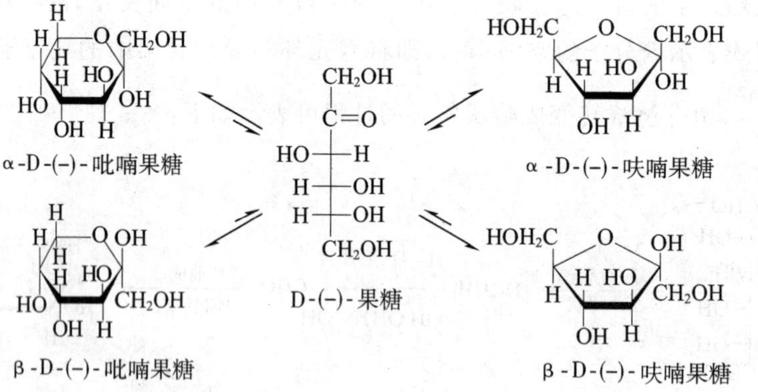

α-D-(-)-吡喃果糖   D-(-)-果糖   α-D-(-)-呋喃果糖

β-D-(-)-吡喃果糖   β-D-(-)-呋喃果糖

3. 葡萄糖的构象

在 Haworth 式中,吡喃葡萄糖六元环表示在同一个平面上。但实际上空间排布与环己烷类似,也是椅式构象,两种椅式构象可互相转化,取代基以占据平伏键最多者为稳定构象。在 β-D-(＋)-葡萄糖两种椅式构象中,羟基和羟甲基都处于平伏键上,是最稳定的优势构象,所以 β 型葡萄糖在平衡混合物中占比例较大,而 α-D-(＋)-葡萄糖优势构象中,苷羟基处于直立键,不是最稳定的构象式。

在 D-己醛糖中,只有葡萄糖具有较大基团全都处于平伏键上的这种稳定构象,这可能也是葡萄糖比其他单糖在自然界存在最多且分布较广的主要原因。

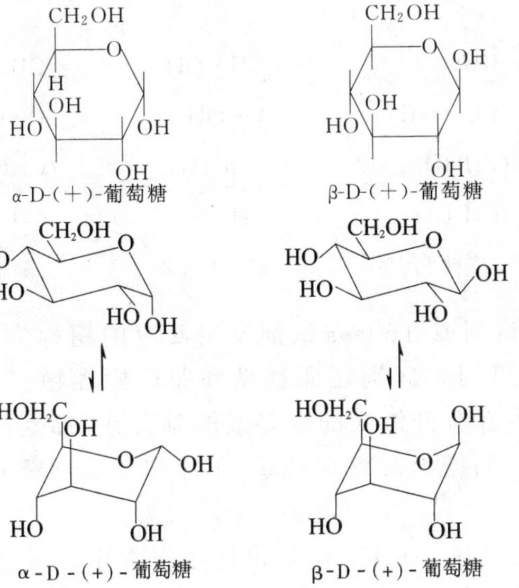

α-D-(+)-葡萄糖　　　　　β-D-(+)-葡萄糖

α-D-(+)-葡萄糖　　　　　β-D-(+)-葡萄糖

14.2.2　单糖性质

单糖分子中有多个羟基,因此有吸湿性,易溶于水,溶于乙醇,难溶于乙醚及其他非极性有机溶剂。

单糖含有羟基和羰基,因此具有醇的性质(如成醚或成酯)和醛、酮性质(如加成、氧化、还原等);羟基和羰基相互影响,使糖又有其特殊性质。

1. 氧化反应

单糖可被多种氧化剂氧化,如醛糖能被溴水氧化成糖酸,被浓 HNO_3 氧化成糖二酸:

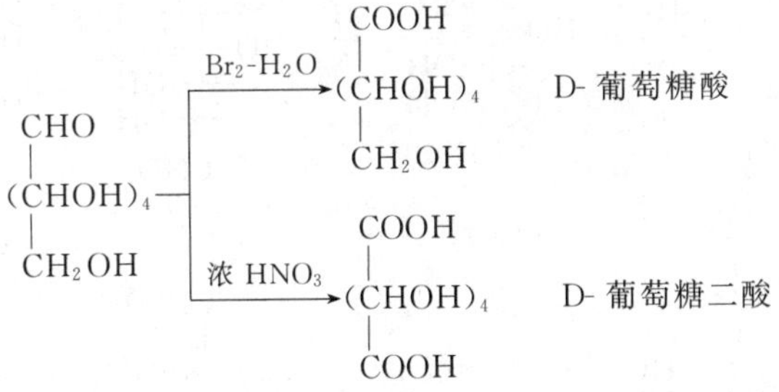

酮糖与溴水不发生氧化作用,故用溴水为试剂可以区别醛糖和酮糖。酮糖与浓 HNO_3 等强氧化剂作用则可发生碳链断裂反应,生成复杂小分子混合物。

醛糖中醛基能被费林试剂(Fehling)或托伦试剂(Tollens)氧化生成糖酸。如:

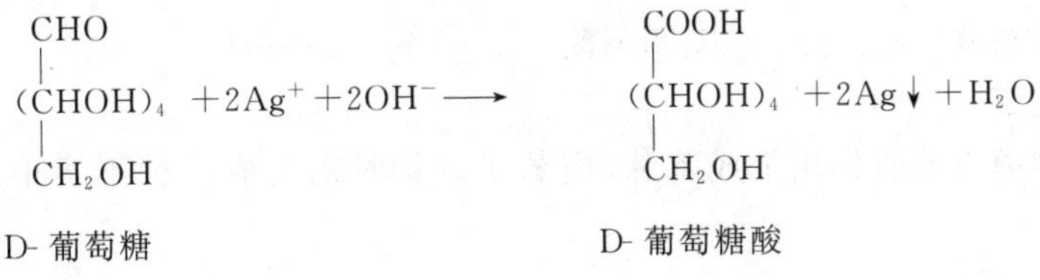

D-葡萄糖　　　　　　　　　　　D-葡萄糖酸

酮糖虽无醛基,但也能被 Fehling 或 Tollens 试剂氧化。这是因为在碱性溶液中,酮糖能够通过酮式-烯醇式互变异构转变为醛糖。

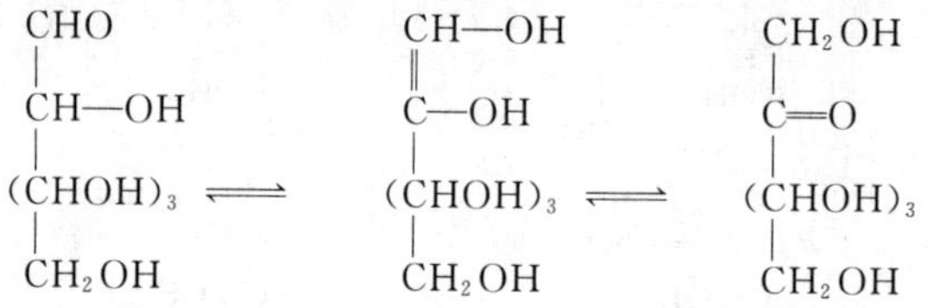

醛糖　　　　烯二醇　　　　酮式

凡是能与 Fehling 试剂或 Tollens 试剂发生反应的糖称为还原糖。此反应不能用来区别醛糖和酮糖,但可用来区别还原性糖和非还原性糖。具有半缩醛(酮)结构的碳水化合物在水溶液中都有开链式的醛基或酮基存在,都是还原性糖,单糖都是还原性糖。而具有缩醛(酮)的糖无游离苷羟基,不能转变成开链式醛糖或酮糖,均为非还原性糖。

糖具有邻二醇结构特征,在 HIO_4 氧化作用下发生碳碳键断裂反应,每一个碳碳键断裂消耗 1 mol HIO_4。1 mol 葡萄糖消耗 5 mol HIO_4,生成 5 mol 甲酸和 1 mol甲醛:

$$HOCH_2(CHOH)_4CHO \xrightarrow{5HIO_4} 5HCOOH + HCHO$$

这是一个定量反应,可用于糖的降解和结构测定。

2. 还原反应

糖分子中羰基可被还原成羟基,实验室中可使用 $NaBH_4$ 为还原剂,工业上则采用催化加氢的方法将羰基还原,例如:

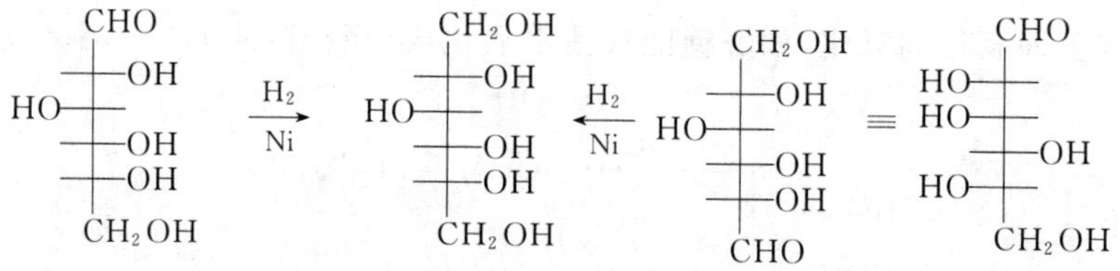

D-葡萄糖　　　　山梨醇　　　　　　　　　L-古洛糖

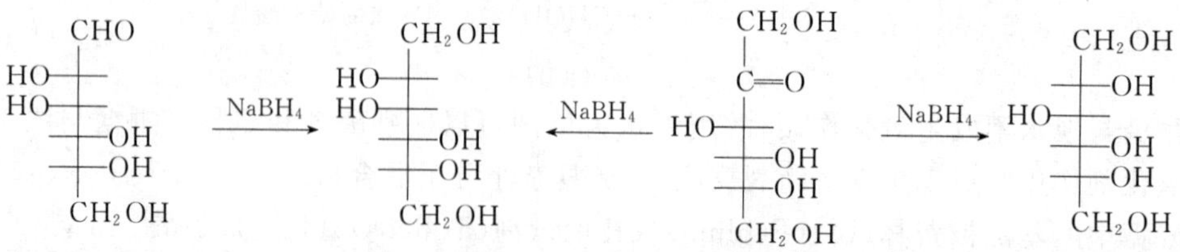

D-甘露糖　　　　D-甘露醇　　　　D-果糖　　　　山梨醇

3. 脲的生成

醛糖或酮糖与苯肼作用生成苯腙,当苯肼过量时则生成一种不溶于水的黄色结晶——脲。例如:

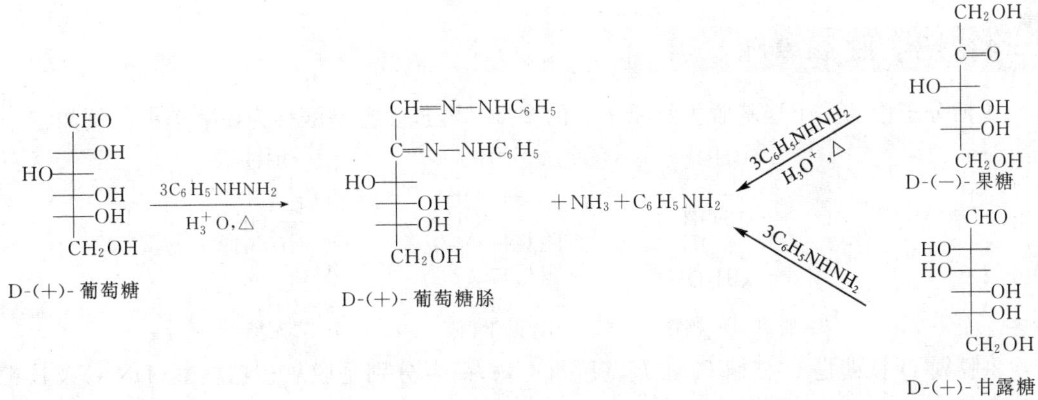

D-(+)-葡萄糖 → D-(+)-葡萄糖脎 ← D-(-)-果糖, D-(+)-甘露糖

脎的生成只发生在 C_1 和 C_2 上。对于只是 C_1 和 C_2 构型不同的糖,将生成相同的脎,即分子中 C_3、C_4、C_5 构型完全相同。

糖脎不溶于水,是黄色结晶。不同糖脎的晶型及熔点不同。不同的糖即使生成相同脎其反应速率和析出糖脎的时间也不同。因此可利用糖脎的生成进行糖鉴别和分离。

4. 苷的生成

苷是糖氧环式结构中苷羟基转变为烃氧基所形成的产物,是糖的缩醛或缩酮结构。

在单糖氧环式结构中,苷羟基活性比其他羟基活性高,易与醇(或其他烷基化试剂)作用生成缩醛或缩酮。例如:

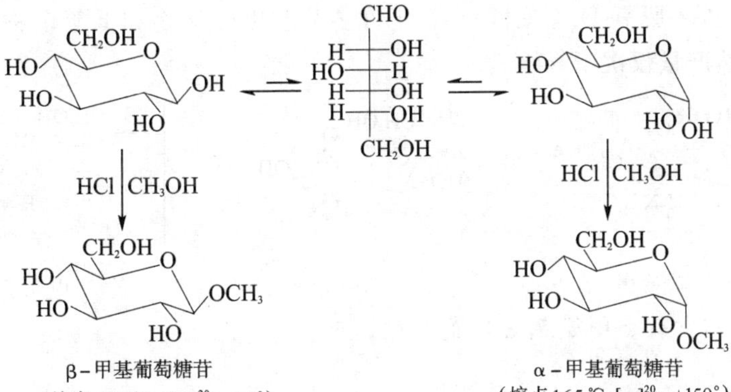

β-甲基葡糖苷
(熔点 107 ℃, $[\alpha]_D^{20}=-34°$)

α-甲基葡糖苷
(熔点 165 ℃, $[\alpha]_D^{20}=+159°$)

苷稳定性较好,不易被氧化,不能发生成脎反应。苷的 α 和 β 异构体在水溶液中无变旋光现象。在葡萄糖苷分子中,游离的 4 个羟基能够发生成醚或成酯反应。例如:

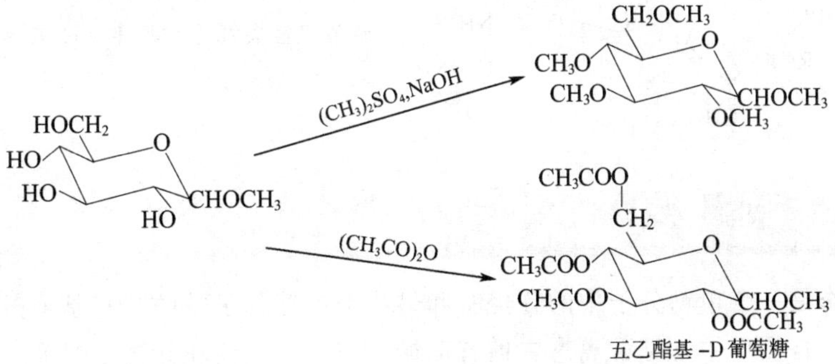

五乙酯基-D葡萄糖

14.2.3 脱氧单糖

单糖分子中的一个羟基脱去氧原子后的多羟基醛或多羟基酮称为脱氧单糖。例如：

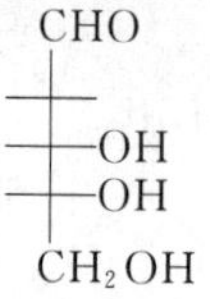
2-脱氧-D-核糖

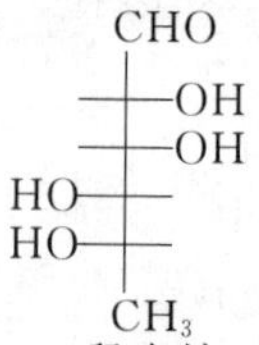
L-鼠李糖

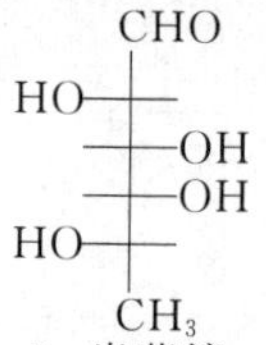
L-岩藻糖

2-脱氧-D-核糖是D-核糖C_2上羟基脱氧产物，两者分别是脱氧核糖核酸(DNA)及核糖核酸(RNA)的重要组成部分，是非常重要的戊糖；L-鼠李糖是L-甘露糖C_6上羟的脱氧产物，也是植物细胞壁成分；L-岩藻糖是L-半乳糖C_6上羟基脱氧产物，是海藻细胞壁和一些树胶的组成成分，也存在于动物多糖中。

14.2.4 氨基糖

糖分子中除苷羟基外，其他位置羟基被氨基取代后的化合物称为氨基糖。多数天然氨基糖是己糖分子中C_2上羟基被氨基取代的产物。例如，2-氨基-D-葡萄糖存在于甲壳质、黏液酸中，2-氨基-D-半乳糖是软骨组成成分。由2-乙酰氨基-D-葡萄糖聚合形成的甲壳素(β-1,4-2-乙酰氨基-2-脱氧-D-葡聚糖)存在于许多节肢甲壳动物和低等动物如真菌、藻类的细胞壁中，其天然产量仅次于纤维素。

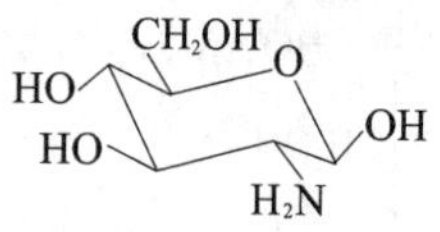
β-氨基-D-葡萄糖

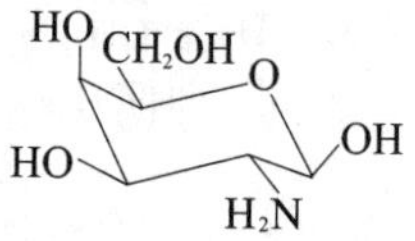
β-氨基-D-半乳糖

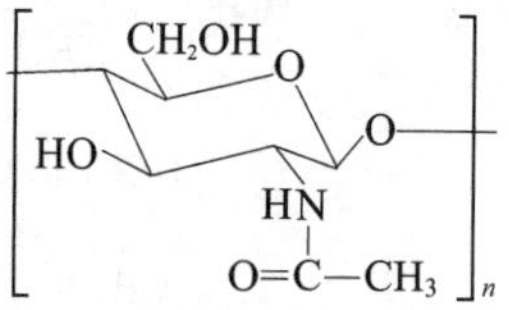
甲壳素

链霉素分子中含有2-甲氨基-α-L-葡萄糖。

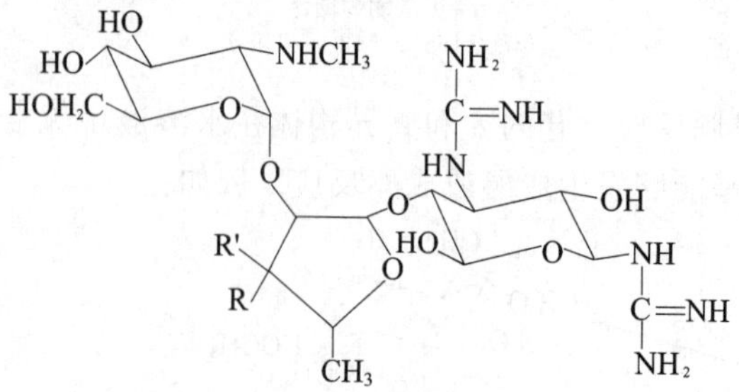

硫酸链霉素：R＝OH，R′＝CHO

硫酸双氢链霉素：R＝OH，R′＝CH_2OH

硫酸双氢去氧链霉素：R＝H，R′＝CH_2OH

14.3 二　糖

二糖可看作是一个单糖分子中的苷羟基和另一个单糖分子中的苷羟基或醇羟基之间脱水后的缩合物。自然界中常见游离态二糖有蔗糖、麦芽糖、乳糖和纤维二糖等。

14.3.1 蔗 糖

蔗糖存在于甘蔗、甜菜及水果等农产品中,是自然界中分布最广、产量最大的二糖。它是无色晶体,熔点 180 ℃,易溶于水,甜味超过葡萄糖,但不如果糖,相对甜度为葡萄糖:蔗糖:果糖=1:1.45:1.65。

蔗糖的分子式为 $C_{12}H_{22}O_{11}$,在酸或酶的催化作用下,水解生成一分子 D-(+)-葡萄糖和一分子 D-(-)-果糖,蔗糖是一分子葡萄糖和一分子果糖的缩合产物。蔗糖不与 Fehling 试剂和 Tollens 试剂发生氧化反应,因此蔗糖是非还原糖。蔗糖不能与苯肼发生成脎反应,也没有变旋光现象。这说明蔗糖分子中没有苷羟基,不能转变为开链式,它是由葡萄糖和果糖的苷羟基之间脱水而成的二糖,它既是葡萄糖苷也是果糖苷。

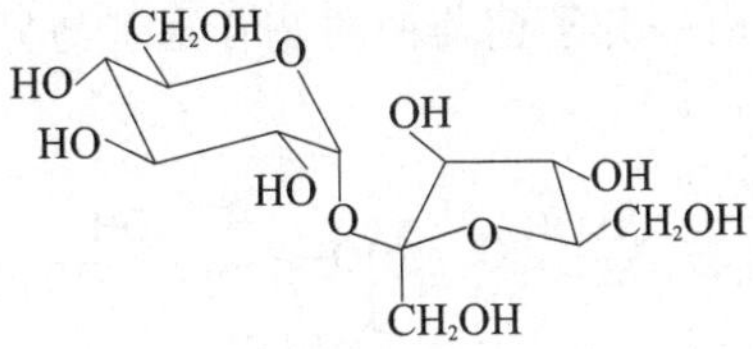

蔗糖

β-D-呋喃果糖基-α-D-吡喃葡萄糖苷或 α-D-吡喃葡萄糖基-β-D-呋喃果糖苷

蔗糖是右旋糖,比旋光度为+66°,其水解产物是一分子葡萄糖和一分子果糖。果糖是左旋糖,比旋光度是-92.4°;葡萄糖是右旋糖,比旋光度为+52.7°。因为果糖的比旋光度绝对值比葡萄糖的大,所以蔗糖水解后的混合物的比旋光度是负值。在蔗糖水解过程中,比旋光度由右旋变到左旋,即旋光方向发生了转化。这种水解前后比旋光度发生转变的反应称为糖的转化反应,生成的混合物叫转化糖。

$$C_{12}H_{22}O_{11}+H_2O \xrightarrow{H^+} C_6H_{12}O_6 + C_6H_{12}O_6$$

蔗糖 　　　　D-(+)-葡萄糖 　　D-(-)-果糖

$[\alpha]_D^{20}=+66°$ 　　$[\alpha]_D^{20}=+52.7°$ 　$[\alpha]_D^{20}=-92.4°$

转化糖

$[\alpha]_D^{20}=-20°$

14.3.2 麦芽糖

淀粉在淀粉酶(麦芽中有淀粉酶)作用下水解得到麦芽糖。麦芽糖是白色晶体,熔点 160~165 ℃,易溶于水,甜度不如蔗糖。

麦芽糖分子式 $C_{12}H_{22}O_{11}$,在酸或麦芽糖酶存在下水解得到的产物只有 D-葡萄糖,所以麦芽糖是两分子葡萄糖的脱水产物。麦芽糖可与 Fehling 试剂和 Tollens 试剂发生氧化反应,因此麦芽糖是还原糖。麦芽糖被溴水氧化生成麦芽糖酸,可与苯肼发生成脎反应,也有变旋光现象。麦芽糖分子是由一分子葡萄糖的 α-苷羟基与另一分子葡萄糖 C_4 上的羟基脱水生成的苷,属于 α-葡萄糖苷;由于其分子中还存在苷羟基,故有 α-和 β-两种异构体,其中 α-D-麦芽糖的 $[\alpha]_D^{20}=+168°$,β-D-麦芽糖的 $[\alpha]_D^{20}=+112°$,两者经变旋光达到平衡后,$[\alpha]_D^{20}=+136°$。

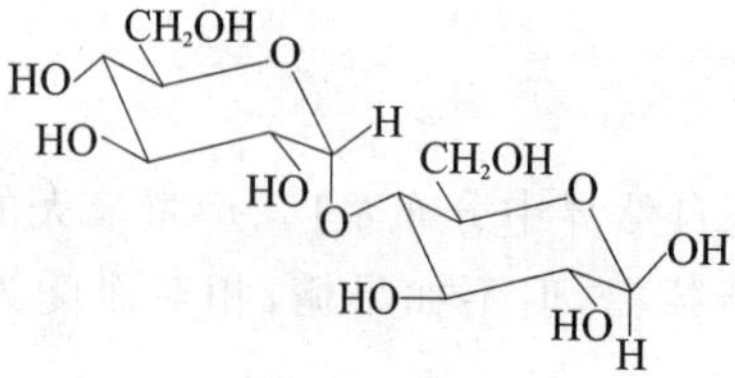

β-D-麦芽糖 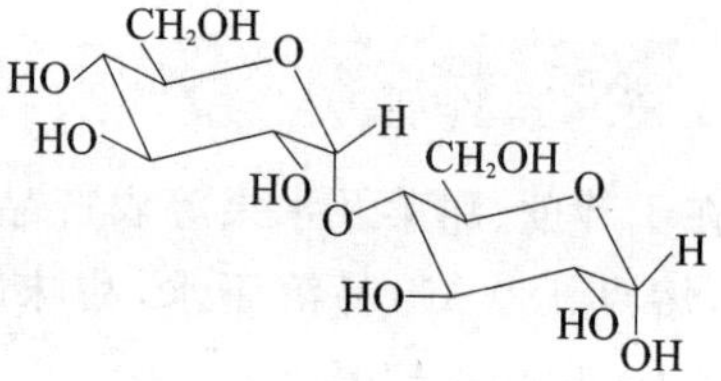   α-D-麦芽糖

14.3.3　纤维二糖

纤维二糖是一种水溶性白色晶体,熔点 225 ℃,可由纤维素经部分水解生成。

纤维二糖的分子式与麦芽糖相同,在 β-糖苷酶的催化下水解也生成两分子 D-葡萄糖。纤维二糖属于 β-葡萄糖苷,是由一分子葡萄糖的 β-苷羟基与另一分子葡萄糖 C_4 上的羟基脱水而成,其结构式为

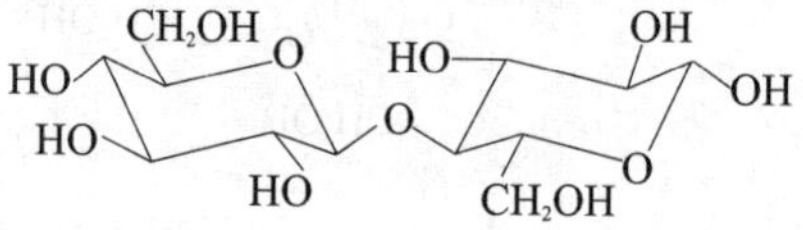

β-纤维二糖

4-O-(β-D-吡喃葡萄糖基)-β-D-吡喃葡萄糖

14.3.4　乳　糖

乳糖是个还原二糖,并且有变旋光现象,这说明在乳糖分子中也存在苷羟基。

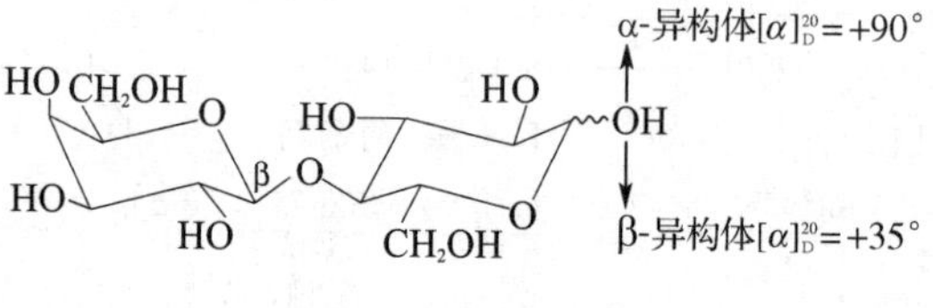

α-异构体$[\alpha]_D^{20}=+90°$

β-异构体$[\alpha]_D^{20}=+35°$

乳糖$[\alpha]_D^{20}=+55°$

4-O-(β-D-吡喃半乳糖基)-D-吡喃葡萄糖

乳糖经稀酸水解得到等量的半乳糖和葡萄糖混合物。用溴水氧化乳糖则得到乳糖酸,后者经水解则得到半乳糖和葡萄糖酸,这表明乳糖中的苷羟基在葡萄糖基一端。

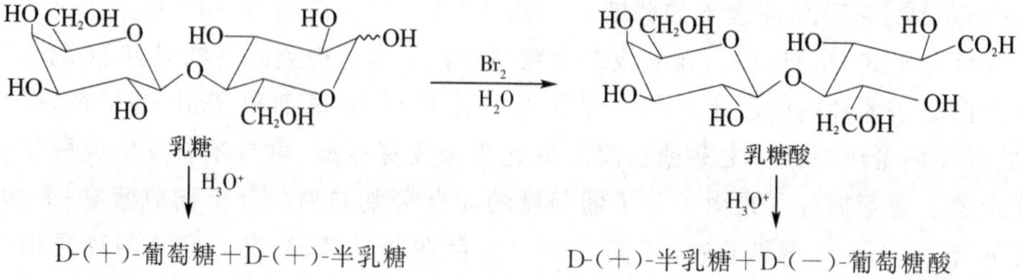

乳糖

乳糖酸

$\xrightarrow[H_2O]{Br_2}$

$\downarrow H_3O^+$ $\downarrow H_3O^+$

D-(+)-葡萄糖＋D-(+)-半乳糖   D-(+)-半乳糖＋D-(−)-葡萄糖酸

乳糖是右旋糖,在人乳、牛乳及羊乳中其含量分别是 6%～7%、5%～6% 及 4%～5%。

乳糖不能被酵母发酵,但在乳酸杆菌作用下可以氧化成乳酸,牛乳变酸就是其中的乳糖变成了乳酸的缘故。

14.4 多 糖

多糖是由大量的单糖分子通过糖苷键缩合而成的大分子化合物。多糖水解的最终产物是单糖。多糖水解后只产生一种单糖的称为同多糖,而水解后产生一种以上单糖的称为杂多糖。多糖的性质与单糖、双糖不同,它们大多是不溶于水的非晶形固体,无甜味。虽然多糖分子的末端仍有苷羟基,但其所占比例太小,故多糖不呈现还原性和变旋光现象。

多糖在自然界分布广泛,储量丰富。植物的纤维素、植物体内储藏的淀粉、昆虫与节肢动物的甲壳质、植物的黏液、树胶等许多物质都是由多糖组成的。许多多糖化合物是人类生命活动不可缺少的物质,也是人类食物的主要构成之一(如多糖淀粉和纤维素)。

14.4.1 淀 粉

淀粉是植物进行光合作用的产物,存在于植物的根茎、果实和种子中。不同来源的淀粉其外观形状不同,大多是无定形的颗粒。淀粉的分子式为$(C_6H_{10}O_5)_n$,在酸催化下水解时先生成糊精,继而生成麦芽糖和异麦芽糖,最终水解产物都是葡萄糖。可见,淀粉是由葡萄糖构成的同多糖。

$$(C_6H_{10}O_5)_n \longrightarrow (C_6H_{10}O_5)_x \longrightarrow C_{12}H_{22}O_{11} \xrightarrow{H_3^+O} C_6H_{12}O_6$$

$$\text{淀粉} \qquad \text{糊精} \qquad \text{麦芽糖和异麦芽糖} \quad \text{D-(+)-葡萄糖}$$

淀粉经热水处理后可得到约 20% 的直链淀粉和 80% 的支链淀粉。直链淀粉是一种线型缩合物,其结构是盘旋的螺旋形,每一圈螺旋约有 6 个葡萄糖单元。淀粉螺旋中间的空腔恰好可以容纳碘分子进入,形成一个呈现深蓝色的络合物。此显色反应迅速、灵敏,常用于检验淀粉的存在。从结构上看,直链淀粉是由葡萄糖的 α-1,4-苷键结合而成的大分子化合物。

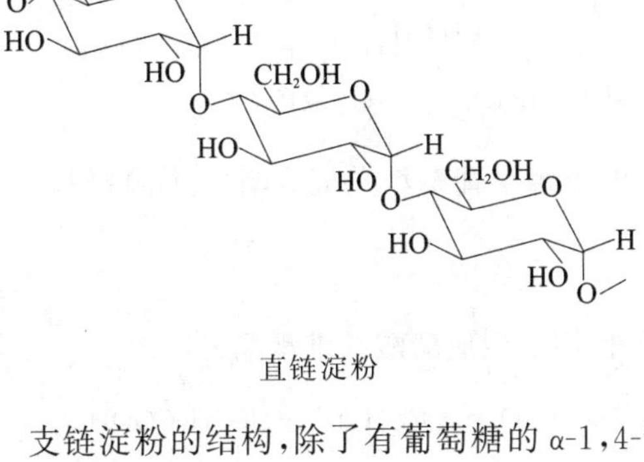

直链淀粉

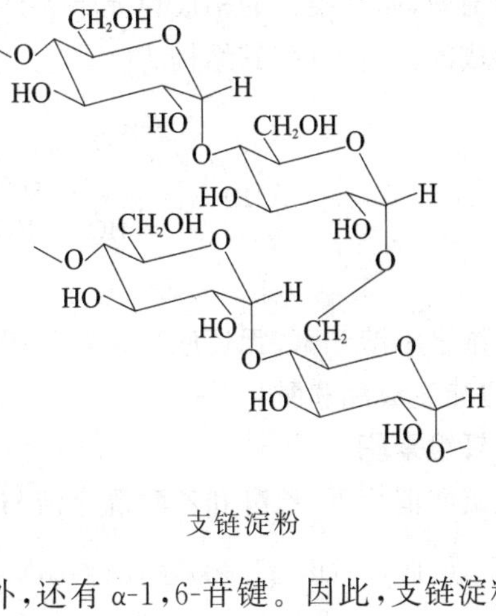

支链淀粉

支链淀粉的结构,除了有葡萄糖的 α-1,4-苷键外,还有 α-1,6-苷键。因此,支链淀粉的高度支链化的结构使其相对分子质量比直链淀粉要大。由于支链淀粉中有许多暴露在外侧的羟基,易与水形成氢键,故其水溶性较好。一般支链淀粉遇碘呈红紫色。

淀粉经不同方式处理后用途不同。例如,淀粉经过环糊精糖基转化酶水解,可以得到由6~12个葡萄糖单位组成的"筒形"结构的化合物,被称为环糊精,由6、7、8个葡萄糖残基构成环,分别称为α-环糊精、β-环糊精、γ-环糊精,如图14-2所示;其作用类似于冠醚,在有机合成与医药等方面有应用价值。淀粉经水解、糊精化等处理后,分子中的某些D-吡喃葡萄糖基单元的结构会发生改变,称为淀粉的改性。淀粉经改性后得到的产品在轻工、农业、食品、卫生等领域有较多的应用。

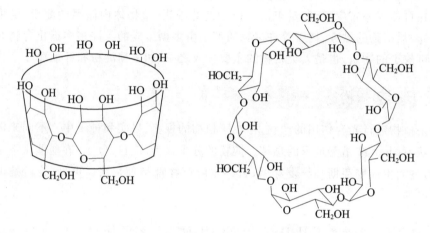

图 14-2　α-环糊精结构示意图

14.4.2　纤维素

纤维素是自然界中贮量最大、分布最广的多糖,是构成植物的主要成分。如棉花中纤维素含量高达 $97\%\sim99\%$,木材中纤维素占 $41\%\sim53\%$。

纤维素无色、无味,组成与淀粉相同,示性式也是 $(C_6H_{10}O_5)_n$,需要在酸催化下才能水解生成纤维二糖,最终水解产物也是 D-(+)-葡萄糖。与淀粉不同的是,淀粉的构成单元是α-D-葡萄糖,而纤维素的构成单元是 β-D-葡萄糖,即纤维素是由 D-葡萄糖通过 β-1,4-苷键相连而形成的直链多糖,其结构为

纤维素不溶于水,无还原性。在纤维素中,由于每个葡萄糖单元含有三个醇羟基,与醇相似,也能生成酯和醚。

1. 纤维素酯

在硫酸催化下,乙酐和乙酸混合液与纤维素作用可生成醋酸纤维素酯:

$$[C_6H_7O_2(OH)_3]_n + 3n(CH_3CO)_2O \xrightarrow{H_2SO_4} [C_6H_7O_2(OOCCH_3)_3]_n + 3nCH_3COOH$$

此产物易变脆,将其部分水解后得到的醋酸纤维素酯,不易燃烧,可用来制造人造丝、安全胶片等。

纤维素用浓硝酸和浓硫酸处理后生成一种俗称硝化纤维的硝酸纤维素酯。

$$[C_6H_7O_2(OH)_3]_n \xrightarrow[H_2SO_4]{HNO_3} [C_6H_7O_2(ONO_2)_3]_n$$

硝化程度不同,含氮量不同,产物的性质和用途也不同。含氮量在 11% 左右的叫胶棉,不溶于水,易燃,但无爆炸性,是制造喷漆、赛璐珞和照相软片等的原料。当纤维素中 3 个游离羟基都被硝化时,含氮量达 13% 左右,此时称硝棉,易燃,有爆炸性,是制造无烟火药的原料。

2. 纤维素醚

纤维素在碱溶液中可以和卤代烷作用,得到纤维素醚,但同时纤维链也有不同程度的断裂。这种短链的醚可用于制备薄膜、假漆。如果用氯乙酸钠代替卤代烷,则生成含有羧基的纤维素醚,俗称羧甲基纤维素。

$$[C_6H_7O_2(OH)_3]_n \xrightarrow{NaOH} [C_6H_7O_2(OH)_2ONa]_n \xrightarrow{nClCH_2COOH} [C_6H_7O_2(OH)_2OCH_2COOH]_n$$

羧甲基纤维素可溶于水中形成黏稠液,可用作纺织工业的上浆剂、黏合剂,石油工业的泥浆稳定剂,造纸工业的胶料及合成洗涤剂的填料,牙膏和冰淇淋的稳定剂等。

3. 黏胶纤维

纤维素用氢氧化钠处理后再与二硫化碳反应,生成纤维素黄原酸酯的钠盐,然后在稀酸中水解,转变成纤维素——黏胶纤维。

$$[C_6H_7O_2(OH)_3]_n \xrightarrow[\text{②}CS_2]{\text{①}NaOH} [C_6H_7O_2(OH)_2OCS_2Na]_n \xrightarrow{H_2O}^{H^+} [C_6H_7O_2(OH)_3]_n + nCS_2$$

纤维素   纤维素黄原酸酯钠   黏胶纤维

这种黏胶纤维可制成长纤维,称为人造丝,可供纺织和针织用;也可制成短纤维,称为人造棉、人造毛,供纯纺和混纺用。

纤维素虽然在纤维素酶的作用下水解生成葡萄糖,但人体内不存在能使纤维素中 β-苷键断裂的酶,所以纤维素不能给人类提供能量。而有些动物,如牛、羊等,可以消化纤维素。因为这些食草动物的消化道中存在能够产生纤维素酶的微生物,故食草动物靠吃各种富含纤维素的植物茎、叶、根等就能生存。

习 题

14-1 试写出 D-(+)-葡萄糖与下列试剂反应的主要产物:

(1)羟胺   (2)过量苯肼   (3)Br_2/H_2O (4)HNO_3

(5)Tollens 试剂   (6)Fehling 试剂   (7)HIO_4 (8)$(CH_3CO)_2O$

(9)CH_3OH/HCl (10)CH_3OH/HCl,然后$(CH_3)_2SO_4/NaOH$

(11)H_2/Ni (12)$HCN, H_2O/H^+$

14-2 试写出果糖与下列试剂反应的主要产物:

(1)苯肼   (2)$NaCN/H^+$ (3)Br_2/H_2O (4)$(H_3CO)_2SO_2, NaOH$ (5)$NaBH_4$ (6)CH_3OH/HCl

14-3 化合物 A($C_5H_{10}O_4$),用 Br_2/H_2O 氧化得到酸($C_5H_{10}O_5$),这个酸很容易形成内酯。A 与乙酐反应生成三乙酸酯,与苯肼反应生成脎。用 HIO_4 氧化 A,只消耗一分子 HIO_4。试推测 A 的结构。

14-4 用简单的化学方法区别下列各组化合物:

（1）葡萄糖和蔗糖　　（2）麦芽糖和蔗糖　　（3）蔗糖和淀粉　　（4）淀粉和纤维素

14-5　怎样证明 D-葡萄糖、D-甘露糖和 D-果糖的 C_3、C_4 和 C_5 具有相同的构型？

14-6　写出下列两种单糖的氧环式构象式，它们的哪一种构象比较稳定？

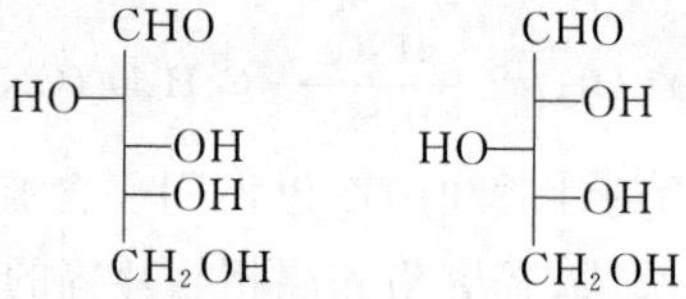

$$
\begin{array}{c}
\text{CHO} \\
\text{HO} \!-\!\!\!-\!\!\!- \\
-\!\!\!-\!\!\!\text{OH} \\
-\!\!\!-\!\!\!\text{OH} \\
\text{CH}_2\text{OH}
\end{array}
\qquad
\begin{array}{c}
\text{CHO} \\
-\!\!\!-\!\!\!\text{OH} \\
\text{HO} \!-\!\!\!-\!\!\!- \\
-\!\!\!-\!\!\!\text{OH} \\
\text{CH}_2\text{OH}
\end{array}
$$

14-7　为什么 D-果糖是还原糖，而 β-甲基呋喃果糖无还原性？为什么由葡萄糖组成的淀粉无还原性？

14-8　根据下列实验现象，推断一种二糖的构型式，并将推断过程用反应式表示。

（1）有变旋光现象，能还原弱氧化剂。

（2）能被 β-葡萄糖苷酶水解成 D-葡萄糖和 D-半乳糖。

（3）所生成的脎分解后得到 D-半乳糖和 D-葡萄糖脎。

（4）依次用溴水氧化、甲基化，再水解处理，所得产物是 2,3,5,6-四-O-甲基-D-葡萄糖酸和 2,3,4,6-四-O-甲基-D-半乳糖。

14-9　化合物 A($C_5H_{10}O_4$)用溴水氧化得到酸($C_5H_{10}O_5$)。此酸很容易形成内酯。A 与乙酸酐反应生成三乙酸酯，与苯肼反应可形成脎。用高碘酸氧化 A，只消耗一分子高碘酸。试推测 A 的构造式。

14-10　有两种化合物 A 和 B，分子式均为 $C_5H_{10}O$，与 Br_2 作用得到分子式相同的酸 $C_5H_{10}O_5$，与乙酸酐反应均生成三乙酸酯，用 HI 还原 A 和 B 都得到戊烷，与高碘酸作用都能得到一分子甲醛和一分子甲酸，与苯肼作用 A 能形成脎，而 B 则不能生成脎，推测 A 和 B 的构造式。